AFRIKA

Handbuch der praktischen Kolonialwissenschaften

AFRIKA

Handbuch der praktischen Kolonialwissenschaften

Auf Veranlassung von

GENERAL RITTER VON EPP

LEITER DES KOLONIALPOLITISCHEN AMTES DER NSDAP.

herausgegeben von

DR. ERICH OBST

O. PROFESSOR AN DER UNIVERSITÄT BRESLAU

unter Mitwirkung von

H. TH. BECKER, W. BEETZ, F. BEHREND, U. BERGER-LANDEFELDT, W. BÖCKLER, K. DAU, L. DIELS, E. R. DIETZE, GRAF CH. DÖNHOFF, E. DOVIFAT, E. FREIHERR v. EICKSTEDT, L. FEINERMANN, URSULA FEYER, R. FINSTERWALDER, E. FISCHER, J. F. GELLERT, A. GOLF †, H. GOLF, J. GROBER, J. H. HELLMERS, H. HERTLING †, F. HESKE, E. HÖLLER, E. HUEBER, E. HUNDERTMARK, G. JANTZEN, K. JOHANNSSEN, W. IWAN, O. KARSTEDT, K. KAYSER, E. KELLER, H. KLAUS, F.-E. KLINGNER, G. KNETSCH, W. KOOPS, TH. KRUMBACH, K. KRÜGER, G. KULENKAMPFF, A. LUDIN, K. G. LUEKEN, A. MARCUS, O. MARTENS †, J. MILDBRAED, H. MORSTATT, P. MÜHLENS, A. MÜHLIG-HOFMANN, J. NAGEL, E. G. NAUCK, W. NIEMEYER, E. OBST, R. v. OSTERTAG †, P. PEGLOW †, H. RACKOW, K. REMY, F. ROCH, GEO A. SCHMIDT, O. C. SCHMIDT, G. K. SCHULZE-MENZ, W. SEMMELHACK, H. SÖLKEN, C. SONNENSCHEIN, A. STAFFE, E. THOMA, W. UNTEUTSCH, K. WAGENFÜHR, H. WATTENBERG, K. WEIGELT, W. WEISE, P. v. WERDER, H. WERNER, D. WESTERMANN

Mit Unterstützung
des Reichsforschungsrates, der Deutschen Forschungsgemeinschaft,
des Reichsamtes für Landesaufnahme
und
der Gruppe Deutscher Kolonialwirtschaftlicher Unternehmungen

BERLIN 1942

WALTER DE GRUYTER & CO.

VORMALS G. J. GÖSCHEN'SCHE VERLAGSHANDLUNG — J. GUTTENTAG, VERLAGSBUCHHANDLUNG — GEORG REIMER — KARL J. TRÜBNER — VEIT & COMP

BAND III

DER GEOLOGISCHE BAU DIE NUTZBAREN LAGERSTÄTTEN UND DIE BERGWIRTSCHAFT AFRIKAS

VON

DR. WERNER BEETZ, BERLIN

PROF. DR. FRITZ BEHREND, BERLIN

DR. PHIL. HABIL. FRITZ-ERDMANN KLINGNER, BERLIN

DOZENT DR. PHIL. HABIL. GEORG KNETSCH, BONN

UNTER DER SCHRIFTLEITUNG

VON

PROF. DR. FRITZ BEHREND

TEIL 2

WESTAFRIKA

BERLIN 1942

WALTER DE GRUYTER & CO.

VORMALS G. J. GÖSCHEN'SCHE VERLAGSHANDLUNG – J. GUTTENTAG, VERLAGSBUCHHANDLUNG – GEORG REIMER – KARL J. TRÜBNER – VEIT & COMP.

vormals G. J. Göschen'sche Verlagshandlung — J. Guttentag, Verlagsbuchhandlung
Georg Reimer — Karl J. Trübner — Veit & Comp., Berlin W 35
Archiv-Nr. 541242 Printed in Germany
Druck von Walter de Gruyter & Co., Berlin

INHALTSVERZEICHNIS

I. RIO DE ORO

I. a. Der geologische Bau von Rio de Oro

Von Fritz Behrend

Die spanische Kolonie Rio de Oro, amtlich als West-Sahara bezeichnet, liegt an der Nordwestküste Afrikas zwischen dem 21. und dem 28. Breitengrad und umfaßt eine Fläche von 285200 qkm. Die Grenze gegen die Sahara ist nicht genau festgelegt.

Der größte Teil des Landes ist öde und trocken, nur im Flußgebiet des Wadi Segiet el Hamra sollen reichlichere Grundwassermengen zur Verfügung stehen; Oasen und Dattelpalmenpflanzungen sind dort vorhanden.

Die Bevölkerung wird auf 50000 Köpfe geschätzt.

Die Kolonie Rio de Oro gehört zum Verwaltungsbereich der Kanarischen Inseln. Ifni, die kleine Enklave in Marokko nördlich des die Nordgrenze bildenden Ued Draa, gehört verwaltungsmäßig zu Rio de Oro.

Über den geologischen Bau von Rio de Oro ist nur wenig Sicheres bekannt. Den besten Anhalt geben die Arbeiten von *Menchikoff* und *Segaud*, die die östlich an Rio de Oro anschließenden Gebiete behandeln.

Von der Südgrenze her durchzieht die breite archaische Eglab—(Karet-Ytti-)Schwelle, aus Granit, Gneis, Quarzit und kristallinen Schiefern bestehend, den westlichen Grenzbezirk des Landes in NO-Richtung, deren Gesteine auch den südlichsten Teil des Landes ganz zusammensetzen.

Auf die Nordwestflanke der Schwelle legt sich die langgestreckte flache Mulde von Tinduf, die von Südmarokko her durch die Nordgrenze am Ued Draa der Küste parallel nach SW streicht, sich in dieser Richtung langsam verschmälernd. Die Muldenachse hebt sich nach SW allmählich heraus, so daß die Mulde im Südwesten des Landes endet. Auf ihrer Nordwestflanke deutet sich längs der Küste ein Sattel aus archaischen Gesteinen an; in seiner nordöstlichen Fortsetzung liegt der vorwiegend kambrische Sattel des Anti-Atlas auf der Nordwestflanke der Mulde.

Die anscheinend ziemlich regelmäßig gebaute Mulde enthält Silur (möglicherweise auch Kambrium), ferner Devon und Karbon, vorwiegend Unterkarbon. Der Mittelteil wird durch junge Sedimente unbekannten Alters ausgefüllt.

Südlich Tinduf liegt an der Basis der Muldensedimente über dem Archaikum eine mächtige Folge von fossilfreien Sandsteinen und Schiefern, die von *Menchikoff* als Silur angesprochen werden, die aber vielleicht auch Kambrium enthalten.

Darüber folgen auf der Südflanke der Mulde graugrüne und rote Schiefer und grobe Sandsteine, die bisher keine Fossilien geliefert haben und die im Vergleich mit ähnlichen Gesteinen der Gegend von Tizniz als Untersilur angesprochen werden. Obersilur ist nicht nachzuweisen; der anderwärts bekannte Graptolithenhorizont fehlt anscheinend. Am Nordrande der Mulde liegen die Verhältnisse vielleicht ähnlich.

Das Devon ist auf französischem Gebiet in fast allen Stufen nachzuweisen:

Das Unterdevon beginnt über den silurischen Sandsteinen mit fossilfreien Gedinne-Sandsteinen, die von der Koblenzstufe, bestehend aus Sandsteinen mit seltenen marinen Kalkbänken mit *Spirifer primaevus*, überlagert werden.

Es folgt das Mitteldevon, beginnend mit Sandsteinen der Eifelstufe mit *Spirifer speciosus* und Schiefern mit *Calceola sandalina*. Darüber folgen Kalksteine der Givetstufe mit Korallen und Brachiopoden.

Das Oberdevon zeigt Schiefer und Sandsteine der Frasnestufe mit *Spirifer verneuili*. Gleiche Gesteine im Hangenden ohne Fossilien werden als Famennestufe angesprochen.

Auf dem Nordflügel der Mulde ist bisher hauptsächlich Oberdevon mit zwei *Spirifer verneuili* führenden Kalkhorizonten nachgewiesen, die durch ein mächtiges Diabaslager getrennt sind.

Karbon kommt auf dem Südflügel der Mulde nur an wenigen Stellen zutage. Nur die Tournai- und die Viséstufe sind hier in mariner Ausbildung nachgewiesen. Oberkarbon ist noch nicht bekannt.

Das südwestlichste Vorkommen von Unterkarbon am Südflügel liegt im El Geltamassiv, dicht nördlich von 25° n. Br., etwa 250 km südöstlich vom Kap Bojador.

Am Nordflügel der Mulde kennt man nicht nur Unterkarbon, sondern auch Oberkarbon; dieses ist aber im Gegensatz zum marinen Unterkarbon in kontinentaler Fazies entwickelt. Es enthält Sandsteine mit Kreuzschichtung und Pflanzenresten. Ob Kohlenflöze vorhanden sind, ist nicht bekannt.

Junge Sedimente unsicheren Alters verdecken den inneren Teil der Mulde. Sie bilden ausgedehnte Plateaus, die als Hammada bezeichnet werden.

Die hell gefärbten Schichten liegen flach und mit scharfer Diskordanz auf dem gefalteten Paläozoikum. Vorwiegend sind es Sandsteine mit Kalkbindemittel und mergelige Tone, die stellenweise Gips führen und die an der Oberfläche eine Kappe von oft kieseligem Kalk tragen. Im Norden, auf französischem Gebiet, beträgt ihre Mächtigkeit gegen 100 m, sinkt aber mit der Entfernung von den Atlasketten. Im Norden sind den Schichten stellenweise Schotterlagen eingeschaltet; im Süden fehlen diese fast ganz.

Menchikoff (1930, S. 173) sprach die Schichten als Kreide an auf Grund eines nicht bestimmbaren Restes von verkieseltem Holz und eines nicht gesicherten angeblichen Fundes von Austern.

Junge lockere Wüstensedimente verschiedener Art verdecken auf großen Flächen die anstehenden älteren Gesteine.

Im Küstengebiet sind junge Ablagerungen, namentlich auf der Halbinsel Rio de Oro und auf dem anschließenden Festlande, untersucht worden.

Font-y-Sagué (1911) gab folgendes Profil:

6. Sand.
5. Roter Ton mit *Helix duroi*, *H. gruveli*.
4. Grober kalkiger Sand mit marinen Mollusken, z. B. *Conus mediterraneus*, *C. papilionaceus*, *Murex turbinatus*, *Turbo rugosus*, *Tellina planata*, *Cardium costatum*, *Arca senilis*, *Pecten beudanti*, *P. dunkeri*, *Ostrea edulis*, *O. gingensis*.
3. Gelblicher und rötlicher z. T. kieseliger Kalk, im unteren Teil mit sandigen Lagen, in denen *Hemiheliopsis fonti* auftritt.

   Die Schichten enthalten neben Mollusken, wie *Pecten dunkeri* und *P. beudanti*, sowie mehreren anderen der eben genannten Arten auch Zähne von *Galeocerdo aduncus*, *Sphryna prisca*, *Odontaspis contortidens*, *O. cuspidata*, *Oxyrhina hastales*, *Carcharodon megalodon*, *Myliobatis faujesi*. Die Arten treten nach *Joleaud* (1907) im Miozän und Pliozän auf.
2. Quarzsandstein mit verkieselten Hölzern.
1. Blaugrauer Mergel mit Gips.

In der Schichtenfolge scheint Miozän, Pliozän und Quartär vorhanden zu sein. Vielleicht sind die Aufsammlungen nicht sorgfältig nach den einzelnen Horizonten durchgeführt worden.

Eozän und Oligozän sind bisher in Rio de Oro nicht nachgewiesen.

Schrifttum

Der geologische Bau von Rio de Oro

Auswahl

— — —, Les richesses minérales d'Ifni. Bull. Com. Afr. franç. Paris. 1935. Nr. 5, S. 303—304.

Dollfuss, G., Etudes des fossils recueillis par M. Font-y-Sagué au Rio de Oro. Bull. Soc. géol. France. Bd. 11 (1911), S. 218—238.

Font-y-Sagué, N., La formation géologique du Rio de Oro. Bull. Soc. géol. France. Bd. 11 (1911), S. 212—217.

Hernandez-Pacheco, E., Geographische und geologische Beschreibung des Ifni. Bol. Soc. Geogr. Nacional Bd. 75. Madrid. 1935, S. 515—541.

Joleaud, L., Note sur quelques dents de poissons fossiles de Rio de Oro (Sahara occidental). Bull. Soc. géol. France. IV. Bd. 7 (1907), S. 514.

Krenkel, E., Geologie Afrikas. Bd. 3. Teil 2. Berlin 1938, S. 1422.

Menchikoff, N., Sur les terrains primaires au sud de l'oued Draa. C. R. Acad. Sci. Paris Bd. 182 (1926), S. 978.

Menchikoff, N., Recherches géologiques et morphologiques dans le nord du Sahara occidental. Rev. géogr. phys. Géol. dyn. Bd. 3. Paris 1930, S. 103—247. 1 geol. Karte 1 : 1 Mill.

Menchikoff, N., Données nouvelles sur la géologie du Sahara occidental. C. R. Acad. Sci. Paris Bd. 196 (1933), S. 1237.

Menchikoff, N., Le Dévonien des confins du Rio de Oro. C. R. Soc. géol. France. 1935, S. 37—39.

Quiroga, Apuntes de un viajie por el Sahara occidental. Anales Soc. espan. Hist. nat. Bd. 15 (1886).

Quiroga, Observaciones geologicas hechas en el Sahara occidental. Anales Soc. esp. Hist. nat. Bd. 18 (1889).

Segaud, E., La géologie et les possibilités minières de la Mauritanie. Chronique Mines coloniales. Nr. 25 (1934), S. 104 bis 117.

I. b. Die nutzbaren Lagerstätten von Rio de Oro (West-Sahara)

Von Fritz-Erdmann Klingner

Das unter der Oberwaltung der Kanarischen Inseln stehende spanische Schutzgebiet Rio de Oro, ein ödes und wüstenhaftes Land, hat trotz seines hoffnungsvollen Namens keine bergwirtschaftliche Bedeutung.

Aus kleinen Küstenlagunen in der Nähe von Kap Nun an der marokkanischen Grenze und am Kap Bojador wird etwas Kochsalz gewonnen und auch ausgeführt. Im Landesinnern, 70 km von der Küste entfernt, liegt bei Tenuaka eine Salzpfanne, die aber derzeit nicht ausgebeutet wird; nach *Springer* handelt es sich wahrscheinlich um eine Küsten-Sebkha, die durch die junge Landhebung landeinwärts gerückt ist. Jenseits der etwas theoretischen Grenze zur französischen Sahara werden in der Sebkha d'Ijil, westlich vom Adrar-Plateau, zeitweise jährlich etwa 100 t Salz gewonnen. Inmitten einer vorwiegend aus Gneisen und Graniten aufgebauten Landschaft liegt in einer etwa 150 m tiefen Einsenkung der Hochfläche von Tiris die 25—30 km lange und 10—12 km breite Salzpfanne, der während der kurzen Regenzeit durch mehrere Wadis Wasser zugeführt wird. Es hat mehrmals eine Salzabscheidung stattgefunden, wie die von *Niemann* angegebene Schichtfolge beweist (von oben nach unten):

Flugsand
0,5 m verhärteter Tonschlamm
0,05 m unreines und nicht bauwürdiges Steinsalz
0,15 m verhärteter Tonschlamm
0,08 m reines Steinsalz
0,15 m weicher Tonschlamm
0,20 m Steinsalz (verwendbar)
0,15 m weicher Tonschlamm
0,20 m Steinsalz (unverwendbar)
Liegendes: weicher, salzhaltiger Tonschlamm.

In dem Steinsalz finden sich knollige Aggregate gelblich gefärbten Steinsalzes; auch organische Reste und zerbrochene Muschelschalen sollen darin gefunden sein. Nach *Niemann* wird das Salz in kristallharten, 1 m langen, 0,25—0,40 m breiten und bis 8 cm dicken Blöcken von 25—27 kg Gewicht in den Handel gebracht.

Die Portugiesen haben wahrscheinlich im 15. Jahrhundert Goldseifen auf der Halbinsel Ed Dajila ausgebeutet. Im Gebiete des kristallinen Sockels dürften auch Goldquarzgänge vorkommen. Nach *Futterer* hat 1442 *Goncalo Baldeza* auf seiner zweiten Reise am Rio de Oro Gold entdeckt.

In Fortsetzung der Eisenerzlagerstätten von Bani im Anti-Atlas könnten im Draatal sedimentäre Eisenerze erwartet werden. Im Kristallin von Tiris hat man Magnetit, in Aguiert Eisenglanz-Vorkommen festgestellt, die anscheinend abe" keine wirtschaftliche Bedeutung haben. Anzeichen für Kupfererz-Vorkommen, wahrscheinlich Malachit- oder Kupferlasur-Ausblühungen, fand man bei Akjujt.

Schrifttum

Die nutzbaren Lagerstätten von Rio de Oro

Futterer, K., Afrika in seiner Bedeutung für die Goldproduktion. Berlin 1895.

Niemann, W., Die Salzvorräte der Sahara. Diss. Leipzig 1914.

Segaud, E., La géologie et les possibilités minières de la Mauritanie. Chronique des mines coloniales Bd. 3 (1934). Nr. 25, S. 104—117.

Springer, A., Die Salzversorgung der Eingeborenen Afrikas vor der neuzeitlichen europäischen Kolonisation. Diss. Jena 1918.

II. FRANZÖSISCH-WESTAFRIKA

II. a. Geologische Übersicht und Stratigraphie von Französisch-Westafrika

Von Fritz Behrend

In dem Generalgouvernement Französisch-Westafrika (Afrique Occidentale Française, abgekürzt A.O.F.) sind die folgenden sieben Kolonien zusammengefaßt:

	Größe	Bevölkerung	Einwohner je qkm
Mauretanien	835000 qkm	0,4 Millionen	0,4
Senegal	200831 ,,	1,7 ,,	8
Guinea	251000 ,,	2,1 ,,	8
Sudan	1 531255 ,,	3,6 ,,	2,4
Niger	1 293810 ,,	1,81 ,,	1,4
Elfenbeinküste	477135 ,,	3,98	8
Dahome	112000 ,,	1,29 ,,	12
Summe:	4 701575 ,,	14,9 Millionen	

Fünf von diesen sieben Kolonien, nämlich Mauretanien, Senegal, Guinea, Niger und Sudan, bilden ein in sich ziemlich geschlossenes Gebiet und werden daher hier als Ganzes behandelt, ohne Rücksicht auf die Verwaltungsgrenzen.

Die beiden übrigen Kolonien liegen an der Guineaküste, eingeklemmt zwischen anderen Kolonien: die Elfenbeinküste zwischen Liberia und der Goldküste; Dahome zwischen Togo und Nigeria. Es erschien daher zweckmäßig, Elfenbeinküste und Dahome in besonderen Abschnitten zu behandeln.

Im südlichen Teil von Guinea beginnt ein mehrere hundert Kilometer breiter Streifen von tropischem Urwald mit Regenhöhen von 3000 bis 4000 mm, der sich mit einigen Unterbrechungen in der Goldküste und in Togo am Guineagolf entlang bis nach Kamerun und dem Küstengebiet von Französisch-Äquatorialafrika und von da ins Kongobecken hinein fortsetzt. Nach Norden schließen sich Savannen, Grasland, die trockene Baumsteppe im Sudan und dann Dornbuschsteppe an. Der nördlichste Teil des Landes hat bereits Saharacharakter.

Das Küstengebiet hat zwei Regen- und zwei Trockenzeiten: die große Regenzeit von April bis Mitte Juli, die kleine Trockenzeit im August und September, die kleine Regenzeit im Oktober und November, die große Trockenzeit von Dezember bis März.

Im Inland, dem Sudangebiet, fallen größere Regenmengen hauptsächlich im Juli und August, der Hauptteil des Jahres ist trocken. Und zwar fallen im südlichen Teil des Sudan 1000 bis 1300 mm Regen, wodurch Ackerbau und Viehzucht ermöglicht werden; im Norden beträgt die jährlich fallende Regenmenge durchschnittlich nur 500—1000 mm. Der nördlichste Teil des Landes hat Sahara-Klima.

Diese Mengenangaben sind wichtig für die Zwecke der Wasserversorgung der während eines großen Teiles des Jahres trockenen Inlandsgebiete.

Hauptstadt des Generalgouvernements ist Dakar, ein Hafen mit einer durch Molen geschützten Reede mit 6,5 bis 9,5 m Wassertiefe.

Einer der wenigen guten Häfen der ganzen Westküste ist Konakry mit Wassertiefen von 10 m in der großen Reede südwestlich der Stadt und 7—8 m in der kleinen Reede im Norden. Die vorgelagerten Los-Inseln schützen den Hafen gegen die Dünung des Atlantik.

Rufisque und St. Louis sind ohne größere Bedeutung.

Von den großen Flüssen sind nur wenige für regelmäßige Schiffahrt geeignet:

Auf dem Senegal ist das ganze Jahr hindurch regelmäßige Verbindung zwischen dem Seehafen St. Louis und Podor, im August und September können größere Schiffe den Fluß aufwärts bis nach Kayes fahren.

Der Niger ist innerhalb des Generalgouvernements nur streckenweise schiffbar. Regelmäßiger Verkehr findet statt während des ganzen Jahres zwischen Bamako und Kurussa (374 km), ferner zwischen Kulikoro und Ansongo (1408 km). Zwischen Ansongo und Kabara geschieht die Beförderung auf flachgehenden Booten, auf den übrigen Strecken verkehren Flußdampfer.

Auch der Casamance im südlichen Teil von Guinea ist im Unterlauf schiffbar.

Gegenwärtig befinden sich folgende Eisenbahnlinien mit 1 m-Spurweite in Betrieb:

St. Louis—Luga—Linguère	365 km
Dakar—Thies—Niger	1350 „
Dakar—St. Louis	263 „
Konakry—Niger	662 „

Die Eisenbahnen der Elfenbeinküste sind auf S. 36, die von Dahome auf S. 43 erwähnt.

Französisch-Westafrika besitzt etwa 27000 km Autostraßen, die während des ganzen Jahres benutzbar sein sollen.

Durchgehende Straßenlinien sind:

Dakar—Rufisque—Thies—Diurbel—Tambakunda (Eisenbahnstation) nach Kayes 700 km.

Kayes—Bamako 490 km.

Kankan—Bobo Djulasso: die beiden Endpunkte der Bahnen in Guinea und in der Elfenbeinküste etwa 700 km.

Kurussa—Bamako 215 km.

Bamako—Timbuktu—Gao—Niamey längs des Niger etwa 2000 km.

Bamako—Wagadugu (Ouagadougou) 491 km.

II. a. 1. Mauretanien, Senegal, Guinea, Niger und Sudan

Die breite archaische Mauretanische Schwelle, von der unten zu sprechen ist, grenzt in weitem, gegen SO geöffnetem Bogen von der Nordgrenze gegen Algerien über den Mittellauf des Senegal bis nach Portugiesisch-Guinea hin das ungeheure Becken des westlichen Sudan gegen den Ozean und die Atlasländer ab.

Auf die innere Flanke dieses archaischen Bogens legt sich die Formation der „Flachliegenden Sandsteine", die die gewaltige flache Westsudan-Mulde ausfüllen.

Die West- und Nordwestgrenze der Mulde bildet die Mauretanische Schwelle. An der Ostgrenze liegt der ebenfalls archaische Ahaggar und seine südliche Fortsetzung, der Adrar der Iforas. Die Südgrenze ist der ungeheure Schild von Granitgneis des Liberia-Gurma-Massivs.

Diese archaische Begrenzung des Westsudan-Beckens ist aber nicht vollständig. An drei Stellen sind breite Lücken in dieser Umrandung vorhanden. Im Südwesten zieht ein breiter Streifen der Sandsteinformation durch Französisch-Guinea bis ans Meer.

Im Osten klafft eine breite Lücke am Mittellauf des Niger in der Gegend von Ansongo, durch die Tertiär-Sedimente von SO her in das Becken eindringen.

Zwischen dem Ahaggar und dem östlichen Zipfel der archaischen Mauretanischen Schwelle in der Landschaft Tanezruft stoßen von N her Kreide und Tertiär in breiter Front in das Becken hinein, die Formation der alten Sandsteine unter sich begrabend.

Durch diese Nordostlücke greift aber auch die Sandstein-Formation aus dem Westsudan-Becken weit nach NO, bis nach Südalgerien hinein, wo sie sich um die nördliche Abdachung des riesigen archaischen Ahaggar-Massivs bogenförmig herumlegt.

Am Südwestrande des Beckens, am oberen Faleme, ragt eine ausgedehnte Insel von Algonkium durch die flachliegenden Sedimente.

Große Teile des Westsudan-Beckens sind an der Oberfläche unter jungen Sedimenten (wohl z. T. Pleistozän), vielfach unter Dünengebieten begraben, die aus der Zerstörung der Sandsteine hervorgingen. Eine solche Zone von riesiger Breite zieht von der Südostgrenze von Rio de Oro zum Nigerknie bei Timbuktu und von da weit den Nigerlauf aufwärts. Aus dieser Decke von Quartärbildungen ragen Reste der sonst abgetragenen alten Sedimentdecken wie Inseln als Tafelberge hervor.

Die folgenden Formationen beteiligen sich am geologischen Aufbau des Landes:

1. Archaikum.
2. Algonkium.
3. Tarkwa-Formation.
4. Rokell-River-Formation.
5. Formation der flachliegenden paläozoischen Sandsteine.
6. Karbon.
7. Kreide und älteres Mesozoikum.
8. Tertiär.
9. Junge Sedimente des Binnenlandes.
10. Kreide und Tertiär des Küstengebietes.
11. Junger Vulkanismus.

1. Archaikum

Archaische Gesteine nehmen am Aufbau von Französisch-Westafrika in erheblichem Umfange teil. Sieht man aber von der Elfenbeinküste und Dahome ab, so ist ihr Anteil an der Zusammensetzung der Oberfläche der übrigen Teile des Generalgouvernements nicht so groß wie in vielen anderen Teilen von Afrika.

Im Süden treten größere Flächen archaischer Gesteine aus Sierra Leone, Liberia, der Elfenbeinküste und der Goldküste nach Französisch-Guinea und nach Französisch-Sudan hinein.

Im nordwestlichen Teil von Mauretanien nimmt das Archaikum eine breite Zone ein, die sich von der Nordgrenze gegen Algerien in einem weiten, nach SO geöffneten Bogen bis zum Mittellauf des Senegal hinzieht. Dieser Bogen, die „Mauretanische Schwelle", trennt als breiter Wulst das innere riesige Becken des Sudan und der westlichen Sahara von dem äußeren, dem Meere zugekehrten Gebiet der spanischen Kolonie Rio de Oro und den Atlasländern in Marokko. Nach S setzt sich diese Schwelle, sehr schmal werdend, fast bis zur Südspitze von Portugiesisch-Guinea fort und trennt das dem Ozean zugewendete aus mariner Kreide und Tertiär aufgebaute Senegal-Becken vom Sudan-Becken.

Nordöstlich vom Nigerbogen liegt der gewaltige Klotz des Adrar der Iforas und noch weiter östlich das fast ebenso große archaische Bergland von Air, das sich bis nach Südalgerien hinein fortsetzt.

Kleine archaische Komplexe, die als „Fenster" die jüngeren Sedimente durchragen, sind an mehreren Stellen vorhanden.

Die archaischen Gebiete des Südens gehören ganz vorwiegend dem riesigen Massiv von Granitgneis („Alter Granit") an, das sich von Sierra Leone und Liberia nach Niamey am Mittellauf des Niger am 2.° ö. L. hin erstreckt und das das Rückgrat des südlichen Teiles von Westafrika bildet. Stellenweise sind archaische Sedimentgneise, Quarzite und Glimmerschiefer dem Granitgneis eingefaltet; vermutlich haben manche dieser Einfaltungen wesentlich größeren Umfang, als man heute weiß.

Im Bergmassiv von Dans, nördlich der Ostgrenze von Liberia, auf der Grenze gegen die Elfenbeinküste, treten ausgedehnte Massen von Charnockitgesteinen zutage.

Im übrigen durchsetzen zahlreiche Gänge und größere und kleinere Massive von Granit und von basischen Gesteinen den Gneisgranit. Diese jüngeren Granite bilden meist Inselberge und sind durch „Wollsack"-Verwitterung und Blockanhäufungen an den Hängen gekennzeichnet. Das Bergland von Air besteht vorwiegend aus Orthogneisen, besonders werden Biotitgneise, Hornblende- und Augitgneise erwähnt. Auch quarzführender Syenitgneis ist stellenweise beobachtet. Granit-, Diabas- und Diorit-Intrusionen sind häufig; bei Iferuane tritt Ägiringranit auf.

An zahlreichen Stellen liegen Durchbrüche und Decken von jungvulkanischen Gesteinen.

Der Adrar der Iforas bildet die südwestliche Fortsetzung des Ahaggar-Massivs, dessen höchste, nahe dem Westrande liegenden Gipfel 1000 m Seehöhe erreichen. Das Gebirge besteht aus Orthogneisen, untergeordnet Sedimentgneisen verschiedener Art, Quarzit, kristallinem Kalk, Amphibolit und Talkschiefer.

In diesen Gesteinen sitzen intrusiv Gänge und Stöcke von Biotit- und Hornblendegranit, Alkaligranit, Granodiorit, Quarzdiorit, Quarzporphyr, Gabbro, Spessartit und Beerbachit. Die Granit- und basischen Gänge streichen im wesentlichen NNO, außerdem sind zahlreiche Pegmatit- und Aplitgänge vorhanden, die vorwiegend NW streichen sollen.

In der Mauretanischen Schwelle scheinen neben Orthogneisen Sedimentgneise und kristalline Schiefer sehr verschiedener Art größere Ausdehnung zu haben. Vielleicht sind hier auch in einzelnen Komplexen Gesteine verbreitet, die wir nach unserem Schema als Algonkium bezeichnen würden.

Der Grad der Metamorphose nimmt in der Mauretanischen Schwelle von O nach W ab (*F. Jacquet*, Bull. Soc. géol. France. 1937, S. 1—8), ähnlich wie in Gabun. Daher sind auf geologischen Karten mehrfach diese Gesteine als Algonkium dargestellt worden.

Kurz erwähnt werden müssen noch die großen basischen Intrusionen im Küstengebiet, die sowohl in Französisch-Westafrika wie in Liberia an mehreren Stellen auftreten und deren Alter nicht genau bekannt ist, die aber sicher post-kambrisch sind.

Hervorzuheben ist das große Dunit-Vorkommen der Halbinsel Kalum bei Konakry, das infolge der bauxitischen Verwitterung eine mächtige Kappe von Brauneisenerz trägt (S. 57).

Die Los-Inseln vor Konakry bestehen im wesentlichen aus Nephelin-Syenit, der von pegmatitischen Nachschüben wechselnder Zusammensetzung durchsetzt ist.

2. *Algonkium*

H. Hubert (Etat actuel de nos connaissances sur la géologie de l'Afrique Occidentale, Paris 1919) prägte die Bezeichnung „Schistes et quarzites redressés" für einen Komplex gefalteter Schichten, die zum großen Teil als algonkisch anzusprechen sind. In dieser Gruppe sind jedoch auch Sedimentgruppen einbegriffen, die wahrscheinlich mit der Tarkwa-Formation (S. 140) parallelisiert werden müssen; ferner hat er die ganze Buem-Formation (S. 252) in Togo und Dahome hierher gerechnet, die wahrscheinlich mit der Kundelungu-Formation zu parallelisieren ist. Endlich hat er auch die Quarzite in Nordwestmauretanien in seiner „Schistes et quarzites"-Gruppe untergebracht, die nach den Untersuchungen von *J. Malavoy* nach O in die Sandsteine der Plateaus des Adrar übergehen und die zur Gruppe der „Flachliegenden Sandsteine" (siehe unten) gehören.

Die von *Hubert* auf seinen geologischen Karten, zuletzt im Atlas des Colonies Françaises, als „Schistes et quarzites redressés" dargestellten Flächen umfassen also sehr verschiedene Formationen und können daher nicht insgesamt als Algonkium angesprochen werden.

Daher ist auch der von *E. Krenkel* (Geologie Afrikas Bd. 3, 1938, S. 1365) für diese Gruppe vorgeschlagene Sammelname „Sudan-System" nicht verwendbar.

In großen zusammenhängenden Flächen treten algonkische Sedimente, die in präkambrischer Zeit gefaltet wurden, in dem großen Bogen des Niger auf zwischen Burem am Niger und Hombori, 250 km südwestlich davon, ferner bei Ansongo am Niger und dem Mittellauf des zwischen Tillabery und Niamey in den Niger mündenden Sirba-Flusses. Östlich des Niger verschwindet das Algonkium unter den tertiären und kretazischen Sandsteindecken. Ein weiteres algonkisches Gebiet liegt am Oberlauf des Weißen Volta und am Ostschenkel des Schwarzen Volta in der Gegend von Wagadugu und Kaya; dies letztere Gebiet ist die nördliche Fortsetzung der großen algonkischen Masse der östlichen Elfenbeinküste (S. 37) und der Goldküste (S. 137).

Da die Gesteine zum Teil ziemlich widerstandsfähig sind, wird der Lauf des Niger in den Teilen, wo er in die algonkischen Gesteine einschneidet, enger als oberhalb, ist von Stromschnellen durchsetzt und zeigt daher starke Strömung.

Diese Gebiete würden sich daher unter Umständen zur Anlage von Staudämmen eignen.

Eine weitere sehr ausgedehnte algonkische Fläche liegt am Oberlauf des Niger in der Gegend zwischen Sigiri und Kurussa. Schließlich muß noch das algonkische Gebiet am Faleme, südwestlich Kayes, erwähnt werden, das sich bis zum oberen Gambia erstreckt.

Die Gesteine, die diese algonkischen Gebiete aufbauen, sind im wesentlichen Sericit-, Phyllit- und Chloritschiefer mit Quarzit- und Sandsteinbänken. In der Umgebung von jüngeren Granitdurchbrüchen sind die Schiefer gelegentlich in Gneis umgewandelt.

In der Gegend von Labbezenga am Niger, ungefähr halbwegs zwischen Ansongo und Tillabery, treten violette manganhaltige Schiefer und Sandsteine auf, auf denen am Ausgehenden Manganerzlagerstätten entstanden sind (S. 67). Der Fluß bildet hier Stromschnellen.

Das Gelände in den algonkischen Flächen ist kurzwellig und von sehr typisch gezackten Höhen und Hügeln gekrönt.

Die algonkischen Schichten im Nigerknie sind im allgemeinen in NW-Richtung gefaltet, die Falten scheinen wenigstens z. T. überkippt zu sein; jedenfalls wiegt NO-Einfallen vor. Am Oberlauf des Niger herrscht NNO-Streichen. Die Schichten sind im allgemeinen kräftig gefaltet.

Die archaischen und algonkischen metamorphen Gesteine sind neuerdings von *R. Golubinow* (Bull. Serv. Mines A.O.F. Heft 1. 1938, S. 81—88) und von *A. Obermüller* (ebenda, S. 91—93) beschrieben und kartographisch dargestellt worden.

In Guinea und dem Sudan sind unter den nicht archaischen metamorphen Gesteinen, die wir als „Algonkium" zusammengefaßt haben, nach dem Grad der Umwandlung wahrscheinlich zwei Stufen zu unterscheiden, wie es auch *Legoux* im Bereich der Elfenbeinküste (S. 38) gelang.

Auf der Karte ist der Versuch gemacht, solches „Alt-Algonkium" vom „Jung-Algonkium" zu trennen. Ob die Unterscheidung immer richtig durchgeführt ist, muß an Ort und Stelle nachgeprüft werden.

Saure und namentlich auch basische Intrusivgesteine, z. T. basische Lagergänge, durchsetzen die Schichten an vielen Punkten. Zu diesen basischen Intrusionen gehört sehr wahrscheinlich auch der große Dunitstock von Konakry (S. 57).

Die Ausbildung der jungalgonkischen Gesteine entspricht der des Muva-Ankole-Systems in Ostafrika.

3. *Tarkwa-Formation*

Schichten der Tarkwa-Formation (Witwatersrand?) treten aus dem Gebiete der Goldküste in den östlichen Teil der Elfenbeinküste über und sind auf S. 40 beschrieben. Ob auch im übrigen Teil von Französisch-Westafrika derartige Sedimente auftreten, ist noch nicht bekannt.

4. *Die Rokell-River-Formation* (Kundelungu ?)

Im westlichen Teil von Sierra Leone liegt parallel zur Küste ein breiter Streifen gefalteter und gestörter quarzitischer Sandsteine und Schiefer, denen Decken und Lagergänge basischer Gesteine eingeschaltet sind und die als Rokell-River-Formation bezeichnet werden (S. 92). Die Schichten streichen nach NNW über die Grenze von Sierra Leone nach Französisch-Guinea hinein, wo sie mehrfach größere Flächen einnehmen, z. B. am Oberlauf des Konkure und in der Fortsetzung nach NW, ferner nach NO in der Gegend von Mali. Die Schichten enthalten nicht selten Kalksteine, wie bei Mali, die für landwirtschaftliche Zwecke nutzbar gemacht werden können.

Stockförmige Intrusionen und Lagergänge von Diabas sind, ähnlich wie in Sierra Leone, an zahlreichen Stellen bekannt, scheinen aber stellenweise noch größere Verbreitung zu haben als in Sierra Leone.

5. *Die Formation der paläozoischen „Flachliegenden Sandsteine"* (Grès silicieux horizontaux) Kambrium bis Karbon

Die Formation der paläozoischen flachliegenden Sandsteine besteht aus zwei diskordant übereinander liegenden Abteilungen:

Über den metamorphen und stark gefalteten algonkischen Sedimenten, die aus grünlichem Quarzit in Wechsellagerung mit Glimmerschiefer, Sericitschiefer und Itabirit bestehen, liegt zunächst diskordant:

a) Die gefaltete Basis-Serie. Diese ist in der Gegend von Kidira am Faleme (westlich Kayes) ziemlich kräftig gefaltet; die Schichten zeigen stellenweise Fallwinkel bis zu 45°. Nach N, S und namentlich nach O nimmt die Faltung schnell an Intensität ab.

Stellenweise beginnt die Serie mit einem Basiskonglomerat, das aber meist wohl fehlt.

In Mauretanien bestehen die Schichten aus Sandstein, Schiefer und Kalk. Im äußersten Süden sind nur Sandsteine vorhanden.

In Ostsenegal sind zwei Horizonte zu unterscheiden; über dem glimmerführenden Schiefer am Faleme-Fluß folgt ein Sandstein-Horizont; doch sind auch seitliche Übergänge vom Schiefer zum Sandstein zu beobachten. Die Sandsteine über dem Schiefer führen teilweise Feldspat und sind z. T. verkieselt, auch oft mit Quarzgängen durchsetzt. In ihrem hangenden Teil stellen sich Horizonte aus Kieselgesteinen ein.

Über dieser gefalteten Serie folgt:

b) Die subhorizontale Serie. Diese ist kambrisch-untersilurischen Alters und liegt mit meist deutlicher Diskordanz über der gefalteten Serie. Mehrere Stufen lassen sich unterscheiden:

Stufe 1 ist das Basiskonglomerat mit Geröllen von Granit, Gneis und besonders von Quarzit; die Gerölle sind teils gerundet, teils eckig und von sehr wechselnder Größe. Das Bindemittel ist tonig, schwach kalkig. Die Mächtigkeit beträgt in der Gegend von Kayes und Bafulabe 20—30 m. *L. Baud* (C. R. Ac. Sci. Bd. 197, 1933, S. 172—173) sprach dies Konglomerat als fluvioglazial an; diese Auffassung scheint aber nicht von allen Geologen geteilt zu werden. Darüber folgt

Stufe 2: die Dolomitzone, die durchschnittlich 10 m mächtig ist, die aber in seltenen Fällen fehlen kann.

Stufe 3: Schiefer mit Lagen von Kieselgesteinen. Diese im Ostsenegal verbreitete Stufe ist auch in Mauretanien vorhanden, fehlt aber anscheinend im Süden des Sudan und des Senegal, wo die im Hangenden folgende

Stufe 4: der hangende Sandstein, unmittelbar diskordant auf der gefalteten Serie oder transgredierend auf Algonkium liegt.

Dieser Sandstein der Stufe 4 bedeckt den Südwesten des Sudan, Teile von Guinea (Gebiet von Futa Djallon) und von Mauretanien (Gegend von Affolé, Assaba, Tagant und das Gebiet des Adrar).

Diabas-Intrusionen sind mehrfach vorhanden und haben die Gesteine gelegentlich schwach metamorphosiert.

Über dem hangenden Sandstein liegen diskordant die obersilurischen Schiefer von Telimele in Guinea und von Tamga und Affolé in Mauretanien.

Die gefaltete Serie mit ihren verquarzten Sandsteinen wurde früher, z. B. von *Hubert*, als Algonkium angesprochen. Die Untersuchungen von *Jacquet* und *Nickles* (1937) haben aber endgültig gezeigt, daß sie die örtlich gefaltete liegende Abteilung der flachliegenden Sandsteine darstellen.

Die am Unterlauf des Faleme-Flusses so kräftig entwickelte Diskordanz zwischen der gefalteten Basis-Serie und der darüber folgenden subhorizontalen Serie scheint nur auf das westliche Mauretanien beschränkt zu sein. Im Norden und im Osten des Sudan ist sie nicht mehr vorhanden, die beiden Serien liegen dort ohne Schichtlücke übereinander.

Das Alter der gefalteten Basis-Serie ist bei dem Fehlen von Fossilien nicht sicher bekannt.

Th. Monod (1937) gab eine anschauliche Übersicht über die gesamte Schichtfolge des Westsudan-Beckens, die auch Kreide, Tertiär und Quartär mit umfaßt:

D. Quartär: Verschiedene Kontinental-Sedimente, meist Süßwasserbildungen, nie marin, außer am Mauretanischen Busen. Es hat also in dieser Zeit kein Binnenmeer bestanden.

C. Tertiär und Kreide:
- c) Hammada: Kalksandstein-Sedimente ohne Fossilien; vielleicht seitliche Kontinental-Fazies von Kreide-Eozän, vielleicht auch jünger.
- b) Kreide-Eozän-Sedimente.
- a) Kontinentale Zwischenstufe, vermutlich untere Kreide.

B. „Primär“ (flachliegende Sandsteine).
- f) Weinroter Sandstein und Schiefer mit Gips (Westfal?).
- e) Mariner Sandstein und Kalk mit Brachiopoden und Korallen (Dinant).
- d) Oberer Sandstein und Kalk (Devon).

c) Schiefer und Papierschiefer mit *Graptolithen* (Ob. Silur).
b) Unterer Sandstein (Unt. Silur).
a) Basis-Schichten: Sandstein, Schiefer, Kalk (Kambrium).

A. Kristalline Gesteine. (Archaikum, Algonkium, Tarkwa-Formation und Rokell-River-Formation.)

In Französisch-Westafrika sind die flachliegenden Sandsteine auf Entfernungen von mehr als 1200 km nach O zu verfolgen, über die Landesgrenzen hinaus nach Algerien hinein mehr als ebenso weit. Auf diese ungeheure Entfernung bleiben die Sedimente in ihren Hauptabteilungen sich petrographisch soweit gleich, daß sie ohne Schwierigkeiten wieder zu erkennen sind; in den Einzelheiten wechselt natürlich die Schichtenfolge innerhalb gewisser Grenzen.

Zum Beweise dessen bringen wir zwei Profile, die mehr als 2000 km voneinander entfernt sind. Nur das erste stammt aus Französisch-Westafrika, aus dem mauretanischen Adrar; das zweite liegt am Nordrande des Ahaggar-Massivs im Süden von Algerien, also eigentlich außerhalb des hier behandelten Gebietes.

Zu diesen beiden Profilen ist noch das Folgende zu bemerken:

In beiden Profilen entsprechen die Horizonte 1 und 2 der oben erwähnten „gefalteten Basis-Serie", die aber in beiden Fällen ohne Diskordanz unter den jüngeren Schichten liegen.

Die obersilurischen Schiefer mit Graptolithen liegen in beiden Fällen zwischen den mächtigen Sandsteinpaketen.

Am Westende der Synklinale von Arauan-Taudenni liefern die Steilhänge des mauretanischen Adrar, etwa 100—200 km von der Südostgrenze von Rio de Oro, folgendes Profil vom Hangenden zum Liegenden durch den präkarbonischen Teil der paläozoischen Sandstein-Serie, das namentlich *Monod* (1937) untersuchte:

Die Schichtenfolge vom Hangenden zum Liegenden ist diese:

C. Devon.

10. Oberer fossilführender Sandstein.

Bei Tamga und in der Landschaft El Groniate in Westmauretanien liegen zwischen Quarziten und quarzitischen Sandsteinen horizontal gelagerte Kalksteine, kalkige Sandsteine und plattige Quarzite, die *Spirifer verneuili*, *Spirifer aff. burchardi*, *Orthothetes*, *Chonetes* und *Rhynchonella* enthalten.

Spirifer verneuili ist typisch für Ober-Devon. Der gleiche Horizont zieht mit nördlichem Einfallen auf der Nordseite des Silurzuges des Dhar Tichitt nach O. Auch am Nordrande der Hammada el Haricha tritt Devon unter den karbonischen Sedimenten zutage. Weiter treten zum Devon gehörende Sandsteine in breiter Fläche am Südrande des Ahaggar-Massivs am Nordrande der Kreide auf.

Das Unter-Devon ist durch *Spirifer cf. rousseaui* und *Stropheodonta oriskania;* z. B. aus der Gegend von Dadafi, in der Gegend von Bilma und durch einen nicht näher bestimmten *Spirifer* aus der Gegend von Atar gekennzeichnet.

B. Ober-Silur.

9. Schiefer und Papierschiefer mit Graptolithen von den gleichen Fundpunkten.

Sicher nachgewiesen sind *Monograptus priodon* und *Monograptus riccartonensis* in der Gegend von Telimele in Guinea.

A. Unter-Silur und Kambrium.

b) Unterer Sandstein. Unter-Silur z. T.?

Hierher muß auch wohl der Sandstein mit *Harlania halli* von Djado in der Niger-Kolonie gestellt werden.

8. Kieseliger massiger Sandstein, in grobe Klötze zerfallend.

7. Säulen- oder Stengel-Sandstein mit Kreuzschichtung, ziemlich mürbe, oft feldspatführend.

Die Sandsteine mit *Lingula* liegen vermutlich an der Grenze zwischen 7 und 8.

6. Sandstein des Dhar, Sandstein von Chingetti.

a) Basiskomplex mit Sandstein, Schiefer und Kalk (Kambrium z. T.)

5. Schiefer und bunte geschichtete Sandsteine, oft dunkelrot, Kalksteinbänke und Schichten von Kieselgesteinen; rote Schichten von Hofrat Uadane.

4. Blauer oder brauner Kalk mit Stromatolithen bei Atar, Amder, Ksar Torchane, Fuß des Steilhanges von Adbeinat usw.

3. Konglomerat und Sandstein im hangenden Teil des Steilhanges Azugi-Lemhagen-Tajalet-Niaga.

2. Schiefer und geschichteter verschiedenfarbiger Sandstein, oft dunkelrot, Kalksteinbänke und Bänke von Kieselgesteinen bei Azugi, Tajalet, Niaga.

1. Grüner Sandstein und verschiedenfarbige Sandsteine mit mehreren Bänken kleinkörniger Konglomerate.

Darunter liegt diskordant Archaikum und Algonkium.

Über diesem Schichtenkomplex tritt das Karbon im mauretanischen Adrar nur in dem sehr kleinen Ausbiß der Synklinale von Ued el Abid südlich Hossi el Motleh zutage.

Trotz mehrerer vorhandener Konglomerat-Horizonte scheinen nennenswerte Diskordanzen nicht da zu sein, die einen stratigraphischen Schnitt zuließen.

Über dem Ober-Silur fehlen Versteinerungen fast ganz. Die stratigraphische Horizontierung muß lediglich auf Grund der Gesteinsbeschaffenheit erfolgen.

Die ganze Schichtenfolge wird als epikontinental angesprochen.

N. Menchikoff (1933) und *H. Hubert* fanden bei Atar in Mauretanien als „Collenia" bezeichnete wulstige Gebilde auf Schichtflächen im Kalkhorizont, die man als Algen angesprochen hat und die man in vermutlich dem gleichen Horizont auf etwa 1000 km Entfernung an mehreren Stellen wiedergefunden hat. Man glaubte, daß es sich hier um horizontbeständige Fossilien handele, die als Leitfossilien des Ober-Kambrium anzusehen seien. Da man im Katangakomplex im Kalk und Dolomit, in Belgisch-Kongo und in Deutsch-Ostafrika die gleichen Gebilde wiederfand, hat man sogar daran gedacht, den Katangakomplex, zum mindesten aber das Kundelungu-System, mit den paläozoischen flachliegenden Sandsteinen zu parallelisieren (vgl. das Kapitel „Belgisch-Kongo").

Jedoch sind die Collenien den Stromatolithen ähnliche, ziemlich sicher anorganisch entstandene Gebilde, die ja auch z. B. im mitteldeutschen Buntsandstein auftreten und die dort ebenfalls als anorganisch aufgefaßt werden. Zur stratigraphischen Horizontierung sind die Collenien als wahrscheinliche Pseudofossilien ungeeignet.

Ähnlich liegt vermutlich der Fall für die in marinem Visé bei Taudenni gefundenen Mikroorganismen (vgl. unten beim Abschnitt „Karbon").

In der Zentralsahara liegt der hohe Gebirgszug des Adrar Ahenet am Nordrande des Ahaggar in Südalgerien. Um den Kern von kristallinen und metamorphen Gesteinen legen sich die „horizontalen Sandsteine". *Th. Monod* und *J. Bourcart* (1931) konnten hier folgendes Profil vom Hangenden zum Liegenden festlegen:

Mittel-Devon	26. Grauer und blauer Kalk (vielleicht Ober-Devon)
	25. Schieferton und mürber Sandstein
	24a. oolithischer eisenschüssiger Kalk
	24. blauer Kalk mit *Orthoceras* und Korallen
	23. wie 25
	22. blauer und grauer Kalk mit Muscheln
Oberer Sandstein Unter-Devon, z. T. Ober-Silur	21. Schieferton und mürber heller Sandstein
	20. harte Fossilbank mit *Nereites*
	19. Tonschiefer
	18. harte Sandsteinbank mit Wellenfurchen, mit *Orthoceras* und *Spirifer rousseaui*
	17. grauer Schieferton
	16. harte Sandsteinbank m. Eisenkonkretionen
	15. harter und mürber Sandstein, wechsellagernd
	14. harter Sandstein, bildet ruinenförmige Mauern
	13. wie 15
	12. harte Sandsteinbank
	11. plattiger und dickbankiger Sandstein, wechsellagernd

Ober-Silur	10. vielfarbiger, blättriger Tonschiefer mit ***Monograptus priodon***
Unterer Sandstein	9. harter grauer oder weißer Sandstein, z. T. quarzitisch
	8. dünne Zone mit plattigem Sandstein und kleinkörnigem Konglomerat
	7. sandiger Schiefer und Sandstein, dünnblättriger bunter Tonschiefer
Unteres Silur u. Ob. Kambrium	6. weißer gefleckter Sandstein
	5. dünnschichtiger Sandstein
	4. grober, massiger Sandstein, ruinenförmig verwitternd
	3. Konglomerat und Arkosesandstein
Kambrium?	2. weinroter Sandstein
	1. rötliches Konglomerat mit Quarzitgeröllen des Ahenet

In der Stufe der Graptolithen-Schiefer lassen sich mehrere Horizonte unterscheiden:

Horizont c:
Monograptus colonus.

Horizont b 2:
Monograptus roemeri, Cardiola interrupta.

Horizont b 1:
Cardiola interrupta, Slava imperficiens, Isocardia insocialis.

Horizont a:
Monograptus lobiferus (mittleres und oberes Llandovery), *Climacograptus scalaris, Monograptus vomerinus, Monograptus priodon, Cyrtograptus murchisoni, Cyrtograptus flaccidus* (Unter-Wenlock).

Im Süden beobachteten *Furon* und *Perebaskine* das folgende Profil, das Mächtigkeitsangaben für den oberen Sandstein enthält:

Oberer Sandstein:

Verkieselter Sandstein	33 m
Weißer Ton	0,5—1 m
Verkieselter Sandstein	1 m
Rote Kieselgesteine (Jaspis)	10 m
Schiefer und Quarzit	mehr als 75 m

Schiefer-Stufe:

Schwarzer und violetter Schiefer mit seltenen Kalkbänken; Diabas-Intrusionen haben die Schiefer kontaktmetamorph verändert.

Unterer Sandstein:

Kreuzgeschichteter, meist feinkörniger, glimmerhaltiger Sandstein; einzelne Bänke grobkörnig mit Geröllen. An der Basis plattiger Sandstein.

Die ganze Schichtfolge ist mehr als 500 m mächtig.

Ein nicht in die Einzelheiten gehendes Profil am Plateau von Bandiagara und der Gondo-Ebene, östlich von Mopti am Niger, oberhalb Timbuktu, gab *Serpokrylow* (1934). Wir bringen das Profil, weil in ihm Mächtigkeitsangaben vorliegen:

5. Obere Sandsteine und Quarzite	70—100 m
4. Schieferige und glimmerführende Sandsteine und Schiefer	60 m
3. Dolomit	85 m
2. Unterer grober und feinkörniger Sandstein	10 m
1. Gefalteter quarzitischer Sandstein und Konglomerat	20—30 m

Die Schichten sind schwach aufgewölbt und im NNO schwach gefaltet.

Die Gesamtmächtigkeit der flachliegenden Sandsteine bis zum Ober-Devon dürfte im Mittel 400—600 m betragen.

Die seltenen, an mehreren weit voneinander liegenden Fundpunkten gefundenen Fossilien sind sämtlich marin. Trotzdem ist es sehr wahrscheinlich, daß der größere Teil der Sandsteine als Kontinentalbildung entstanden ist und daß nur hin und wieder Meerestransgressionen an einzelnen Stellen in das damals niedrig liegende Becken eindrangen.

Lediglich der weitverbreitete Graptolithen-Schiefer und wahrscheinlich auch die karbonatischen Gesteine bezeichnen eine ausgedehnte marine Periode für das ganze Becken.

P. Jodot (Bull. Soc. géol. France 1932, S. 78; 1934, S. 369) fand an den Stromschnellen von Sotuba am Niger bei Bamako glaukonitische Sandsteine, die auch einen Teil des Mandinge-Plateaus bilden und die noch weiter verfolgt werden konnten.

Diese glaukonitischen Sandsteine — der Glaukonitgehalt muß aber wahrscheinlich bei einem Teil der Sandsteine noch nachgeprüft werden — sollen einen Horizont in den flachliegenden paläozoischen Sandsteinen bilden, und zwar im kambro-silurischen Teil, also im unteren Sandstein.

Wenn das als Glaukonit angesprochene Mineral richtig bestimmt ist, würde dieser Horizont wahrscheinlich ebenfalls auf das Eindringen des Meeres an der Wende vom Kambrium zum Silur hinweisen.

Tektonische Brüche, die NW und NO streichen, die sich also kreuzen, sind sehr häufig in den flachliegenden Sandsteinen.

Wahrscheinlich wesentlich älter sind Gänge und Lagergänge von basischen Gesteinen, die in dieser Formation stellenweise sehr häufig und teilweise von erheblicher Ausdehnung sind und die eine Mächtigkeit bis zu 150—200 m aufweisen. Die Gesteine sind im allgemeinen mittel- bis grobkörnige Diabase, die gelegentlich Pigeonit führen. Doch gehen die Gesteine stellenweise in Gabbro, auch Peridotit und Diorit über. Monzonitische Gesteine sind ebenfalls beobachtet. Derartige Differentiationserscheinungen sind leicht erklärlich.

Das Nebengestein der Intrusiva zeigt, namentlich im Liegenden, aber auch im Hangenden, fast stets kontaktmetamorphe Einwirkungen. Unreine sandige Kalke bilden pyroxenführende Hornsteine, wie bei Kemaja, oder diopsid- und skapolithführende Hornsteine. Schiefer sind in Knotenschiefer, Cordieritgesteine des Tamga-Massivs und bei Poredaca umgewandelt. Reinere Kalksteine bestehen in der Kontaktzone aus Marmor; in einem Massiv nördlich von Bafulabe sind darin neben Kontaktmineralien auch Nester von Magnetit entwickelt.

Am Tamga-Massiv in Guinea liegen neun Lagergänge übereinander.

An der Grenze von Togo gegen die Goldküste treten in einem ausgedehnten Gebiet ebenfalls flachliegende Sandsteine auf, die in Togo als Oti-Schichten (S. 253), in der Goldküste als Volta-Schichten (145) bezeichnet werden. Obwohl in ihnen noch keine Fossilien gefunden sind, werden sie wegen ihrer petrographischen Ausbildung und der Art ihres Auftretens zu den flachliegenden paläozoischen Sandsteinen gestellt.

Übrigens fand sich in einem isolierten Vorkommen an der Küste bei Accra der Trilobit *Homalonatus dekayi* (S. 147), der ins Mittel-Devon gehört.

N. Menchikoff (Rev. Géogr. phys. Géol. appl. Bd. 3. 1930, S. 148) gab folgendes vergleichende Schema der Entwicklung des Devon in der Sahara:

Devon in der Sahara nach Menchikoff (1930):

	Synklinale von Tinduf	Gebiet der Saura-Messaued.	Mittel- u. Ostsahara.
Fammene-Stufe	Sandsteine mit *Spirifer verneuili* u. Sandstein ohne Fossilien.	Kalksteine mit *Clymenien.*	Schiefer u. Sandsteine mit *Spirifer mesocostalis.*
Frasne-Stufe	Sandsteine mit Bänken mit *Spirifer verneuili* an der Südflanke der Tinduf-Mulde.	Kalksteine mit *Manticoceras retrorsum* u. *M. intumescens.*	Kalk mit *Spirifer verneuili* u. *Rhynchonella cuboides.*
Givet-Stufe	Kalksteine mit Korallen und *Spirifer mediotextus.*	Eisenschüssiger Sandstein, Kalk u. Schiefer.	Sandsteine mit *Goniatiten* am westl. Ahenet.
Eifel-Stufe	Schiefer m. *Calceola sandalina, Leptaena rhomboidalis.* Sandsteine m. *Spirifer speciosus, Atrypa reticularis.*	Kalk m. *Calceola sandalina.* Eisenschüssige Sandsteine u. Kalksteine mit *Favosites goldfussi.*	Schichten mit *Goniatiten* u. *Brachiopoden* am westl. Ahenet.
Koblenz-Stufe	Sandsteine mit *Spirifer primaevus.* Plattige Sandsteine u. Kalke m. *Tentakuliten* u. *Bryozoen.* *Schizophoria striatula*	Sandsteine mit *Spirifer primaevus.* Sandsteine u. Schiefer mit *Sp. rousseaui* u. *Schizophoria.*	Sandsteine.
Gedinne-Stufe	Oberster Teil der „unteren Sandsteine“ und Schiefer.	Fossilfreie Schiefer von Ugasta.	

6. *Karbon*

Sandige karbonische Sedimente mit *Productus cora* sind am Kreb en Naga in Nordmauretanien (etwa am 25.^{0} n. Br.) bekannt geworden; sie werden bisher zu den flachliegenden Sandsteinen dieses Gebietes gerechnet. Die Lagerungsverhältnisse scheinen noch nicht ganz geklärt.

Die übrigen karbonischen Sedimente bestehen sämtlich aus Kalksteinen.

Die größte Ausdehnung hat die marine Kalksteinformation in der Hammada el Haricha (ungefähr am 22.° bis 23.° n. Br. und 3.° bis 6.° w. L.), an deren südlichem Fuß die Salzquellen von Taudenni liegen. Die Kalkschichten liegen bei Taudenni fast horizontal, diskordant auf algonkischen Schiefern, erreichen bis zu 250 m Mächtigkeit und fallen nach S unter Kreidesandstein ein.

Die Schichten enthalten marine Fossilien: *Spirifer striatus*, *Productus lineatus*, *Syringotheris*, *Zaphrentis patula;* sie werden teils zum Unter-Karbon (Dinant-Stufe), teils zum Ober-Karbon (Namur-Stufe und Westfal-Stufe) gestellt.

Ob die Schichten der Hammada el Haricha denen von Kreb en Naga entsprechen, ist noch nicht geklärt.

Die genannten Fossilien haben eine außerordentlich weite Verbreitung auf der Erde.

Bei In Tendreft südöstlich In Gezzam (dicht östlich 6.° ö. L., 17.° 40′ n. Br.) im Niger-Gebiet liegen horizontal gelagerte Kalksteine mit *Spirifer* und *Productus* (Gruppe *semireticulatus*) konkordant auf den flachliegenden Sandsteinen, die dann also wohl eine ununterbrochene Sedimentation vom Kambrium bis ins Ober-Karbon aufweisen würden.

Es sei hier darauf hingewiesen, daß auch an der Goldküste Knollenkalke mit *Orbiculoidea nitida* (?) und *Modiola sp.* auftreten, die bisher ins Ober-Karbon gestellt werden (S. 148). Bei Takoradi fanden sich Kalksteine mit Fischresten (S. 147), die ebenfalls zum Ober-Karbon gerechnet werden.

In der Gegend von Taudenni fanden *Kilian* und *Monod* in den marinen Schichten des obersten Unter-Karbon oolith-ähnliche Gebilde, die sie für Mikro-Organismen ansprachen und die zu der Algenfamilie der Sicidaceen gestellt werden. Die beiden Autoren (C. R. Acad. Sci. Bd. 203, 1936, S. 381 bis 383) verglichen diese fragwürdigen Reste mit den im Kalk der Kundelungu-Schichten in Katanga und am Niederkongo gefundenen ähnlichen Gebilden und glaubten sogar auf Grund dieser Ähnlichkeiten, die flachliegenden paläozoischen Sandsteine mit den Kundelungu-Schichten parallelisieren zu können; die Kundelungu-Schichten sollten demnach dem Karbon oder Devon angehören.

Vgl. dazu das im Kapitel „Belgisch-Kongo“ Gesagte.

Im Tschad-Territorium von Französisch-Äquatorialafrika sind in der Landschaft Wadai flachliegende Sandsteine mit *Harlania* weitverbreitet (S. 398). Konkordant darüber liegen Schichten mit einer Kontinentalflora (*Spirophyton*, *Palaeophycus*, *Lepidodendron* usw.), die beweisen, daß die Bildung der flachliegenden Sandsteine bis ins Unter-Karbon (Dinantien) angedauert hat.

Die Folge würde also auch dort vom Unter-Silur bzw. Kambrium bis ins Unter-Karbon reichen.

Die „flachliegenden paläozoischen Sandsteine" Westafrikas entsprechen den paläozoischen Sandsteinen im Tschad-Territorium, in Libyen, im Englisch-ägyptischen Sudan und in Ägypten, die dort unter dem mesozoischen Nubischen Sandstein folgen; gelegentlich, z. B. im Ostsudangebiet, ist zwischen beiden eine Diskordanz nachgewiesen.

Das Kap-System in Südafrika
und die paläozoischen flachliegenden Sandsteine in Westafrika

Südafrika		Westafrika
	Ober-Karbon	Marin und terrestrisch
Witteberg-Serie Ausschließlich kontinental. Quarzit, plattiger Sandstein, Schiefer, sandiger Kalk. *Bothrodendron*, *Cyclostoma*, *Didymophyllum*, *Knorria*, *Lepidodendron*, *Sigillaria* usw. Mächtigkeit ca. 750 m.	Unter-Karbon	Kalksteine, durchweg marin. *Spirifer striatus*, *Productus lineatus*, *Zaphrentis patula*. Mächtigkeit ca. 250 m.
Bokkeveld-Serie Hangender Teil: Kontinental. *Spirophyton*, *Bothrodendron*. Liegender Teil: Marin. *Homalonothus herscheli*, *Phacops ocellus*, *Spirifer antarcticus*, *Chonetes*, *Lingula* usw. 5 Tonschiefer-Stufen mit 4 eingefalteten Sandsteinstufen. Mächtigkeit ca. 750 m.	Ober-Devon	„Oberer Sandstein" Vorwiegend marin.
	Mittel-Devon	Quarzitischer Sandstein, kalkiger Sandstein, Kalk. *Spirifer verneuili* (Ob. Devon)
Tafelberg-Serie Vorwiegend kontinental; fossilfrei. An einigen Stellen wahrscheinlich im hangenden Teil Glazialbildungen. Mächtigkeit 600—1200 m.	Unter-Devon	*Spirifer cf. rousseaui* (Unt. Devon).
	Ober-Silur	Graptolithenschiefer (marin)
	Silur bis Kambrium	„Unterer Sandstein" Kontinentalbildungen; fossilfrei. Sandsteine vorwiegend. Im tieferen Teil stellenweise einige Kalkbänke.

Altersbeziehungen der paläozoischen flachliegenden Sandsteine zum Kap-System in Südafrika

Das Kap-System Südafrikas entspricht im Alter einem wesentlichen Teil der flachliegenden paläozoischen Sandsteine in Westafrika. Die Bildungsbedingungen in den ungeheuer weit auseinanderliegenden Gebieten waren natürlich ganz verschieden, ebenso die Lebensmöglichkeiten für die Organismen.

Das Alter des liegenden Teiles der Tafelberg-Serie ist nicht sicher bekannt. Es scheint aber, daß die tiefsten Teile des „Unteren Sandsteines" in Westafrika noch wesentlich älter sind; möglicherweise entsprechen sie dem hangendsten Teil der Waterberg (Kundelungu)-Schichten.

In der umstehenden Tabelle (S. 22) ist der Versuch einer Parallelisierung der paläozoischen westafrikanischen Sandsteine mit dem Kap-System gemacht.

7. Kreide und älteres Mesozoikum im Becken des westlichen Sudan

Unter dem Formationsbegriff der Kreide ist hier eine Gruppe von Sedimenten zusammengefaßt, deren hangende Glieder durch ihren Fossilinhalt als zur oberen marinen Kreide gehörig erwiesen sind. Die Sedimente des liegenden Teiles jedoch sind teilweise fossilfreie Kontinentalbildungen, deren Alter nicht sicher erwiesen ist; viele Forscher vermuten, daß diese konkordant unter der fossilführenden oberen Kreide liegenden Schiefertone und Sandsteine nicht nur die untere Kreide, sondern auch den Jura, wenigstens einen Teil desselben, teilweise vielleicht sogar noch ältere Formationen, umfassen.

Die Kreide-Sedimente dringen von NO her in breitem Strom durch die riesige Lücke zwischen der Mauretanischen Schwelle und dem Ahaggar nebst seiner südwestlichen Fortsetzung, dem Adrar der Iforas, in die West-sudan-Senke ein. An der Nordwestseite dieser Fläche transgredieren sie über Archaikum, Kambrium, Silur, Devon und Karbon. Auf der Ostseite legen sie sich mantelförmig auf das Archaikum des Ahaggar und des Adrar der Iforas, dessen Südfuß sie in großem Bogen nach O umziehen.

Die Kreide-Ablagerungen ziehen dann noch weiter nach O, die den Südhang des Ahaggar bedeckenden Silur-, Devon- und Karbon-Sedimente überlagernd. Die Ausdehnung der Kreide nimmt nach O hin immer mehr zu, und im Süden des Air-Berglandes bedeckt sie sehr große Flächen.

Bis in den nördlichen Teil der Tschadsenke stoßen die Kreide-Ablagerungen vor.

a. Sedimente der unteren Kreide und älterer Formationen

C. Kilian (1931, S. 109) wies darauf hin, daß an der Basis der oberkretazischen Sedimente, über dem marinen Karbon, eine mächtige Folge von kontinental gebildeten Sedimenten liegt, die er als Kontinental-Einschaltung (Continental Intercalaire) bezeichnete.

Die Ablagerungen der oberen Kreide werden von *Kilian* als „Hamada-Serie“ bezeichnet.

Diese Kontinentalserie kann vielleicht stellenweise vom Ober-Karbon oder Perm bis in die untere Kreide reichen; an anderen Stellen fehlt sie vollkommen, und das Cenoman mit *Exogyra columba* transgrediert unmittelbar auf ältere Schichten.

Im Sudan sind diese Sedimente am besten untersucht am Westrande der Tschadsenke, in der Gegend von Agades in der Landschaft Tegama (ungefähr 17° n. Br. und 8° ö. L.). Sie werden daher als Tone und Sandsteine des Tegama („Tegama-Sandstein“) bezeichnet. Die Schichten liegen hier horizontal. Sie beginnen 6 km nördlich Agades mit einem sandigen Konglomerat diskordant über gefaltetem Algonkium. Darüber folgen violette, grüne und weiße Mergel (10 m), violetter und grüner Schieferton mit Dinosaurier-Resten (10 m), violetter Mergel mit nicht abgerollten verkieselten Hölzern (*?Araucarioxylon, Mesembryoxylon*) (0,25 m). Darauf liegen gelbe, weiße, rote und bräunliche Sandsteine. Auch die Sandsteine enthalten verkieselte Hölzer; offensichtlich handelt es sich größtenteils um Wüstenbildungen, die stellenweise lagunäre Einlagerungen enthalten.

Das Alter dieser Schichten ist also nur nach oben hin sicher festgelegt, das Alter der tiefsten Schichten ist bisher nicht zu erweisen.

Depéret und *Savornin* (1927) haben von Timimun in Algerien, nordwestlich vom Plateau von Tadmait (ungefähr 0° 30′ ö. L., 29° n. Br.), aus den gleichen Kontinental-Sedimenten einige Fossilien beschrieben (Teil 1, S. 181). Es sind dies ein Dinosaurier, *Dryptosaurus saharicus n. sp.;* die Familie ist bisher in Afrika unbekannt; ein Krokodil, *Dyrosaurus sp.*, das den Krokodilen aus den Phosphatschichten in Algerien und Tunesien ähnlich ist; schließlich die Flosse eines Fisches aus der Familie der Hybodontiden. Die Gattung *Hybodus* ist in der Trias und im Jura, aber auch in der Kreide vertreten.

Diese Reste reichen für eine stratigraphische Eingliederung nicht aus. Für die Annahme, daß die Kontinental-Serie etwa bis ins Perm hinabginge, liegen bisher keine sicheren Anhaltspunkte vor.

In gewisser Weise erinnern die Schichten an die saurierführenden Tendaguru-Schichten in Deutsch-Ostafrika, die aber einen weit stärkeren Wechsel von kontinentalen und marinen Bildungen aufweisen.

Die Mächtigkeit scheint im Mittel 50 m bis 100 m nicht zu überschreiten.

Die Kontinental-Serie hat eine weitere Verbreitung als die obere Kreide. Vom Süden des Air-Berglandes in der Gegend von Agades und Sinder nach W begleiten sie im Süden die silurischen und devonischen Tassili wan Ahaggar und den Adrar der Iforas, umlagern dies letztere Bergland auch auf der Westflanke und füllen die breite Senke bis zur nordmauretanischen Schwelle; in diesem Gebiet fehlt die marine Kreide bis auf kleinere Flächen so gut wie ganz.

Auch im nördlich anschließenden Algerien ist das „Continental Intercalaire" weitverbreitet.

b. Obere Kreide

Über dem kontinentalen Tegama-Sandstein folgen konkordant, ohne jede Schichtlücke, Sandsteine, Tonschiefer und Kalksteine, die fossilreiche Horizonte enthalten.

Sie haben sehr große Verbreitung in der Landschaft Damergu, etwa 100 km westlich Sinder, bilden aber auch ausgedehnte Flächen in der nördlichen Fortsetzung am Westrande der Tschadsenke bis in die Gegend östlich von Agades.

Durch Fossilien sind hier bisher Cenoman, Turon und Ober-Senon festgelegt.

α. Cenoman. Der tiefere Teil des Cenoman führt in der Zeugenberg-Landschaft Damergu *Ceratodus africanus*, *C. minitus*, *Onchopristis numidicus*. Am Brunnen Tamaia, am Tilemsital und in Dju sind die gleichen Schichten beobachtet.

Das obere Cenoman besteht im wesentlichen aus Kalksteinen und Sandsteinen und hat namentlich in der Gegend von Tanut folgende Formen geliefert: *Neolobites cf. vibrayeanus*, *Exogyra flabellata*, *Strombus incertus*, *Neithea aequicosta* und *Acanthoceras rhotomagense.*

β. Turon. Das Turon besteht aus Sandstein, Kalk und grünlichem gipsführendem Schieferton; letzterer führt namentlich beim Dorf Marma, 10 km östlich von Tanut, im Damergu reichlich Fossilien; unter diesen seien erwähnt: *Vascoceras cauvini*, *Vascoceras durandi*, *Exogyra columba*, *E. olisiponensis*, *Tylosoma globosum.*

Die Horizontierung der als Turon angesprochenen Schichten ist nicht ganz sicher, da einige Fossilien auch ins Cenoman oder ins Senon gehören könnten.

Beim Posten Tanut wurden in einem 70 m tiefen Brunnen zwei kleine Flözchen von pyritreicher Braunkohle von je etwa 10 cm Mächtigkeit in 28 und 36 m Tiefe gefunden, die wohl noch zum Turon gehören.

Cenoman und Turon sind auch weiter nord- und südwestlich von Agades bekannt geworden, so beim Brunnen Tamais, 300 km westnordwestlich Agades, und in der Ebene Tazerzeit, 400 km nordwestlich Agades, am Berg Maja, auf etwa 16°40′ n. Br. und 5° 50′ ö. L. und an anderen Punkten.

γ. Senon. Über den Sandsteinen und Tonschiefern mit Kalksteinbänken des Cenoman und Turon folgt eine Schichtenserie, die ganz vorwiegend aus Kalksteinen besteht und die vom Senon bis ins Alt-Tertiär reicht.

Die Sedimentationsbedingungen ändern sich also an der Wende Turon/Senon sehr wesentlich; die bis dahin vorwiegend physikalische Bildung von sandigen Sedimenten hört ganz auf; an ihre Stelle tritt die vorwiegend chemische Sedimentation von Kalk.

Der Übergang scheint an manchen Stellen ziemlich scharf zu sein, an anderen Stellen findet in der Übergangs-Zone eine Wechsellagerung statt.

Der tiefere Teil des Senon scheint im Sudan ganz zu fehlen. Gegen Ende der Cenoman-Zeit muß eine längere Hebung des Gebietes über die Meeresoberfläche erfolgt sein. Die Oberfläche dieser Stufe ist verwittert und mit einer sandigen Eisenkruste bedeckt. Darüber folgen die Sedimente des Ober-Senon, die über die alte Landoberfläche transgredieren.

Am Adrar Tigirirt, nördlich Menaka, am Südrande des Adrar der Iforas, beginnen die zum Ober-Senon (Maastricht-Stufe) gestellten Schichten mit Glaukonitsand, der über Turonschichten transgrediert. Darüber liegt Kalkstein mit *Lybicoceras ismaili*, *Roudaireia auressensis*, *Venericardia beaumonti*, *V. elliptica*, *Alectryonia nicaisei*, *Nautilus duboisi* u. a.

Lybicoceras ist auch aus der Maastricht-Stufe von Ägypten bekannt.

Der höchste Horizont der Kreide, die Dänische Stufe (Danien), besteht im wesentlichen aus Kalksteinen mit Lagen von dünnblättrigem Tonschiefer, Muschelbrekzien mit Austern und Turritellen. Die Schichten führen u. a. *Nautilus heberti*, *N. labechei*, *Ostrea orientalis var. africana*, *Aria lemoini*, *Venericardia beaumonti*, *Roudaireia guillaumi*, *Turritella trempina var. sudanensis*.

Mehrfach, so bei Tschidermine und im Tilemsi-Tal, treten in den Kalkschichten Phosphathorizonte auf (S. 64).

8. *Hammada-Sedimente*

Der innere Teil der Tinduf-Mulde und weite Flächen im Inneren der Taudenni-Mulde sind bedeckt durch flachliegende hellfarbige Sedimente, die Paläozoikum und ältere Kreide diskordant überlagern. Es sind vorwiegend kalkige Sandsteine, Tone und Mergel, die oft mit einer mehr oder weniger dicken Kruste von Kalk überdeckt sind; der Kalk ist oft kieselig. Diese Decke ist vermutlich wenigstens teilweise als Abscheidung aus aufsteigenden Verwitterungslösungen zu deuten.

Die Mächtigkeit der Hammada-Sedimente wechselt (vgl. S. 2).

Die Sedimente gelten bisher als fossilfrei und werden als Kontinentalfazies der Grenzzeit Kreide-Eozän angesehen. (Vgl. *Menchikoff*, 1930, S. 173.)

Die Hammada-Sedimente der Gegend von Tauz in Südalgerien, die aus hellen Kalksteinen und kalkigen Sandsteinen bestehen, haben nach *Clariond* (1933) Kreidefossilien geliefert, die Turon und Alb umfassen sollen.

Ablagerungen von gleichem oder ähnlichem petrographischem Habitus dürften demnach in der Zeit der oberen Kreide und des Tertiär örtlich zu verschiedenen Zeiten entstanden sein.

9. Tertiär

a. Paleozän

Über den flachliegenden Kalkschichten der Dänischen Stufe finden sich Reste einer ehemals ausgedehnten Decke von Kalkmergel, die Seeigel, Nautiliden, Gastropoden, Korallen führen. U.a. seien folgende Fossilien genannt: *Linthia sudanensis*, *Plesiolampas paquieri*, *Pl. saharae*, *Leiocidaris cottreaui*, *Plicatula andersoni*, *Cerithium cf. rude*, *Chenopus furoni*, *Heligmotenia molli*, *Alectryonia nicaisei var. elongata*, *Nautilus chudeaui*, *N. labechei*, *Operculina canalifera*, ferner Reste von Selachiern. Der Horizont ist etwa 15 m mächtig und bildet häufig im Gelände eine Steilstufe; er wird meist als Montien bezeichnet.

b. Eozän

Die höchsten erhaltenen Schichten sind Kalkmergel mit *Ostrea cf. multicostata*, *Pseudoheligmus nigeriensis*, *Venericardia cf. pectuncularis*, *V. cf. multicostata*, *Velates schmideli*, *Natica cf. rouaulti*, *Chenopus dimorphospira*, *Nautilus labechei*, *N. cf. sowerbyi*, *N. jacobi*, *Operculina canalifera*, Selachier- und Schildkröten-Reste. Die Fauna gehört dem Unter-Eozän an.

Der Übergang vom Ober-Senon bis ins Unter-Eozän verläuft ohne jede Unterbrechung und ohne jede Änderung der Sedimentationsbedingungen.

Im Adrar Dutchi liegt über 20—30 m tonigem Sand fossilhaltiger Kalk in 30—40 m Mächtigkeit, darüber folgt Ton mit Gips in 10—12 m Mächtigkeit, dann toniger Sand (8—10 m), zu oberst 4—6 m eisenschüssiger Sandstein. Die in diesem Komplex gefundenen Fossilien umfassen die Dänische Stufe der oberen Kreide und Paleozän nebst Unter-Eozän.

c. Jüngeres Tertiär

Über diesen fossilführenden Schichten liegt eine Folge von tonigen Sandsteinen und nicht verfestigten Sanden, Mergeln und Tonen, die bisher als fossilfrei galten.

Die Umgegend des Dörfchens Bututu (südöstlich vom Adrar Dutchi, ungefähr am 14.^{0} n. B., östlich 6^{0} ö. L.) besteht aus fossilen Dünen. Weiter westlich liegen Hügel, die aus sandigem Ton aufgebaut und die an der Oberfläche mit Eisenkrusten bedeckt sind.

Das Profil, das *Lambert* (1937) von diesen Sedimenten gab, zeigt, daß die Schichten im wesentlichen aus verschiedenfarbigen Tonen mit Mergellagen und einer dünnen Bank von mergeligem Kalk bestehen; obenauf liegt eine ziemlich mächtige Sandsteinbank, die oben von einer Kruste von eisenschüssigem Sandstein bedeckt ist. *Lambert* glaubte, daß die Schichten trotz des Fehlens von Fossilien zum Senon zu rechnen seien.

In dem hangenden eisenschüssigen Sandstein, der die Schichtfolge überlagert, fand *de Lapparent* 1904 eine Schnecke, die dem im französischen Miozän auftretenden *Proto rotifera* (ähnlich *Turritella*) nahesteht. In einer Muschelbrekzie fanden sich Abdrücke von *Cardita*, die ebenfalls einer Form im französischen Miozän ähnlich ist. Die Funde sind aber vereinzelt geblieben.

Die Sandsteine, die auch als Niger-Sandstein und als Gondo-Formation bezeichnet werden, und die unter ihnen liegenden, anscheinend fossilfreien Tone, Mergel und seltener Kalkbänke werden heute in Analogie mit den gleichartigen Schichten in Nordafrika als Mio-Pliozän angesehen.

In diese Gruppe gehören auch die von *Furon* und *Perebaskine* als Koro-Formation bezeichneten Kalkmergel, die von sandigem Ton und Sandstein überlagert werden. Die Decke bildet eine Schotterlage, die durch Brauneisen zu einem Konglomerat verhärtet ist.

Bei Koro fand *Hubert* folgendes Profil:

10.	Konglomerat mit Brauneisen-Bindemittel	6,50 m
9.	sandiger Ton	1,00 m
8.	Schieferton	0,50 m
7.	Schiefermergel	3,00 m
6.	schwach kalkiger Schieferton	1,00 m
5.	Mergelschiefer	1,00 m
4.	Kalk und Mergelschiefer	0,50 m
3.	fester Mergelkalk	2,20 m
2.	Kalkmergel	0,80 m
1.	fester Mergelkalk	mehr als 1,00 m

Östlich vom Mandinge-Plateau im Macina-Gebiet, südwestlich Timbuktu, westlich vom Korobecken, lagern auf den alten flachliegenden Sandsteinen bunter Ton, toniger Sand und Sandstein. Die Schichten sind der Koro-Formation ähnlich.

Ähnliche tonig-sandige Schichten und grobe Sandsteine mit Konglomeratlagen sind im Sudan weitverbreitet.

Wahrscheinlich sind alle diese Sedimente in einem Halbwüsten-Klima gebildet, teils in stehenden Gewässern, teils als äolische Ablagerungen.

Auf der Strecke von Tosaje und Ansongo durchbricht der Niger die archaische Schwelle, die vom Ahaggar über den Adrar der Iforas zum Gurma-Massiv überleitet.

Am Ost- und Westrande dieser Schwelle haben die jungtertiären Bildungen ihre weiteste Ausdehnung.

10. Junge Sedimente des Binnenlandes

Im Delta des oberen Niger, zwischen Sansanding und Timbuktu, sind die alten Gesteine durch tonig-sandige Fluß-Sedimente des Niger von wechselnder Mächtigkeit verdeckt.

Die Geologie dieses Gebietes wurde von *Furon* (1930, S. 263—292) beschrieben.

Diese jungen Gesteine sind mürbe Sandsteine, braune und weiße Tone und Lagen von sandigem Ton. *Hubert* (Carte géol. de l'A.O.F. 1 : 1 Million, Blatt Bamako 1926, S. 16) sprach diese Schichten als Tertiär an.

Darüber liegt brauner, toniger Sand mit humosen Tonlagen, der oft Kalkkonkretionen enthält, ferner tonarmer Sand und Flußschlick (toniger Feinsand).

Die Mächtigkeit dieser jungen Flußaufschüttung beträgt im Niger-Delta etwa 20 m und nimmt nach NW hin beträchtlich zu bis auf 80 und mehr Meter.

50 km nördlich Arrauan, ungefähr 260 km nördlich Timbuktu und südlich vom Brunnen Gir, 80 km östlich Arrauan, liegen in den vorwiegend sandigen Quartär-Sedimenten der Djuf-Senke Reste subfossiler Wirbeltiere zusammen mit Steinbeilen mit polierter Schneide und mit Angelhaken aus Knochen. Bei Gir fand sich auch ein unvollständiges menschliches Skelett.

Die Wirbeltierreste bestehen aus:

1. *Fischen:* Kopfknochen, Brustflossen und Wirbeln von *Siluriden* (Wels) der Gattung *Clarias* und ein Praeoperculum eines Barsches *(Lates).*
2. *Reptilien:* 1 Krokodil, 1 Schildkröte *(Trionyx cf. triunguis).*
3. *Säugetiere: Hippopotomus amphibius* ist besonders häufig; ferner Zähne von *Bos brachyceras*, Reste einer Antilope *(Limnotragus cf. gratus)* und einer kleinen Cerviden, schließlich Reste einer Viverriden, eines Vertreters der Gattung *Mellivora*, und *Trionomys cf. calamophagus.*

Es handelt sich also durchweg um Tiere, die in sumpfigen Gewässern oder an deren Rändern leben.

Die menschlichen Werkzeuge sind solche neolithischer Kultur *(F. Roman*, C. R. Soc. Géol. France. 1934, S. 13—14).

Die Funde zeigen, daß also in neolithischer Zeit die Djuf-Senke und die südlich davon liegenden Senken Sumpfgebiete waren, mindestens von der Art des heutigen Deltas am oberen Niger bei Timbuktu, die ihre Wasserzufuhr durch den Oberlauf des Niger erhielten. Es ist ziemlich sicher, daß die an das innere Nigerdelta nach Westen anschließende Macina-Ebene, ebenso die im Nordwesten anschließenden Senken Hodh, Auker und Djuf ein zusammenhängendes Seebecken oder zum mindesten Überschwemmungsgebiet des oberen Niger gebildet haben, dessen letzter Rest der Fagibin-See und die übrigen kleineren Seen westlich Timbuktu sind. *R. Furon* (1929) hat die alten Flußläufe des Niger ausführlich beschrieben.

Die jungen Sedimente in der Macina-Ebene, im Auker und in der Djuf-Senke dürften im wesentlichen untereinander ähnlich sein.

An mehreren Stellen liegen auf ihnen Gebiete von toten, bewachsenen Dünen.

In den Quartärschichten der riesigen Azaua-Senke, südöstlich vom Adrar der Iforas, fanden sich zusammen mit alt-neolithischen Tonscherben, Steinwerkzeugen und Konchylien auch Knochen von *Hippopotamus amphibius*. Sie sind weit verstreut in den Niederungen vom Südfuße der Tassili wan Ahaggar bis zu den Kreidetafeln im Nordwesten des Niger. Diese Funde zeigen, daß in jener Zeit die Wasserläufe, besonders der Ued Azauak und der Dalol Bosso, ständig Wasser geführt haben müssen (*L. Joleaud*, C. R. Ac. Soc. Bd. 198, S. 599—601).

A. Chevalier fand in der Gegend von Timbuktu Kauri-Schnecken *(Marginella)* und schloß daraus auf die Existenz eines Quartär-Meeres im Timbuktu-Tschad-Gebiet. Diese von den meisten anderen Geologen abgelehnte Hypothese suchte *Chevalier* 1932 „mindestens als Arbeitshypothese" zu bekräftigen.

Malavoy (1936) wies eindeutig den Irrtum dieser Hypothese nach. Eine Bohrung bei Uate machet, 100 km westlich Timbuktu, 70 km westlich Gundam, hat nur Süßwassersedimente angetroffen, nämlich Ton und tonigen Sandstein mit massenhaften *Spatha*- und *Melania*-Schalen, die rezent bis altquartär sind. Im Bohrlochtiefsten traten Bänkchen von Kalk und Gips auf. Uate machet liegt in gleicher Meereshöhe mit Timbuktu, wo an einem Punkt an der Oberfläche einige Stücke der als Geld gebrauchten *Marginella* gefunden wurden.

Brunnenbohrungen in Timbuktu selbst erreichten nur 18 m Tiefe, ergaben aber ebenfalls keine Anzeichen für ein Quartärmeer, sondern nur Süßwassersedimente.

Marines Quartär findet sich wohl an der Senegalküste, aber nicht im Innern des Landes.

Die anscheinend ziemlich ausgedehnten Flächen von bauxitischen Verwitterungsprodukten auf den alten Gesteinen im Nigerbogen sind während eines feuchteren Klimas entstanden, als es heute in diesen Gebieten herrscht.

Die Eisenkrusten dagegen, die namentlich Sandsteine und sandige Verwitterungsprodukte der archaischen und algonkischen Gesteine überziehen, sind durch kapillaren Aufstieg von Grundwasserlösungen und Verdunstung in trockenem Klima entstanden und sind daher wahrscheinlich stellenweise noch heute in Bildung begriffen.

Dünen-Gebiete (Erg) von riesiger Ausdehnung liegen namentlich auf der Ostseite des Berglandes von Air im nördlichen Teil der Tschadsenke. Der Sand stammt meist von den Sandsteintafeln in Tibesti und Borku.

Die zahlreichen Dünengebiete im Westsudan-Becken bedecken im Zusammenhang meist nicht solch riesige Flächen.

Die Sedimente des Tschadgebietes sind bei den Abschnitten Nigeria (S. 207), Kamerun (S. 341) und Französisch-Äquatorialafrika beschrieben.

11. Kreide, Tertiär und Quartär des Küstengebietes

Die jungen Sedimente im Küstengebiet der Elfenbeinküste sind auf S. 42 erwähnt.

Im übrigen Teil von Französisch-Westafrika treten marine Kreide und Tertiär nur im Senegalbecken westlich der Mauretanischen Schwelle auf.

Das Hauptverbreitungsgebiet dieser Sedimente liegt im wesentlichen zwischen dem Senegal und dem Rio Geba im Süden von Portugiesisch-Guinea. Sehr wahrscheinlich grenzt dieses Senkungsgebiet mit noch nicht festgelegten Störungslinien an die alte Schwelle im Osten, und ziemlich sicher ist es auch von einer Anzahl von Störungslinien durchzogen, auf denen stellenweise

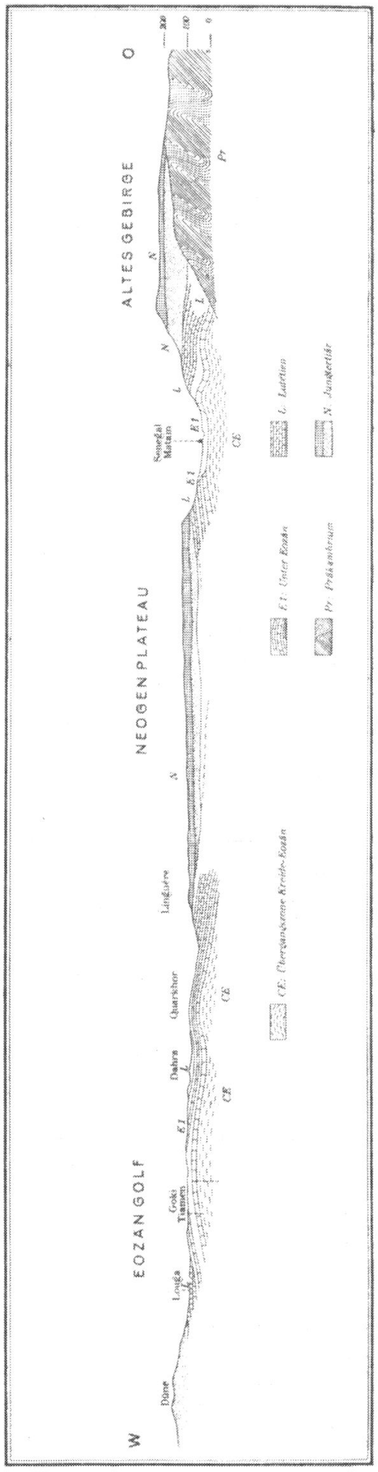

Abb. 1. Profil durch den Eozän-Golf längs der Linie Louga-Linguère-Matam. Nach *Jacquet*. Bull. Serv. Mines A. O. F. Nr. 1. Taf. 2.

jungvulkanische Gesteine aufgestiegen sind; dazu gehören auch die Gesteine der Kap Verde-Inseln.

a. Kreide

Schichten der unteren Kreide und des tieferen Teiles der oberen Kreide sind nicht bekannt.

In der Gegend von Dakar ist als tiefster Horizont marines Ober-Senon über den Meeresspiegel emporgehoben.

Die tiefsten Schichten bestehen aus hartem, hellem, massigem Kalk, der Foraminiferen, namentlich der Gattungen *Globigerina* und *Gümbelina*, führt.

Darüber folgt schwarzer pyritführender Mergelschiefer mit Gipsadern; er enthält harte Kalkbänke, die eine reiche Foraminiferen-Fauna auf weisen.

Der hangende Teil des Ober-Senon wird gebildet aus einer Wechsellagerung von hellgrauen plattigen Kalkbänken und grauem dünnschieferigem Mergelkalk. Der Mergelkalk führt besonders den Seeigel *Physaster inflatus* als Leitfossil; unter den massenhaft vorhandenen Foraminiferen ist die Gruppe *Rzehakina* besonders zu nennen.

b. Tertiär

Eozän in mariner Ausbildung ist im Küsten-Gebiet von Senegal bekannt in der Umgegend von Dakar, ferner aus der Gegend westlich Linguère, dem Endpunkt der Eisenbahn von St. Louis, und am Senegal nordwestlich und südöstlich Kaedi.

Bei Dakar folgt über dem Ober-Senon dolomitischer Mergel in 30—35 m Mächtigkeit, dem Bänke von dolomitischem mergeligem Kalk und Lagen von roten Letten eingelagert sind. Die Schichten haben nur wenig Fossilien.

Darüber liegt phosphatführender dünnschieferiger Mergelkalk mit Tonlagen.

α. Gebiet von Dakar. Einen Überblick über die Schichtfolge des Eozän und der oberen Kreide auf der Dakar-Halbinsel geben zwei von *Jacquet* (C. R. Ac. Sci. Paris, Bd. 202, 1936, S. 335—336) mitgeteilte Profile, die in ONO-Richtung gelegt sind; sie lauten vom Hangenden zum Liegenden:

Hangendes:

Eozän: 14. Kalkstein mit Muschelbrekzien mit *Nummulites gizehensis, var. vasseuri*
13. Kalkstein mit *Pauropygus meunieri* (bei Pekesse)
12. Kalkstein mit *Nummulites irregularis* östlich Tivauane
11. Phosphat-Stufe (Oberkante des Steilhanges von Thies)
10. Weißer Mergel und Mergelkalk mit *Schizaster douvillei, Eovasum frequens, Axinus cf. ägyptiacus*

9. Weißer Ton und Mergel mit *Ostrea multicostata*, *Brissoides daradensis*, *Echinopus friryi*, *Cardita serenina*, *C. ägyptiaca*, *Lucina innesi*, *L. thebaica*
8. Muschelkalk mit Muschel- und Schneckenresten (westlich Bellevue)
7. Weißer schwach kalkiger Ton (bei Sebikothane zwischen Dakar und Thies)
6. Schwarze verkieselte Schicht mit hellen phosphatisierten Flecken und *Lamna*-Zähnen (Sebikothane)
5. Ton, Mergel und Mergelkalk mit Kieselzonen, z. T. phosphatisiert (zwischen Rufisque und Sebikothane)
4. Mergel und Mergelkalk mit Fischresten (*Thymus*) und Früchten (*Kigelia* und *Nipadites*) (Rufisque)
3. Dolomit-Mergel, bräunlich, mit *Nodosaria* (Dakar)

Kreide: 2. Schichten mit *Stegaster mairei* (hypothetisch)
1. Grauer Mergel mit *Physaster inflatus*.

Ein zweites Profil ist etwas südlicher vom Küstenort Popenguine bis in die Landschaft Cajor gelegt und umfaßt nur Eozän:

Hangendes: 7. Kalk und Muschelbrekzien mit *Nummulites gizehensis var. vasseuri* (Landschaft Cajor)
6. Kalk mit *Nummulites irregularis* (bei Ndojene)
5. Kalk und Kalkmergel mit *Echinolampos anceps* (bei Thiepe, 50 km östl. Thies)
4. Mergel mit *Gisortia brevis* und *Plesiolampas paquieri*
3. Muschelkalk bei Bandia
2. Mergel, Mergelkalk und Kalk mit kieseligen Phosphatlagen, Reste eines marinen Krokodiliers (bei Popenguine)

Liegendes: 1. Muschelkalk mit *Linthia delanouei* und einer reichen Fauna von Muscheln, *Cerithium*- und *Turritella*-Arten (Unter-Eozän; Popenguine).

Die Schichten mit *Nummulites irregularis* werden als unteres Lutétien (Mittel-Eozän) angesprochen (Schicht 12 im Profil I; Schicht 6 im Profil II).

Die Schichten mit *Axinus cf. ägyptiacus*, *Cardita ägyptiaca*, *Lucina thebaica* stellen tiefstes Eozän (Yprésien) dar (Schicht 9 und 10 im Profil I).

Die Phosphatschichten am Senegal liegen also ziemlich genau im gleichen Horizont wie die in Algerien und Tunesien.

β. Senegal-Gebiet. An den Ufern des Senegal sind in der Gegend von Matam und Kaedi die marinen Eozänschichten mehrfach aufgeschlossen.

Die tiefsten zutage tretenden Sedimente bestehen aus phosphathaltigem Kalk, der in der Gegend von Kundel weniger als 10 v. H. Trikalzium-Phosphat enthält. Der Kalkstein ist schwach gefaltet.

Der Kalk wird diskordant überlagert von einer Schichtenfolge, die zunächst aus sehr dünnschieferigem Tonschiefer (Papierschiefer) besteht, der Knollen von Phosphat und von mergeligem Kalk und an Fossilien *Turritella*, *Cardita*, *Cardium*, *Lucina*, *Tellina* und *Ostrea* enthält. In diesen Phosphatknollen liegen massenhaft marine Diatomeen, genau wie in den Phosphaten von Gafsa in Nordtunesien. *Cayeux* hat zuerst (C. R. Ac. Sci., Paris, Bd. 141, 1910, S. 108) darauf hingewiesen, daß hier Unter-Eozän vorliegen dürfte.

Darüber folgt Schieferton mit dicken Bänken von kieseligem Sandstein. Das Hangende dieser Stufe bilden sandige Schichten, meist mürbe, wohl kontinental entstandene Sandsteine, denen mehrere Phosphatlager eingeschaltet sind. Die Gesamtmächtigkeit dieser Phosphatschichten beträgt 1—2 m mit 40—60 v. H. $Ca_3 (PO_4)_2$; der Gehalt steigt stellenweise auf 70 v. H. Zwischen den Phosphatschichten und ebenso im Hangenden liegen einige Tonlagen, die zahlreich *Ostrea multicostata* und *Pycnodonta rarilamellata* enthalten.

Am linken Flußufer bei den Orten Dialabe und Semme fand *Jacquet* (1936) in diesen sandig-tonigen Schichten *Cassidaria diadema* und *Ostrea multicostata;* in Kalksteinen, die vielleicht etwas höher liegen, sind *Schizaster douvillei*, *Cardita baoli* und *C. serenina* bekannt.

Im Senegal-Bett stehen bei Daualet und Diulde-Diabe Kalksteine mit 25 v. H. $Ca_3(PO_4)_2$ an, die wohl der Schichtfolge über dem Papierschiefer mit seinen Phosphatknollen angehören.

Westlich Kundel waren in einem Brunnen-Schacht bei Cedo-Cebe unter den Schichten mit *Turritella* und *Ostrea multicostata* Schichten mit *Cardita beaumonti* aufgeschlossen, die vielleicht schon der obersten Kreide angehören.

In dem gleichen Brunnen enthalten die Kalksteine in ihrem hangenden Teil Schichten mit *Nummulites heeri.*

Sämtliche im Mittel-Eozän des Senegalbeckens auftretenden Nummuliten-Arten hat *F. Jacquet* in C. R. Ac. Sci. Paris Bd. 203, 1936, S. 377—379 aufgeführt.

c. Jüngeres Tertiär und Quartär

Über den fossilführenden Schichten des Mittel-Eozän folgt eine großenteils kontinentale Schichtenreihe — ob konkordant oder diskordant, ist noch nicht überall geklärt —, die aus Ton, Mergel, tonigem Sandstein, Kalkstein und, in der Gegend von Dakar, auch vulkanischen Tuffen und jungen Ergußgesteinen besteht. Zwischen den älteren Tuffen fanden sich Kalkbänke mit *Lepidocyclina marginata* und *L. cf. schlumbergeri*, die zum Ober-Oligozän (Aquitanien) gestellt werden. Die jungvulkanischen Gesteine sind unten beschrieben.

Das Ausgehende dieser Sedimente ist gewöhnlich mit einer Kruste von eisenschüssigem Sandstein überzogen. Vermutlich geht die Schichtenfolge bis ins Quartär.

In der Küstenzone sind marines Quartär und Dünen weitverbreitet, ihre größte Ausdehnung haben diese Schichten an der mauretanischen Küste und am Senegal, wo sie bis zum 14.° w. L. nach Osten reichen.

Bei Dakar sind am Mamelles-Vulkan Strandterrassen in 5, 10, 20 und 40 m Seehöhe beobachtet. Diese Terrassen enthalten nach *Chautard* (1909) eine reiche Quartärfauna; die Anzahl der noch lebenden Arten ist größer als in Mauretanien und Rio de Oro. Bei St. Louis wurde in 150 m Tiefe *Pecten varius* gefunden.

Jungvulkanische Gebiete

Äußerungen des jungen — tertiären und quartären — Vulkanismus treten in Französisch-Westafrika hauptsächlich in zwei Gebieten auf: einmal am Kap Vert, in der Umgebung von Dakar, zum andern im Bergland von Air.

a. Das jungvulkanische Gebiet von Dakar

Das westliche Vulkangebiet ist auf die Umgebung von Dakar beschränkt; der Flächeninhalt ist gering. Interessante Einzelheiten gaben namentlich *Combier* (1936) und *Kilian* (1920).

Nachgewiesen sind Gänge und Lagergänge von hauptsächlich basaltischen Gesteinen, ferner Ergußgesteine und vulkanische Tuffe.

Den älteren Tuffen längs der Küste sind Kalkbänke mit *Lepidocyclina* eingelagert, sie werden zum Ober-Oligozän gestellt; die Tuffe sollen einer heute unter dem Meeresspiegel liegenden Ausbruchsstelle nordwestlich von Kap Manuel entstammen. Sie enthalten Blöcke von Basalt, Kalksteinen und Kieselgesteinen.

Die Ergußgesteine sind hauptsächlich basaltischer Natur. Erwähnt werden außerdem Limburgit, Ankaratrit, Basanitoid vom Kap Manuel, der Insel Goré und den Madelaines-Inseln, Trachyt von Kap des Biches und Andesit vom Vulkan Mamelles.

Am Kap Manuel führt der Basalt Brocken von Quarzitschiefer, der zweifellos der Formation der paläozoischen flachliegenden Sandsteine angehört, die in der Tiefe anstehen müssen.

Der Vulkanismus steht zweifellos im Zusammenhang mit tektonischen Vorgängen im Untergrund des Senegal-Beckens.

Die ältesten Äußerungen vulkanischer Tätigkeit haben sich wohl im Ober-Oligozän abgespielt, die letzten wahrscheinlich im Quartär; ein vom Vulkan Mamelles ausgehender Basaltstrom liegt auf den Eisenkrusten der heutigen Landoberfläche, ist also vielleicht rezent.

b. Das Bergland von Air

Das Bergland von Air ist an zahlreichen Stellen von jungvulkanischen Durchbrüchen durchsetzt, die Vulkankegel und ausgedehnte Lavadecken geliefert haben.

Das archaische Bergland erhebt sich zu Höhen von 600—800 m, die ihm aufgesetzten Vulkanmassive erreichen vielfach 1000 m übersteigende Gipfel.

Einer der höchsten Berge ist der Tamgak, dessen Höhe die französischen amtlichen Karten zu 1800 m angeben. Wegen der landschaftlichen Schönheit wird das Bergland gelegentlich als „Alpen der Sahara" bezeichnet.

Der Vulkanismus von Air umfaßt nicht eine kurze Episode, sondern einen verhältnismäßig langen Zeitraum. Das beweist der sehr verschiedene Erhaltungszustand der einzelnen Vulkangebäude. Bei einigen ist der Krater wohl erhalten, z. B. bei den Basaltvulkanen Aggatane und Digellane. Bei anderen sind die ursprünglichen Formen mehr oder weniger zerstört. Die 10—20 m mächtigen Basaltströme im Nordwesten von Iferuane sind von den Flußläufen, besonders vom Kadamellet, durchsägt, das Flußbett ist stellenweise bis zu 50 m unter der Basis der Lavaströme in die kristallinen Gesteine eingeschnitten. Vermutlich ist das Talsystem älter als die Lavaströme. — Andere Lavaströme sind noch kaum von der Erosion angegriffen, so die in der Tarit-Ebene.

Das vorherrschende Ergußgestein ist Basalt. Daneben werden in den Arbeiten von *Denaeyer* (1923) und *Tyrell* (bei *Ronn*, 1930) folgende Gesteine erwähnt:

Comendit vom Asoday-Fluß, Trachyt, Ägirinphonolith und phonolithischer Trachyt von Auderas im Süden, Basanitoid von Aurarene.

Die Altersfolge der Laven ist noch nicht sicher bekannt.

II. a. 2. Elfenbeinküste

Die Kolonie Elfenbeinküste gehört zum General-Gouvernement Französisch-Westafrika.

Die Kolonie grenzt im Osten gegen die Goldküste, im Westen gegen Liberia, im Norden gegen Französisch-Sudan und das Niger-Gebiet. Die Länge der Küste beträgt etwa 500 km.

Die Bevölkerung umfaßt ungefähr 3,98 Millionen Köpfe. Der Flächeninhalt des Landes beträgt rund 477000 qkm.

Das Land ist verhältnismäßig flach. Nur im Nordwesten und an der Grenze gegen Liberia treten einige Gebirgszüge auf, deren höchste Erhebungen teilweise Höhen bis zu 1600 m erreichen.

Längs der etwa 50 km breiten Küstenzone liegen mehrere Lagunen.

Eine mehr als 800 km lange Eisenbahnlinie geht vom Hafen Abidjan, das auch Sitz der Regierung ist, über Buake nach Bobo Djulasso; sie soll bis in den Sudan hinein verlängert werden.

1. Archaikum

a. Alter Granit

Etwa zwei Drittel der Elfenbeinküste bestehen aus archaischen Gesteinen.

Unter diesen herrscht Gneis-Granit vom Typ des „Alten Granites" („G_1") ganz überwiegend vor, wie er in Ostafrika in der Umgebung des Viktoriasees weite Gebiete aufbaut. Dieser Gneis-Granit gehört hier einem riesigen geschlossenen Massiv an, das sich von der Gurma-Ebene nördlich von Togo und Dahome über Nigeria, Elfenbeinküste und Liberia bis nach Sierra Leone ausdehnt. *E. Krenkel* (Geologie Afrikas, Bd. 3. 1938, S. 1308) bezeichnete Teile dieses Massives als „Gurma-Massiv" und als „Liberia-Masse". In Wirklichkeit handelt es sich aber um eine einzige geschlossene Masse.

Der Granit ist in der Hauptsache ein grauer mittelkörniger Biotit-Granit, stellenweise mit porphyrischen Feldspäten. Einzelne Teile führen Muskowit; auch Zwei-Glimmer-Granite scheinen, wohl als jüngere Intrusiva, vorzukommen, Hornblende-Granit ist ebenfalls bekannt. Es ist bisher nicht festgestellt, ob diese gelegentlich vorkommenden Abarten lediglich als Differentiationsprodukte der großen Granitmasse aufzufassen sind, die durch Assimilation anderer Gesteine bedingt sind, oder ob es sich um jüngere Durchbrüche bzw. Nachschübe handelt, die ebenfalls gepreßt sind.

Einige Teile des Granit-Gneis-Massivs zeigen keine Pressung und sind dann nicht von jüngeren Graniten zu unterscheiden. Ähnliche Verhältnisse zeigt auch der Alte Granit in Ostafrika.

b. Orthogneise

Orthogneis, d. h. gepreßte saure und basische Intrusivgesteine mit rekristallisierten Elementen, sind verhältnismäßig selten und anscheinend hauptsächlich auf den Westen der Elfenbeinküste beschränkt. Namentlich in den Bezirken Man und Odienne sind solche feinkörnigen Gneise ohne Bänderung beobachtet. Orthoamphibolite und Orthopyroxenite sind mit den Orthogneisen vergesellschaftet, z. B. bei Duekwe, Danane und Tuba. Auch am westlichen Teil der Küste, zwischen Tabu und Sassandra, treten Orthogneise, z. T. mit zwei Glimmern, mit Orthoamphiboliten zusammen auf, die aus Gabbrogesteinen entstanden sind.

c. Sedimentgneise

sind verhältnismäßig selten; im Gebiet des unteren Cavallyflusses, zwischen Grabo und der Küste, sind sie an einigen Stellen gefunden. Sie sind oft reich an Granat, Staurolith und Sillimanit.

d. Glimmerschiefer und Amphibolschiefer

Glimmerschiefer treten in geringmächtigen Einlagerungen in den Paragneisen der Gegend von Grabo am unteren Cavally auf; weitere Vorkommen sind bisher nicht bekannt. Amphibolitschiefer kommen zusammen mit Granit und Gneis gelegentlich vor. Meist handelt es sich um kleinere basische Intrusionen.

2. *Algonkium* (Série métamorphique anté-silurienne)

Aubert de la Rue (Rev. géogr. phys. et géol. dyn. 1930, S. 21) bezeichnete die zum Algonkium zu rechnenden Sedimente als „Série métamorphique anté-silurienne".

Die algonkischen Sedimente haben ehemals zweifellos eine wesentlich weitere Verbreitung gehabt als heute und sind durch die Erosion in ungeheuren Zeiträumen zum großen Teil abgetragen. Ihre Hauptverbreitung haben sie heute im Osten der Kolonie, östlich vom 5.° w. L. Sie treten hier aus der Goldküste als Birrim-Formation in die Elfenbeinküste hinüber und nehmen namentlich im Stromgebiet der Flüsse Comoe und Nzi sehr große Flächen ein. Auch im Nordwesten, nordwestlich Odienne, treten derartige algonkische Schichten in großer Ausdehnung auf. Vielleicht liegen auch unter den großen Verwitterungsdecken im Norden, die teils aus bauxitischen Verwitterungsprodukten, teils aus Eisenkrusten bestehen, Schichten, die z. T. dem Algonkium angehören.

Die Gesteine, die das Algonkium aufbauen, sind Tonschiefer, Dachschiefer, Phyllite, auch Glimmerschiefer verschiedener Art, die teilweise nicht leicht vom Archaikum zu trennen sind. Die Schichten sind oft tiefgründig zersetzt. In den Waldgebieten liefern sie bei der Verwitterung roten Ton mit Brauneisen-Konkretionen, in den Savannen scheinen Eisenkrusten und verhärtete Böden vorzuherrschen. Außer diesen Schiefern treten sehr verschiedene Quarzite bzw. quarzitische Sandsteine auf, die namentlich im Norden des Bezirkes Bonduku verbreitet sind. Diese alten verquarzten Sandsteine sind oft reich an Glimmer, so daß sie teilweise phyllitisch werden. Aber auch normale Quarzite sind vor allem im Nordosten vertreten.

Verquarzte feldspatführende Sandsteine, die teilweise schieferig werden, treten mehrfach am Comoe und im Tal des Bandama auf.

Namentlich im Westen, südlich von Man beim Ort Baorubly und östlich Tuba, finden sich Quarzite, die grobe Körner von Magnetit oder Roteisen in wechselnden, oft beträchtlichen Mengen enthalten; die Eisenerze sind öfters in Adern von mehreren Zentimetern Mächtigkeit stark angereichert. An Nebengemengteilen finden sich in wechselnden Mengen Granat, Pyroxen und Amphibol, die ebenfalls in einzelnen Lagen angereichert sind.

Die Gesteine sind stellenweise nicht geschiefert, so daß dann eigentliche Eisenquarzitschiefer nicht vorliegen.

Bauwürdige Anreicherungen von Eisenerzen sind kaum bekannt.

Zweifellos handelt es sich zumeist um metamorphe eisenreiche Sande, wie sie sich heute noch an den Küsten und an Flußläufen bilden. Die Idee von *Bolgarsky* (1933), die Eisenquarzite ständen in Verbindung mit metamorphen basischen Intrusiven und seien selbst intrusiven Ursprunges, ist mindestens für einen Teil der Vorkommen abzulehnen.

Die metamorphen Gesteine schwimmen im Granitgneis in Form von Streifen, die untereinander in keinem Zusammenhang zu stehen scheinen.

Zwischen dem westlichen Grenzfluß Nuon und dem Sassandra stellte *Legoux* (1938) zahlreiche solche zu einem Zuge angeordnete Streifen fest, die er als „metamorphe Kette der westlichen Elfenbeinküste“ bezeichnete. *Legoux* unterschied:

1. Wenig metamorphe Gesteine: Metamorphe Arkosen, die auch im mittleren und östlichen Teil der Goldküste auftreten, ferner Glimmerschiefer und faserige Amphibolite, Eisen-Quarzitschiefer und Graphitschiefer.
2. Stark metamorphe Gesteine: Quarzit (mit Magnetit, Granat und Hypersthen), Amphibolit, Pyroxenit, Amphibol- und Pyroxengneise. Alle mit Hypersthen.
3. Injektionsgesteine: Meist gebändert; Amphibolit, Granat-Aplit.

Diese metamorphen Sedimente sind die Wurzelregionen alter Gebirge, die vor der Bildung der flachliegenden paläozoischen Sandsteindecken abgetragen wurden.

Auf der Karte 1 : 2 Mill. ist der Versuch gemacht, hier, wie auch im übrigen Teil von Französisch-Westafrika, die wenig metamorphen von den hochmetamorphen Sedimenten (die aber noch nicht als Gneise im eigentlichen Sinne zu bezeichnen sind) zu trennen. Sie sind mit der vorläufigen Bezeichnung „Alt-Algonkium“ und „Jung-Algonkium“ unterschieden.

Intrusivgesteine im Archaikum und Algonkium

Unter den sauren Intrusiven, die hauptsächlich das Archaikum durchbrochen haben, findet sich häufig Biotitgranit mit vorwiegendem Mikroklin. Zwei-Glimmer-Granit, der z. T. in Muskowit-Granit übergeht, ist nicht selten; der Muskowit herrscht gewöhnlich auch im Zwei-Glimmer-Granit vor. Als Fundpunkte werden von *Aubert de la Rue* erwähnt: Bape und Siulo am unteren Cavally-Fluß, Ziprege und Frefredu zwischen Daloa und Buafle, Nyankaramadugu südlich Niangbo, Tafire, Ngolodugu nördlich Niangbo.

Muskowit-Granit ist weitverbreitet, z. B. bei Niangbo und Daloa. Dieser Granit führt gelegentlich reichlich Turmalin, so z. B. am linken Ufer des

Nzi am Wege von Ngolodugu nach Kang und in der Gegend von Niangbo, ferner bei Agboville.

Monzonit-Granit mit Mikroklin, Oligoklas-Andesin, Hornblende, Biotit und Quarz wurde bei Tumodi, westlich Dimbroko, beobachtet.

Das Kinnta-Massiv, an der Ostgrenze, am 9.⁰ n. Br. südlich von Buna, besteht im wesentlichen aus bräunlichem etwas porphyrischem Monzonit-Granit mit viel Biotit, der von Amphibolschiefer umgeben ist.

Auch Ägirin-Syenit ist im Kinnta-Gebirge bekannt. Das Gebiet scheint also für eine genaue Untersuchung auf das Vorhandensein nutzbarer Lagerstätten in Frage zu kommen. Hornblende-Granit und Hypersthen-Granit kommen ebenfalls in der Kolonie mehrfach vor.

Pegmatit-Gänge sind zahlreich vorhanden; ob sie wirtschaftlich interessante Mineralien enthalten, ist noch unbekannt.

Diorit tritt in mehreren kleineren Vorkommen auf, von denen einige Quarz führen. Auch die dazu gehörenden Ergußgesteine, Quarzporphyrit („Dazit") und Porphyrit („Andesit"), sind nachgewiesen. Quarzporphyrit scheint nur in Gangform aufzutreten. Auch die Porphyrite bilden z. T. Gänge, z. B. an der Mündung des Tabu-Flusses. Größere Vorkommen liegen westlich Bonduku an der Ostgrenze. Norit, Gabbro und Diabas sind ebenfalls nachgewiesen.

3. *Tarkwa-Formation*

Im Osten der Elfenbeinküste in der Gegend von Bonduku, dann im Norden zwischen Dedugu und dem östlich davon fließenden Schwarzen Volta, ferner im mittleren Teil der Kolonie bei Buake treten im Hangenden der tonigen Schichten der Birrim-Formation Sandsteine und Konglomerate in einigen N—S bis NO—SW gestreckten Zügen auf, die fast flach liegen. Die Konglomerate enthalten Gerölle von Granit, Andesit, Grünsteinen und Kieselgesteinen. Das Bindemittel ist grünlicher quarzitischer Sandstein. In der Gegend von Bonduku wird dieser Horizont als „Konglomerat von Zanzan" bezeichnet. (*Bouige* u. *Bonnault*, 1938, S. 63.)

Weiterhin treten Gesteine, die wahrscheinlich ebenfalls der Tarkwa-Formation angehören, in dem Gebiet der ehemaligen Kolonie Ober-Volta auf; die von *I. Sagatzky* (1937) festgelegten Fundpunkte liegen in drei NNO bis NO streichenden Zonen zwischen 0⁰ und 4⁰ w. L. und 10⁰ und 12⁰ n. Br. Er gab folgende drei Vorkommen an, die aber auf den zur Verfügung stehenden topographischen Karten z. T. nicht genau eingetragen werden konnten, weil auch in dem französischen Kolonialatlas und anderen Karten die Namen fehlen:

1. Becken von Safane-Kampti.
2. Becken von Gora-Talkpole.
3. Becken von Juga.

Nachgewiesen wurden (vom Hangenden zum Liegenden) folgende drei Stufen:

c) Huni-Sandstein: Feldspatführender feinkörniger Quarzit, der z. T. epidotisiert ist, daher grünlich; der Quarzit führt einzelne Quarzgerölle, ferner Gerölle von metamorphen Schiefern und selten solche von sauren und basischen Intrusivgesteinen. Das Bindemittel besteht aus Quarz. — Die Schichten sind beobachtet bei den Orten Loropeni, Futara und Jehun.

b) Banket-Serie: Graue, oft schieferige konglomeratische Arkosen mit häufig sericitisierten Feldspäten und mit kieselig-tonigem Bindemittel. Quarzgerölle sind sehr zahlreich. Auch verquarzte Arkose-Sandsteine treten auf. — Als Fundpunkte werden genannt: Kopaja, Tankpole, Safane Kampti, Nabere und Vuko.

a) Das Kawere-Konglomerat, das namentlich bei Songo und Vuko auftritt, ist schwach metamorph; es führt viel Gerölle saurer und basischer Gesteine, wenige von Quarz, in kieseliger, epidotführender Grundmasse. Das Konglomerat soll diskordant über dem Algonkium liegen.

Diese sandigen und konglomeratischen Sedimente werden als Äquivalente der Tarkwa-Formation aufgefaßt, und zwar werden sie zum liegenden Teil dieser Formation gestellt, d. h. zur Banket-Serie. Die im Hangenden folgenden Phyllit- und Quarzitstufen fehlen dagegen ganz. Bauwürdige Goldgehalte sind in den Gesteinen noch nicht nachgewiesen.

Die neueren eingehenden Untersuchungen von *Bouige* und *Bonnault* (1938) kommen zu dem gleichen Ergebnis. Nur der liegende Teil der Tarkwa-Formation ist in der Elfenbeinküste entwickelt; der Tarkwa-Phyllit fehlt. Mehrere dieser Arbeit beigefügte Karten geben die Verbreitung der Tarkwa-Schichten in der Elfenbeinküste.

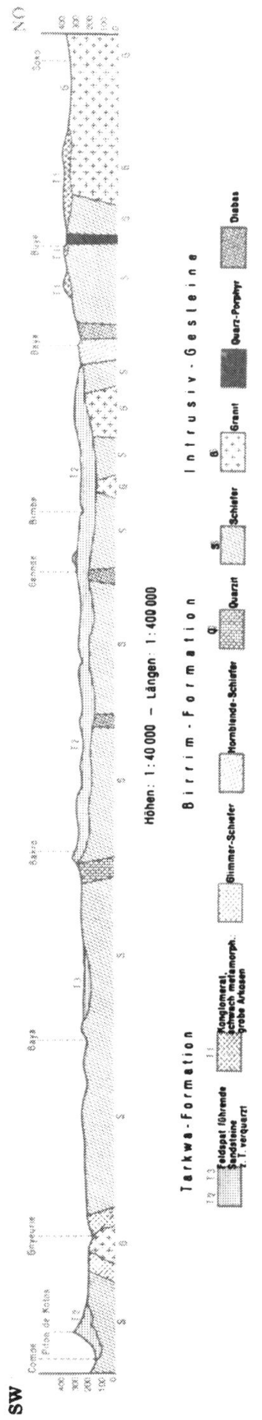

Abb. 2. Profil durch die Tarkwa-Formation in der Elfenbeinküste. Nach *Bouige* u. *Bonnault*, 1938.

4. *Paläozoische flachliegende Sandsteine* (Grès silicieux horizontaux)

Die im nördlich anschließenden Teil von Französisch-Westafrika sehr weitverbreiteten flachliegenden verkieselten Sandsteine (S. 13), deren Äquivalente in der Goldküste (S. 145) und in Togo (S. 253) auftreten, fehlen anscheinend in der Elfenbeinküste. Jenseits der Nordgrenze beginnen sie am Endpunkt der von Abidjan nach N gehenden Eisenbahnlinie in der Gegend von Bobo Djulasso. Es ist möglich, daß versprengte Vorkommen über die Nordgrenze nach der Goldküste hinein streichen.

5. *Junge Sedimente des Küstengebietes*

Längs der Küste zwischen der Ostgrenze gegen die Goldküste und dem Küstenort Fresco zieht ein ziemlich schmaler, höchstens 40 km breiter Streifen von jungen Sedimenten. Im Norden grenzen sie gegen die alten Gesteine, vom Meere sind sie getrennt durch die Küsten-Lagunen und die jungen Küstenablagerungen.

Es sind sandige Lehme mit Sand- und Schottereinlagerungen, die der „Terre de barre“ in Dahome verglichen werden (S. 47). Darunter folgen fossilleere tonige z. T. eisenreiche Sandsteine. Gelegentlich kommen in ihnen schwarze bituminöse Mergel zum Vorschein.

An einzelnen Stellen sind im Liegenden der Sandsteine glaukonitische Kalksteine und kalkige Sandsteine beobachtet, so bei Fresco, wo in diesen Gesteinen ein *Nautilus* aus der Verwandtschaft des *Nautilus (Hercoglossa) cassiana* gefunden wurde; eine Bohrung bei Abidjan fand die gleichen Kalksteine und kalkigen Sandsteine in 126 m Tiefe (vgl. S. 72); weiter östlich an der Lagune bei Assinie ist derselbe Kalk mit Fossilien bekannt, er führt den Gastropoden *Bullia adamina.* Der Kalk wird nach diesen Fossilien zum Eozän gestellt; diese Horizontierung erscheint aber doch noch unsicher.

Die über dem Kalk liegenden Sandsteine scheinen eine Synklinale zu bilden. Daher ist mehrfach in diesem Horizont artesisches Wasser erbohrt worden.

Jungvulkanische(?) Gesteine

In der Gegend östlich und westlich von Tabu, nahe der Westgrenze gegen Liberia, treten im Biotitgneis und Granit längs der Küste Ganggesteine auf, die eine von wenigen Zentimetern bis zu 2 m wechselnde Mächtigkeit haben. Die Gänge streichen N—S, quer zum Streichen der Küste und zur Bänderung der Gneise. *Aubert de la Rue* zählte mehrere Dutzend solcher Gänge, die auf einer Strecke von etwa 15 km längs der Küste auftreten.

Diese Ganggesteine, die recht frisch aussehen, werden als Basalt angesprochen; sie führen Olivin, Labrador und teilweise Pigeonit.

Das Alter der Gesteine ist nicht bekannt; möglicherweise sind es auch Diabasgänge (?).

II. a. 3. Dahome

Dahome grenzt im Osten an Nigeria, im Westen an Togo und reicht im Norden bis ungefähr zum Niger. An der Nordgrenze liegt der französische Sudan. Die Kolonie bildet einen Teil von Französisch-Westafrika und hat einen Flächeninhalt von etwa 112000 qkm. Vom Hafenplatz Kotonu geht eine Eisenbahnlinie nach N bis Tschauru, die etwa 300 km lang ist.

Ähnlich wie Togo besteht Dahome aus einem schmalen, handtuchartig nach N gestreckten Gebiet, dessen Küste nur etwa 100 km lang ist.

Die Eingeborenen-Bevölkerung beträgt etwa 1,3 Millionen.

Am Aufbau der Kolonie beteiligen sich folgende Formationen:

6. Junge Bildungen
5. Tertiär an der Küste und im Binnenland
4. Oti-Volta-Schichten (Kap-System?)
3. Buem-Formation (Präkambrium und Kambrium?)
2. Atakora-Schichten (Jung-Algonkium)
1. Archaikum

1. Das Archaikum mit seinen Intrusiven

Hinter dem etwa 80—100 km breiten Küstenstreifen beginnt das archaische Gebiet, das einen Teil des großen von Westnigeria bis nach dem südöstlichen Teil von Togo sich erstreckenden archaischen Schildes (Dahome-Massiv im Sinne von *Krenkel*) bildet. Es nimmt mehr als zwei Drittel von Dahome ein und zieht sich bis zum Niger nach Norden hin.

Dies Massiv bildet eine in 200—400 m Seehöhe liegende Fastebene, die von Inselbergen und Bergketten überragt ist. Die hier auftretenden Gesteine sind Sedimentgneise mit Biotit, Muskowit- und Biotit-Glimmerschiefer, Quarzite, glimmerführende kristalline Kalksteine und Talkschiefer, ferner Intrusivgneise, die sehr wahrscheinlich denen in Nigeria entsprechen, so namentlich Granitgneis mit porphyrischen Feldspäten, Biotit- und Zwei-Glimmer-Gneis, Hornblendegneis und Augitgneis sowie gepreßte basische Gang- und Ergußgesteine. — Alle diese Intrusiva sind sehr wahrscheinlich jünger als die kristallinen Sedimente.

Der archaische Komplex ist durchsetzt von jüngeren Intrusivgesteinsstöcken sehr wechselnder Größe und Zusammensetzung. Besonders weitverbreitet sind, wie überall, die Granite, unter denen vielleicht die riebeckitführenden Granitstöcke, wie das Fita (Afrika)-Massiv, besonderes Interesse erfordern. Pegmatitgänge sind z. B. bei Djugu und Tschauru an vielen Stellen bekannt; ihre Zugehörigkeit zu einem der verschiedenen Intrusionszyklen und deren Reihenfolge ist aber noch nicht so sicher gestellt wie in Nigeria. Auch Greisenbildungen sind z. B. bei Carnotville am Ostufer des Weme und in den Ueneberu-Bergen bekannt, die zwar Turmalin, aber keinen Zinnstein führen sollen.

Da aber die französischen Gebiete durchweg nicht so sorgfältig prospektiert sind wie die englischen, so ist es keineswegs ausgeschlossen, daß auch in Dahome noch Zinnstein gefunden wird.

Die archaischen Gesteine streichen durchweg in ungefähr N—S Richtung; die Streichrichtung weicht im Süden schwach nach NW, im Norden nach NO ab und geht am Niger in die NO-Richtung über.

Die in Togo vorhandenen großen Intrusivmassive basischer Gesteine, die dort nahe der Grenze gegen die auflagernden Togogebirgsschichten im Archaikum auftreten, scheinen in Dahome in geringem Umfange ebenfalls vorzukommen; darauf weist ein Gabbrovorkommen bei Mardaga und Serpentin bei Butomo im Norden von Dahome hin.

Westlich des Atakora-Gebirges dehnt sich die weite Gurma-Ebene aus, die aus Biotit- und Hornblende-Gneisen, Ortho-, untergeordnet auch Paragneisen und Schiefern besteht. Granit und basische Intrusivstöcke durchsetzen die Gesteine. Die Gurma-Ebene bildet einen Teil des gewaltigen archaischen Schildes in Westafrika.

2. *Atakora-Schichten* (Togogebirgsschichten, Jung-Algonkium)

Im Nordwesten von Dahome legt sich an diese archaische Masse die Gebirgskette des Atakora an. Diese beginnt am Unterlauf des Volta bei Kong, durchzieht ganz Togo, wo sie als „Togogebirge“ bekannt ist, und tritt ungefähr am 10.° n. Br. beim Kerangfluß nach Dahome hinein. In der Gegend von Natitingu besitzt das Gebirge eine Breite von etwa 40 km, verschmälert sich aber nach N und erreicht den Niger an den Gumbe-Fällen, wo es sich wieder verbreitert, um dann bald unter den jüngeren Sedimenten zu verschwinden. Das Streichen des Atakoragebirges ist auf der ganzen Linie im wesentlichen NNO gerichtet.

Der Anteil des Gebirgszuges in Dahome bildet ein langgestrecktes hügeliges Hochplateau, dessen höchste Erhebungen 800 m über NN kaum überschreiten und das auf beiden Seiten von einer Kette von Höhenzügen begleitet wird; am Niger überragen die Gesteine den Fluß um 40—50 m.

Die das Gebirge zusammensetzenden Gesteine sind hauptsächlich weiße, auch rötliche metamorphe Quarzite, die stellenweise Glimmer, Talk, Sericit, auch Feldspat führen und gelegentlich Talk- und Sericitschiefer enthalten. Ihre Mächtigkeit beträgt bis zu 300 m. Sie sind meist deutlich geschichtet und spalten oft in Platten.

Anscheinend sind sie zu einer Reihe von Sätteln und Mulden aufgefaltet, deren Schenkel teilweise steil stehen. Im Mittelplateau kommen im Kern des Faltengebirges Glimmerschiefer, Phyllite, kristalline Kalksteine und Gneise (gepreßte Intrusivgranite) zum Vorschein, die leichter verwittern als der Quarzit und die daher gern Ebenen bilden. Auf ihnen liegt auch meist eine Eisensteinkruste, die auf Quarzit-Untergrund fehlt. Die Längstäler im Gebirge liegen vielfach im Gneis und Schiefer, und die Flüsse verlassen diese Längstäler meist auf Querstörungen, die besonders im Norden häufig sind. Streichende Störungen sind ebenfalls mehrfach vorhanden.

Die Auflagerung der Quarzite und Schiefer auf dem Archaikum ist nicht beobachtet; ob sie normal, vielleicht diskordant verläuft oder durch Störungen begrenzt ist, ist daher nicht geklärt.

3. *Buem-Formation* (Alt-Paläozoikum)
(Hangender Teil der Atakora-Schichten = Transvaal-Nama-Formation)

In Togo wird das algonkische Togogebirge, die südliche Fortsetzung des Atakora-Gebirges, auf seiner Westseite von einem Zuge von hellen kaolinführenden Sandsteinen begleitet, denen ein Glazialkonglomerat eingeschaltet ist (S. 252) und die sehr wahrscheinlich mit den Transvaal-Nama-Schichten oder besser mit dem Kundelungu-System, das deren hangendem Teil entspricht, zu parallelisieren sind.

In Dahome bilden sie keinen zusammenhängenden Gebirgszug wie in Togo, sondern sie begleiten den Nordwestrand des Atakora-Gebirges in Form von isolierten Bergrücken und Bergzügen, die aus jungen Sedimenten und Verwitterungsprodukten emporragen.

4. *Oti-Volta-Formation*

Der Südostrand der archaischen Gurma-Ebene wird begrenzt durch eine schmale langgestreckte Tafel von graugrünem Sandstein, der z. T. kieseliges Bindemittel besitzt, der aber nicht metamorph ist. Die Schichten liegen horizontal und zeigen nur schwache Andeutung von Faltung. Sie bilden die nördliche Fortsetzung der großen Tafel flachliegender Sandsteine, die in Togo als Oti-Schichten, in der Goldküste als Volta-Formation bezeichnet werden und die wohl mit den flachliegenden kambrosilurischen und devonischen Sandsteinen in Französisch-Westafrika zu vergleichen sind. (Vgl. S. 13.)

5. Tertiär

a. Tertiär des Binnenlandes

Am Mittellauf des Niger, in der Gegend von Gaja, treten die flachliegenden tertiären Sandsteintafeln auf das Gebiet von Dahome über, die im nordwestlichen Nigeria zwischen Lokodja und Sokoto so große Flächenräume bedecken. Sie sind beim Abschnitt Nigeria (S. 287) beschrieben.

Die Sandsteine führen z. T. Kaolin und sind oft von einer Verwitterungs-Eisenkruste bedeckt.

b. Alt-Tertiär des Küstengebietes

Innerhalb der 60—80 km breiten Küstenzone zieht sich ein ziemlich breiter, niedriger sumpfiger Geländestreifen in O—W-Richtung, der von Togo durch Dahome bis nach Nigeria zu verfolgen ist.

In dieser Zentralsenke von Dahome, die als Lama-Sumpf bezeichnet wird, stehen Gesteine an, die im wesentlichen aus einer ziemlich mächtigen Folge von braunem Tonschiefer und Ton bestehen; diesem sind dünne Bänke (weniger als 1 m mächtig) von mergeligem Kalkstein eingeschaltet, die zahlreiche marine Fossilien (Lamellibranchier, Gastropoden, Krustazeen) in schlechtem Erhaltungszustande führen. Aufschlüsse sind namentlich beim km 92 der Eisenbahn, ferner bei Pendji, am Sazue, wo Kalkphosphat (S. 74) auftritt, und am Parahue vorhanden. Der beste Aufschluß liegt bei Tokpli am Monu in Togo. Die dortigen Aufschlüsse sind näher untersucht (S. 254).

Die Schichten gehören dem von Nigeria bis nach Togo zu verfolgenden Streifen von marinem Mittel-Eozän an.

Die Lama-Senke soll angeblich lediglich durch Erosion, nicht durch tektonische Vorgänge entstanden sein; sie wird im Norden von langsam ansteigendem Gelände, im Süden von steil abfallenden Plateaus begrenzt, die aus jüngeren Sedimenten (Sanden und Tonen) bestehen.

6. Die jüngeren Sedimente des Küstengebietes

Das jungsedimentäre Küstengebiet südlich des altkristallinen Dahome-Massivs beginnt im westlichen Teil von Togo, erreicht seine größte Breite von etwa 70—80 km in Dahome und zieht nach O weiter nach Nigeria hinein, wo es wieder wesentlich schmaler wird.

Hinter dem verhältnismäßig schmalen sandigen Küstenstreifen mit seinen Lagunen steigt das Gelände langsam an. Die jungen sandigen und tonigen Schichten, die diese schräg nach S gestellte Tafel bilden, stürzen dann plötzlich zum Lamasumpf in einer 60—80 m hohen Steilstufe ab; nördlich der großen Lama-Niederung steigt eine zweite Tafel der gleichen sandigen und tonigen Sedimente wieder sanft nach N an und grenzt gegen den Südrand des archaischen Dahome-Massivs.

Es dürfte schwer sein, die Schrägstellung der jungen Sedimente und das Zutagetreten des Tertiär in ihrem Liegenden im Lamasumpf ohne die Annahme einer jungen ungefähr O—W parallel zur Küste streichenden Störung bzw. Faltung zu erklären.

Über dem Eozän des Lamasumpfes liegt eine Folge von sandigen Tonen und tonigen Sanden, die teilweise zu Sandstein verfestigt sind und die gewöhnlich auf der Oberfläche durch eine Stufe von eisenschüssigem Sandstein mit Lagen und Linsen von Konglomerat abgeschlossen wird. Die Mächtigkeit der Schichten beträgt etwa 70—80 m; sie liegen fast horizontal und steigen sehr schwach nach NW an.

Die Gesteine sind wahrscheinlich teils marinen, teils kontinentalen Ursprunges. Sie bilden alle Plateaus in Nieder-Dahome. Bei Ketu, Ibjan und Gabigan fanden sich im Ton marine Schnecken und Muscheln.

Das Alter dieser Schichten ist nicht sicher bekannt. *A. Chermette* (Gouvern. gén. A. O. F. Service géologique, 1933, Carte géol. du Bas-Dahomé) spricht die Sedimente als Ober-Eozän (?) an. Eine Parallelisierung dieser Sedimente mit denen in Nigeria ist bisher nicht möglich.

Trotz der hohen Niederschläge bis zu 2000 mm im Jahr sind die durchlässigen Sandsteine der Plateaus meist ganz trocken.

Nach der Küste hin legt sich auf diese z. T. verhärteten Tone und Sande ein roter feinsandiger Ton und Lehm mit sandigen Einlagerungen, der wahrscheinlich das im Quartär mehrfach umgelagerte und zersetzte Verwitterungsmaterial des nördlich angrenzenden Archaikum enthält. Er wird gewöhnlich als „Terre de barre" bezeichnet. Es ist nicht ganz sicher, wie dieser Name zustande gekommen ist.

In den Lagunensedimenten längs der Küste kommen torf- bzw. braunkohlenähnliche Einlagerungen vor. So ist am Monu unter 2 m Flußsand eine 10—20 cm mächtige Lage von völlig zu einer schwarzen kohlenähnlichen Masse zersetzten Pflanzenteilen gefunden worden, in deren Liegendem grauer Ton mit massenhaften Blättern und Wurzeln liegt. Darunter folgt Sapropel-Schlamm mit rezenten Muscheln. Das Palmenholz in der „Kohle" ist wenig zersetzt.

Auch an allen größeren Flüssen liegen rezente Alluvionen aus tonigem Sand und sandigem Ton. Der Weme (Quémé)-Fluß hat ein Delta aufgeschüttet.

Der Sandstrand aus weißem feinkörnigem Sand ist meist 1 km breit, an der Nigeria-Grenze bei Porto Novo erreicht er 10 km Breite.

II. ab. Tektonik von Französisch-Westafrika

Archaikum und Algonkium sind auch in Französisch-Westafrika im allgemeinen stark gefaltet.

Im Küstengebiet, im Senegal und in Mauretanien, ferner im Nigerknie und weiter südlich herrscht NO-Streichen. Im Norden dagegen, im Adrar der Iforas, der südlichen Fortsetzung des Ahaggar, streicht die Schieferung bzw. auch die Schichtung vorwiegend N—S, biegt aber gelegentlich in die NW-Richtung um. Gelegentliche Angaben über örtliches O—W-Streichen scheinen durch örtliche Schollenverschiebungen bedingt zu sein. NNO-Störungen sind häufig. Auf ihnen sitzen saure und basische Intrusiva.

Die schwache Faltung des ältesten Teiles der „paläozoischen flachliegenden Sandsteine" wurde oben bereits besprochen (S. 13). Zweifellos handelt es sich um örtliche Faltungsvorgänge im Gebiet des Falemebeckens, im übrigen liegen die Schichten von Kambrium und Silur bis zum Karbon, soweit sie vorhanden sind, ohne Schichtlücke und nahezu flach übereinander.

Wesentliche tektonische Vorgänge sind also in dem gewaltigen Zeitraum zwischen dem Kambrium und dem Karbon offenbar nicht zu verzeichnen.

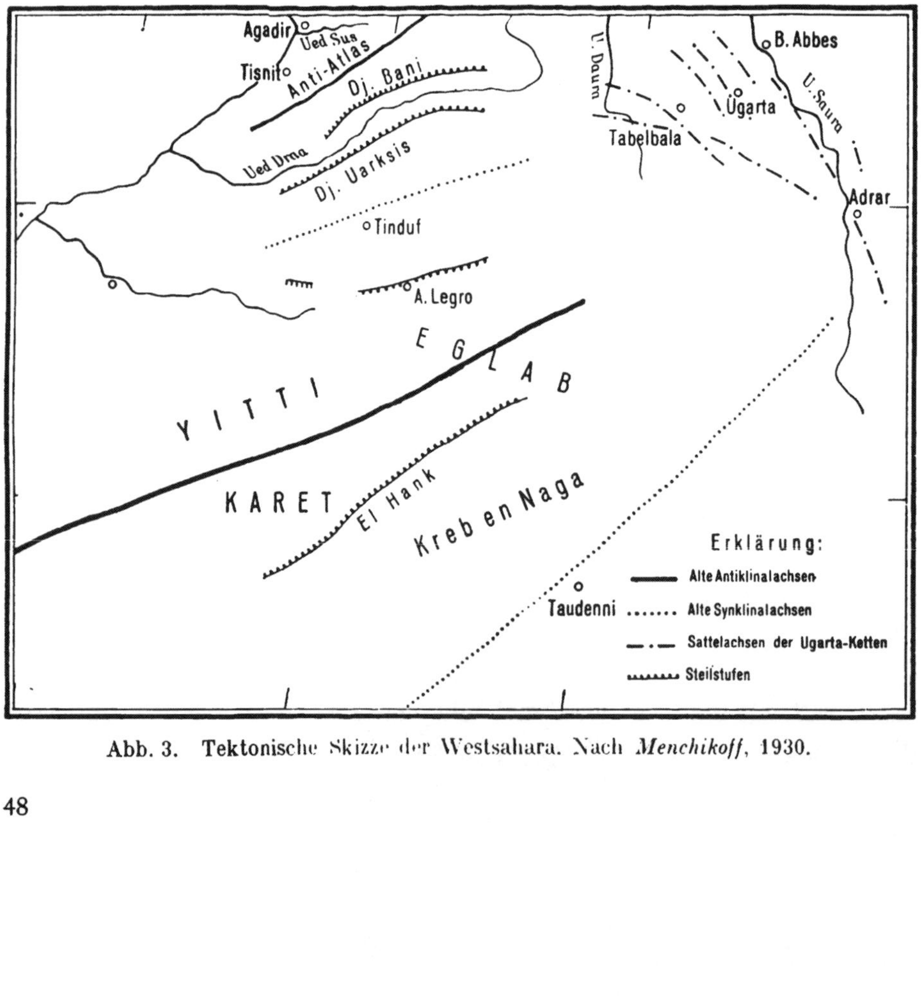

Abb. 3. Tektonische Skizze der Westsahara. Nach *Menchikoff*, 1930.

Dagegen sind schwache Faltungsvorgänge von sehr großräumigem Krümmungsradius über weite Gebiete hin zu beobachten. Diese sehr breiten Falten sind jünger als die Formation der paläozoischen flachliegenden Sandsteine, vielleicht etwa oberkarbonisch. Die kretazischen bzw. tertiären Sedimente liegen im wesentlichen flach in den breiten Mulden der alten Falten.

In den heute z. T. abgetragenen breiten Sätteln kommt vielfach das eingeebnete Grundgebirge zutage. Die großen zusammenhängenden Sandsteintafeln fallen fast stets nach dem Innern der Tafelfläche ein, weil ja nur die Sattelflanken und Mulden unzerstört erhalten sind.

Von diesen Großfalten im Sahara-Raum, die sämtlich nach NO streichen, sind die folgenden zu nennen:

1. Der Anti-Atlas in Südmarokko . . . . (Sattel I)
2. Die Tinduf-Mulde . . . . (Mulde I)
3. Die Schwelle von Karet-Yitti-Eglab . . (Sattel II)
4. Die Mulde von Taudenni und Erg Issauan (Mulde II)
5. Die Schwelle des Adrar der Iforas und des Ahaggar . . . . (Sattel III)
6. Die Sudan-Flexur.

Die Syklinalen enthalten Karbonsedimente, in den Antiklinalen (Sattel II und III) kommt der archaische Kern zutage.

Da die Kreide überall die älteren Schichten diskordant überlagert, so ist die letzte Auffaltung überall als präkretazisch gesichert.

Auf die Wahrscheinlichkeit, daß diese Faltung im Ober-Karbon erfolgte, ist oben hingewiesen.

Die Karet-Yitti-Eglab-Schwelle biegt im Süden von Rio de Oro aus der SW-Richtung in die Süd-Richtung um und streicht weiter in südlicher Richtung als Mauretanische Schwelle, die das Eozänbecken des Senegalgebietes vom Sudanbecken trennt.

Die an ihre Nordnordwestflanke sich anlegende Tinduf-Mulde, die bis nach Rio de Oro hineinzieht und die Kambro-Silur, Devon und Karbon enthält, ist schmaler als die auf der Südsüdostflanke des Eglab-Sattels folgende, nach dem Orte Taudenni genannte gewaltige Mulde, die einen breiten Kern von

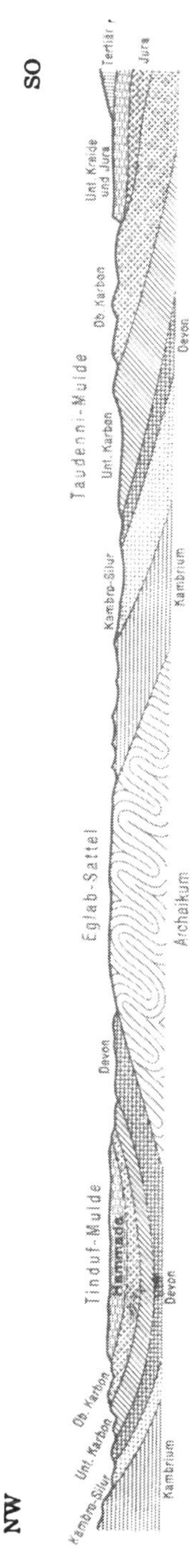

Abb. 4. Profilskizze durch die Tinduf-Mulde, den Eglab-Sattel und die Taudenni-Mulde.

Karbon — auch von Ober-Karbon — enthält. In das Muldentiefste dringen von NO her die Sedimente der kontinentalen älteren Kreide ein.

Die Achsen beider Mulden heben sich nach SW heraus, so daß beide Mulden in dieser Richtung ausspitzen und enden.

Die Taudenni-Mulde ist durch mehrere kleinere Aufwölbungen untergeteilt.

Die breite Schwelle des Adrar der Iforas und des Ahaggar auf der Südostseite der Taudenni-Mulde zieht mit einer schmalen Unterbrechung durch den Niger über das Nigerknie, sich verbreiternd, bis nach Liberia hin.

Die eben dargelegten Grundzüge sind durch Einzelheiten modifiziert.

Die späteren tektonischen Ereignisse, soweit sie Französisch-Westafrika betreffen, bestehen im wesentlichen aus Hebungen und Senkungen der Großschollen.

Auf die Sedimentation des von N her vorgedrungenen vorwiegend marinen Karbon folgt eine lange Festlandsperiode, in der sich in der Hauptsache terrestrische Sedimente bilden und die mindestens den Zeitraum vom Jura, vielleicht schon von der Trias oder gar dem Perm an bis einschließlich der unteren Kreide umfaßt.

Mit der oberen Kreide beginnt dann wieder das Meer von N und wahrscheinlich auch von S her gegen das Saharabecken vorzudrängen, und auch das weitverbreitete Tertiär besteht in seinem älteren Teil im wesentlichen aus marinen Sedimenten.

II. b. Nutzbare Lagerstätten und Bergwirtschaft in Französisch-Westafrika

Von Fritz Behrend

II. b. 1. Mauretanien, Senegal, Guinea, Niger und Sudan

1. Grundwasser

Jacquet und *Lambert* haben in neuester Zeit Untersuchungen über die Grundwasserverhältnisse in Teilen von Westafrika veröffentlicht.

An den Hängen des Mauretanischen Adrar und des Tagant bis an den Fuß des Kediat Idjil sind mit Dünensand bedeckte junge Bildungen weitverbreitet. Sie speichern Regenwasser auf, das aber vor Verunreinigungen nicht geschützt ist und daher nur bedingt trinkbar ist. Bei der meist geringen

Besiedlung des Gebietes ist jedoch die Verunreinigungsgefahr gering. Das Grundwasser sammelt sich natürlich an den tiefsten Stellen, namentlich also in den trocknen Flußtälern.

In den Strandsandgebieten ist das Grundwasser meist etwas salzig, in den roten Inlandsdünen des Trarzagebietes nördlich vom Senegal dagegen ist das Wasser gut und reichlich vorhanden. Der Abhangsschutt an den Rändern der Hochplateaus führt Wasser nur zu gewissen Zeiten des Jahres.

Die flachliegenden, meist tonigen Sandsteine bestehen aus einer Wechsellagerung von stark sandigen wasserführenden und undurchlässigen kaolinreichen Lagen. Sie enthalten also mehrere Grundwasserhorizonte. Das Grundwasser wird aus ihnen zweckmäßig nicht durch Bohrungen, sondern nur durch Schachtbrunnen gewonnen, die bis auf eine wasserundurchlässige Schicht niedergebracht werden.

Aus der Eozänbucht des westlichen Senegal gibt *Jacquet* folgendes für die Wasserversorgung interessante Profil der dortigen Eozänschichten vom Hangenden zum Liegenden:

Kalk und Kalkmergel mit *Echinolampas anceps* (Wasserhorizont).
Kalkmergel mit *Carolia placunoides* (geht seitlich in Phosphatlager über).
Mergel mit *Brissoides daradensis* (Wasserhorizont).
Ton mit *Ostrea multicostata*.
Mergel mit schwarzen Kiesellagen und *Lamna*zähnen.
Mergel und Mergelkalk mit Fischen (*Thymus*); mehrere Wasserhorizonte.
Mergel mit Sandlagen mit *Nodosaria*, *Ammonidiscus*, *Haplophragmoides* (Wasserhorizont).
Grüner Ton und Mergel mit *Stegaster maieri*.

Die Wasserhorizonte sind also, wie üblich, an das Auftreten von tonigen Lagen im Liegenden gebunden. Da keine dieser tonigen Lagen durchgehend zu verfolgen ist, kann in benachbarten Landschaften das Grundwasser in verschiedenen Horizonten liegen.

In dem Gebiet östlich und nördlich vom Niger, in der Gegend von Niamey, ist der Niger der einzige ständig fließende Wasserlauf. Außerdem gibt es einige wenige ständig fließende Quellen, so die Quelle Afaza im Bett des Dallol Fogha bei Bara.

Die jungen Oberflächenaufschüttungen des Raumes enthalten bei größerer Mächtigkeit fast stets Grundwasser, das sich namentlich in den Trockentälern mit undurchlässigem Untergrund ansammelt.

In den Gebieten toter Dünen findet sich verhältnismäßig reichlich Grundwasser.

Die verschiedenen Sandsteinformationen enthalten fast stets, wenigstens auf große Erstreckung, Grundwasserhorizonte. Dieses Wasser fließt z. T. in die Trockentäler: Dallol Bosso im Westen und Dallol Mauri im Osten.

Der Eozänkalk des Adrar Dutchi führt kein genügendes Grundwasser, über eine Wasserführung der oberen Kreide ist nichts Näheres bekannt.

Dagegen sind im Tegama-Sandstein (das „Continental Intercalaire", vgl. S. 24) mindestens zwei Grundwasserhorizonte vorhanden. Der tiefere, in etwa 50 m durchschnittlicher Tiefe, enthält meist reichlich Wasser.

Ein Grundwasserbecken liegt im Bereich des Azauack, dem nördlichen Teil des Dallol Bosso.

Die Grundwasserverhältnisse im inneren Nigerdelta bei Timbuktu deutete *Furon* (1929, S. 265—274) an.

2. *Gold*

Golderzgänge scheinen bisher kaum untersucht zu sein. Gold wird in Französisch-Westafrika bisher ausschließlich aus Alluviallagerstätten gewonnen. Und zwar sind es hauptsächlich Goldwäschereien der Eingeborenen, die das Edelmetall fördern, während europäische Betriebe ganz untergeordnet sind.

Über Goldgehalte der Alluvien ist daher bis jetzt kaum etwas bekannt geworden, ebensowenig über die Größe der einzelnen Lagerstätten.

In Französisch-Guinea betreiben Eingeborene Goldwäschereien in ziemlich großem Umfange im Stromgebiet des Niger-Oberlaufes am Tinkisso, der bei Sigiri von W her in den Niger mündet, und an den Flüssen Fie und Sankarini, die am 12.° n. Br. von S her in den Niger fließen, ferner an kleinen Wasserläufen der Landschaften Sieke und Bure nördlich des Ortes Sigiri.

Die jährliche Gesamtproduktion dieses Gebietes beträgt gegen 2500 kg bis 3000 kg, ist also recht erheblich. Der Oberlauf des Niger scheint noch gewisse weitere Aussichten zu bieten.

Im Sudan gewinnen Eingeborene das Gold ebenfalls in größerem Maßstabe, hauptsächlich in den Flüssen der Landschaft Bambuk, die von O in den Faleme fließen, ferner am Oberlauf des Wassulu Bale, der von S in den Sankarani mündet, und am Oberlauf des Baule, südwestlich Buguni, sodann in Bächen des Manding-Berglandes westlich Bamako.

In der Senegal-Kolonie waschen die Eingeborenen Gold aus den Sanden im Flußgebiet des Nieri-Ko-Oberlaufes, der südwestlich Bakel entspringt und der von da nach SW in den Gambia fließt.

Am Knie des Faleme zwischen den Orten Gurbassi und Sansanding arbeitet eine kleinere europäische Gesellschaft, „*Mines de la Falémé-Gambie*", die jährlich ungefähr 100 kg Gold fördert. Die 1911 mit einem Kapital von 19,5 Millionen fr gegründete Gesellschaft hat ihren Sitz in Paris, Rue Lafitte 20; die Produktion ist sowohl im Vergleich zum Kapital als auch im Hinblick auf die Leistungen der Neger unbedeutend.

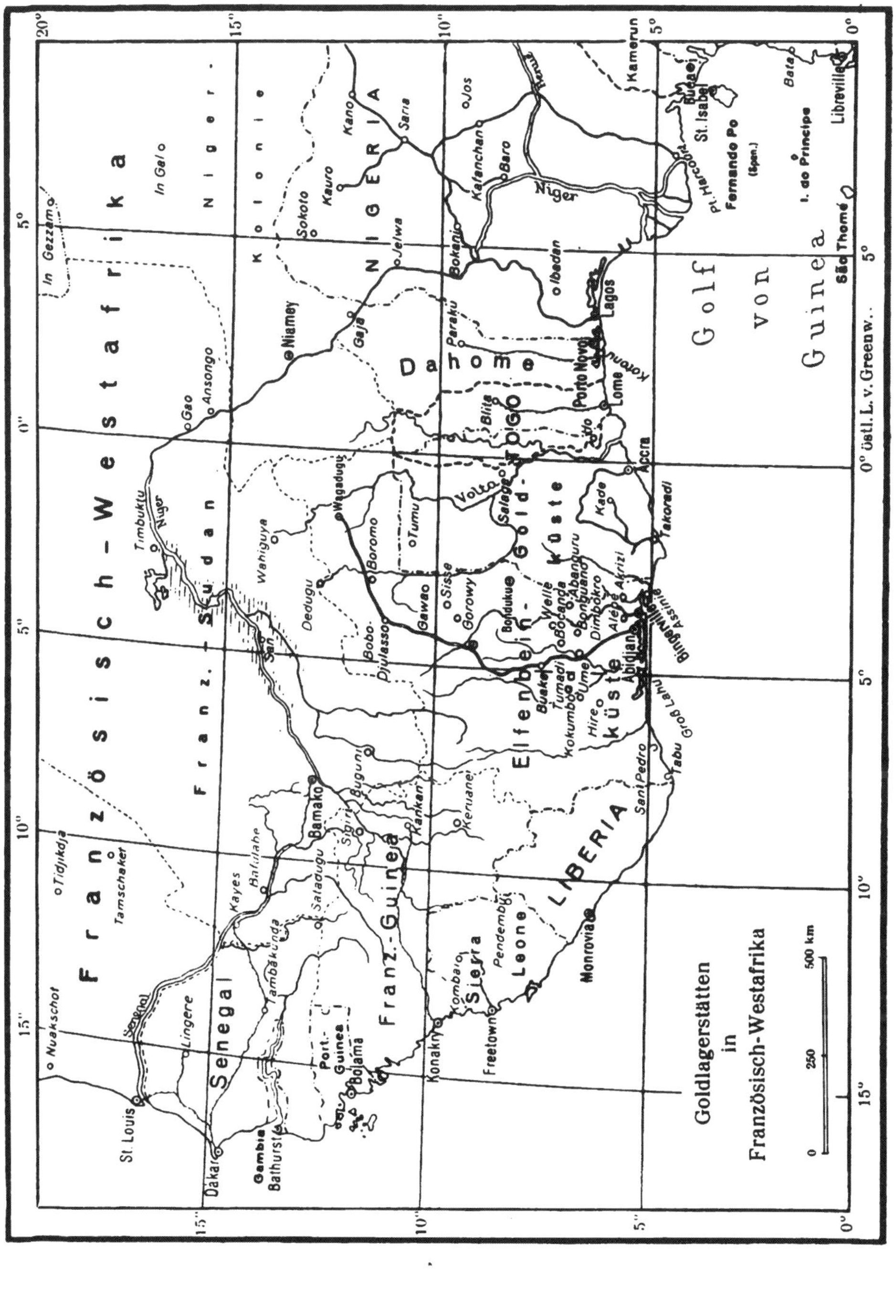

Abb. 5. Gold in Französisch-Westafrika. Nach Chronique des Mines Colon. 1933, S. 406.

Wahrscheinlich läßt sich durch systematische Prospektion der Flußablagerungen und Untersuchung der primären Lagerstätten die Erzeugung wesentlich vergrößern.

Eine weitere Gesellschaft, das *Syndicat Ordia*, über das keine näheren Angaben vorliegen, führte in letzter Zeit Schürfarbeiten im Flußgebiet des Bale, einem linken Nebenfluß des oberen Niger, durch.

Bei Bagama im oberen Nigerbecken untersuchte die *Prospection administrative de Bagama* die Alluvionen der Flüsse Bankole, Bulu, Dunkole, Fabula, Kodiarani, Mugulan und Mossambala. Es wurde ein Durchschnittsgehalt von 0,34 g/cbm an Gold festgestellt (0,17 g/cbm bis 0,84 g/cbm). Die Vorräte werden angegeben mit 1 Million cbm, die 340 kg Gold enthalten sollen.

Die Hauptarbeitszeit liegt in den Monaten Mai bis August.

Die Haupt-Goldgewinnung liefern die Wäschereien am oberen Niger bei Sigiri, bei Bambuk im Faleme-Becken und im Grenzgebiet Guinea-Sudan.

Die folgenden Zahlen umfassen auch die Elfenbeinküste:

Gold-Gewinnung nach Ländern

	Sudan	Guinea	Elfenbeinküste	zusammen
1935	782 kg	3067 kg	60 kg	3909 kg
1936	476 ,,	3045 ,,	47 ,,	3568 ,,
1937	1043 ,,	2942 ,,	7 ,,	3992 ,,
1938	1414 ,,	2517 ,,	23 ,,	3954 ,,

Gold-Gewinnung nach Betrieben

	Eingeborene	Europ. Betriebe	Gesamtausfuhr
1935	3802 kg	107 kg	3909 kg
1936	3449 ,,	110 ,,	3559 ,,
1937	3907 ,,	85 ,,	3992 ,,
1938	3900 ,,	54 ,,	3954 ,,

In den Eingeborenenbetrieben arbeiten durchschnittlich 70000 Neger, davon 40000 aus dem Gebiet von Sigiri, 30000 kommen aus dem Sudangebiet in den günstigen Monaten zur Arbeit.

Edelsteine und Gold, deren Verkaufswert meist die Gestehungskosten weit übersteigt, gelegentlich aber auch wirtschaftlich notwendige Mineralien, wie Kalkphosphat, erschienen der französischen Regierung wichtig genug, um ihre Ausbeutung rentablen Großbetrieben vorzubehalten. Dies wurde durch Abgrenzung von Bergbau-Sperrgebieten eingeleitet.

Am 31. Juli 1927 erließ die französische Regierung ein Gesetz (Journ. offic. Républ. Franç. 5. Aug. 1927, S. 8388), eine Verordnung, die im gleichen Wortlaut für den Bergbau in Französisch-Westafrika und Äquatorialafrika

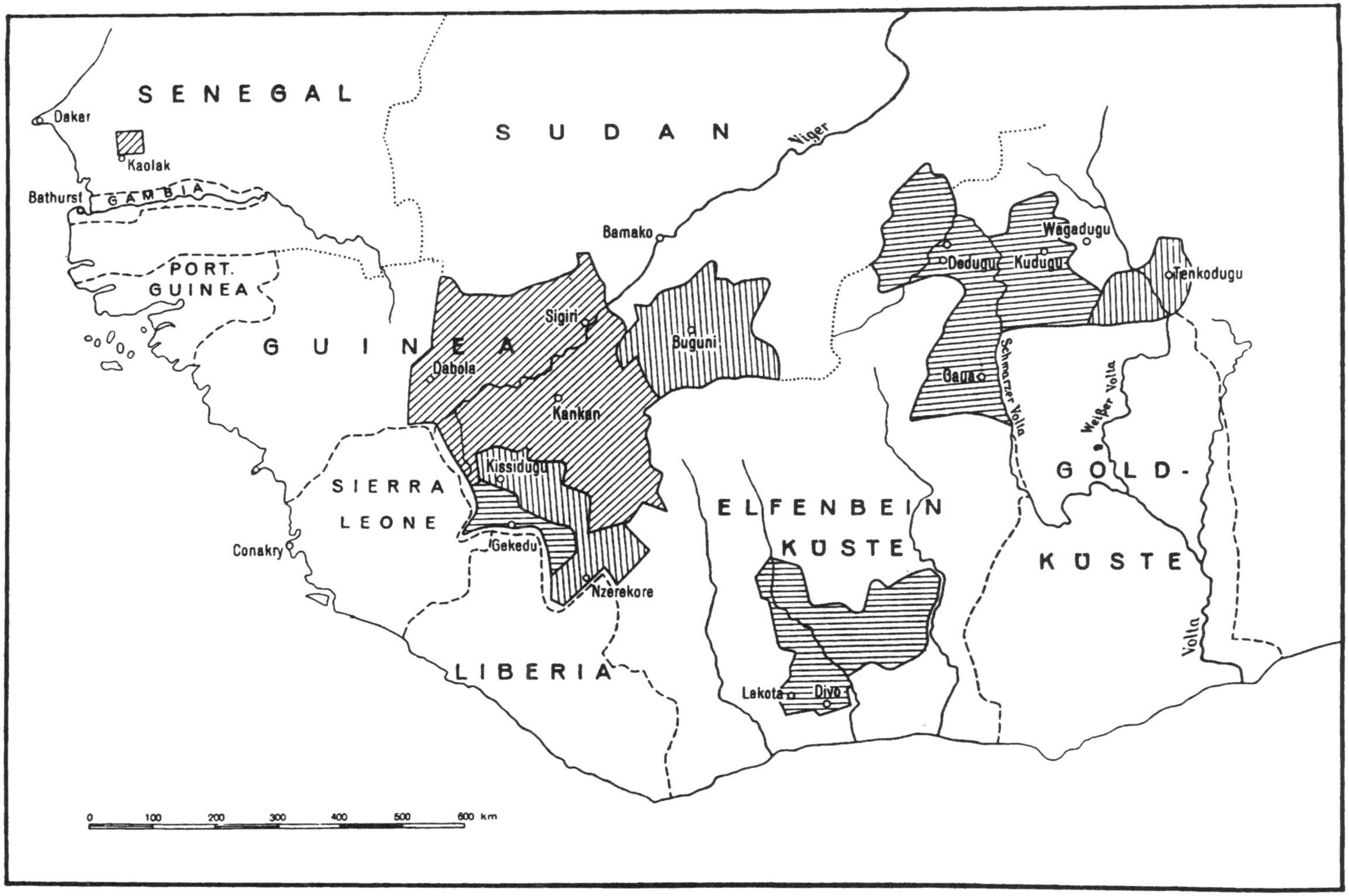

Abb. 6. Bergbau-Sperrgebiete in Französisch-Westafrika. Nach Chronique des Mines Colon. 1934, S. 336.

gültig ist und durch die die obersten Verwaltungsbehörden beider Länder ermächtigt werden, gewisse Gebiete provisorisch für private Schürftätigkeit und Bergbau zu sperren, allerdings unbeschadet früher erworbener Rechte.

Nach den Ausführungen von *Blondel* (1934, S. 333) war mit dem Erlaß des Gesetzes nicht die Absicht verbunden, in den Sperrgebieten den Bergbau ausschließlich dem Staat vorzubehalten. Der Staat sollte nur die Möglichkeit erhalten, die Mineralkonzessionen an geeignet erscheinende Personen weiterzugeben, die eine sorgfältige und umfassende (oft kostspielige) Prospektion und eine wirtschaftliche Ausbeutung dieser Gebiete gewährleisten können. Die Tätigkeit von Privatprospektoren, die sich oft ungünstig auswirkte, soll auf diese Weise ausgeschaltet werden.

Die Sperrgebiete in Französisch-Westafrika sind in Fig. 6 eingetragen.

Das französische Berggesetz unterscheidet unter den dem Bergbau unterworfenen nutzbaren Mineralien drei Kategorien:

1. Kategorie: Edelmetalle und Edelsteine.
2. „ Flüssige und gasförmige Kohlenwasserstoffe, Bitumen, Asphalt und bituminöse Schiefer.
3. „ Alle anderen unter das Berggesetz fallenden Mineralien.

Die einzelnen Gebiete sind vom Staat für Prospektion und Bergbau auf folgende Mineralien gesperrt:

Kreis Dakar (Phosphat und Kategorie II).

Senegal:
Gebiet 1: Kaolack (Phosphat; Kategorie 2 u. 3).

Guinea:
Gebiet 2: (Alle Mineralien).
Gebiet 3: (Edelsteine).
Gebiet 4: (Edelsteine).

Sudan:
Gebiet 5: (Alle Mineralien).

Elfenbeinküste:
Gebiet 6: (Edelsteine; Kategorie 1).
Gebiet 7: (Edelsteine; Kategorie 1).
Gebiet 8: (Edelsteine; Kategorie 1).

Über andere Bemerkungen über Verordnungen betr. Bergbau in den französischen afrikanischen Kolonien und Mandatsgebieten vgl. S. 344.

3. *Diamant*

In Französisch-Guinea beutet die *Société Guinéenne des recherches et exploitations minières („Soguineux")* mehrere Alluviallagerstätten aus. Der Betrieb fand bisher nur am Oberlauf des Makona nahe der Nordgrenze von

Liberia, westlich des Ortes Macenta, statt. Ein weiteres Alluvialfeld liegt am Oberlauf des Diani, ebenfalls nahe der Liberiagrenze, östlich vom 10.° w. L. und am 8.° n. Br., auf der Westseite des gegen Liberia von Norden her vorspringenden Zipfels von Guinea.

1932 wurde das „Syndicat de recherches minières en A. O. F." mit einem Kapital von 700000 fr gegründet, das zuerst in Mauretanien, dann in der Fortsetzung der Sierra Leone-Lagerstätten die Suche aufnahm. 1934 trat das Syndikat seine Rechte an die *„Société d'Exploitation Minière en A.O.F."* (*„Minafro"*) ab. Diese mit 1,5 Millionen fr gegründete Gesellschaft ist finanziell und technisch abhängig vom „Consolidated African Selection Trust". Für die endgültige Ausbeutung wurde 1936 die oben genannte Société Guinéenne (Soguineux) als Tochtergesellschaft mit einem Kapital von 4 Millionen fr in 400 Aktien zu je 10000 fr gegründet; ihr Sitz ist Dakar, Rue du Docteur Thèze 36.

Die Gesellschaft besaß ein Permis général vom 3. September 1935 zur Ausbeutung eines Gebietes von 40000 qkm, das aber am 31. 1. 1940 ablief.

Die Betriebe der Société Guinéenne liegen in

1. Baradu, Bez. Kissidugu, und bei Macona; die Seifen werden seit 1936 bearbeitet und förderten 1938: 7549 Karat.
2. Fenaria, Bez. Beyla, seit 1937 in Betrieb, erzeugte 1938: 46868 Karat.
3. Feredu, Bez. Beyla, seit 1938 in Betrieb, produzierte 1938 aus dem Alluvium des Falingwa 4143 Karat.

Dazu kamen 1938 3370 Karat aus Schürfarbeiten.

Etwa 90 v. H. der gesamten Produktion sind billige Industrie-Diamanten; die beste Qualität haben die Diamanten von Baradu. Auf 1 Karat gehen 2—4 Steine.

Die Produktion und Ausfuhr gestaltete sich folgendermaßen:

	Produktion	Ausfuhr
1934/35	600 Karat	— Karat
1936	18600 „	5490 „
1937	58000 „	52933 „
1938	61929 „	61929 „

Der Diamantgehalt liegt bei 2 Karat je cbm.

4. *Eisen*

a. Die Eisenerzlagerstätte von Konakry

Die Eisenerzlagerstätte von Konakry ist eine der größten in ganz Westafrika (vgl. *R. de la Bouglise*, 1936).

Die 35 km lange und 4—6 km breite Halbinsel Kalum, an deren Spitze die Insel Tumbo mit dem Hafen Konakry liegt, besteht durchweg aus dunkelgrünem serpentinisiertem Olivin-Norit bzw. Dunit und aus Peridotit, der am

Grunde einiger Täler im nördlichen Teil der Halbinsel zutage kommt und der außerdem in zahlreichen Bohrungen angetroffen ist.

Das mittelkörnige Gestein besteht in der Gegend von Konakry aus Olivin und etwas Magnetit, ist also eigentlich als Dunit zu bezeichnen. Durch sekundäre Umsetzung entstehen im verwitternden Gestein, wie es in den Taleinschnitten zutage kommt, Antigorit, Chlorit, Roteisen, Brauneisen und Karbonate; das Gestein ist oberflächlich also zunächst völlig serpentinisiert.

Da das Gestein primär sehr wenig Tonerde besitzt, dagegen sehr viel Eisen, so ist es durch normale bauxitische Verwitterung über die Zwischenstufe des Serpentins vorwiegend in Brauneisen umgewandelt, das nahe der Oberfläche geringeren Wassergehalt aufweist als in der Tiefe, stellenweise ist wahrscheinlich nahe der Oberfläche sogar Goethit vorhanden.

Im nordöstlichen Teil der Halbinsel, auf das Kakulima-Massiv zu, beobachtete *Lacroix* in tiefen Taleinschnitten Peridotit. Das mächtige ultrabasische Massiv scheint also eine gewisse Differentiation aufzuweisen: Im Südwesten, nach Konakry zu, Dunit, auf der Landseite, im Nordosten, Peridotit.

Daher steigt auch in der Zersetzungskruste in der Richtung auf das Kakulima-Massiv der Tonerdegehalt des Erzes.

Vor Konakry liegen die aus Nephelin—Syenit aufgebauten Los-Inseln. Diese Gesteine enthalten reichlich Feldspäte, also viel Tonerde, und sind daher zu Bauxit verwittert.

In der nördlichen Verlängerung der Halbinsel auf dem Festland befindet sich der Berg Kakulima, der aus Peridotit mit etwas höherem Tonerdegehalt besteht. Mit der Annäherung an diesen Berg nimmt der Eisengehalt der Lagerstätte merklich ab, während der Gehalt an Tonerde steigt.

Das Profil der eisenreichen Verwitterungskruste über dem Dunit ist vom Hangenden zum Liegenden folgendermaßen aufgebaut:

3. Oben liegt eine 2—9 m mächtige Rinde, die aus hartem schlackigem und zelligem rotem, schwarzem oder braunem Eisenstein besteht.

2. Darunter folgt eine 2—6 m mächtige Übergangszone, in der harte Blöcke und kleine Brocken von Eisenerz in gleicher Beschaffenheit wie in der oberen Rinde in lockerem mulmigem, z T. plastischem Erz liegen; der Horizont ist z. T. grobsandig ausgebildet.

1. Das Erz in der Tiefe ist locker, mulmig oder tonähnlich plastisch, rot oder gelblich. Die Mächtigkeit beträgt 5—20 m.

Die Gesamtmächtigkeit schwankt also und beträgt in den Tälern und nahe den Ufern gegen 10 m, auf den Höhen dagegen teilweise mehr als 30 m. Auf den Hochflächen ist sie durchgehend mit etwa 20 m anzunehmen.

Die folgenden Analysen zeigen den Charakter des Erzes:

Das Erz für die Analysen war getrocknet, hat daher einen geringeren Wassergehalt als normal.

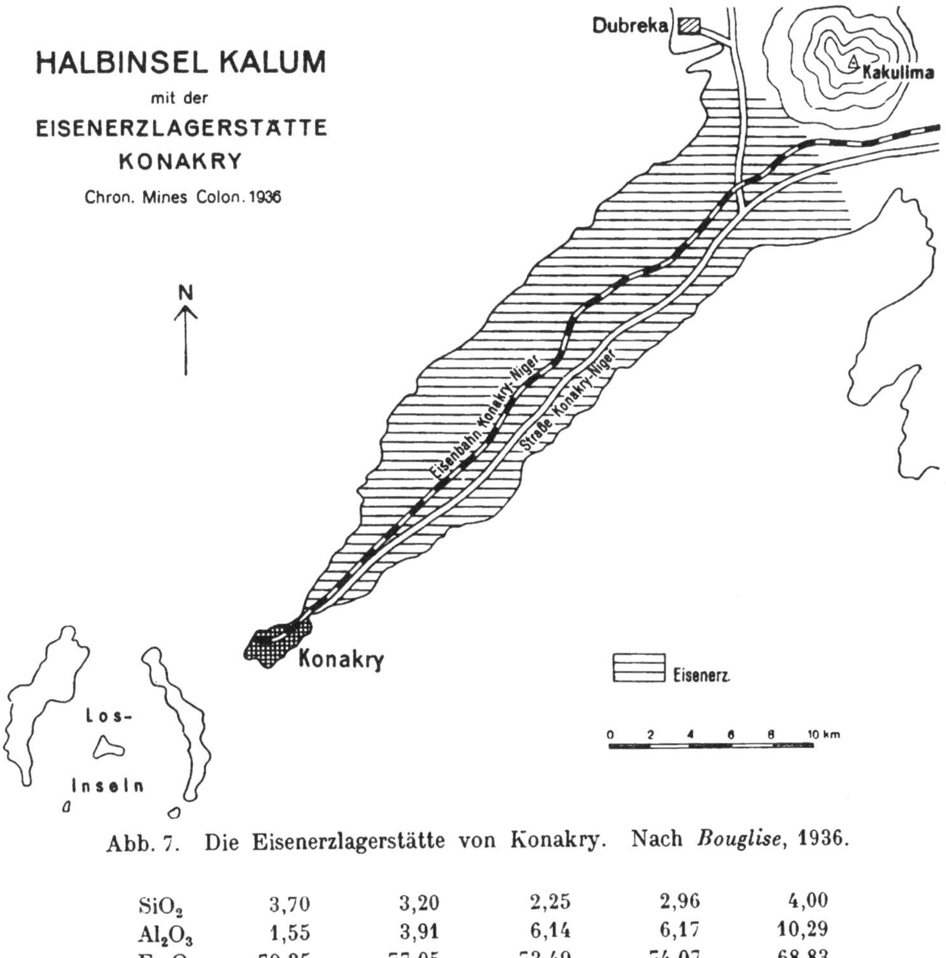

Abb. 7. Die Eisenerzlagerstätte von Konakry. Nach *Bouglise*, 1936.

SiO_2	3,70	3,20	2,25	2,96	4,00
Al_2O_3	1,55	3,91	6,14	6,17	10,29
Fe_2O_3	79,35	77,05	73,49	74,07	68,83
FeO	1,13	1,28	0,34	0,16	0,89
Cr_2O_3	0,60	1,60	2,52	3,46	1,30
TiO_2	0,25	0,33	0,33	Sp	0,44
P_2O_5	0,06	0,05	0,09	0,08	0,03
NiO	0,04	0,03	0,99	1,58	0,04
MnO	0,25	0,22	0,29	0,73	0,14
H_2O über 100°	12,40	12,10	13,18	10,85	13,70
	99,33	99,77	99,02	100,06	99,66
Fe	56,44	54,94	51,73	51,93	48,88
P	0,026	0,021	0,041	0,037	0,015
Cr	0,41	1,16	1,73	2,36	0,89
Ni	0,03	0,02	0,78	1,24	0,03

Alle Erzsorten haben also eine ziemlich gleichmäßige Zusammensetzung und einen erheblichen Feuchtigkeitsgehalt, der von Ort zu Ort und mit der Jahreszeit wechselt; er kann 15—40 v. H. betragen, im Mittel etwa 30 v. H.

Das ist bei den oben mitgeteilten Analysen zu berücksichtigen. Der Eisengehalt würde dadurch im Verhältnis sinken und ist im Mittel zu 47—48 v. H. Fe anzunehmen.

Die Ränder der mächtigen Eisenkruste längs der Küsten sind stark verkieselt.

Die ganze Lagerstätte wurde durch 187 Bohrlöcher und Schürfschächte untersucht, so daß die vorhandenen Erzmengen und Gehalte gut geschätzt werden können.

Etwa 25 v. H. der Lagerstätte enthalten Erz mit mehr als 50 v. H. Fe.
Etwa 30 v. H. der Lagerstätte enthalten Erz mit etwa 45—50 v. H. Fe.
Etwa 45 v. H. der Lagerstätte enthalten Erz mit weniger als 45 v. H. Fe.

Das Harterz der Oberflächenschicht wird zu 3 t je cbm im festen Gestein angenommen; das Weicherz in der Tiefe wird mit 1,135 t je cbm im Anstehenden berechnet.

Der die Verhüttung bisher störende Chromgehalt ist auf seine Verteilung genauer untersucht worden; es ergab sich folgendes Bild:

ohne Chromgehalt	3,9 v. H. der Lagerstätte
mit weniger als 1 v. H. Cr	21,7 v. H.
mit 1—2 v. H.	42,2 v. H.
2—3 v. H.	28,1 v. H.
3—4 v. H.	3,0 v. H.
mehr als 4 v. H.	1,1 v. H.

Der Erzvorrat der Lagerstätte wird mit 2500 Millionen Tonnen berechnet, die einen Eisenmetallinhalt von 1,125 Millionen t aufweisen. Die außerdem als wahrscheinlich vorhanden anzunehmenden Reserven dürften etwa noch 500 Millionen t Eisen enthalten.

Von anderer Seite wurde sogar eine Erzmenge von 3650000000 t mit 46 v. H. Fe, d. h. mit einem Gesamt-Eisenmetallgehalt von 1682000000 t angegeben.

Der verhältnismäßig hohe Gehalt des Erzes an Chrom (0,41—2,33 v. H.) und der ebenfalls ständig vorhandene Nickelgehalt (0,02—1 v. H.) bereiten z. Z. der Verhüttung gewisse Schwierigkeiten, die sich aber durch Mischung mit anderen Erzen teilweise beseitigen lassen.

Eisenerzvorkommen ganz ähnlicher Entstehung und Zusammensetzung werden übrigens in Kuba (Mayari, Cubitas, Turo, Navos usw.), auf den Philippinen (Surigno) und in Griechenland (Lokris) abgebaut.

Die Frachtlage der Lagerstätte von Konakry ist außergewöhnlich günstig. 1938 wurden von Konakry 21690 t Eisenerz mit einem Gehalt von 55 v. H. (also über Durchschnitt) zu Versuchszwecken an europäische Hütten geliefert.

Die Bergbaurechte gehören der Compagnie minière de la Guinée Française (gegründet 1919 mit einem Kapital von 1 Million fr; Sitz Paris, Rue Boulainvillers Nr. 41).

Die Anteile dieser Gesellschaft gehören sämtlich der African Development Company in Boston (Mass. USA.). Diese letztere Firma ist eine Gründung der Burrage-Gruppe in Boston; deren Shares wieder gehören der Familie *Burrage* in Boston, ferner dem Erzsachverständigen *John A. Savage* in Duluth (Minnesota, USA.), dem *Edward Savage* (Direktor bei Guggenheim Brothers) und dem Teilhaber von Guggenheim Brothers *Cappelan-Smith*.

John A. Savage ist Generalbevollmächtigter der Gruppe für Konakry. Die Lagerstätte ist durch Dekret vom 29. Juli 1939 der Compagnie minière mit einer weitgehenden, umfassenden Konzession von der französischen Regierung übertragen.

b. Andere Eisenerzlagerstätten

Bei Keruane, Nzo und Diugu in Guinea treten in algonkischen Gesteinen Lager von Magnetit-Quarzit (Itabirit) auf, die ohne wirtschaftliche Bedeutung zu sein scheinen.

Große Anhäufungen von Magnetit in kristallinem Kalk am Kontakt mit Diabasgängen sind z. B. bei Sirakoro und Samantara im Sudan bekannt.

Bei Mardaga in der Kolonie Ober-Volta liegen ähnliche Magnetitlager am Rande eines Gabbromassivs.

5. Titan und Zirkon

Im Küstengebiet von Dakar nach Süden bis nach Gambia liegen zwischen dem gewöhnlichen Strandsand Lagen von schwarzem Sand, der aus Konzentraten von Schwermineralien besteht. Die Mächtigkeit der schwarzen Hauptschicht, die meist in 1—1,5 m Tiefe liegt, schwankt zwischen 15 und 40 cm. (Vgl. *P. Legoux* und *P. Faucheux*, 1935.)

An der Mündung des Casamance, südlich von Gambia, sind die Lagerungsverhältnisse der schwarzen Sande viel unregelmäßiger.

Der schwarze Sand besteht hauptsächlich aus Titaneisen und Zirkon. Untergeordnet treten noch auf: Magnetit, Staurolith, Rutil, Disthen und Turmalin. Monazit fehlt.

Der Gehalt von Titaneisen und Zirkon in den Schwersanden ist an den einzelnen Fundpunkten erheblichen Schwankungen unterworfen:

Ilmenit	19—75	v. H.
Zirkon	5—23	„
Quarz	7—77	„

Das Verhältnis Ilmenit zu Zirkon ist im Durchschnitt wie 4 : 1.

Der Ursprung der Schwermineralien ist bisher nicht geklärt; vermutlich stammen sie aus den abgetragenen archaischen Gesteinen des Festlandes.

Die durch magnetische Aufbereitung gewonnenen Konzentrate haben folgende Zusammensetzung:

	Rufisque	Casamance
TiO_2	55,8 v. H.	58,88 v. H.
FeO	9,3 ,,	7,77 ,,
Fe_2O_3	32,45 ,,	32,90 ,,
ZrO_2	nichts	0,70 ,,
SiO_2	0,2	0,30 ,,
Al_2O_3	1,42 ,,	nichts
CaO	0,55 ,,	—
	99,72 v. H.	100,55 v. H.

Der in den Schwersanden vorhandene Zirkon tritt in kleinen prismatischen Stäbchen auf, die in der Pyramide enden.

Die Analyse der Zirkon-Konzentrate ergibt folgende Werte:

	Rufisque	Casamance
ZrO_2	66,55 v. H.	66,62 v. H.
SiO_2	32,00 ,,	12,58 ,,
TiO_2	0,45 ,,	0,45 ,,
Fe_2O_3	0,38 ,,	0,62 ,,
	99,38 v. H.	80,27 v. H.

In einer Aufbereitung bei Diogue werden die Schwermineralien auf etwa 44 v. H. angereichert, und aus dem Konzentrat wird das Titaneisen elektromagnetisch abgeschieden. Der zurückgebliebene Zirkon wird auf Stoßherden weiter angereichert. So gewinnt man Titaneisen-Konzentrate mit 60 v. H. TiO_2 und Zirkon-Konzentrate mit 63 v. H. Zirkon.

Die zeitweilig ansehnliche Produktion an Titaneisen und Zirkon ging in den Jahren 1931—1933 schlagartig stark zurück, um dann wieder langsam anzusteigen:

1928	2110 t	
1929	7240 t	
1930	5320 t	
1931	370 t	
1932	—	
1933	370 t	
1934	487 t	{ 237 t Titaneisen, rein 250 t Konzentrat
1935	1180 t	
1936	3920 t	
1937	1495 t	
1938	8436 t	

Die Zahlen umfassen Titaneisen und Zirkon, die in der Statistik nicht getrennt sind. Die Zirkonproduktion ist aber nicht bedeutend.

Einen wesentlichen Anteil der Produktion liefert die Gesellschaft „L'Ilménite" (gegr. 1927; Kapital 677600 fr) mit dem Sitz in Diogue im Senegal, die im Casamancegebiet arbeitet.

Außerdem haben die Privatunternehmer *Gaziello* und *Raffin* erheblichen Anteil an der Förderung.

Im Sudan ist Titaneisen in Flußsanden in großen Mengen mehrfach nachgewiesen, z. B. am Ketiu-Ko, der bei Bafulabe von N in den Niger mündet.

Eine Gewinnung dieser küstenfernen Ablagerungen kommt wegen der Transportkosten in absehbarer Zeit nicht in Frage.

6. *Mangan*

45 km nordöstlich von Bakel am Senegal liegt der Ort Selibaby, 60 km weiter ostnordöstlich befindet sich Bauly. Zwischen diesen beiden sind in den kambro-silurischen Sandsteinen Bänke von Roteisenstein, die 10 v. H. Mangan enthalten sollen. — Der Umfang der Lagerstätten ist nicht bekannt; wahrscheinlich sind sie ohne jede Bedeutung.

Im Sudan, etwa 35 km südöstlich Ansongo, einige Kilometer vom östlichen Ufer des Niger entfernt, sind Quarzite und Schiefer des Algonkiums durch Verwitterung an der Oberfläche mit Manganoxyden imprägniert. Ähnlich wie an der Goldküste (vgl. Nsuta in der Goldküste, S. 172) bilden die imprägnierten Zonen Hügel, die 20—70 m über die Umgebung emporragen und die bis zu 1 km lang sind. Der Mangangehalt dieser Erze schwankt zwischen 35 und 50 v. H. Die Erzmenge soll sehr erheblich sein (*Malavoy*, 1932).

Die Entfernung der Lagerstätten vom Niger beträgt nur wenige Kilometer, aber von Ansongo bis zur Nigermündung ist die Entfernung noch etwa 1500 km. Der Nigerlauf ist auf viele Kilometer durch Stromschnellen nicht schiffbar.

Ähnliche, vielleicht noch größere Manganerzlagerstätten liegen im Nigerbogen in der Gegend von Hiersane, ebenfalls in algonkischen Schichten.

Am bedeutendsten ist die Lagerstätte Tachga oder Kasga, in der der Mangangehalt durchschnittlich 50 v. H. betragen soll.

Über die Manganlagerstätten der Elfenbeinküste vgl. S. 67.

7. *Kupfer*

Bei Lambatara, etwa 150 km südwestlich Nioro, im Sudan, sind Kupfersulfide in basischen Gesteinen beobachtet. Bei Siracoro sind Sandsteine im Ausgehenden mit Malachit imprägniert. Die Vorkommen sind wahrscheinlich wertlos, ebenso wie die meisten übrigen Fundpunkte in Westafrika.

Eine Gewinnung von Kupfererzen findet daher nicht statt.

8. *Phosphat*

Auf dem rechten Senegalufer in der Gegend von Matam sind in Tertiärschichten Kalkphosphatlager bekannt, die bereits oben erwähnt sind (S. 33). Sie kommen zweifellos als Düngemittel für den Bedarf der Kolonie in Frage. Ihr Gehalt an Kalkphosphat beträgt 40—60 v. H.

In der Gegend von Thies, an der Bahn östlich Dakar, sind im Tertiär Bänke von Aluminiumphosphat bekannt. Vermutlich handelt es sich um Bauxit, der in Phosphat umgesetzt ist.

Im Sudan sind an der Südwestecke des Adrar der Iforas im Tilemsi-Tal, das bei Ngao von N ins Nigerknie mündet, 25 km nördlich des Brunnens In Tassit beim Ort Tamagillel im Kreidekalk Phosphatbänke, aufgeschlossen.

Genauere Untersuchungen haben bisher etwa 20 Millionen Tonnen sichtbares Phosphat nachgewiesen mit einem mittleren Gehalt von 71 v. H. Trikalzium-Phosphat, doch sollen die Vorräte sehr viel größer sein.

Die Lagerstätte kann für örtlichen Bedarf in Westafrika, namentlich für das innere Nigerdelta bei Timbuktu, erhebliche Bedeutung erlangen.

9. Bauxit

Lacroix (Nouv. Archives du Musée d'Hist. Nat. Paris. 1913, V. Sér., Bd. 5, S. 255—358) untersuchte Bauxitvorkommen an mehreren Stellen in Französisch-Guinea und teilte eine Anzahl von Analysen mit. Seine Untersuchungen waren aber rein wissenschaftlich, den Versuch einer wirtschaftlichen Beurteilung hat er nicht gemacht. Frankreich hatte genügende Vorräte an Bauxit im Lande für seine Aluminiumindustrie und benötigte keine Einfuhr. Trotzdem sind seine Untersuchungen von Wichtigkeit für die späteren Arbeiten geworden.

Die Los-Inseln vor Konakry bestehen aus Nephelinsyenit; dessen Zersetzungsprodukte sind in den Ebenen auf den großen Inseln Kassa, Tamara und Rume zusammengeschwemmt; sie bestehen z. T. aus Bauxit.

Die 1912 mit einem Kapital von 1 Million fr gegründete Société des Bauxites du Midi (Sitz in Paris, Rue de la Rochefoucauld 6) hat auf den Los-Inseln Konzessionen zum Abbau des Bauxits erworben. Die Vorarbeiten sind aber noch nicht weit gediehen. Schürfarbeiten beim Dorf Robane auf Tamara ergaben Bauxitnester im Tonboden, die z. T. bauwürdig sind. 20000 t waren in letzter Zeit vorgerichtet, der Abbau sollte 1940 beginnen.

Nach den von *Lacroix* mitgeteilten Analysen enthält der Bauxit der Los-Inseln 55 v. H.—57 v. H. Al_2O_3 und 0 bis 2 v. H. SiO_2 neben 5—7 v. H. Fe_2O_3. Es handelt sich also um ein durchaus brauchbares Erz in günstiger Frachtlage. Die bisher aufgeschlossenen Erzmengen reichen nicht aus, um einen Betrieb einzurichten, sie ermutigen aber zu eingehenden Schürfarbeiten.

In Guinea liegen besonders in der Gegend von Boke-Kumbia, 40—50 km von der Küste und z. T. nahe an Flußläufen, gute Bauxitvorkommen auf basischen Gesteinen. Auch in der Gegend von Jukunkun, östlich der Nordgrenze von Portugiesisch-Guinea, sind auf Schiefern bauxitische Verwitterungslagerstätten bekannt geworden. Keines dieser Vorkommen ist bisher näher untersucht.

Ausgedehnte Bauxitlagerstätten auf Hochflächen („Bowals") in der Gegend von Tuge (Tougué), zwischen Satadugu im Norden und der Eisenbahnlinie nach Kankan im Süden, beschrieb *Golubinow* (1938). Die Lagerstätten liegen etwa 50—200 km von der Bahn und 300 km von der Küste in einem Gebiet, das aus flachliegenden Sandsteinen und eingeschalteten Decken und Lagergängen von Diabas besteht. Die Vorkommen sind unregelmäßige, oft taschenförmige Anreicherungen von teilweise sehr reinem Bauxit mit Al_2O_3-Gehalt bis zu 70 v. H. in bauxitischem (lateritischem) Verwitterungsboden von geringem Al_2O_3-Gehalt.

Lateritbildungen in der Gegend von Bonduku beschrieb *Bonnault* (1938).

Aus der Senegalkolonie wird ein eisen- und kieselsäurearmer Bauxit von guter Qualität aus dem „Fontofa"-Gebiet erwähnt, dessen Lage auf den vorliegenden Karten nicht festzustellen ist.

Im Sudangebiet liegen größere Lagerstätten bei Kuluba, dicht westlich bei Bamako, bei Bossara, 50 km südlich Satadugu am oberen Faleme auf algonkischen Schiefern, und bei Kita, an der Bahn Dakar—Bamako, 170 km westlich Bamako.

Weitere brauchbare Lagerstätten dürften noch mehrfach zu finden sein. Ein Export des Erzes ist wegen der hohen Inlands-Frachtkosten bisher kaum möglich.

10. Schwerspat

Schwerspatgänge in größerer Anzahl sind bekannt beim Ort Diamu, etwa 100 km ostsüdöstlich Bamako, dicht westlich vom Baule-Fluß, im Grenzgebiet zwischen Algonkium und den „flachliegenden Sandsteinen", ferner bei Jelimane, 120 km nordöstlich Kayes, an dem von NO in den Senegal fließenden Kolombine-Fluß, ebenfalls wahrscheinlich in der Formation der paläozoischen flachliegenden Sandsteine.

Über die Ausdehnung der Gänge und eine vielleicht vorhandene Erzführung ist in der vorliegenden Literatur nichts Näheres mitgeteilt.

11. Graphit

Graphitschiefer, teilweise auch nur graphithaltige Tonschiefer, sind hauptsächlich in algonkischen Gesteinen an mehreren Stellen in Französisch-Westafrika bekannt, so z. B. im Senegal-Gebiet im Distrikt Ober-Gambia; in Guinea sind namentlich in den Nimba-Bergen unmittelbar auf der Grenze gegen Liberia, nordwestlich Danane, zwischen den dort anstehenden Quarziten Graphitschiefer mit z. T. reichlichem Graphitgehalt eingeschaltet; ähnlich liegen die Verhältnisse bei Juri in der Nigerkolonie.

In der Hauptsache handelt es sich um amorphen Graphit, der auch wegen der meist ungünstigen Verkehrslage bisher ohne Interesse ist.

12. Braunkohle

Wie oben (S. 25) erwähnt, wurden bei Tanut in der Landschaft Damergu, in Schichten, die wahrscheinlich der kontinentalen Unter-Kreide angehören, in einer Tiefe von 120 m zwei unbedeutende Flözchen von schwefelkiesreicher Braunkohle von je etwa 20 m Mächtigkeit angetroffen.

Obwohl diese Flözchen zunächst ohne jede wirtschaftliche Bedeutung sind, ist doch die Tatsache, daß dort überhaupt Braunkohlen auftreten, von Interesse. Es ist nicht ausgeschlossen, daß bei systematischer Untersuchung der in Frage kommenden Gebiete örtlich nutzbare Flöze gefunden werden.

13. Salz

Die Salzgewinnung wird in Französisch-Westafrika in ziemlich großem Umfange betrieben.

An der Küste wird das Meereswasser in Salinen zu Salz eingedampft.

In der westlichen Sahara wird Steinsalz in primitivem Bergbau gewonnen.

In den Randgebieten der Tschadsenke laugt man salzhaltige Verwitterungsböden aus.

1. Seesalz wird in mehreren Salinen längs der Küste gewonnen, so bei Gandiole, südlich St. Louis, bei Nterert und bei Marsa, nördlich St. Louis.

2. Steinsalz wird von den Eingeborenen in mehreren Gegenden in primitivem Bergbau gewonnen.

Einer der wichtigsten Punkte der Steinsalzgewinnung ist der Ort Taudenni, der am Fuße der Hammada el Haricha in einer sehr ausgedehnten Senke liegt. Diese war im Alt-Quartär von einem Salzsee erfüllt; bei seiner Eintrocknung hinterließ dieser See zwischen den Tonschichten sechs Steinsalzflöze, von denen zwei sehr reines Salz liefern.

Das Salz wird in kleinen Schächten gewonnen und dann in Lasten zu 35—40 kg verkauft.

In Sebka Idjel bei Fort Gouraud im Norden von Mauretanien, etwa am 12.° w. L. und 23.° n. Br., einem alten Salzsee, liegen 5 dünne Flözchen von 2—10 cm Mächtigkeit zwischen Sand und Ton, ähnlich wie in Taudenni. Auch die Gewinnung geschieht in gleicher Weise.

Die Saline Nterert in Mauretanien steht auf einer ehemaligen Lagune und baut ebenfalls auf mehreren kleinen Salzflözen. Daneben wird Seesalz gewonnen.

3. Salzhaltige Verwitterungsböden, die NaCl und $Na_2CO_3 + 10\ H_2O$ nebeneinander enthalten, werden in den Randgebieten der Tschadsenke, aber auch anderswo, ausgebeutet, so namentlich in Bilma, 500 km nördlich vom Tschadsee, in Faché, 130 km westsüdwestlich Bilma, bei Tegidda—Nterem, 160 km nordwestlich Agades, im Bergland von Air, in der Gegend von Sinder, ferner in der Landschaft Manga, westlich vom Nordrande des Tschad-

sees, an einzelnen Stellen in den großen Trockenflüssen der Niger-Kolonie, außerdem aber auch noch in Diamatu in der Gegend von Jukunkun in Guinea.

In der Gegend von Bilma geschieht die Salzgewinnung in folgender Weise: Es werden rechteckige Gruben von 5 × 15 m im Boden ausgehoben und diese mit Wasser gefüllt. Das Wasser laugt den Salzgehalt des Bodens aus. Es wird dann verdampft. Das zurückbleibende Salz wird gereinigt und für den Export in Formen gebracht.

In der Landschaft Manga werden die Salzausblühungen an den Rändern der Senken in der Trockenzeit gesammelt und in großen Strohkörben gewaschen. Ein wesentlicher Teil des in den Ausblühungen enthaltenen Natriumkarbonats wird dadurch entfernt. Das Waschwasser wird dann in Tontöpfen eingedampft. Das gewonnene Salz enthält nur 68 v. H. NaCl.

Die Salzgewinnung aus Verwitterungsböden ist im ganzen ziemlich gering; sie betrug 1937 in Bilma 1276 t, im ganzen vielleicht 2300 t.

Die Erzeugung von Salz in Französisch-Westafrika erreichte 1937 insgesamt 24640 t.

Sie reichte aber für den Bedarf des Landes nicht aus: 25600 t mußten 1937 von auswärts eingeführt werden.

II. b. 2. Elfenbeinküste

1. Eisen

Mehrfach sind in der Elfenbeinküste ausgedehnte Vorkommen von Magnetit-Quarziten bzw. Roteisen-Quarziten in algonkischen Gesteinsinseln im Archaikum bekannt, so in der Gegend von Logale und Man, ferner bei Nzo in den Nomba-Bergen.

Alle diese Vorkommen sind vorläufig ohne wirtschaftlichen Wert. Die gewöhnlichen Itabirit-Erze haben keinen genügend hohen Eisengehalt; eine Aufbereitung lohnt nicht. Stellenweise treten aber in ihnen Anreicherungszonen auf, in denen reine hochprozentige Erze vorhanden sind, wie in Marampa und Tonkolili in der Goldküste und am Bomi-Hill in Liberia. Es lohnt also, die Itabiritzonen, soweit sie in günstiger Entfernung von der Küste liegen, auf das Vorhandensein reicher Erzkörper zu prüfen.

2. Chromeisen

In der Gegend von Jau soll Chromeisenerz entdeckt worden sein. Nähere Angaben konnten nicht erlangt werden.

3. Mangan

Die Gegend von Bonduku, nahe der Goldküste-Grenze, etwa 400 km von der Küste, besteht im wesentlichen aus Granitgneis. Den alten kristallinen

Gesteinen eingefaltet sind Schollen von Quarziten, Konglomeraten und Amphibolitschiefern, die eine Zone von NNO streichenden Hügelzügen bilden. Offenbar handelt es sich um die Wurzelzone eines längst abgetragenen algonkischen Faltengebirges. Gewisse Zonen in den harten grauen Quarziten enthalten reichliche mikroskopische Einsprengungen von Spessartin (Mangan-Granat), die einen primären Mangangehalt des Gesteins von 2—5 v. H. bedingen (*Aubert de la Rue*, 1927 u. 1928).

Stellenweise ist im Gestein der Granat primär so angereichert, daß ein Granatfels entsteht, der in besonders reinen Partien folgende Zusammensetzung hat:

MnO	20,86	v. H.
SiO_2	37,04	,,
Al_2O_3	20,16	,,
Fe_2O_3	0,69	,,
FeO	11,62	,,
MgO	3,03	,,
CaO	4,68	,,
Na_2O, K_2O	Spur	
TiO_2	0,96	,,
H_2O +	0,77	,,
H_2O	0,45	,,

Bei der Verwitterung zersetzt sich der Granat, und das Mangan reichert sich nahe der Oberfläche auf Klüften an; diese Anreicherung ist meist 2—5 m, gelegentlich auch 30 m tief zu verfolgen, und es entsteht vom Ausgehenden nach der Teufe das folgende Profil in der Verwitterungszone:

3. Anreicherungszone, 1—2 m tief, mit Manganerzknollen mit etwa 50—55 v. H. Mn.

2. Darunter folgt eine Zone, in der das Manganerz auf Klüften angereichert ist, so daß das Gestein nur noch 15—20 v. H. Mn enthält. Ein Teil des Mangans ist hier noch dazu an Kieselsäure gebunden, so daß diese Zone kaum für den Bergbau in Frage kommt; die Zone ist meist nur 1—2 m mächtig.

1. Primärer Quarzit mit Mangangranat mit 2—5 v. H. Mn.

Das Vorkommen ist mehrfach von den Franzosen untersucht worden, hat aber bisher keinen Anreiz zum Bergbau geboten.

Die größeren Anhäufungen liegen südwestlich Bonduku, kleinere Lagerstätten sind nördlich Groß Lahu nahe der Küste und am Grenzfluß Cavally nahe der Liberia-Grenze gefunden.

Eine größere Lagerstätte, die 40—50 v. H. Mn enthält, liegt in der Gegend von Bonduku am rechten Ufer des Flusses Djere, 17 km südwestlich Bonduku, zwischen den Dörfern Niango und Nasan. Unbedeutend sind die Vorkommen von Motiambo, 6—7 km nordöstlich Bonduku, 500 m westlich des Dorfes, mit 20 v. H. Mn, Brukponko und Nofambeni bei Sorohobango und ein wohl noch nicht genauer untersuchtes Vorkommen mehrere km nördlich des Ortes Bandoli, am Wege von Bonduku nach Kinnta.

Im Kreise Kong liegt eine Lagerstätte 4 km südöstlich Diaualla, auf dem Wege von Uangolodugu nach Nielle, mit 20—25 v. H. Mn. Im Kreise Grand-Lahu ist nur die Lagerstätte Nakpalilié, 10 km nordöstlich Lakota, im Kreise Bas-Cavally, ein Vorkommen im Dorf Nubaki bekannt.

4. *Kupfer*

Bei Gongody, nordöstlich Gaua, nördlich vom 10.° n. Br. nahe der Grenze gegen die Goldküste, treten Kupfererze, besonders Kupferglanz, in einem Erzgang in algonkischen Gesteinen in der Nähe von basischen Intrusiven auf.

Das Vorkommen wurde 1932 durch die *Compagnie minière de Haute-Volta* untersucht, die zur Gruppe der *Compagnie Equatoriale des Mines* gehört. 1936 wurde die Untersuchung erneut aufgenommen. Es wurden zwei Erzkörper festgestellt, von denen der eine 25 m Länge und 4 m Mächtigkeit hatte und ein Erz mit 15 v. H. Kupfer und 2—3 g/t Gold lieferte; der zweite Erzkörper war 30 m lang und 2 m breit. Bei 37 m Teufe war die Linse noch 16 m lang und 1,6 m breit. Das Erz hatte nur noch 1,64 v. H. Kupfer.

1938 wurde der Betrieb eingestellt, nachdem auch eine geophysikalische Untersuchung negativ verlaufen war.

Im ganzen wurden gefördert:

1936	180 t	Konzentrat	mit 40 v. H.	Cu
1937	155 t	,,	,, 40	,,

Zusammen also 135 t Kupfermetall.

Weitere Aufschlüsse scheinen nicht gemacht worden zu sein.

Kupferkies ist an zahlreichen Stellen in Gesteinen und Quarzgängen gefunden worden, ohne daß Mitteilungen über die Verwertungsmöglichkeiten vorliegen. Erwähnt werden solche Vorkommen bei Tabu, Akrizi, Kokumbo, Hiré, Zecco und Zarboga-Junga.

Bei Hiré, südwestlich Tumodi, tritt der Kupferkies zusammen mit Bleiglanz und Zinkblende wahrscheinlich in Gängen auf. Nähere Angaben konnten nicht erreicht werden.

5. *Gold*

An vielen Stellen waschen Eingeborene gelegentlich Gold aus den Flußalluvionen (vgl. Abb. 5, S. 53).

Eine kleine europäische Gesellschaft, die *Compagnie française de Kong*, hat in der Gegend von Kakumbo, westlich der Eisenbahnstation Dimbroko, im Zeitraum der letzten 40 Jahre 365 kg Gold mit primitiven Waschmethoden gewonnen; die Gesellschaft kauft außerdem von den Eingeborenen Gold auf; auch im Gangbergbau arbeitet die Gesellschaft.

Die Gesellschaft *Druort* baut bei Abenguru Seifen und Gänge; sie hat Schürfrechte über ein Gebiet von 2000 qkm. Die *Société minière de Asangra* untersuchte bei Siwum und Achimpfu—Tokorea die Fortsetzung von Gängen, die aus der Goldküste ins Gebiet der Elfenbeinküste herüber streichen, und baut auf einem Gang, der 80—100 g/t Gold führen soll; offenbar sind die Schürfarbeiten noch nicht über die Anreicherungszone hinausgekommen.

Weitere Schürfarbeiten führten aus: *Travaux Ouest Africains* bei Bobo Djulasso, die *Compagnie minière ouest-africaine (Comp. minière de l'Aféma)*, die *Compagnie minière Coloniale* (Banque d'Indochine) bei Buafle.

Weitere Untersuchungsarbeiten sind in den Bezirken Tumodi und Buake im Baule-Distrikt bei Nzakro, Hiré, Ndumikro, Jaure, Vaufue, Alukutro, Fettekro und Sikasse in der letzten Zeit ausgeführt worden, ebenso im Bezirk Abenguru-Aboisso bei Josso, Jau und Akrizi, ferner bei Sisse und Dudu am Lobi, schließlich im Gebiet des Schwarzen Volta bei Pura und Boni.

Die Goldproduktion der Elfenbeinküste ist bisher gering (Statistik S. 54).

6. *Diamant*

An den Stromschnellen des Sassandra, 12 km oberhalb Subré, dicht südlich vom 6.° n. Br., wurde 1935 ein Diamant gefunden; ein weiterer Diamantenfund ($^1/_{16}$ Karat) wurde im Alluvialschotter des Marahue gemacht, südlich von Zuenula, am 6.° w. L., 3 km flußaufwärts vom Fußweg von Tubalo über Buruno nach Benufla.

Eine nähere Untersuchung der Vorkommen scheint nicht stattgefunden zu haben. Jedenfalls findet ein Abbau bisher nicht statt.

7. *Graphit*

Graphitschiefer mit amorphem Graphit sind in algonkischen Schichten bei Tulepleu am Oberlauf des Cavally, westlich Giglo, nahe der Grenze gegen Liberia und in der Gegend von Savakora bekannt. Sie haben wahrscheinlich keinen wirtschaftlichen Wert.

8. *Glimmer*

Pegmatitgänge mit Muskowit-Platten in technisch nutzbarer Größe sind in der Elfenbeinküste ebenso wie sicherlich an vielen anderen Stellen in Französisch-Westafrika vorhanden.

Gefunden wurden solche Vorkommen bisher in der Gegend von Raviari an der Bahnlinie von Abidjan nach Buake, ferner im Granitgebiet von Buake selbst und an anderen Orten.

Eine nähere Untersuchung der Lagerstätten oder eine Gewinnung von Glimmer hat bisher in keinem Falle stattgefunden; wenigstens ist in den vorliegenden Statistiken eine Ausfuhr von Glimmer aus Französisch-Westafrika nicht vermerkt.

Auch über die Qualität des Glimmers fehlen alle Angaben.

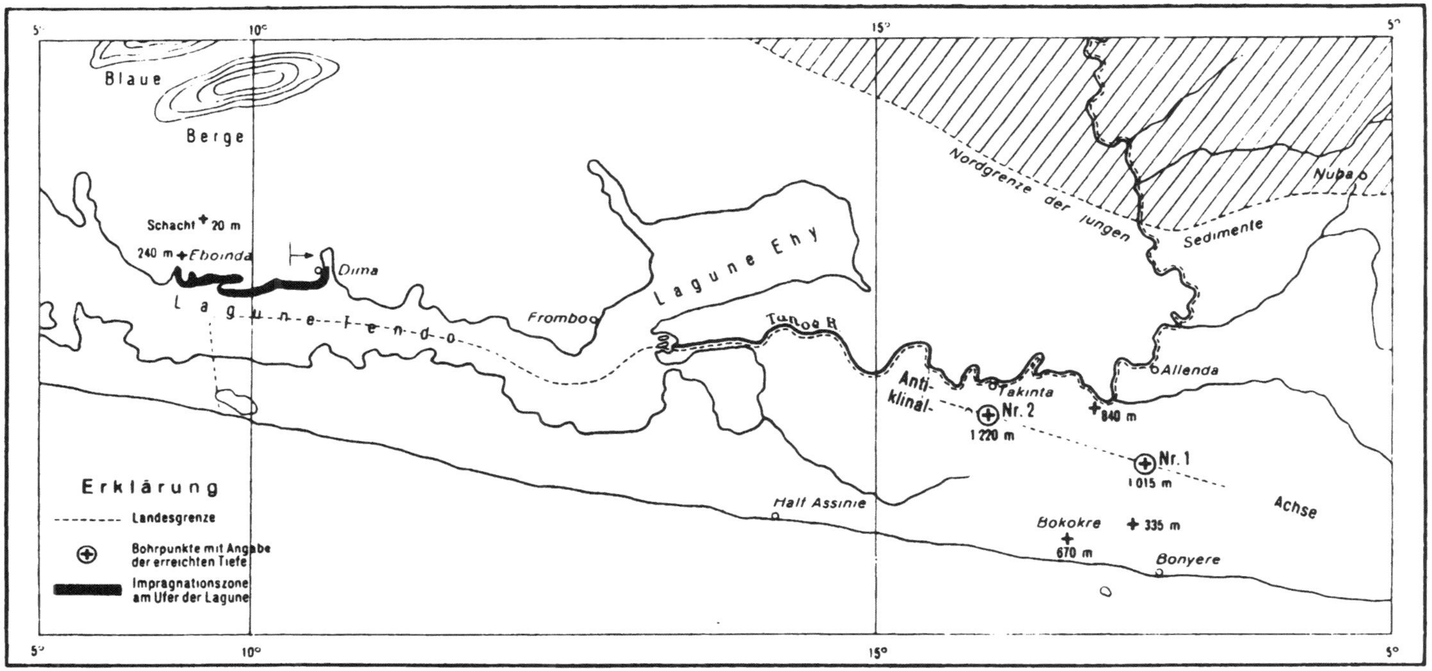

Abb. 8. Bitumen-Vorkommen in der Elfenbeinküste und Goldküste. Nach *Archambault*. Bull. Serv. Mines A. O. F. Nr. 2. Taf. 2.

9. Erdöl

Im Grenzgebiet der Elfenbeinküste und der Goldküste liegen längs der Küste an der großen Lagune Tendo, am Tendo- und Tanofluß bis nach Fresco hin auf etwa 300 km Länge und 30—35 km Breite junge Sedimente, in denen an mehreren Stellen Schweröltümpel zutage treten. In Quellen steigen Methangas-Blasen empor.

Im nördlichen Teil der Sedimentzone kommen tonige Sande mit Zwischenlagen von bunten Mergeln vor. Darüber liegen in der Zone der Lagunen rezente Alluvionen, und in der Küstenzone bedecken Küstensedimente das Ganze in 4—150 m Breite.

Die *Société Française des Pétroles* (Ltd. Sitz London, New Bondstreet 9) begann bereits 1895 mit der Untersuchung der Lagerstätten, zunächst in der Goldküste. In der Elfenbeinküste arbeitete die Gesellschaft seit 1906 dicht beim Dorf Eboinda am Nordrande der Tendo-Lagune. Eine der sieben damals niedergebrachten Bohrungen erreichte eine Tiefe von 240 m. In mehreren Bohrungen wurde ein Ölsandhorizont von 2 m Mächtigkeit angetroffen.

1934 wurde bei Lokodjo (Abidjan) auf Vorschlag von *Malavoy* eine Wasserbohrung niedergebracht, die in 133 m Tiefe, etwas über dem Grundwasserspiegel, zunächst Gasblasen, dann bis 137,5 m fossilführenden Kalkstein und Kalksandstein, unregelmäßig mit leichtem, klarem Öl imprägniert, traf.

Eine andere Bohrung bei Abidjan hat übrigens den kristallinen Untergrund in weniger als 150 m Tiefe erreicht.

Zwei der in der Goldküste niedergebrachten Bohrungen sind dagegen bei 1015 m und 1220 m Tiefe im Diluvium oder Tertiär steckengeblieben, ohne irgend einen Erfolg zu haben.

Die Bohrung bei Abidjan ergab nach *Archambault* (1938) folgendes Profil:

0—126 m	Weißer Granitsand von wechselndem Korn mit dünnen Lagen von rötlichem Ton bei 23 m, 70 m, 76 m, 97 m, 110 m.
126—144 m	Kalksandstein und Mergel mit *Cardita sp.*, *Pecten sp.*, *Ostrea sp.*, *Corbis sp.*, *Corbula sp.*, *Arca sp.* u. a. Lamellibranchiern sowie Pteropoden in den Mergellagen.
144—156 m	Grauer, etwas mergeliger Sand.
156—170 m	Kalksandstein mit Muscheln und Schnecken (Emarginula) und lignitischer Ton.
170 m	Granitgneis.

1936 wurde das ölhöffige Gebiet der Elfenbeinküste zum Sperrgebiet erklärt und durch *Archambault* untersucht. Dieser prüfte namentlich die mit Schweröl imprägnierten Sande am Nordufer der Tendo-Lagune bei Eboinda.

Der mit Bitumen imprägnierte Horizont ist durchschnittlich 1,30—1,80 m mächtig und besteht aus weißen Sanden, die mit schwarzglänzendem geruchlosem Bitumen imprägniert sind und die stellenweise in Mergel mit fossilführenden Kalkknollen übergehen.

Archambault fand den Bitumengehalt des Sandes im Mittel zu 30 v. H. und das Gewicht des imprägnierten Sandes zu 1,8 t je cbm.

Er schätzte danach die Vorräte folgendermaßen:

Eboinda Ost	4500 t	reines Bitumen
Eboinda West	28000 t	,, ,,
Eboinda Nord . . . . (Linse von 60 m Durchmesser, 2 m Mächtigkeit)	3000 t	,, ,,
i. g.	35 500 t	Bitumen in 11 000 cbm Sand.

Darüber liegen 8—10 m sterile Decken, die ohne Schwierigkeit abgetragen und verfüllt werden können. Die vorsichtig geschätzte Bitumenmenge soll zur Teerung von 2000 km Landstraße ausreichen. Versuche haben ergeben, daß eine nach dem Bitumen-Macadam-Verfahren hergestellte Straßendecke am widerstandsfähigsten ist.

Arbeitskräfte sind reichlich vorhanden.

Rose (1938) gab folgende Analysen:

Sand-Analyse		Elementaranalyse des Bitumens	
SiO_2	60,52 v. H.	C	87,2 v. H.
Al_2O_3 / Fe_2O_3	0,35 ,,	H	9,5 ,,
		O	1,3 ,,
CaO	0,92 ,,	N	4,4 ,,
MgO	0,40 ,,	S	0,5 ,,
löslich in CS_2	37,65 ,,		
	99,84 v. H.		

Die in Schwefelkohlenstoff lösliche Substanz zeigt folgende Zusammensetzung:

Malthene . . .	85 v. H.	76 v. H.	Rohbenzin	8 v. H.
Asphaltene . .	12,10 ,,	22,80 ,,	Leuchtöl . .	5 ,,
Carbene . . .	2 ,,	0,50 ,,	Gasöl . . .	25 ,,
Paraffine . . .	0,18 ,,	0,30 ,,	Heizöl . . .	25 ,,
			Paraffinöl u. Rückstände	27 ,,

Im ganzen wurden bis 1925 10 Bohrungen niedergebracht, die bis zu 840 m Tiefe erreichten, ohne gewinnbare Erdölmengen zu finden.

Die Ölfrage ist nur durch systematische Bohrungen zu klären. Nach den bisherigen Ergebnissen sind größere Mengen nicht zu erwarten.

II. b. 3. Dahome

Bauwürdige nutzbare Lagerstätten sind bisher in Dahome nicht nachgewiesen.

Nach dem oben Mitgeteilten ist es nicht unmöglich, daß Zinnstein in bauwürdigen Mengen im Alluvium einiger Flüsse gefunden wird.

Vielleicht von Wichtigkeit ist ein Vorkommen von Kalkphosphat, das im Kalk des Lamasumpfes im Küstengebiet bekannt ist; das Vorkommen liegt nordöstlich Kpome am Plagidome unter einer fossilführenden Kalkbank im Tonschiefer, die Lagen von Kalkphosphat ohne Fossilien enthält. Es erinnert an die Phosphatlagerstätte von Abeokuta in Nigeria (S. 316).

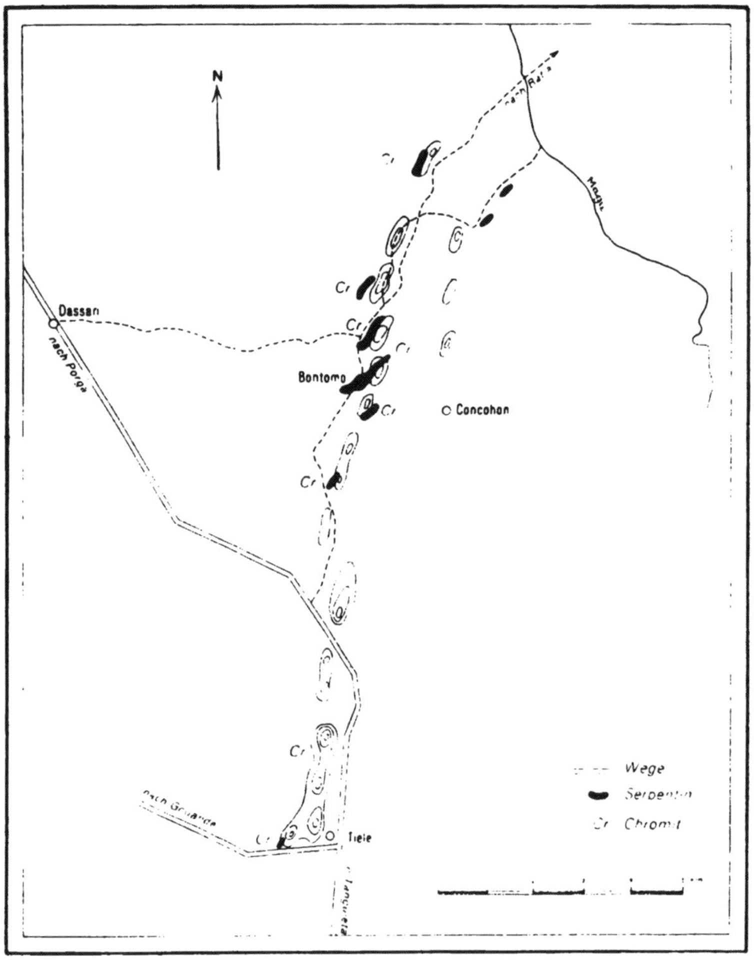

Abb. 9. Skizze der Chromitlagerstätten bei Bontomo in Nord-Dahome. *A. Chermette*, Bull. Serv. Min. AOF. Nr. 1.

Das Gestein besteht aus einem kleinkörnigen Konglomerat (vielleicht auch großen Oolithen) von phosphatisiertem Kalk in ebensolchem Bindemittel.

Graphit ist bekannt vom Agbadofluß, wo N—S streichende Quarzite, im Kontakt mit Diorit, Granat und Graphit führen. Das Vorkommen ist wahrscheinlich nicht bauwürdig.

Braunkohle. Mehrfach finden sich geringmächtige Lignitflöze im Liegenden des mitteleozänen Kalksteines im Küstengebiet, die vielleicht der Lignitgruppe in Nigeria entsprechen, so bei Locogba, Adjadji-Sogudo, Dodji-Bata und Hodo Meta. Bei Locogba ist ein solches Braunkohlenflöz von 0,3 m Mächtigkeit in 50 m Tiefe bekannt.

Chromit. Bei Bontomo in Norddahome, 20 km nordnordwestlich Tangieta, besteht das Gelände aus N 50° streichenden und steil nach O einfallenden Glimmerschiefern. In diesen liegen Linsen von Serpentin, die mehrere 100 m Länge und 20—50 m Mächtigkeit erreichen. Im Serpentin befinden sich Linsen und Schlieren von Chromit, der in Blöcken auf der Oberfläche ausgewittert liegt. Es handelt sich um mehrere Lagerstätten, deren Größe unbekannt ist. Sie liegen weit von der Bahn entfernt.

Chermette (1938, S. 72) gibt mehrere Analysen:

Cr_2O_3	46,56 v. H.	36,10 v. H.	41,80 v. H.	47,18 v. H.
Fe_2O_3	—	4,20 ,,	6,05 ,,	6,46 ,,
FeO	26,00 ,,	13,73 ,,	7,20 ,,	9,88 ,,
Al_2O_3	6,53 ,,	20,05 ,,	16,12 ,,	16,10 ,,
SiO_2	1,70 ,,	6,12 ,,	7,70 ,,	3,12 ,,
MgO	17,16 ,,	18,10 ,,	18,80 ,,	17,10 ,,
CaO	—	0,70 ,,	0,40 ,,	Sp
H_2O	—	0,80 ,,	1,10 ,,	0,42 ,,
Mn_3O_4	1,80 ,,	—	—	—
	99,75 v. H.	99,80 v. H.	99,17 v. H.	100,26 v. H.

Eisen. Im Bezirk Kandi, am 11. ° n. Br., liegen sedimentäre Lager von oolithischem Brauneisen, auch Roteisen in tertiären Sandsteinen, die von Eingeborenen ausgebeutet werden. Das Erz enthält nach *Chermette* (1938, S. 15) 57,80—59,30 v. H. Fe. Die Lager sind oft mehrere Meter mächtig. Am Rande des Sandsteinplateaus, zwischen Mossey und Pekinga, ist ein Lager auf etwa 10 km zu verfolgen. Die Erze erinnern an die Eisenerzlager im Nubischen Sandstein bei Assuan in Ägypten. Sie liegen aber wohl zu weit von der Küste.

Titan. Titanerze sind in Dahome sehr verbreitet, namentlich im Kreise Natitingu bei den Orten Djugu, Brini und Guboko, 230 km von Paraku.

Bei Guboko, 7 km nördlich des Ortes, liegen im Eluvium auf N—S streichendem Hornblendegneis Bruchstücke von Rutil mit 90—97 v. H. TiO_2. Die auf der Oberfläche ausgewitterte Erzmenge soll etwa 120 t betragen. Die Vorkommen sollen in Verbindung mit Quarzgängen im Gneis stehen.

Bei Keran im Kreise Natitingu findet sich Ilmenorutil.

Bei Mardaga, 30 km südwestlich Diapaga, jenseits der Grenze von Dahome, bereits in der Nigerkolonie, ist der Gneis von Granit-, Amphibolit- und Gabbrogängen durchsetzt, die Titaneisenausscheidungen enthalten mit 14,72 v. H. TiO_2. Ähnliche Vorkommen liegen am Cuffofluß, 20 km von der Station Kinta. Der TiO_2-Gehalt soll hier 44 v. H. betragen (*Chermette*, 1938, S. 53 bis 66).

Gold. Am Oberlauf des Permaflusses fand *Chermette* (1938, S. 5—8) eine kleine Goldseife. In der Nähe liegt Amphibolit. Ähnliche Seifen in der Nähe von Amphibolitzonen befinden sich am Oberlauf des Weme (Oueme).

Die *Prospection administrative de la Perma* untersuchte bei Kuhehekoro am Perma, einem Nebenfluß des in den Oti mündenden Keran, Flußseifen mit 0,25—1 g/t Gold.

An Vorräten wurden angegeben:

sicher	640000 cbm	mit	670 kg Gold
wahrscheinlich	230000 „	„	197 kg „

Im Gebiet auftretende Gänge wurden noch nicht näher geprüft.

Schrifttum

Französisch-Westafrika

Auswahl

Amossé, A., Note sur les Diatomées fossiles du Tibesti et du Djourab (in: Mission du Tibesti). Mém. Acad. Sc. Paris. II. Sér. Bd. 61 (1934), S. 143—152.

Babet, V. und Furon, R., Sur les formations continentales post hercyniennes de l'Ouest-africain (Afrique occidentale et Afrique équatorial). C. R. Acad. Sci. Paris. 1. Juli 1935.

Baud, L., Le conglomérat argilo-calcareux dans la région de Kayes et de Bafoulabé (Soudan occidental) et sa position stratigraphique. C. R. Acad. Sci. Paris. Bd. 197 (1933), S. 172—173.

Baud, L., Nouvelle échelle stratigraphique des Grès horizontaux pour la région de Kayes (Soudan occidental). C. R. Soc. géol. France, Paris. 1933, S. 214—216.

Blondel, F., Les zones réservées en Afrique occidentale française. Chron. Min. colon. Nr. 32. Paris 1934, S. 332 bis 338.

Blondel, F., Les recherches d'or en Afrique française. Chron. min. colon. 1934. Nr. 33, S. 362—371.

Bouglise, R. de la, Le gisement de fer de Conakry. Son histoire, sa nature, son extension, son utilisation. Chron. Min. colon. Nr. 49, Paris 1936, S. 116—120.

Bourcart, I. und Denaeyer, M. E., Sur la composition chimique des laves de l'Ahaggar. C. R. Acad. Sci. Paris Bd. 185 (1927), S. 1492.

Bourcart, I. und Denaeyer, M. E., Sur les caractères lithologiques des roches intrusives du Massif central saharien. C. R. Acad. Sci. Paris. Bd. 186 (1928), S. 155.

Bourcart, I. und Monod, Th., L'Adras Ahnet. Contribution à l'étude physique d'un district saharien. (2. Teil.) Rev. Géogr. phys. Géol. dyn. Bd. 5, Paris 1932, S. 245—296. 1 geol. Karte (vgl. Monod).

Bourcart, I., Sur les laves de l'Adrar des Azgers. C. R. Acad. Sci. Paris. Bd. 200 (1935), S. 2025—2026.

Chautard, I., La faune de quelques plages soulevées du Sénégal et de la Mauritanie. C. R. Soc. géol. France, Paris. 1909, S. 155—158.

Charrin, V., Découverte de la bauxite en Afrique occidentale française. Génie Civil. Paris. 1934, S. 134 u. 1935, S. 485.

Chetelat, E., Recherches géologiques et morphologiques dans le Nord-Ouest de la Guinée française. La subdivision de Youkounkoun et les régions avoisinantes. Rev. Géogr. phys. Géol. dyn. Bd. 6. Paris 1933, S. 91—118. 8 Fig. 3 Taf.

Chevalier, A., Sur la mer quaternaire de Tombouctou. C. R. Acad. Sci. Paris. Bd. 194 (1932), S. 1593.

Chevalier, A. und Kilian, C., Sur la présence du Silurien et d'une flore paléozoique entre le Kaouar et le Tibesti (Sahara oriental). C. R. Acad. Sci. Paris. Bd. 195 (1932), S. 718.

Chudeau, R. und Fritel, Quelques bois silifiés du Sahara. Bull. Soc. géol. France. Paris. 1920, S. 202—208.

Combier, M., Carte géologique de Dakar. Bull. Comité Etudes hist. et scient. A. O.F. Dakar 1936. Sér. B. Nr. 1. 39 S. Bunte geol. Karte 1 : 5000.

Corin, F., A propos du mot cristallophyllien et de son emploi dans les synthèses géologiques relatives aux régions de l'Afrique centrale. Bull. Soc. belge Géol. Brüssel 1935.

Dalloni M., Géologie. In Mission du Tibesti. Mém. Acad. Sci. Paris. 2. Sér. Bd. 61 (1934), S. 91—97; 118—132; 134—135; 160—170.

Daumain, G., L'or en Afrique occidentale française. Chron. Mines colon. Paris. Nr. 18 (1933), S. 404—422.

Denaeyer, M.-E., Les roches de l'Adrar des Iforas et de l'Ahaggar. C. R. Acad. Sci. Paris. Bd. 176 (1923), S. 1073 bis 1075.

Denaeyer, M.-E., Sur les roches de l'Air (Sahara Central). C. R. Acad. Sci. Paris Bd. 177 (1923), S. 1229—1231.

Denaeyer, M.-E., Matériaux pour l'étude chimico-minéralogique des roches éruptives du Sahara central et soudanais. Bull. Soc. franç. Minéral. Paris. Bd. 57 (1934), S. 185ff. und 284ff.
Depéret, Ch. und Savornin, I., La faune de reptiles et poissons albiens de Timimoun. Bull. Soc. géol. France Paris. IV. Bd. 28 (1927), S. 257.
Dauvillé, H., L'Eocène au Soudan et au Sénégal. Bull. Comité d'Études hist. et scient. A. O. F. Nr. 2. Dakar 1920, S. 113—171.
Fri·el, P. H. und Chudeau, R., Quelques bois silifiés du Sahara. Bull. Soc. géol. France. Paris, 1920, S. 202 bis 208.
Furon, R., L'ancien delta du Niger. Revue géogr. phys. Géol. dyn. Bd. 2. Paris 1929, S. 265—274. 1 Karte.
Furon, R., Sur la présence du cuivre dans le Soudan occidental. C. R. Acad. Sci. Paris. Bd. 190 (1930), S. 383—384.
Furon, R. und Perebaskine, V., Notice sur une carte géologique de reconnaissance du Soudan français. Revue de géogr. phys. et géol. dyn. Paris Bd. 3 (1930), S. 77—91. 2 bunte geol. Karten 1 : 2 Mill.
Furon, R., L'extension du Devonien marin en Afrique occidentale. C. R. Acad. Sci. Paris. Bd. 194 (1932), S. 996 bis 998.
Furon, R., La série schisto-calcaire du Soudan, son conglomérat de base et sa position stratigraphique par rapport aux séries antérieures. C. R. Acad. Sci. Paris. Bd. 195 (1932), S. 56.
Furon, R., Bibliographie géologique de l'A. O. F. Bull. Agence gén. Col. Paris. Juli 1932 u. April 1934.
Furon, R., Découverte du Cenomanien transgressif fossilifère et nouveaux gisements turoniens dans la colonie du Niger. C. R. Acad. Sci. Paris. Bd. 196 (1933), S. 793—795.
Furon, R., Afrique occidentale française. Chron. Mines colon. Paris Nr. 15 (1933), S. 285—286.
Furon, R., Découverte du Gothlandien fossilifère en Mauritanie par Th. Monod. C. R. Soc. géol. France. Paris 1934, S. 202.
Golubinow, R., L'or en Guinée française. C. R. Congr. internat. Mines Métal. Géol. appl. Sect. Géol. appl. Paris 1935 (erschienen 1936). Bd. 1, S. 31—40.
Golubinow, R., Géologie et resources en or du Nord-Est de la Guinée. Publ. Serv. Géol. A. O. F. Dakar 1936. 142 S. 12 Karten- u. Profilskizzen. 1 bunte geol. Karte 1 : 500000.
Herry, E., Les richesses aurifères de la Haute-Guinée. Ann. colon. Paris 1936, S. 29—32.
Hubert, H., Carte géologique de l'A. O. F. 1 : 1 Mill. Larose, Paris. Mit kurzen Erläuterungen.
Blatt 10: Bingerville. 1918.
,, 5: Dakar. 1920.
,, 7A: Ouagadougou. 1926.
,, 6A: Bamako. 1926.
Hubert, H., Le syénite du Massif de Kinnta. Bull. Comité Études hist. et sci. A. O. F. Dakar 1918, S. 541—542.
Hubert, H., État actuel de nos connaissances sur la Géologie de l'Afrique occidentale. Larose, Paris. 1919. 2. Aufl. Bunte geol. Karte 1 : 5 Mill.
Hubert, H., Carte des substances minérales utiles de l'Afrique occidentale 1 : 5 Mill. Larose, Paris 1922.
Hubert, H., Afrique occidentale et Togo. in: La Géologie et les mines de la France d'outre-mer. Publ. Bureau Études géol. min. colon. Paris 1932, S. 205—240.
Jacquet, F. und Monod, Th., Sur le Primaire fossilifère du Sud de l'Adrar mauritanien. C. R. Acad. Sci. Paris. Bd. 201 (1935), S. 908.
Jacquet, F. und Monod, Th., Sur l'âge éocène inférieur des couches phosphatées du Sénégal. C. R. Acad. Sci. Paris. Bd. 202 (1936), S. 335—537.
Jacquet, F., Sur l'Éocène moyen à Nummulites du Sénégal. C. R. Acad. Sci. Paris. Bd. 203 (1936), S. 377—379.
Jacquet, F., Le flanc méridional du Synclinal de Tindauf dans les confins de la Mauritanie septentrionale. C. R. Acad. Sci. Paris. Bd. 203 (1936), S. 1171—1173.
Jacquet, F., L'Éocène et les phosphates de la vallée du fleuve Sénégal. C. R. Acad. Sci. Paris. Bd. 203. (1936), S. 1272—1274.
Jacquet, F. und Nickles, M., Sur les relations de la Chaîne du Sénégal oriental avec les plateaux mauritanien et soudanais. C. R. Acad. Sci. Paris, Bd. 205 (1937), S. 1163—1165.
Jacquet, F., Les grandes lignes de l'hydrologie mauritanienne. Bull. Serv. Mines A. O. F. Heft 1 (1938), S. 6—10, 2 Fig.
Jacquet, F., Sur l'hydrologie profonde du Djolof et du Sine-Saloum. Bull. Serv. Mines A. O. F. Heft 1 (1938), S. 12—18. 3 Kärtchen, 2 Taf. Profile.
Jodat, P., Remarques sur la présence des grès glauconieux aux rapides de Sotuba, sur le Niger, près Bamako (Soudan français). C. R. Soc. géol. France. 1932, S. 78.
Jodat, P., Nouvelles observations sur les grès horizontaux du plateau mandingue (Soudan occidental français). Grès glauconieux de Koulikoro et roches ferrugineuses superficielles de décomposition. Bull. Soc. géol. France. V. Bd. 4 (1934), S. 369—374.
Joleaud, L. und Lombard, I., Mammifères quaternaires d'Ounianga Kebir (Tibeste Sud-Oriental). C. R. Acad. Sci. Paris. Bd. 196 (1933), S. 497—499.
Joleaud, L., Vertébrés sub-fossiles de l'Azaoua (Colonie du Niger). C. R. Acad. Sci. Paris. Bd. 198 (1934), S. 599 bis 601.
Joleaud, L., Équide quaternaire des salines de Taodenni (Sahara soudanais). C. R. Soc. géol. France. 1934, S 179 bis 180.
Joucla, E., Bibliographie de l'Afrique Occidentale Française. Soc. Edit. géogr. Paris. 1937. 704 S.

Kilian, C., Aperçu général de la structure des Tassilis des Ajjer. C. R. Acad. Sci. Paris. Bd. 175 (1922), S. 825 bis 827.

Kilian, C., Des plissements de l'enceinte tassilienne du massif central saharien de l'Ahaggar. C. R. Acad. Sci. Paris. Bd. 176 (1923), S. 1722.

Kilian, C., Sur la mesure dans laquelle la période silurienne est représentée par les formations de l'enceinte tassilienne et sur le présence de l'Ordovicien au Sahara. C. R. Acad. Sci. Paris. Bd. 182 (1926), S. 146—148.

Kilian, C., Sur la présence du Silurien à l'Est et au Sud de l'Ahaggar. C. R. Acad. Sci. Paris. Bd. 186 (1928), S. 508.

Kilian, C., De la genèse du Massif central saharien. C. R. Acad. Sci. Paris. Bd. 192 (1931), S. 569—571.

Kilian, C., Des principaux complexes continentaux du Sahara. C. R. Soc. géol. France. 1931, S. 109—111.

Kilian, C., Sur les conglomérats précambriens du Sahara central; le Pharusien et le Suggarien. C. R. Soc. géol. France. 1932, S. 87.

Kilian, C., De l'Ordovicien et du Gothlandien du Bouclier saharien. C. R. Soc. géol. France. Paris. 1933, S. 25—26.

Kilian, C., D'une association de Graptolites observée dans le Gothlandien de Tioukenin (Emmidir, Sahara central). C. R. Soc. géol. Franc. 1933, S. 91.

Kilian, C. und Furon, R., Primaire et Crétacé entre le Tibesti et l'Air. C. R. Acad. Sci. Paris. Bd. 198 (1934), S. 1798—1800.

Kilian, C., Tectonique et volcanisme dans l'Ajjer; 2. mission saharienne. C. R. Soc. géol. France. 1934, S. 90—91.

Krenkel, E., Geologie Afrikas. III. 2. 1938.

Lacroix, A., Les syénites néphéliniques de l'archipel de Los (Guinée). Bull. Soc. franç. Minér. Bd. 35 (1912), S. 5 bis 44. C. R. Acad. Sci. Paris. Bd. 166 (1918), S. 539—545; Bd. 178 (1924), S. 1109—1114; Bd. 192 (1931), S. 189 bis 194; S. 1322—1326.

Lacroix, A., Les roches intrusives et filoniennes de la région granitique et sédimentaire du Nord du Tibesti. C. R. Acad. Sci. Paris. Bd. 194 (1932), S. 670—674.

Lacroix, A., Les latérites de la Guinée. Nouv. Arch. Museum. Hist. Nat. Paris. V. Bd. 5 (1913), S. 255—358. 8Taf.; und C. R. Acad. Sci. Bd. 158 (1914), S. 835—838.

Lambert, R., A propos du Miocène de Boutoutou. C. R. Acad. Sci. Paris. Bd. 205 (1937), S. 493—495.

Lambert, R., Echinides éocènes du Niger. Bull. Soc. géol. France. V. Bd. 8 (1938), S. 77—85. 2 Taf.

Lambert, R., Note sur la géologie de la presqu'île du Cap Blanc (Mauritanie). Bull. Serv. Mines. A. O. F. Heft 1 (1938), S. 20—28. 6 Fig.

Lambert, R., Contribution à la connaissance hydrologique de la Colonie du Niger. Bull. Serv. Mines. A. O. F. Heft 1 (1938), S. 33—45, 1 Fig. 5 Taf.

Lambert, R., Les salines du Dallol Fogha (Niger). Bull. Serv. Mines. A. O. F. Heft 1 (1938), S. 49—50. 1 Taf.

Lapparent, I., La décomposition latéritique du granite dans la région de Macenta (Guinée française). C. R. Acad. Sci. Paris. Bd. 208 (1939), S. 1767—1769.

Lecointre, G. und Lemoine P., Sur les graptolithes gothlandiens de la Guinée française. Soc. géol. de Belgique. Lüttich: Mémoir. Bd. 50 (1924), Teil 2, S. 88.

Legoux, P. und Faucheux, P., Les gisements de titane et de zircon de la côte du Sénégal. C. R. VII. Congr. internat. Mines, Métal. Géol. appl. Sect. Géol. appl. Paris 1935 (erschienen 1936). Bd. 1, S. 187—196.

Legoux, P., L'Afrique occidentale française. Chronique des Mines colon. Nr. 84. Paris 1939, S. 136—142.

Legoux, P., La chaîne métamorphique de l'Ouest de la Côte d'Ivoire. Bull. Soc. géol. France. V. 8 (1938), S. 225 bis 229. 1 Kärtchen 1 : 1,5 Mill.

Lelubre, M., Sur le granite du Tefedest (Sahara central). C. R. Acad. Sci. Paris. Bd. 209 (1939), S. 352—359.

Lenoble, A., Étude géologique des cercles de Kayes et de Bafoulabé. Bull. Comité Etudes hist. scient. A. O. F. Bd. 9 (1926), S. 554—584. 1 Karte.

Lenoble, A. und Hubert, H., Notes de géologie sur Dakar. Bull. Com. Études hist. sci. A. O. F. Bd. 10 (1927), S. 185—224.

Lenoble, A., Etude géologique des cercles de Bamako et Bouguni (Soudan), Odienne (Côte d'Ivoire), Kaukau, Siguiri et Dabola (Guinée). Bull. Com. Études hist. sci. A. O. F. Bd. 10 (1927), S. 216—257. Geol. Karte 1 : 1 Mill.

Mahé, L., Un échec de la radiotelluride à Dakar. Bull. Comité Etudes hist. scient. A. O. F. Bd. 16 (1933), S. 98 bis 119.

Malavoy, I., Géologie de la Mauritanie du Nord. C. R. Acad. Sci. Paris. Bd. 93 (1931), S. 184—186.

Malavoy, I. und Menchikoff, N., Sur un gisement du Devonien supérieur de l'Adrar mauritanien. C. R. Soc. géol. France. 1931, S. 126—127.

Malavoy, I. und Serpokryloff, S., Nouvelles observations dans la boucle du Niger. C. R. Acad. Sci. Paris. Bd. 195 (1932), S. 617—619.

Malavoy, I., Les mines en Afrique occidentale française. Chron. Min. colon. Paris. Juli 1932.

Malavoy, I., Les travaux du Service géologique et des Mines de l'A. O. F. C. R. VII. Congr. internat. Mines, Métall. Géol. appl. Sect. Géol. appl. Paris 1935 (erschienen 1936). Bd. 2, S. 1025—1053.

Malavoy, I., Sur l'inexistence de dépôts quaternaires marins dans la région de Tombouctou. C. R. Soc. géol. France. 1936, S. 99—100.

Martens, O. und Karstedt, O., Afrika, ein Handbu h für Wirtschaft und Reise. 2 Bde. 1938.

Menchikoff, N. und Furon, R., Sur l'Eocène et le Crétacé du Tanezrouft (Sahara). C. R. Soc. géol. France. 1935, S. 102—103.

Menchikoff, N. und Te You Hsü, Les polypiers carbonifères du Sahara occidental. Bull. Soc. géol. France. V. Bd. 5 (1935), S. 229—261. 2 Taf.

Monod, Th., L'Adrar-Ahnet, contribution à l'étude physique d'un district saharien (1. Teil). Rev. Géogr. phys. Géol. dyn. Bd. 4. Paris 1931, S. 223—262. 1 Taf.
Monod, Th. und Bourcart, I., L'Adrar Ahnet (2. Teil). Rev. géogr. phys. Géol. dyn. Bd. 5 (1932), S. 245—296 (geol. Karte).
Monod, Th. und Kilian, C., De la découverte dans le Sahara occidental de micro-organismes fossiles qui constitueraient un repère d'âge et de nature marine pour les séries Koundeloungou (Congo). C. R. Acad. Sci. Paris. Bd. 203 (1936), S. 381—393.
Monod, Th., Sur la constitution de l'Adrar mauritanien. C. R. Acad. Sci. Paris. Bd. 205 (1937), S. 74—76.
Monod, Th., Remarques préliminaires sur la faune marine de Tombouctou. C. R. Soc. Biogéogr. Paris 1938. Nr. 24, S. 1—5.
Orcel, I., Etude des concentrés alluvionaires de la Falémé. Bull. Soc. franç. Minéral. Bd. 53. Paris 1930, S. 514.
Perebaskine, V. und Furon, R., Notice sur une carte géologique de reconaissance du Soudan français. Revue Géogr. phys. Géol. dyn. Paris 1930, S. 77—91. 2 geol. Karten 1 : 2 Mill.
Perret, R., Sur l'Adrar des Azgers (Sahara). C. R. Acad. Sci. Bd. 200 (1935), S. 1338—1339.
Perret, R. und Bourcart, I., Sur les laves de l'Adrar des Azgers. C. R. Acad. Sci. Bd. 200 (1935), S. 2025 bis 2026.
Prost, A., L'industrie du fer en Afrique noire occidentale. Bull. Com. Afr. franç. Paris 1939. Rens. colon., S. 82 bis 85.
Reformatsky, N., Quelques observations sur les latérites et les roches ferrugineés de l'Ouest de la Colonie du Niger français. Bull. Soc. géol. France. Paris. V. Bd. 5 (1935), S. 575—590.
Roman, F., Sur quelques Vertébrés subfossiles du Sahara occidental. — C. R. Soc. géol. France F. 4 (1934), S. 13—14.
Ronn, F., The geological collection from the South Central Sahara. Quart. Journal Geol. Soc. London. 1930, S. 399 bis 414. 1 Karte, 4 Taf.
Segaud, E., La géologie et les possibilités minières de la Mauritanie. Chron. Mines colon. Nr. 25. 1934, S. 104—117.
Serpokryloff, S., Carte géologique du plateau de Bandiagara et de la plaine de Gondo (Erläuterung und Karte 1 : 500000). Publ. Serv. Géol. A. O. F. 1934.
Sinclair, I. H., Discovery of siluvian fossils in French Guinea. Journ. of Geol. Chicago 1928, S. 475—478.

Elfenbeinküste

Auswahl

— — —, L'orpaillage indigène en Côte d'Ivoire. Chron. Min. colon. Nr. 27. Paris 1934, S. 195.
— — —, Du pétrole à Abidjan. Chron. Min. colon. Nr. 27. Paris. 1934, S. 195.
Archambault, I., Les indices pétrolifères de la Basse Côte d'Ivoire et de la Gold Coast. Bull. Serv. Mines A. O. F. Dakar 1938, Nr. 2, S. 21—27, 2 Taf.
Archambault, I., Les gisements de bitume d'Éboinda (Côte d'Ivoire). Bull. Serv. Mines A. O. F. Dakar 1938, Nr. 2, S. 33—38. 1 Taf.
Aubert de la Rue, E., Reconnaissances géologiques dans le Bas-Cavally. Rev. Géogr. phys. Géol. dyn. Paris 1928, S. 155—175.
Aubert de la Rue, E., Carte des gisements minéraux de la Côte d'Ivoire. 1 : 2 Mill. Larose, Paris 1928.
Aubert de la Rue, E., Observations sur les gisements de manganèse dans la Côte d'Ivoire. Bull. Soc. franç. Minéral. Bd. 51 (1928), S. 275—284.
Aubert de la Rue, E., Contribution à l'étude minéralogique de la Côte d'Ivoire. Bull. Comité Etudes histor. scient. A. O. F. Bd. 10 (1927), S. 193—215.
Aubert de la Rue, E., Reconnaissances géologiques à travers la Côte d'Ivoire. Rev. géogr. phys. géol. dyn. 1930, S. 17—75. 1 schw. geol. Karte 1 : 2 Mill.
Aubert de la Rue, E., A propos de la géologie de la Côte d'Ivoire. C. R. Soc. géol. France. 1933, S. 37—38.
Bolgarsky, M., Quarzites à magnétite du cercle de Man et de ses environs (Côte d'Ivoire). C. R. Acad. Sci. Paris. Bd. 197 (1933), S. 559—561.
Bouige, L. und Bonnault, D., La série arénacée dans le Centre et dans l'Est de la Côte d'Ivoire. Bull. Serv. Mines A. O. F. Dakar 1939, Heft 2, S. 57—69, 4 Taf.
Heim, A., Die Entstehung der Goldadern in der Elfenbein-Kolonie. Eclogae Geol. Helvetiae Bd. 27. Basel 1934, S. 459—461.
Heim, A., Petrolbildung an der Elfenbeinküste. Eclogae geologicae Helvetiae. Bd. 27 (1934), S. 336—339.
Hubert, H., Afrique occidentale française et Togo in: La Géologie et les mines de la France d'outre-mer. Paris 1932, S. 205—239.
Krenkel, E., Elfenbeinküste. In: Geologie Afrikas, Bd. III. 2. S. 1353—1357.
Legoux, P., La chaîne métamorphique de l'Ouest de la Côte d'Ivoire. Bull. Soc. géol. de France V. Bd. 8 (1938), S. 225—249. 1 Textkärtchen 1 : 1,5 Mill.
Malavoy, I., Sur quelques particularités du littoral et des lagunes de la Côte d'Ivoire. C. R. Congr. internat. géogr. Warschau 1934. Sect. II, Bd. 2, S. 357—364.
Prunet, L'eau à Abidjan. Bull. Com. Etudes hist. et scient. A. O. F. Dakar. 1937, S. 377—386.
Rose, P., Le bitume dans la région d'Assinie (Côte d'Ivoire). Bull. serv. Mines A. O. F. Dakar 1938, Nr. 2, S. 43—45.
Sagatzky, I., Le système Tarkwaien dans le Ex-Haute-Volta. C. R. Acad. Sci. Paris. Bd. 205 (1937), S. 1425—1427.

Französisch-Westafrika

Dahome

Auswahl

— — —, Un nouveau gisement de titane en Dahomey. Chron. min. colon. Nr. 10. Paris. Dez. 1932, S. 19.

Chermette, A., Nouvelles observations géologiques dans le Bas-Dahomey. C. R. Acad. Sci. Paris. Bd. 197 (1933), S. 232—233.

Chermette, A. und Prokopenko, R., Carte géologique du Bas-Dahomey 1 : 500000 nebst Erläuterung. Publ. Serv. géol. A. O. F. Dakar 1933.

Chermette, A., Le Titane au Dahomey. Bull. Serv. Mines, A. O. F. Dakar Nr. 1 (1938), S. 53—66. 5 Fig.

Chermette, A., Le gisement de Chromite de Bontomo. Bull. Serv. Mines, A. O. F. Dakar, Nr. 1 (1938), S. 69—73. 1 Taf.

Chermette, A., Relation entre les amphibolites et la présence de l'or dans la région de Natitingu (Haut-Dahomey). Bull. Serv. Mines, A. O. F. Dakar Nr. 2 (1938), S. 5—8.

Chermette, A., Le fer dans le cercle de Kandi (Haut-Dahomey). Bull. Serv. Mines A. O. F. Dakar Nr. 2 (1938), S. 13—16. 1 Fig.

Chetelat, E., Reconnaissance sur les terrains d'origine sédimentaire du Bas-Dahomey. Bull. Com. Etudes hist. et scient. A. O. F. Dakar. Bd. 10 (1927), S. 8—37.

Chetelat, E., Notes d'un voyage géologique au Dahomey et en Haute-Volta. Rev. Géogr. phys. Géol. dyn. Paris 1928, S. 71—87.

Hubert, H., Mission scientifique au Dahomey. Paris. Larose 1900. 568 S., 4 Taf. 1 geol. Karte 1 : 1250000.

Hubert, H., Observations de détail sur la barre du Dahomey. C. R. Acad. Sci. Bd. 204 (1937), S. 25—287.

Krenkel, E., Dahomey. In: Geologie Afrikas. Bd. III. 2. 1938, S. 1332—1336.

Malavoy, I., Sur le Voltaien et l'Atakora. C. R. Acad. Sci. Paris. Bd. 195 (1932), S. 713.

III. GAMBIA

III. a. Der geologische Bau von Gambia

Von Fritz Behrend

Die britische Kolonie Gambia hat einen Flächeninhalt von 10500 qkm, sie umfaßt einen Streifen von etwa 6—10 km Breite an jeder Seite des Gambia-Flusses in einer Länge von etwa 400 km.

Das Land bildet eine Enklave in der französischen Kolonie Senegal.

Der Gambia-Fluß ist ein ausgezeichneter Wasserweg im Gegensatz zu den meisten westafrikanischen Flüssen. Ozeandampfer bis zu etwa 2000 t können etwa 250 km stromaufwärts fahren.

Die Bevölkerung des Gebietes wird auf etwa 200000 Eingeborene geschätzt.

Nach den Oberflächenformen läßt sich das Land in drei Landschaftstypen einteilen:

1. Flußebenen	24 v. H.
2. Sandige Hügellandschaften	41 „
3. Gehobene sandige Plateauflächen	27 „

Der geologische Bau des Landes ist eintönig.

Das ganze Gebiet besteht ausschließlich aus jungen Sedimenten, die folgende Gliederung zeigen:

3. Rezent und Pleistozän	a) Gehobene Küstenablagerungen b) Meeressande und Anhäufungen von Muschelschalen. Junger Schlamm und Feinsand.
2. Sandstein-Serie	Toniger Sandstein mit Lagen von Ton, grobem Sandstein und feinkörnigem Konglomerat, oft eisenschüssig.
1. Kalksandstein von Wallikunda.	

1. *Kalksandstein von Wallikunda*

Das Gestein ist hart und enthält viel dunkle Mineralien, die es grau färben.

Bei Wallikunda (etwa 15° w. L.) ist am rechten Flußufer bei niedrigem Wasserstand ein feinkörniger Sandstein zu sehen, der einige kleine Bruchstücke von Muschelschalen und Foraminiferen enthält. *Davies* erkannte eine *Cristellaria sp.*, die aber keinen stratigraphischen Wert hat.

Das Gestein ist grau gefärbt und hart und enthält Körnchen von Magnetit und von Brauneisen, letztere scheinen z. T. sekundär aus Glaukonit (?) und Spateisen entstanden zu sein. Das Bindemittel des Sandsteins ist kieselig.

Das Alter und die Stellung des Sandsteins ist unbekannt. Vielleicht handelt es sich um eine örtliche abweichende Bildung des Horizonts 2.

2. *Sandstein-Serie*

Die Schichtenfolge besteht vorwiegend aus tonigem Sandstein mit z. T. ziemlich mächtigen Tonlagen, Bänken von grobem Sandstein und von feinkörnigem Konglomerat.

Die Schichten liegen flach mit ganz geringem Neigungswinkel nach W.

Die Oberfläche dieser Sandsteine ist mit einer Kruste von stark sandigem Brauneisen überzogen, die stellenweise durch Auflösung des Quarzes und Umlagerung des Eisens in pisolitischen Eisenstein übergeht.

Die Konglomeratbänke im Sandstein sind meist durch Brauneisen verkittet.

In den groben Sandstein- und Konglomeratlagen am Oberlauf des Flusses finden sich an Schwermineralien häufig Titaneisen, Magnetit, Zirkon, Turmalin, Staurolith und Rutil.

Der Horizont der Sandstein-Serie ist auch in Senegal und in Portugiesisch-Guinea noch zu verfolgen.

Cooper nimmt auf Grund der französischen Forschungen im Senegal-Gebiet an, daß die ganze Serie dem Tertiär zuzurechnen sei. Ob es sich um Eozän oder, wenigstens z. T., um jüngeres Tertiär handelt, wird offen gelassen.

Das folgende Profil bei Monkey Court, Mac Corting Insel Provinz, gibt einen Eindruck von der Schichtenfolge im Sandstein:

7. Sandiger pisolithischer Eisenstein	1,2 m
6. Mürber, toniger Sandstein, hellrot und weiß	3,6 m
5. Mürber, stark eisenschüssiger Sandstein	1,2 m
4. Mürber, rot und weiß gefleckter Sandstein, z. T. grob, mit Tonknollen	7,5 m
3. Schieferiger eisenschüssiger Sandstein, gebändert . . .	3,0 m
2. Rot und gelb gebänderter Schieferton und Sandstein	9,0 m
1. Grober, kieseliger Sandstein	1,5 m

3a. *Gehobene Küstenablagerungen*

Nordöstlich Barra Point, gegenüber von Bathurst, liegt auf der hier rot gefärbten Sandstein-Serie, 3 m über dem Meeresspiegel, ein Muschel-Sand mit Brauneisen-Knollen in 30—60 cm Mächtigkeit, der nach NO an Mächtigkeit zunimmt und folgendes Profil zeigt:

7. Grauer Sand mit wenigen Muscheln	0,30 m
6. Muschellage.	0,3—0,6 m
5. Grauer Sand	0,6 m
4. Lagen mit meist zerbrochenen Muscheln	0,3 m
3. Sand.	0,15 m
2. Grobe Muschel-Lage	0,07 m
1. Gelber Sand	

Die von *Davies* untersuchten Konchylien enthalten neben rezenten Arten auch *Senilia (Arca) senilis* in der Muschelschicht 4, die noch heute in Westafrika lebt, ferner *Heliomorpha rumphii*, ein Seeigel, der wohl ebenfalls der heute lebenden Form angehört.

Vermutlich sind die Ablagerungen als rezent anzusprechen.

Im Senegal sind an einzelnen Stellen alte Küstensedimente bis zu 45 m über dem Meeresspiegel bekannt. Auch dort wurden nur heute noch lebende Spezies angetroffen, daher dürften auch die Senegal-Küstenablagerungen kaum älter als pleistozän, möglicherweise sogar rezent sein.

3b. *Rezente Bildungen*

Diese Bildungen umfassen Schlamm und feinsandigen Schlick, Flußsand, Seesand und Dünen.

4. *Grundwasser*

Die Sandsteine sammeln die Niederschläge in großem Maße auf und bilden ein gutes Grundwasser-Reservoir. Die Tiefe des Grundwasserspiegels wechselt und kann bis zu 45 m unter der Oberfläche betragen. Da der Grundwasserspiegel bekanntlich sich ungefähr den Höhen der Oberflächenformen anpaßt, so hat die Anlage von Brunnen auf den Plateaus selbst die beste Aussicht auf Erfolg.

Wo der Gambia-Fluß über Tonflächen fließt, kann der Grundwasserspiegel unter dem Flußwasserspiegel liegen.

Die Tonschichten im Sandstein wirken wasserstauend; da die Tonlagen aber nicht horizontbeständig sind, so ist ein bestimmter Grundwasserhorizont wohl kaum vorhanden. Es können aber örtlich mehrere Grundwasserstockwerke übereinander liegen.

Schrifttum

Der geologische Bau von Gambia

Cooper, W. G., Report on a rapid Geological Survey of Gambia. Gold Coast Geological Survey, Bulletin 3. 1927.

III. b. Die nutzbaren Lagerstätten von Gambia

Von Fritz-Erdmann Klingner

Das 1620 von den Engländern am Gambia-Fluß erbaute Fort James war der erste britische Stützpunkt in Afrika. Die britische Kronkolonie Gambia bildet eine Enklave in der französischen Senegal-Kolonie. Außer der Erdnuß-Ausfuhr von rund 50000 t jährlich ist die wirtschaftliche Bedeutung dieser Kolonie gering. Bergbau besteht nicht. Ob die wenigen vorhandenen Mineralien einmal mit Nutzen gewonnen werden können, dürfte sehr fraglich sein.

1. Gold und Zinnstein

In einigen Konglomeratbänken der tertiären Sandsteine hat man in der Upper-River-Provinz einige Goldkörnchen und -flitterchen gefunden. Nach W zu vermindert sich der Goldgehalt sehr rasch. In den Wasch-Konzentraten dieser Gegend hat man auch Zinnstein gefunden.

2. Eisen

Magnetit kommt in einzelnen Körnern in den Sandsteinen vor. Lateritischer Brauneisenstein (Krusteneisenstein) findet sich als Decke auf dem Sandstein.

3. Salz und Phosphat

Die Eingeborenen gewinnen gelegentlich etwas Salz durch Eindampfen von Meerwasser, das sich bei Flut in ausgehobenen Gruben am Unterlauf des Gambia sammelt.

Ein 2—5 cm dickes Guano-Bänkchen findet sich auf einer der Bijol-Inseln, die ein Brutplatz für Seemöwen ist. Der mit Sand und Gras vermischte Guano bedeckt kaum 1500 qm und hat keine wirtschaftliche Bedeutung.

Schrifttum

Die nutzbaren Lagerstätten von Gambia

Cooper, W. G. G., Report on a rapid geological survey of the Gambia, British West Africa. Gold Coast Geol. Surv. Bull. Nr. 3. London 1927.

IV. PORTUGIESISCH-GUINEA

Von Fritz Behrend

Die Kolonie grenzt im Norden gegen den Distrikt Casamance der Kolonie Senegal, im Osten und Süden gegen Französisch-Guinea, wird also auf den drei Landseiten von Französisch-Westafrika umschlossen. Der Flächeninhalt des Landes beträgt 36125 qkm, ist also ungefähr so groß wie Württemberg und Baden.

Die Bevölkerung umfaßt etwa 426000 Köpfe, das sind 12 auf den Quadratkilometer; das ist viel für afrikanische Verhältnisse.

Eisenbahnen sind in Portugiesisch-Guinea nicht vorhanden, doch besteht ein gutes Straßennetz von etwa 3000 km Länge, das die Kolonie bis an die Grenzen durchzieht. Im Küstengebiet sind natürliche Wasserstraßen in den tiefen Einbuchtungen zahlreich vorhanden.

Der größte Teil des Landes ist niedriges Flachland; nur im Südosten steigt das Gelände bis zu Höhen von etwa 200 m an.

Der geologische Bau des Geländes ist nach unseren bisherigen Kenntnissen einfach.

1. Die paläozoischen flachliegenden Sandsteine

Die alten flachliegenden Sandsteine sind beim Abschnitt Französisch-Westafrika (S. 13) eingehend geschildert. Die Sandsteine sind z. T. verquarzt. Über den Sandsteinen und Quarziten liegen anscheinend konkordant Schiefer, die durch Diabas-Intrusionen teilweise metamorph verändert sind. Die Schichten liegen meist flach; aber in der Nähe der Grenze gegen Französisch-Guinea, 30 km südöstlich Gabu, sind die stark verquarzten Sandsteine mit Winkeln von 40 bis 45° aufgerichtet. Die Diabasgänge im Schiefer liegen besonders am Westrande des Komplexes der alten Gesteine.

Die Westgrenze der alten Gesteine folgt dem Lauf des Rio Geba und des Rio Tombali. Im Nordosten setzen sich die flachliegenden Sandsteine fort nach Französisch-Westafrika hinein.

Die Grenze zwischen den alten und tertiären Sedimenten ist meist durch starkes Relief bezeichnet.

2. *Tertiär*

Die jungen Schichten bestehen im wesentlichen aus einem anscheinend fossilleeren tonigen Sandstein unsicheren Alters, der meist dickbankig ist. Eingeschaltet sind Streifen von sandigem Ton, gelegentlich auch von Kaolin, aus denen ersichtlich ist, daß die ungeschichteten Sandsteine horizontal liegen. Die Mächtigkeit des Sandsteines ist nicht genau bekannt.

Unter dem Sandstein, vielleicht auch ihm eingelagert, findet sich an einer kleinen Steilstufe am Strande bei Bissau ein gelblicher Mergelkalk, der reich ist an Muschelschalen. Besser noch sind die Aufschlüsse an der Königsinsel (Ilheu do Rei) gegenüber Bissau, wo folgendes Profil aufgeschlossen ist:

Mutterboden	0,30 m
Sandiger „Laterit", (wohl eisenschüssiger Sandstein)	4,0 m
Muschelreicher Kalk mit Austern, Pecten, anderen Muscheln, Schnecken und Korallen	0,20 m

Auch weiter südlich bei Tubakuta tritt der gleiche Kalk auf.

Malavay und *Jacquet* nehmen an, daß der Kalk dem gleichen Horizont angehört wie der bei Popengine und Ngazobil im Senegal (S. 33). Der Kalk wird daher als Eozän angesprochen. Die Ausdehnung des Kalklagers entspricht der des überlagernden tonigen Sandsteines.

An der Grenze zwischen beiden liegt eine Lage von blätterigem Ton, der ein wichtiger Wasserträger ist.

3. *Junge Bildungen*

Der tonige Sandstein ist meist bedeckt mit einer Decke von rotem sandigem Ton, der durch Umlagerung des tonigen Sandsteins entstanden ist.

Die jungen Küstenbildungen sind bisher nicht genauer beschrieben.

Der tertiäre Kalkstein ist ein marines Sediment. Der tonige Sandstein in seinem Hangenden ist vermutlich kontinentaler Entstehung.

4. *Nutzbare Mineralien*

Das einzige nutzbare Mineral von Wichtigkeit ist das Grundwasser.

Die ausgedehnte Tafel von tonigem Sandstein, die das flache Gelände bildet, ist ein guter Grundwasserspeicher.

Dem Sandstein sind mehrere Lagen von Ton eingeschaltet. Über diesen Tonlagen staut sich das Grundwasser. Der oberste, meist nur wenige Meter unter Gelände liegende Grundwasserhorizont ist öfters verunreinigt.

Der wohl wichtigste wassertragende Horizont ist der Grenzhorizont von blätterigem Ton an der Grenze des Sandsteins gegen den unterliegenden Kalkstein.

Andere nutzbare Mineralien sind nicht bekannt.

Schrifttum

Malavoy, I. und Jacquet, F., Les formations géologiques de la Guinée portugaise. C. R. Acad. Sci. Paris. Bd. 204 (1937), S. 1574—1576.

Polinard, E., Les dolérites de la Guinée portugaise. Ann. Soc. géol. de Belgique. 1937—38, Bd. 50, B, S. 313—322. 4 Fig. 1 Karte.

V. SIERRA LEONE

V. a. Der geologische Bau von Sierra Leone

Von Fritz Behrend

Sierra Leone grenzt im Nordwesten, Norden und Nordosten gegen Französisch-Guinea, im Osten und Südosten gegen Liberia.

Das Land hat einen Flächeninhalt von 72400 qkm, ist also um etwa 7000 qkm kleiner als Togo; es ist zusammengesetzt aus der „Kolonie", die etwa 702 qkm umfaßt und die aus der Halbinsel Sierra Leone nebst einem Teil des Küstengebietes besteht; den großen Rest nimmt das Protektorat ein.

Die Bevölkerung besteht aus etwa 1,8 Millionen Köpfen.

Die Halbinsel Sierra Leone ist bergig; im übrigen aber ist die bis zu 150 km breite Küstenzone flach; mehrere Lagunen und Creeks liegen längs der Küste; dahinter steigt das Land allmählich zu einem Hochland von 300—600 m Seehöhe an, dem einzelne Bergketten aufgesetzt sind, die sich bis zu einer durchschnittlichen Höhe von 1000 m erheben.

Sierra Leone besitzt nur Schmalspur-Eisenbahnen von 75 cm Spurweite. Die Hauptlinie läuft von Freetown nach O bis Pendembu, nahe der Ostgrenze; die Länge dieser Linie beträgt 365 km; durch diese Bahn werden nur die südlichen Provinzen aufgeschlossen. Bei der Station Boia zweigt von der Hauptlinie eine Nebenlinie ab, die nach NO bis Kamabai führt und die fast 170 km lang ist.

Die Bahn arbeitet seit Jahren mit Verlust, und dieser wird teilweise auf den leistungsfähigen Autoverkehr zurückgeführt.

Vor wenigen Jahren wurde eine etwa 80 km lange Schmalspurbahn zwischen dem Hafen Pepel und der Eisenerzlagerstätte Marampa gebaut. Der Hafen Pepel hat 8 m Wassertiefe und eine Verladeanlage für etwa 8000 t Erz in 24 Std.

An guten Autostraßen sind etwa 100 km im Gebiet der Hauptstadt Freetown und der Sierra Leone-Halbinsel (also in der Kolonie), ferner mehr als 1300 km im übrigen Teil von Sierra Leone (im Protektorat) vorhanden.

Folgende geologische Formationen beteiligen sich am Aufbau von Sierra Leone:

1. Archaikum.
2. Kambui-Schiefer.
3. Marampa-Serie.
4. Alter Granit.
5. Rokell-River-Serie.
6. Saionia Scarp-Serie.
7. Basische Intrusivgesteine.
8. Junge Ablagerungen des Binnenlandes.
9. Sedimente der Küstenzone (Bullom-Serie).

1. Archaikum

Hinter den jungen Küstenbildungen zieht parallel zur Küstenlinie in NW—SO-Richtung eine verhältnismäßig schmale, etwa 30—40 km breite Zone von Gneisen und kristallinen Schiefern in flachem nach ONO offenem Bogen. Jenseits der Nordostgrenze verschwinden sie in Französisch-Guinea unter flachliegenden Sandsteinen („Saionia Scarp Series"). Im Südosten streicht dieser Zug nach Liberia hinein. Pleistozäne Tone, Sande und Schotter überlagern die alten Gesteine nach der Küste hin.

Granatführende Biotitgneise wechselnder Zusammensetzung, Hornblende- und Pyroxengneise, Charnockit-Gesteine, Zwei-Glimmer-Gneise, Graphit-Gneis, granatführende Glimmerschiefer, Quarzit- und Quarz-Feldspatschiefer, Epidotschiefer, Turmalinschiefer, Itabirite, Chlorit-, Talk-, Antophyllitschiefer, Tremolit- und Aktinolithschiefer, ferner Hornblendeschiefer und Amphibolite bauen diese archaische Zone auf.

Es sind also ursprünglich im wesentlichen sandige und tonige Sedimente mit sauren und basischen Intrusivgesteinen, die dann regional- und dynamometamorph umgewandelt sind.

Die Schieferung streicht NW bis NNW, also parallel der Küstenlinie, und fällt meist steil nach SW bis WSW ein; örtlich ist auch steiles NO-Fallen beobachtet.

Amphibolite und Hornblende-Schiefer sind namentlich entwickelt im Norden am Unterlauf des großen Scarcies-Flusses bei Kambia und am Unterlauf des Rokell-Flusses. Auch in den Granit-Gneisgebieten treten sie als dunkle basische Einschlüsse auf.

Talkschiefer sind im ganzen archaischen Gebiet vorhanden.

Die Charnockit-Gesteine in der archaischen Zone treten nicht nur in Sierra Leone, sondern auch in der Fortsetzung der Gneis- und Schieferzone in Französisch-Guinea und in Liberia auf. Auch in der Elfenbeinküste sind derartige Gesteine beobachtet.

Die Charnockit-Gesteine zeigen häufig erhebliche Differentiations-Erscheinungen. Das verbreitetste Gestein ist ein Hypersthen-Granit, dessen Spaltungsprodukte aber bis zum Norit und zum Hypersthenit gehen.

Charnockit-Gesteine, namentlich die granitischen Endglieder, sind besonders im Nimba-Massiv und im Einzugsgebiet der Oberläufe der Flüsse Cestos, Cavally und Sassandra verbreitet.

Die sauren Gesteine der Charnockit-Reihe sind oft grobkörnig, hell blaugrau, blau und rötlichbraun und bestehen hauptsächlich aus Orthoklas, daneben Mikroklin und Mikroperthit, Oligoklas, Quarz, daneben Hypersthen und etwas Biotit.

Durch Abnahme des Quarzes und des sauren Feldspats und durch Zunahme von Hypersthen, monoklinem Pyroxen und anderen Fe-Mg-Mineralien gehen die sauren Gesteine allmählich in basische Typen über, die Farbe dieser Gesteine ist dann dunkelgrau bis schwarz. Bei Zunahme von Hypersthen nimmt Biotit und Orthoklas an Menge ab, der Plagioklas wird basischer. Grüne Hornblende und blaßgrüner schwach pleochroitischer Pyroxen („Pigeonit") sind in den basischen Gesteinen sehr häufig. Als ultrabasisches Endglied dieser Reihe ist ein Gestein anzusehen, das aus dunkelbrauner Hornblende und Biotit besteht, daneben aus Eisenerz und hellrotem Granat.

Die Charnockit-Gesteine im mittleren und nördlichen Teil der archaischen Zone sind stark gepreßt, an der Liberia-Grenze dagegen kaum.

Itabirit (Quarz—Magnetit-Schiefer) tritt namentlich im Süden, in der Gegend von Pujehun und am Unterlauf des Rokell-Flusses, auf.

Die Gesteine bestehen stellenweise vorwiegend aus Magnetit mit etwas Hypersthen, Quarz und Augit, in anderen wiegt der Quarz vor, dem der Magnetit in parallelen Bändern eingelagert ist.

2. *Kambui-Schiefer-Serie* (Alt-Algonkium)

In dem Granit-Gebiet im Innern des Landes liegt im Süden in der Gegend von Blama und Kennema, westlich vom Moa-Fluß, ein SSW-NNO gestreckter Bergzug von 3—5 km Breite und etwa 50—60 km Länge, die Kambui-Berge. Ein ähnlich streichender, aber weit größerer Gebirgszug liegt weiter nordwestlich, östlich vom Seli-Fluß, dem die Kagnari-Berge im Süden und die Sula-Berge im Norden angehören. Ein drittes, noch nicht genauer umgrenztes Gebiet gleicher Art liegt im nördlichen Teil des Landes zwischen dem kleinen Scarcies-Fluß und dem Mabole-Fluß. Ein viertes Vorkommen findet sich an der Nordgrenze östlich Kambia, am Osthang der archaischen Zone. Mehrere kleinere Vorkommen sind im Innern des Landes verstreut.

Die Gesteine, die diese Gebirgszüge zusammensetzen, bestehen aus metamorphen Schiefern sedimentären Ursprunges, denen heute ebenfalls schieferig gepreßte Intrusiva eingelagert sind. Sie werden als Kambui-Schiefer bezeichnet und streichen NNO bis NO.

Die Schiefer sind älter als der Biotitgranit, in dem sie „schwimmen". Quarzite, Eisenbändererze, Quarzschiefer, Glimmerschiefer sind die vorherrschenden sedimentären Gesteine; die basischen Intrusiva sind zu Hornblende-Schiefer, Talkschiefer, Amphibolit, Serpentin und Chloritschiefer umgewandelt.

Die jüngsten Intrusiva sind Stöcke von Muskowitgranit und Gänge von turmalinführendem Muskowit-Pegmatit sowie Quarzgänge. Diabasgänge sind ebenfalls vorhanden.

In den Kambui-Schiefern treten Lagerstätten von Chromeisen, Roteisen und Gold auf. Ein riesiges Roteisenlager liegt in den Sula-Bergen, dort, wo der Tonkolili-Fluß das Schiefergebirge quert (S. 99).

Die Kambui-Schiefer sind im wesentlichen Gesteine der Mesozone, die wir nach unserem Schema als Alt-Algonkium bezeichnen.

3. Marampa-Serie (Jung-Algonkium)

Im Nordwesten des Landes legen sich auf den Osthang der archaischen Zone Muskowitschiefer und Sericitschiefer, Biotitschiefer, untergeordnet Quarz-Sericitschiefer und grüne und schwarze aus basischen Intrusiven entstandene Schiefer, auch Itabirite treten auf. Zahlreiche kleine Granitstöcke durchbrechen die Gesteine und verändern sie stellenweise zu Gneis. Die Schichten streichen N bis NNW. Das Einfallen wechselt stark.

Die Gesteine bilden eine schmale, 16—25 km breite und etwa 80—100 km lange Zone zwischen dem Archaikum und der Rokell-Fluß-Serie.

Der geringe Grad der Metamorphose zeigt, daß die Sedimente die Epizone nie verlassen haben. Die Art der Auflagerung auf dem Archaikum erinnert stark an die Verhältnisse in Gabun (S. 377/378).

Die Marampa-Serie wird daher ins jüngere Algonkium gestellt. Genauere Untersuchung muß Aufschluß darüber geben, ob, wie in Gabun, ein allmählicher Übergang vom Archaikum ins Algonkium stattfindet oder ob etwa eine Diskordanz zwischen beiden liegt.

Im südlichen Teil des Landes scheint die Marampa-Serie zu fehlen.

Mehrere Lager von hochwertigem Roteisenerz sind den Schichten eingelagert, z. B. bei Marampa (S. 98).

4. Der Alte Granit

Der östliche Teil von Sierra Leone, mehr als die Hälfte des Landes, besteht aus Granit und Granitgneis; er gehört zu dem riesigen Granitmassiv, das von Sierra Leone durch Liberia, die Elfenbein- und Goldküste und einen Teil von Französisch-Sudan zur Gurma-Ebene, nördlich von Togo und Dahome, hinzieht.

Das Gestein ist im wesentlichen ein Biotitgranit bzw. Granitgneis, der reich ist an Mikroklin. Eine Pressung ist aber in großen Teilen des Gebietes im Granit nicht oder kaum zu erkennen.

Im östlichen Teil des Landes streicht der Granitgneis NNO bis NO, im nordwestlichen Teil ungefähr N—S, im Westen, im Randgebiet der kristallinen Schiefer, NW bis NNW, parallel dem Archaikum.

Der Granit besteht aus Mikroklin, Orthoklas, Quarz, saurem Plagioklas, grünlichem Biotit, gelegentlich daneben etwas Muskowit oder auch grüner Hornblende, selten blaßgrünem Augit. Die Farbe ist hell bis dunkelgrau.

Verhältnismäßig wenige Pegmatit- und Aplitgänge durchsetzen den Granit.

Der Granit, auf oder in dem die archaischen Gesteine und die Kambui-Schiefer schwimmen, enthält auch an zahlreichen Stellen kleine Einschlüsse mehr oder weniger assimilierter älterer Gesteine.

Als Schlieren oder auch als jüngere Nachschübe und Durchbrüche enthält der Granit mannigfaltige Gesteine, z. B. Granitporphyr, Syenite verschiedener Zusammensetzung (Hornblende-Syenit, Nephelin-Syenit, Cancrinit-Syenit), Quarz-Diorit, Gabbro und Norit sowie Diabas.

5. *Rokell-River-Serie* (= Buem-Formation ?)

Die Rokell-River-Serie beginnt mit feldspatführenden Sandsteinen, über denen eine mächtige Schichtenfolge von Mergeln, Schiefern, verquarzten und nicht verquarzten Sandsteinen folgt.

Dixey nahm an, daß an der Basis ein ziemlich mächtiges Basiskonglomerat liegt, das Gerölle von Gneis, Granit, metamorphen Schiefern, Sandstein und Quarzit enthält; die vorhandenen Aufschlüsse sind aber nicht ausreichend, und manche Geologen in Sierra Leone sprechen dies Konglomerat als Teil der Saionia Scarp-Serie an. Die Frage ist noch nicht entschieden.

Vermutlich beginnt sowohl die Rokell-Serie wie die Saionia Scarp-Serie mit einem Basiskonglomerat. Im Saionia-Gebiet scheint das aufgefaltete Rokell-Konglomerat unter dem flachliegenden Saionia-Basiskonglomerat aufzutreten, daher die dort anscheinend sehr große Mächtigkeit.

Dem hangenden, aus grauen oder graugrünen Mergeln, Schiefern und Sandsteinen bestehenden Teil ist eine mächtige Folge von vulkanischen Gesteinen eingelagert, die als etwa 15—18 km breites Band von Mano am Tala-Fluß bis nach Kukuna am Großen Scarcies-Fluß zu verfolgen sind und die Hügelzüge bilden. Diese Erguß- und Intrusiv-Gesteine sind zunächst Quarzporphyre nebst zugehörigen Tuffen; darüber folgen Porphyrite, Melaphyre und Diabase, die alle meist feinkörnig sind; Tuffe treten hier ebenfalls auf. Die Ergußdecken werden mehrfach von Intrusivgängen der gleichen Gesteine durchsetzt. Die basischen Deckenergüsse haben eine Gesamtmächtigkeit von mindestens 250 m.

Dixey glaubte, daß die Marampa-Serie eine metamorphe Fazies der Rokell-River-Serie sei. Die Rokell-River-Schichten transgredieren im Osten über den Alten Granit. Das Verhalten zu der vermutlich älteren Marampa-Serie ist nicht eindeutig festgelegt. Nach *N. R. Junner* liegt die Rokell-Serie mit starker Diskordanz über den Marampa-Schichten. Die Rokell-Schichten sind stark gefaltet, gelegentlich sogar überkippt.

Das Alter der Schichtserie ist noch nicht geklärt, da die Schichten keine Fossilien führen. Im Norden werden sie von den silurischen flachliegenden Sandsteinen der Saionia Scarp diskordant überlagert. Sie sind also älter als Silur. *Dixey* sprach sie für Äquivalente der Birrim-Formation (Algonkium) an. Die algonkischen Sedimente weisen aber durchweg einen merklichen — allerdings geringen — Grad der Metamorphose auf, während die Rokell-River-Schichten, soweit zu sehen, ihren Mineralbestand nicht oder kaum geändert haben.

Die Gesteine selbst sind denen der Buem-Formation (S. 252) in Togo sehr ähnlich. Sie sind wahrscheinlich jünger als die der im Westen folgenden Marampa-Serie, die als Algonkium zu betrachten sind und über denen sie wohl diskordant liegen.

Wir stellen sie deshalb mit Vorbehalt in eine Reihe mit der Buem-Formation, also parallel zu dem Kundelungu-System.

Man könnte auch daran denken, sie mit dem tiefsten gefalteten Horizont der „flachliegenden paläozoischen Sandsteine“ (S. 13) in Westafrika zu vergleichen.

Die Sedimente der Rokell-River-Serie bilden gewöhnlich mit Gras und Parklandschaft bewachsene Ebenen; nur die ihnen eingelagerten Ergußgesteine bilden Hügel und niedrige Höhenrücken.

Die Sandsteine enthalten größere Mengen von Wasser. Die Wasserläufe, die über diese Schichten fließen, führen sehr wenig Wasser, weil dieses zum großen Teil in durchlässigen Horizonten und Klüften in den Sandsteinen verschwindet.

6. *Saionia Scarp-Serie*

Als Saionia Scarp-Serie werden die Ausläufer der riesigen flachliegenden Decken von silurischen Sandsteinen bezeichnet, die als „grès silicieux horizontaux“ große Flächen von Französisch-Westafrika bedecken (S. 13) und die nur im Norden bei Saionia in kleinen Fetzen über die Grenze treten. Die Schichten bilden hier ein Hochplateau mit ziemlich steilen Abstürzen, das etwa 700 m über dem Meeresspiegel liegt und die aus den älteren Gesteinen aufgebaute Fastebene um mehr als 300 m überragt.

Die Saionia-Schichten liegen mit starker Diskordanz über allen älteren Schichten, auch über den Rokell-River-Schichten.

Die Basis bildet eine grobe grünlich gefärbte Arkose, über der weiße und graue feldspatführende Sandsteine folgen, die nach oben durch eine

Wechsellagerung in blauschwarze plattige Mergel übergehen. Nahe der Basis ist den Schichten ein Diabas-Lagergang eingeschaltet. Die gesamte Mächtigkeit beträgt rund 200 m. Oben darauf liegt eine etwa 100 m mächtige Decke von Diabas, die anscheinend in NO-Richtung von den flachliegenden Sandsteinen auf die kristallinen Gesteine des Liegenden übergreift und die auch das ausgedehnte Talla-Plateau bildet.

Die Sandsteine zeigen oft Kreuzschichtung und enthalten dünne Lagen von grobem Sandstein und Konglomerat. Auch kieselige Lagen sind vorhanden.

Fossilien sind auf dem Gebiet von Sierra Leone in den Schichten bisher nicht gefunden; aber bei Telimele, einige km westlich Saionia, fand sich in Schieferlagen im Sandstein *Monograptus sp. (? priodon)*, der auf silurisches (wohl obersilurisches) Alter hinweist. Die Schiefer sind demnach wenigstens teilweise marine Sedimente.

Die flachliegenden verkieselten Sandsteine sind eingehend auf S. 13 ff. beschrieben.

Basische Intrusivgesteine

Basische Intrusivgesteine sind in Sierra Leone, Französisch-Westafrika, Liberia und der Elfenbeinküste ziemlich weitverbreitet, und einige Massive haben recht erheblichen Umfang.

Eines der am besten untersuchten Intrusivmassive dieser Art ist der große Norit-Klotz, der die Halbinsel Sierra Leone bildet, auf der die Hauptstadt Freetown liegt.

Der untere Teil des Noritlakkolithen besteht aus „Troctolith" (= Forellensteine, d. h. Olivin-Gabbro ohne Pyroxen). Olivin tritt besonders reichlich in den Randgebieten auf. Unter diesem „Troctolith" liegt noch eine Lage von Anorthosit.

Der mittlere Teil der Intrusion besteht vorwiegend aus gebändertem Gabbro und Olivin-Gabbro sowie Norit. Forellenstein tritt in dieser Zone zurück. Am York-Paß liegt eine ausgedehnte Einlagerung von Anorthosit in dieser Zone, und im Anorthosit sitzen mehrere kleine Ilmenitlinsen.

Der hangende Teil des Lakkolithen ist aus gebändertem Gabbro und Norit zusammengesetzt, untergeordnet treten auch Olivin-Gabbro, Olivin-Norit und Troctolith (Forellenstein) auf.

Grobe pegmatitische Intrusionen durchsetzen mehrfach die feinkörnigen Gesteine.

Nach der Erstarrung des Hauptstockes sind in die Gesteine Gänge von Diabas und Beerbachit (besteht aus Bytownit, Diallag und Hypersthen) als Nachschübe injiziert worden.

Die Gesteine sind fast durchweg sehr frisch. Das verbreitetste Gestein ist Olivin-Gabbro.

Platin wurde mehrfach in Flußablagerungen, aber niemals im anstehenden Gestein nachgewiesen.

Ähnliche basische Lakkolithe oder Stöcke sind auch an der Küste von Liberia und von Französisch-Guinea vorhanden.

Die basischen Lagergänge in den flachliegenden Sandsteinen (Saionia Scarp-Serie) müssen ebenfalls in diese Gruppe gerechnet werden. In Sierra Leone werden sie nie mächtiger als 100 m, im benachbarten Französisch-Guinea aber erreichen sie gelegentlich das Mehrfache dieser Mächtigkeit.

Außer den Lagergängen treten an zahlreichen Stellen des Gebietes Gänge und Stöcke von basischen Gesteinen auf. Sie bestehen aus Quarz-Diorit mit Orthoklas und Olivin-Diabasen.

Der große Lagergang der Saionia Scarp ist ein Quarz-Hypersthen-Diabas, der seinen Kieselsäuregehalt wahrscheinlich aus den umgebenden Sandsteinen aufgenommen hat. Andere Lagergänge bestehen aus Olivin-Hypersthen-Diabas.

Es ist möglich, daß alle diese basischen Intrusionen einem großen Intrusionszyklus angehören, dessen Alter schwer festzustellen ist. Sicher ist nur, daß die Lagergänge der Saionia Scarp postsilurischen Alters sein müssen.

Wahrscheinlich aber sind die basischen Intrusionen zu sehr verschiedenen Zeiten erfolgt.

7. *Junge Ablagerungen des Binnenlandes* (Pleistozän bis rezent)

Plateau-Sande. Im nordöstlichen Teil von Sierra Leone sind die Granit-Gneis-Gebiete großenteils mit nicht verfestigtem rotem lehmigem Sand und sandigem Lehm und Schotter bedeckt, der wenigstens teilweise nicht als Verwitterungsprodukt der unmittelbar unterliegenden Gesteine aufgefaßt werden kann; das Material ist vielmehr transportiert und gelegentlich undeutlich geschichtet. An vielen Stellen kann man eine Anzahl von Terrassen mit z. T. erheblichen Höhenunterschieden erkennen; diese gehören z. T. heutigen, z. T. alten Flußsystemen an, die im Verlauf von tektonischen Hebungen seit der Tertiärzeit bis heute entstanden.

8. *Sedimente der Küstenzone* (Bullom-Serie)

Längs der ganzen Küste zieht eine bis zu 50 km breite Sedimentzone bis nach Liberia hinein, die aus Sanden und Tonen besteht, die großenteils marinen Ursprungs sind, zum Teil aber auch Deltabildungen und andere Flußsedimente darstellen. Die Ablagerungen erreichen bis zu 30—40 m Mächtigkeit und liegen im allgemeinen flach.

In Bohrungen bei York wurden *Arca (Senilia) senilis* und *Tympanotomus fuscatus* 6—10 m unter dem Meeresspiegel gefunden.

Bei Lungi, nördlich Freetown, ist eine 10—20 m hohe Steilküste vorhanden; die tiefsten Schichten, von denen etwa 6 m aufgeschlossen sind, bestehen aus verhärtetem feldspatführendem Sand und aus Ton. Darüber liegt ein bis zu 5 m mächtiger roter eisenschüssiger Sand oder mürber Sandstein, der im Hangenden und Liegenden von Ton begleitet wird. Die hangende Tonschicht ist im allgemeinen weiß, der Ton im Liegenden meist schiefergrau. Im Hangenden folgt lockerer Sand, der fast immer braun, gelegentlich aber auch weiß, gelb oder rot ist. Im Sand liegen zahlreiche Brauneisenkonkretionen, die an Menge und Größe nach oben zunehmen; an der Oberfläche entsteht dann eine dicke Kruste von Krusteneisenstein.

Schrifttum

Der geologische Bau von Sierra Leone

— — —, Mineral Wealth of Sierra Leone. Mining World and Engineering Record. London Bd. 133. Nr. 3468 (1937), S. 273.

Dixey, F., Notes on lateritization in Sierra Leone. Geol. Magaz. 1920, S. 211.

Dixey, F., Pleistocene Movements in Sierra Leone. Transact. Geol. Soc. S. Afr. Bd. 22 (1919/1920), S. 112—117.

Dixey, F., Norite of Sierra Leone. Quart. Journ. Geol. Soc. London Bd. 78 (1922), S. 299.

Dixey, F., The Geology of Sierra Leone. Quart. Journ. Geol. Soc. London Bd. 81 (1925), S. 195—222. 1 schw. Karte 1 : 2 Mill. 2 Bildtafeln.

Fowler-Lunn, K., Hematite ores of Sierra Leone. Econ. Geol. Bd. 28, S. 59—67. 2 Textkärtchen, und Min. Magaz. Bd. 48 (1933), S. 183—184.

Junner, N. R., Geology and mineral resources of Sierra Leone. Mining Magaz. Bd. 43 (1930), S. 73—82. 1 Textkarte.

Junner, N. R., The Norite of Sierra Leone. British West Africa. C. R. 15. Intern. Geol. Congr. Pretoria 1929, Bd. 2, S. 417—433. 1 Karte 1 : 230000. 7 Taf. Dünnschliffe.

Pollet, I. D., The diamond deposits of Sierra Leone. Bull. Impr. Inst. Bd. 35 (1937), S. 333—348. 1 Taf.

Wilson, H., Chromite in Sierra Leone. Min. Magaz. Bd. 45 (1931), S. 201—208.

V. b. Die nutzbaren Lagerstätten von Sierra Leone

Von Fritz-Erdmann Klingner

Obwohl Sierra Leone bereits 1908 britische Kronkolonie wurde, war doch noch Anfang der 20er Jahre dieses Jahrhunderts von mineralischen Bodenschätzen in dieser Kolonie kaum etwas bekannt, wenn man von der primitiven Gewinnung und Verarbeitung der Eisenerze durch die Eingeborenen absieht. Palmkerne und Palmöl, Kolanüsse und Ingwer waren die Haupterzeugnisse. Erst seit 1928 beginnt sich ein aussichtsreicher Bergbau zu entwickeln. Platin, Gold, Eisenerze und Diamanten werden bereits abgebaut, Chromeisenstein, Titan- und Manganerze, Korund und Bauxit dürften in bauwürdigen Mengen vorhanden sein.

A. Erze

1. Gold

Mit der Gewinnung von Gold ausschließlich aus Seifen wurde 1930 begonnen. Die reichsten Goldseifen mit einem Durchschnittsgehalt von 1,1 g/cbm Gold werden in dem etwa 150 km von der Küste entfernten Bezirk Matoaka abgebaut. Man hat auch noch an anderen Stellen der Kolonie Goldseifen nachgewiesen, die aber nur z. T. bauwürdig sind.

Durch den Geological Survey of Sierra Leone wurden auch goldführende Quarzgänge festgestellt, die vor allem an die sehr alten Kambui-Schiefer der Kagnari- und Sula-Berge gebunden sind, eines Gebirgszuges, der von Kondembaia unweit des Seli-Flusses (Bezirk Koinadugu) im Norden bis in die Nähe von Mongeri im Süden reicht. Diese Kambui-Schiefer sind hochmetamorphe Para- und Ortho-Gesteine (s. Geologie S. 90), Quarzite, Eisenquarzitschiefer, Glimmerschiefer u. a., in die ein Muskowitgranit intrudiert ist und die von Pegmatiten sowie zahlreichen Quarz- und Doleritgängen durchsetzt werden. Bisher wurden noch keine bauwürdigen Goldquarzgänge gefunden.

Die Goldförderung betrug:

1930	22 kg	1935	956,4 kg
1931	177 ,,	1936	1180,7 ,,
1933	450,5 ,,	1937	1110,8 ,,
1934	659,5 ,,	1938	948 ,,

2. *Platin*

Platin war das erste Mineral, das in Sierra Leone gefördert wurde. 1926 wurde es von *Junner* in Flußsanden der Halbinsel Sierra Leone entdeckt; als 1928 die englische Regierung die Abbau-Genehmigung für ein 57 qkm großes Gebiet erteilte, wurde Ende 1929 mit dem Abbau reicher Platin-Seifen in den Alluvionen des Big-Water-Flusses bei York begonnen.

Das Platin findet sich in Fluß-Seifen sowie an einigen Stellen in Meeressanden an der Küste. Bauwürdig scheinen nur die Seifen der von Norden her in die Whale-Fluß-Bucht einmündenden Flüsse zu sein. Das Platin findet sich gediegen in Form von kleinen Nuggets sowie in Gestalt von löcherigen und abgerollten Körnern; merkwürdig sind feine kristalline, dendritische Aggregate, die selten mehr als 0,77 g wiegen und fast gar nicht abgerollt sind; Platinstaub findet sich nur in geringer Menge. Nuggets von 8—15 g Gewicht wurden gar nicht so sehr selten gefunden; der schwerste bisher gefundene Platinklumpen wog 18,75 g. Das Platin ist in den Seifen sehr verteilt, doch hat man in Gesteinstaschen reiche Nester mit bis zu 43 g/t Platin angetroffen. Die Untersuchung eines Waschkonzentrates ergab 84,6 v. H. Platinmetalle, 10,7 v. H. Fe, 3,0 v. H. Cu, 0,1 v. H. Ilmenit und 1,6 v. H. Sand. Begleitmineralien des Platins sind viel Ilmenit, der als wertvolles Nebenerzeugnis gewonnen wird (s. u. Titan S. 103), etwas Magnetit und sehr wenig Chromit. Analysen des Platins vom Big-Water bei York ergaben (I nach *Junner*, II nach Imperial Institute):

	I		II
Pt	87,0 v. H.		77,70 v. H.
Os	1,3 ,,		2,35 ,,
Pd	2,0 ,,		1,45 ,,
Fe	9,9 ,,	Rh	1,08 ,,
		Ir	0,84 ,,
		Au	0,07 ,,

Das in Sierra Leone gefundene Platin ist sehr grobkörnig.

Außer den reichen Vorkommen am Big-Water-Fluß finden sich ärmere Platinseifen u. a. auch am Toko-Fluß, im Benguama-Fluß bei Waterloo, im Orugu-Fluß und in einem kleinen Fluß bei Adonkia.

Das Primärvorkommen des Platins scheint ein Anorthosit zu sein. Die Halbinsel Sierra Leone besteht nämlich aus sehr basischen, anscheinend geschichteten Tiefengesteinen, namentlich aus gebändertem, mittelkörnigem, olivinreichem Troctolith* und verschiedenen anderen Gabbros und Noriten. In diesen gebänderten basischen Gesteinen finden sich konkordant eingelagert linsenförmige Körper von grobkörnigem Gabbro, Norit und Dunit sowie bei York ein deckenförmiger Körper von grobkörnigem Anorthosit. Diese Gesteinslinsen werden z. T. als spätere Intrusionen gedeutet, sind aber wohl zum größten Teil Schlieren. Jedenfalls führen die Flüsse, die durch Gebiete mit anstehendem Anorthosit oder anorthositischem Gabbro fließen, Platin. Häufig sind im Anorthosit mit Ilmenit ausgekleidete Hohlräume zu beobachten. Durch die Analyse hat man im Anorthosit bisher nie mehr als 0,39 g/t Platin feststellen können.

Bisher wurden Platinseifen nur in den Bezirken York und Toke abgebaut. Die Platinförderung betrug:

1929	0,8 kg
1930	16,9 ,,
1931	18,5 ,,
1932	16,5 ,,
1933	13,4 ,,
1934	14,7 ,,
1935	23,3 ,,
1936	15,1 ,,
1937	9,6 ,,
1938	5,6 ,,

3. *Eisen*

Sierra Leone ist sehr reich an Eisenerzen, die seit 1933 abgebaut werden. Im Port Lokko-Bezirk bilden bei dem Dorf Marampa die Masaboitanki- und Bafila-Berge einen ausgedehnten Roteisenerz-Bezirk, an den sich in unmittelbarer Nähe noch einige kleinere Lagerstätten anschließen. Der Erz-

---

*) Olivinnorite, in denen Pyroxen ganz oder fast ganz fehlt, entsprechen etwa unserem „Forellenstein", vgl. S 94.

körper besteht aus einem sich dem Untergrund anschmiegenden Lager von hartem rotem, braunem und schwarzem Erz in algonkischen Schiefern, das bedeckt wird von einer Verwitterungskappe loser Blöcke. Das Schichtfallen beträgt im allgemeinen 30—60°, ist stellenweise aber auch steiler. Die Mächtigkeit des Erzlagers schwankt zwischen knapp ½ und 10½ m, im Durchschnitt wird es 4½—6 m mächtig. Nach dem Liegenden zu wird das Erz weicher

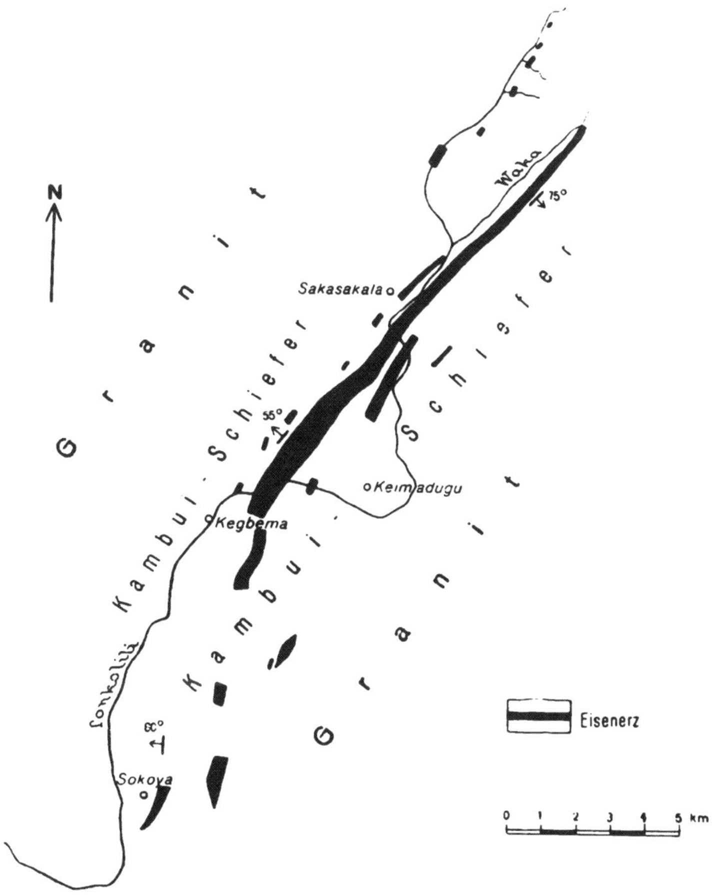

Abb. 10. Kartenskizze der Eisenerz-Lagerstätte am oberen Tonkolili. Nach *Fowler-Lunn*, 1933 (vereinfacht).

und dunkler und geht allmählich in hochwertigen, blättrigen bis staubigen Eisenglanz über, der als das primäre Erz angesehen wird. Durch Verwitterung bildet sich aus den losen, gerollten Blöcken öfters ein zelliges „sekundäres" Erz, das aus etwas manganhaltigem Brauneisen und Roteisen besteht. Das frische Erz enthält 56,43—63,4 v. H. Fe und 0,021—0,048 v. H. P.

Ein gewaltiges Eisenerz-Vorkommen von vielen Millionen Tonnen Erzinhalt liegt im Innern von Sierra Leone im Gebiet des oberen Tonkolili und seines Nebenflusses, des Waka-Flusses, bei den Orten Sakasakala, Keimadugu, Kegbema, Sokoja und Nerekoro (*Fowler-Lunn*). Die Erze, Roteisenerz und Eisenbändererz, treten in einem etwa 80 km langen und durchschnittlich 10 km breiten, nordsüdlich bis nordöstlich streichenden Zug von Kambui-Schiefern inmitten eines Granitgebietes auf. Das Erzlager tritt hier in Hügeln und Flußanschnitten zutage. Die Gesteine dieses Schieferzuges, außer den Eisenerzen noch Sandsteine, Konglomerate, Hornblende-, Glimmer, Talk- und Chlorit-Schiefer sowie Amphibolite, stehen entweder saiger oder fallen mit 75—80° nach Osten ein. Im nördlichen Teil dieses Schieferzuges liegt das Haupterzlager, ein blauer bis ziegelroter, harter, massiger, gebänderter Roteisenstein. Dieses Erzlager ist auf 19—24 km im Streichen zu verfolgen, durchschnittlich 330 m breit und mindestens 150 m mächtig. — Neben diesem Hauptlager sind noch einige kleinere Vorkommen ebenso hochwertigen Erzes nachgewiesen; südlich und westlich des Schieferzuges treten noch einige Lager weniger wertvollen Erzes auf. Die Analysen zeigen, daß der Phosphor-Gehalt für Bessemer-Erze teilweise etwas zu hoch ist, es kommen aber auch

Eisenerz-Analysen

	Masaboitanki-Berg (Marampa)	Ost-Ende Bafila-Berg	Tonkolili-Gebiet Waka-Fluß	Kegbema
	(*Junner*)		(*Fowler-Lunn*)	
Fe_2O_3	89,40	88,93	89,28	89,78
Al_2O_3	3,18	4,16	1,98	4,86
MnO	0,14	0,18	0,07	0,04
TiO_2	0,23	0,23	0,10	0,10
SiO_2	1,90	1,55	3,19	0,74
P_2O_5	0,04	0,04	0,07	0,05
S	0,09	0,10	0,02	0,03

Erzpartien mit niedrigeren P-Gehalten vor. Der durchschnittliche Eisengehalt ist 61 v.H. Die Einlagerung zwischen Sandsteinen und groben Konglomeraten läßt darauf schließen, daß ursprünglich ein ziemlich eisenreiches Sediment abgelagert wurde, das, bevor die Aufrichtung der Schichten erfolgte, sekundär mit Eisen angereichert wurde. Die Eisenerzförderung von Marampa, das durch eine Schmalspurbahn mit dem neuen Hafen Pepel, nordöstlich Freetown, verbunden ist, betrug (in () Ausfuhr nach Deutschland):

1935	433540 t	
1936	466595 t	(164904 t)
1937	633985 t	(214218 t)
1938	876000 t	(401524 t)

Ausgedehnte Lagerstätten lateritischer Eisenerze finden sich noch an verschiedenen Orten in Sierra Leone, sie erreichen aber selten 50 v. H. Fe. Von den Eingeborenen wurden diese Erze bis in die jüngste Zeit verhüttet, jetzt aber stirbt dieses Handwerk wegen der Wohlfeilheit eingeführter Eisenwaren allmählich aus.

4. Chrom

1927 wurde zuerst in der Provinz Kenema, 10 km nördlich Hangha, Chromit in losen Blöcken in den Kambui-Bergen gefunden. Die Kambui-Berge sind ein fast NO streichender, etwa 64 km langer Bergzug, der stellenweise 450 m hoch wird. Die alten Kambui-Schiefer, die diesen Bergzug aufbauen, streichen ungefähr N 30° O und fallen mit 60—70° nach W ein; sie

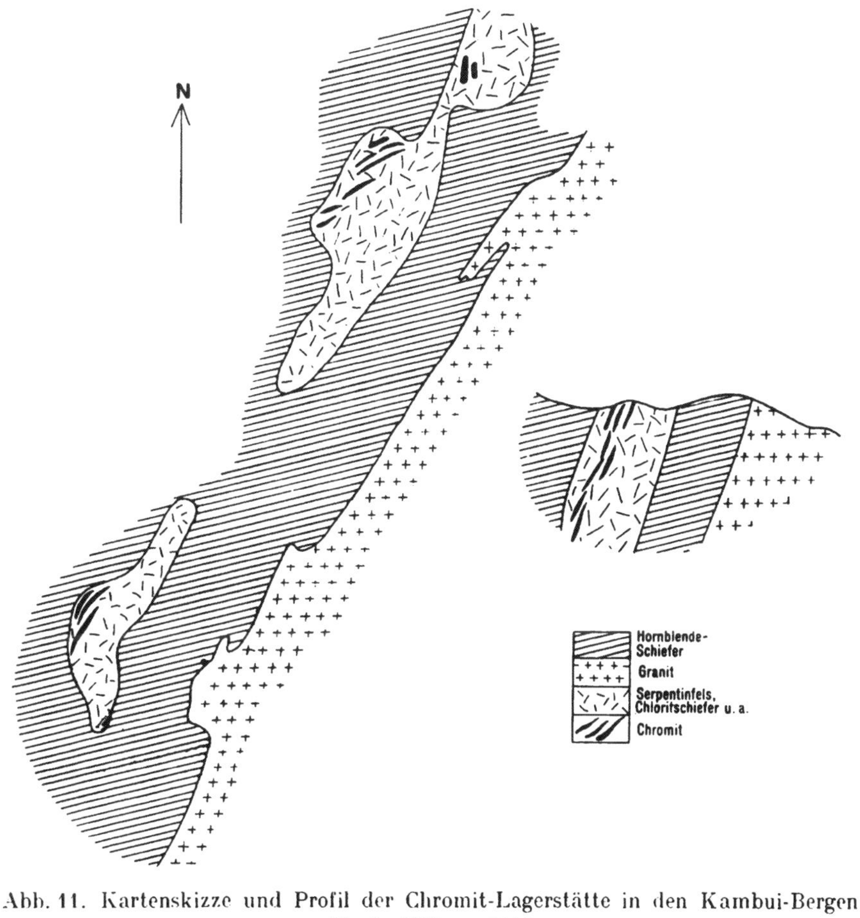

Abb. 11. Kartenskizze und Profil der Chromit-Lagerstätte in den Kambui-Bergen. Nach *Wilson*, 1931.

bestehen hier hauptsächlich aus einem grauen, dichten, harten Hornblende-Schiefer sedimentären Ursprungs. Nahe dem östlichen Kontakt dieser Schiefer mit dem Granit treten Serpentine auf, die häufig zu Talk- und Chlorit-Schiefern verwittert sind. An diese unregelmäßigen Serpentin-Stöcke sind drei große Chromit-Lager gebunden. Das südlichste der drei Lager besteht aus einer Reihe gangähnlicher Linsen, die wie die Schiefer streichen und fallen, etwa 150 m lang und 4—8 m mächtig sind. Zu beiden Seiten des Chromits liegt ein weicher Talkschiefer mit scharfer Grenze. Der Chromit ist rein, grobkörnig-kristallin und von schwarzer, metallisch glänzender Farbe. — 1½ km nördlich davon liegt das andere Vorkommen, ebenfalls eine Reihe von gangartigen Linsen von insgesamt 300 m Länge und 1—8 m Mächtigkeit. Gewöhnlich finden sich diese Linsen in einer Linie, treten aber auch in parallelen Zügen auf. Streichen und Fallen wechseln, halten sich aber im allgemeinen an das Streichen der Schiefer. Der Chromit liegt in einem braunen, zersetzten, weichen Talk-Schiefer, der im allgemeinen chromitfrei ist und nur zwischen den Erzlinsen eingestreute Chromit-Kristalle führt. Außer gelegentlichen Serpentin-Knötchen und -Knöllchen treten in dem Talkschiefer noch Quarzitschiefer-Lagen und kleine Quarzgänge auf. Etwa die Hälfte des Chromits

Chromit der Kambui-Berge
(Analysen nach *Wilson*)

	südl. Lager	mittleres Lager
Cr_2O_3	47,72	45,75
FeO	13,98	14,40
Al_2O_3	20,30	15,50
SiO_2	1,92	8,65
MgO	15.98	14,70
	99,90	99,00

ist hochwertiges Erz, grobkörnig, hart und von schwarzer Farbe, die andere Hälfte ist mürbe, bröcklig und durch Talk-Häutchen zwischen den Kristallen grau gefärbt. — Etwa 200 m nördlich dieser Lagerstätte liegt die dritte, zwei parallele, 15 m voneinander entfernte Linsenzüge von 50 m Länge und höchstens 6 und 2 m Mächtigkeit. Einfallen und Streichen ist dasselbe wie das der Schiefer. Das Nebengestein ist ein harter, brauner Talkschiefer. Zwischen den beiden Linsenzügen tritt ein graues, gebändertes, ziemlich festes Gestein auf, das aus einem talkähnlichen Mineral mit Chromitkörnern und braunem, weichem Talk besteht. Der Chromit ist schwarz und fest und enthält etwa 43,5 v. H. Cr_2O_3. — Alle drei Chromitlagerstätten liegen im hangenden Teil des Serpentinstocks. Die Untersuchungsarbeiten nach der Tiefe zu haben sehr mit Wasserschwierigkeiten zu kämpfen. Die sichtbaren Vorräte bis 20 m Tiefe werden auf 80000 t Chromerz geschätzt. Das Erz ist gut und eignet sich zur Herstellung von Ferrochrom.

Etwa 40 km weiter südlich liegt noch ein großes Chromeisenerz-Vorkommen südlich Sendunia bei dem Dorfe Jalahun, wo das Chromerz — im südlichen Teil desselben Kambui-Schiefer-Zuges — ebenfalls in einem stellenweise in Talk umgewandelten Serpentin vorkommt. Das Erz findet sich zusammen mit Chalcedon entweder als schwarzbraune, feinkristalline, derbe Masse oder als ein Aggregat dichtgepackter Oktaeder in einer grünlichen Grundmasse von schuppigem Talk. Das Erz enthält 31,4—43,8 v. H. (im Durchschnitt 36,43 v. H.) Cr_2O_3; im allgemeinen ist das Erz zu niedrigprozentig, aber es kann eine gewisse Menge mit 40 v. H. Cr_2O_3 gewonnen werden, und dieses Erz kann dann als „refraktäres Mineral" zur Herstellung feuerfester Wände, Tiegel und dergl. verwandt werden. Durch sorgfältige Aufbereitung (Befreiung von den Talkbeimischungen) könnte die Beschaffenheit des Erzes ebenfalls verbessert werden.

Die Förderung betrug 1937 rd. 800 t.

5. *Titan*

Ilmenit (Titaneisen) und Titanomagnetit sind auf der Halbinsel Sierra Leone weitverbreitet, wo sie im tieferen Teil der Norite des basischen Intrusivkörpers horizontbeständige Lagen bilden. Ein solches Band aus Ilmenit und Titanomagnetit konnte von Hastings bis zum Mt. Aureol bei Freetown verfolgt werden. Bei Hastings war das Erzband stellenweise über 2 m mächtig und bestand hauptsächlich aus Ilmenit; in einem Schurf am Mt. Aureol bestand das Band aus mindestens 4,50 m mächtigem titanhaltigem Magnetit. Ausgedehnte Titanerz-Seifen bilden die bis mehrere Dezimeter mächtig werdenden „schwarzen Sande" der Flüsse und Bäche, von denen die Sande der Whale-Fluß-Mündung wahrscheinlich die größten und titanreichsten sind. Hier und in den Sanden des Big Water — mit 46,81 v. H. TiO_2 in den Waschkonzentraten — und des Toke-Flusses findet sich auch das meiste Waschplatin. Von den Titanerzen gibt *Junner* folgende Analysen:

	Ilmenit		Titanomagnetit	„Schwarzer Sand"	
	Norit v. Hastings		Mt. Aureol	Whale River	Toke River
	I	II		b. York	
Fe_2O_3	51,21	25,06	76,64	46,90	50,56
FeO	—	28,02	—	—	—
TiO_2	48,42	42,34	11,57	52,91	49,49
V_2O_5	—	0,38	0,69	—	—
Cr_2O_3	—	—	3,76	—	—

Bei der Platinaufbereitung wird Ilmenit als Nebenerzeugnis gewonnen und zu Titanweiß verarbeitet.

Rutil findet sich häufig in den Sanden des kleinen Scarcies-Flusses, wenige Kilometer unterhalb seines Zusammenflusses mit dem Mabole-Fluß. Der Rutil wird von viel grobkörnigem Ilmenit begleitet. Auch Zirkon kommt in diesen Flußsanden vor.

6. *Molybdän*

Ein Molybdänglanz-Vorkommen wurde 1932 am Mapoko, einem Nebenfluß des Tebenko, 3 km südwestlich Makele, 29 km östlich der Bahnstation Magburaka entdeckt. Zwischen einem Granitstock und einem durchschnittlich 7½ m mächtig werdenden Quarzgang, der wohl als eine ultrasaure Granit-Apophyse anzusehen ist, fand sich in einem grünlichgrauen Biotit-Chlorit-Schiefer eine 1,50 m breite vererzte Zone mit Molybdänglanz und Pyrit (s. Abb. 12). Der Molybdänglanz, der in großen Putzen auf den Schieferungsflächen oder in Verwachsung mit Biotit auftritt, bildet kleine federförmige Blättchen, die zu unregelmäßigen Gruppen oder zu gewundenen Flasern verwachsen sind. Der große Quarzgang ist taub, der Molybdänglanz ist an winzige Gängchen einer späteren Quarz-Ausscheidung gebunden, und zwar findet er sich am Salband dieser Gängchen oder in Ruschelzonen entlang myrmekitischem Feldspat, aber selten als Putzen in dem Quarz selbst. Die vererzte Zone konnte westwärts auf fast 100 m Länge verfolgt werden, nach O zu wird der Molybdänglanz anscheinend durch Pyrit ersetzt. Die Analyse einer Erzprobe ergab 5,17 v. H. Mo; Wolframit wurde nicht gefunden.

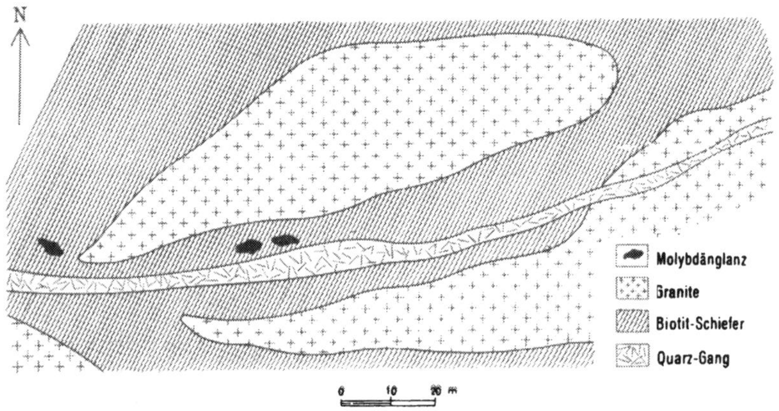

Abb. 12. Molybdänglanz-Vorkommen am Mapoko-Fluß in Sierra Leone. Umgezeichnet nach *Fowler-Lunn*, 1934.

7. *Mangan*

Mehrere Manganoxyd-Vorkommen wurden auf eine Erstreckung von 72,5 km in den Bezirken Sembehun und Gbangbama in der Südprovinz festgestellt. Die Vorkommen sind durch Verwitterung spessartinreicher, etwas graphitführender Granulite und Gneise entstanden. Ein Erz aus der Nähe von Bradford zeigte 16,7 v. H. Mn und 5,6 v. H. Graphit, eine Erzprobe aus der Nähe von Gbangbama ergab 21,5 v. H. Mn, 37,2 v. H. SiO_2 und 7,8 v. H. Fe. Wegen ihres geringen Metallgehaltes — brauchbare Manganerze müssen mindestens 40 v. H. Mn haben — sind diese Lagerstätten nicht bauwürdig. Es besteht aber Aussicht, in dieser Gegend noch bessere Lagerstätten aufzufinden.

8. *Bauxit*

Bauxit kommt an vielen Stellen in Sierra Leone vor, aber die Vorkommen sind hinsichtlich ihrer geologischen Lage und ihrer Bauwürdigkeit noch nicht näher untersucht. Der Bauxit von Hastings ist aus der Verwitterung von Anorthosit und Anorthosit-Gabbro entstanden. Ein nicht sehr hochwertiger

Bauxit (aluminous laterite nach *Fox*) ist bei Falaba entdeckt worden. Er ist durch Verwitterung von Norit entstanden. Die Analyse einer Erzprobe, die östlich Wilberforce genommen wurde, s. u. Viele Bauxite enthalten beträchtliche Mengen des schädlichen Titanoxyds. *Junner* und *Fox* geben folgende Analysen:

	Waia (Koinadugu-Bezirk	Bathurst	Hastings	Wilberforce
SiO_2	1,83	0,77	1,35	9,46
Al_2O_3	49,58	52,37	54,13	51,08
Fe_2O_3	20,35	14,84	11,75	14,14
TiO_2	1,83	1,42	1,64	2,00
M_2O	—	29,45	—	25,32

B. Nichterze

1. Diamant

Im Januar 1930 fand *J. D. Pollet*, Assistent am Geolog. Survey von Sierra Leone, im Schotter des Gboboro-Flusses beim Dorfe Fotingaia einen kleinen weißen Diamanten von ¼ Karat Gewicht. Im März 1931 wurden weitere Diamanten beim Dorfe Kpava (Kenema-Distrikt) im Schotter des Kenya-Flusses, eines Nebenflusses des Moa, gefunden. Über ein Jahr später fand man auch Diamanten in der Nähe des Dorfes Tongoma in Schottern des Schongbo-Flusses. Dann zeigten Schürfversuche in den Fluß-Schottern des Sewa und des Bafin und einigen ihrer Nebenflüsse, daß auch in diesen zahlreiche Diamanten vorkamen. Die Hauptanreicherungszone liegt z. T. im Bereiche des Kontakthofes eines großen Granitkörpers, z. T. in einem Gebiet stark gefalteter alter Konglomerate, Quarzite und Phyllite. Die englischen Geologen glauben, daß die Diamanten aus dem Kontakthof des Granites stammen; einwandfrei ist diese Frage jedoch noch nicht zu beantworten. Von den kleineren Steinen gehen 10—12 auf ein Karat, die Durchschnittsgröße sind 3 je Karat, es sind jedoch auch schon größere Steine gefunden worden. Der größte bisher gefundene Stein wog 144 Karat, ein anderer 78 Karat. Sehr häufig sind grünlich gefärbte Steine, es kommen auch sehr viel Würfel und eigentümliche Bortkugeln, die im Innern einen kristallklaren Kern bergen, vor. Die reichsten Fundstellen liegen im Flußlauf dort, wo starke Gefällsunterschiede auftreten und wo die Wassergeschwindigkeit wechselt. Auch in den Terrassenschottern des Sewa und des Bafin finden sich gelegentlich Anreicherungen von Diamanten. Im Laufe von 5 Jahren ist die Förderung von 748 Karat im Jahre 1932 auf 616000 Karat im Jahre 1936 gestiegen. Ein sehr großer Teil der Steine sind hochwertige, schleifwürdige Schmucksteine.

2. *Korund*

Korund kommt in einigen Bezirken reichlich dort vor, wo granitische Gesteine in die basischen Eruptiva und Sedimente der Kambui-Schiefer intrudiert sind. Bei Kondembaia im Koinadugu-Distrikt soll Korund in großen Blöcken vorkommen, die anscheinend von einem in der Nähe ausstreichenden Gang stammen. Ein großes, wahrscheinlich 30 m mächtiges Spinell-Vorkommen findet sich in den Talkschiefern und Serpentinen dieses Gebietes. Bei Kangama und Lago findet sich viel Korund in Fluß-Sanden; die Sande der Wasserläufe an der Autostraße nördlich von Lago bestehen meist durchweg aus Korund und Chromit. Der größte Teil des Korundes ist undurchsichtig bis durchscheinend, aber ein kleiner Teil ist auch durchsichtig.

3. *Andere Mineralien*

Talk und Asbest — soweit er nicht zu spröde ist — in den Kambui-Schiefern, Almandin und Graphit in den kristallinen Schiefern der Küstenzone, der Glimmer mancher Pegmatite könnten sehr wohl gewonnen werden, wenn einmal bauwürdige Lagerstätten und die Mineralien in entsprechender Güte gefunden werden. An sich kennt man schon eine Anzahl Vorkommen. In Sedimenten der Küstenebene hat man bei Newton auch kleine „Lignit"-Schmitzen gefunden.

4. *Salz*

In früheren Zeiten und an vielen Orten auch heute noch gewinnen nach *Springer* die Eingeborenen Kochsalz auf zweierlei Weise, da natürliche Salzvorkommen zu fehlen scheinen. Entweder gewinnen sie an der Meeresküste den durch die Frühjahrs- und Herbstüberschwemmungen abgelagerten Salzschlamm, den sie in der Sonne trocknen lassen und dann in irdenen Töpfen in Wasser auflösen; das dann durch Eindampfen in flachen Metallpfannen gewonnene Kochsalz ist allerdings meistens durch Tonbeimengungen etwas verunreinigt. An anderen Orten dagegen lassen die Eingeborenen Meerwasser in große, seichte Becken laufen und durch die Sonnenhitze verdunsten; die eingetrocknete Salzkruste wird gesammelt und in warmem Salzwasser aufgelöst, diese Salzlösung wird dann durch strohgefüllte, kegelförmige Körbe gefiltert und dann in runden, flachen Messingpfannen eingedampft. Diese beiden Arten von Salzgewinnung sind vom Rio Nuñez (Franz.-Guinea) bis zur Scherbro-Insel noch heute üblich.

Schrifttum

Die nutzbaren Lagerstätten von Sierra Leone

Berg, G., Die Diamantfelder von Sierra Leone. Z. f. prakt. Geol. Bd. 46 (1938). (Übersetzung zweier englischer Berichte.)

Fowler-Lunn, K., Hematite iron ores of Sierra Leone, West Africa. Geol. Bd. 28 (1933).

Fowler-Lunn, K., Molybdenite in Sierra Leone. Min. Mag. Bd. 51 (1934).

Fox, C. S., Bauxite and aluminous laterite. London 1932.
Gmelins Handbuch der anorganischen Chemie. 8. Aufl. Syst. Nr. 68, Platin. Teil A, Lief. 2. S. 190—192. Berlin 1939.
Herman, F. und Gunther, O., Über einige wenig bekannte Platinvorkommen der Welt. Metall u. Erz. Bd. 33. 1936.
Junner, N. R., Geology and mineral resources of Sierra Leone. Min. Mag. Bd. 42. 1930.
Junner, N. R., Mineral resources of the Gold Coast and Sierra Leone. Mining Journal (London). 1932.
Knetsch, G., Nach dem Kriege entdeckte Diamantlagerstätten nördlich des Äquators. Z. Dtsch. Geol. Ges. Bd. 90. 1938.
Pollett, I. D., Platinum mining in Sierra Leone. Engin. and Min. Journal (New York). 1931.
Pollett, I. D., Report of the geological section for the years 1933 and 1934. Sierra Leone 1935.
Springer, A., Die Salzversorgung der Eingeborenen Afrikas vor der neuzeitlichen europäischen Kolonisation. Diss. Jena 1918.
Wilson, W. H., Chromite in Sierra Leone. Min. Mag. Bd. 45 (1931).

V. c. Die Bergwirtschaft von Sierra Leone

Von W. Beetz

A. Geographisch-politische Grundlagen

1. Land, Klima, Bevölkerung, Arbeiterfrage

Sierra Leone hat einen Flächenraum von insgesamt 80400 qkm; davon fallen 10400 qkm auf die sogenannte Kolonie (Colony) und 70000 qkm auf das Protektorat Sierra Leone. Die Haupt- und Hafenstadt Freetown liegt auf einer Halbinsel, die mit dem angrenzenden Küstengebiet die „Colony" ausmacht. Das Land steigt von der Küste nach dem Inneren langsam zu einer größten Höhe von 1000 m an.

Die weit im Hinterland beginnende Saharawüste bildet unter der sommerlichen Hitze ein Gebiet niedrigen Luftdrucks, wodurch Ströme feuchter Luft vom Golf von Guinea über den Äquator als südwestliche Regenwinde über das Küstenland in das Hochland des Innern gesaugt werden. Diese Monsunregen bringen gewaltige Niederschläge mit sich, und als Folge davon ist das Innere des Landes vom Regenurwald bedeckt. Mit die höchsten Niederschlagsziffern Afrikas kennt man von der der See zugewendeten Seite des Futa Djallon-Plateaus in Sierra Leone und in Liberia. Freetown hat einen jährlichen Regenfall von 4350 mm. Der Regenwald, der ursprünglich das Land bedeckte, hat freilich jetzt zum großen Teil Anpflanzungen von Kaffee und anderen tropischen Früchten weichen müssen, und als Folge ausgedehnter Anpflanzungen ist an vielen Stellen starke Erosion der fruchtbaren Bodenkrume eingetreten; im südlichen Teil des Protektorates sind Dörfer von Eingeborenen aufgegeben worden, weil der Ackerboden von Regengüssen zerstört war. Dazu kommt, daß bei dem herrschenden Klima Böden, die vom Wald entblößt sind, lateritisch verhärten und unfruchtbar werden und der sekundär gewachsene Buschwald dem Boden nicht annähernd den Schutz wie der Urwald bietet. Die Politik der Regierung geht darauf aus, hier wie an der Goldküste Urwaldreserven zu schaffen, stößt jedoch bei den Eingeborenen auf großen Widerstand.

In den vielen sumpfigen Tälern wächst die jetzige Hauptfrucht und Hauptnahrung der Eingeborenen: der Sumpfreis; jährlich werden 175000 t Reis erzeugt, und viele tausend Tonnen werden als Hauptnahrung der Arbeiter in den Minendistrikten verbraucht. Für einen Export kommt der Reis, der eine lokale Sorte mit roter Haut darstellt, nicht in Frage. Die Hauptexportfrüchte sind Palmkerne und Palmöl.

Das Klima ist tropisch und ungesund; ein Jahrhundert lang galt Sierra Leone als das „Grab des Europäers" („the white man's grave"), und es war besonders das gelbe Fieber, dem viele Europäer zum Opfer fielen. Man hat versucht, Teile des Landes zu sanieren, und die Moskitos und mit ihnen das gelbe Fieber ist in Freetown selbst durch Anlage einer Wasserleitung in den Hintergrund gedrängt.

Die Gesamtbevölkerung von Sierra Leone beträgt 1768422, also 24 Einwohner auf den Quadratkilometer, eine für Afrika sehr hohe Bevölkerungsdichte. Von den Eingeborenen wohnen 96422 in der Kolonie; davon besteht etwa ein Drittel aus zu Beginn des neunzehnten Jahrhunderts an der Westküste angesiedelten, befreiten Negersklaven. Gegenüber der Negerbevölkerung treten alle anderen Elemente stark zurück; Europäer leben nur 650 in Sierra Leone, davon 420 in der Kolonie, 230 im Protektorat. Dazu kommen Asiaten und unter ihnen hauptsächlich Syrer, die auch in der Goldindustrie eine Rolle spielen — insgesamt etwa 1200; der größte Teil wohnt im Protektorat.

Der Bedarf der Minenindustrie an eingeborenen Arbeitern war im Vergleich zur Bevölkerung gering. Es waren in der Minenindustrie beschäftigt:

1935	9445
1936	13655
1937	14039

Es boten sich genügend freiwillige Arbeitskräfte an, und es war nicht nötig, Arbeitskräfte zu rekrutieren. Ungefähr die Hälfte der in der Minenindustrie beschäftigten Eingeborenen war bei der Goldgewinnung tätig und etwa 4000 im Eisenerzbergbau, 3000 in Diamantbetrieben. An Stelle des früheren Dienstes als Krieger in ihrem Stamme besteht noch das Recht der Häuptlinge, junge Männer zu Arbeitsdiensten heranzuziehen, und dem Häuptling oder Stamm von der Regierung übertragene öffentliche Arbeiten werden durch diesen Dienst verrichtet. Dieser Arbeitszwang ist gesetzlich geregelt durch die „Forced Labour Ordinance" von 1932.

2. *Verwaltung und Rechtsverhältnisse*

Sierra Leone ist mit die älteste und war zuerst die hauptsächliche englische Kolonie in Westafrika; bis 1874 war der Gouverneur von Sierra Leone zu gleicher Zeit Gouverneur von Gambia und der Goldküste. Mit Gründung der Sierra Leone Company im Jahre 1790, die den Zweck hatte, befreite Negersklaven aus Nordamerika in Westafrika anzusiedeln, setzten sich die

Engländer definitiv an der Westküste fest. Die Nachkommen der Negersklaven bildeten im 19. Jahrhundert den Hauptanteil der Bevölkerung der Kolonie, die 1808 britische Kronkolonie geworden war. In der ersten Hälfte des 19. Jahrhunderts entwickelte sich die Kolonie zu einem finanziell vom Mutterland unabhängigen Besitz. In den sechziger Jahren wurde die Kolonie um das Protektorat erweitert, aber Eingeborenenunruhen dauerten noch bis zum Aufstand im Jahre 1898 an. Erst nach der Niederwerfung dieses Aufstandes trat Ruhe ein und begann die Entwicklung des Gesamtgebietes durch Eisenbahnen und Straßen.

Die Verwaltung von Kolonie und Protektorat steht unter einem von England ernannten Gouverneur, dem ein Ausführender Rat (Executive Council) und ein Gesetzgebender Rat (Legislative Council) zur Seite stehen. In kommunalen Angelegenheiten herrscht weitgehend Selbstverwaltung der Eingeborenen unter mehr oder weniger scharfer Aufsicht durch englische Beamte. Die Mitglieder des Ausführenden Rates sind fünf höhere englische Beamte. Der Gesetzgebende Rat bestimmt die für Kolonie und Protektorat gültigen Gesetze und Verordnungen; er besteht aus 21 Mitgliedern, und zwar zunächst aus den 5 Mitgliedern des Ausführenden Rates und weiteren 6 Regierungsbeamten; dazu kommen 10 nichtbeamtete Mitglieder. Drei derselben werden für die „Kolonie" gewählt (2 Stadt, 1 Land); das Wahlrecht ist an gewisse niedrige Eigentums- oder Einkommenssätze gebunden. Die übrigen sieben Mitglieder werden vom Gouverneur ernannt; drei von ihnen sind Stammeshäuptlinge, zwei sind Eingeborene, die die Interessen der Eingeborenen vertreten sollen, zwei sind Europäer, davon einer für allgemeine Interessen der europäischen Bevölkerung und einer als Vertreter der Handelskammer (Chamber of Commerce). Die Mitglieder werden auf 5 Jahre ernannt.

Der Staatshaushalt Sierra Leones zeigt, daß die Kolonie sich seit über 75 Jahren selbst hat erhalten können. *Martens* und *Karstedt* (Afrika. 4. Auflage 1938, S. 58) geben über die Einnahmen und Ausgaben der Kolonie folgende Aufstellung:

Jahr	Einnahmen in £	Ausgaben in £
1870	67135	68033
1890	73708	63056
1900	168668	156421
1910	424215	361222
1928	826319	815374
1931	884153	884008
1935	678978	585574
1936	969668	879370

Als man im Jahre 1935 schon mit einem Defizit von 29195 £ gerechnet hatte, wurde dieses durch die Abgaben von der stark einsetzenden Diamantförderung in einen Kredit von 38000 £ umgewandelt. So ist Sierra Leone durch den erst vor wenigen Jahren einsetzenden Bergbau auch über die schweren Zeiten der Depression hmweggekommen. Das Budget für 1937 sah Einnahmen in Höhe von 785414 £ vor, denen laufende Ausgaben von 672793 £ und besondere Ausgaben von 74985 £ gegenüberstanden. Die Haupteinnahmen sind die Zölle (1937: 420000 £, davon allein 82000 £ Exportsteuer für das Hauptausfuhrprodukt Palmkerne und Kokosnüsse). Bei den Ausgaben spielen die tropischen Verhältnisse eine besondere Rolle: Reinen Verwaltungsausgaben von 62558 £ stehen gegenüber Ausgaben für Pensionen 61710 £ und für Sanitätsdienst 56890 £. In den Ausgaben spielen weiter eine große Rolle der ständige Zuschuß, der für die Bahn geleistet werden muß (1937: 61794 £). Die Staatsschuld betrug 1935 1718259 £ und der Tilgungsfond 474601 £. Die Verzinsung der Schuld mit 100763 £ erfolgte teils aus dem Budget und wurde zum Teil über Eisenbahnkonto verbucht.

Direkte Unterstützung durch das Mutterland erfolgte einmal durch das Colonial Office Vote (Zahlung gewisser militärischer Posten) und durch den Colonial Development Fund, der im Haushalt Großbritanniens 1938 mit 650000 £ ausgestattet war und dessen Verwendung unter Verwaltung eines Komitees steht; dieser Fond wurde für Zwecke verwandt, die der Förderung des Empires und der Allgemeinheit dienten.

Der Bergbau untersteht dem Geological and Mines Department, das jährlich Berichte in Freetown veröffentlicht. Für geologische und bergmännische Untersuchungen des kleinen Landes war ein Geologe vorgesehen, und die geologische Abteilung war 1935 im Budget mit 1300 £ im Jahr eingesetzt.

Das Schürfen auf Bodenschätze ist wie in Nigeria und den Northern Territories der Goldküste auf kultiviertem oder bebautem Land nur mit Genehmigung des Grundeigentümers gestattet; sonst besteht Schürffreiheit auf dem den Eingeborenen gehörenden Lande, es sei denn, daß Schürfen auf solchem Lande durch besondere Regierungsverordnung verboten ist.

Im Sierra Leone-Protektorat gehört das Land als Eigentum im Prinzip den Eingeborenen respektive dem Stamm (nicht dem Staat, wie z. B. in Südafrika). Durch besondere Verordnungen kann jedoch der Gouverneur Verkauf an Weiße durch die Stammesverwaltung gutheißen, und zwar bis 1000 acres, wenn der Verkauf im Interesse des Stammes liegt, oder von größerem Landgebiet, wenn es im Interesse des ganzen Landes liegt; dabei gilt die Sonderbestimmung, daß, wenn die Ausdehnung des Konzessionsgebietes 5000 acres übersteigt, der Staatssekretär von Großbritannien seine Einwilligung geben muß (Concessions Amendment Ordinance, 29 von 1906 und Concessions Ordinance, 29 von 1931). Ein Gericht (Concession Court) prüft und entscheidet über Zulassung der vom Gouverneur bewilligten Konzession.

Das Berggesetz von Sierra Leone ist dem der Goldküste angepaßt. Es werden an Einzelpersonen oder an Gesellschaften alleinige Schürfrechte über festgelegte Gebiete verliehen als „Exclusive Prospecting License“

(die „EPL" ist eine in den meisten englischen afrikanischen Besitzungen angewandte und bewährte Form der Konzession eines Gebietes). Nach erfolgreicher Schürftätigkeit werden Bergbaufelder mit Minengerechtsamen (mining leases oder right titles) festgelegt. 1934 wurde von der Regierung dem „Consolidated African Selection Trust" ein Monopol über das ganze Land für Diamantgewinnung auf 99 Jahre zugebilligt. Dafür bezahlt die Gesellschaft eine jährliche Pachtsumme von 7000 £ und ist abgabenfrei bis auf 27½ v. H. Abgaben vom Reingewinn, Landpacht und Entschädigung an Landeigentümer nach dem herrschenden Berggesetz (Minerals Ordinance von 1927). Außerdem darf die Gesellschaft nur mit Zustimmung der Regierung einem Vertrag mit anderen Diamantproduzenten beitreten, der die Einschränkung der Förderung oder des Diamantverkaufs vorsieht.

B. Verkehrsverhältnisse

Eisenbahnen

Die Hauptbahnen von Sierra Leone gehören dem Staat, und das für den Bau derselben aufgewendete Kapital beträgt 72,95 v. H. des gesamten bisher in diesem Lande investierten Kapitals.

Die Hauptlinie ist 365 km lang und erschließt den südlichen Teil des Landes; sie läuft von Freetown nach Pendembu, einer Handelszentrale in der Nähe der Grenze von Liberia und Französisch-Guinea. Eine Seitenlinie von 167 km Länge zweigt bei Station Boia ab und führt bis Kamabai; sie erschließt die nördliche Provinz. Der Bau der Hauptbahn wurde 1896 begonnen und erst 1908 beendet. Das für Eisenbahnen aufgewendete Kapital betrug 1936 im gesamten 1428243 £, von welcher Summe 382743 £ aus den Staatseinnahmen zinsfrei vorgestreckt wurden. Die Spur der Bahn ist 2 Fuß 6 Zoll (etwa 75 cm). Die Bahnlinie schneidet in dem wasserreichen Lande außergewöhnlich viele Flußläufe, und man zählt auf der Hauptlinie 43 Brücken mit 2 oder mehr Bogen. Das Eisenbahnkonto wird im Staatshaushalt besonders geführt und benötigt dauernde Zuschüsse, da die Eisenbahnen den Schuldendienst für das Anlagekapital nicht decken konnten. Insgesamt sind aus Staatseinnahmen von 1899 bis 1935 noch 1927044 £ zugesetzt worden, um den Eisenbahnbetrieb aufrechtzuerhalten. 1936 zeigte das Eisenbahnkonto einen kleinen Überschuß, jedoch erwartete man für 1940 die Notwendigkeit der Erneuerung umfangreichen Baumaterials und rechnet damit, daß ein weiterer starker Zuschuß vom Staat geleistet werden muß. Die Bilanz der Eisenbahn ist in der Hauptsache abhängig vom Ausfall der Ernte und dem Verkauf von Palmkernen, die den Hauptexportartikel des Landes darstellen; für diese besteht ein besonders niedriger Frachttarif.

Eine Privatbahn ist vor einigen Jahren von der Eisenerzlagerstätte Marampa nach dem Flußhafen Pepel gebaut worden; diese Bahn hat Kapspur (3 Fuß 6 Zoll oder etwa 106 cm) und ist 80 km lang.

Straßen

Man muß in Sierra Leone unterscheiden zwischen Autostraßen und Kommunalwegen (chief's roads); für die Unterhaltung der letzteren ist der Häuptling des Stammgebietes verantwortlich; sie sind in der Regel für den Verkehr mit Lastwagen nicht geöffnet und sind meist für jeden Kraftwagenverkehr während der Regenzeit gesperrt.

Die Autostraßen sind vom Public Works Department des Landes gebaut und werden von dieser Abteilung auch in Ordnung gehalten. Es handelt sich um 460 km Wege in der Nordprovinz und 842 km in der Südprovinz. 405 km in der Kolonie sind z. T. gebaute Kiesstraßen, z. T. asphaltiert, die anderen Autostraßen sind nur Kiesstraßen. Bei breiten Flußübergängen, wo Brückenbauten zu kostspielig waren, unterhält die Regierung insgesamt 15 Fähren zum Übersetzen der Kraft- und Lastwagen. Für 1939 war die Fertigstellung einer neuen Autostraße von 128 km Länge vorgesehen, die der Küste auf der Freetownhalbinsel folgt und unter einem Kostenaufwand von 400 £ für die Meile (1,6 km) gebaut ist; für diese Straße hat der Colonial Development Fund die Kosten getragen. Wie in den meisten anderen afrikanischen Gebieten hat sich der Gütertransport durch Lastwagen auch in Sierra Leone zu einer gefährlichen Konkurrenz für die Eisenbahn ausgewachsen und hat zu Verlusten der Eisenbahn geführt; deshalb sind Gesetze erlassen, die den Transport von Gütern in Konkurrenz zur Eisenbahn unterbinden.

Schiffbare Flüsse

Die meisten Flüsse von Sierra Leone sind in ihrem Unterlauf schiffbar für kleine Boote, und es hat sich ein ziemlich bedeutender Frachtverkehr entwickelt.

C. Kraftversorgung

Es liegt in dem Lande noch kein größerer Kraftbedarf vor, und es fehlen deshalb Kraftzentralen. Während man im Hafen Freetown den Kraftbedarf durch Kohle gewinnen kann, ist für Außenbetriebe Holz das gegebene Brennmaterial oder höchstens Rohöl für Motoren. Auch der Verbrauch an importiertem Benzin ist im Vergleich mit den meisten anderen afrikanischen Ländern gering.

D. Entwicklung der Minenindustrie

Sierra Leone ist zwar mit die älteste englische afrikanische Kolonie, aber andererseits von allen diejenige, die zuletzt und erst in jüngster Zeit eine Minenindustrie aufgebaut hat. Bauwürdige Lagerstätten waren unbekannt, bis in den Jahren 1926—1931 Regierungsgeologen bei der Untersuchung des Landes ausgedehnte bauwürdige Ablagerungen mit Gold, Diamanten, Platin und Eisenerz entdeckten. Die erste Förderung war im Jahr 1929: 26 Unzen Platin im Werte von 252 £. Das erste Gold, nämlich 22 kg, wurde 1930 gefördert. Dann folgte 1932 mit 749 Karat die erste Diamantproduktion und schließlich

1933 die Inangriffnahme der Eisenerze von Marampa. Als letztes ist dann 1937 eine Probeverschiffung von 729 t Chromiterz aus der Nähe von Hangha an der östlichen Eisenbahn dazugekommen. Der gesamte Wert der Bergbauförderung ist von 259 £ im Jahre 1929 auf 1 249695 £ im Jahre 1936 und 1937 sogar auf 1 666102 £ gestiegen. Damit hat die Mineralproduktion bei weitem jeden anderen Exportartikel geschlagen, selbst Palmkerne und Palmöl, deren Exportwert zwar zeitweise auf 1 000000 £ im Jahre gestiegen war, aber in den letzten Jahren sich durchschnittlich auf 500000 £ hielt.

Die bei der Entwicklung und dem Abbau der einzelnen Lagerstätten maßgebenden Gesellschaften werden bei der Beschreibung der einzelnen Minenindustrien angeführt werden.

E. Produktion und Export der Grubenbetriebe und die Stellung der Mineralproduktion von Sierra Leone in der Welterzeugung

Die außerordentliche Bedeutung, die die plötzlich einsetzende Mineralproduktion für den Staatshaushalt und besonders die Ausfuhr von Sierra Leone gehabt hat, geht aus folgender Tabelle hervor:

Jahr	Gesamt- Einfuhr in £	Gesamt- Ausfuhr in £	Wert der Mineralausfuhr in £
1871 . . .	305849	467735	Nil
1913 . . .	1750303	1731252	Nil
1927 . . .	2112024	1767259	Nil
1932 . . .	1248346	932773	?
1935 . . .	1214315	1583834	905000
1936 . . .	1346715	2376965	1249695

Den Preissturz der Pflanzungsproduktion durch die Weltkrise nach 1929 und das rechtzeitige Einsetzen der Mineralförderung in Sierra Leone, durch deren Wert eine hohe negative Handelsbilanz vom Lande abgewehrt wurde, spiegeln folgende Tabellen wieder, die zugleich ein Bild der Hauptausfuhrgüter bieten:

Hauptausfuhren

Produkt	1929		1935		1936	
	Menge	Wert in £	Menge	Wert in £	Menge	Wert in £
Palmkerne (tons)	60205	876308	78019	583645	84578	810238
Palmöl (tons)	2845	75153	2892	35814	1223	16313
Kolanüsse (cwt)	62545	266422	37183	39415	46017	41539
Paissava (tons)	1232	17177	3438	30998	3558	32777
Ingwer (cwt)	30966	59308	30121	36918	32831	58673
Gold (oz. troy)	Nil	Nil	33216	225423	38804	256139
Diamanten (Karat)	Nil	Nil	291837	402067	616000	725272
Platin (Unzen)	26	252	556	3871	357	3184
Eisenerz (tons)	Nil	Nil	433540	218000*	566595	285000*

* Wert geschätzt (Exportwert 1 t Eisenerz ist etwas über 10 sh).

Der Wert des Imports lag 1935 nur zwischen 11 und 12 sh auf den Kopf der Bevölkerung. Der Anteil der Regierung am Import (Eisenbahnmaterial usw.) war 1935 nur 13,1 v. H.; während der Depression stieg er etwa auf die Hälfte. Die Käufe der Regierung erfolgten fast ausschließlich von England. Der Ausfuhr nach Deutschland mit 33,3 v. H. der Gesamtausfuhr standen 1932 nur 5,2 v. H. Anteil an der Einfuhr gegenüber; für 1933 waren die entsprechenden Zahlen 11,3 v. H. und 2,6 v. H. Deutschland nahm von der Eisenerzförderung 1936: 164984 t und 1937: 214218 t ab.

Die Mineralproduktion von Sierra Leone und den Gesamtwert der Förderung für die Jahre 1933—1937 gibt folgende Tabelle:

Jahr	Gold (unrefined) Troy Unzen (1 Unze = 31,1 g)	Platin Troy Unzen (1 Unze = 31,1 g)	Diamanten Karat	Eisenerz-Export Tonnen 1 Tonne=1016 kg	Geschätzter Wert in £
1933	15604	431	32017	24550	178368
1934	22614	474	68633	229465	376612
1935	32947	750	295483	433540	905000
1936	40764	484	616200	566595	1249695
1937	39151	308	913401	633985	1666102
1938	32980	180	689621	861955	

Die offiziellen Förderangaben der gesamten Mineralproduktion von Sierra Leone durch das Geological and Mines Department in Freetown mit Werten für 1937 waren:

Diamanten	913401	Karat im Werte von	£ 1084664
Eisenerz	633985	Tonnen im Wert von	£ 325605
Gold	35706	Unzen Feingold im Wert von	£ 251766
Platin	308	Unzen im Wert von	£ 2417
Chromerz	729	Tonnen im Wert von	£ 1650
,, 1938.	497	Tonnen	

In bezug auf die Stellung der Mineralproduktion von Sierra Leone in der Produktion der ganzen Welt fallen Gold- und Platinproduktion fast gar nicht ins Gewicht; die Diamantproduktion betrug 1937 immerhin über 9 v. H. der Weltförderung. Von großer Bedeutung können vielleicht einmal die Eisenerze werden, obwohl die Produktion gegenwärtig noch nicht sehr hoch ist; jedoch sind die Vorräte besonders von Tonkolili mit 1—2 Milliarden t so gewaltig, das Erz so hochwertig und die Lage immerhin nicht ungünstig, daß mit einer gewaltigen Steigerung der Produktion gerechnet werden kann, besonders wo der Markt hungrig ist nach der dort vorhandenen Qualität von Hämatiterz.

F. Die Bergbaubetriebe

(s. a. Karte der Bergbaufelder von Sierra Leone)

1. Der Platinbergbau

Die Platingewinnung aus Ilmenitsanden war für die erste Mineralproduktion im Jahre 1929 verantwortlich, als 26 Unzen ausgewaschen wurden. Und schon scheint die Gewinnung dieses Edelmetalles ihren Höhepunkt überschritten zu haben, denn nachdem 1935 eine Jahresproduktion von 750 Unzen erreicht war, ging die Produktion 1936 auf 484 und 1937 auf 308 Unzen zurück; im ersten Halbjahr 1938 wurden nur noch 112 Unzen gefördert. 1938 wurde an 5 Stellen gewaschen; eine Gräberei wurde von einem Syrer und vier von Eingeborenen ausgeübt. Die einzige größere Goldgesellschaft des Landes, Maroc Ltd., hatte 1937/38 Schürflizenzen genommen, um im York- und Totze-Distrikt Ilmenitsande auf bauwürdige Platinlagerstätten zu untersuchen, hatte jedoch keinen Erfolg. Es ist allem Anschein nach mit einem baldigen Erliegen des Abbaus der Platinseifen zu rechnen.

2. Der Goldbergbau

a. Allgemeines

Das meiste Gold wurde in dem Gebiete südlich vom See Sonfon in der Provinz Koinadugu im Nordosten der Kolonie gewonnen; weiter wurde gute Produktion im Karene-Distrikt im Nordwesten des Landes erzielt. Vorläufig werden nur Seifen abgebaut. Es waren in der Goldgewinnung 1938 beschäftigt: 44 Europäer, 24 Syrer und 8912 Eingeborene.

Es sind von der Regierung eine Anzahl Konzessionen über goldführende Gebiete an Gesellschaften vergeben. Einige der Gesellschaften haben eigene Betriebe, andere haben kleinere Areale an Unterkonzessionäre verpachtet; 1937 kam noch etwa die Hälfte der Goldförderung von solchen Pachtgebieten. Da die Pächter kein Interesse an der Neuaufschließung von Lagerstätten haben, ist nicht zu verwundern, daß neue Funde in letzter Zeit kaum bekannt geworden sind. Primäre Goldvorkommen sind gefunden, aber es steht noch nicht fest, ob bauwürdige Lagerstätten darunter sind. Die Regierungsgeologen schreiben den bisherigen Mißerfolg der Armut des tropischen Gebietes an Gesteinsausbissen zu, da die Oberfläche meist mit vielen Metern lateritischer Verwitterungskruste und einer sehr mächtigen Bodenkrume bedeckt ist. Die an mehreren Stellen aufgefundenen niedrigen Gold-, Silber- und Kupfergehalte müssen noch weiter untersucht werden.

Die Produktion an Gold betrug (nach *Berg*, S. 131):

Jahr	Förderung in kg	Jahr	Förderung in kg
1929	—	1935	955
1930	22	1936	1181
1931	177	1937	1110
1933	450	1938	948

Die Regierung erhebt auf produziertes Gold eine Abgabe von 9 v. H. des Marktwertes.

b. Die im Goldbergbau tätigen Gesellschaften

Die größte im Goldbergbau tätige Gesellschaft ist die *Maroc Ltd.*, die von ihrem Kapital bisher nur 18417 £ verausgabt hat. Die Gesellschaft ist bereits 1919 gegründet. In ihrem Geschäftsjahr bis 31. Juli 1937 produzierte sie 13605 Unzen Gold, im vorhergehenden Jahr hatte sie 10337 Unzen gewonnen. Für das Geschäftsjahr bis 31. VII. 1937 war der Gewinn 39680 £, wovon 3959 £ auf Abschreibungen verwendet wurden, 8000 £ wurden auf ein Reservekonto geschrieben, 14492 £ auf neue Rechnung vorgetragen und mit 18417 £ eine Dividende von 100 v. H. ausgeschüttet.

Im Kalenderjahr 1937 wurden 13270 Unzen Rohgold (Bullion) gewonnen von 349700 Kubikyard durchgesetzten Materials; dies entspricht $12\frac{1}{2}$ grains (1 grain = 0,0648 g) auf den Kubikyard oder 1,08 g auf den Kubikmeter. Maroc produzierte 1937 $\frac{1}{3}$ des gesamten Goldes von Sierra Leone.

Die Gesellschaft beschäftigte durchschnittlich 25 Europäer und 3405 Eingeborene im Abbau und auf Schürfbetrieben.

Der Besitz der Gesellschaft bestand Ende 1937 aus:

1. 1134,88 acres als Bergbaufelder unter Pacht (mining lease titles);
2. Eine Stromlänge (von einem Fluß) von 120435 yards als Minengerechtsame (mining right titles);
3. Abbaurechte auf weitere 25788 yards Strom, über die die mining right titles noch erteilt werden sollten.
4. Eine Schürfkonzession (Exclusive Prospecting License) über 123,92 Quadratmeilen.

Im letzteren Gebiet wurde das primäre Gangvorkommen von Pujehang beschürft und in Versuchsstrecken aufgeschlossen; jedoch wurden im November 1937 die unter Tage vorgenommenen Schürfarbeiten eingestellt. Es muß aber festgestellt werden, daß die erzielten Resultate ermutigend waren und die Einstellung nicht darauf zurückzuführen ist, daß man nicht das Vertrauen hatte, eine bauwürdige Lagerstätte aufzuschließen; merkwürdigerweise wurde als Grund der Einstellung vom Aufsichtsrat angegeben, daß die Aufschließungskosten eine zu große Beanspruchung der aus den alluvialen Betrieben erzielten Gewinne darstellten (The African World. London, Jahrgang 1938, Nr. 1875, Seite 26).

Eine weitere Schürfung bei Baomahun wies gute Werte nach in unregelmäßig sulfidischen Imprägnationen im quarzitischen Gestein auf der Südostseite des Hügels über Pachtfeld 76, und bauwürdige Werte waren weiterhin in dem Hügel über Pachtfeld 61 nachgewiesen. Von anderer Seite wurde angegeben, daß diese aussichtsreichen Schürfungen eingestellt seien, da die Absicht bestehe, eine Tochtergesellschaft zu gründen, die diese Schürffelder übernehmen und aufschließen solle (The Mining Journal, London, 24. XII. 1938, Nr. 5392, Band 203).

Von anderen größeren Produzenten sind zwei syrische Gesellschaften zu erwähnen. *Messers. Shamel Bros.* produzierten 1937: 4651 Unzen von dem Sihun-Laminaia-Feld im Stammesgebiet Sanda Lokko des Karene-Distriktes im Nordwesten der Kolonie; sie beschäftigten durchschnittlich 983 Eingeborene.

Ein anderer Syrer, *M. K. Bahsali*, gewann im gleichen Jahr 2206 Unzen im Makong-Gebiet.

Der viertgrößte Produzent war 1937 die „*Pampana Mining Company*“, die Flußkiese mit Maschinerie (dragline and floating washing plant) im Pampana-Fluß bei Makari bearbeitete. Das Konzessionsgebiet dieser Gesellschaft ist in den Besitz einer Gesellschaft aus Nigeria übergegangen: der „*Gold and Base Metal Mines of Nigeria*“. Diese Gesellschaft hat umfangreiche Schürfbohrungen in dem Konzessionsgebiet vorgenommen und glaubt, eine Lagerstätte nachgewiesen zu haben, groß genug, einen Goldbagger dafür anzusetzen.

Dieser sollte im Juni 1939 in Betrieb kommen. Die ersten Schürfbohrungen, auf Grund deren Resultate der Goldbagger geplant war, hatten 9250000 Kubikyard Rohgut mit durchschnittlich 6 grains (0,5 g) Gold im Kubikyard ergeben. Es mag hier darauf hingewiesen werden, daß man in der Goldküstekolonie damit rechnete, eine große Alluviallagerstätte mit Goldbagger mit gutem Profit abbauen zu können bei einem Ausbringen von 3 grains im Kubikyard. 1 grain entsprach 1937 etwa $3\frac{1}{2}$ pence in englischem Geld. Die Betriebskosten für 1 Kubikyard (0,7645 cbm) werden von den Baggerbetrieben der Goldküste mit 3—4 d angegeben.

Die „Gold and Base Metal Mines of Nigeria“ hat ihre Schürfbohrungen fortgesetzt, und nach dem Jahresbericht der Behörde in Sierra Leone ist eine gute Lagerstätte im Pampanafluß nachgewiesen zwischen Maburka und der Straße von Magburaka nach Matotaka. Die nigerische Gesellschaft hatte für Übernahme der Minengerechtsame 23000 £ bezahlt.

Sechs weitere von Syrern geleitete Betriebe haben jeder im Jahr zwischen 1380 und 1775 Unzen Gold gewonnen.

Schließlich existieren noch zwei Gesellschaften im Goldbergbau, die jedoch ihre Konzessionen meist an eine Reihe von Unterkonzessionären verpachtet haben; diese Gesellschaften sind: die „*Sierra Leone Goldfields*“, von deren Feld 1937: 1253 Unzen gewonnen wurden, und die „*Sierra Leone Development Company*“ mit 1197 Unzen von ihren Konzessionen.

Die Aussichten des Goldbergbaues in Sierra Leone werden verschieden beurteilt. Die größeren Baggerunternehmen in der Goldküstekolonie haben bisher enttäuscht, und es ist auch viel Schwindel getrieben worden mit Angaben von zu hohen Durchschnittswerten für Lagerstätten, so daß neuen Baggerunternehmen mit Mißtrauen begegnet wurde. Die „Gold and Base

Metal Mines of Nigeria" Gesellschaft gab in ihrem Jahresbericht an, daß bei der Beurteilung der Bohrresultate ihrer Lagerstätten die konservativsten Methoden angewandt seien und daß man mit einem Mindestgewinn von 30000 £ im Jahr rechne.

3. *Die Eisenerzgewinnung*

Seit 1933 hat sich mit schnell ansteigender Förderung Sierra Leone zum Lieferanten hochwertiger Roteisenerze entwickelt. Die Regierung hat die Entwicklung der Eisenerzvorkommen kräftig gefördert. Nachdem 1927 bei Marampa durch Major *Junner* ausgedehnte Eisenerzlagerstätten bekannt geworden waren, erließ die Regierung für die Gegenden, wo diese vorkommen, ein Schürfverbot, um das Abbaurecht einer starken Gesellschaft geben zu können, die gewillt und fähig war, die Lagerstätten zur Produktion zu bringen. Dann ließ die Regierung 1931 eine geologische Aufnahme und Untersuchung der Vorkommen durch *K. Fowler-Lunn* durchführen, um die volle Ausdehnung der Erzvorkommen festzustellen; es wurden die gewaltigen Erzvorkommen vom Tonkolili-Fluß beschrieben, deren Vorräte auf etwa 1 Milliarde Tonnen geschätzt werden.

Die Vorkommen liegen 150—200 km von der Küste entfernt, fast in der Mitte von Sierra Leone, also viel ungünstiger als z. B. die Erzvorkommen von Konakry. Dafür ist die Qualität der Erze ausgezeichnet und die Vorräte außerordentlich groß; auch können die Erze auf viele Jahre hinaus im Tagebau gewonnen werden.

Zuerst wurde der Abbau der Lagerstätte von Marampa an die Sierra Leone Development Compagny vergeben. An dieser Gesellschaft sind beteiligt: mit 47,45 v. H. die reiche schottische Eisen- und Kohlengesellschaft William Baird & Company, weiter mit 47,45 v. H. die Northern Mercantile & Investment Company, die restlichen 5,05 v. H. sind in den Händen der United Africa Company, die vom Unilever Konzern kontrolliert wird. Die Sierra Leone Development Company hat von Marampa aus eine Bahn gebaut nach Pepel Point, wo 25 km flußaufwärts von Freetown am Sierra Leone-River ein Tiefwasserhafen für die Beladung von Ozeandampfern ausgebaut ist. Die Eisenbahn Pepel—Marampa ist, wie schon erwähnt, 80 km lang und hat Kapspur (106 cm). Hafen und Bahn haben 1938 einen Export von 861955 long tons (1 long ton = 1016 kg) bewältigt, also etwa 72000 t im Monat oder rund 3000 t pro Arbeitstag. Der Erzvorrat der Marampa-Lagerstätte wurde auf 12000000 t geschätzt, wovon bis 1938 bereits 2750000 t abgebaut waren. Die Erze wurden durch eine Londoner Vertretung der Firma verkauft, und über 30 v. H. der Erze gingen seit 1934 nach Deutschland. Die Regierung erhebt eine Abgabe von 5 v. H. vom Reingewinn der Gesellschaft.

1937 wurde die Shafal Hill-Lagerstätte bei Marampa in Angriff genommen, außerdem waren umfangreiche Neubauten im Gang zur Erweiterung des Hafens und der Bahn und bei der Errichtung einer Brikettierungsanlage für staubige Erze (? „powder ore concentration plant") und weitere Förderanlagen. Die Gesellschaft beschäftigte 1937 für Produktion 2638 und für Neubauten 1483 Eingeborene. Der Wert des Erzes f. o. b. Pepel wird mit etwa 10/3 sh pro Tonne (1 t = 1016 kg) angegeben.

Die Sierra Leone Development Compagny hat auch die Riesenlagerstätten in den Simbili- und Numbarra-Hügeln am Tonkolili-Fluß durch Schürfung untersucht. Im Jahre 1938 ist es zwischen der Gesellschaft und der Regierung zum „Tonkolili Agreement" gekommen, wonach der Gesellschaft die Entwicklung und der Ausbau auch dieser Lagerstätte übertragen wurde; nähere Angaben über die Bedingungen, die in dem Vertrag enthalten sind, wurden nicht veröffentlicht. Jedenfalls wird die Gesellschaft die Marampabahn um weitere 112 km bis zur Tonkolili-Lagerstätte verlängern. Da die Lagerstätten hochwertiger Eisenerze von Sierra Leone mit denen von Neufundland am günstigsten im Britischen Empire zum Mutterland liegen und ein stetiger Bedarf an guten Hämatiterzen besteht, ist der Entwicklung der Eisenerzausfuhr aus Sierra Leone eine große Zukunft vorauszusagen.

4. Der Chromerzbergbau

Mehrere Chromerzlagerstätten sind in Sierra Leone erschürft worden. Am günstigsten zur Eisenbahn liegt ein Vorkommen nordwestlich der Eisenbahnstation Hangha im Kenema-Distrikt der südlichen Provinz; die Entfernung auf der Bahn von Hangha nach dem Hafen Freetown ist 288 km. Die Lagerstätte war nur etwa 2,5 km von der Autostraße Kenema—Panguma entfernt. Von Erzen, die, von Schürfungen stammend, aufgestapelt waren, hat eine Gesellschaft, die Sierra Leone Goldfields, 1937: 729 t und 1938: 497 t abgefahren und nach den Vereinigten Staaten verschifft. Eine Durchschnittsanalyse verschifften Erzes ergab als Hauptbestandteile: 45,43 v. H. Cr_2O_3; 12,97 v. H. FeO; 20,52 v. H. Al_2O_3; 16,24 v. H. MgO. — Aufbereitungs- und Anreicherungsversuche haben bisher keine brauchbaren Resultate gegeben.

Das Erz ist nur für Herstellung feuerfester Steine für Hüttenprozesse und in der chemischen Industrie zu verwenden.

Die Abgabe an die Regierung wurde von 1 sh 3 d auf 10 d pro Tonne Erz bis 2000 t Förderung erniedrigt.

Für Herstellung von Ferrochrom kommt das Erz nicht in Frage. Der Bergbau auf Chromerze erscheint wenig aussichtsreich, da ähnliche Erze in großen Lagerstätten unter günstigeren Bedingungen in Südafrika gewonnen werden können.

5. Die Diamantgewinnung

Bedeutung der Sierra Leone-Diamantfelder

Die Diamantfelder von Sierra Leone sind die jüngste Entdeckung bauwürdiger alluvialer Diamantlagerstätten im tropischen Afrika. Aber diese Lagerstätte hat vor denen im Kongo, Angola und Westafrika das eine voraus, daß die Qualität der Steine wesentlich besser ist als die der anderen und daß aus ihr ein hoher Prozentsatz hochwertiger Schmuckdiamanten produziert wird. Es sind keine Zahlen bekanntgegeben über noch vorhandene Reserven der Diamantfelder, jedoch gibt *Pollett* an, daß die Reserven groß sind und

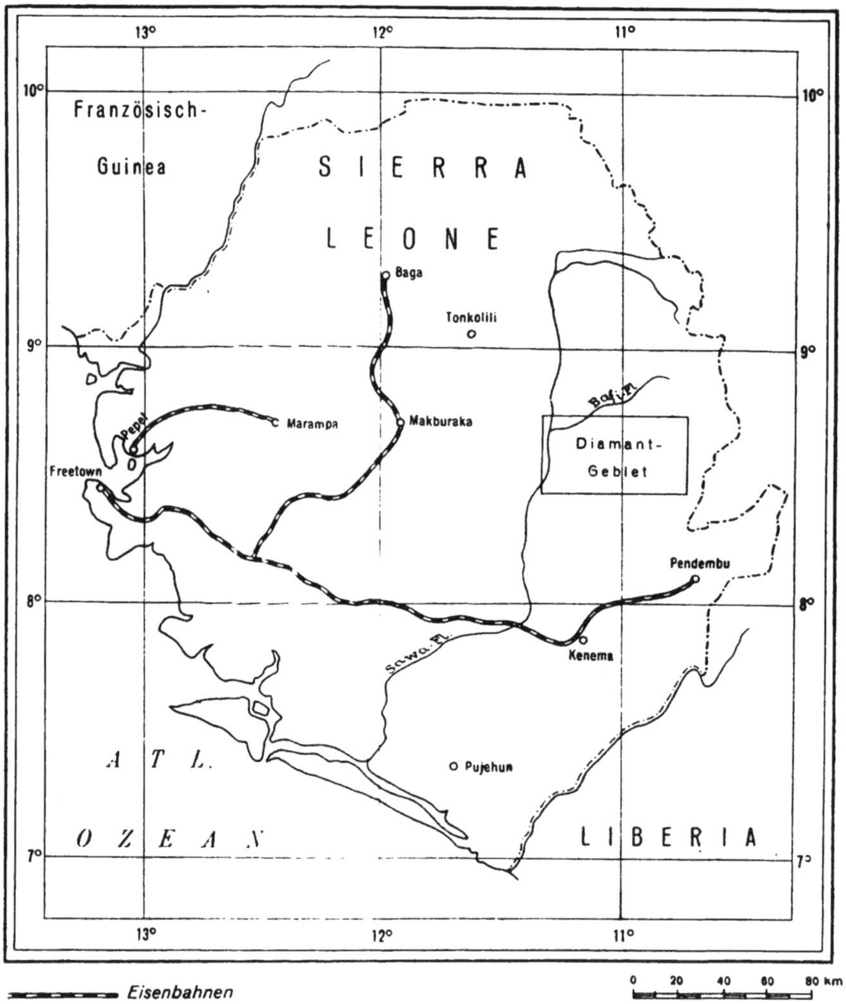

Abb. 13. Lageskizze der Diamantfelder in Sierra Leone. Nach *J. D. Pollett.*

daß aussichtsreiche Ablagerungen noch nicht untersucht sind. Auch deutet die Auffindung bauwürdiger Ablagerungen in der Gegend des Sewa-Flusses und ein Fund in dem Kenema-Distrikt darauf hin, daß noch mit Überraschungen gerechnet werden kann. Andererseits ist die Tatsache, daß 1937 von einer Förderung von insgesamt 913401 Karat nicht weniger als 591539, also etwa 65 v. H., von einem kleinen Handwaschmaschinenabbau am Wojie-Fluß stammte, ein Zeichen, daß starke Anreicherungen vorhanden sind, die erfahrungsgemäß keine große Ausdehnung haben und nach deren Abbau die Förderung schnell sinken kann.

Die Abgaben von der Diamantproduktion an den Staat haben sich zu einer wichtigen Einnahmequelle für den Staatshaushalt der Sierra Leone-Kolonie entwickelt; sie betrugen im Jahre bis 30. Juni 1936: 110000 £ und im folgenden Jahre etwa 200000 £.

Die Entdeckung der Diamanten und Entwicklung bis zur ersten Verleihung von Schürfrechten an den Consolidated African Selection Trust

Ende Januar 1931 fand eine Schürfkolonne der Geologischen Landesaufnahme unter ihrem Direktor Major *Junner* und dem Assistenten *Pollett* zwei kleine Diamanten von je 1/4 Karat im Gbobore-Fluß bei dem Eingeborenendorf Fotingaia; die Bekanntgabe des Fundes fand wenig Beachtung. Zwei Goldbergleute suchten ohne Kenntnis der in den Tropen üblichen Schürfmethoden auf Diamanten den Fundpunkt auf, hatten aber mit ihren Untersuchungen keinen Erfolg, und dies schreckte andere davon ab, weitere Schürfungen zu unternehmen. 1931 wurde Major *Junner* zum Direktor der Geologischen Landesaufnahme der Goldküstekolonie ernannt, und er erwähnte den Diamantfund von Sierra Leone bei einem Besuch der Diamantfelder der Consolidated African Selection Trust Ltd. bei Akwatia, Goldküste. Diese Gesellschaft entschloß sich, erfahrene Prospektoren mit geübten Eingeborenen ihrer Belegschaft nach Sierra Leone zu schicken, um das Fundgebiet weiter zu untersuchen. Zur gleichen Zeit hatte der Geologe der Sierra Leone-Kolonie *J. D. Pollett* einen weiteren Diamantfund gemacht, und zwar im Kenema-Distrikt im Kenya, einem Nebenfluß des Moaflusses bei dem Dorfe Kpapwa, wo er 2 Diamanten von 0,22 und 0,55 Karat entdeckte. Im März 1931 begannen die Schürfungen der von der Goldküste entsandten Prospektorenkolonne, und zwar zuerst in der Alluvialebene des Gboboroflusses; nach 3 Tagen wurden kleine Diamanten gefunden. Darauf stellte die Consolidated African Selection Trust Ltd. einen Antrag auf die Verleihung einer Schürfkonzession, einer „Special Exclusive Prospecting License", über das Gebiet rings um die beiden bisherigen Funde. Auf Anraten des Colonial Office in London und der Regierung der Goldküstekolonie wurde entschieden, daß es im Interesse des Landes sein würde und auch der Diamantindustrie als solcher, wenn die Aufschließung und der Abbau des neuen Diamantfeldes in die Hände nur einer finanzkräftigen Gesellschaft gelegt würde, nämlich des Consolidated African Selection Trust Ltd., der über einen erfahrenen Stab von Ingenieuren und Arbeitern verfügte und deren Organisation für Sortierung und Verkauf ebenfalls in festen Händen lag. Eine EPL (Exclusive Prospecting License) über 4170 Quadratmeilen wurde der Gesellschaft verliehen. Die EPL ist die im britischen tropischen Afrika übliche Form der Verleihung einer Konzession, die sich in der Praxis recht gut bewährt hat; zu ihrer Verleihung ist stets die Zustimmung der obersten Kolonialbehörde, des Gouverneurs, zuweilen auch die des Colonial Office in London erforderlich. Auch die Verleihung von Diamantfeldern an eine Gesellschaft, die über einen erfahrenen Stab verfügt und an eine große Diamantverkaufsorganisation angeschlossen ist, hat sich bewährt, da für Aufschließung und Abbau neue Methoden ausgearbeitet sind, die im tropischen Afrika entwickelt wurden, und da der Verkauf der Diamanten in festen Händen liegen muß, um Überproduktion zu verhindern.

Es wurde festgestellt, daß die beiden bis dahin bekannten Fundpunkte zu verschiedenen Lagerstätten gehören, und es wurde beschlossen, die von Fotingaia als die aussichtsreichere näher zu untersuchen. Zuerst wurden Ablagerungen mit kleinen Diamanten erschürft im Tale des Gboboroflusses und seiner Zuflüsse, dem Bandafaji und dem Ojie. Mitte 1932 wurden größere Steine nördlich der Wasserscheide des Bandafaji gefunden, und zwar im Schongbofluß bei dem Eingeborenendorf Tongoma, und hier wurden wertvolle bauwürdige Ablagerungen aufgeschlossen. Während im Gboborotal die Größe der Diamanten bei 8—10 Steinen auf das Karat war, fand man bei Tongoma Diamanten von durchschnittlich zwei auf das Karat von guter Qualität. Verstärkte Schürftätigkeit von 1933—1935 zeigte, daß die Ausbreitung der Diamanten von der Hochfläche auf der Wasserscheide beim Dorf Jengema ausgeht und von O nach W gerichtet ist.

1932 begann der Abbau im Schongbotal, und es wurde festgestellt, daß die Produktion die durch Schürfung festgestellte Menge weit übertraf. Als Grund hierfür wurde angegeben, daß die Diamanten die Neigung zeigten, in Kiesnestern in Unebenheiten des liegenden Gesteines und unter großen Geröllen sich anzureichern. Dies bedingte bei weiteren Schürfungen eine Vergrößerung der bis dahin (in der Goldküste) üblichen Abmessungen der Schürfschächte (5 Fuß × 2 Fuß), um solche Kiesnester mit zu erfassen. Außerdem wurde vor Aufstellung von Aufbereitungsanlagen Probeabbau eingerichtet.

Weitere Ausdehnung des Diamantfeldes und Bildung des Sierra Leone Selection Trust Ltd.

Man stellte durch weitere Schürfungen folgendes fest: Die Diamantablagerungen sind an das Bafi-Sewa-Flußsystem geknüpft, und Diamanten sind bis in das Überschwemmungsgebiet des Sewaflusses transportiert. 1933 bestätigten Schürfungen, daß bauwürdige Ablagerungen wahrscheinlich auch in den Kiesablagerungen des Sewaflusses sowohl wie einiger kleiner Nebenflüsse im Haupttal des Sewa vorkommen; letztere scheinen aufbereitete resp. umgelagerte Kiese älterer Flußterrassen des Sewa zu sein. Es wurden bauwürdige Ablagerungen besonders in der Nähe der Mündung des Bafi in den Sewa bei Bagbema festgestellt und der Abbau in Angriff genommen. Hier wurden beim Abbau neben den „Joplin jigs“ auch die von den südwestafrikanischen Diamantfeldern eingeführten Plietz-Waschmaschinen als Setzmaschinen verwendet.

Da der Sewafluß selbst nicht mehr in das Konzessionsgebiet des Consolidated African Selection Trust Ltd. fiel, beantragte die Gesellschaft nunmehr bei der Sierra Leone-Regierung, ihr das Schürfrecht auf Diamanten für die ganze Kolonie zu verleihen. Es kam Ende 1935 zu einer von der Gesetzgebenden Versammlung (Legislative Council) ratifizierten Abmachung, die

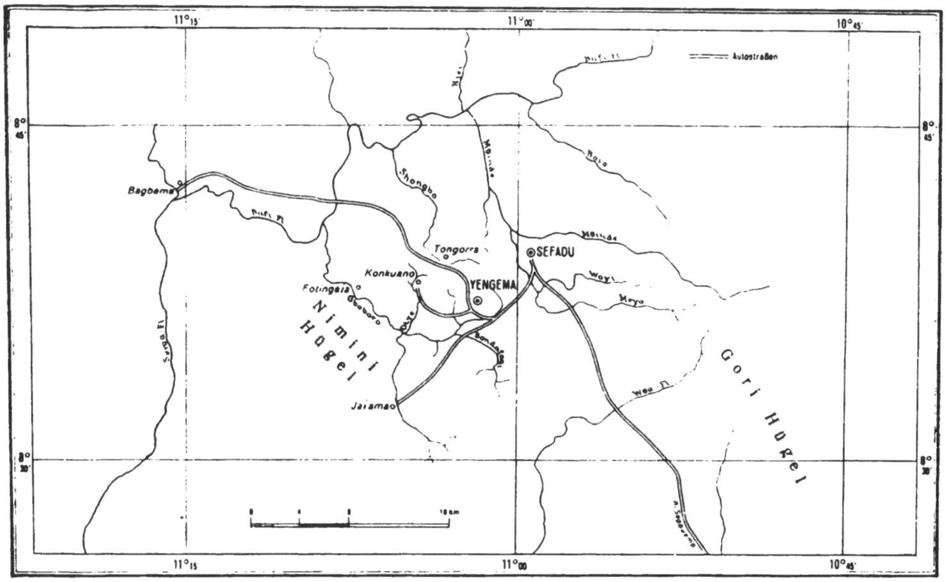

Abb. 14. Die Diamantfelder von Sierra Leone. Nach *J. D. Pollett.*

auf 99 Jahre alle Schürfrechte auf Diamanten in Sierra Leone auf eine neue Gesellschaft übertrug, die den Namen „Sierra Leone Selection Trust Ltd.“ führt und deren Anteile zu 100 v. H. in den Händen des Consolidated African Selection Trust Ltd. sind. Ausgenommen von Schürfrechten auf Diamanten sind nur die schon vorher an die Sierra Leone Development Company Ltd. verliehenen Gebiete der Eisenerzlagerstätten von Marampa und Tonkolili, wo dieser Gesellschaft alle Minenrechte zustehen. Für die Verleihung der Konzession erhält die Regierung von Sierra Leone 27½ v. H. des jährlichen Reingewinnes des Sierra Leone Selection Trust, und weiter zahlt diese Gesellschaft für ihre Bergbaufelder jährlich eine Pauschalsumme von 7000 £ in den „Protectorate Mining Benefits Trust Fund“.

Im Mittelpunkt der Diamantfelder ist als Gesellschaftszentrale bei Jengema eine modern eingerichtete Niederlassung entstanden. Die Weißen sind in geräumigen Bungalows mit elektrischem Licht und fließendem Wasser untergebracht; Häuser sind auch vorgesehen für die eingeborenen Beamten und Handwerker, ferner für die Diamantdetektiv-Abteilung, die Polizei, und es sind weiter vorhanden Hospital, Läden, Werkstätten, Kraftzentrale, Diamantsortierhaus und das Bürohaus der Gesellschaft. Autostraßen führen nach den Hauptbetrieben und haben Anschluß an die Regierungsstraßen bei Sefadu.

Die im tropischen Afrika auf alluviale Diamantablagerungen angewendete Schürfmethode

In Sierra Leone sind alle im übrigen tropischen Afrika gesammelten Erfahrungen über Aufschließung und Abbau alluvialer Diamantlagerstätten angewendet worden, und es ist angebracht, diese in Afrika entwickelten Me-

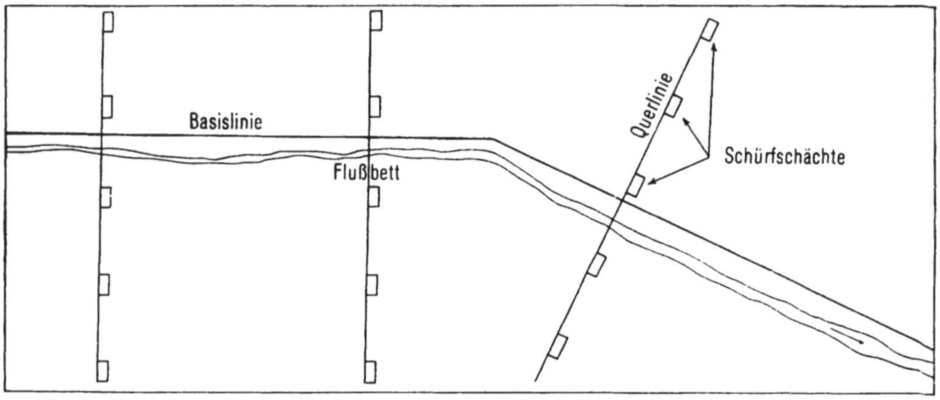

Abb. 15. Anlage von Basislinie und Schürfschächten bei Diamantschürfungen im tropischen Afrika.

thoden hier kurz zu beschreiben, da sie auf jedes neue Vorkommen angewendet werden können. Eingehender über die Methoden berichten folgende Schriften:

Griffith, S. V.: Diamond Mining on the Gold Coast. The Mining Magazine. London· November 1929. S. 272—281.

Mc Leod, Kenneth: The Recovery of Alluvial Diamonds. The Mining Magazine. London, Januar 1933, S. 9—19.

Pollett, J. D.: The Diamond Deposits of Sierra Leone. Bulletin Imperial Institute, Vol. XXXV. No. 3. Juli-September 1937, S. 333. London.

In dem zu beschürfenden Tal wird zunächst eine Basislinie 1,50—2 m breit von Busch gesäubert; die Linie hält sich möglichst nahe am Bach- oder Flußbett und folgt den Hauptrichtungen des Laufes. Die Basislinie wird mit Meßkette und Kompaß vermessen und auf den Schürfplan aufgetragen. Dann säubert man alle 150—200 m quer zur Basislinie die Querlinien, etwa 1 m breit; auf den Querlinien werden dann in Abständen von etwa 15 m die Ansatzpunkte der Schürfschächte markiert; die ersten Schächte werden in der Nähe des Ufers etwa 7—8 m von der Mitte des Baches nach beiden Seiten angesetzt oder bei breiterem Lauf 2—4 m vom Ufer.

Die Schürfschächte haben in der Regel eine Abmessung von 5 Fuß zu 2 Fuß oder 1,50 × 0,60 m. Je zwei Eingeborene werden an einen Schacht gesetzt; die Deckschicht (Abraum) wird auf eine Seite geworfen, die Kiesablagerung auf die andere Seite des Schachtes; die Mächtigkeiten werden in die Schürfkarte eingetragen. Das meist tonig-schlammige Kiesrohgut wird zur Verarbeitung nach dem Wasser gebracht und der Kies im sogenannten „Shaker" oder „Rocker" ausgewaschen und klassiert. Dieser Shaker besteht

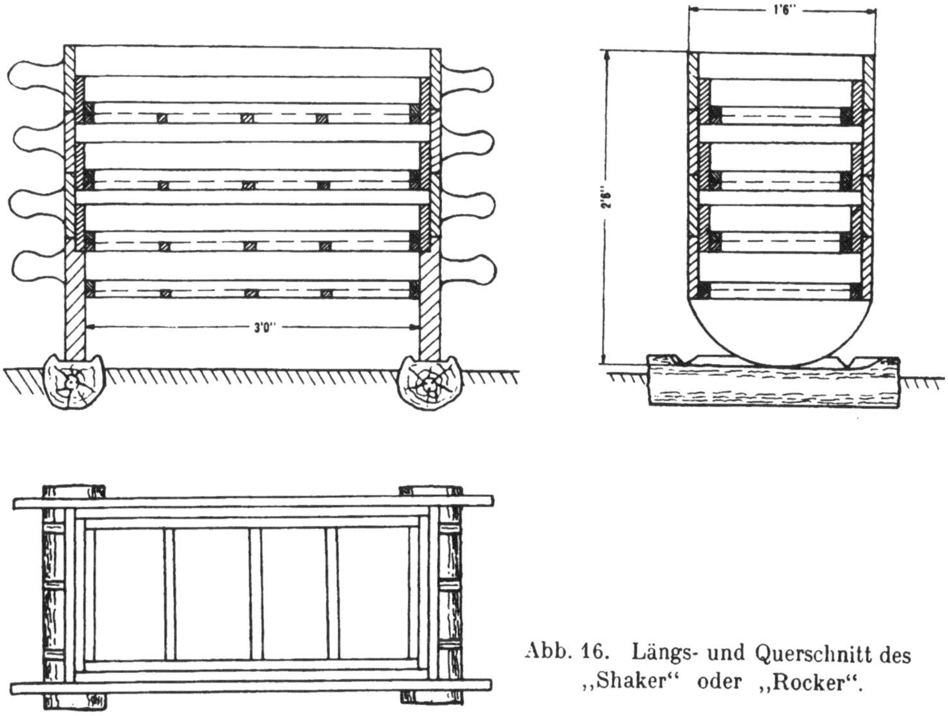

Abb. 16. Längs- und Querschnitt des „Shaker" oder „Rocker".

aus einem Satz langrechteckiger Siebkästen, die aufeinander gesetzt werden können und auf einem Untersatz (cradle) mit gewölbtem Boden ruhen, der es ermöglicht, den Satz Siebe hin- und herzuwiegen. Die Siebgaze der Kästen hat meist von oben nach unten lichte Weiten von 8 mm, 4 mm, 2 mm und 1 mm. Die letztere Gaze ist bei den winzigen Steinchen der Goldküste erforderlich, erübrigt sich jedoch in Sierra Leone, wo solch kleine Steine selten sind.

Der Transport des Rohgutes vom Schacht zum Shaker erfolgt in der Regel in den in Afrika üblichen geflochtenen Körben oder Schüsseln, die auf dem Kopf getragen werden; das Rohgut wird auf den Shaker aufgegeben. Der Shaker ruht entweder auf zwei zurechtgeschnittenen Holzbalken oder auch nur direkt auf dem festen Kiesbett des Baches selbst, wo ein solches vorhanden ist; er wird bedient von 2 Eingeborenen, einem auf jeder Seite, und beide wiegen den Siebsatz mit eigenartigen ruckartigen Bewegungen hin und her, während ein dritter Eingeborener Wasser über den Kies gießt;

dadurch wird schnell Ton und Schlamm entfernt und die verschiedenen Korngrößen in den Siebkästen angesammelt. Das klassierte Gut wird dann bei der Batterie der Setzmaschinen, den sogenannten „Joplin jigs", in Korngröße und nach Schächten gesondert zur Weiterverarbeitung aufgestapelt; nur der grobe Kies über 8 mm auf dem obersten Sieb wird sofort auf Diamanten durchgesehen und dann fortgeworfen.

Die Anlage der in der Regel aus 4—6 Einheiten bestehenden Batterie von „Joplin jigs" ist nicht transportabel und wird deshalb für die Schürf-

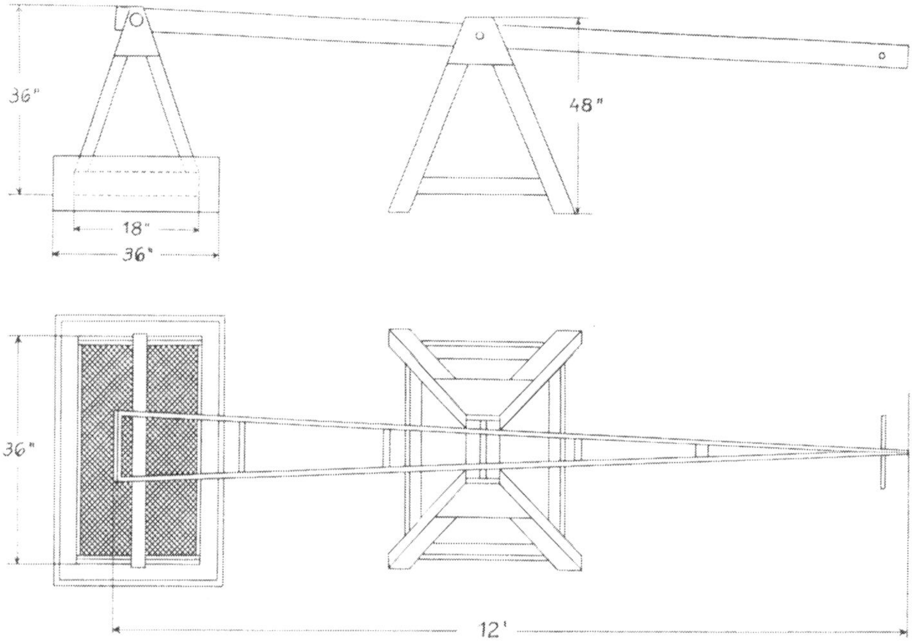

Abb. 17. Aufriß und Querschnitt durch ein „Joplin Jig".

schächte mehrerer Querlinien möglichst zentral angelegt. Es wird für jede Einheit ein Kasten aus Holz in den Boden eingelassen und mit Wasser gefüllt, in diesen Kasten reicht der an einem Querbaum aufgehängte Siebkasten hinein. Der Kasten wird mit Kies gefüllt und in den Wasserkasten niedergelassen; die am anderen Ende des Querbalkens aufgestellten Eingeborenen führen den Setzprozeß durch ruckartige Bewegungen, die sie dem Sieb erteilen, durch. Hat sich das Konzentrat am Boden des Siebkastens gesammelt, dann wird die obere Schicht tauben Gutes entfernt und Frischgut aufgegeben. Der Prozeß wird so lange fortgesetzt, bis sich eine dicke Schicht von Konzentrat im Kasten gesammelt hat (dieses Konzentrat wird dann am Sortiertisch auf Diamanten durchsucht). Die Regel dabei ist, daß jugendliche Eingeborene oder Weiber das Konzentrat in einer Blechpfanne unter dünner

Schicht Wasser mit einem Stück Blech oder einer Pinzette langsam durchsortieren.

Es wird selbstverständlich über die Korngrößen und Kiesmengen sowie die gefundenen Diamanten der einzelnen Kiessorten aus den verschiedenen Schürfschächten genau Buch geführt. Soll die Maschinerie für den Setzprozeß beweglicher sein, z. B. bei vorläufigen schnellen Schürfungen, dann werden Handsiebe zum Setzen der Kiese verwendet.

Abbau und Aufbereitung der Diamantkiese im tropischen Afrika

Auch für Abbau und Aufbereitung der Diamantkiese hat sich eine im ganzen tropischen Afrika übliche Arbeitsmethode herausgebildet.

Für den Abbau wird das Talgelände zunächst von Bäumen und Busch gesäubert, und es werden die für die Heranschaffung der Maschinerie nötigen Wege angelegt; dann wird die Aufbereitungsanlage aufgestellt. Der Abbau beginnt, wo nötig, mit Ausheben einer Drainagerinne, die geeignet ist, alle folgenden Abbaueinschnitte zu entwässern. Dann wird 4—5 m breit quer zur Talrichtung in einem Graben die Deckschicht, der Abraum, abgehoben, und zwar in voller Breite der Alagerung; dieser erste Einschnitt wird „key cut" genannt. Dann wird mit Holzplanken ein Weg für Schubkarren vom Rande des „key cut" bis zur Anlage ausgelegt und auf dem Wege das aus dem „key cut" gewonnene Rohgut abtransportiert. Nach Abbau des freigelegten Kieses wird der Abraum des nächsten Streifens in die ausgeräumte Rinne geworfen und ein neuer Kiesstreifen für den Abbau freigelegt u. s.w. In der Regel werden mehrere solche „key cuts" angelegt, um genügend Ansatzpunkte für Materialbeschaffung zu haben. Die Abbaustellen sollen nicht viel mehr als 200 m von der Anlage entfernt sein; bei größerer Entfernung soll Antransport des Kieses zur Anlage mit Förderwagen auf Schienen erfolgen!

Aufbereitung. An der Aufbereitungsanlage wird das Rohgut aus den Schubkarren in einen Vorratsbunker gekippt, von dem das Haufwerk auf ein langes Förderband aufgegeben und in die Anlage befördert wird. Dort fällt das Gut zunächst auf einen Rost, wodurch die größeren Gerölle ausgehalten werden; das durchfallende Material wird dann in einer Wasch- und Klassiertrommel gereinigt und klassiert. Die Gröbe wird auf einem Leseband auf Diamanten ausgesucht und geht dann auf die Halde. Das übrige Gut wird auf eine Waschpfanne, die „Rotary Pan", aufgegeben, in der Rührarme das Gut durcharbeiten, auflockern und langsam nach der Mitte zu transportieren, wo das taube, respektive arme Gut durch eine Aussparung im inneren Ring ausgetragen und in einer zweiten Stufe auf eine weitere Waschpfanne aufgegeben wird. In der Waschpfanne sinkt das schwere Konzentrat mit den Diamanten zu Boden und kann seitlich abgezogen werden.

Die Rotary Pan ist eine sehr brauchbare Aufbereitungsmaschine für unreines, mit Schlamm und feinem Korn durchsetztes Material; nach Ansicht der südafrikanischen Digger ist eine schlammige Trübe des Wassers für den Setzprozeß erforderlich, sie nennen die schlammige Trübe „puddle“ und glauben, daß reines Wasser den Setzprozeß verhindert. Diese Ansicht wird nicht allgemein geteilt; andere Kreise haben die Erfahrung gemacht, daß der Setzprozeß auch bei verhältnismäßig sauberem Wasser noch stattfindet. Jedenfalls kommt die Rotary Pan als beste Maschine für Aufbereitung unklassierten, lehmigen Materials mit einer Korngröße von weniger als etwa 3—4 Zentimetern in Betracht. Für klassierten, sauberen Kies ist die in Südwest entwickelte Plietz-Waschmaschine oder der „Schiecheltopf“ mit Differentialsieb die zuverlässigere Maschine, die auch ein höheres Durchsetzquantum hat. Die Plietz-Waschmaschine wird auch auf den westafrikanischen Diamantfeldern für entsprechende Kiese benutzt.

Die Konzentrate werden über sogenannte „grease tables“ geschickt; dieses sind mit einem besonderen Fett beschmierte schmale Schüttelherde; der Diamant hat die Eigenschaft, an dem Fett kleben zu bleiben, während die anderen Konzentrate zum größten Teile darüber weggleiten. Von Zeit zu Zeit wird dann das Fett abgekratzt und in kleinen Trommeln im kochenden Wasser geschmolzen und abgegossen, während Diamanten und etwas Konzentrat zurückbleiben. Aus dem Rückstand werden die Diamanten von Hand ausgelesen.

Die „Grease Table“ ist ein seit vielen Jahren in Südafrika, besonders in Kimberley, entwickelter Aufbereitungsapparat, der bei sachgemäßer Anwendung sehr gute Resultate zeigt; die Verluste sind sehr gering.

In anderen Anlagen werden die Konzentrate aus den Waschpfannen in 5 Korngrößen (-1 mm, -2 mm, -2½ mm, -3 mm, -8 mm) klassiert, 1 mm geht auf die Halde, die anderen Korngrößen werden in Harzer Setzmaschinen oder Plietz-Setzmaschinen weiter konzentriert und die Konzentrate auf Diamanten untersucht; auch schaltet man stellenweise einen Magnetseparator zur weiteren Eindichtung der Diamantkonzentrate ein.

In Angola ist der Hauptteil der Aufbereitungsanlage völlig mit Drahtgaze umkleidet, und die Konzentrate werden in große verschließbare und zu plombierende Stahlgefäße abgezogen, die am Ende jeder Schicht vom Lastwagen abgeholt und zur Feinbehandlung in einer Zentralanlage abtransportiert werden.

Produktion der Sierra Leone-Diamantfelder

Die Förderung der Diamantfelder wird für den Jahresabschluß am 30. Juni jedes Jahres angegeben, andererseits sind aber auch die Förderzahlen für das Kalenderjahr bekannt. 1932 wurden Diamanten vornehmlich nur aus Schürfungen angegeben, während 1933 der erste Abbau einsetzte.

Die Förderung war:

für das Jahr bis 30. Juni 1932	....	20 Karat
,, ,, ,, ,, ,, ,, 1933	....	4485 ,,
,, ,, ,, ,, ,, ,, 1934	....	99971 ,,
,, ,, ,, ,, ,, ,, 1935	....	120508 ,,
,, ,, ,, ,, ,, ,, 1936	....	500124 ,,

Auf das Kalenderjahr bezogen betrug die Förderung:

Jahr	Karat	Wert in £
1932	749	
1933	32017	
1934	68663	
1935	295483	402067
1936	616200	725000
1937	913401	1084664
1938	689621	

Schrifttum

Die Bergwirtschaft von Sierra Leone

Berg, G., Die Diamantfelder von Sierra Leone. Zeitschr. f. prakt. Geol. Bd. 46 (1938), S. 14—15.
Dixey, F., The Physiography of Sierra Leone. Geographical Journal, Vol. 60 (1922), S. 41.
Fox, C. S., Bauxite and aluminous laterite. London 1930.
Fowler-Lunn, Katherine, Hematite Iron Ores of Sierra Leone, West Africa. Economic Geology Bd. 28 (1933), S. 59—67; Referat: Mining Magazine Bd. 48 (1933), S. 183—184.
Fowler-Lunn, Katherine, Molybdenite in Sierra Leone. Mining Magazine, Bd. 51 (1934, August), S. 73—75.
Lord Hailey, An African Survey. Oxford University Press, London, New York and Toronto, 1938.
Junner, N. R., Geology and Mineral Resources of Sierra Leone. Mining Magazine, Bd. 42 (1930), S. 73—82.
Junner, N. R., Mineral Resources of the Gold Coast and Sierra Leone. Mining Journal, London 1932, S. 692—693.
Knetsch, Georg, Nach dem Kriege entdeckte Diamantlagerstätten nördlich des Äquators. Z. Deutsch. Geol. Ges. 90 (1938), S. 457—469.
Martens, O. und Karstedt, O., Afrika. Ein Handbuch für Wirtschaft und Reise. 4. Aufl. 1938.
Mining Progress, Bulletin Imperial Institute, 1939, S. 275.
Pollett, J. D., Platinum Mining in Sierra Leone. Eng. and Min. Journ., New York 1931, S. 747—748.
Pollett, J. D., Report of the Geological Section for the years 1933 and 1934. Sierra Leone 1935. (Report Geological Survey, Mines Department).
Pollett, J. D., The Diamond Deposits of Sierra Leone. Bulletin Imperial Institute, July-September 1937, Vol. XXXV, No. 3, S. 333ff.
Pollett, J. D., Mining Progress. Bulletin Imperial Institute, 1939, S. 275.
Sierra Leone, Mining Journal, 1938, Bd. 201, S. 390; Bd. 203, S. 1177—1178; Mining Magazine 1938, Bd. 5, S. 196.
Wilson, W. H., Chromite in Sierra Leone: Mining Magazine, Bd. 45 (1931), S. 201—208.

VI. LIBERIA

VI. a. Der geologische Bau von Liberia

Von Fritz Behrend

Die Republik Liberia hat einen Flächeninhalt von etwa 95400 qkm, auf denen nach Schätzung rund 2,0 Millionen Eingeborene leben. Das sind 21 Einwohner je qkm. Davon sind etwa 20000 Liberianer, die Nachkommen der aus Amerika zurückgewanderten Negersklaven, die vorwiegend in den städtischen Siedlungen des Landes leben.

Im Norden grenzt das Land gegen die britische Kolonie Sierra Leone, im Nordosten gegen Französisch-Guinea, im Südosten gegen die Elfenbeinküste.

Die meist flache Küstenzone ist 560 km lang und besitzt wechselnde Breite; dahinter steigt das archaische Festland allmählich nach dem Innern an. Wesentliche Gebirge scheinen nicht vorhanden zu sein.

Das Klima des Landes ist tropisch heiß und feucht. Die meisten Regen fallen in den Monaten Juni bis September. Die ersten Monate sind ausgezeichnet durch den trockenen heißen, aus dem Innern kommenden Harmattan-Wind.

Hinter der Küste dehnt sich zunächst eine breite Zone von dichtem tropischem Urwald mit Edelhölzern aus, an die sich nach dem Innern Savannen anschließen.

Die Verkehrsverhältnisse in Liberia sind bisher mangelhaft. Eisenbahnen sind nicht vorhanden.

Eine etwa 100 km lange Straße geht von Monrovia über Painsville, White Plains nach Caraysburg und weiter nach Sinta. Von ihr zweigt eine weitere Straße bei White Plains ab, die bei Tagbelli den St. Paulsfluß überschreitet und die nach Belijella führt. Die Länge beträgt gegen 200 km. Die Straßen scheinen nur bedingt brauchbar zu sein. Eine Autostraße besteht zwischen Grand Bassa und Harlington (14 km).

Die Flüsse Mono (nördlicher Grenzfluß gegen Sierra Leone), Loffa, St. Paul und Cavally (Grenze gegen Elfenbeinküste) sind auf 30—50 km von der Mündung ab für kleine Fahrzeuge schiffbar.

Natürliche Häfen sind nicht vorhanden. Die Flußmündungen sind durch vorgelagerte Sandbarren für größere Schiffe gesperrt. Die Schiffe ankern vor der Küste; Laden und Löschen geschieht mit Hilfe von Brandungsbooten.

Über den geologischen Bau von Liberia ist bisher sehr wenig veröffentlicht worden. Doch lassen sich aus den wenigen vorliegenden Beobachtungen und durch Vergleich mit den angrenzenden Kolonien Sierra Leone, Guinea und Elfenbeinküste einige Anhaltspunkte gewinnen.

Hinter der aus alluvialen und diluvialen bis jungtertiären Sedimenten bestehenden Küstenzone streicht eine breite Zone von Ortho- und Paragneisen verschiedener Art von Sierra Leone durch Liberia bis in die Elfenbeinküste in ungefähr NW-Richtung. *Parkinson* (1908), der diese Zone im Norden des Landes untersuchte, fand in der Gegend von White Plains, nordöstlich Monrovia, Granatgneis, Tremolitschiefer, Kyanitschiefer, Granat-Graphit-Gneis und Intrusionen von Granitgneis. In dem nördlich anschließenden Gebiet treten Biotitgneis und Hornblendeschiefer auf.

Sämtliche Gesteine sind annähernd rechtwinklig zum Streichen der Küste, also zu ONO streichenden Sätteln und Mulden gefaltet.

Basaltähnliche „Dolerit"-Gänge unbekannten Alters durchsetzen die Gesteine in verschiedener Richtung; sie streichen teils parallel der Küste, teils senkrecht dazu.

Mehrere ausgedehnte Intrusionen basischer Gesteine, die aus Gabbro, Diabas und Diorit bestehen, kommen im Küstengebiet zutage. Zu erwähnen sind namentlich die Stöcke bei Robertsport an der Nordwestküste, bei Monrovia, bei Grand Bassa an der Mündung des St. Jean und bei River Cess.

Ein größerer Granitstock unbekannten Alters tritt südlich vom St. Jean-Fluß im Archaikum zutage.

Als Intrusiva werden auch normalgranitische Gesteine und Charnockite (Hypersthengranit mit Mikroperthit), die mit Anorthositen vergesellschaftet sein sollen, erwähnt.

Algonkische Gesteine sind in der Gegend der Bomi-Berge, nördlich Monrovia, dem Archaikum eingefaltet. Sie bestehen in den Bomi-Bergen aus Quarzit, Eisen-Quarzitschiefer und Schiefern verschiedener Art. Die Faltenzüge streichen, wie das Archaikum, ungefähr NO; sie sind namentlich im Stromgebiet der Flüsse Loffa und St. Paul verbreitet, scheinen aber nach der Beschreibung von *Terpstra* nur einzelne mehr oder weniger ausgedehnte im Archaikum schwimmende Inseln, d. h. wohl Erosionsreste, zu bilden.

Ein isoliertes Vorkommen dieser Art enthält die anscheinend große Roteisenerzlagerstätte „Bomi Hill", etwa 60 km nördlich Monrovia.

Die algonkischen Faltenzüge sind von den Bomi-Bergen nach NO bis in die Gegend von Sinta und Beyla in Französisch-Guinea zu verfolgen.

An die der Küste parallel ziehende Zone archaischer Gesteine schließt sich nach NO hin eine breite Fläche an, die wahrscheinlich im wesentlichen

aus Granitgneis (dem „Alten Granit" in unserem Sinne) besteht, dem wohl stellenweise auch Sedimentgneise und algonkische Gesteine eingefaltet sind, ähnlich wie im französischen Gebiet.

Schrifttum

Der geologische Bau von Liberia

Durrant, Liberia. London 1925.
Johnston, Liberia. 2 Bände. London 1906.
Parkinson, J., The petrology and physiography of Western Liberia. — Quart. Journ. Geol. Soc. London. Bd. 44 (1908), S. 314.
Terpstra, H., Geologische Notities over Liberia met petrografische Beschrijvingen. De Ingenieur in Nederlandsch-Indie. Batavia 1931, Nr. 7, S. 136—139.

VI. b. Die nutzbaren Lagerstätten von Liberia

Von Fritz-Erdmann Klingner

Liberia, seit 1847 selbständige Republik, ist eine Ansiedlung befreiter amerikanischer Negersklaven. Das Hinterland ist noch sehr wenig erschlossen, und so ist auch über den geologischen Aufbau und die Bodenschätze dieses Landes nur sehr wenig bekannt. Von nutzbaren Mineralien wurden oder werden nur Diamanten und Gold gewonnen. Die noch sehr unentwickelten Verkehrsverhältnisse erschweren den Bergbau sehr. Bei der Gründung der Regierung Liberias hatte die Union Mining Company of Liberia das alleinige Schürf- und Abbaurecht sowie das Recht zur Ausgabe von Banknoten, zum Bau von Eisenbahnen und zur Ausübung von Polizeigewalt erhalten. Die Rechte wurden ihr 1901 auf 40 Jahre bestätigt und können nach Ablauf dieser Zeit erneuert werden. Die Gesellschaft hat eine Abgabe von 5 v. H. des Reingewinns und einen Zoll von 5 v. H. des Wertes der ausgeführten Waren zu entrichten, darf aber alle notwendigen Waren zollfrei einführen (Dtsch. Kolonialblatt. Bd. 12. 1901).

1. Diamant

1910 fand man am Jiblong-Fluß und seinen Alluvionen auf einer 2½ km langen Strecke zwischen den Pakla Ta-Fällen und den Jema Ta-Fällen sowie im Bor-Fluß Diamanten. Die diamantenführenden Alluvionen sind etwa 75 m breit und rund 1,80 m mächtig. Sie liegen in einem NO—SW streichenden Gneis-Zuge, der aus titanit- und zirkonführenden Gneisen, Granat-Hypersthen-Gneisen mit sehr viel rotem Granat und Hornblende-Schiefern besteht; durchbrochen werden diese Gesteine von dunklen, basischen pyroxengranulitischen oder noritischen Intrusionen. Die Gesteine werden von einer lateritischen Verwitterungsdecke größtenteils verhüllt. Die diamantführenden Kiese und Schotter stammen von der Zerstörung dieser Gesteine. In den oberen Kieslagen findet sich als häufigstes Mineral Cyanit, reichlich Korund und ziemlich viel Rutil, viel Pyrit, ferner Ilmenit, etwas Zirkon, wenig Epidot und etwas Gold; in den unteren Lagen ist die Zusammensetzung ganz anders, hier ist Granat, wohl von dem erwähnten Granat-Gneis stammend, das häufigste Mineral, daneben findet sich sehr viel Cyanit, viel Chromit, ferner Pyrit, etwas Magnetit, wenig Zirkon, selten Diopsid. Unter den Diamanten fanden sich schöne Oktaeder mit gerundeten Ecken und Kanten, zuweilen mit angeätzten Flächen, Zwillinge nach dem Spinellgesetz und Spaltstücke, wohl z. T. Bort; viele Steine waren weiß oder mit gelblichem und bräunlichem Stich. Sie wurden s. Zt. mit 52,20 Mk. je Karat bewertet. Bei den Untersuchungsarbeiten wurden 1910 und in der ersten Hälfte 1911 im Jiblong-Fluß 247 Steine von zusammen 85 $\frac{49}{64}$ Karat gefunden, von denen der größte 4 $\frac{49}{64}$ Karat wog; im Bor-Fluß fand man im selben Zeitraum 22 Steine von zusammen 4 $\frac{13}{64}$ Karat. Nach *Terpstra* sollen neuerdings auch diamantenführende Kimberlite gefunden worden sein.

2. *Gold*

In verschiedenen Flüssen wird Seifengold gewaschen, vor allem im Sinoe-Fluß in der Nähe seiner Wasserfälle und im Hinterlande von Liberia, wo nach *Futterer* in der Mandingo-Ebene bei Buley Goldstaub und kleine Nuggets in alluvialen Sanden gefunden wurden; das Gold wurde früher gewaschen und in Form von Ringen in den Handel gebracht. Nach *Münnich* soll bei Gibloon und weiter im Hinterland Gold mit einfachsten Mitteln aus Flußsanden gewaschen werden. Das Muttergestein sollen alte Quarzite sein, die auch Kupfererze führen. Nach *Futterer* kommt Gold auch nördlich von Blamer Lissa's Town, bei Wasalah, vor. Im Küstengebiet sollen bei Grand Bassa und weiter nordwestlich nach Sierra Leone zu Goldquarzgänge vorkommen. Nach *Terpstra* — dessen Arbeit mir bisher leider nicht zugänglich war — hat man zusammen mit schwach goldführenden Turmalin-Pegmatiten Pyrit-Quarzgänge mit gediegenem Gold gefunden. Das in den diamantführenden Kiesen des Jiblong gefundene Gold, dunkelgelbe, wenig gerundete Körner, hatte einen Feingehalt von 971/1000. 1935 wurden 30 kg, 1936 47,6 kg, 1937 76,2 kg Gold ausgeführt.

3. *Zinn*

An der Grenze zur Elfenbeinküste liegen bei Makra und Kap Palmas Zinnerz-Seifen.

4. *Eisen*

Im Bomi-Gebirge, 60 km nördlich Monrovia, findet sich im Itabirit eine 10—20 m mächtige linsenförmige Magnetit-Anreicherung, die nach den Seiten allmählich in den Itabirit übergeht und am Ausgehenden in Roteisenerz umgewandelt ist. Im Hangenden und Liegenden des Itabirits tritt Biotitgneis auf. Die ungünstige Lage mitten im Busch, ohne Bahnverbindung zu einem Hafen, macht z. Zt. einen Abbau dieses Vorkommens unmöglich. Eine Analyse des Erzes nahe dem Ausgehenden zeigt folgende Zusammensetzung (nach dem Katalog der Fa. Wm. H. Müller & Co., Rotterdam):

Fe_2O_3	93,185 v. H.	68,27 v. H. Fe
FeO	3,990 ,,	
SiO_2	0,390 ,,	
Al_2O_3	0,450 ,,	
TiO_2	0,045 ,,	
MnO	Sp.	
SO_3	0,062 ,,	0,025 v. H. S
P_2O_5	0,173 ,,	0,076 ,, P
As_2O_5	0,014 ,,	0,010 ,, As
organ. Stoffe u. geb. Wasser . .	1,654 ,,	
	99,363 v. H.	

5. *Salz*

Eine Kochsalzgewinnung in natürlichen Meeressalinen ist nach *Springer* hier wegen der auch in der Trockenzeit fallenden Niederschläge im allgemeinen nicht möglich. Von der Mündung des Mano, des Grenzflusses zwischen Liberia und Sierra Leone, bis zur Mündung des St. Paul-Flusses bei Monrovia, an der Mündung des Junk-Flusses, 60 km östlich Monrovia, und bei Garraway, nordwestlich Kap Palmas, bestehen Salzsiedereien. Hier werden große, flache Messingpfannen von 0,5—1,0 m Durchmesser, in früheren Zeiten auch wohl flache Tongefäße, mit Seewasser gefüllt, das man während der Trockenzeit in flachen Einsenkungen hoher Stranddünen schon teilweise hat verdunsten lassen. Auf einer Reihe von Feuerstellen wird das Salzwasser eingedampft, wobei immer wieder neues Salzwasser zugefüllt wird. Schließlich hat sich eine dicke Salzkruste gebildet, die gut getrocknet wird. Das so gewonnene Kochsalz wird in den Handel gebracht. Die einheimische Salzgewinnung deckt den Bedarf des Landes jedoch nicht, so daß noch Salz eingeführt werden muß.

6. *Andere Bodenschätze*

Die mineralreichsten Gebiete sollen die Bezirke Montserrado und Maryland sein, in denen nach Berichten von Forschungsreisenden auch Smaragden, Quecksilber und Kohle neben Gold vorkommen sollen. *Büttikofer* schreibt, daß im Flußgebiet des Sinoe, anscheinend in der Nähe der Küste, in Felsspalten Quecksilber gefunden werde, „und zwar in solchen Quantitäten, daß es, wiewohl mehr als Curiosum, durch die Faktoreien gekauft und nach Europa gesandt wird". *Büttikofer* hat anscheinend auch kupferführenden Melaphyrmandelstein gefunden, denn eine von ihm aus der Nähe eines „Grünstein"-Steinbruches vom Nordabhang des Vorgebirges Messurado mitgebrachte Gesteinsprobe war ein „Felsstück, worin eine Druse mit vielem Kupfer auf Kalkspat" enthalten war. Es soll in Liberia auch Glimmer in großen Platten sowie Korund vorkommen.

Schrifttum

Die nutzbaren Lagerstätten von Liberia

Büttikofer, J., Reisebilder aus Liberia. Leiden 1890. 2 Bde.

Futterer, K., Afrika in seiner Bedeutung für die Goldproduktion. Berlin 1895.

Hatch, F. H., Description of a diamantiferous gem-gravel from the west coast of Africa. Geol. Mag. Bd. 9, 1912. London.

Klahr, P., Monrovia, die Hauptstadt der Negerrepublik Liberia. Afrika-Nachrichten. I. VII. 1926.

Münnich, H., Liberia, Struktur eines Negerstaates. Kol. Rundschau. Bd. 31 (1940).

Africa-World, 21. II. 1920.

Springer, A., Die Salzversorgung der Eingeborenen Afrikas vor der neuzeitlichen europäischen Kolonisation. Dissert. Jena 1918.

Terpstra, H., Geologische notities over Liberia. De Ing. i. Nederl.-Indie, Bd. 4 (1937), (Referat i. N. Jb. f. Min. usw. 1939, Ref. II, S. 403).

VII. GOLDKÜSTE

VII. a. Der geologische Bau der Goldküste

Von Fritz Behrend

Die Goldküste umfaßt eine Fläche von 203700 qkm. Dies Gebiet ist verwaltungsmäßig in drei Teile zerlegt: im Süden die eigentliche Goldküsten-Kolonie mit 60840 qkm, Aschanti mit 63610 qkm und das Nord-Territorium mit 79250 qkm Flächeninhalt.

Die Eingeborenen-Bevölkerung wird mit etwa 3,7 Millionen angegeben. Das sind 18 Einwohner je qkm.

Das Land besteht im wesentlichen aus vier sehr alten Fastebenen, auf die zwei Gebirge, das Akwapim-Gebirge (die südliche Fortsetzung des Togo-Gebirges) und das Atiwa-Gebirge, aufgesetzt sind und die beide NO streichen, ferner zwei Plateaus, das Begoro-Kwahu-Mampong-Plateau und seine nördliche Fortsetzung, das Nkoransa-Kitampo-Plateau.

Kleinere Bergzüge und einzelne Inselberge sind häufig.

Ein großer Teil des Gebietes, namentlich im Süden, ist nicht bewaldet und mit einer mächtigen Decke von Verwitterungsboden bedeckt, so daß anstehendes Gestein nicht allzu häufig zutage kommt. In den Flußbetten sind aber die Aufschlüsse meist besser, und längs der Eisenbahnlinien ist ebenfalls das Anstehende mehrfach freigelegt.

Die Eisenbahnen, im ganzen etwa 820 km, erschließen nur den Süden des Landes; es sind zwei Linien: Takoradi—Sekondi—Kumasi und Accra—Kumasi.

A. Stratigraphie

Folgende Formationen nehmen am Aufbau des Gebietes teil:

9. Quartär.
8. Apollonia-System (Kreide ?)
7. Sekondi-System (Karbon)
6. Accra-System (Mittel-Devon-Bokkeveld)
5. Volta-System (Oti-Formation)

4. Akwapim-System (Togo- und Buem-Formation)
3. Tarkwa-System (Witwatersrand?)
2. Birrim-System (Algonkium)
1. Archaischer Komplex.

1. Archaischer Komplex

Archaische Gesteine treten hauptsächlich im Südosten der Kolonie am Unterlauf des Volta auf, in der Fortsetzung der großen archaischen Masse, die von Westnigeria durch Dahome und Togo nach der Voltamündung und bis nach Accra hinzieht und die von *Krenkel* als Dahome-Massiv bezeichnet wurde. Ortho- und Paragneise setzen das Gebiet zusammen, namentlich Biotit-Hornblende-Gneise, Biotit-Gneis, Hornblende-Gneis, Quarzit, Quarzitschiefer, Quarz-Glimmerschiefer, tremolitführender Marmor.

Manche Sedimentgneise enthalten massenhaft rote Granaten.

Saure und basische nicht gepreßte Intrusiva sind häufig in diesem Komplex.

Die Gneise und Schiefer streichen NO und fallen vorwiegend nach SO mit flachen Winkeln (100—250°) ein.

Ähnliche Gneise und Schiefer treten auf der Westseite des Akwapim-Gebirges zwischen Nsaram und Koforidua auf. Man nimmt aber an, daß es sich um metamorphe Teile des Birrim-Systems handelt.

2. Birrim-System

Die Gebiete, die von den Gesteinen des Birrim-Systems eingenommen werden — etwa der sechste Teil der ganzen Goldküste —, haben deswegen besonderes wirtschaftliches Interesse, weil in ihnen mehr nutzbare Lagerstätten auftreten als in allen anderen Formationen der Goldküste.

Zwei Stufen können im Birrim-System unterschieden werden:

Die tiefere Stufe besteht aus Biotit-Schiefern, Muskowit- und Sericit-Schiefern, Talk-Chlorit-, Staurolith-Schiefern, Talk-Schiefern; auch sogar Paragneise, ferner kaum veränderte Sedimente, wie Sandsteine, Quarzite, Konglomerate, Grauwacken, unreine Kalksteine, beteiligen sich am Aufbau.

Die hangende Stufe umfaßt saure und basische Ergußgesteine und deren Tuffe und Agglomerate, die heute als Amphibolite, Hornblende-Schiefer, Pyroxenite, Aktinolith-Schiefer usw. vorliegen.

Die tiefere Stufe ist stärker metamorph als die hangende; sie könnte daher als Alt-Algonkium, die hangende Stufe als Jung-Algonkium aufgefaßt werden. Auf der dem Survey Memoir 4 beigegebenen Karte 1 : 500000 sind beide Stufen getrennt.

Zwischen ihnen liegen Bänke von manganhaltigem Phyllit, die z. T. zu einem als Gondit bezeichneten Gestein umgewandelt sind, das im wesentlichen aus Quarz, Mangangranat und Manganoxyd besteht. Bei der Ver-

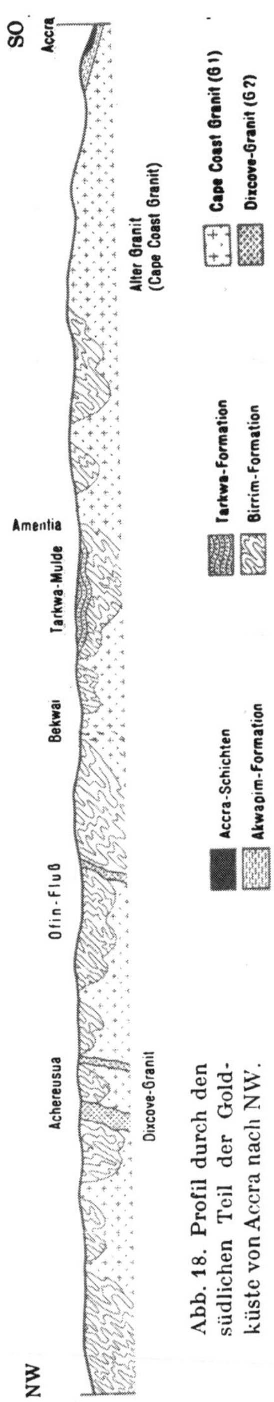

Abb. 18. Profil durch den südlichen Teil der Goldküste von Accra nach NW.

witterung reichert sich der Mangangehalt an der Oberfläche zu bauwürdigen Manganlagerstätten an, wie bei Nsuta (S. 171).

Die Birrim-Sedimente sind kräftig isoklinal gefaltet; die Falten streichen im wesentlichen NO mit örtlichen Abweichungen nach N oder O. Quer zu ihrem Streichen liegen zahlreiche Störungslinien, die also NW gerichtet sind. Diese Störungen sind besonders gut in den Gebieten zu beobachten, in denen die Sedimente der Tarkwa-Formation den Birrim-Gesteinen eingefaltet sind, besonders zwischen Prestea und der Steilstufe der Volta-Formation nördlich Konongo.

Sehr viele Golderzgänge sind mit Verwerfungen, Überschiebungen und Ruschelzonen an der Grenze zwischen den Grünsteinen der hangenden Birrim-Stufe gegen die Birrim-Phyllite verknüpft.

Intrusivgesteine im Archaikum und in der Birrim-Formation

Archaikum und Birrimformation werden von sauren Intrusiven in großem Maßstabe durchbrochen; die basischen Intrusionen treten dagegen an Menge zurück.

Unter den sauren Intrusionen sind namentlich zwei verschiedene Granite mit ihren Differentiationsprodukten von Bedeutung.

Das älteste Intrusiv ist ein grauer mittelkörniger Biotit-Granit, der im allgemeinen in Gneis umgewandelt ist. Vielleicht ebenso alt, vielleicht auch etwas jünger, ist ein Muskowit-Granit, der aber stellenweise neben dem Muskowit auch Biotit enthält, also ein Zwei-Glimmer-Granit. Vielleicht ist eine Abgrenzung zwischen diesen beiden Granit-Typen nicht möglich. Auch dieser Granit ist meist zu Gneis gepreßt. Gänge von Pegmatit und Aplit mit den Endgliedern der Quarzgänge mit Gold, Schwefelkies, Zinnstein, Molybdän, Wolframit sind die Differentiationsprodukte, namentlich des Zwei-Glimmer-Granit-Gneises.

Dieser Granit-Typ — Biotit-Granit, Zwei-Glimmer-Granit und Muskowit-Granit, die wohl das gleiche Magma darstellen — werden als Cape Coast-Granit und als Winneba-Granit bezeichnet.

Er entspricht wohl genau dem Granit-Typ, der in Afrika allgemein als „Alter Granit" (G 1) bezeichnet wird. Durch ihre Gneisstruktur, die fast durchgehend deutlich ausgeprägt ist, erweisen diese Granite ihr Alter. Sie sind vor der Faltung des Birrim-Systems in diese Schichten eingedrungen, die sie auch teilweise kräftig kontaktmetamorph verändert haben — ganz entsprechend wie in Togo —, so daß die Birrim-Schichten im Kontakt dem Archaikum ganz ähnlich werden.

Der Cape Coast-Granit bildet eine große zusammenhängende Fläche im Küstengebiet zwischen Winneba und dem Kap Three Points, die bis nördlich der Eisenbahnlinie von Huni Valley nach Kade, also etwa 80 km weit ins Inland zieht.

In den Nord-Territorien liegt eine zweite noch größere Fläche, die vom nördlich angrenzenden Haute Volta-Distrikt an der Nordostecke der Nordgrenze nach SW über den Schwarzen Volta nach der Elfenbeinküste hineinzieht.

In dem dazwischen liegenden Gebiet kommt der Alte Granitgneis im wesentlichen in den Faltenachsen der Birrim-Formation in NO—SW gestreckten langen und verhältnismäßig schmalen Streifen zutage. Dabei hat er stellenweise die Birrim-Gesteine am Kontakt mehr oder weniger deutlich metamorphosiert und wohl auch teilweise resorbiert

Außerdem schwimmen in den großen Granitgebieten mehrfach kleinere Inseln von metamorphen Sedimenten, die als Gneis und kristalline Schiefer vorliegen und die vermutlich ebenfalls dem Birrim-System angehören.

Differentiationsprodukt des Alten Granits ist ein gelegentlich auftretender Quarz-Monzonit.

Meist nicht gepreßt und daher jünger als die algonkische Faltung sind Pegmatitgänge, die im Gefolge des Alten Granits auftreten. Ähnlich liegen die Verhältnisse in Nigeria (S. 275, 298).

Jünger, und daher nicht gepreßt, ist auch der weiße oder rote Dixcove-Granit, ein teilweise porphyrischer Hornblende-Granit, dessen Verbreitungsgebiet aber ziemlich beschränkt zu sein scheint. Zwischen dem 2.⁰ und 3.⁰ w. L. und zwischen dem 7.⁰ 30′ und 6.⁰ n. Br. bildet er zwei NO streichende Instrusivzüge in den Birrim-Schichten, die etwa durch die Orte Nkinsako (am Westrand der Volta-Schichten) Achereusua, Akwantambra bezeichnet werden. Die übrigen Vorkommen sind wesentlich kleiner.

Differentiationsprodukte dieses Granits sind Granodiorit, Diorit, Quarzporphyr. Pegmatitgänge im Gefolge des Dixcove-Granits sind selten; dagegen sind Quarzgänge mit Pyrit und etwas Arsenkies, die auch z. T. Gold führen, sehr zahlreich.

Der Dixcove-Granit hat bei seiner Intrusion in die Birrim-Gesteine nur geringe Kontaktwirkungen erzeugt, die Kontakthöfe sind schmal, und die in ihnen entwickelten Mineralien sind bei relativ geringem Druck und relativ geringer Temperatur entstanden.

Syenitische Gesteine sind mehrfach bekannt. Ein Vorkommen liegt bei Kpong am Unterlauf des Volta.

Diorite in verschiedenen Abarten treten mehrfach auf. Ihre Altersbeziehungen sind nicht geklärt.

Gabbro nebst seinen Differentiationsprodukten ist aber anscheinend wesentlich jünger als der Dixcove-Granit. Das Vorkommen ist in der Hauptsache auf die Gebiete beschränkt, die von der Tarkwa-Formation eingenommen werden, und die basischen Intrusiva sind jünger als das Tarkwa.

Pyroxenite, Eklogite und Pikrite sind im Archaikum und in der Birrim-Formation an mehreren Stellen beobachtet.

Mikroskopische Untersuchungen und chemische Analysen von Eruptivgesteinen der Goldküste sind mitgeteilt im Bulletin 4, 1928 des Gold Coast Geological Survey.

3. *Tarkwa-System*

Die Schichten des Tarkwa-Systems liegen im wesentlichen in einer SW—NO streichenden langgestreckten Mulde, die von Tarkwa im Südwesten bis nach Mpraeso im Nordosten streicht und dort unter der flachen Decke der Volta-Schichten verschwindet.

Innerhalb dieser Mulde sind die Schichten in mehrere ebenfalls NO streichende Falten gelegt. Die Faltenachsen schieben nach NO ein.

Das Birrim-System ist bereits vor Bildung des Tarkwa-Systems gefaltet worden.

Nach der neuen Arbeit von *T. Hirst* (Gold Coast Geol. Survey, Bulletin 10. 1938) werden innerhalb des Tarkwa-Systems folgende Stufen unterschieden:

4. Huni-Sandstein und Dompim-Phyllit, etwa 900 m.
3. Tarkwa-Phyllit, etwa 240—300 m.
2. Banket-Serie, etwa 600 m.
1. Kawere-Gruppe.

Der Dompim-Quarzit über dem Dompim-Phyllit wird mit dem Huni-Sandstein, der ebenfalls im wesentlichen ein Quarzit ist, zusammengezogen, und der Phyllithorizont wird als Einlagerung darin aufgefaßt.

Die frühere Banket-Gruppe ist aufgeteilt in die liegende Kawere-Gruppe mit dem Basiskonglomerat und die darüber folgende Banket-Serie.

a. Die Kawere-Gruppe

Der tiefste Teil der ganzen Tarkwa-Formation beginnt mit einer Diskordanz über der Birrim-Formation mit dem Kawere-Konglomerat. Dies besteht aus gequetschten Geröllen von zersetzten Ergußgesteinen des oberen

Birrim, daneben untergeordnet Gerölle von Quarz, Quarzit, Phyllit, Jaspis, Hornstein und Porphyr. Der Porphyr gleicht dem, der als Differentiationsprodukt des Dixcove-Granits auftritt (intrusiv und nicht gepreßt im Birrim-System).

Über dem Konglomerat liegen im Obuasi-Distrikt graue gefleckte feinkörnige, feldspatführende und tonige Sandsteine, sandige Phyllite und grobe Sandsteine, wechsellagernd mit „Brekzien-Konglomeraten". Im Tarkwa-Abosso-Distrikt treten ganz ähnliche Gesteine auf, doch scheinen sie hier an Mächtigkeit gegen das Konglomerat zurückzustehen, weiter südlich aber nimmt ihre Mächtigkeit zu. Sie bestehen aus (Verwitterungs-?) Brekzien, Quarziten und tonigen Sandsteinen.

Übrigens tritt das eigentliche Kawere-Konglomerat nur stellenweise auf; es kann durch groben Sandstein oder Quarzit ersetzt werden. Mehrfach ist im Streichen ein Übergang vom Konglomerat in Sandstein oder Quarzit zu beobachten.

Die im Kawere-Konglomerat auftretenden Gerölle stammen aus den Birrim-Schichten. Diese letzteren sind außerdem wesentlich stärker gefaltet und wesentlich stärker metamorph. Es liegt also offenbar eine erhebliche Schichtlücke zwischen dem Tarkwa-System und dem Birrim-System. Die tiefsten Teile des Tarkwa-Systems sind Abtragungsprodukte der Birrim-Gebirge. Die seitlichen Übergänge des Kawere-Konglomerats in Sandsteine und die nur kantengerundeten Brocken („Brekzien-Konglomerate") in den höheren Teilen der Kawere-Gruppe scheinen vielleicht z. T. auf Trockenflußschotter, wohl also auf Festlandsbildungen hinzuweisen.

b. Die Banket-Serie

Die Banket-Serie besteht im wesentlichen aus groben und mittelkörnigen Sandsteinen und Quarziten mit einer Zone von Konglomeraten, Brekzienkonglomeraten und Brekzien; in dieser Zone liegen auch die goldführenden Konglomerate, die „Banket" genannt werden.

Die Gesteine in dieser Zone sind weiß oder lichtgrau, unregelmäßig durch Eisenoxyde gefärbt, sie enthalten Sericit und Lagen von kreuzgeschichtetem, roteisenkörner-führendem Sandstein.

Die Gesteine sind hart und bilden daher im Gelände Höhenrücken.

Der Übergang in den im Hangenden folgenden Tarkwa-Phyllit geschieht allmählich.

Whitelaw (Gold Coast Geol. Survey Memoir 1. 1929, S. 12—13) gibt aus dem Tarkwa-Abosso-Gebiet von der Banket-Serie folgendes Profil (vom Hangenden zum Liegenden):

Grauer Sandstein	3 m
Goldführendes verquarztes und toniges Konglomerat mit gut gerundeten Quarzgeröllen („Bastard-Reef")	2,25 „

Quarz-Konglomerat mit Schiefer-Bruchstücken, schwach goldführend mit grobsandigem Bindemittel. Quarzgerölle ziemlich reichlich	7,25m
Gehängeschutt	27,0 ,,
Rötlicher grober Sandstein	6,0 ,,
Tonige Brekzie	0,6 ,,
Sandsteine	1,5 ,,
Zerriebene tonige Brekzie, schwach goldhaltig	1,5 ,,
Roter und gelber Sandstein	1,8 ,,
Rötlicher und gelber Sandstein mit Roteisenkörnern	7,5 ,,
Tonige Brekzie, schwach goldhaltig	2,1 ,,
Rötlicher und grauer zerriebener Sandstein mit Roteisenkörnern	18,3 ,,
Zerriebener und gequetschter Sandstein	4,8 ,,
Grauer roteisenführender Quarzit	3,0 ,,
Dunkelblaues goldführendes dichtes Quarz-Konglomerat mit Roteisenkörnern (das „Haupt-Banket")	6,75,,
Gefalteter, zerriebener Sandstein mit zerbrochenen Quarzadern und Verwerfungsbrekzien. Die Quarzadern sind auf diesen Horizont beschränkt	13,0 ,,
Graublauer zerriebener Sandstein mit Roteisenkörnern	17,0 ,,
Grauer und rötlicher Roteisen-Sandstein	15,0 ,,
Grauer und rötlicher Sandstein, Roteisenkörner	23,1 ,,
Hellroter und grauer Sandstein, Roteisenkörner	12,9 ,,

Einzelheiten über das Verhalten und die Beschaffenheit des „Main-Banket" sind auf S. 162 mitgeteilt.

c. Der Tarkwa-Phyllit

Die Banket-Serie geht im Hangenden allmählich in den Tarkwa-Phyllit über.

Der Phyllit besteht im wesentlichen aus sehr feinkörnigen tonigen Gesteinen, die im Ausgehenden stark gefärbt sind, und zwar olivgrün, gelb, rot; sie spalten teilweise sehr gut in Platten.

Der Schiefer enthält öfter Ottrelith (Chloritoid) und führt dann häufig Karbonat-Knoten.

d. Huni-Sandstein und Dompim-Phyllit

Der Huni-Sandstein besteht vorwiegend aus grauen, grünlichen oder bläulichen Quarziten, auch grob- und mittelkörnigen Sandsteinen, die grau, grün und braungelb verwittern. Die Gesteine führen gewöhnlich Feldspat, vorwiegend Plagioklas und in einzelnen Lagen reichlich Magnetit, manche sind reich an Karbonat-Bindemittel. Die Gesteine sind im Ausgehenden durch Mangan oder Eisen gefleckt.

Der Dompim-Phyllit ist ein sandiger grauer oder blaugrauer Phyllit, der rötlich verwittert; er ist etwas sandiger als der Tarkwa-Phyllit.

Der Phyllithorizont ist etwa 120—150 m mächtig; dünne Phyllitbänke sind den Sandsteinen im Hangenden und Liegenden mehrfach eingefügt.

Die Quarzitzone über dem Dompim-Phyllit (Dompim-Quarzit) ist etwa 300 m mächtig, die liegende Zone erreicht ungefähr 450 m Mächtigkeit.

e. Intrusivgesteine im Tarkwa-System

Intrusiv in den Tarkwa-Gesteinen sitzen Lagergänge von mittel- bis grobkörnigem Gabbro mit Pyroxen, Labrador und Ilmenit. Der Pyroxen ist fast stets in Uralit umgewandelt, der Plagioklas in Saussurit; dies veränderte Gestein wird als Epidiorit bezeichnet. Noritische Differentiationsprodukte treten gelegentlich auf. Besonders interessant unter diesen Differentiationsprodukten sind aber kieselsäurereiche Gesteine. Nordöstlich Huniso, in den Kokonini-Bergen, geht z. B. der Gabbro in rötlichen Biotit-Quarz-Diorit über, dessen Plagioklase ebenfalls saussuritisiert sind.

Die Lagergänge können einerseits den Umfang kleiner Lakkolithen annehmen, andererseits treten auch schmale Gänge auf.

Die Gabbro-Intrusionen haben ihre größte Verbreitung in der Tarkwa-Mulde nordwestlich von Abosso, weiter im Norden treten nur noch vereinzelte Lagergänge auf. Ein größeres Vorkommen ist außerhalb der Tarkwa-Mulde in unter-birrimischen Schichten nordöstlich Prasu bekannt.

Die Intrusionen sind wohl teilweise während der Faltung in die Tarkwa-Schichten eingedrungen; sie sitzen meist im Huni-Sandstein oder im Tarkwa-Phyllit.

Alle Granite sind offenbar älter als Tarkwa. Intrusionen sind nicht beobachtet, außerdem ist oben bereits erwähnt, daß im Kawere-Konglomerat an der Basis als Geröll ein Quarzporphyr auftritt, der dem mit dem Dixcove-Granit zusammen auftretenden gleicht.

f. Tektonik des Tarkwa-Systems

Die Tarkwa-Formation ist zu einer Anzahl von Sätteln und Mulden aufgefaltet, die im ganzen NO bis NNO streichen. Eine Überschiebung, die in ungefähr gleicher, aber stärker betonter NO-Streichrichtung dem Unterlauf des Huni-Flusses folgt, durchzieht den südlichen Teil der Mulde diagonal und legt stellenweise Huni-Sandstein neben Tarkwa-Phyllit und Banket-Serie.

Die Faltung des Tarkwa-Systems hängt wahrscheinlich nicht mit der der Birrim-Schichten im Untergrunde zusammen, sondern ist wohl ein selbständiges jüngeres Element.

Außer dem Hauptverbreitungsgebiet in der Tarkwa-Mulde sind in der Goldküste noch andere Vorkommen von Tarkwa-Gesteinen bekannt geworden, die aber meist geringen Umfang haben.

Im Banda-Gebiet in Nordwest-Aschanti, ungefähr am 8.° n. Br., sind in den Banda-Bergen und den Lura-Bergen und an anderen Stellen in den Distrikten Wenchi und Bole Konglomerate und Sandsteine beobachtet, die zum Tarkwa-

System gestellt werden. Ihre Ausdehnung ist noch nicht sicher bekannt und auf der Karte nur ungefähr umrissen.

Westlich von Kumasi und dem Ofin-Fluß liegt dicht westlich vom 20.° w. L. und rund 10 km südlich vom 7.° n. Br. ein kleines nach NO gestrecktes Vorkommen in einer Mulde von oberen Birrim-Schichten.

Zwischen der Tarkwa-Mulde und der Küste, nahe dem Südrande der Volta-Schichten, liegt ein ähnliches Vorkommen beim Orte Kibi.

Endlich ist an der Küste selbst, südwestlich Winneba bei Mumford, noch ein weiteres Vorkommen bekannt.

Die hier auftretenden Konglomerate, die zur Banket-Stufe gestellt werden, weisen keinen oder nur geringen Goldgehalt auf.

4. Akwapim- und Buem-System

Das Akwapim-System, genannt nach dem Akwapim-Gebirge, entspricht sowohl der Togo-Formation wie auch der Buem-Formation in Togo, deren südwestliche Fortsetzung es bildet. Eine Trennung der beiden Formationen ist im Gebiet der Goldküste nicht durchgeführt worden. Die Gesteine treten nur im Südosten auf das Gebiet der Goldküste über.

Der Togo-Formation gehören die stark gefalteten gelben und rot verwitternden Phyllite, Schiefer, Quarzite, groben Sandsteine und kristallinen Kalksteine im östlichen Teil des Akwapim-Gebirges an, wie sie auch in der Togo-Formation in der nordöstlichen Fortsetzung in Togo auftreten.

Zur Buem-Formation gehören die deutlich weniger stark gefalteten und metamorphosierten Gesteine der westlichen Zone, wie sie namentlich im Becken des zum Volta von W her fließenden Afram verbreitet sind. Es sind Quarzite, Sandsteine, Konglomerate, graugrüne Kalksteine, Dolomite, rote, graue und grüne Tonschiefer.

Die Grenze zwischen der Togo- und der Buem-Formation ist wahrscheinlich durch eine streichende Störung bedingt, und die Buem-Schichten fallen schwach gegen diese die Ostgrenze bildende Verwerfung ein. Daher nahm z. B. *Kitson* — offenbar irrtümlich — an, daß die Buem-Formation von der Togo-Formation, die den Hauptteil des Akwapim-Gebirges bildet, überlagert wurde.

Das Wesentliche über diese beiden Formationen ist beim Abschnitt Togo (S. 252) gesagt. Es ist bedauerlich, daß die Geologen der Goldküste auch auf der verhältnismäßig neuen Karte 1 : 500000 vom südlichen Teil der Goldküste (in Gold Coast Geol. Survey Memoir 4; 1935) die Buem- und die Togo-Formation nicht auseinandergehalten haben.

Bis zur Küste, bis in die Gegend von Accra und Beraku, scheinen nur die Gesteine der Togo-Formation vorzudringen, während die Buem-Schichten dort abgetragen sein dürften.

Ob der von Kpong am Knie des unteren Volta bis nach Achineota, nördlich Accra, NW—SO streichende Granitzug intrusiv im Akwapim-System sitzt oder älter ist, ist nicht festgestellt.

5. Volta-System

Die Gesteine des Volta-Systems nehmen zwei Fünftel der ganzen Kolonie ein. Große Teile von den Einzugsgebieten des oberen Volta, der untere Schwarze Volta, der untere Weiße Volta, das Becken des Oti, der Daka und der Puru-Fluß liegen in ihrem Verbreitungsgebiet.

Die Schichten liegen im allgemeinen fast horizontal und transgredieren über Archaikum, Alten Granit und Birrim-Gesteine.

Die alte Oberfläche, auf der die Volta-Schichten sedimentiert wurden, entspricht ungefähr derjenigen, die heute im westlichen und südwestlichen Teil der Goldküste zutage kommt; sie war hügelig bis gebirgig.

Die Basiszone der Volta-Schichten, die am oberen Afram und am Obosum (beide von W in den Unterlauf des Volta) und im Voltatal bei Akroso aufgeschlossen ist, besteht aus einem groben Konglomerat, das teils rot, teils grau gefärbt ist und dessen Gerölle (Porphyre verschiedener Art, roter und grüner Biotit-Granit, grauer Biotit-Granit, auch Quarz, Quarzit, Kieselschiefer, Chalcedon) in geringem sandigem Bindemittel liegen.

An anderen Stellen dagegen bestehen die Gerölle fast ausschließlich aus verkieseltem Sandstein und Quarzit, die Gerölle stammen also meist aus dem Untergrunde der näheren Umgebung.

Im allgemeinen tritt das Basiskonglomerat nur in den Senken zwischen den Hügeln und Bergen der alten Fastebene auf, die den Untergrund der Oti-Formation bildet.

Die Konglomeratzone kann stellenweise bis über 200 m Mächtigkeit erreichen.

Über dem Konglomerat liegen dickbankige und dünnschichtige feldspatführende, auch kalkige oder tonige Sandsteine von weißer, grauer, grünlicher, roter oder brauner Farbe, dünnbankige grobe Sandsteine mit Quarzgeröllen, Schiefer, Letten und Bänke von grünlichem oder blaugrauem Kalk. Manche dieser Kalksteine, z. B. am Schwarzen Volta im Buipe-Distrikt, haben größere Ausdehnung und eine für technische Zwecke günstige Zusammensetzung, andere sind mehr oder weniger stark verkieselt.

Wasserführung. Die Oberfläche des Gebietes der Volta-Schichten ist mit einer mächtigen Lage von Sand bedeckt, der aus dem Zerfall der Gesteine bei der Verwitterung entsteht. Dieser Sand saugt die großen Wassermengen der tropischen Regen schnell auf und leitet sie in die durchlässigen Sandsteinschichten des Untergrundes weiter. Da die Schichten fast flach liegen, so sammelt sich in ihnen eine sehr erhebliche Wassermenge, die an zahlreichen Stellen, namentlich an den Hängen, in Quellen zutage tritt. Zahlreiche dauernd fließende Flüsse entspringen in der Fläche der Voltagesteine. Eine einzige gemessene Quelle ergab nach *Kitson* 4000—5000 cbm kaltes reines Wasser am Tage.

Intrusiva. Intrusivgesteine im Volta-System sind nicht mit Sicherheit bekannt. Im Weißen Volta bei Dabaja steht ein stark zersetztes basisches Intrusivgestein an, das Xenolithen von verhärtetem weißem Sandstein enthält, der dem der Volta-Schichten ähnelt.

Alter. Die in der Goldküste riesig ausgedehnte Fläche der Volta-Formation zieht, nach NO schmaler werdend, in den nördlichen Teil von Togo hinein, wo der größte Teil des Otibeckens in diesen Gesteinen liegt. Die Formation wird deshalb in Togo nach dem Vorschlag von *Koert* als Oti-Formation bezeichnet (S. 253). Die Oti-Volta-Formation bildet also einen großen einheitlichen Komplex, in dem aber bisher keine Fossilien gefunden sind; sie werden aber vermutlich bei genauer Untersuchung in den Schiefern und Kalken noch gefunden werden.

Das Alter der Oti-Volta-Formation ist also nicht sicher bekannt.

In sehr ähnlich aufgebauten, ebenfalls flachliegenden Schichten, die mehrere 100 km nordwestlich vom Oberlauf des Niger nach NW bis an die Grenze von Rio de Oro sich ausdehnen, sind an mehreren Stellen Fossilien gefunden, die die Zeitspanne von Ober-Silur bis zum Unter-Karbon umfassen (S. 22).

Deshalb wird die Oti-Volta-Formation, die einer dieser als „grès horizontaux“ bezeichneten Schichten in jeder Hinsicht sehr ähnlich ist, ungefähr dem Kap-System gleichgestellt. Vielleicht entsprechen die gleich zu erwähnenden Accra-Schichten einem Teil des Volta-Systems.

6. Accra-System

Östlich vom Hafen Accra liegt an der Küste, von Verwerfungen gegen das ringsum angrenzende Archaikum abgegrenzt, ein kleines Gebiet fossilführender Schichten, das vom Landungsplatz auf etwa 4 km nach Osten zu verfolgen ist.

Die hier auftretenden Gesteine sind im Westen und Osten grobe kreuzgeschichtete graue und braune eisenschüssige Sandsteine mit Lagen von glimmerhaltigem sandigem Schiefer. Die Sandsteine führen teils Konkretionen, teils Quarzgerölle und Tongallen. Es handelt sich um Flachwasserbildungen, die am Strand als 3—12 m hohe Steilhänge anstehen.

Zwischen diesen Sandsteinschollen, die von Störungen durchzogen sind, liegt, von Verwerfungen begrenzt, eine Scholle von schwach gefalteten Schiefern, die ein nicht uninteressantes Profil vom Hangenden zum Liegenden ergeben:

4. Graue und rote dünnschichtige feinglimmerige und feinsandige Tonschiefer und Letten mit undeutlichen Fossilresten.
3. Dunkel- und hellrote und lichtgraue dünnschieferige Tonschiefer mit Bändern von weißem glimmerführendem Tonschiefer. Einige dieser Bänder enthalten Muschelabdrücke.

2. Rötliche, gelbe, blaugraue und weiße Tonschiefer, zu rotgeflecktem und hellgrauem Ton verwitternd.
1. Hellgraue Tonschiefer und feinsandige Schiefer mit Trilobiten, Gastropoden, Pteropoden, Muscheln, Brachiopoden, Krebsen und Pflanzenresten.

Liegendes nicht bekannt.

Stufe 1 und 2 sind etwa 9 m mächtig, Stufe 3 und 4 vielleicht 100 m mächtig.

Der ganze Komplex von Sandsteinen und Schiefern bedeckt eine Oberfläche von weniger als 5 qkm.

Aus den Lagerungsverhältnissen ist nicht ersichtlich, ob die Sandsteine oder die Schiefer älter sind.

Die tiefste Schicht der Schieferscholle enthält nach den Bestimmungen von *A. M. Davies* (*A. Kitson*, 13. Internat. Geol. Congr. Belgien 1925. Bd. 2, S. 947) folgende Fossilien:

Dipleura (Homalonotus) dekayi, *Nuculites (Cleidophorus) sp.*, *Palaeoneilo sp.*, *Glyptodesma sp.*, *Leiopteria sp.*, *Lunulicardium sp.*, *Conocardium*, *Hyolithes (H. actis?)*, *Pleurotomaria sp.*, *Lingula sp.*

Die Schichten werden danach für Mittel-Devon angesprochen und mit den Bokkeveld-Schichten in Südafrika verglichen.

Die flachliegenden Sandsteine (grès silicieux horizontaux) im französischen Sudan, mit denen die Volta-Oti-Gurma-Schichten in der Goldküste, in Togo und Dahome gleichgestellt werden, führen Fossilien, die silurisches bis karbonisches Alter haben. Vermutlich werden sich auch in den Oti-Volta-Schichten solche Fossilien finden.

Nun tritt aber auch in den Accra-Schichten eine mitteldevonische Fauna auf (übrigens von küstennahem Gepräge; zudem liegen die Schichten dicht an einem großen Hafen, das erleichtert ihre genaue Durchforschung sehr), und es liegt nahe anzunehmen, daß es sich hier um eine eingesunkene und dadurch der Abtragung entgangene Scholle der Oti-Volta-Formation handelt, die durch Erosion jede Verbindung mit dem Hauptverbreitungsgebiet im Voltabecken verloren hat und die vielleicht einem der dort auftretenden Schieferhorizonte entspricht.

Genaue Untersuchungen müssen diese Frage klären.

7. *Sekondi-System*

Von der Mündung des Butri-Flusses, östlich vom Küstenort Dixcove, ziehen längs der Küste nach O bis Elmina, wenige Kilometer westlich Cape Coast, zwei kleinere und ein etwas größerer Komplex von Sedimenten, die bei Sekondi und Takoradi aus grünlichen, dunkelgrauen, roten und braunen Letten, Tonschiefern, sandigen Schiefern, mittel- und grobkörnigen Sandsteinen und Konglomeraten bestehen, bei Takoradi außerdem aus unreinen Ölschiefern mit Schwefel und mit Markasitlinsen. Darin fanden sich bei Takoradi Zähne von *Pleuracanthus (Diplodus)*, Schuppen und Schädelknochen von *Palaeonisciden*, Zähne von *Cladodus* (?), ein Operculum eines *Palaeonisciden*, außerdem Pflanzenreste.

Bei Inyesia, etwa 2 km nördlich Sekondi, und von da ostwärts treten längs der Küste Gesteine zutage, die im wesentlichen denen bei Sekondi und Takoradi sehr ähnlich sind, außerdem noch dunkelgraue Tonschiefer und Letten mit septarienähnlichen Kalkknollen, von denen einige Fossilien enthalten. Sie wurden von *A. M. Davies* folgendermaßen bestimmt: *Orbiculoidea nitida*? *Posidonomya becheri*. *A. Kitson* (Gold Coast Geol. Survey Bulletin 2. 1928, S. 10) macht aber dazu den merkwürdigen Zusatz: „vielleicht ein kretazischer Inoceramus" (!). Ferner *Modiola sp.*, *Cypricardella sp.*? *Myalina sp.*?

Wie man sieht, sind fast alle Bestimmungen völlig unsicher; wahrscheinlich sind die Fossilien schlecht erhalten. Eine Horizontierung danach ist eigentlich unmöglich.

Trotzdem hat *Kitson* die Schichten, seinem paläontologischen Sachverständigen folgend, als vermutliches Ober-Karbon hingestellt. Da sich leider bisher keine Kritik gegen diese höchst unsichere Horizontierung erhoben hat, ist auf unserer Karte diese Alterseinordnung beibehalten worden.

Es sei nur darauf hingewiesen, daß die Gesteine denen bei Accra teilweise recht ähnlich sind.

Die Schichten sind von Störungen durchzogen und vermutlich ebenfalls durch Verwerfungen gegen das angrenzende Archaikum abgetrennt.

8. Apollonia-System

An der westlichen Küste, im Grenzgebiet gegen die Elfenbeinküste, westlich von Axim, in Westapollonia, stehen blaugraue Letten mit Linsen von gelbem fossilführendem Kalk an, ferner braune Schiefer und grob- und mittelkörnige Sandsteine. Die Letten und Kalksteine sind weitgehend mit rezentem Meeressand und Lagunenschlamm verdeckt.

Die Fossilien im Kalk sind zertrümmert und unbestimmbar. Meist sind es Muscheln, Foraminiferen der Familien *Cristellaria* und *Globigerina*. Von einem Ammoniten wurde ein in Pyrit umgewandeltes Schalenbruchstück gefunden; der Ammonit soll der Gruppe der *Puzosia (Desmoceras) denisoniana* angehören und wäre demnach ins Cenoman zu stellen; aber ähnliche Formen kommen auch im Turon und Senon vor. Die Schichten gehören jedenfalls in die obere Kreide (*Kitson*, Bulletin 2. 1928, S. 11).

Im oberen Teil dieser Schichten ist im Bonyere-Distrikt Schweröl von guter Qualität nachgewiesen, aber offenbar nicht in größerer Menge.

9. Amisa-System

An den Mündungen der Flüsse Amisa und Nakwa beim Küstenort Saltpond liegen tonige Sande und Kiese mit Lagen von Schotter und grobem Geröll. Im Westen, bei Saltpond, sind die Schichten wesentlich toniger als im Osten und bilden am Ufer bis zu 60 m hohe Steilhänge. Stellenweise führen sie große Quarzitblöcke und Schieferplatten in feinsandiger Grundmasse. Am Amisa und Nakwa ragen die Ablagerungen 3—15 m über die Wasserfläche der Lagune. Ähnliche Sedimente treten östlich Winneba am Ufer auf.

Vermutlich handelt es sich um alte gehobene Strandterrassen an den Flußmündungen.

Die Sande und Quarzschotter auf den wahrscheinlich karbonischen Ablagerungen bei Sekondi gehören vielleicht in diese Gruppe.

Auch die alten Flußterrassen und Schotter an mehreren Stellen längs der Küste zwischen Winneba und Niaranyaro in 10—20 m Seehöhe können ebenfalls hierher gerechnet werden.

Diese Sedimente werden als Pleistozän (?) angesehen.

Junger Vulkanismus

Etwa 30 km südöstlich Kumasi, der Hauptstadt des Aschanti-Landes, 15 km östlich der Eisenbahnstation Bekwai, liegt in einer tiefen rundlichen kraterförmigen Senke der Bosumtwi-See in einem hügeligen und bergigen Gelände, das hauptsächlich aus Gesteinen der unteren Stufe der Birrim-Formation besteht. Außerdem treten in seiner Umgebung Granitgneis, Dixcove-Granit und Tarkwa-Schichten auf, ferner finden sich jungvulkanische Agglomerate, Tuffe und Tuffbrekzien und junge Tonsedimente mit Fischresten.

Südlich vom See treten in oberen Birrim-Schichten unbedeutende Golderzgänge auf.

Die Entstehung des Sees ist auf verschiedene Ursachen zurückgeführt worden:

1. Vulkanische Tätigkeit.
2. Senkung.
3. Meteor-Einschlag.
4. Vulkanische Explosion, verbunden mit Verwerfungen und Brekzienbildung.

Für die Entstehung besonders wichtig sind die im Norden und im Süden des Sees, wenige Kilometer vom Ufer entfernt, an zwei oder drei Stellen auftretenden vulkanischen Agglomerate; größere eckige Brocken bestehen bei dem Vorkommen im Norden z. T. aus Pechstein-Lava; auch vulkanische Bomben sollen vorkommen. Die Vorkommen im Süden führen Bimssteinbrocken und kleine Bröckchen von Gesteinen des Untergrundes.

Diese Anhäufungen sind aber zu gering, um den Bosumtwi-See etwa als Eruptions-Krater anzusehen.

Junner, der den See monographisch bearbeitet hat (Gold Coast Geol. Survey, Bulletin 8. 1937), nimmt auf Grund seiner Untersuchung an, daß der See als Maar anzusprechen ist, d. h. daß er durch eine vulkanische Explosion entstand und daß gleichzeitig damit oder im Anschluß daran tektonische Bewegungen in der Umgebung des Explosionsherdes vor sich gingen.

Rohleder hob hervor, daß der Bosumtwi-See Analogien zum Nördlinger Ries und zum Steinheimer Becken aufweist.

Die Erklärung des Sees als Meteorkrater ist aber unwahrscheinlich.

An den Seeufern liegen pleistozäne oder rezente Schotter, Sande und Bändertone als Absätze des Sees. Der Ton enthält zahlreiche Abdrücke von Fischen, die den heute im See lebenden Arten nahe verwandt sind. Die im Ton ebenfalls vorkommenden Pflanzenreste sind noch nicht näher untersucht.

10. Alluvium

Als rezente Bildungen sind die Flußschotter und Sande der jüngeren Terrassen längs der Täler anzusehen, ferner Humusbildungen, Lagunensedimente und Strandaufschüttungen.

11. Grundwasser

Die Grundwasserverhältnisse in den vom Archaikum und vom Granitgneis eingenommenen Gebieten entsprechen denen in Togo (S. 269).

Das Verhalten der Gesteine der Oti-Volta-Formation zum Grundwasser ist bereits oben (S. 145) gestreift.

Es dürfte also in der Mehrzahl der Fälle möglich sein, durch Brunnenbohrungen, teilweise besser durch Schächte, in der Fläche der Volta-Sandsteine in Tiefen zwischen 20 und 60 m einwandfreies Trinkwasser in reichlicher Menge zu finden.

B. Tektonik

In Dahome und Togo ist die Streichrichtung des archaischen und algonkischen Faltengebirges nahe der Küste im südlichsten Teil im wesentlichen NNO, biegt aber sehr bald in die N-Richtung um und weicht erst im Norden wieder in die NNO- bis NO-Richtung ab. Weiter westlich aber, in der Goldküste, herrscht die ausgesprochene NO-Richtung ganz eindeutig. Die Faltenachsen in Dahome, Togo und der Goldküste streben also offenbar einem gemeinsamen Scheitelpunkt zu, der nördlich der Nordwestecke von Nigeria liegt.

Die Faltungen müssen bereits in kambrischer Zeit zum Abschluß gelangt sein.

Die von uns als Äquivalent der Kundelungu- bzw. Transvaal-Namaformation aufgefaßte Buem-Formation ist nur noch den Nachklängen der Faltungen unterworfen gewesen, und der Dixcove-Granit, der als Tiefengestein nach Abschluß der Faltungsperioden in das Archaikum und Algonkium eindrang und der nicht gepreßt ist, ist im Laufe einer sehr langen Erosionsperiode freigelegt worden und an die Oberfläche gekommen, bevor die vermutlich silurisch-devonischen Schichten der Volta-Oti-Formation sedimentiert wurden, denn diese führen in ihrem Basiskonglomerat Gerölle des zu diesem Granit gehörenden Porphyrs.

Die Oti-Volta-Schichten sind nicht mehr gefaltet, sondern nur von einer unbekannten Zahl von Verwerfungen durchzogen, deren Alter ebenfalls unbekannt ist und die teils nach NO, teils nach NW zu verlaufen scheinen.

Auch an der Küste sind ja solche Brüche nachgewiesen, die das Accra-System und das Sekondi-System in Schollen in die archaische Unterlage einsinken ließen und so vor der Abtragung bewahrten.

Daß noch in geologisch junger Zeit längs der Küste Hebungen stattfanden, zeigen die Terrassen des Amisa-Systems.

Schrifttum

Der geologische Bau der Goldküste

Veröffentlichungen des Gold Coast Geological Survey.

A. Bulletins.

Kitson, A. E., Outlines of the Mineral and Water power resources of the Gold Coast. With hints on prospecting.' Bulletin 1. (1925.) 56 S. 1 schw. Lagerstättenkarte 1 : 4 Mill. 12 Taf. Bilder.

Kitson, A. E., Provisional geological Map of the Gold Coast and Western Togoland with brief descriptive note thereon. Bulletin 2. (1928). 13 S. Bunte geol. Karte 1 : 1,5 Mill. 18 Bild-Tafeln.

Cooper, W. G., Report an a rapid geological survey of the Gambia, British West Africa. Bulletin 3 (1927), 36 S. Bunte geol. Karte 1 : 500000. 3 Taf. Profile, 3 Taf. Bilder.

Junner, N. R. und Harwood, H. F., Microscopical features and chemical analyses of certain representative igneous rocks from the Gold Coast. Bulletin 4 (1928), 16 S. 1 schw. Übersichtskärtchen 1 : 4 Mill.

Kitson, A. E. und Felton, W. I., References to occurrences of economic minerals in the Gold Coast, recorded in annual reports of the director, Geological Survey, Bulletin 5 (1930), 35 S.

Kitson, A. E. und Felton, W. J., Minerals of concentrates from Stream Gravels, soils and crushed rocks of the Gold Coast. Bulletin 6 (1930), 50 S. 1 schw. Übersichtskärtchen.

Cooper, W. G., The Bauxite deposits of the Gold Coast. Bulletin 7 (1936), 35 S. 1 schw. Übersichtskärtchen der Bauxitvorkommen 1 : 4 Mill. 9 Tafeln mit Rissen und Profilen.

Junner, N. R., The geology of the Bosumtwi Caldera and surrounding Country. (Mit Beiträgen von D. P. McGregor und E. J. White.) Bulletin 8 (1937), 59 S. 1 bunte geol. Karte 1 : 125000; 1 bunte Karte 1 : 62500. 14 Taf. Bilder.

James, W. T., A Bibliographie of Gold Coast, Geology, Mining and Archeology, to March 1937. Bulletin 9 (1937), 55 S. 508 Nummern.

Hirst, T., The geology of the Tarkwa Goldfield and adjacent country. Bulletin 10 (1938), 24 S. 1 farb. geol. Karte 1 : 62500. 5 Taf.

B. Memoirs.

Whitelaw, O. A., The geological and mining features of the Tarkwa-Abosso. Goldfield. (Mit Anhang von Junner über mikroskopische Untersuchung.) Memoir 1 (1929). 46 S. 12 Taf. 1 geol. Karte 1 : 50000. 1 topogr. Karte 1 : 62500. 17 Profile u. Grundrisse.

Junner, N. R., The Geology of the Obuasi Goldfield. Memoir 2 (1932), 43 S. 1 farb. geol. Karte 1 : 64000. 8 Taf. Profile u. Grubenrisse. 6 Taf. Schliffe.

Cooper, W. G., The Geology of the Prestea Goldfield. Memoir 3 (1934). 20 S. Text. 2 geol. Karten. 4 Taf. Grubenrisse.

Junner, N. R., Gold in the Gold Coast.
Wild, R. P., Gold Coast Laws and their effects on Mining.
} Memoir 4 (1935). 76 S. 1 farb. geol. Karte vom Süden der Kolonie 1 : 500000.

Weitere Literatur

Auswahl

Bishop, D. W. und Hughes, W. J., A contribution to the geology of the Manganese ore deposits in the Gold Coast Colony and in Ashanti. Transact. Inst. Min. Met. London. Bd. 39 (1930), S. 142—191.

Blondel, F., La Gold Coast. Chron. Mines Colon. Paris. Nr. 9 (1932), S. 4—13.

Blanchard, F. M., Gold Dredging in West Africa. Eng. Min. Journ. New York. Bd. 137 (1936), S. 175—177.

Candlish, E. D., Diamond recovery from gravels and clays in Gold Coast Colony. Mining Magaz. Bd. 44. London (1931), S. 333—342.

Fauchaux, R., Le Diamant en Gold Coast. Chron. Mines Colon. Paris Nr. 21 (1933), S. 512—516.

Junner, N. R., Les gisements de manganèse de Nsuta (Gold Coast). Congr. internat. Mines usw. VII. Session Paris 1935 (ersch. 1936). Sect. Géol. appl. Bd. 1, S. 175—178.
Junner, N. R. und Malávoy, I., La Gold Coast. Chron. Mines colon. Nr. 49. Paris (1936), S. 157—155.
Kitson, A. E., Devonien rocks at Accra. 13. Internat. Geol. Congr. Belgien. Bd. 2 (1925), S. 945—947.
Kitson, A. E., Manganese ore deposits in the Gold Coast. (Petrogr. Anmerkungen von N. R. Junner.) Amer. Inst. Min. Metal. Ing. 1927, S. 372—396.
Rohleder, H. P., Über den Fund von Vergriesungserscheinungen und Drucksuturen am Kesselrand des kryptovulkanischen Bosumtwi-Sees, Ashanti. Centralbl. f. Min. 1934. A., S. 316—318.
Rohleder, H. P., Lake Bosumtwi, Ashanti. Geogr. Journ. London. Bd. 87 (1936), S. 51— 65.
Maclaren, M., Lake Bosumtwi, Ashanti. Geogr. Journ. London. Bd. 78 (1931), S. 270—276.
Kitson, A. E, The Geology of the Gold Coast. Min. Magaz. Bd. 41 (1929), S. 201—204.

VII. b. Die nutzbaren Lagerstätten der Goldküste

Von Fritz-Erdmann Klingner

Die jetzt britische Kolonie Goldküste war einst Schauplatz der ersten deutschen Kolonial-Gründungen; 1681 hatten sich die Brandenburger hier festgesetzt, und heute noch erinnern die Ruinen von Groß-Friedrichsburg an die koloniale Landnahme des Großen Kurfürsten. In den letzten 20 Jahren hat die Kolonie eine unerhörte wirtschaftliche Blüte erlebt, die sie zu einem Teil dem Kakao-Anbau zu verdanken hat. Aber auch die mineralischen Bodenschätze spielen eine bedeutende Rolle, nehmen doch Mineralien fast die Hälfte der Gesamtausfuhr ein. Die Gold-Gewinnung, die der Kolonie den Namen gegeben hat, ist noch immer sehr bedeutend; seit 1932 ist die Goldküste auch das zweitwichtigste Diamantenland der Erde geworden, und für Manganerze ist die Goldküsten-Kolonie das größte Ausfuhrland Afrikas. Außerdem verfügt die Kolonie über riesige Mengen von Aluminiumerz (Bauxit), die vorläufig allerdings noch nicht in großem Maßstab abgebaut werden. Verwaltungsmäßig wird die Goldküste in drei Provinzen eingeteilt: die eigentliche Goldküsten-Kolonie, Aschanti und die Nord-Territorien.

A. Erze

1. Gold

Abgebaut werden goldführende Quarzgänge und Ruschelzonen, goldführende Konglomerate ähnlich wie in Südafrika und schließlich fluviatile Goldseifen. Von 1880—1934 wurden in der Goldküste 253288 kg Feingold gewonnen. Die Seifengold-Gewinnung der Eingeborenen von Anfang an bis 1880 wird auf rund 465000 kg geschätzt. Auf die einzelnen Lagerstättenarten verteilt sich die Goldgewinnung etwa folgendermaßen (nach *Junner* 1935):

Seifengold	1907—1933	4175 kg
Goldführende Konglomerate mit durchschnittlich 15,7 g/t Au	1905—1934	86375 kg
Goldquarz-Gänge mit durchschnittlich 21,7 g/t Au	1905—1934	146220 kg

Das Verhältnis der Goldgewinnung aus den verschiedenen Vorkommen war 1903—1934 ungefähr

Seifen: Konglomerat: Gängen = 2 : 10 : 15.

a. Goldführende Quarzgänge

Junner (1935) unterscheidet folgende vier Gangtypen:

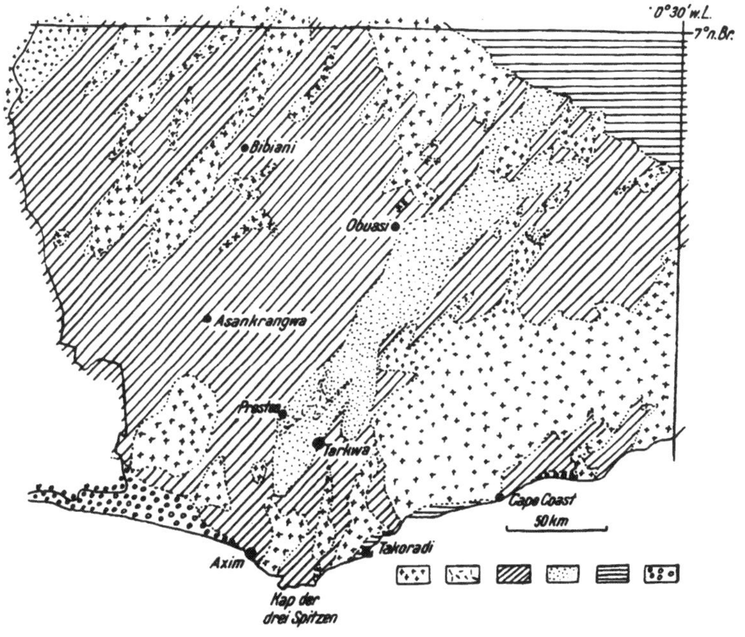

Abb. 19. Geologische Kartenskizze der Goldküste südlich 7° nördlicher Breite und westlich 0° 30′ westlicher Länge. Nach *Junner*, 1935.

1. Pegmatit- und Aplit-Gänge mit Gold, Zinnstein und Molybdänglanz;
2. Quarz-Turmalin-Gänge;
3. Quarz-Pyrit-Gänge, überwiegend Pyrit, aber auch Kupferkies, Magnetkies und Ankerit;
4. Quarzgänge mit Arsenkies und Pyrit; neben Ankerit ist noch bezeichnend eine glänzend-schwarze graphitähnliche Masse, gewöhnlich auch „Graphit" genannt.

Sämtliche Gänge gehören zur Alten Goldquarz-Ganggruppe und dürften vorkarbonischen Alters sein.

1. Die goldführenden Pegmatit-und Aplit-Gänge führen nur dort etwas Freigold oder goldhaltigen Pyrit, wo sie geringmächtig sind. Einige Pegmatit-Gänge, besonders bei Mamkwadi im Distrikt Winneba, führen auch etwas Zinnstein; die extrem sauren, fast reinen Quarz-Gänge enthalten auch Molybdänglanz. Die Aplit-Gänge dieser Gegend führen neben Gold auch Pyrit,

Arsenkies, Löllingit und Zinnstein. Da der Goldgehalt dieser Gänge selten über 1½—3 g/t hinausgeht, sind sie ohne wirtschaftliche Bedeutung.

2. Die an Schörl reichen Quarz-Turmalin-Gänge finden sich oft zusammen mit Porphyren und sind an die Nähe der Birrim-„Grünsteine“ gebunden. Solche Gänge wurden zeitweise bei Nsuta und im Mansu-Nkwantu-Distrikt abgebaut. Gänge dieser Art im Gebiete von Nkawkaw-Obomen waren durchweg sehr geringmächtig (30—90 cm). Die wirtschaftliche Bedeutung dieser Gänge ist ebenfalls gering.

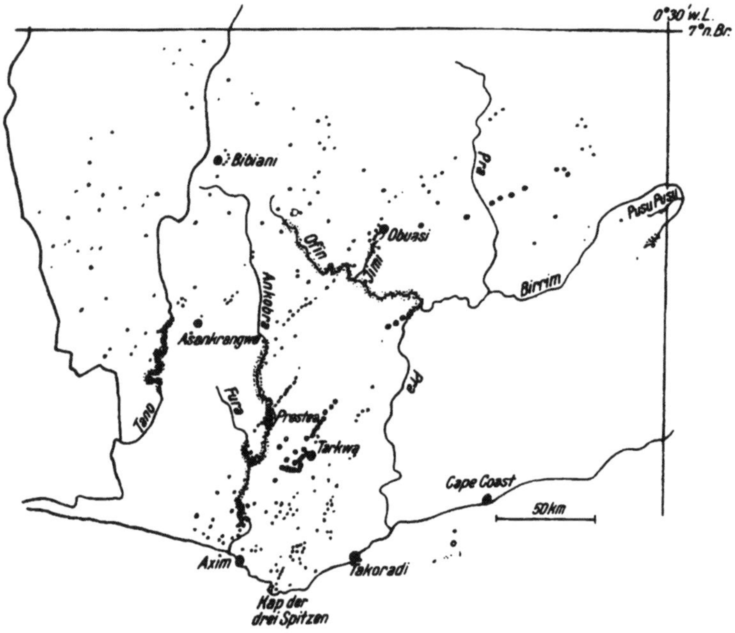

Abb. 20. Die bauwürdigen Goldlagerstätten der Goldküste.

3. Von größerer Bedeutung sind die Quarz-Pyrit-Gänge, die ebenfalls im Birrim-„Grünstein“ aufsetzen. Hierher gehören die meisten Gänge zwischen Tarkwa und der Küste (Akoko-Grube, Kanyankaw-Grube u. a.).

Auf der Amantin-Grube, etwa 25 km nordöstlich Akoko, ist nicht nur der Quarz sehr pyritreich, auch das Nebengestein ist ein völlig verkiester „Grünstein“. Über die Ausdehnung der Lagerstätte, über die Erzfälle und über den Goldgehalt, der stellenweise sehr hoch sein soll, ist noch nichts Genaueres bekannt.

4. Die letzte Gruppe, die der arsenkiesführenden Goldquarz-Gänge, ist die bedeutendste. Die wichtigsten Gang-Gebiete liegen an der westlichen, SW-NO streichenden Grenze der Tarkwa- und Birrim-Formation. Wieweit ein genetischer Zusammenhang zwischen den Goldquarz-Gängen einerseits

und dem vom Dixcove-Granit intrudierten „Grünstein" des oberen Birrim andererseits besteht, ist noch nicht geklärt. Auf zahlreichen Gängen geht oder ging Bergbau um.

Die zahlreichen Goldgruben können natürlich nicht alle im Rahmen dieser Zusammenfassung aufgezählt, geschweige denn beschrieben werden. *N. R. Junner* hat in dem Memoir Nr. 4 (Gold in the Goldcoast) des Geological Survey wohl sämtliche Gruben mit den wichtigsten geologischen, bergbaulichen und bergwirtschaftlichen Daten aufgeführt. An dieser Stelle kann nur eine kurze Zusammenfassung der geologischen Verhältnisse der wichtigsten

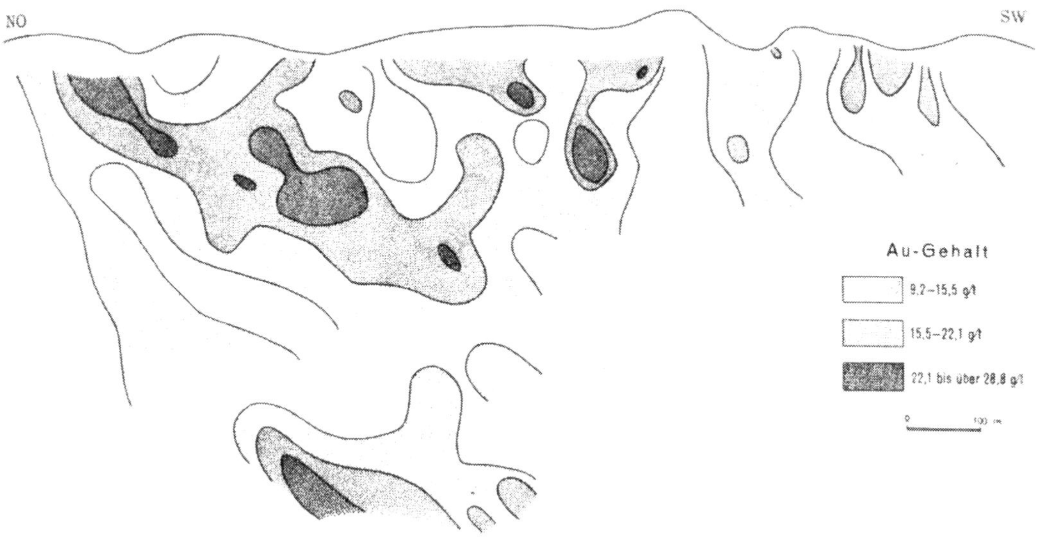

Abb. 21. Flacher Riß des Erzfalls der Ariston-Grube. Vereinfacht umgezeichnet nach *Cooper*, 1934.

Goldgang-Gebiete mit besonderer Berücksichtigung einzelner bedeutsamer Gruben gegeben werden.

Das Ganggebiet von Prestea. Das Ganggebiet liegt ungefähr dort, wo der Ankobra den aus Quarziten und Schiefern der Tarkwa-Formation aufgebauten Mankuma-Bergzug durchbricht. Von den zahlreichen Gruben sind die größten die Ariston-, die Broomassie- und die Anfargah-Grube. Der Haupterzkörper der Ariston-Grube ist eine über 470 m lange, nordöstlich streichende Quarzlinse von stellenweise 11 m Mächtigkeit, die mit 70° nordwestlich einfällt. Der Erzfall schiebt flach nach SW ein (Abb. 21).

Die Broomassie-Grube baut auf mehreren großen Quarzlinsen, während die Anfargah-Grube auf zwei Quarzgängen mit kurzen und absätzigen Erzfällen arbeitet. Die Tektonik des Ganggebietes ist durch Überschiebungen und Isoklinal-Faltung sehr verwickelt. Der Haupterzgang besteht aus verschiedenen Lagen aus Quarz und Quarzbrekzie. Der ursprünglich abgsetzte grobkristalline, durch zahlreiche Flüssigkeitseinschlüsse dunkelgraue Quarz ist durch Rekristallisation umgewandelt: die Flüssigkeitseinschlüsse sind verschwunden, so daß dieser sekundäre Quarz stellenweise klar ist und die ganze Quarzmasse gesprenkelt erscheint (leopard skin mottling). Das Gold ist fast durchweg an den sekundären Quarz gebunden. Es findet sich meist fein verteilt im Arsenkies oder Schwefelkies, kommt aber auch sekundär als Freigold auf winzigen Spältchen und Drusen in bäumchenförmigen Kristall-

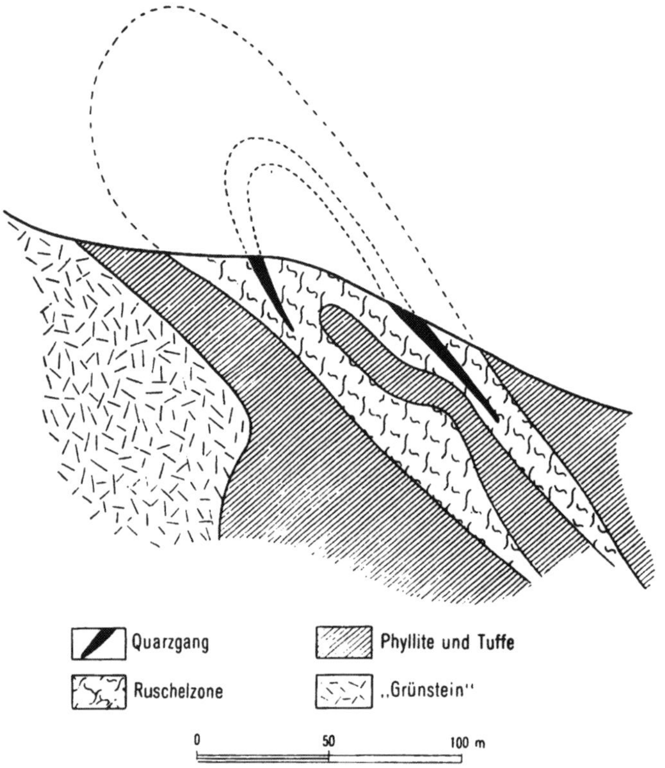

Abb. 22. Vererzte Ruschelzone auf Grube Bogosu-Nord. Nach *Pickering*, 1935.

Aggregaten, meist winzigen Rhombendodekaedern vor. Der Feingehalt des Goldes ist etwa 900, es ist legiert mit Silber, das etwa ein Elftel der Goldproduktion ausmacht. Der durchschnittliche Goldgehalt, der im allgemeinen mit der Gangmächtigkeit zunimmt, beträgt auf der Ariston-Grube 17 g/t und auf der Broomassie-Grube 27 g/t. Die Ariston-Grube förderte von 1888 bis 1934 rund 39000 kg reines Gold, sie erreichte die höchste Jahresförderung 1914 mit 3125 kg. Die Broomassie-Grube hat 1901 mit der Erzförderung begonnen und hat von diesem Zeitpunkt an bis 1917, wo sie wegen Erschöpfung des Ganges geschlossen werden mußte, 7500 kg Gold geliefert.

Die zwischen Prestea und Broomassie als Quarzgang ausgebildete Gangzone ist von Deinsu bis über Bogosu-Nord hinaus als vererzte Ruschelzone entwickelt, allerdings mit weniger hohen Goldgehalten als in der Gangquarz-Zone. Anscheinend haben hier auf dem Spaltenzug, der bei Prestea mit goldführendem Quarz gefüllt wurde, tektonische Bewegungen stattgefunden, die in den Tuffen und Phylliten eine Ruschelzone geschaffen haben, in der sich dann die erzhaltigen Lösungen ausbreiten konnten. Die Ruschelzone dürfte dann mitgefaltet sein, jedenfalls erscheint sie auf Bogosu-Nord als überkippte Falte (Abb. 22), in deren Kern — auf den etwa 60 m tiefen Sohlen — gegen 45 m taube Tuffe stecken, so daß der Erzkörper verdoppelt zu sein scheint. In der Ruschelzone sind Reste einer Quarzeinlagerung zu beobachten, die nach der Tiefe hin auskeilt; sie wird als Rest eines Sattelganges angesehen. Auf der Grube Marlu ist die überkippte Falte in der Sattelfirste aufgerissen und der hangende Schenkel über den liegenden hinweggeschoben. Die Ruschelzone besteht in der Hauptsache aus „graphitischem" Gangletten, der von unzähligen Quarzäderchen durchzogen ist. Das Erz ist in der Hauptsache goldhaltiger Arsenkies und Schwefelkies. Diese Lagerstätte zeichnete sich durch eine sehr ergiebige goldreiche Oxydationszone aus. Die Erzvorräte (Oxydationserz und sulfidisches Erz) werden auf 4 Millionen t mit durchschnittlich 7 g/t Au geschätzt.

Das Ganggebiet von Obuasi. Das Nebengestein der Goldquarz-Gänge dieses Gebietes sind metasomatisch veränderte, dunkelgraue und schwarze, oft gefältelte Phyllite und Sericitschiefer mit dünnen Grauwacken-Bänken. Ausgezogene Ankerit-Porphyroblasten zeugen von der tektonischen Beanspruchung dieser Gesteine. Massengesteine sind selten, erwähnenswert ist höchstens ein Gang von gebleichtem und karbonatisiertem Diabas im Liegenden des New-Make-Ganges (Abb. 23). Der Erzkörper ist kein einheitlicher Gang, sondern ist ein Quarzgang-Zug. Die einzelnen Gänge haben linsenförmige Gestalt und halten im Streichen und Fallen lange aus. Der Hauptgang, der Obuasi-Gang, reicht mindestens bis 800 m Tiefe und konnte auf einigen Sohlen bis über 370 m Länge verfolgt werden. Er ist durchschnittlich 3—7 m mächtig und fällt mit 65—70° nach NW ein, der Erzfall schiebt mit ungefähr 45° nach NO ein. Vom Obuasi-Gang zweigt im Hangenden der Aschanti-Gang ab, der etwas steiler (80°) einfällt. Der Quarz ist beim Obuasi-Gang ziemlich zertrümmert, während der Aschanti-Gang aus unzertrümmertem Milchquarz besteht. Vom Liegenden des Obuasi-Ganges zweigt ein anderer Gang ab, der erst 1927 am Hauptschacht auf der 22. Sohle entdeckt wurde, der New-Make-Gang, der wahrscheinlich dem auf anderen Gruben gebauten Côte-d'or-Gang entspricht. An der Stelle, an der er auf der Aschanti-Grube entdeckt wurde, war der Gang 17 m mächtig und wies den außergewöhnlich hohen Goldgehalt von 47 g/t auf. Der Quarz dieses Ganges zeigt infolge der Einlagerungen graphitischer Schiefer Blättertextur. Das Gold ist meist als Freigold vorhanden, aber so fein verteilt, daß es gewöhnlich nicht mit bloßem Auge zu erkennen ist. In vielen Fällen ist es auch in den Sulfiden, besonders im Arsenkies, getarnt. Etwas gröberes Gold ist meist mit Bleiglanz und Zinkblende vergesellschaftet. Auf der Aschanti-Grube werden drei Erzfälle abgebaut: der Aschanti-Erzfall mit 39 g/t, der Obuasi-Erzfall mit 30 g/t und der New-Make-Erzfall mit 33 g/t Gold. Die Erzfälle halten sich besonders an die Nähe von Gangkreuzen und Brekzien-Zonen.

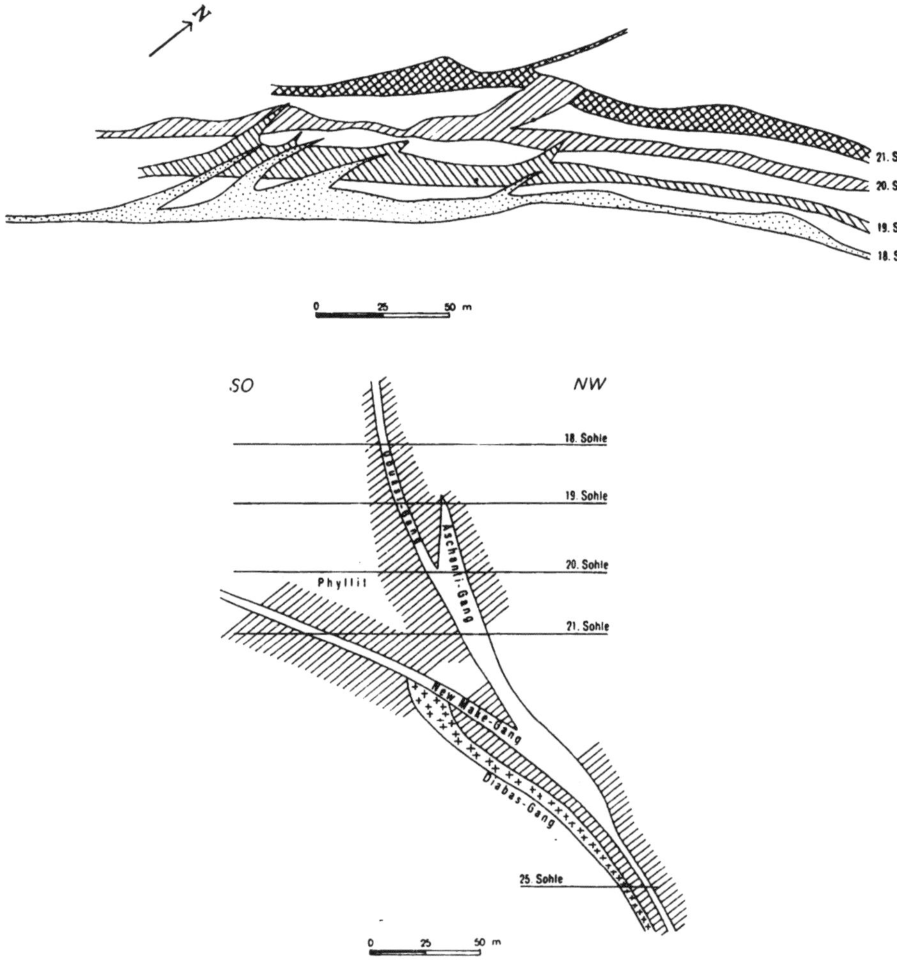

Abb. 23. Grundriß und Querprofil durch die Aschanti-Grube. Nach *Junner*, 1932, etwas vereinfacht.

Zahlreiche andere Gruben haben in diesem Ganggebiet zeitweise noch Gold gefördert, sie stellten aber fast alle ihren Betrieb ein, als der Goldgehalt nur noch etwa 7 g/t betrug. Die Justice's-Grube mag noch erwähnt werden, weil sie auf einem Erzkörper baute, der aus einem mit Arsenkies und Pyrit durchtränkten Phyllit bestand, der von tausenden von Quarzgängen durchsetzt war. Der Goldgehalt betrug 16 g/t. 1914 wurde die Grube geschlossen.

Die nördlichen Ausläufer dieses Ganggebietes liegen bei Korkortaswia und Akrokerri. In Korkortaswia, 2½ km nördlich Obuasi, setzen dünne Quarzlinsen mit einem durchschnittlichen Goldgehalt von rd. 21 g/t in Birrim-Phylliten auf. Bei Akrokerri wird ein nördlich streichender, 1,2—1,5 m mächtiger, linsenförmiger Quarzgang, der mit 70° nach W einfällt, abgebaut; der Goldgehalt beträgt durchschnittlich 22 g/t, die Länge des Erzfalles war auf der 1. Sohle über 200 m, auf der 5. Sohle über 120 m. Der Quarz führt neben gediegen Gold noch Pyrit, Arsenkies, Bleiglanz, Schörl und Karbonate. Der Gang setzt in Birrim-Phylliten in der Nähe eines Granitkontaktes auf; in der Nähe der Gänge ist der Granit kräftig metasomatisch umgewandelt und führt ebenfalls etwas Gold; die Vererzung ist jedenfalls jünger als die Granitintrusion.

Das Ganggebiet von Obuom. Die Gänge setzen in Birrim-Phylliten und „Grünsteinen" auf, unweit der Grenze zu den Tarkwa-Schichten. Die Gänge sind geringmächtiger und halten auch weniger lange aus als die in Prestea und Obuasi. Die bedeutendste Lagerstätte ist die Obuom-Grube, die um 1916 in vollen Betrieb genommen wurde; 1918 wurde das erste Gold gefördert. Bei einer bauwürdigen Mächtigkeit von 1,35 m beträgt der durchschnittliche Goldgehalt rd. 25,5 g/t. Abgebaut wurden zwei etwa 9 m voneinander entfernte Gänge, die mit 75—85° nach NW einfallen. Der östliche oder Hauptgang ist 0,90—1,5 m mächtig, der zweite, in „Grünsteinen" aufsetzende Gang zeigt wechselnde Mächtigkeit. Von 1918—1923 wurden rd. 570 kg Gold gewonnen (durchschnittlicher Goldgehalt 21,5 g/t).

Das Konongo-Ganggebiet liegt im nordöstlichen Fortstreichen, etwa 16 km südwestlich der Transgression der Volta-Schichten. Die an eine Störungszone gebundenen Goldquarzgänge dieses Gebietes setzen in „Grünsteinen" der oberen Birrim-Formation auf; der östlichste Gang, der auch der reichste zu sein scheint, ist an den Kontakt Birrim-Tarkwa-Formation gebunden. Die größte Grube, die Konongo-Grube, baut auf drei parallelen Quarzgängen: dem Akyenase- oder Ost-Gang, dem Awere-Gang und dem Odumasi- oder West-Gang. Der Akyenase-Gang ist 1½ km weit über Tage zu verfolgen, er ist durchschnittlich 0,75—0,90 m mächtig und fällt mit 60—70° nach NW ein, der mindestens 280 m lange Erzfall schiebt mit etwa 40° nach NO ein. Das Nebengestein ist im Hangenden des Ganges ein harter, feinkörniger, granatführender Biotit-Hornfels, im Liegenden geschieferter weißer Tarkwa-Quarzit. Begleitmineralien des Goldes sind Turmalin, Karbonat, Pyrit, Magnetkies und Arsenkies, stellenweise auch etwas Biotit und Kupferkies. Das Nebengestein ist oft auf etliche Dezimeter Mächtigkeit mit Arsenkies, Pyrit und Magnetkies imprägniert und enthält örtlich mehr Gold als der eigentliche Gang. Die möglichen und wahrscheinlichen Erzvorräte wurden 1928 auf etwas über 31000 t mit durchschnittlich 17,3 g/t, im Oktober 1934 auf 50800 t mit 16,1 g/t bei einer durchschnittlichen Abbauhöhe von 1 m geschätzt. Der Odumasi- oder West-Gang konnte auf 240 m

Länge beschürft werden, er ist durchschnittlich 0,30—0,45 m mächtig und soll gute Goldgehalte aufweisen.

Nordöstlich davon wurden zeitweise noch weitere Goldquarzgänge abgebaut; eine Grube bei dem Dorfe Obenemasi gewann 1907 bei der Aufbereitung von rd. 440 t Erz nicht ganz 3,5 kg Gold. Die Grube ist nicht mehr in Betrieb.

Südlich des südwest-nordöstlich streichenden Zuges der Tarkwa-Formation, zwischen seinem Südende und der Küste, liegen im Kontaktbereich des Dixcove-Granites mit den „Grünsteinen" und Phylliten der oberen Birrim-Formation eine ganze Anzahl meist kleinerer Goldlagerstätten. Die Gänge setzen in Phylliten des oberen Birrim auf und führen neben grobkörnigem, sporadisch verteiltem Gold Schörl, etwas Pyrit und seltener Arsenkies. Eines der größeren Vorkommen ist die Akanko-Grube, etwa ½ km vom Ankobra-Fluß entfernt. Sie baut auf einem Quarzgang, der 150—180 m weit im Streichen längs eines Bergrückens zu verfolgen ist; am nördlichen Ende des Berges ist der Gang 3—3,6 m, am Südende nur 0,45 m mächtig, er fällt mit 55 bzw. 70° nach O ein. Das Nebengestein sind zersetzte „Grünsteine" mit Phyllit-Bänkchen und kleinen Porphyr-Gängen. Das reichlich vorhandene gediegene Gold findet sich zusammen mit Schörl in einem zuckerkörnigen Quarz, der von einem harten, grauweißen Quarz mit sehr wenig Gold durchsetzt wird. 300 m südlich davon setzen bei Apankra in zersetzten Tuffen und turmalinreichen Quarz-Sericit-Schiefern mehrere kleine Quarzlinsen auf, die Gold zusammen mit Schörl und Arsenkies führen.

Etwa 15 km östlich davon, rund 32 km südlich Tarkwa, liegt bei Akoro die Goldgrube Akoko, deren linsenförmige Quarzmassen durchschnittlich 1,20 m mächtig sind und mit etwa 60° nach NW einfallen. Das Vorkommen ist nur 400 m vom Granitkontakt entfernt, das Nebengestein, ein Chloritschiefer, ist ebenfalls vererzt und führt reichlich Karbonat und Pyrit. Gediegen Gold findet sich neben güldigem Pyrit und Kupferkies besonders in einem blättrigen Quarz im Liegenden der Gangmasse; der Erzfall hat eine durchschnittliche Länge von 60—90 m; der Goldgehalt des 1912—1928 geförderten Erzes betrug im Durchschnitt 26,5 g/t. 1912—1928 wurden rd. 900 kg Gold gewonnen.

Knapp 10 km nordöstlich hiervon liegt die Kanyankaw-Grube, in deren unmittelbarer Nähe wahrscheinlich schon die Portugiesen im 16. Jahrhundert Gold gewonnen haben, jedenfalls zeugen noch alte Pingen, Steinhämmer und ein hier gefundenes über 300 Jahre altes Ölgeleucht von einem sehr alten Bergbau. Abgebaut wurden eine ganze Anzahl dünner, aber goldreicher in hartem „Grünstein" aufsetzende Quarzgänge, die über dem Grundwasserspiegel viel grobkörniges Freigold, unter der Zementationszone güldigen Pyrit führten. Die Grube hat von 1906 bis zum Jahre ihrer Schließung, 1928, rd. 160 kg Gold gewonnen.

Bis zum Kap der Drei Spitzen setzen in der Birrim-Formation in der Nähe der Granitmassive, einmal auch im Granit selbst, eine ganze Anzahl von Goldquarzgängen auf, die in früheren Jahren zeitweise auch abgebaut wurden. Heute sind die alten Baue meistens ersoffen; die Goldgehalte waren stellenweise recht hoch. Ein im Dixcove-Granit aufsetzender Gang liegt im Quellgebiet des Fankoba, knapp ½ km südöstlich Tetrim. Es handelt sich hierbei um einen nordnordöstlich streichenden und steil einfallenden Quarzgang, der 0,15—0,60 m mächtig war und neben gediegen Gold Pyrit und Brauneisen-Pseudomorphosen nach Pyrit führte; zwei Analysen von den beiden Gangenden ergaben 42,5 und 28 g/t Gold.

Die Goldquarzgänge aller dieser Lagerstätten setzen in Gesteinen der oberen Birrim-Formation auf und treten wenigstens teilweise in der Nähe der Tarkwa-Formation auf. Weiter im Westen liegen eine ganze Anzahl von Ganggebieten im Bereich der unteren Birrim-Formation. Hierher gehört der Gangzug von Akropong. Die Gänge setzen im allgemeinen in gefleckten Phylliten und Sericitschiefern mit Grauwackeneinlagerungen auf. Die Gänge südwestlich Akropong sind geringmächtige, goldarme Quarzlinsen. Im nordöstlichen Fortstreichen treten bis jenseits des Ofin-Flusses in einer Bruchzone zahlreiche Quarzgänge auf. Am bedeutendsten ist in diesem Gebiet die Atasi-Grube bei Prinsiso, die von 1900—1908 in Betrieb war; sie baute auf einem mit 50—60° nach SO einfallenden Quarzgang; die Goldgewinnung 1906—1908 betrug 420 kg.

Südwestlich Kumasi liegen zahlreiche Goldquarzgänge in nordnordöstlich streichenden Zügen angeordnet. Eines der größten Vorkommen ist die Bilpraw-Grube in den Mansu-Nkwanta-Bergen, die 1907 mit der Förderung begann, aber 1911 geschlossen wurde, weil die Goldgehalte nicht den Erwartungen entsprachen, 1918 wurde jedoch nochmals etwas Gold gewonnen. Der Erzkörper ist ein in Phylliten und Grauwacken aufsetzender Quarzgang in der Nähe eines Granitporphyr-Ganges. Der saiger stehende Goldquarzgang streicht N 10° O und ist 0,30—0,45 m mächtig; der durchschnittliche Goldgehalt beträgt 12,5 g/t. Von 1907—1918 hat er rd. 112 kg Gold geliefert.

Die südlichste Grube dieses Gangzuges ist die Miradani-Grube, die insofern bemerkenswert ist, als das Gold hier nicht an einen Quarzgang, sondern an „Goldstockwerke" gebunden ist, eine bis 12 m und mehr mächtige Zone von lauter kleinen Quarzadern und -linsen in Phylliten, stellenweise auch in einem Quarzporphyrgang, der in der Sattelachse durchgebrochen ist. Das Gold ist recht grobkörnig.

Weiter noch im Westen liegt das Ganggebiet von Bibiani, ganz abseits von den Haupt-Goldfeldern, dessen Ausbildung von der üblichen etwas abweicht. Die Bibiani-Grube hatte anfangs mit großen Schwierigkeiten zu kämpfen, bevor die Bahnlinie bis Dunkwa geführt wurde. Der auf über 900 m Länge zu verfolgende Erzkörper besteht aus Quarzlinsen, welche an die Nähe des Liegend-Kontaktes von Porphyr-Gängen mit Phylliten gebunden sind. Stellenweise wird der Porphyr durch Gangquarz ersetzt. Anscheinend handelt es sich bei den goldführenden Quarzgängen um Sattelgänge. Das Gold findet sich in Pyrit und Arsenkies, ist aber so fein verteilt, daß die Konzentrate vor der Zyanlaugung geröstet werden müssen. Der Goldgehalt betrug in der ersten Förderzeit (1902—1913) 14 g/t. Von 1904—1934 wurden 7270 kg Gold gewonnen. Die Erzvorräte wurden im September 1934 auf rund 935000 t mit durchschnittlich 14 g/t Gold geschätzt.

Das Gebiet westlich des Tano-Flusses ist noch nicht so gründlich auf Gold prospektiert worden wie die Gebiete in Küstennähe und an den Hauptverkehrslinien. Es sind im Sefwi-Bezirk eine größere Anzahl von Goldvorkommen bekannt, von denen das bedeutendste die Ntubia-Grube ist, 2½ km nordöstlich des Dorfes Antubia, das 1908 von Eingeborenen entdeckt wurde, die im Bensupata-Fluß Gold gewaschen hatten. Der an einer Stelle 0,90 m mächtige Quarzgang fällt mit 50—70° nach NW ein (Streichen N 40° O) und setzt im Kontaktbereich einer Dixcove-Granitintrusion in einem tiefgründig verwitterten Gestein auf, bei dem es sich um ein feinkörniges Ergußgestein oder dgl. mit dünnen Phyllit-Bänkchen handeln dürfte. Neben gediegen Gold finden sich Pyrit, Arsenkies und Brauneisen. Der durchschnittliche Goldgehalt betrug bei der Förderung von 1912/13 (135 kg Gold) 19,5 g/t. Die Grube wurde im September 1913 geschlossen; da aber noch bauwürdiges Erz vorhanden ist, wird mit der Wiedereröffnung gerechnet.

b. Die goldführenden Konglomerate des Tarkwa- und Abosso-Goldfeldes

Das Goldvorkommen dieses Gebietes ist sehr ähnlich und auch wohl gleichaltrig dem des Witwatersrandes in der Südafrikanischen Union. Die Schichtfolge vom Hangenden zum Liegenden ist kurz folgende:

Tarkwa-Formation (jungalgonkisch?)	Huni-Sandstein mit Dompim-Phyllit
	Tarkwa-Phyllit
	„Banket-Abteilung" mit goldführendem Konglomerat
	Kawere-Schichten
	Obere Birrim-Formation (Schiefer, geschieferte Tuffe u. ä.)

In der Tarkwa-Formation treten zahlreiche Norit- und Gabbro-Intrusionen auf. Tektonisch bildet das Tarkwa-Goldfeld ein System von NNO-SSW streichenden, etwas unsymmetrischen Falten, die nur außerhalb des eigentlichen Bergbaugebietes überkippt sind. Von den zahlreichen Sätteln und Mulden (Abb. 24 u. 25) ist besonders die Tarkwa-Mulde wichtig, deren Ostflügel mit 20—40° nach NW, deren Westflügel etwas flacher nach SO einfällt. Auf dieser Mulde geht der Hauptbergbau um. Das goldreichste Konglomerat findet sich in dem Dreieck Adja Bippo-Tarkwa-Akontansi. Für den Goldbergbau ist besonders die „Banket-Abteilung" von Bedeutung, die aus Sandsteinen, Quarziten und Konglomeraten besteht. Die

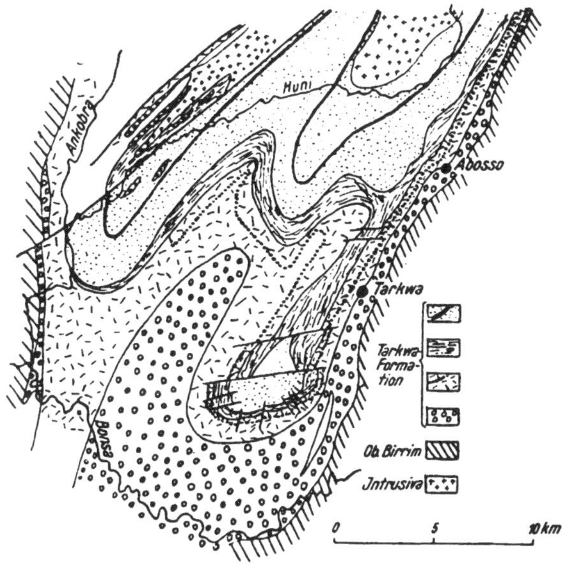

Abb. 24. Geologische Skizze des Tarkwa-Abosso-Goldfeldes. Nach *Hirst*, 1938, vereinfacht.

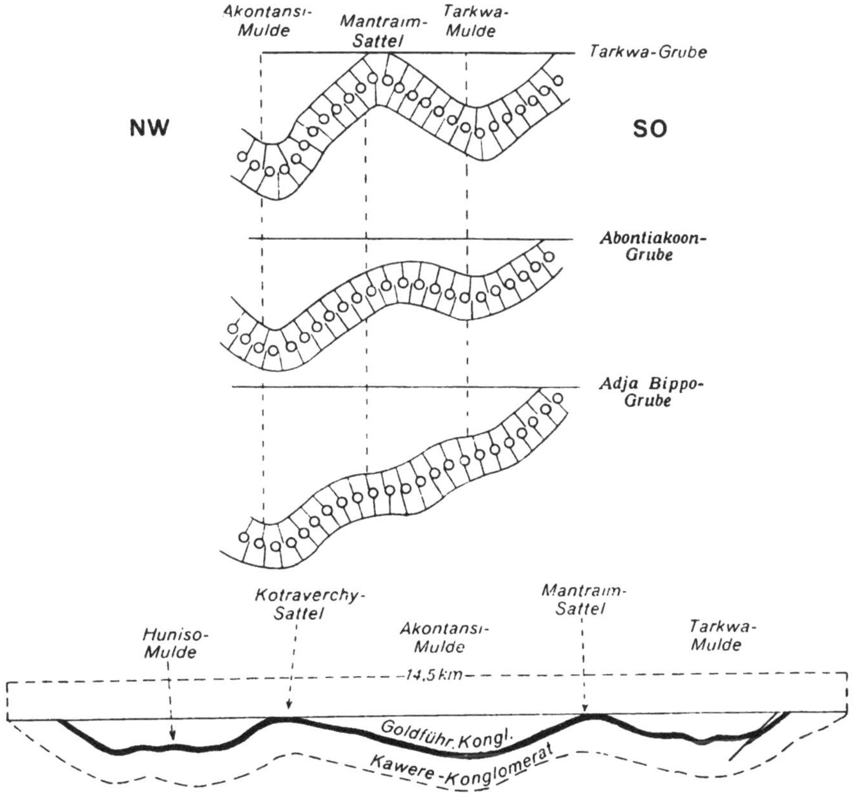

Abb. 25. Schematische Profile durch den Faltenbau des Tarkwa-Gebietes. Nach *Whitelaw*, 1929, etwas umgezeichnet.

Konglomeratstufe innerhalb dieser Abteilung ist aus mehreren großen Konglomerat-Linsen zusammengesetzt, die durch Quarzite voneinander getrennt sind. Die einzelnen Konglomeratbänke sind auf den einzelnen Gruben schwer auseinanderzuhalten; einen guten Leithorizont bildet das höchstens 45 m über dem goldführenden Konglomerat auftretende „breccia reef", eine aus Schiefer-Bruchstücken bestehende Brekzie mit einzelnen Quarz-Geröllen. Diese Brekzie ist ebenfalls schwach goldhaltig. Die ganze Konglomerat-Stufe ist 30—75 m mächtig, die einzelnen Konglomerat-Bänke werden bis 6 m dick; das goldführende Konglomerat wird 2—6 m mächtig und besteht aus 2—8 cm großen, länglichen Quarz-Geröllen, die meistens aus weißem, durchscheinendem Gangquarz, teilweise auch aus meist rotem, aber auch grauem und schwarzem Quarzit bestehen. Das Bindemittel ist sandig, stark eisenhaltig und von dunkelgrauer Farbe. Das Gold findet sich in Erzfällen, deren Lage und Ausbildung von Grube zu Grube wechselt. Es ist nicht an Pyrit gebunden, sondern findet sich als Freigold unregelmäßig in der sandigen oder quarzitischen Grundmasse verteilt; es ist fast nie mit bloßem Auge zu sehen. Wo mit bloßem Auge sichtbares Freigold auftritt, findet es sich häufig am Rande der Gerölle angereichert und wird dann auch meist von einem grünlichen glimmerähnlichen Mineral* begleitet, meistens findet es sich auf winzigen Sprüngen *(Bray)*. *Gümbel*, zu dessen Zeit das Vorkommen bei Tarkwa nur durch einen etwa 43 m langen Stollen aufgeschlossen war (wahrscheinlich also wohl die Zementationszone), hat die Gesteine von Tarkwa untersucht und hält das „vorwaltend aus kristallinisch-körnigem Quarz und Eisenglanzkörnchen, denen silberweiße Glimmerschüppchen, namentlich auf den Schichtflächen, sich beigesellen", bestehende Gestein für einen typischen Itabiritschiefer, der durch rundliche, linsenförmige Putzen oft ein konglomeratisches Aussehen bekommt. „Das Gold kommt als ein akzessorischer Gemengteil fein eingesprengt . . . in dünnen Blättchen, rundlichen Kügelchen und in kleinen Körnchen vor. An letzteren bemerkt man oft eine plattförmig verzerrte oktaedrische Kristallform. Doch sah ich auch einzelne mehr regelmäßige Oktaederchen mit abgestumpften Kanten bis zu einem Gewicht von über 1 mgr."

Die Konglomeratbänke werden, z. T. stockwerkartig, von zahlreichen, meist nur wenige Zentimeter mächtigen Quarzgängchen durchsetzt, die wohl viel Pyrit neben Roteisen und Eisenspatkristallen, aber kein Gold führen, eine Tatsache, die auch *Gümbel* schon bekannt war.

Von den zahlreichen Gruben, die das goldführende Konglomerat abbauten bzw. noch abbauen, sind vor allem vier Gruben wichtig. Die Tarkwa-Grube, die im September 1928 aus technischen Gründen geschlossen wurde, förderte von 1894—1923 rund 20000 kg Gold; die beiden Erzfälle der Tarkwa-Grube sind 75 und 150 m lang. Der durchschnittliche Goldgehalt ist 12—19 g/t, die Bauwürdigkeitsgrenze war 1925 etwa 12 g/t Au, so daß große Teile des Konglomerates wegen zu niedriger Goldgehalte nicht abgebaut wurden.

* Ein durch Neubildung entstandener Sprädglimmer der Ottrelithgruppe.

Die Abontiakoon-Grube, die 1925 mit 512 m Tiefe die tiefste Grube des Tarkwa-Feldes war, förderte von 1901—1934 rund 28000 kg, die Abosso-Grube von 1902—1934 rund 35000 kg und die Adja Bippo-Grube (unmittelbar nordöstlich der Abosso-Grube) bis 1919 etwa 5500 kg Gold. Die Erzvorräte dieser vier Gruben wurden 1923/25 unter der Annahme einer durchschnittlichen Mächtigkeit von 1,20 m des bauwürdigen Konglomerates auf über 900000 t Erz mit einem durchschnittlichen Goldgehalt von rund 17 g/t geschätzt.

Auf der Tarkwa-Grube, die bis etwa 360 m Tiefe aufgeschlossen war, erwies sich, daß das goldführende Konglomerat bis auf die Störungszone

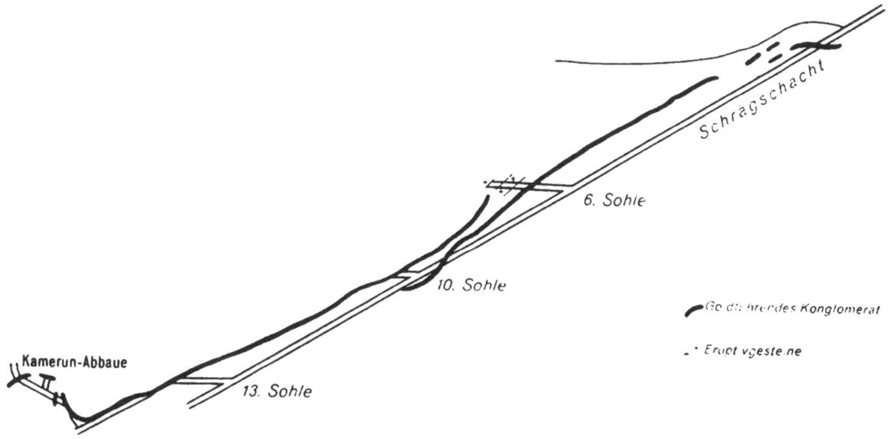

Abb. 26. Schnitt durch die Tarkwa-Grube. Nach *Whitelaw*, 1929. Es sind der Übersichtlichkeit halber nur drei Sohlen eingezeichnet.

zwischen der 7. und 10. Sohle (s. Abb. 26) gleichmäßig mit etwa 26° nach NW einfällt. An der tiefsten Stelle, wo die wegen der großen Hitze und schlechten Bewetterung sogenannten „Kamerun-Abbaue" liegen, wurde ein kleiner Spezialsattel mit 45—65° steil einfallendem Ost- und mit 11° einfallendem Westflügel durchörtert. Durch eine bedeutende streichende Störung, eine Überschiebung, die gleichermaßen auf der Abontiakoon- und der Abosso-Grube zu beobachten ist, wird die Goldkonglomeratbank verdoppelt; auf dieser Störung wurde auf der 6. Sohle ein 7,50 m mächtiger Albit-Diabas-Gang angefahren. Auf der Abontiakoon-Grube erscheinen ebenfalls infolge dieser Überschiebung zwei mit 30° nach NW einfallende Konglomeratbänke, das „Main Reef" und das im allgemeinen weniger mächtige und goldärmere „West Reef". Weiter im Norden baut die Abosso-Grube auf einer mit 43° nach NW einfallenden goldführenden Konglomeratbank, die durch eine Querstörung etwas nach O versetzt ist, aber ebenfalls infolge einer streichenden Störung (s. Abb. 27) doppelt erscheint; an dieser Überschiebung wurde ein sericitisierter und karbonatisierter Quarzporphyrgang angefahren. Die beiden Teile im Hangenden und Liegenden der Überschiebung sind recht verschieden ausgebildet: die Konglomeratbank im Hangenden der Überschiebung ist 2,4—3,0 m mächtig und nur in ihrem liegenden Teil bauwürdig, die überschobene Bank dagegen ist nur 1,2—2,4 m mächtig und sowohl im Hangenden als auch im Liegenden bezüglich ihres Goldgehaltes bauwürdig.

Bei Damang etwa taucht die Sattelachse der goldführenden Konglomerate nach NO unter; außerdem sind hier die Strukturen durch eine große Epidiorit-Intrusion verwischt. Westlich Tarkwa hat man noch an verschiedenen Stellen das goldführende Konglomerat angetroffen und abgebaut.

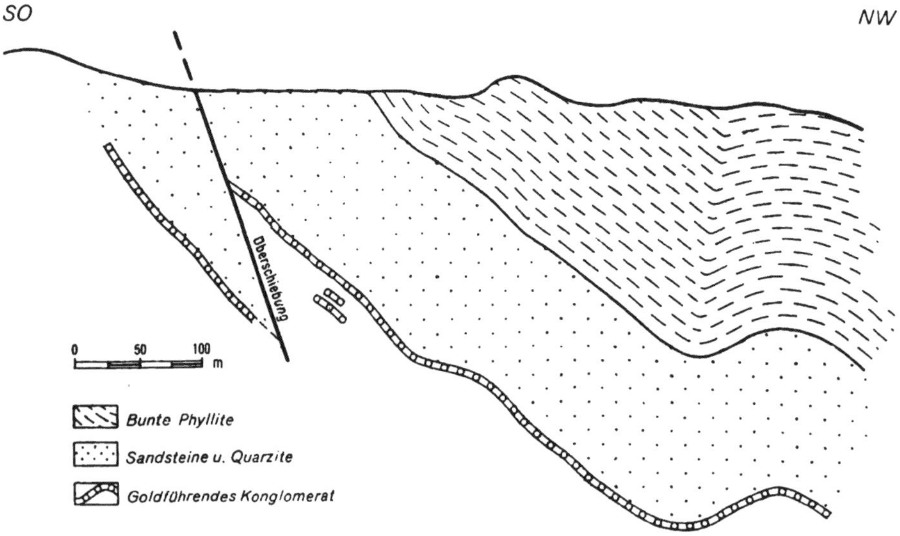

Abb. 27. Schnitt durch die Abosso-Grube. Nach *Whitelaw*, 1929, vereinfacht.

Am nordöstlichen Ende des Zuges der Tarkwa-Formation hat man zwischen Banka und Akoasi die goldführenden Konglomerate in einer überkippten Mulde wiedergefunden. 1932 wurde dieses Gebiet von der Geologischen Landesaufnahme der Goldküste untersucht. Bei Banka, Ntronang, Bintempi und Nojem, also am Südost- und Nordrand der Mulde, wurden die besten Goldgehalte festgestellt. Bei Banka tritt die goldführende Konglomeratbank infolge Faltung doppelt auf; der durchschnittliche Goldgehalt wurde bei den Schürfarbeiten mit 26 g/t ermittelt. 1½ km nordwestlich des Dorfes Ntronang wurde zwischen 1909 und 1918 das goldführende Konglomerat abgebaut, die Schichten waren auch hier stark gefaltet. 1918 wurden die Erzvorräte auf etwa 75000 t mit einem Goldgehalt von durchschnittlich 12 g/t geschätzt. Bei Nojem findet sich Gold vor allem im liegenden Teil der Konglomeratbank.

Eine Betrachtung der Statistik (bei *Junner*, 1935) zeigt, daß die Goldgehalte des geförderten Erzes stetig zurückgegangen sind. Diese Erscheinung ist weniger auf das Sinken des Goldgehaltes der Konglomerate zurückzuführen, sondern darauf, daß in den letzten Jahren in fortschreitendem Maße auch goldärmere Erze verarbeitet wurden, die früher als nicht bauwürdig galten.

Wie die goldführenden Konglomerate des Witwatersrandes faßt man auch die Tarkwa-Konglomerate als fossile Seifen auf; *Halse* berichtet, daß gerundete Goldkörnchen gefunden seien; wie schon S. 164 erwähnt, hat zehn Jahre vor ihm bereits *Gümbel* diese Beobachtung gemacht, wenngleich er dazu bemerkt, daß sie „vielleicht erst durch die Gewinnungsart abgerundet" seien. Nach *Bray* sind die Konglomerate in seichtem, fließendem Wasser abgelagert. Aus regelmäßig angeordneten, wallartigen Sandschüttungen glaubt er schließen zu dürfen, daß die Konglomerate von SO her gekommen sind. Ob es sich um Delta-Ablagerungen eines Flusses oder um marine Strandkonglomerate handelt, ist noch nicht geklärt. Man hat allerdings Beziehungen zwischen den Verwerfungen und der Goldführung festgestellt; hierbei dürfte es sich um sekundäre Metallverschiebungen handeln. Einige tiefgreifende Unterschiede bestehen zwischen den beiden Goldfeldern von Tarkwa und Witwatersrand. Die Konglomerate von Tarkwa enthalten im Bindemittel reichlich Roteisenerz, das im Witwatersrand fehlt; die Witwatersrand-Konglomerate hingegen führen viel Pyrit und stellenweise reichlich Karbonate, die in denen von Tarkwa fehlen; schließlich ist der Feingehalt des Tarkwa-Goldes größer (950—1000) als der des Goldes vom Witwatersrand (875—900).

Man hat auch noch an anderen Orten der Goldküste mehr oder weniger goldführende Konglomerate gefunden, die mit großer Wahrscheinlichkeit ebenfalls in die Tarkwa-Formation zu stellen sind, so im Banda-Distrikt im nordwestlichen Aschanti — sie enthalten jedoch höchstens 3,5 g/t Gold — und im Jamna-Distrikt in den Nord-Territorien, mehr als 300 km nördlich von Tarkwa. Vereinzelt hat man auch etwas Gold in den Konglomeraten der Buem- und Oti (Volta)-Formation gefunden.

c. Goldseifen

Eluviale Seifen spielen wirtschaftlich keine Rolle, da eine Anreicherung der noch zackigen, kaum abgerundeten Goldkörnchen nicht stattgefunden hat; von Bedeutung sind sie höchstens als Anzeichen für das Vorhandensein von Goldquarz-Gängen. Bei Tarkwa findet sich nach *Futterer* roter Ton mit goldhaltigen Quarzgeröllen.

Auch marine Seifen haben derzeit höchstens wissenschaftliche Bedeutung. Ein Vorkommen älterer mariner Seifen — eine dünne, bisweilen einige Dezimeter dicke Decke von tonigem Sand mit Quarz- und Quarzit-Geröllen — ist zwischen Tafo und Kumasi gefunden worden. Jüngere marine Seifen finden sich im Küstengebiet, vor allem zwischen Accra und der Ankobra-

Mündung. Nach *Futterer* wurden früher diese marinen Sande von Eingeborenen-Frauen bei Axim, Cape Coast Castle u. a. O. nach Gold durchwaschen.

Von großer wirtschaftlicher Bedeutung waren und sind auch heute noch die Fluß-Seifen. Nicht nur in den heutigen Flußtälern, sondern auch in den bis 30 m über dem heutigen Talboden liegenden alten Fluß-Terrassen wird Gold gewonnen; die alten Terrassenschotter sind stellenweise durch Brauneisen fest verkittet. Die Gewinnung des Goldes aus dem Sand der Flüsse ist schon sehr alt; das einfache Wasch-Verfahren erlaubte auch noch verhältnismäßig arme Seifen abzubauen. Seit man zur Gewinnung durch Bagger übergegangen ist, werden an die Ausdehnung der Seifenlagerstätten schon größere Anforderungen gestellt; die Bauwürdigkeits-Grenze liegt bei etwa 0,3 g/cbm Kies. Wenn das Gold sehr fein verteilt ist, kann es durch Flotation gewonnen werden. Die anfangs verwandten Eimerbagger erwiesen sich als unzweckmäßig, wenn das Flußbett felsig war, wie stellenweise beim Pra und beim unteren Ofin, weil hierbei das in den Hohlräumen der Felsen steckende Gold nicht gewonnen werden konnte. Saug-Bagger haben sich besser bewährt. Die reichsten Goldseifen habe ich mit einigen Daten in folgender Zahlentafel zusammengestellt:

Zahlentafel 1 (nach Klingner, 1940)

Fluß	Produktionszeit	Förderung in kg	Durchschnittlicher Goldgehalt in g/cbm
Ankobra	1904—1919	1290	0,3
Ankobra	29. 9. 1938—31. 12. 38	73	0,2—0,3
Fura	1909—1920	139	0,4
Oberer Ofim	1903—1915	1030	0,2
Unterer Ofim	1903—1919	2110	0,3
Unterer Ofim	1922—1926	68	?
Birrim	1904—1905	47	?
Pra	1909—1924	61	0,3
Jimi (Nebenfluß des Ofim)	noch keine Produktion		0,8— 1,3*
Tano	1936—1937	621	0,04—0,2
Pusu Pusu (Nebenfluß des Birrim)	1913—1929	275	0,9*

Die Goldseifen erschöpfen sich bei gesteigerter Förderung naturgemäß sehr schnell. So blieb z. B. beim Fura, wo man die besten Ergebnisse bei Butaboi, Furaboi, Tomento und Banso erzielt hatte, die Waschgold-Gewinnung bis 1912 ziemlich gleichmäßig, verminderte sich aber dann sehr schnell, so daß sie 1920 ganz eingestellt werden mußte. Dazu kommt, daß beim Bagger-Betrieb die Gewinnungskosten ziemlich hoch sind, da ja die Wälder gelichtet

*) Da in der englischen Literatur der Goldgehalt als Shilling- und Pennywert angegeben ist, sind diese Zahlen durch die doppelte Umrechnung — auf dem Umweg über den Goldpreis — nur annähernd genau.

und die Maschinen herangeschafft werden müssen. Die großen Flußläufe, wie Birrim, Pra, Ofin, Ankobra u. a., führen oft auf Strecken von 160 km Länge und mehr reiche Goldsande. Die Breite der Täler ist sehr verschieden, so sind die Talebenen des Tano und des Pusu Pusu etwa 1½ km breit. Die goldhaltigen Sande des Tano sind etwa 7 m mächtig, die des Pusu Pusu etwa 2½ m. Zu oberst liegt in den Seifen gewöhnlich sandiger Ton oder Schlamm, darunter folgt reiner Sand mit einzelnen Kiesbänken. Das Gold findet sich auch im Kies, ist aber meistens in dem zu Ton verwitterten Phyllit am Grunde des Bachbettes angereichert. Die häufigsten Begleitmineralien sind Magnetit, Titaneisen, Staurolith und Rutil. Goldkörnchen von 0,5 g Gewicht sind öfters gefunden worden, auch schon solche bis zu 15 g Gewicht; früher sollen die Eingeborenen Nuggets von 240 g Gewicht gefunden haben.

Von Eingeborenen abgebaute Goldseifen, die z. T. allerdings noch nicht genügend untersucht sind, finden sich auch nordwestlich der Hauptgoldfelder im Sefwi-Bezirk, z. B. im Wana-Fluß nordöstlich Akasu, im Beresua-Fluß, in dem von Eingeborenen eine ganze Menge größerer Gold-Nuggets gefunden wurden, im Bia-Fluß bei Kojotinikrom, im Sui-Fluß von der Einmündung des Bia-Flusses an flußaufwärts, im Tawya-Fluß bei Pokokrom und zahlreichen anderen Flußläufen, die in den Bia-Bergen entspringen.

Im Nordwestsunyani, in der Provinz Aschanti, liegen ebenfalls zahlreiche Eingeborenen-Goldwäschereien entlang den Flüssen Kora, Amoma, Wam, Pamu, Jifaw, Ntabene, Atuna, Fetetin, Puru, Fete, Awasu und Kankama und deren Nebenflüssen. Bei Koraso wurden etwa 12 m über dem Kora-Tal Terrassenschotter auf Gold durchwaschen. Viele der goldführenden Flüsse haben nur zeitweise Wasser, was die Goldgewinnung natürlich sehr erschwert.

Die gesamte Goldförderung der Goldküste seit 1880 ist in Zahlentafel 2 zusammengestellt; wo es möglich war, sind die Förderziffern für Seifengold, Konglomeratgold und Ganggold getrennt angegeben. Wieviel Gold bis 1880 gewonnen wurde, ist natürlich kaum zu schätzen. *Junner* (1935) gibt schätzungsweise folgende Zahlen für die Goldausfuhr der Goldküste:

1471—1750	(jährlich rd. 1134 kg)	317520 kg
1751—1800	(,, ,, 284 kg)	14175 kg
1801—1850	(,, ,, 1134 kg)	56700 kg
1851—1880	(,, ,, 700 kg)	21263 kg
	Insgesamt	409658 kg

In diesen Zahlen ist die Goldmenge, die in die benachbarten afrikanischen Länder ausgeführt wurde, nicht enthalten. Nach *Junners* Annahme dürften es kaum mehr als 70 kg jährlich gewesen sein. Die oben angegebene Summe von rund 410000 kg würde sich dann auf rund 440000 kg erhöhen. Da die gesamte Goldförderung Afrikas von 1493—1850 auf rund 700000 kg geschätzt wird, wäre die Goldküste mit etwas über 60 v. H. daran beteiligt.

Zahlentafel 2.

Goldförderung (Metallinhalt) der britischen Kolonie Goldküste. Zusammengestellt nach *Junner* (1935), ab 1934/35 bis 1937 nach *Mountain* (1938) und umgerechnet auf Kilogramm.

(Aus Klingner, 1940.)

	Gesamtförderung	Seifengold	Goldführendes Tarkwa-Konglomerat	Goldquarzgänge
1880	240,6	—	—	—
1881	331,2	—	—	—
1882	450,6	—	—	—
1883	383,9	—	—	—
1884	484,6	—	—	—
1885	658,8	—	—	—
1886	547,8	—	—	—
1887	594,2	—	—	—
1888	633,4	—	—	—
1889	755,5	—	—	—
1890	671,0	—	—	—
1891	645,1	—	—	—
1892	723,4	—	—	—
1893	579,1	—	—	—
1894	562,2	—	—	—
1895	669,9	—	—	—
1896	631,0	—	—	—
1897	620,8	—	—	—
1898	467,4	—	—	—
1899	375,6	—	—	—
1900	278,3	—	—	—
1901	162,4	—	—	—
1902	709,3	—	—	—
1903	1865,3	—	—	—
1904	2770,9	—	—	—
1905	4786,7	?	1376,9	1697,7
1906	6532,5	?	2458,6	3629,4
1907	8518,2	415,6	3080,8	5021,8
1908	8747,0	415,0	3897,6	4434,4
1909	7168,4	625,2	2843,6	3699,6
1910	5712,8	472,1	1939,1	3301,6
1911	7898,7	480,7	1375,6	6042,4
1912	10977,1	388,1	3214,7	7374,3
1913	12070,7	289,4	4260,5	7520,8
1914	12771,4	262,0	4989,4	7520,0
1915	12588,7	175,5	5341,6	7071,6
1916	11931,5	151,3	5066,5	6713,7
1917	11342,4	100,0	4754,4	6488,0
1918	9792,2	18,1	4230,1	5544,0
1919	9181,6	22,4	3837,1	5322,1

	Gesamt-förderung	Seifengold	Goldführendes Tarkwa-Konglomerat	Goldquarzgänge
1920	6453,4	1,7	2769,3	3682,4
1921	6325,6	9,1	2535,5	3781,0
1922*)	1731,2	1,9	717,1	1012,2
1922/23**)	6346,7	81,1	2658,8	3606,8
1923/24	6241,8	84,3	2675,9	3481,6
1924/25	6540,3	63,4	2615,2	3861,7
1925/26	6160,3	12,9	2766,8	3380,6
1926/27	5881,5	18,3	2422,4	3440,8
1927/28	5255,5	18,4	1957,3	3279,8
1928/29	5197,3	31,2	1569,1	3597,0
1929/30	6795,1	21,4	1825,2	4948,5
1930/31	7652,9	—	2004,0	5648,9
1931/32	8223,5	0,8	1999,1	6223,6
1932/33	8858,6	1,2	2243,6	6613,8
1933/34	9608,7	—	2307,6	7301,1
1934/35	10482,0	—	2439,0	8043,0
1935/36	11388,4	2,1	3132,7	8253,6
1936/37	14274,9	224,4	3476,1	10574,4
1937***)	17293,5	394,7	3677,3	13221,5
1938/39	20674,8	—	—	—
	338218,2	4222,3	98458,5	185333,8

2. *Mangan*

Manganhaltige Phyllite sind in der Goldküstekolonie, vor allem in Nsuta, Dagwin und am Butri-Fluß, weitverbreitet, sie kommen aber auch bei Odumasi in Aschanti und bei Hapa in der Nordwestecke der Nord-Territorien vor. Durch stärkere Metamorphose bildeten sich in diesen manganhaltigen Schiefern kleine Mangan-Granaten und Rhodonit; das so entstandene Gestein wird nach einem ähnlichen Vorkommen in Indien „Gondit" genannt; im extremsten Fall entstand ein Spessartin-Quarz-Fels mit oder ohne Rhodonit. Diese Gesteine bilden einen gut erkennbaren Horizont in der oberen Birrim-Formation. Die Gondite finden sich vor allem nördlich Sekondi in der Kolonie zusammen mit Biotitschiefern und Paragneisen, in Aschanti in den Birrinsim-Bergen bei Bompata und, allerdings weniger stark metamorphosiert, in den Kalimbi-Bergen bei Tangapi (Nord-Territorien). Die gleichmäßige Ausbildung und weite Verbreitung dieser manganhaltigen Ge-

Bemerkungen zur Zahlentafel 2: 1899 bis 1902: Burenkrieg. — 1914: Beginn des Weltkrieges. — 1919: Beginn der Weltwirtschaftskrise. — 1931: England löst seine Währung vom Golde.

*) Die ersten drei Monate. — **) Jeweils vom 1. April bis 31. März. — ***) Kalenderjahr.

steine spricht für syngenetische Entstehung, wobei für die Ausscheidung des Mangans wahrscheinlich auch noch die Tätigkeit von Bakterien (Oidium manganifera) anzunehmen ist. An sich sind diese Vorkommen mit 7—30 v. H. Mangan noch keine Manganerz-Lagerstätten, aber an einigen Stellen sind in diesen manganhaltigen Gesteinen durch Oberflächenwässer die Mangansilikate in Manganoxyde umgewandelt und ganz in der Nähe ausgeschieden, so daß kleine Manganerz-Lagerstätten entstanden sind. Alle diese Lagerstätten sind aber nicht bauwürdig, bis auf eine, die von Nsuta, die die Goldküste zum größten Mangan-Ausfuhrland Afrikas gemacht hat.

Die Manganerz-Lagerstätte von Nsuta bildet mehrere voneinander getrennte Erzkörper in einem NNO-SSW streichenden, am Nordende 107 m hohen Bergzug von 3½ km Länge. Von den drei manganerzführenden Bergkuppen dieses Zuges werden derzeit drei abgebaut. Im einzelnen besteht über den Bau dieser Lagerstätte noch keine Klarheit. Es dürfte, vom Hangenden zum Liegenden, folgendes Profil zu beobachten sein:

einige cm	roter, toniger Boden mit winzigen Manganerz-Körnchen	rd. 40 v. H. Mn
6—9 m, stellenweise bis 30 m	roter, toniger Boden mit Konkretionen von oxydischem Mangan-Erz	
3—6 m	zelliges, glaskopfartiges und stalaktitisches Mangan-Erz (Psilomelan), Kieselsäure völlig herausgelöst	50—55 v. H. Mn
?	weiches Erz (Pyrolusit) mit zahlreichen Äderchen von Quarz und Kaolin (Halloysit)	
	Liegendes? (manganhaltiger Phyllit und Gondit?)	

Die Abhänge des Bergzuges sind übersät mit Manganerzschutt, der bis zu 5 m mächtig wird. Der Haupterzkörper ist 30 m lang, 21 m breit und etwa 70 m mächtig. Neben Pyrolusit und Psilomelan kommen noch Manganit und Polianit vor. Wie die Analysen zeigen, ist das Manganerz von Nsuta und

	Manganerz-Analysen von Nsuta					Mpesaso
MnO_2	94,98	86,08	78,71	68,57		69,09
MnO	2,08	3,20	3,88	3,51		5,04
Fe_2O_3	0,14	2,29	5,72	11,01		6,46
SiO_2	0,30	2,45	4,60	5,55		3,22
P_2O_5	0,29	0,25	0,24	0,32		0,41
Al_2O_3	0,87	1,96	3,14	4,43		6,59
CaO	0,03	0,25	0,29	0,60		0,12
MgO	Sp.	Sp.	0,16	0,29		0,37
BaO	0,02	0,07	0,10	0,18		0,54
SO_3	0,04	0,02	0,10	0,21	NiO	0,20
TiO_2	Sp.	0,09	0,10	0,18		0,55
$H_2O + CO_2$	0,70	3,32	2,65	4,87	H_2O	6,57
Cr_2O_3	Sp.	Sp.	0,10	0,20	K_2O	0,78
	99,45	99,98	99,79	99,92	Na_2O	0,42

Technische Analysen des Manganerzes von Nsuta

Mn	61,65	56,90	52,77	46,08
Fe	0.10	1.60	4,00	7,70
P	0.126	0,11	0,11	0,14
SiO_2	0.30	2,45	4,60	5,55

Dagwin teilweise sehr hochwertig und besonders zur Herstellung von Ferromangan geeignet, bei dem das Manganerz höchstens 0,2—0,3 v. H. Phosphor haben darf. Die ganz reinen Erze finden in der chemischen Industrie Verwendung. Die Erzvorräte werden auf 12 Millionen t geschätzt. 1925 betrug die Jahresförderung rund 330000 t.

Im Rechnungsjahr 1938/39 ist die Manganerzförderung um mehr als die Hälfte von 532126 t im Rechnungsjahr 1937/38 auf nur noch 257378 t zurückgegangen.

Bemerkenswert ist noch ein lateritisches Manganerz-Vorkommen mit 48 v. H. Mangan bei Asirebuso Camp, etwa 5 km südlich Mpesaso. Die weite Verbreitung der lose herumliegenden Blöcke, deren größter 967 ½ m mißt, läßt auf eine bedeutende Ausdehnung des Vorkommens schließen. Eine Durchschnittsanalyse von 7 Proben ist hinter den Manganerzanalysen von Nsuta wiedergegeben. Das Manganerz geht seitlich über eisenhaltigen Laterit in aluminiumreicheren Laterit und schließlich in Bauxit über.

3. *Bauxit* (Aluminiumerz)

Der Geological Survey hat an verschiedenen Stellen der Goldküste ausgedehnte, bauwürdige Bauxit-Lagerstätten entdeckt, die dieses Land zu einem der aluminiumerzreichsten der Welt machen. Bisher findet allerdings noch kein Abbau in größerem Umfange statt. Ganz allgemein bildet der Bauxit 3—12 m mächtige Kappen auf den Bergen, und zwar liegen fast alle wertvollen Lagerstätten in 500—800 m Seehöhe; minder wertvolle Vorkommen finden sich auch in geringerer Höhe. Die Bauxit-Lagerstätten sind Reste einer ausgedehnten lateritischen Verwitterungsdecke auf einer, wie *Cooper* annimmt, postkretazischen Landoberfläche. Ob sich Bauxit auch heute noch bildet, ist bisher nicht erwiesen.

Mit die wichtigste Bauxit-Lagerstätte ist die auf dem 760 m hohen Mt. Ejuanema (Kwahu), die *Kitson* 1914 entdeckt hat; sie liegt ungefähr 3 km von der Bahnstation Nkawkaw an der Accra-Kumasi-Bahn entfernt. Der Berg wird aufgebaut aus nahezu flachliegenden grauen, grünen, braunen und roten Schiefertonen, sandigen Schiefern und Sandsteinen der silurischen bis unterkarbonischen Oti-Formation — in der Goldküste auch Volta-Formation genannt —. Auf dem östlichen Teil des Berges steht fester Bauxit an, der am Ausgehenden in Trümmer-Bauxit (rubbly bauxite) übergeht. Auf dem westlichen Berggipfel bildet der Bauxit einen Steilabbruch und wird von einer bis 3 m mächtig werdenden Roterde-Decke überlagert. Verschiedene Schürfe zeigten vom Hangenden zum Liegenden folgendes Profil:

1. dünne Roterde-Decke
2. fester Bauxit in massigen Blöcken, dazwischen lockerer Trümmer-Bauxit
3. lockerer Trümmer-Bauxit mit einzelnen Blöcken von festem Bauxit
4. Bauxit-Knöllchen im Ton
5. Ausgangsgestein: Schieferton.

Der Hang des Berges ist auf 150 m Länge von Bauxit-Blöcken übersät. Der Trümmer-Bauxit (rubbly bauxite) besteht aus einer lockeren Packung von großen und kleinen Bauxit-Knollen, die in feinkörnigen Bauxit oder in Roterde eingebettet sind; in den oberen Zonen ist dieser lockere Trümmer-Bauxit oft zu festen Bauxit-Blöcken verkittet. Der feste Bauxit (massive bauxite) kommt einmal als sehr festes, gleichmäßig dichtes Gestein mit glattem Bruch vor, das gebranntem Ton sehr ähnlich ist, dann aber auch in oolithischen und pisolithischen Massen, die durch Auflösung und Wiederausscheidung gebildet wurden; bisweilen findet sich auch noch eine brekziöse Ausbildung. Diese Bauxitarten sind gewöhnlich sehr hochwertig. Es gibt außerdem einen zelligen Bauxit, der noch brauchbar ist, aber auch einen höheren Eisengehalt hat. Die Farbe des festen Bauxits ist gelblich, grau, rosa, rot und braun in verschiedenen Abtönungen. Die hellgrauen und gelben Bauxit-Arten enthalten nur rund 2 v. H. Fe_2O_3, während die ganz dunkelroten etwa 54 v. H. Fe_2O_3 aufweisen, also eher schon ein niedrigprozentiges Eisenerz sind. Einige Analysen sind am Schluß dieses Abschnittes zusammengestellt.

Zweifellos ist dieser Bauxit aus dem Schieferton entstanden, aus dem der Berg aufgebaut wird. An manchen Bauxitknollen hat man röhrchenartige Anhängsel gefunden, die durch den Ton hindurchsetzen und die bisweilen mit einem dünnen Bauxithäutchen ausgekleidet sind; in diesen Röhrchen sickerte das Wasser in die Tiefe, das den Ton zersetzte und die in Lösung gebrachte Kieselsäure fortführte. Aus dieser Erscheinung wird auf die Fortdauer der Bauxit-Bildung in heutiger Zeit geschlossen. Kohlensäure und Humussäure scheinen bei der Bauxit-Bildung in erheblichem Maße beteiligt zu sein; jedenfalls ist das Auftreten beträchtlicher Mengen von Kohlensäure in den Schürfschächten bemerkenswert.

Die Bauxit-Vorräte des Mt. Ejuanema werden auf Grund der Schürf-Arbeiten auf 1800000 t festen Bauxit und 2160000 t Trümmer-Bauxit geschätzt, das sind rund 4 Millionen t, aus denen schätzungsweise etwa 550000 t Aluminium-Metall gewonnen werden könnten.

Große Bauxit-Lagerstätten finden sich bei Sefwi Bekwai, etwa 90 km nordwestlich der Bahnstation Dunkwa. Auf sechs 460—520 m hohen Bergen, die aus Phylliten, Glimmerschiefern und Sandsteinen der Birrim-Formation aufgebaut werden, finden sich ausgedehnte Vorkommen, deren Vorräte bei Annahme einer durchschnittlichen Mächtigkeit von 6 m und einem spez. Gew. von 2,53 auf rund 30 Millionen t geschätzt werden, und zwar auf

10	Millionen	t	beim	Kanaiyeribo
11		t	,,	Ichinniso
3	,,	t	,,	Supirri

4	Millionen	t	beim	Khirri
1	,,	t	,,	Nfatahun
2	,,	t	,,	Afumba.

Da man wahrscheinlich mit einer bauwürdigen Mächtigkeit von rund 40 m wird rechnen dürfen, werden sich diese Zahlen noch erhöhen. Geologisch genauer untersucht sind erst die Vorkommen auf dem Mt. Ichinniso und dem Mt. Supirri. Auf dem Gipfel des Mt. Ichinniso ragt ein 12 m hoher, steilwandiger Bauxitwall empor, der stellenweise abgebrochen ist, lose Bauxitblöcke übersäen den Hang. Über dem Bauxit liegen 1,20 m Roterde. Der entsprechende Steilrand auf dem Mt. Supirri ist 9—27 m hoch und scheint ganz aus Bauxit zu bestehen; eine etwa 16 m tiefe Bohrung auf der Nordecke des Gipfels hat den Bauxit nicht durchsunken. Der Bauxit dieser Lagerstätten ist heller und weicher, im ganzen auch poröser als der vom Mt. Ejuanema, von dem er sich auch durch einen beträchtlichen Gehalt an Gibbsit*) unterscheidet, der z. T. in weißen, durchsichtigen Kriställchen auf Hohlräumen vorkommt. Die Farbe des Bauxites ist rot, orange, gelb und braun; bisweilen ist noch die ursprüngliche Schichtung des Ausgangsgesteins zu erkennen, dessen Quarzgänge und Quarznester in Gibbsit, der in weißen Streifen und Flecken auftritt, umgewandelt sind. Der Gibbsit, der stellenweise fast die Hälfte der Bauxitmasse ausmacht, bedingt auch den hohen Wassergehalt (s. Analysen am Schluß).

Etwa 22 km nordöstlich dieser Vorkommen liegen die ebenfalls aus Phylliten und Glimmerschiefern hervorgegangenen Bauxit-Lagerstätten des Mt. Angwinyare (840000 t Erzvorrat) und Mt. Sumanchichi (180000 t Erzvorrat).

Außer diesen Lagerstätten, die in der eigentlichen Kolonie liegen, gibt es auch in Aschanti große Vorkommen. Die Gipfel der Berge, knapp 60 km westlich Kumasi im Jenahin-Distrikt, tragen ausgedehnte Bauxit-Lagerstätten in Höhen von 620—730 m. Die tonigen Sedimente, anscheinend Phyllite der Birrim-Formation, haben guten Bauxit, die nördlich und südlich davon vorkommenden sandigen Sedimente haben eisenreichen Bauxit geliefert. Von den neun bekannten Lagerstätten sind acht bauwürdig, ihr Erzvorrat wird bei durchschnittlich 6 m Mächtigkeit auf insgesamt 150 Millionen t geschätzt. Das Vorkommen auf dem 620 m hohen Mt. Tiffi ist näher untersucht worden. Der Bauxit, von kremgelber bis orangeroter Farbe, ist an der Oberfläche hart, in den tieferen Teilen weich und von dichter, oolithischer, pisolithischer oder zelliger Textur.

Unweit der Grenze zur Elfenbeinküste, etwa 65 km nordwestlich Sungani, liegt noch ein kleines Bauxit-Vorkommen in der Impuessu-Kette zwischen Puliano und Seketia, das durch seine Entstehung aus Andesit bemerkenswert ist. Für eine wirtschaftliche Ausnutzung ist es zu klein.

*) Gibbsit oder Hydrargillit, $Al_2O_3 \cdot 3\,H_2O$.

Am Mt. Mie (Kwamiso Bepo), an der Quelle des Puru-Flusses, liegt ein aus Hornblende-Schiefern entstandenes Bauxit-Vorkommen.

Auf dem Asafo in Nordwestsefwi, östlich des Bia-Flusses, etwa 8 km nordöstlich Asempanaije, liegt eine 8—12 m mächtige Lagerstätte von gutem Bauxit. Bei durchschnittlich 6 m Mächtigkeit rechnet man mit einem Erzvorrat von 18 Millionen t mit 50 v. H. Al_2O_3 und 14 Millionen t mit 55 v. H. Al_2O_3.

Es gibt noch zahlreiche andere kleine Bauxit-Vorkommen, die sämtlich auch bauwürdig sind; sie alle aufzuzählen, würde hier zu weit führen. Als bemerkenswert soll nur noch ein Bauxit aus der Sansu-Kette südwestlich Obuasi genannt werden, der praktisch aus fast reinem Gibbsit (Hydrargillit) besteht; er ist aus Phylliten und Glimmerschiefern entstanden. Vom Bauxit des Mt. Supirri ist noch erwähnenswert, daß er $\frac{1}{2}$—$1\frac{1}{2}$ g/t Gold und 6—27 g/t Silber enthält, die aus Goldquarzgängen des zersetzten Gesteins stammen; man glaubt, die Edelmetalle bei der Aufbereitung und Verarbeitung des Bauxites gewinnen und so die Gestehungskosten etwas senken zu können.

Bauxit Analysen von der Goldküste

	1	2	3	4	5	6	7	8	9	10	11
SiO_2	0,81	0,27	0,81	0.37	0,29	0,29	0,59	0,40	1,49	0,33	1,02
Al_2O_3	56,15	72,32	66.41	59.69	54.59	62,89	53,20	48,88	47,32	41,86	48,72
Fe_2O_3	12,27	3,30	5,06	6.01	13,24	1.16	15,52	25,30	32,10	34,38	21,53
TiO_2	2,22	2,72	1.95	0.75	2.82	5.25	0.89	1,80	2.79	2,07	3.85
CaO					Sp.		0,21	0.30	0,30	0,22	
MgO					Sp.		2.07	0.10		Sp.	
V_2O_5						0.02	0.04	0.08	0,06	0,06	
P_2O_5					0.50						
K_2O									0.11		
MnO						Sp.					
Cr_2O_3						0.02					
H_2O	28,12	21,72	26.17	33.22	28,61	30,13	29,46	23.15	15,16	21,11	24,26

Fundorte:

1. Ejuanema, gelber und roter, dichter, zelliger Bauxit
2. „ blaßgelber und rosafarbener, oolithischer und dichter Bauxit
3. „ hellgrauer und roter Bauxit
4. Supirri, gelber und rötlicher, gibbsitischer Bauxit, der noch die Phyllit-Struktur zeigt
5. Jenahin-Distrikt
6. Jenahin-Distrikt, Nsiseram
7. Sumanchichi
8. Tiffi
9. Impuessu Range
10. Kwamisa
11. Asafo, Analyse aus drei Proben sehr guten, mittelmäßigen und schlechten Bauxits.

4. *Eisen*

Eisenerz-Vorkommen finden sich an verschiedenen Stellen, aber bauwürdige Lagerstätten von hochwertigem Erz sind bisher noch nicht gefunden worden. So kommt Brauneisenerz als eine Art Ortstein in Bänken bis zu 6 m Mächtigkeit vor, das Erz ist aber viel zu kieselsäurereich, als daß es abgebaut werden könnte. Eingeborene gewinnen eine Art Bohnerz aus den Schiefertonen der Oti-Formation. Lateritische Eisenerze finden sich zusammen mit dem Bauxit. Lager von titanhaltigem Magnetit finden sich in Pudo bei Naurongo.

5. *Zinn, Niob, Wolfram, Molybdän*

Etwas Zinnstein hat man in Gneisen sowie in Pegmatit- und Aplit-Gängen bei Mamkwadi und in einem Pegmatit bei Abrem an der Küste südwestlich von Accra gefunden. Von hier ist der Zinnstein in die Fluß-Sande in der Umgebung der Mankofa-Lagune gekommen. Diese Seifen wurden zeitweise durch die Eingeborenen in bescheidenem Umfange abgebaut. Neben dem Zinnstein findet sich in diesen Seifen auch noch Columbit, Tantalit, Wolframit und Scheelit. In einem Quarzgang bei Mamkwadi fand sich zusammen mit Zinnstein auch etwas Molybdänglanz.

6. *Kupfer, Silber*

Kupfermineralien hat man schon an verschiedenen Stellen gefunden, bei Axim in einem Diorit auch gediegenes Kupfer. Größere, geschweige denn bauwürdige Lagerstätten sind noch nicht bekannt geworden. — Etwas Silber erhält man als Nebenerzeugnis bei der Goldgewinnung.

7. *Titan, Chrom*

Ilmenit findet sich reichlich zusammen mit Magnetit, Rutil, Anatas und Brookit in Fluß-Seifen. Rutil hat man auch nesterweise in einem sehr quarzigen Pegmatitgang bei Tarkwa u. a. O. gefunden. Chromeisenerz fand sich in einem Serpentin bei Anum.

B. Nichterze

1. *Diamant*

Die ersten Diamanten wurden im Februar 1919 vom Geological Survey bei Abomoso im Birrim-Tal gefunden, im selben Jahr fand man noch zwei kleine Steine in einem Nebenfluß des Obosum, 130 km nordöstlich der ersten Fundstelle. Weitere Diamantenfunde wurden 1920 bei Oda, Wanchi, Kade und Manso gemacht. Als am diamantenreichsten erwiesen sich die unteren und mittleren Teile des Birrim-Tales und das mittlere Pra-Tal, die zusammen ein Gebiet von rund 6500 qkm umfassen. Überdies scheinen auch die meisten Diamanten aus den Sanden und Terrassenschottern des Pra ursprünglich aus dem Birrim-Tal zu stammen. Weiter entfernt vom Birrim hat man einzelne Diamanten noch in den Distrikten Tarkwa (im Bonsa, unweit der Mündung in den Ankobra), Aowin (Enchi) und Sefwi gefunden, ferner im Jaja-Fluß nördlich von Enchi, im Bosumpem-Fluß bei Sankori, im Joko-Fluß südwestlich Kintampo sowie im Aboabo, einem Nebenfluß des Obosum. Andere Diamantenfunde, vor allem in den Nord-Territorien, sind zweifelhaft. Eine Diamanten-Gewinnung in größerem Ausmaß findet nur im Gebiet des Birrim und des Bonsa statt.

Das Birrim-Feld, mit dessen Abbau 1920 begonnen wurde, liefert 98,5 v. H. der Diamanten-Förderung der Goldküste. Die Hauptfundorte dieses Feldes liegen in einem 725 qkm großen Gebiet, dessen Grenze in großen Zügen von Kade nach Pramkese, Osenasi, Manso, Akim Swedru (Oda) bis zur Mündung des Birrim in den Pra verläuft. Der Birrim selbst führt Diamanten von Akwaso (8 km nordöstlich Abomoso) auf etwa 97 km Länge bis zu seiner Mündung in den Pra; vereinzelte Diamanten sind auch noch weiter flußaufwärts gefunden worden. Auch außerhalb des oben umrissenen Gebietes finden sich noch Diamanten, aber die bauwürdigen Gebiete liegen keine 10 km vom Birrim entfernt, die meisten weniger als 6 km. Die diamantführenden Sande finden sich vor allem in den Talweitungen, wo die versumpften Täler an die 200 m breit sind; diamantenreich ist besonders der Oberlauf der kleinen Flüsse und Bäche, die meistens Nebenflüsse des Birrim oder des Amaw und Supong (in den Atewa-Bergen entspringende Nebenflüsse des Birrim) sind. Das Gefälle der kleinen Bäche ist ungefähr 10 mal so groß wie das des Birrim. An einzelnen Stellen hat man auch die Terrassenschotter auf Diamanten abgebaut, so bei Kade die 20 m über dem Flußspiegel (zur Trockenzeit) liegende obere Birrim-Terrasse und die 15 m über dem heutigen Fluß liegende Terrasse des Supong zwischen Atiankama und Akwatia. Die Diamanten der Flüsse finden sich in blauen, sandigen und z. T. auch mehr oder weniger tonigen, ½—1 m mächtigen Kiesen, die von etwa ½ m sandigem Ton oder Schlamm überdeckt werden. 45—63 v. H. der Quarzkörner des Sandes zeigen 2 mm und kleinere Korngrößen. Der gewöhnlich in den oberen Talstrecken auftretende rote, lateritische Kies ist meistens arm an Diamanten.

Das Bonsa-Diamantenfeld, in dem die ersten Diamanten 1922 ebenfalls von Geologen des Geological Survey gefunden wurden, ist in einem 22 km langen und 1½—6 km breiten Streifen bauwürdig; für größere Förderanlagen ist die Lagerstätte zu klein, nur die Eingeborenen waschen die im Durchschnitt 0,3—0,6 m mächtigen Kiese mehrerer kleiner Bäche und Flüsse nördlich und südlich des Bonsa. Das Liegende der diamantführenden Alluvionen bildet das Kawere-Konglomerat, aus dem auch die Diamanten stammen sollen.

In den Diamantfeldern der Goldküste liegt die Bauwürdigkeitsgrenze bei 0,5 Karat je Kubikmeter Kies, bisweilen werden 26 Karat in einem Kubikmeter Kies gefunden. Ein allgemeines Merkmal der Goldküsten-Diamanten ist ihre Kleinheit, auf ein Karat gehen 15—25 Diamanten („Sand-Diamanten")*. Von 8 Millionen Karat Diamanten wog der schwerste nur 3 Karat. Die meisten hier gefundenen Diamanten sind farblos, klar und durchsichtig, blaßblau gefärbte Steine kommen ebenfalls vor, 40—45 v. H. aller geförderten Diamanten sind braune und grüne Bort-Diamanten; gelbe Diamanten sind selten, Karbonados fehlen. Steine mit dunklen Einschlüssen sind nicht selten. Die vorherrschenden Kristallformen sind Oktaeder und Rhombendodekaeder, häufig verzwillingt, auch viele Tetraeder kommen vor, Würfel sind selten. Abgerollte Steine fehlen, zahlreiche Steine haben die so bezeichnenden gewölbten Flächen, manche zeigen Zonarstruktur und eine feine, wahrscheinlich durch Korrosion hervorgerufene Narbung auf den Flächen.

Die Konzentration in den Diamantseifen wechselt von Ort zu Ort und zeigt eine gewisse Abhängigkeit von den im Flußbett anstehenden Gesteinen. Das sicherste Anzeichen für Diamanten ist ein blauer, nicht zu fester Ton, der viel schwarzen Granatsand enthält. Der sandige Kies ist im allgemeinen diamantreicher, während der tonige Kies die größeren und besseren Steine liefert; wahrscheinlich sind die Diamanten in den sandigen Kiesen während des Transportes im Wasser zerrieben und zerbrochen. Die häufigsten begleitenden Schwermineralien sind Staurolith, Ilmenit, Rutil, Turmalin, Granat und kleine Brauneisen-Knöllchen.

Die Herkunft der Diamanten ist noch nicht geklärt. Nach *Knetsch* stammen die Diamanten in den jüngeren Schottern aus umgelagerten älteren Schottern der Hochterrassen, wo sie in roten, lateritischen Ton eingebettet liegen; jedenfalls sind es Fluß-Schotter und keine marinen Schotter, wie man zeitweise annahm. Wie sie in diese Schotter gekommen sind, ist auch wieder fraglich. Englische Geologen nehmen an, daß die Diamanten aus ultrabasischen Tiefengesteinen in nächster Nähe stammen, da kimberlitähnliche Gesteine nirgends gefunden worden sind. Angeblich hat man in der Nähe von Akwatia in Talk- und Tremolit-Schiefern einige kleine Diamanten gefunden (*Junner*, 1935). *Knetsch* möchte annehmen, daß die Diamanten doch aus einiger Entfernung herantransportiert sind.

Man hat auch in Konglomeraten des Tarkwa-Systems Diamanten gefunden, was vielleicht einen Hinweis auf das Alter erlaubt. Bemerkenswert ist in dieser Hinsicht, daß auch die ältesten Diamanten Südafrikas, nämlich die aus den Konglomeraten des Witwatersrandes und der Elsburg-Abteilung (Ventersdorp-Formation), von hell-, dunkel- oder olivgrüner Farbe sind, die durch radioaktive Strahlung verursacht sein soll.

Die Diamantenförderung der Goldküste betrug 1938 rund 1305000 Karat, das sind mehr als 10 v. H. der Weltförderung; schon seit mehreren

* Ein Karat — 200 mg, Steine von 1 mm Grösse wiegen im Mittel 0,06 Karat.

Jahren steht die Goldküste an zweiter Stelle (hinter Belgisch-Kongo mit über 7 Millionen Karat) der diamantfördernden Länder; die Südafrikanische Union folgt erst an dritter Stelle.

2. *Schmucksteine* u. ä.

Große Vorkommen von Andalusit und Cyanit sind von Abodum bei Bekwai (Aschanti) bekannt, Cyanit besonders auch im Dole-Bezirk (Nord-Territorien) und zwischen Schama und Tarkwa. Staurolith findet sich in riesigen Mengen in den Diamantseifen; eine Grube hat 50000 t Staurolith auf der Halde liegen und keine Verwendung dafür.

3. *Glimmer*

Es sind verschiedene Glimmer-Vorkommen bekannt, und zwar Muskowit und Phlogopit, aber die Kristalle sind meist sehr klein oder, wo größere Tafeln vorkommen, sind sie zu fehlerhaft.

4. *Arsen*

Das Vorkommen von Arsenkies auf Goldquarzgängen, besonders von Obuasi, wurde schon unter „Gold" (S. 157) besprochen. Löllingit (Arsenikalkies, $FeAs_2$) findet sich auf zahlreichen Aplitgängen bei Winneba, zusammen mit Gold, Silber und Zinnstein. Mehrere Kilogramm schwere Löllingit-Blöcke hat man im Verwitterungsschutt in der Nähe eines solchen Ganges bei Mamkwadi gefunden.

5. *Schwerspat*

Kleine Schwerspat-Vorkommen kennt man aus den Kalksteinen von Daboija und Du in den Nord-Territorien.

6. *Salz*

Vom Kap der Drei Spitzen bis über Accra hinaus wird nach *Springer* an zahlreichen Orten Kochsalz aus Meerwasser gewonnen. Besonders bei Anta (östlich des Kaps der Drei Spitzen) und bei Chinta (unweit Accra) wird von November bis Februar das sich in der Trockenzeit in Haffseen ausscheidende Salz gewonnen. Stellenweise wird auch Meerwasser in großen irdenen oder metallenen Pfannen gesotten; das gewonnene Kochsalz ist sehr rein. — Bei Daboija, westlich Tamale, wird auch eine Solquelle auf Salz verarbeitet.

7. *Keramische Rohstoffe*

Bei Awiabo, nordwestlich Axim, hat man eine Kaolin-Lagerstätte auf verwittertem Granit entdeckt. Ziegel- und Töpfertone kommen an verschiedenen Stellen vor.

8. Erdöl und Ölschiefer

Im Bonyere-Distrikt westlich Apollonia hat man Erdöl-Ausbisse gefunden. Angeblich wurden bei Tiefbohrungen, vermutlich im Kreide-Sandstein, Schweröl und Erdgas angetroffen. Eine 1220 m tiefe Bohrung mußte „wegen Gestängebruches" abgebrochen werden. — Bei Takoradi kommen auch Ölschiefer vor, die aber nicht bauwürdig sind.

Schrifttum

Die nutzbaren Lagerstätten der Goldküste

Bishop, D. W. und Hughes, W. T., A contribution to the geology of the manganese ore deposits in the Gold Coast Colony and in Ashanti. Trans. Inst. Min. et Met. London 1930/31.

Bray, A., Notes on the banket reefs of the Gold Coast Colony. Inst. Min. and Met. Trans. Bd. 38. London 1929. (Ref. i. Min. Mag. 39 (1929), S. 393—394).

Candlish, E. D., Diamond recovery from gravels and clays in Gold Coast Colony. Min. Mag. Bd. 44 (1931), S. 333—340.

Cooper, W. G. G., The geology of the Prestea goldfield. Gold Coast Geol. Surv. Memoir Nr. 3 (1934).

Cooper, W. G. G., The bauxite deposits of the Gold Coast. Gold Coast Geol. Surv. Bull. Nr. 7 (1936).

Futterer, K., Afrika in seiner Bedeutung für die Goldproduktion. Berlin 1895.

Griffiths, S. V., Diamond mining on the Gold Coast. Min. Mag. Bd. 41 (1929), S. 271—281.

Gümbel, C. W., Beiträge zur Geologie der Goldküste in Afrika. Sitz. Ber. Bayr. Akad. Wissensch. München 1882.

Halse, E., Some banket deposits of the Gold Coast, West Africa. Fed. Inst. Min. Eng. Trans. Bd. 2 (1891).

Hirst, T., The geology of the Tarkwa goldfield and adjacent country. Gold Coast Geol. Surv. Bull. Nr. 10, 1938.

Junner, N. R., The geology of the Obuasi goldfield. Gold Coast Geol. Surv. Memoir Nr. 2. 1932.

Junner, N. R., Gold in the Gold Coast. Gold Coast Geol. Surv. Memoir Nr. 4. 1935.

Junner, N. R., The geology and mineral resources of the Gold Coast. Ohne Erscheinungs-Ort und -Jahr.

Junner, N. R., Gisements de manganese de Nsuta, Gold Coast. Congr. int. des mines etc. VII. Sess. Paris 1935. Bd. 1, S. 173—178.

Junner, N. R., Gisements alluvionaires de diamant de la Gold Coast. Congr. int. mines, mét., géol. appliquée. VII. Sess. Paris 1935. Bd. 1, S. 179—185.

Kitson, A. E., Outlines of the mineral and water-power resources of the Gold Coast, British West Africa, with hints on prospecting. Gold Coast Geol. Surv. Bull. Nr. 1. 1925.

Kitson, A. E., The mineral resources of the Gold Coast. Min. Mag. Bd. 32 (1925), S. 9—17.

Kitson, A. E., The bauxite deposits of the Gold Coast. Min. Mag. Bd. 33 (1925), S. 265—270.

Kitson, A. E., The diamantiferous deposits of the Gold Coast. Congr. int. des mines et de la métallurgie et de la géol. appliquée. VI. sess. Liège 1930, S. 43—48.

Kitson, A. E. und Felton, W. J., References to occurrences of economic minerals in the Gold Coast, recorded in Annual Reports of the Director, Geological Survey. Gold Coast Geol. Surv. Bull. Nr. 5, 1930.

Klingner, F.-E., Die Gold-Lagerstätten der britischen Kolonie Goldküste (Westafrika). Berg- u. hüttenm. Monatshefte Bd. 88 (1940).

Knetsch, G., Geologische Beobachtungen an Diamantlagerstätten der Goldküste, Westafrika. Z. f. prakt. Geol. Bd. 44 (1936), S. 167—174.

McLeod, K., The recovery of alluvial diamonds (in Gold Coast Colony). Min. Mag. Bd. 48 (1938), S. 8—19.

Oke, A. L., Notes on diamond prospecting, Gold Coast Colony. 1925. Auszug in Min. Mag. Bd. 34 (1926).

Pickering, T., Mineralized crush zones in Gold Coast Colony. Min. Mag. Bd. 53 (1935), S. 329—336.

Springer, A., Die Salzversorgung der Eingeborenen Afrikas vor der neuzeitlichen europäischen Kolonisation. Diss. Jena 1918.

Thomas, F. L., Marlu gold mining areas. Min. Mag. Bd. 56 (1937), S. 329—341.

Whitelaw, O. A. L., The geological and mining features of the Tarkwa-Abosso goldfield. Gold Coast Geol. Surv. Mem. Nr. 1. 1929.

VII. c. Die Bergwirtschaft der Goldküste

Von W. Beetz

A. Geographisch-politische Grundlagen

1. Land, Klima, Wasserversorgung

Die britische Goldküste umfaßt ein Areal von 203900 qkm (78650 Quadratmeilen) oder mit dem britischen Mandat Togoland, das von der Goldküste aus verwaltet wird, 91690 Quadratmeilen, davon umfaßt die eigentliche Gold Coast Colony 23490 Quadratmeilen, Aschanti 24560 Quadratmeilen, die Northern Territories 30600 Quadratmeilen und das britische Mandat Togoland 13040 Quadratmeilen. Der Bergbau spielt sich hauptsächlich in der Gold Coast Colony und im südlichen Teil von Aschanti ab, während im nördlichen Teil des Landes, d. h. im nördlichen Teil von Aschanti und den Northern Territories sowohl wie in Britisch-Togoland, der Bergbau bis auf ein neuerdings erschlossenes Goldvorkommen dicht an der Nordgrenze bei Nangodi fehlt. In diesem nördlichen Gebiet, das zum Flußsystem des Volta, des Hauptflusses der Goldküste, gehört, herrschen eintönige Sandsteine ohne Lagerstätten vor. Man kann sagen, daß die Minendistrikte in dem Dreieck liegen, das im Süden von der Küste von Accra westwärts, im Westen von der Landesgrenze zur französischen Elfenbeinküste und im Nordosten von der Wasserscheide zwischen Voltaflußsystem und den westlichen Küstenflüssen begrenzt wird. Diese Wasserscheide tritt morphologisch als ein von Sandsteinen der Voltaformation gebildetes Hochland hervor, dessen Spitzen bis 900 m Höhe emporsteigen und das sich über 200 km von Koforidu, nördlich Accra, bis Wenchi, nordwestlich Kuman, erstreckt und in einem 500 m hohen Gebirgshang nach SW abfällt. Die beiden Hauptflüsse, die nach SW von der Wasserscheide herabfließen, sind der Pra mit zwei Nebenflüssen, dem Birrim, der für seine Diamantfelder bekannt ist, und dem goldführenden Ofinfluß, und ferner der Tano. Zwischen Pra und Tano liegt als kürzerer Küstenfluß der goldführende Ankobra. Das so umrissene Minengebiet hat nach der Küste zu eine 2—25 km breite sandige Küstenebene vorgelagert, während der Hauptteil ein von zahlreichen Wasserläufen durchschnittenes etwa 300 m hohes Plateau bildet mit Hügeln und Hügelketten, die 500 bis 700 m ansteigen.

Das Klima im Minengebiet ist rein tropisch, feuchtheiß, besonders in der Regenzeit von April bis September, die allerdings im Juli-August durch eine Schönwetterperiode unterbrochen wird. Die trockenere Zeit von Oktober bis März wird durch Übergangsperioden mit Wirbelstürmen eingeleitet und abgeschlossen und bringt in den gesundheitlich günstigsten Monaten Januar-Februar kühle Winde, bekannt als Harmattan, die nachts von der Sahara her wehen, während die Tage heiß sind. Malaria ist überall verbreitet, und auch Gelbes Fieber ist an der Goldküste endemisch. Die Dienst- und Arbeitsperioden für Europäer sind kurz: 12—18 Monate; der Stab der geologischen Landesaufnahme arbeitet im Feld respektive an der Goldküste von Oktober bis Mai und hält sich von Juni bis September in England auf zur Verarbeitung des gesammelten Materials. Für weißes Personal müssen die für die Tropen erforderlichen Vorkehrungen für Behausung und Hygiene getroffen werden, um es gesund zu erhalten. Bei Bergbaubetrieben werden die Kosten für Häuser, Hospital und ärztliche Behandlung hoch eingesetzt werden müssen, und die Frage des weißen zur Leitung und Beaufsichtigung der Betriebe nötigen

Personals wird eine ausschlaggebende Rolle spielen, da die Gehälter und Löhne hoch sind.

Das Hauptbergbaugebiet hat einen Regenfall von 1000—1500 mm im Jahr und war ursprünglich ganz mit tropischem Urwald bedeckt. Dieser Waldbestand hat jedoch einen starken Rückgang erfahren, und es sind nur noch 14000 Quadratmeilen Wald in der ganzen Kolonie vorhanden. Etwa 1000000 acres (400000—500000 Hektar) sind geschlagen für die Kakaokultur und viel ist geschlagen, um die Minen mit Holz zu versorgen, die zum Teil besondere Holzkonzessionen haben. Man rechnet, daß jährlich 290 Quadratmeilen Wald zerstört werden und damit nur noch für 50 Jahre Vorrat vorhanden ist. Bisher sind Aufforstungspläne und Gesetze meist am Widerstand der Eingeborenen gescheitert, denen das Land und damit der Wald gehört. 8000 Quadratmeilen sollen erhalten bleiben, um einen Schutzgürtel als Wassersammelgebiet für die Kakaopflanzungen zu bilden. Trotz der beträchtlichen Minenindustrie ist der Kakao der Hauptexportartikel der Goldküste und machte 1929 noch 79 v. H. und 1935 nach starkem Ansteigen der Diamantproduktion mit 5204000 £ noch 56 v. H. des gesamten Exportwertes aus. Die Goldküste erzeugte 1935 mit 269000 t ungefähr die halbe Weltproduktion an Kakao. Immerhin hat schon jetzt der starke Rückgang im Waldbestand einen generellen Rückgang der Feuchtigkeit bewirkt, und die Kakaokultur hat zur Erschöpfung der Böden geführt. Auch Bodenerosion hat hierbei, besonders da, wo Mais gebaut wurde, zur Verarmung der Böden beigetragen.

Zur Versorgung mit Fleisch bestand ein ziemlich hoher Fleisch- und Viehimport; jedoch hat sich der Viehbestand in den Northern Territories nach erfolgreicher Bekämpfung der Rinderpest derartig rasch gehoben, daß bei Besserung der Verkehrsverhältnisse mit einer Fleischversorgung der Minendistrikte aus dem eigenen Lande gerechnet werden kann.

Die Wasserversorgung der Minendistrikte ist durch die wasserreichen Wasserläufe gesichert. Dagegen herrscht in den Savannen der Northern Territories in der trockenen Zeit Wasserknappheit, und die Ausdehnung der Landwirtschaft in diesem Gebiet ist von der Erschließung von Trinkwasser abhängig. Um diese Frage in Angriff zu nehmen, wurde ein Beamter der geologischen Aufnahme mit der Klärung der Wasserverhältnisse beauftragt. Er berichtete, daß es notwendig sei, in den Northern Territories und im angrenzenden Togoland 2000 neue Bohrungen anzulegen, ferner 56 Dämme; weiter empfahl er, 2500 £ bereitzustellen für Säuberung und Instandsetzung vorhandener Wasserstellen und Wasserlöcher. Es wurde dann ein Water Department gebildet, und es wurden für 1937 7000 £ im Staatshaushalt eingesetzt, um mit der Ausführung der Vorschläge zu beginnen; man rechnet, daß das Wasserprogramm sich über 6 Jahre erstrecken wird.

2. Bevölkerung und Arbeiterfrage

Die Bevölkerung der Goldküste wurde 1936 amtlich mit 3613876 angegeben; das sind etwa 18 Einwohner auf den Quadratkilometer; jedoch ist die Dichte in der Kolonie etwa das vierfache als im nördlichen Aschanti und den Northern Territories. In der Kolonie liegen auch die größeren Orte, wie Accra mit 69000 Einwohnern, Kumasi mit 41000, Cape Coast mit 19000, Sekondi mit 20000, Takoradi mit 5500 und Koforidua mit 18000 Einwohnern. An Nichtafrikanern lebten 1936 in der Goldküste 3182, hauptsächlich Engländer, von Nichteuropäern besonders Syrer. Diese spielen, wie in Sierra Leone, auch an der Goldküste eine von Jahr zu Jahr wachsende Rolle im Handel, Transport und Finanzwesen. Überall an der Goldküste überwiegen syrische Kaufläden; sie handeln nicht nur mit importierten Waren, sondern beherrschen auch den Transport auf den Autostraßen und haben sich als Makler in den Kakaohandel eingeschaltet. Außerdem beschaffen sie Kapital, und ihre Finanzierungen reichen vom einfachen Versatzamt bis zu großen Kapitalbeschaffungen.

Die Arbeiterverhältnisse der Goldküste sind trotz der für Afrika großen Dichte der Bevölkerung nicht günstig, und die Minenbetriebe stoßen seit langem in der Arbeiterbeschaffung auf Schwierigkeiten. *O. Martens* und *O. Karstedt* (Afrika, I. Band Wirtschaft, 4. Auflage 1938, S. 81) sagen darüber, daß für den Eingeborenen im allgemeinen nicht die Notwendigkeit bestehe, seine Arbeitskraft an Minengesellschaften oder andere Unternehmen zu verkaufen. „Die Bearbeitung des Bodens, insbesondere die lohnende Kakaokultur, versorgt ihn mit einem Einkommen, das seinen Bedürfnissen vollauf genügt. Die Kakaopflanzungen beschäftigen teilweise sogar fremde Arbeiter. Der Bergbau ist daher nicht in der Lage, seinen Arbeiterbedarf aus der Kolonie zu decken, vielmehr werden aus den benachbarten französischen Kolonien und Liberia Arbeiter für die Minen angeworben, doch entspricht im allgemeinen das Angebot nicht der Nachfrage. 1929 trafen allein aus den französischen Nachbarkolonien 79399 Arbeiter ein. Die Handwerker in der Goldküste sind durchweg Farbige und erzielen gute Löhne."

Auch höhere Ämter und Posten werden von Eingeborenen bekleidet, die höhere Schulen oder die Universität besucht haben. Befindet sich doch in Achimota bei Accra außer höherer Schule und Lehrerseminar auch eine Universität für Eingeborene, die freilich erst eine geringe Besucherzahl aufweist. 1938 wurden 43 Eingeborene für Staatsbeamtenstellen ernannt, darunter ein Staatsanwalt, elf Ärzte und zehn technische Beamte. Die Zivilverwaltung ist mit afrikanischen Beamten besetzt.

Die wichtigsten Gesetze über Arbeiterverhältnisse an der Goldküste sind einmal die Gold Coast Colony Labour Ordinance von 1935 und die Ashanti Labour Ordinance von 1935. Danach können die Stammeshäuptlinge angehalten werden, ihre öffentlichen Wege in Ordnung zu halten. Zu dieser Arbeit können sie Leute ihres Stammes für 24 Tage im Jahr heranziehen, müssen ihnen aber die örtlichen Löhne zahlen. Zwangsarbeit oder Arbeitsdienst werden weder in Aschanti noch in den Northern Territories ausgeübt, nur in der Kolonie wird sie gelegentlich noch angewendet. Auch die Zwangsstellung von Trägern ist in der Goldküste und Gambia abgeschafft worden.

Der Hauptgrund der Arbeiterknappheit liegt nach meiner Ansicht darin, daß es bisher den Behörden noch nicht gelungen ist, eine direkte Besteuerung der Eingeborenen durchzusetzen, wie es sonst im tropischen Afrika allgemein üblich ist. Diese Besteuerung zwingt in anderen Kolonien die Eingeborenen, sich für Beschaffung des Steuergeldes nach bezahlter Arbeit umzutun.

Die Arbeiterknappheit bei den Minen wurde zuerst 1910 akut; in diesem Jahre baten die Minengesellschaften die Regierung, ihnen irgendwelche Unterstützung zu geben, um die notwendigen Arbeitskräfte zu erhalten. Zeitweise fand lokal eine vom Verkehrs-Department unterstützte Rekrutierung statt; auch die politischen Agenten in den Northern Territories halfen bei der Rekrutierung. Als jedoch unter den vom höheren Inland nach dem ungesunden Tropengebiet des Minendistriktes verbrachten Eingeborenen eine hohe Sterblichkeit grassierte, erließ der Staatssekretär 1924 einen Befehl, jede weitere Beihilfe zur Rekrutierung von beamtlicher Seite zu unterlassen. Immerhin hat das Arbeiterproblem an der Goldküste nie den Umfang angenommen wie in Ostafrika.

Eine behördliche Untersuchung gab 1921 an, daß 12769 Eingeborene in der Industrie und 121656 bei anderen Arbeiten beschäftigt waren, jedoch waren in letzterer Zahl auch Händler und private Handwerker eingeschlossen, also auch solche, die nicht direkt zu den Lohnempfängern gerechnet werden können. Die Statistik für 1934 gab 23642 Eingeborene als in den Minen beschäftigt an und 11319 sonst als Arbeiter Tätige. 1936 waren in der Minenindustrie 34774 Afrikaner beschäftigt.

Ich gebe im Folgenden einen Überblick über die Anzahl der von 1933 bis 1938 in den Minenbetrieben beschäftigten europäischen und eingeborenen Arbeitskräfte und führe für einige Jahre den Anteil der Eingeborenenlöhne an den Gesamtbetriebsausgaben der Minengesellschaften an:

Jahr bis 31. März	Durchschnittliche Arbeiterzahl		Betriebsausgaben der Minengesellschaften	
	Europäer	Afrikaner	Gesamtausgaben	Eingeborenenlöhne
1933 . .	261	12319		
1934 . .	365	16453		
1935 . .	623	26535	£ 1650000	£ 725000
1936 . .	839	33403		
1937 . .	908	35350	£ 2554000	931000
1938 . .	977	37783	£ 3004000	£ 1011000

Das heißt: die Zahl der in der Minenindustrie beschäftigten Arbeiter ist in den 6 Jahren von 1933—1938 auf das dreifache gestiegen. Daran ist der Mangan- und Diamantbergbau nur mit etwa 2500 Arbeitern, also nur mit 10 v. H., beteiligt, den Hauptzuwachs brachte die sich gewaltig ausdehnende Goldindustrie. Im einzelnen waren 1935 die beschäftigten Arbeitskräfte folgendermaßen auf die verschiedenen Bergbauzweige verteilt:

	Europäer	Eingeborene	Gesamt
Goldbergbau	389	15163	15552
Diamantfelder	51	4118	4169
Mangangewinnung	25	1059	1084
Schürfung	158	6195	6353
Total	623	26535	27158

Der Eingeborene stellt seine Arbeitskraft durchaus freiwillig zur Verfügung und ist nicht durch einen Arbeitskontrakt gebunden. Während aus eingeborenen Handwerkern sich bei den einzelnen Betrieben in der Regel ein seßhafter Stamm bildet, wandern die ungelernten Arbeiter häufig von einem Betrieb zum anderen. Wie von anderen Stellen, wo freiwillige Arbeitskräfte beschäftigt werden, z. B. in Angola und im Kongo, hat man auch an der Goldküste die Erfahrung gemacht, daß diese „Volunteers" nur etwa 60 v. H. der monatlichen Schichten verfahren. In der Praxis nimmt man deshalb bei einem Arbeiterbedarf von z. B. 600 Arbeitern von vornherein 1000 „Volunteers" an, um mit den benötigten Arbeitskräften rechnen zu können. Die Absicht der Regierung, die Arbeiterfrage zu regeln, hatte sich vor dem Kriege noch nicht verwirklicht.

An der Goldküste wie in Nigeria stellt man eingeborene Arbeitskräfte auf Tagelohn oder auf Wochenlohn ein; Arbeitskontrakte sind selten. Die größeren Grubenbetriebe sorgen für Unterkunft und ärztliche Behandlung ihrer Arbeiter und haben damit gute Erfahrungen bei der Deckung ihres Arbeiterbedarfs gemacht. Anderswo bei kleinen Betrieben sorgen die Eingeborenen für sich selbst. Für Entschädigung der Arbeiter bei Unfällen gibt es noch keine gesetzlichen Bestimmungen, auch ist die Arbeitszeit noch nicht reguliert. Im allgemeinen besteht als Arbeitszeit: 8 Stunden für unter Tage und 9 bis 9½ Stunden für über Tage.

Es war oben schon erwähnt, daß Eingeborene, die von den Northern Territories rekrutiert waren, auf den Minen des Küstengebietes hohe Sterblichkeit aufwiesen. Es ist eine häufige Erfahrung, daß Eingeborene bei geringem Klimawechsel recht anfällig sind für Krankheiten.

Interessant ist es, daß auch in den Goldbergwerken der Goldküste die vom Witwatersrand Südafrikas wohlbekannte durch Grubenstaub (hauptsächlich Sericit) hervorgerufene Versteinerung der Lunge, bekannt als Silica Tuberkulose oder „Miner's Phtisis", vorkommt; eine Untersuchungskommission zum Studium des Auftretens der Krankheit im Gebiet der tiefen Banket-Minen von Tarkwa war eingesetzt worden.

3. *Verwaltung, Rechtsverhältnisse, Staatshaushalt*

Regierung und Verwaltung

Die britische Goldküste ist in drei Landesteile gegliedert: die eigentliche Goldküstekolonie (Gold Coast Colony) mit der Eastern, Western und Central Province, Aschanti und die Northern Territories.

Von dem britischen Anteil am Mandatsgebiet Togoland ist die Verwaltung des südlichen Teiles an die Kolonie und des nördlichen an die der Northern Territories angegliedert.

Die Verwaltung der gesamten britischen Goldküste und des angegliederten Mandatgebietes Togoland ist in den Händen eines in England ernannten britischen Gouverneurs. Dieser ist ermächtigt, Gesetze zu proklamieren für Aschanti, Northern Territories und Togoland; für Gesetzgebung in der Kolonie steht ihm seit 1925 ein Gesetzgebender Rat (Legislative Council) zur Seite. Außerdem wird der Gouverneur von einem Ausführenden Rat (Executive Council) beraten, der aus fünf Beamten besteht. Diese gehören auch dem Gesetzgebenden Rat (Legislative Council) an; außerdem gehören zu letzterem weitere 10 beamtete Miglieder, weiter 9 Afrikaner (6 von den 3 Provinzen und 3 von den Städten Accra, Cape Coast und Sekondi gewählt) und 5 Europäer, und zwar einer von der Handelskammer (Chamber of Commerce), einer von und für die Mineninteressen vom Gouverneur ernannt und drei weitere vom Gouverneur ernannte Mitglieder. Aschanti sowohl wie die Northern Territories werden getrennt von der Kolonie von je einem Chief Commissioner verwaltet, der dem Gouverneur unterstellt ist. Dem Ashanti Chief Commissioner steht ein Rat der Stammeshäuptlinge als Ashanti Confederacy Council seit 1935 zur Seite. In den Northern Territories gehört die herrschende Klasse der Eingeborenen nicht zu demselben Stamm wie die große Menge der Eingeborenen.

Seit alters her bestand in der Goldküste die „Akan Häuptlingswürde" oder die „stools" als feststehende politische Organisation, und diese ist als solche von den Engländern bestätigt; dies hat zu großen Schwierigkeiten geführt. Der Häuptling wird von der „stool family" erwählt, und ein unbeliebter Häuptling kann seines Amtes durch „destoolment" durch die Personen, die ihn gewählt haben, wieder enthoben werden. Von 1904 bis 1926 fanden 109 solcher „Entthronungen" statt.

Steuern und Abgaben

Jede Erhebung von Steuern war abhängig von der Zustimmung der Häuptlinge und ihres Stammes. Jeder Versuch, direkte Besteuerung in der Goldküstekolonie einzuführen, ist bisher fehlgeschlagen. Ja, die Eingeborenen vertreten der Regierung gegenüber den Standpunkt, daß sie berechtigt seien zu einem Anteil an der Kakaoexportsteuer, die den höchsten Einzelsteuerbetrag in den Einnahmen der Kolonie darstellt.

In Aschanti können die Häuptlinge und Ältesten eine direkte Besteuerung durch gelegentliche Auferlegung von Tributen ausüben, jedoch fehlt jede Handhabe, die Zahlung von säumigen Zahlern einzutreiben. Die Einkünfte der „stools" sind kaum hinreichend, um die laufenden Ausgaben der Verwaltung zu decken, und meist sind die „stools" verschuldet, wo sie nicht größere Zahlungen aus Minenkonzessionen im Stammesgebiet erhalten.

In den Northern Territories sind die früheren, dem Häuptling zustehenden Abgaben und Arbeitsleistungen der Stammesangehörigen in direkte Steuern umgewandelt, die in die einzelnen Stammes-Verwaltungskassen eingezahlt werden. Man hat hier eine Kopfsteuer von 1—5 sh pro Kopf durchgesetzt. Für die Verwaltung des ganzen Landes fällt auf die Eingeborenen indirekt die Kakaoexportsteuer, die für 1937 274000 £ brachte.

Überhaupt sind die Haupteinnahmen des Landes die Zölle, die 1937 2227790 £ von 2924515 £ der gesamten Einnahmen ausmachten. Als große Einnahmeposten neben dem aus Kakaoexport kamen 1937 in Betracht 200000 £ Exportsteuer auf Gold und 42000 £ auf Diamanten. Die Gewinnsteuer brachte insgesamt 30000 £ und Förderabgaben, besonders auf Mineralien, 70000 £. Auf Gold wird eine Förderabgabe von 5 v. H. vom Wert des produzierten Goldes erhoben. Die Steuer auf Diamanten beträgt 5 v. H. vom Reingewinn der Gesellschaft und 6¼ v. H. vom Wert als Ausfuhrsteuer.

Das Land hat eine aktive Handelsbilanz; der Exportüberschuß betrug für 1934 3269000 £ und für 1936 980180 £. Überhaupt muß man die Goldküste als eine wohlhabende Kolonie unter den afrikanischen Besitzungen Englands ansehen. Auf den Kopf der Bevölkerung wurden für 3 £ exportiert, und das nationale Einkommen für 1931 ist auf 13 £ auf den Kopf der Bevölkerung berechnet worden.

Die Bergbehörde

Die Bergbehörde (Mines Department) der Goldküste besteht seit 1902. An der Spitze der Behörde stand früher der „Secretary for Mines", dessen Titel seit 1938 in „Chief Inspector of Mines" geändert ist Unter ihm arbeiteten 1938 ein Senior Inspector of Mines und ein Acting Senior Inspector of Mines, ferner zwei Inspectors of Mines und zwei Inspectors of Machinery Dazu kommt das Büropersonal. Der Hauptsitz der Behörde ist in Tarkwa und eine Zweigstelle in Obuasi (Aschanti). Am Ende jedes Finanzjahres (31. März) veröffentlicht das Mines Department einen Jahresbericht (erhältlich vom Gouvernement Printing Department, Accra, Gold Coast).

Die Geologische Landesanstalt

Die Geologische Landesanstalt (Geological Survey) hat an der Goldküste eine ungewöhnlich einflußreiche und für die Entwicklung der Minenindustrie des Landes wichtige Rolle gespielt. Dies ist vor allem den zwei energischen und tüchtigen Direktoren zu verdanken, die der Landesanstalt vorgestanden haben: *A. E. Kitson* und Major *N. R. Junner*.

Die Landesanstalt wurde 1913 gegründet und begann ihr Werk mit einer Rekognoszierung des Landes durch Traversen und Routenaufnahmen; verbunden damit waren zahlreiche Waschversuche in Flußkiesen.

1914 wurden von der Landesaufnahme die großen Manganerzlagerstätten von Nsuta und ferner die Bauxitlagerstätte vom Ejuanemaberg entdeckt. 1919 und 1920 wurden von ihr die Diamantfelder des Birrimtales bei Abomozo, Kade, Oda und Manso aufgefunden; es folgte 1921 und 1929 die Entdeckung der gewaltigen Bauxitlagerstätten von Jenahin und Sefwi-Bekwai und der Diamanten im Bonsa, einem Nebenfluß des Ankobra bei Tarkwa.

Es sind eine Reihe guter Monographien veröffentlicht worden über die Goldfelder von Tarkwa-Abosso, von Obuasi und Prestea, über die Diamantfelder und über Bauxitvorkommen und ihre Möglichkeiten. Ferner liegt eine geologische Karte des Minengebietes der Goldküste in 1 : 500000 vor und eine geologische Karte des ganzen Landes (letzte Ausgabe 1934).

Die Veröffentlichungen der Landesanstalt bis 1937 umfassen insgesamt 4 Memoirs über verschiedene Goldfelder, 10 Bulletins, Jahresberichte (Annual Reports) seit 1913 und eine Anzahl Sitzungsberichte (Sessional Papers) und Regierungsveröffentlichungen, z. B. über Wassererschließung. 1935 bestand der Stab des Geological Survey aus einem Direktor und drei Geologen und war im Staatshaushalt mit 7036 £ Ausgaben ausgestattet.

Von 1913 bis zum 31. März 1937 hat die Goldküste etwa 165000 £ für die Geologische Landesaufnahme ausgegeben, was einer jährlichen Ausgabe von 6800 £ entspricht. Direktor Major *N. R. Junner* weist in einem zusammenfassenden Bericht 1937 darauf hin, daß die direkten Einnahmen, die der Staat von 1913 bis 1937 aus den Abgaben von den von der Landesaufnahme entdeckten Manganvorkommen und Diamantfeldern hat, mehr als doppelt so viel betragen wie die Ausgaben für die Landesanstalt während dieser Periode.

Seit April 1937 ist an die Landesaufnahme eine Abteilung für Wassererschließung angegliedert.

Wie schon erwähnt, hält sich der Stab der Landesaufnahme der Goldküste von Juni bis September in London auf (Geological Survey of the Gold Coast, 75, Cornwall GDNS; South Kensington, London SW 7, England), wo sie das in der Feldarbeit gesammelte Material durcharbeitet. In die Zeit von Oktober bis Mai fällt die Feldarbeit und Hin-und Rückreise. Diese Arbeitsweise hat sich gut bewährt und ist für tropische Kolonien durchaus zu empfehlen.

Bergrechte und Landkauf

In den Northern Territories gehören die Mineralrechte dem Staat, und ihre Verleihung ist durch besondere Verordnung geregelt. In Aschanti und der Kolonie dagegen gehören die Mineralrechte dem eingeborenen Landeigentümer. In Aschanti ist dem Eigentümer durch gewisse Bestimmungen das

Verfügungsrecht über die Mineralrechte beschränkt. Er darf z. B. keine Option über sein Recht geben, und die Abtretung der Mineralrechte durch Konzessionen an dritte Personen wird von der Regierung überwacht. In der Kolonie steht dem Landeigentümer das freie Verfügungsrecht über seine Mineralrechte zu.

Ursprünglich konnte der Eigentümer die Konzession über ein beliebig großes Gebiet und für eine beliebige Zeit geben; eine Verfügung von 1900 beschränkte das mögliche Konzessionsgebiet für Goldminen auf fünf Quadratmeilen und verbot, daß eine einzelne Person ein größeres Konzessionsgebiet als 20 Quadratmeilen erhielt. In den beiden Jahren nach dem Goldboom um 1900 wurden über 3600 Konzessionen verliehen; in einigen Fällen war die Konzession über dasselbe Land an verschiedene Gesellschaften gegeben worden. Viele der Konzessionen wurden 1902, als der Goldboom zusammenbrach, wieder aufgegeben, aber bei dem Nichtvorhandensein irgendeiner Kontrolle haben Verwirrung und Prozesse über Landrechte bis heute angedauert. Die Bedingungen, unter denen die Konzessionen verkauft wurden, waren häufig sehr ungünstig für die Eingeborenen; ihre Entschädigung war begrenzt durch eine festgesetzte niedrige Pacht, ganz gleich, wie erfolgreich das Minenunternehmen arbeitete; die höchste Pacht, die gezahlt wurde, überstieg selten 300 bis 400 £ im Jahr. Im Osten der Kolonie war die übliche Bezahlung 50 £ für den Verkauf einer 25 Quadratmeilen-Konzession auf 99 Jahre und eine jährliche Pacht von 100 bis 250 £, wenn die Förderung einsetzte; in anderen Teilen der Kolonie pflegte man eine erste Zahlung von 50 bis 100 £ zu leisten und später eine jährliche Pacht von 200 £ für 1000 Quadrat-Faden (square fathoms).

Da einige Gesellschaften große Gewinne erzielten, ohne daß die Landeigentümer etwas davon hatten, hat der Concessions Court ein neues Entschädigungssystem eingeführt, das dem Landeigentümer und Konzessionär die Wahl gibt, an Stelle der üblichen Pacht eine prozentuale (in der Regel 2½ v. H.) Beteiligung am Reingewinn zu beanspruchen.

In bezug auf Landkauf durch Minengesellschaften muß zunächst betont werden, daß die Regierung selbst kein Anrecht auf Land hat, sondern daß das Land den Eingeborenen gehört. Landerwerb hat deshalb die Form eines privaten Kaufes; Eigentumsübertragung von Land an Europäer wird durch den Concessions Courts überwacht, der seine Einwilligung geben muß. Das Steigen der Landwerte in der Kolonie, besonders wegen des Aufblühens des Kakaoanbaues, führte dazu, in Mißachtung der alten Häuptlingsrechte (stool rights) über Land bei Eigentumsübertragung die englische dokumentarische Form zur Festlegung der Besitztitel zu wählen. Das Resultat war eine weitere Erhöhung der Unsicherheit des Landbesitzes. Die Regierung sowohl wie die Minenindustrie hatte oft die größten Schwierigkeiten, die Besitzverhältnisse von Grund und Boden, der für Minengelände oder öffentliche Arbeiten gebraucht wurde, klar zu legen. Im Jahre 1926 stellte ein Beamter fest, daß die Rechtsstreitigkeiten über Landrechte vor Gericht zum Fluche des Landes geworden seien. Die Regierung stand der Lage ziemlich hilflos gegenüber.

In den Northern Territories, wo die Minenrechte der Krone gehören, spielt sich Schürfung und Verleihung von Minengerechtsame in der sonst im tropischen Afrika üblichen Form ab. Es werden Schürfkonzessionen, sog. Exclusive Prospecting Rights, an geeignete Personen oder Gesellschaften erteilt, und nach Nachweis bauwürdiger Lagerstätten wird Minengerechtsame verliehen. Die berggesetzlichen Bestimmungen wurden 1937 in „The Northern Territories Minerals Regulations" zusammengefaßt. 1937 wurden in diesem Gebiet verliehen: 7 Exclusive Prospecting Licenses, ferner 4 einfache Schürferlaubnisse und 16 Bestätigungen über Minengerechtsame, die in amtlichen Blättern angezeigt werden müssen.

In den Northern Territories besteht auch die Bestimmung, daß auf bebautem Eingeborenenland nicht geschürft werden darf, welche Beschränkung in Aschanti und der Kolonie nicht existiert, wo der Gouverneur allerdings das Recht hat, auf irgendwelchen Gebieten das Schürfen zu verbieten.

Sehr beherzigenswerte praktische Winke für Personen, die an der Goldküste mit Schürfarbeiten beschäftigt werden, gibt

J. E. A. Paterson in einem Aufsatz: Prospecting in Gold Coast Colony. The Mining Magazine, April 1938, S. 207—215.

Man findet darin Winke über Anlage von einfachen Behausungen, über Behandlung von Eingeborenen, über Ausrüstung mit Werkzeugen und über Prophylaxe gegen Malaria.

Eine Zusammenstellung über die wichtigsten bergrechtlichen Bestimmungen der Goldküstekolonie findet man als Anhang („Gold Coast Laws and their Effect on Mining" von *R. P. Wild*, Inspector of Mines) zum Gold Coast Geological Survey Memoir, No. 4, 1935.

Staatshaushalt und Bedeutung der Minenindustrie für die Goldküste.

Es war bereits erwähnt, daß die Goldküste einen beträchtlichen Exportüberschuß aufweist und daß die Haupteinnahmen aus Zöllen und Steuern kommen, die auf Kakao und Mineralien gelegt sind, ferner, daß keine direkte Steuern von Eingeborenen in der Kolonie und Aschanti erhoben werden. Die Einnahme aus dem Kakaoexport übertrifft noch an Wert bei weitem die aus den einzelnen Bergbauprodukten.

Die Finanzlage der Goldküste ist im allgemeinen als günstig anzusehen. Die Einnahmen stiegen von 1006633 £ im Jahre 1910 auf 4121522 £ im Jahre 1927/28, seitdem sind sie bis auf 2204000 £ im Jahre 1931 gefallen. Infolge des Fallens der Einnahmen wurde der europäische Beamtenstab der Kolonie zwischen 1929 und 1932 von 1281 auf 437 Personen reduziert. Keineswegs ist aber dieser starke Rückgang der fallenden Konjunktur und der Weltkrise allein zuzuschreiben. Merkwürdigerweise spielt ein anderer Faktor eine wesentliche Rolle, nämlich der Erlaß einer „Liquor Traffic Ordinance", einer Verordnung über Handel mit Alkohol, durch die die umfangreichen Importe von englischem Gin unterbunden wurden. Die Zolleinnahmen aus dem Alkoholimport fielen von 1509901 £ im Jahre 1927 auf nur 193248 £ im Jahre 1934. Die guten Einkünfte aus dem schnell steigenden Kakaoexport haben dann in den dreißiger Jahren die Ausfälle aus dem Alkoholimport wieder ausgeglichen, so daß das Budget wieder balanciert werden konnte und 1935/1936 ein Überschuß erzielt wurde. Eine neue Wirtschaftskrise ergab sich 1937/38 aus den Schwankungen des Kakaopreises; die Tonne Kakao hatte 1932 in Liverpool 27.75 £, 1934: 21.75 £, 1935: 23 £ gekostet; der Preis stieg 1936 schnell an und erreichte 50 £ pro Tonne, aber 1937 erfolgte der Rückschlag, und die Preise fielen auf weniger als die Hälfte. Die Firmen, die den Kakao aufkauften, schlossen ein Preiskartell; dagegen wehrten sich mit erstaunlicher Einstimmigkeit die Kakaobauern, die sich weigerten, den Kakao für diesen Preis zu verkaufen und keinen Kakao mehr auf den Markt brachten; ihnen schlossen sich die eingeborenen Kakaobauern von Nigeria an, und mit der Weigerung, Kakao zu verkaufen, lief bemerkenswerterweise ein Boykott aller europäischen importierten Waren parallel. Die Regierung war gezwungen einzugreifen, um eine Einigung zustande zu bringen.

Man sieht daraus, daß die Minenindustrie nicht den vorherrschenden Einfluß im Staatshaushalt der Goldküste hat, wie es in anderen afrikanischen Ländern der Fall ist, z. B. in Südafrika, Nord- und Südrhodesien und in Belgisch-Kongo.

Von dem 1936 in der Goldküste investierten Kapital von 35000000 £, d. h. 4,8 £ auf den Kopf der Bevölkerung, wurden 38,18 v. H., also etwa 13 Millionen £, von privater Hand, und zwar meist für die Minenindustrie, investiert; dies mutet eigentümlich an, da allein bei dem Goldboom um die Jahrhundertwende in Europa 43000000 £ an Kapital für neugegründete Gesellschaften aufgelegt wurden; jedoch hat von diesem Kapital nur ein kleiner Prozentsatz die Goldküste erreicht, der Rest ist der Spekulation zum Opfer gefallen. Der größte Teil der staatlichen Investierungen ist für Eisenbahnen ausgegeben worden.

In der Goldküste wurden für Minenbetriebe verausgabt:

1934/35	£ 1650000, davon für Eingeborenenlöhne	£ 725000
1936/37	£ 2554000, ,, ,, ,,	£ 931000
1937/38	£ 3004000, ,, ,, ,,	£ 1011000.

Die wesentliche Bedeutung der Minenindustrie für die Goldküste geht aus dem Wert der sieben Hauptausfuhrartikel im Jahre 1936 hervor:

Kakao	Export	1936	£ 7659743
Gold	,,	,,	£ 3047545
Manganerz	,,	,,	£ 612930
Diamanten	,,	,,	£ 584997
Palmkerne	,,	,,	£ 107196
Holz	,,	,,	£ 105657
Palmöl	,,	,,	£ 6187

Im allgemeinen betrug in den letzten Jahren der Wert der Mineralausfuhr 35—40 v. H. der gesamten Ausfuhr; im schnellen Ansteigen war der Wert der Manganerzausfuhr, der bereits 1937 auf 1039226 £ gestiegen ist, und der Wert des Goldes, der für 1937/38 4692771 £ betrug. Der Wert der Gesamtausfuhr stieg von 5251307 £ im Jahre 1936/37 auf 6305288 £ im Jahre 1937/38.

B. *Verkehrsverhältnisse*

Eisenbahnen

Die wirtschaftliche Entwicklung der Goldküstekolonie hatte begonnen, lange bevor das Land befriedigt war, was erst im Jahr 1900 nach dem letzten Aschantikrieg mit der Entsetzung der Stadt Kumasi eintrat. Aber erschwert wurde die Durchdringung des Landes und die Entwicklung außerordentlich durch die in dem tropischen Lande doppelt großen Transportschwierigkeiten. Der Boom, der der Beendigung des Aschantikrieges um 1900 folgte, war deswegen von kurzer Dauer, und der Goldbergbau konnte sich erst wirklich entfalten, als die Eisenbahnlinie 1901 Tarkwa und 1903 Kumasi erreichte.

Auch jetzt noch sind die Eisenbahnen der Goldküste auf den südlichen Teil beschränkt; beide Hauptbahnen enden im Inland in der Stadt Kumasi; die eine Bahn, die besondere Bedeutung für die Minenindustrie besitzt, läuft von Sekondi-Takoradi nach dem Mangan—Gold-Minendistrikt von Tarkwa und hat bis Kumasi eine Gesamtlänge von 274 km; die Bahn von Accra nach Kumasi ist 309 km lang, sie dient hauptsächlich dem Kakaoexport und läuft in der Nähe der Diamantfelder des oberen Birrimtales vorbei. Außerdem existieren fünf Zweiglinien mit zusammen 214 km Länge. Alle Bahnen haben Kapspur, 3 Fuß 6 Zoll oder etwa 106 Zentimeter Spur; nur die kleine 16 km lange Küstenstichbahn von Accra nach Weija hat Schmalspur von $2\frac{1}{2}$ Fuß (etwa 75 cm).

Die erste Bahn wurde 1898 von Sekondi begonnen und nach dem unruhigen Aschantiland gebaut; sie wurde 1903 vollendet. Der Bau der Linie von Accra aus nach Kumasi wurde 1909 begonnen, aber erst 1923 vollendet. Die Goldküstekolonie hatte bis 1918 für Eisenbahnen 9354139 £ ausgegeben, wovon aus dem Regierungsfonds 1479936 £ unverzinslich vorgeschossen waren; trotzdem lastet der Zinsdienst schwer auf der Bilanz der Eisenbahnen und beträgt durchschnittlich 36 v. H. ihrer gesamten Ausgaben.

Der Betrieb der staatlichen Eisenbahn untersteht einem Regierungsdepartment mit einem General Manager. An Europäern beschäftigten die Eisenbahnen 1936/37 : 101 höhere Beamte, ferner 570 als mittlere Beamte und 1291 Afrikaner als Maschinisten, Handwerker und Streckenarbeiter.

Die Haupteinnahmen der Eisenbahn stammen jetzt aus dem Transport von Kakao und Manganerzen und sind deshalb stark von der Ernte und dem Weltmarkt abhängig. Durch die Weltmarktkrise fielen die Einnahmen der Eisenbahnen von 1242947 £ im Jahre 1928/29 auf 683103 £ im Jahre 1932/33, und zwischen 1929/30 und 1934/35 arbeiteten die Bahnen mit Verlust; erst 1935/36 brachte wieder einen Überschuß von 35983 £ infolge guter Kakaoernte und schnell steigender Manganexporte, ferner infolge erhöhter Tätigkeit in der Goldindustrie, auch brachte eine Reduktion der Fahrpreise eine außerordentliche Steigerung des Eingeborenen-Personenverkehrs mit sich. 1936/37 war der Überschuß 115633 £. Außer der Hauptbahn von Takoradi nach Tarkwa sind für den Bergbaubetrieb wichtig die Zweigbahn von Tarkwa nach dem Goldgrubengebiet von Prestea und in geringerem Umfange die Zweigbahn von Huni Valley nach Kade im Birrimtal in der Nähe der Diamantfelder; letztere Bahn ist 158 km lang. Insgesamt verfügt die Kolonie über 800 km Eisenbahnen.

Geplant war zur Aufschließung der nördlichen Landesteile eine Bahn von Kumasi über Tamale nach Navrongo zu bauen, jedoch standen bisher Mittel hierfür nicht zur Verfügung. Wie auch sonst in Afrika, macht die Konkurrenz des Lastwagentransportes der Eisenbahn schwer zu schaffen. Man hat versucht, der Konkurrenz durch Erniedrigung der Frachtraten Herr zu werden; ob dies gelingen wird, ist zweifelhaft. 1936 kamen gesetzliche Bestimmungen in Kraft, die den Transport von Gütern in Lastwagen über Strecken verbieten, wo sie mit der Eisenbahn konkurrieren. Dies bezieht sich jedoch bisher nur auf eine durchgehende Autostraße.

Autostraßen

Während die Eisenbahnen erst sehr spärlich im Lande entwickelt sind, verfügt die Goldküste über ein recht umfangreiches Netz von z. T. guten Autostraßen. Dies ist der Fall, trotzdem infolge der Knappheit an Schottermaterial in vielen Landesteilen Wegebau ungewöhnlich teuer ist. Nach *Lord Haily:* An African Survey (S. 1558) kostet der Bau einer Kiesstraße von 16 Fuß (5.30 m) Breite für leichten Verkehr pro Meile (1,6 km) 800 £ und die Straßenunterhaltung im Jahr 50 £ pro Meile, während z. B. in Uganda eine Kiesstraße von 24 Fuß Breite mit 9 Zoll Lateritfundierung und 10 Fuß Granitschotter in der Mitte nur 200 £ pro Meile und 20—30 £ Unterhaltung im Jahr kostet.

Insgesamt existieren 10000 km Autostraßen, die in folgende drei Klassen zerfallen:

1. Autostraßen, gebaut und unterhalten vom Public Works Department der Kolonie, insgesamt 3147 km Kiesstraßen und 750 km Asphaltstraßen;
2. leicht geschotterte Kiesstraßen mit leichten Zementbrücken;
3. Erdstraßen mit Holzbrücken.

Die Regierung unterhält Lastwagentransport in Verbindung mit dem Eisenbahndienst, und vor dem Kriege existierten keine großen privaten Transportgesellschaften mehr.

Die Northern Territories sind mit der Eisenbahn bei Kumasi durch eine gute Autostraße nach Tamale verbunden. Tamale ist mit Jendi im nördlichen Togoland durch eine Autostraße verbunden, und von Jendi seinerseits führt eine Autostraße über Kpandu nach Accra.

Der gesamte Transport von der Küste nach den Diamantfeldern des Birrimflusses findet mit Autos und Lastwagen statt; die Straßen sind ziemlich gut, werden aber in der Regenzeit oft tief vom Verkehr aufgefahren.

Die Flußschiffahrt hat für die Goldküste keine Bedeutung und ist auf kleine Boote und die Flußläufe in der Nähe der Küste beschränkt.

Flugverkehr zur Goldküste

In ganz Britisch-Westafrika hat sich der Flugverkehr nur langsam entwickelt. Noch 1935 wurde erklärt, daß in Nigeria kein Bedarf wäre für regelmäßige Flugverbindungen, daß die vorhandenen Flugplätze nur für Notbedarf vorgesehen seien. Da jedoch eine Zweiglinie des südafrikanischen Flugdienstes der Imperial Airways von Khartum nach Lagos geplant war, wurden die Flugplätze Nigerias an sechs Orten ausgebaut und verbessert. Der Flugdienst nach Lagos begann 1937, und von Lagos aus hat die „Elders Colonial Airways" Gesellschaft den Flugdienst nach der Goldküste und nach Freetown in Sierra Leone ausgedehnt. In Gambia bestand ein Abkommen mit der deutschen Lufthansa A. G. für wöchentlichen Postdienst zwischen Gambia und Europa. Mit dem sehr ausgedehnten französischen Flugverkehr nach Westafrika bestand keine Verbindung bis 1937, als dieser nach Accra ausgeweitet wurde, wodurch die Goldküste ihre erste regelmäßige Luftverbindung mit Europa erhielt.

Die Voruntersuchungen der englischen Regierung für Einrichtung eines Flugdienstes mit der Goldküste waren 1938 vollendet, und man rechnete mit baldiger Flugverbindung England-Goldküste.

Häfen

Die Goldküste verfügt über keine natürlichen geschützten Häfen für Ozeandampfer. Löschen und Laden der Schiffe ging früher ausschließlich auf offener Reede vor sich und wurde durch Leichter bewerkstelligt, die die schwere Brandung zu überwinden hatten. Neben einigen kleineren Häfen: Cape Coast, Winneba, Saltpond, Ada und Keta, die nur geringen Warenumschlag haben, existieren als Hauptaus- und -einfuhrhäfen Accra und Takoradi. In Accra werden die Ozeanschiffe noch immer auf offener Reede gelöscht und beladen; Accra ist der Hauptausfuhrhafen für Kakao. Dagegen ist Takoradi seit einer Reihe von Jahren als geschützter Hafen ausgebaut worden, da die offene Reede des Nachbarortes Sekondi dem steigenden Verkehr nicht mehr gewachsen war. Ende 1928 waren die Hafenanlagen fertiggestellt, die 3500000 £ gekostet hatten.

Nach *Martens* und *Karstedt* (Afrika, S. 84) hat man durch den Bau von zwei Wellenbrechern, von denen der größere etwa 2300 m lang ist, ein Tiefwasserhafenbecken von etwa 88 ha geschaffen. In diesem sind Kaiplätze für zwei große Fracht- bzw. Passagierdampfer und einen Erzdampfer angelegt worden, mit einer Tiefe von 25 bis 32 Fuß bei Niedrigwasser. Es besteht jedoch die Möglichkeit, bei sich verstärkendem Verkehr weitere Kaiplätze einzurichten. Moderne Reparaturwerkstätten, umfangreiche Schuppenanlagen, eine genügende Anzahl elektrischer Kräne, ein wohlgeplantes Gleisnetz tragen weiter dazu bei, Takoradi zu einem wirklich leistungsfähigen Hafen zu machen.

Takoradi ist eine sich infolge des Hafenverkehrs neu entwickelnde Stadt von etwa 5500 Einwohnern.

1936 war Export und Import über die Haupthäfen:

Accra:	Import 138711 Tonnen,	Export 134938 Tonnen
Takoradi:	Import 214489 Tonnen,	Export 563440 Tonnen.

Über Takoradi geht der gesamte Export der Manganerze von Nsuta und der Verkehr zu den Hauptgoldfeldern.

C. *Kraftversorgung*

Trotz der ausgedehnten Minenbetriebe ist ein Bedarf an größeren Kraftzentralen bisher an der Goldküste noch nicht entstanden; man lebt noch hauptsächlich vom Kapital, d. h. von dem Holz der ausgedehnten Waldungen, die, wie oben erwähnt, schnell ihrer Vernichtung entgegengehen, wenn keine Gegenmaßregeln ergriffen werden. Die Eisenbahnlokomotiven heizen mit Holz, und auch auf vielen Grubenbetrieben erzeugt man Kraft mit Dampfkesseln, die mit lokal gewonnenem Holz geheizt werden. Eine solche Holzkraftzentrale entblößt schnell die Umgebung der Mine von Feuerholz auf viele Meilen im Umkreis und macht das Problem der Beschaffung von Heizmaterial immer schwieriger. Mit den Eisenbahnen, die jetzt die Golddistrikte von Tarkwa und Prestea aufschließen, wird die Krafterzeugung mit Dieselmotoren bald nicht teurer sein wie die durch Dampfkessel mit Holzfeuerung. Auch käme die Verwendung von Holzgas in Frage, durch die eine ökonomischere Ausnutzung des Holzes gegeben wäre. Die jüngste, sehr erfolgreiche Goldgrube Marlu Gold Mining Areas erzeugt die benötigte Kraft mit Dieselmotoren.

Trotz hoher Niederschläge ist die Goldküste verhältnismäßig arm an Möglichkeiten für Wasserkraftanlagen. Diese Möglichkeiten sind untersucht und beschrieben worden in:

A. E. Kitson: Outlines of the Mineral and Water-Power Resources of the Gold Coast West Africa with Hints on Prospecting. Gold Coast Geological Survey Bulletin No. 1, 1925.

Im Minengebiet haben die Flüsse im allgemeinen zu wenig Gefälle, und in anderen Landesteilen sind die Flüsse zwar während der Regenzeit von Mai bis Oktober außerordentlich wasserreich; wenn jedoch die Regen nachlassen, fällt der Wasserstand sehr schnell, und häufig bleiben nur kaum noch fließende Rinnsale übrig. Man könnte die Wasserkraft solcher Ströme nur für 6—9 Monate ausnutzen, und man würde bei dauerndem Kraftbedarf Dämme bauen müssen, um das Wasser für die trockene Zeit zu speichern. So schildert *Kitson* vom größten Fluß der Goldküste, dem Volta, daß er während der Trockenzeit 20—40 Fuß (7—13 m) unter der Uferbank fließt, aber in der Regenzeit weit über die Ufer tritt.

Als Wasserläufe, die an der Goldküste möglicherweise für Anlage von Wasserkraftstationen in Frage kommen, nennt *Kitson* die folgenden: Volta, Black Volta, White Volta, Red Volta, Sissili, Kulpawn, Daka, Tomme, Tain, Wowo, Puru, Afram, Tano, Ankobra, Huni, Pra, Ofin, Adra und Anum im Unterland und die Bergflüsse Pawm Pawm, Akurum, Wurubong und Asuboni, die auf dem Begoro und Kwahu Plateau entspringen und mit 300—500 m Höhenunterschied zum Tal des Voltaflusses herabfallen.

Im einzelnen gibt *Kitson* folgende Möglichkeiten für Wasserkraftanlagen an:

1. Damm durch den Voltafluß bei Akonsomo würde ergeben bei 50 Fuß Dammhöhe 90000 PS und bei 100 Fuß Dammhöhe 180000 PS. Es wird darauf hingewiesen, daß ein solcher Damm den Voltafluß auf weite Entfernung schiffbar machen würde; dies würde den Transport von landwirtschaftlichen Produkten und eventuell von Bauxit vom Mount Ejuanema zur Küste verbilligen.
2. Der Tanofluß zeigt keine Möglichkeit für Wasserkraftanlagen in der Nähe der Sefwi Bekwai-Bauxitvorkommen; die nächste Möglichkeit wäre 64 km von den Bauxitlagerstätten entfernt am Wege von Dunkwa nach Enchi. Von einer Stelle des Tano ließen sich durch Errichtung eines Dammes von 100 Fuß Höhe 13200 PS für 6 Monate des Jahres erzeugen.
3. Vom Ofinfluß nahe der Mündung in den Pra gibt *Kitson* die Möglichkeit der Errichtung eines 100 Fuß hohen Dammes an, wodurch 2600 PS erzeugt werden könnten, und zwar das ganze Jahr hindurch.
4. Ein 50 Fuß hoher Damm bei den Boti-Wasserfällen des Pawm Pawmflusses bei Koforidua würde 482 PS auf Dauer ergeben.
5. Der Ambonifluß fließt an der Bauxitlagerstätte des Mount Ejuanema vorbei; 10 Meilen vom Berg entfernt bieten die Birrita-Wasserfälle eine gute Möglichkeit für eine Wasserkraftanlage; diese würde auf Dauer 4250 PS ergeben und für die Regenzeit viel mehr. Eine weitere Möglichkeit bietet sich 2,5 km oberhalb der Birrita-Fälle bei den Wuruku-Fällen, aber *Kitson* gibt Daten über verfügbare PS von hier nicht an.

Kitson glaubt, daß mit der unter 1 angegebenen großen Wasserkraftanlage das ganze jetzige Eisenbahnnetz des Landes elektrisiert werden könnte und noch genügend Kraft übrig wäre, um die Minendistrikte zu versorgen.

Außerdem hofft er, jeden Überschuß an Kraft für die Ausbeutung der verschiedenen Bauxitlagerstätten nutzbar machen zu können.

Kitsons Bericht ist eine Karte beigegeben, die die verschiedenen Stellen zeigt, wo durch Dämme Wasser für Wasserkraftanlagen aufgespeichert werden kann.

D. Entwicklung der Minenindustrie

Älteste Entwicklung bis zum Weltkrieg

Der so bedeutende und wertvolle Export von Bergbauprodukten der Goldküste beschränkt sich ausschließlich auf drei verschiedene Mineralien: Gold, Diamanten und Mangan. Der Abbau eines vierten Minerals, von dem gewaltige Lagerstätten vorhanden und hinreichend untersucht sind, nämlich Bauxit, ist noch nicht in Angriff genommen worden, da die Produktions- und Transportkosten für seinen Weltmarktwert noch zu hoch sind.

Die Minenindustrie der Goldküste beschränkte sich bis zum Weltkrieg ausschließlich auf den Goldbergbau. Die Geschichte des Goldbergbaues dieses Landes geht zurück bis in das Mittelalter und ist in zahlreichen Veröffentlichungen mehr oder weniger eingehend beschrieben, am ausführlichsten in dem Memoir 4 der Gold Coast Geological Survey durch *N. R. Junner*.

Als sich die Portugiesen 1471 an der Goldküste festsetzten, bestand bereits die Goldgewinnung der Eingeborenen aus alluvialen Ablagerungen. 1630 richteten die Portugiesen ein Goldbergwerk bei Aboasi im Flußgebiet des Ankobra ein, das 1639 durch ein Erdbeben zerstört wurde. Immerhin haben die Eingeborenen von den Portugiesen gelernt, auch Gold aus Erzen zu gewinnen, und auf mühsame Weise sind von den Eingeborenen bis in jüngste Zeit große Mengen Gold nicht nur aus alluvialen Ablagerungen, sondern auch aus Erzen gewonnen. Dieser Tatsache ist auch die Auffindung der reichen Aschanti-Goldquarzgänge bei Obuasi und des goldführenden Bankets bei Tarkwa durch Eingeborene zu verdanken. *S. W. Eaton Turner* (The Ashanti Goldfields Corporation, The Mining Magazine, London, Juni 1932, S. 329) beschreibt die Aussagen eines uralten Eingeborenen, der noch selbst bei Obuasi in Schächten durch Feuersetzen Erz gewonnen hat. Es waren nicht die Aschanti, die Herren des Landes, die den Goldbergbau betrieben, sondern ein anderer Eingeborenenstamm, die Appolonier; vom gewonnenen Erz würde an den Häuptling des Gebietes ein Drittel als Tribut abgegeben.

Auch Versuche — diesmal durch Holländer — um 1850 herum, durch Europäer Goldbergbau zu betreiben, wurden aufgegeben. Die englische Gold Coast Mining and Trading Company, die 1825 gegründet wurde, um bessere Methoden in den Eingeborenenbergbau einzuführen, kam überhaupt nicht zum Bergbau, sondern beschränkte sich auf den Handel.

So ist bis um 1880 der Europäer an der Goldküste in der Hauptsache dabei geblieben, Goldstaub gegen europäische Waren einzutauschen. Nach den Portugiesen waren es die Engländer, zuerst Kapitän *Thomas Wyndham* um 1553, dann die Holländer 1595 und um 1660 die Dänen und die Franzosen, schließlich 1681 die Afrikanisch-Brandenburgische Handelskompagnie, die Handelsniederlassungen an der Goldküste gründeten. Vom 15. bis 18. Jahrhundert ist ein großer Teil der Goldeinfuhr Europas von der Goldküste gekommen; *N. R. Junner* schätzt die Goldausfuhr der Küste folgendermaßen:

1471—1750	(jährlich rund 1134 kg)	317520 kg
1751—1800	(,, ,, 284 kg)	14175 kg
1801—1850	(,, ,, 1134 kg)	56700 kg
1851—1880	(,, ,, 700 kg)	21263 kg
	Insgesamt	409658 kg

„Wieviel Gold in die benachbarten afrikanischen Länder ausgeführt wurde, ist nicht zu übersehen. *Junner* nimmt an, daß es jährlich kaum mehr als 70 kg gewesen sind. Die oben angegebene Summe von rund 410000 kg würde sich dann auf rund 440000 kg erhöhen. Da die gesamte Goldförderung Afrikas von 1493 bis 1850 auf rund 700000 kg geschätzt wird, wäre die Goldküste mit etwas über 60 v. H. daran beteiligt" (nach *Fritz-Erdmann Klingner:* Die Gold-Lagerstätten der britischen Kolonie Goldküste-Westafrika. Berg- und Hüttenmännische Monatshefte. Bd. 88, Heft 2, 1940, S. 22).

Als Vater des modernen Goldbergbaues der Goldküste gilt der Franzose *Pierre Bonnat*, der als Händler und Forscher in die Gefangenschaft der Aschantis geriet und während der Zeit seiner Gefangenschaft von reichen Goldfunden in Wassaw hörte. Nach seiner Freilassung kehrte er nach Europa zurück und gründete zusammen mit einem *M. Verillon* eine Gesellschaft zur Untersuchung dieser Vorkommen. Er erwarb umfangreiche Konzessionen am Ankobra und 1878 auch bei Tarkwa und Abosso. Um diese Zeit arbeiteten etwa 6000 Eingeborene an den Ausbissen des Tarkwa Bankets. *Bonnat* ist die Inangriffnahme bergmännischer Arbeiten auf dem Banket zu verdanken. Die Firma Messers. Swanzy Ltd., eine alte Goldküste-Handelsgesellschaft, nahm die Erschließung und den Abbau der Goldminen Adja Bippo, Cinnamon Bippo und Crockerville Mines in die Hand. Übertriebene Gerüchte über den Reichtum der Golderze führten zu einem Boom; 1881 wurden überall von der Küste bis Tarkwa und Abosso Konzessionen erworben, und viel europäisches Kapital wurde investiert. Jedoch verhinderten Schwierigkeiten des Klimas und des Transportes eine gedeihliche Entwicklung, die Förderung stieg 1884 auf nur 7000 Unzen. 1894 waren 4 Gruben in Betrieb mit 22 Europäern und 2400 Eingeborenen; *Junner* gibt Namen und Förderung der Gruben an:

Tarkwa und Abosso	4493	Unzen im Wert von	£ 16166
Gie Appantoo (Prestea)	2367	,, ,, ,, ,,	£ 8521
Adja Bippo	3645	,, ,, ,, ,,	£ 13121
Cinnamon Bippo	383	,, ,, ,, ,,	£ 1377

1895 erhielt *E. A. Cade*, ein Kaufmann aus Cape Coast, eine Konzession im Obuasi Distrikt von Aschanti; auf Grund der Konzession wurde 1897 die Ashanti Goldfields Corporation gebildet, die die Besitzerin der reichsten Goldgruben der Goldküste, vielleicht sogar der reichsten großen Goldgrube der Erde wurde. *Junner* gibt an, daß diese Gesellschaft von 1897 bis 1934 für £ 13000000 Gold produzierte und nahezu 5500000 £ an Dividenden verteilte. Der Aufbau der Mine und die verschiedenen glücklichen Funde reicher Quarzgänge und die Weiterentwicklung sind anschaulich geschildert von *G. W. Eaton Turner* in „The Ashanti Goldfields Corporation" The Mining Magazine, Juni 1932 — und lesen sich wie ein romantisches Abenteuer. Um 1900 kam die Mine in Förderung, aber erst 1910 kam die Mine voll in Produktion.

Entscheidend für die Weiterentwicklung des Bergbaues waren aber 1897 die Feststellungen südafrikanischer Sachverständiger, daß die goldführenden Konglomerate von Tarkwa ähnlich denen von Johannesburg seien und daß die Goldgehalte dieselben oder sogar höher seien. Dies führte zu einem neuen Boom, bekannt als der „jungle boom". Als weitere günstige Momente kamen hinzu, daß die Regierung sich entschloß, eine Bahn in die Golddistrikte zu bauen, daß durch den Burenkrieg um die Jahrhundertwende Kapitalinvestierungen von Südafrika abgelenkt wurden und der Goldküste zugute kamen und schließlich, daß mit dem Entsatz der Stadt Kumasi die Kämpfe mit den Aschantis zum Abschluß gebracht wurden. In den Jahren 1901 und 1902 wurden nicht weniger als 3613 Landkonzessionen für Bergbauzwecke erworben, und Ende 1901 waren 400 Bergwerksgesellschaften registriert mit einem Gesamtkapital von 40000000 £, von dem etwa ein Drittel eingezahlt war. Wenig von dem Geld wurde sachgemäß in Minenprospekten des Landes angelegt, das meiste wurde verschleudert; der Boom brach 1902 zusammen, die Verluste an Kapitalien waren ungeheuer, die meisten Konzessionen wurden wieder aufgegeben, und der Goldbergbau des Landes kam auf dem Kapitalmarkt in einen schlechten Ruf. Und doch bedeutete die Periode den Anfang systematischen Bergbaues; die Regierung baute die Bahn und beseitigte dadurch die Transportschwierigkeiten, die bis dahin prohibitiv auf die Entwicklung gewirkt hatten. Eine Reihe neuer Minen war aufgemacht worden und kam in Produktion. 1902 begannen zwei Bagger alluviale Flußablagerungen im Ofinfluß auszubeuten, andere folgten in den Flüssen Ankobra, Birrim, Pra und Fura. 1909 arbeiteten 15 Bagger. Diese Goldgewinnung aus Flußkiesen durch Bagger wurde bis 1924 fortgesetzt, in welchem Jahr der letzte Bagger stillgelegt wurde. Es ist wichtig für das Verständnis der neueren Entwicklung der Alluvial-Goldbaggerei in Goldküsteflüssen seit 1935 festzustellen, daß die durchschnittliche Produktion der Bagger $2\frac{3}{4}$ grains im Kubicyard betragen hat, also sehr niedrig war. Die Abbauperioden, die Förderung und der durchschnittliche Goldgehalt der einzelnen Baggerbetriebe sind in der Beschreibung der Lagerstätten gegeben worden. Jedenfalls haben die Resultate aus Baggerbetrieben enttäuscht.

Bis 1914 hat sich die Produktion ständig gesteigert und erreichte 1914: 410655 Unzen (12771,4 kg) im Werte von 1744499 £.

Die Entwicklung der Minenindustrie seit 1914

Seit 1914 ist die Goldförderung und ihr Wert an der Goldküste ständig gesunken, bis sie im Jahre 1928/29 mit 5197,3 kg im Wert von 710000 £ ihren tiefsten Stand erreichte. Seit diesem Jahr ist sie wieder ständig gestiegen und hat in den dreißiger Jahren einen unerhörten Aufschwung genommen. Ursache dieses Aufschwunges ist vor allem die Abwertung des Pfundes oder das Steigen des Goldpreises bei fast gleichbleibenden Löhnen und Betriebskosten; dies seinerseits bewirkte wieder, daß ärmere Erze gebaut werden konnten, was bei den immer relativ hohen Betriebskosten des Goldküstebergbaues für viele alte Minen erst die Möglichkeit des Abbaues gab. Weiter wirkten sich günstig aus: die Entwicklung des Eisenbahn- und Autostraßennetzes und vor allem die intensive Arbeit der Geologischen Landesaufnahme, die die Geologie des Landes erforschte, Karten und Beschreibungen der Goldfelder lieferte und alle erreichbaren Daten über Ergebnisse früheren Bergbaues veröffentlichte.

Freilich mußte der schlechte Ruf, den die Goldküste beim investierenden Publikum hatte, erst überwunden werden. Noch im Mai 1935 findet man im Mining Journal (London) eine kritische Betrachtung, die sagt, daß trotz weiter Verbreitung von Goldvorkommen die Goldküste als Land für gewinnbringenden Goldbergbau bis dahin ein Fehlschlag gewesen sei, mit Ausnahme der in ihren Goldgehalten anormalen Obuasigrube der Ashanti Goldfields; überall, wo man ernsthaft an den Abbau eines Vorkommens herangegangen sei, habe man Enttäuschungen erlebt. Im Tarkwadistrikt sei das Goldbanket zwar sehr ausgedehnt, aber nur an wenigen Stellen bauwürdig; die goldführenden Quarzgänge hätten sich als Quarzlinsen erwiesen, die den Bergbau auf vielen Gruben bald wegen Auskeilens zum Stillstand gebracht hätten, und das Auffinden weiterer goldführender Quarzlinsen habe sich als sehr kostspielig gezeigt.

Die Wiederbelebung des Goldbergbaues müsse allerdings einer Reihe sehr günstiger Umstände zugeschrieben werden, die die Lage der Industrie wesentlich gebessert habe. Außer den oben von mir erwähnten günstigen Umständen wird als weiterer Vorteil gebracht: die Verbesserung der sanitären Verhältnisse und das Vorhandensein zahlreicher eingeborener Handwerker. Das Resultat der neueren Entwicklung ist jedenfalls gewesen, daß sich die Zahl der im Goldbetrieb beschäftigten Arbeiter verdreifacht und die Förderung von 5197 kg im Jahre 1928/29 auf 20674 kg im Jahr 1938/1939 gesteigert, also vervierfacht hat. Außerdem ist mit einer weiteren Zunahme zu rechnen, da mehrere neue Minen erst in Produktion kommen und andere ihre Förderung steigern wollen.

Eine wesentlich günstigere und stetigere Entwicklung ist bisher den beiden neuen Zweigen der Minenindustrie der Goldküste beschieden gewesen: dem Manganerzbau und der Diamantgewinnung.

Die große Manganerzlagerstätte von Nsuta bei Tarkwa wurde 1915 von den Geologen der Landesaufnahme entdeckt; die zu der Interessengruppe von Sir Edmund Davis gehörige Fanti Consolidated unterstützte die Finanzierung; es bildete sich die African Manganese Company Ltd., die bereits 1916 mit dem Abbau begann und 4016 t förderte. Der Abbau wurde schnell gesteigert und erreichte 1924: 233401 t und im Kalenderjahr 1937: 527375 t im Werte von 1039226 £. Das Erz ist von vorzüglicher Qualität, zur Herstellung von Ferromangan geeignet; außerdem war die Bahn zur Küste vorhanden, und die Fertigstellung des Hafens von Takoradi im Jahre 1928 hat endlich auch noch die nötigen modernen Verladeeinrichtungen im Hafen zur Verfügung gestellt.

Die Diamanten wurden 1919 im Flußgebiet des Birrim gefunden. Schürfungen stellten bald die Ausdehnung bauwürdiger Lagerstätten fest, und der Abbau begann durch mehrere Gesellschaften. Der beste Feldbesitz ist in den Händen des Consolidated African Selection Trust Ltd., der auch die höchste Förderung hat. Die Förderung steigerte sich schnell und gleichmäßig. Das Jahr 1920 brachte die ersten 100 Karat aus Schürfungen, 1927/28 war die Förderung bereits 501455 Karat im Werte von 475000 £, und seit 1933/34 hat sie eine Million Karat im Jahre überschritten. An einer Reihe anderer Stellen wurden Diamanten an der Goldküste gefunden, jedoch traten sie entweder nicht in bauwürdigen Ablagerungen auf, oder der Umfang der Lagerstätte war so klein, daß keine europäische Gesellschaft Interesse hatte, den Abbau in die Hand zu nehmen. Im Flußgebiet des Bonsa, einem Nebenfluß des Ankobra bei Tarkwa, wurden 1922 kleine bauwürdige Ablagerungen gefunden, deren Abbau durch Eingeborene stattfindet; sie fördern im Monat etwa 1000 Karat. Die Qualität der Steine ist überall auf den Feldern recht gleichmäßig. Die durchschnittliche Steingröße ist 15—25 Steine auf den Karat, also ungewöhnlich kleine Diamanten; demzufolge ist der Preis pro Karat niedrig und hielt sich vor dem Krieg auf etwa 8—9 sh.

Persönlichkeiten in der Entwicklung der Minenindustrie und Bildung der Hauptminengesellschaften

Die Namen der ältesten Pioniere des Goldküste-Bergbaues, des Franzosen *Bonnat*, der den Bergbau auf dem Banket von Tarkwa veranlaßte, und des Kaufmannes *E. A. Cade*, der für die Eröffnung der reichen Minen der Ashanti Goldfields verantwortlich war, und vieler anderer, sind halb vergessen. Am Beginn der neuen Entwicklung stehen die Entdeckungen der Mangan- und Diamantlagerstätten und die geologische Erschließung des Landes durch die beiden Direktoren der geologischen Landesaufnahme *E. A. Kitson* und *N. R. Junner*. Wohl kaum in einem anderen Lande ist die Einwirkung der

Geologen auf die Entwicklung des Bergbaues so in die Augen fallend wie in Westafrika, und die von *Kitson* und *Junner* bei der Durchforschung des Landes angewandten Methoden haben sich durchaus bewährt.

Unter den Persönlichkeiten, die finanziell bei der Entwicklung der Minenindustrie der Goldküste eine Rolle gespielt haben, sind zwei, deren Einfluß auch auf die Minenindustrie Nordrhodesiens von ausschlaggebender Bedeutung gewesen sind: *Sir Edmund Davis* und *Chester Beatty*. *Sir Edmund Davis*, der ja immer den Bergbau auf unedle Metalle bevorzugt hat, ist verantwortlich für den Aufbau des Manganbergbaues bei Nsuta; eine seiner Goldküstegesellschaften, die Fanti Consolidated Mines, war bei der Sicherung der Manganvorkommen tätig und ging nach Aufnahme anderer Goldküstegesellschaften (British Gold Coast Co. Ltd. und Gold Coast Wassaw Deep Levels Syndicate Ltd.) in die Fanti Consolidated Investment Company über, die die Haupt-Holding-Gesellschaft des Sir Edmund Davis Konzerns darstellt. *Sir Edmund Davis* ist bei der Finanzierung der meisten Goldküste-Gesellschaften mit tätig gewesen. *Chester Beatty*, der Begründer des Selection Trust, hat die Interessen, die er auf den Birrim-Diamantfeldern erworben hatte, zusammengefaßt im Consolidated African Selection Trust Ltd., der 1924 begründet wurde. Durch diese Gesellschaft hat *Chester Beatty* verstanden, alle Diamantinteressen Westafrikas von Nigeria bis Sierra Leone in seine Hände zu bekommen und durch die günstige Entwicklung der westafrikanischen Diamantproduktion einen großen Einfluß auf den Diamantmarkt zu erhalten. Der Consolidated African Selection Trust ist nicht nur der bei weitem größte Diamantproduzent der Goldküste, sondern besitzt das gesamte Kapital des Sierra Leone Selection Trust, hat 32 v. H. des Kapitals der Cape Coast Exploration (der wichtigsten Namaqualand Diamanten-Gesellschaft), verfügt über das Monopol für Diamantschürfungen in Nigeria und besitzt einen großen Anteil an der Minafro, die in Französisch-Guinea arbeitet.

Bedeutenden Einfluß im Goldbergbau des Landes hat in letzter Zeit ein Londoner Finanzhaus, die Latilla Gruppe, gewonnen; unter ihrer Kontrolle stehen folgende Gruben respektive Gesellschaften:

Amalgamated Banket Areas mit den Minen: The Abontiakoon Mine, Tarkwa Mine, Mantraim Mine und den Pepe-, Patet- und Sammahoo Konzessionen, alle im Gebiet des Bankets bei Tarkwa.

Atta Gold Company (1928) Ltd., bisher ohne Grubenbetriebe.

Bremang Gold Dredging Co. Ltd. mit Berggerechtsamen am oberen Ankobrafluß, noch nicht in Produktion, Baggerbetrieb.

Gold Coast Main Reef Ltd. mit Konzessionen im Prestea Distrikt, nicht in Förderung.

Gold Coast Selection Trust Ltd., eine Finanz- und Holdinggesellschaft mit großen Beteiligungen in den Gesellschaften der Latilla Gruppe; ferner hat sie die neue „Nangodi Gold Mine“ in den Northern Territories erworben und besitzt 80 v. H. Anteil in den Ntubia Gold Areas Ltd.

. Marlu Gold Mining Areas Ltd. ist erst seit November 1936 in Betrieb und bereits der zweitgrößte Goldproduzent der Goldküste, das erfolgreichste Unternehmen der Latillagruppe.

Ofin River Gold Estates Ltd. mit Konzessionen für Abbau am Ofinfluß, noch nicht in Förderung.

An sonstigen Goldgesellschaften existieren die berühmte und erfolgreichste: Ashanti Goldfields Corporations Ltd., die schon 1937 registriert wurde; der Aufsichtsratsvorsitzende dieser Gesellschaft, Mr. *J. H. Batty*, ist zugleich erster Direktor der „Bibiani Ltd. (1927)", einer Gesellschaft, die eine bedeutende Goldmine auf Quarzgängen im Sefwi-Distrikt der Western Province betreibt; Bibiani gehört ebenfalls zu derselben Gruppe wie Ashanti Goldfields Corporation. Noch eine andere Gesellschaft, die „Kononge Gold Mines Ltd.", betreibt Bergbau auf Quarzgänge in Aschanti. Weitere Gesellschaften, die Goldbergbau auf dem Tarkwa Banket betreiben, sind:

Tarkwa & Abosso Mines Ltd.

Ashanti-Adowsena (Banket) Goldfields Ltd.

Eine Gesellschaft, die einen Baggerbetrieb am Tanofluß eröffnet hat, ist die Tano Gold Dredging Ltd.

Der Manganerzbergbau ist ganz in den Händen von „The African Manganese Company Ltd.", einer Gesellschaft des Sir Edmund Davis Konzerns.

Im Diamantbergbau sind tätig außer dem Consolidated African Selection Trust folgende Gesellschaften:

West African Diamond Syndicate Ltd.

Holland Syndicate;

Cayco (London) Ltd. und Morkwa Limited.

E. Produktion und Export der Bergbaubetriebe und die Stellung der Minenproduktion der Goldküste in der Welterzeugung

Die Goldküste ist ein altes Goldland; es war schon darauf hingewiesen, daß seit dem 15. Jahrhundert von diesem Abschnitt Afrikas ein großer Teil des Goldimportes Europas bezogen wurde. *Junner* hat versucht, die Rolle, die in diesen Jahrhunderten die Goldküste in der Weltproduktion spielte, in Zahlen zu fassen (*N. R. Junner:* Gold in the Gold Coast. Gold Coast Geological Survey, Memoir 4, S. 13) und kommt dabei zu folgenden Zahlen:

Periode	Goldproduktion der Goldküste in Unzen	Anteil an Weltproduktion in v. H.
1493—1600	8153428	35,5 v. H.
1601—1700	6430148	22,3 v. H.
1701—1800	5465626	8,93 v. H.
1801—1850	2025497	5,33 v. H.

Total 1493—1850: 22074699 Unzen

Es hat Zeiten der Blüte und des Niederganges in der Goldförderung der Goldküste gegeben, und zu Zeiten hat die Goldproduktion anderer afrikanischer Länder schon damals die der Goldküste überholt, z. B. von Französisch-Guinea, Senegal und dem Sudan. In den letzten Jahrzehnten des 19. Jahrhunderts wurden dazu die beiden afrikanischen Goldländer entwickelt, die die Goldküste mit ihrem Goldreichtum in den Schatten gestellt haben: Südrhodesien und vor allem Südafrika. Aber durch die bedeutende Steigerung der Förderung in den letzten Jahren vor 1939 ist die Goldküste immer noch der drittgrößte Goldproduzent Afrikas mit 20674,8 kg im Jahre 1938 hinter Südrhodesien mit etwa 25000 kg und Transvaal in Südafrika mit 378000 kg. In bezug auf die außerordentlich gesteigerte Weltproduktion liefert die Goldküste immer noch 2 v. H. derselben. Die Goldförderung der Goldküste von 1880—1938 ist bereits im Lagerstättenteil gebracht; danach wurden von 1880—1938 338218,2 kg Gold gefördert und nach *Junner* von 1470—1880 weitere 14450000 Unzen oder etwa 440725 kg, d. h. bis 1938 sind schätzungsweise 778943 kg Gold in diesem Teile Afrikas gewonnen worden — soviel etwa wie in Südafrika in den beiden Jahren 1938 und 1939.

Bei gleichen Goldpreisen und gleichen Betriebskosten würde mit weiterem Ansteigen der Förderung zu rechnen sein, da mehrere Gruben kurz davor standen, in Förderung zu treten und andere ihre Förderleistung erhöhen wollten. Es erhebt sich die Frage: Wird die Goldküste wieder so stark in ihrer Produktion zurückgehen wie, sagen wir, in den zwanziger Jahren, d. h. auf 5000—7000 kg im Jahr oder ⅓ der Förderung von 1938, wenn der alte Goldpreis wieder in Kraft träte? Dazu kann gesagt werden: Die früheren durchschnittlichen Betriebskosten, die sich auf etwa 30—40 sh für die Verarbeitung einer Tonne Erz beliefen (gegen etwa 20 am Witwatersrand), sind bei einer Reihe nunmehr modern eingerichteter Gruben, besonders auch unter Berücksichtigung der wesentlich gebesserten Verkehrsverhältnisse und des hohen Durchsatzquantums, derart gesenkt, daß sie sich denen vom Witwatersrand nähern. Deshalb ist anzunehmen, daß eine größere Reihe von Goldminen gegen eintretende Krisen stärkere Widerstandskraft zeigen werden als früher, da sie ärmere Erze verarbeiten können. Die reiche Obuasi Mine der Ashanti Goldfields Corporation wird ihre Sonderstellung als reichste Goldmine der Welt nach den neuen reichen Aufschlüssen von 1937/38 noch auf Jahre hinaus behaupten können. Auch die Erzreserven der anderen großen Goldgruben waren ständig im Steigen begriffen und sicherten ihren Bestand auf viele Jahre.

Die Manganerzförderung hat seit ihrem Beginn im Jahre 1916 nur einen schweren Rückschlag gehabt, als nach 1929 die Weltkrise einsetzte und die Nachfrage nach Rohmaterialien und ihre Preise in der ganzen Welt tief abgesunken waren. 1920 war nicht genügend Schiffsraum zum Abtransport vorhanden. Aber die gute Qualität des Erzes und seine günstige Lage zur See hat bewirkt, daß sich der Bergbau mit dem Weltmarkt schnell erholt hat. Mit Südafrika zusammen ist die Goldküste in die 3. und 4. Stelle der Weltproduzenten getreten. Nur infolge der beträchtlichen Steigerung der Förderung Südafrikas auf 695776 Tonnen im Jahre 1937 ist es nicht von der

Goldküste überflügelt worden. Der Aufstieg der Manganerzförderung geht aus der folgenden Tabelle hervor:

Jahr	Export in Tonnen	Geschätzter Wert in £	Beschäftigte Arbeiter Europäer	Eingeborene
1916	4274	11315		
1917	30305	83875		
1918	30275	102619		
1920	40969	42130		
1921	7195	12130		
1922	66113	112103		
1923	139633	321525		
1924	255343	522639		
1925	357165	664963		
1926	371323	684850		
1927	403187	696652		
1928	324499			
1929/30 (bis 31. III. 30)	496486			
1932/33	73099	122582	18	631
1933/34	318492	400345	18	700
1934/35	336337	503508	25	1059
1935/36	439096	665492	35	1319
1936/37	411056	657360	37	1396
1937	527375	1039226	44	1261
1937/38	532126	1166175	46	1203
1938/39	257378	681188	42	1065

Im ganzen wurden bis zum 31. März 1937: 5000000 t Manganerze im Wert von 8¼ Millionen £ von Nsuta exportiert.

Die gesamte Förderung der Birrimdiamantfelder von 1920 bis Ende 1937 betrug 13000000 Karat. Der Durchschnittspreis für die Diamanten ist seit Beginn der Förderung im Jahre 1920 ständig heruntergegangen, wie aus folgender Tabelle hervorgeht (nach *Martens-Karstedt:* Afrika, I. Band, S. 81):

Ausfuhr 1920 bis 1936

Jahr	Karat	Wert in £	Wert pro Karat
1920	102	365	71,5
1922	5306	7698	29
1924	66946	85361	25,5
1925	163000	184000	22,5
1927	460985	512159	22,2
1930	860119	658994	15,5
1933	803985	518400	12,9
1934	2172563	645166	5,95
1935	1349847	546094	8,1
1936	1414677	584997	8,3

Der niedrige Preis der Förderung von 1934 hängt damit zusammen, daß in diesem Jahr bis dahin zurückgehaltene minderwertige Ware mitexportiert wurde. 1938 hielt sich der Preis auf etwa 8 sh 8 d pro Karat im Durchschnitt. In bezug auf Quantität ist die Goldküste zum zweitgrößten Produzenten Afrikas und auch der ganzen Welt geworden, wie aus folgender Tabelle hervorgeht:

Diamantförderung 1929—1938 der Hauptproduzenten Afrikas in Karat:

Jahr	Südafrika	Belgisch-Kongo	Goldküste	Sierra Leone	Angola
1929	3661212	1907765	660536	—	311903
1930	3163591	2519300	861119	—	329824
1931	2119156	3528379	880479	—	351495
1932	798382	3990069	842297	749	367334
1933	506553	1975450	803985	32017	373624
1934	440313	3331360	2391609	68663	452963
1935	676722	3168500	1349847	295483	481615
1936	623923	4634266	1414677	616200	577531
1937	1030434	4924835	1577661	913401	626424
1938	1238608	5900000	1305000	689621	651000

Freilich dem Wert nach steht Südafrika mit seinen hochwertigen Schmucksteinen bei weitem an der Spitze, wie z. B. aus dem Wert der Förderung von 1936 hervorgeht:

Land	Förderung		Wert der Förderung in £
Südafrika	623923	Karat	2125216
Sierra Leone . . .	616200	,,	726272
Belgisch-Kongo . .	4634266	,,	666573
Goldküste	1414677	,,	584997
Angola	577531	,,	479193

(in Umrechnung 1936: 1 belgischer Frank = 8 Reichspfennig; 1 Conto etwa 115 RM; 1 £ etwa 12,5 RM).

In bezug auf den Wert der Förderung steht die Goldküste also erst an vierter Stelle, und in bezug auf Qualität der Steine liefert nur Belgisch-Kongo minderwertigere Steine als die Goldküste.

F. Die Bergwerksbetriebe

1. Die Goldgewinnung

a. Übersicht

Aus drei verschiedenen Arten von Lagerstätten stammt die Goldförderung der Goldküste: aus Seifen, aus Konglomeraten und aus Quarzgängen resp. Ruschelzonen. Ursprünglich wurden nur eluviale und alluviale Seifen gebaut; mit dem Eintritt europäischen Bergbaues gewannen Konglomerate und

Quarzgänge an Bedeutung und beherrschen jetzt die Förderung. Nach *Fritz-Erdmann Klingner* ist in der Periode von 1903—1934 das Verhältnis der Goldgewinnung aus den verschiedenen Goldvorkommen ungefähr:

Seifen: Konglomerate: Gänge wie 2 : 10 : 15.

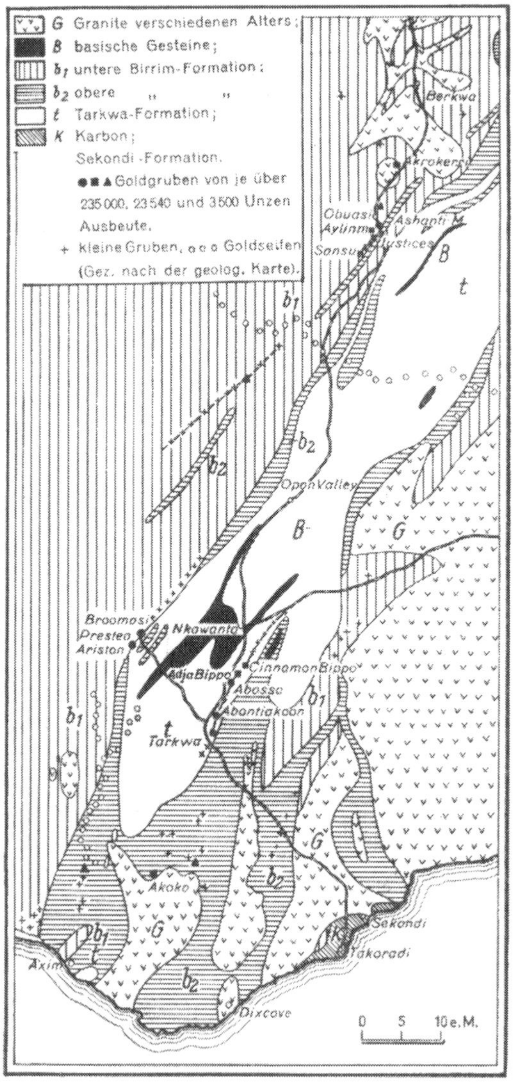

Abb. 28. Die wichtigsten Goldlagerstätten der Goldküste.

Seit 1903 werden in der Statistik der Goldförderung die Produktion von Quarzgängen (Lodes) und von Konglomeraten (Banket) getrennt gegeben. Es waren vor der letzten Entwicklungsperiode, die durch die Abwertung des Pfundes eingeleitet wurde, besonders 5 größere Gruben, die durchhielten und in den zwanzig Jahren von 1903 bis 1923 insgesamt folgende Förderung nachwiesen:

Bergbau auf Konglomerate:

Abosso Grube	587314	Unzen im Wert von	2494900 £
Abontiakoon Grube	571900	,, ,, ,, ,,	2429420 £
Tarkwa Grube	533366	,, ,, ,,	2265727 £

Bergbau auf Gold-Quarzgänge:

Ashanti Goldfields Corp., Obuasi	1480255	Unzen im Werte von	6288280 £
Prestea	922518	,, ,, ,, ,,	3918872 £

Von allen Gruben und Seifen wurden von 1903 bis März 1924 folgende Förderungen registriert:

Von Konglomeraten . . .	2003533	Unzen im Werte von	8510936 £
Von Gold-Quarzgängen . .	2807227	,, ,, ,, ,,	11925282 £
Von Seifen	511345	,, ,, ,, ,,	2171902 £
Insgesamt	5322105	,, ,, ,, ,,	22608120 £

(Nach *E. A. Kitson:* The Mineral Resources ot the Gold Coast. The Mining Magazine 1925, Januar, S. 12.)

Mit der Abwertung des Pfundes setzte erneut die Gründung von Gesellschaften und die Belebung alter Gruben mit Aufschließen von Lagerstätten ein. Die Gesellschaften, die 1937 entweder in Förderung waren oder kurz vor der Förderung standen, hat *Fritz-Erdmann Klingner* (Die Goldlagerstätten der britischen Kolonie Goldküste, Westafrika, Berg- und Hüttenm. Monatshefte, Bd. 88, Heft 2, S. 18) nach Bergwerksbesitz und Förderung folgendermaßen zusammengestellt:

Lfd. Nr.	Name der Gesellschaft	Bergbaubesitz		Durchschnittliche Belegschaft	
		Größe	Lage	Europäer	Eingeborene
	1. Gangbergbau.				
1.	Ashanti Goldfields Corporation Ltd.	260 qkm	Obuasi	114	4875
2.	Ariston Gold Mines (1929) Ltd.	10 km im Streichen der Gänge	Prestea	93	2964
3.	Bibiani (1927) Ltd.	93 qkm	Bibiani	76	2816
4.	Nangodi Gold Mine	—	Northern Territories zwischen Naurongo und Bawku	12	720
5.	Konongo Gold Mines Ltd.	6½ qkm	Konongo i. Aschanti	56	1316
6.	Marlu Gold Mining Areas Ltd.	—	Bogosu	70	1929

Lfd. Nr.	Name der Gesellschaft	Bergbaubesitz		Durchschnittliche Belegschaft	
		Größe	Lage	Europäer	Eingeborene
7.	Obuom Gold Mines Ltd.	—	Obuom u. Ntubia	—	—
8.	Appollonia Goldfields Ltd.	—	Axim	—	—
9.	Gold Coast Main Reef	—	Prestea	—	—
	2. Goldhaltiges Tarkwa-Konglomerat.				
10.	Tarkwa & Abosso Mines Ltd.	22½ km entlang dem Ausstrich der Konglomerate u. 80 qkm bei Abosso	Tarkwa	78	3867
11.	Amalgamated Banket Areas Ltd.	70 qkm	Tarkwa	74	3065
12.	Gold Coast Banket Areas Ltd.	—	Abosso	60	1718
13.	Ashanti-Adowsena (Banket) Goldfields Ltd.	—	70 km von Oda entfernt (West-Akim)	45	799
14.	South Banket Areas Ltd.	—	Tarkwa	—	—
	3. Goldseifen				
15.	Tano Gold Dredging Ltd.	12 qkm	Tanofluß	22	317
16.	Bremang Gold Dredging Co. Ltd.	—	Ankobrafluß	—	—

Von den auf Seifen arbeitenden Baggerbetrieben hat bisher Tano Gold Dredging mit Verlust gearbeitet, und seine Förderung ist ohne Bedeutung geblieben.

Die Entwicklung der Goldgehalte — also die Bauwürdigkeit der Erze — zeigt beim Abbau der Konglomerate ein ganz verschiedenes Bild von dem der Quarzgänge; der Abbau der letzteren wird besonders in den Jahren bis zum Eintritt der Marlu-Minen ganz beherrscht von den anormal hohen Gehalten der Obuasi-Grube. Dies wird sich erst ändern mit dem starken Einsetzen des Abbaues der ärmeren Erze von Marlu Mine und der Erhöhung des Durchsatzquantums der Ariston- und Konongo-Minen. Die Goldgehalte der vom Banket verarbeiteten Erze haben dagegen seit 1903 ein starkes Absinken gezeigt, worin sich die allmähliche Verbilligung der Betriebskosten ausdrückt, die gestattete, immer ärmere Erze mit abzubauen.

Nach *Junner* (Memoir 4, S. 15/16) waren von 1903—1934 Förderung und Goldgehalt der Konglomerat- und Quarzganggruben folgenden Schwankungen unterworfen:

Jahr	Konglomerat-Gruben			Goldquarzgänge		
	Verarbeitete Erze in short tons 1 t = 907 kg	Produktion in Unzen	Gehalt in dwts pro t	Verarbeitete Erze in short tons	Produktion in Unzen	Gehalt in dwts pro t
1905	64209	48484	15,1	62824	59778	19,02
1906	135980	86569	12,4	157163	127800	16,12
1907	183689	99062	10,79	296435	161472	10,89
1908	239982	125326	10,44	290775	142586	9,78
1909	180327	91434	10,14	224526	118958	10,6
1910	115794	62350	10,77	188366	106161	11,27
1911	91802	44233	9,64	359990	194389	10,79
1912	218362	103362	9,47	485186	237115	10,35
1913	268127	136994	10,21	445511	241825	10,86
1914	325883	160432	9,84	444584	241799	10,88
1915	353751	171755	9,71	468264	227384	9,71
1916	349148	162911	9,33	407491	215874	10,59
1917	333500	152875	9,17	360328	208617	11,57
1918	287421	136016	9,45	280910	178262	12,69
1919	255760	123378	9,65	276264	171129	12,39
1920	197356	89045	9,03	182734	118406	12,96
1921	184752	81528	8,82	174747	121574	13,91
1922 Jan.-März	52163	23057	8,8	46362	32546	14,04
1922/23	199035	85492	8,59	193058	115973	12,01
1923/24	175297	86041	9,81	181489	111950	12,33
1924/25	172201	84091	9,76	185794	124169	13,36
1925/26	203328	88966	8,74	154752	108702	14,48
1926/27	209061	77891	8,77	171739	110637	11,21
1927/28	165015	62936	7,63	104224	105459	20,23
1928/29	139209	50453	7,25	144486	115660	16,01
1929/30	144939	58689	8,1	182585	159117	17,4
1930/31	166844	64634	7,7	190921	181638	19,0
1931/32	177452	64280	7,2	211611	200115	18,9
1932/33	200008	72140	7,2	233873	212662	18,2
1933/34	215893	74200	6,9	288009	234760	16,3
Gesamt	6006288	2768429	9,2	7368001	4686417	12,7

Die hohen Goldpreise haben den einzelnen Goldgruben in den letzten Jahren ermöglicht, große Erzreserven aufzuschließen, und die bedeutenden Erfolge, die dabei erzielt sind, zeigen, daß die Goldlagerstätten der Goldküste keineswegs erschöpft sind, sondern daß Modernisierung des Betriebes und Verbilligung der Betriebskosten dem Bergbau noch eine lange Lebensdauer sichern. Meist haben die Gruben ihre Erzreserven für die nächsten 8—10 und mehr Jahre gesichert, so daß mehrfach Erweiterung der Betriebe geplant wurde. Eine Übersicht über das Durchsatzquantum, Förderung, Erzreserven und Goldgehalt auf den verschiedenen in Förderung oder im Aufschluß befindlichen Minen gibt die folgende Tabelle:

Förderung und Erzreserven der Goldgruben 1937—38

Grube oder Gesellschaft	Verarbeitetes Erz in short tons	Förderung in Unzen	Erzreserven in short tons	Gehalt an dwts pro t
Ashanti Goldfields Corp. Ltd. . . .	218394	218871	1595113	19,7
Marlu	409962	95455	5672000	3,72
Ariston	129174	56222	929907	8,64
Tarkwa & Abosso	197370	53121	1151890	6,96
Bibiani.	131648	40233	2807800	7,25
Konongo	87517	36112	355781	9,71
Amalgamated Banket Areas . . .	123298	35951	1018359	5,6
Gold Coast Banket Areas	98462	19954	263883	. 6,33
Ashanti Adowsena.	55850	10788	110288	4,65
Tano Gold Dredging	3441537 c. yds	13560	?	—
Obuom	12051	4635	?	—
Nangodi	5541	4564	?	—
Amalgamated Banket Areas (Neue Gruben)	Noch im Aufschluß begriffene Gruben		766871	4.75
South Banket Areas			406540	5,73
Gold Coast Main Reef			106500	10,3
Atta Gold			93311	6,16
Lyndhurst			36078	8,98

b. Goldbergbau auf Quarzgänge

Die älteste, berühmteste und reichste auf Goldquarzgängen bauende Grube ist die Obuasi-Mine der Ashanti Goldfields Corporation; zur selben Finanzgruppe gehört die weiter westlich isoliert liegende Bibiani-Mine. Zu den Interessen der Latilla-Gruppe gehören folgende Goldgänge bauende Gruben: die Ariston-Mine, die Marlu-Mine, beide im Prestea-Distrikt, wo auch die Konzession der noch im Aufschluß befindlichen „Gold Coast Main Reef“ liegt, ferner die Nangodi-Grube nahe der Nordgrenze der Northern Territories. Die Obuom-Mine ist praktisch erschöpft und versucht, anderswo Erze zu erschließen; die Konongo-Grube baut seit kurzer Zeit Gänge nicht weit nördlich vom Lake Bosumtwi.

Die Goldgruben der Ashanti Goldfields Corporation Ltd.

Der Kaufmann *E. A. Cade* hatte 1895 eine Land- und Minenkonzession von 100 Quadratmeilen (260 qkm) in Aschanti erhalten und begründete mit Freunden 1897 die Ashanti Goldfields Corporation Ltd. mit 250000 £ Kapital in 4 sh-Anteilen. Das bekannte Goldvorkommen wurde sofort in Angriff genommen, und 1898 wurden die ersten 269 Tonnen zerkleinert und für 2665 £ Gold daraus gewonnen; 1902 war der Wert der Förderung bereits auf 94700 £ gestiegen. 1903 erreichte die Eisenbahnlinie das Minengelände in Obuasi. Die Mine arbeitete auf 3 Quarzgängen: dem Ashanti Reef, Obuasi Reef und Côte d'Or Reef; 1907 wurde das Obuasi Reef, 1909 das Côte d'Or Reef aufgegeben und nur das Ashanti Reef weiter gebaut; 1908 fand man das Obuasi Reef mit hohen Gehalten wieder auf der 3. Sohle, und seit dieser Zeit ist es der Haupterzkörper für die Grube gewesen. 1908 wurde außerdem 3 km südwestlich Obuasi der reiche Erzgang der Justice Mine gefunden durch einen Mr. *Justice*, übrigens das einzige größere primäre Goldvorkommen der Goldküste, das nicht von Eingeborenen, sondern von einem Europäer gefunden wurde. Das Côte d'Or Reef wurde 1927 auf der 22. Sohle beim Abteufen des Hauptschachtes wieder aufgefunden und ist seitdem mit guten Resultaten weiter aufgeschlossen worden. Das Ashanti Reef war auf der 10. Sohle aufgegeben worden, da es fast auskeilte. 1935 war der Hauptschacht mit der 29. Sohle bis zur vertikalen Teufe von etwa 900 m (2800 Fuß) abgeteuft worden. Nachdem in den zwanziger Sohlen die Obuasi-Quarzlinse allmählich nach der Teufe zu an Ausdehnung verloren hatte und auf weniger als 115 m streichende Länge zusammengeschrumpft war, erfolgte von der 29. Sohle an wieder starke Ausdehnung mit sehr hoher Goldführung; die Linse wurde im Jahre 1937/38 auf der 29. Sohle über 165 m streichende Länge verfolgt, war 6,5 m mächtig und hatte Goldgehalte von durchschnittlich über 57 g auf die Tonne; auf der 30. Sohle waren bei 6,10 m Mächtigkeit die Goldgehalte durchschnittlich sogar 76 g pro Tonne. Dadurch sind nunmehr für weitere 6—8 Jahre Erzreserven mit über 1 Unze im Durchschnitt in der Tonne für die Obuasi-Mine gesichert. Außer in der Obuasi-Mine sind noch weitere Goldquarzgänge auf der Minenkonzession der Gesellschaft bekannt und aufgeschlossen worden; die Vorkommen gehen unter den Namen: Justice Mine, Ayeinm Mine (zwischen Justice und Obuasi), Kau Su, Sansu Mine und Blackies und Tom Collins Mines. In der letzten Zeit ist nur auf der Ayeinm Mine noch gearbeitet worden — man hat genügend wesentlich reichere Erze auf der Obuasi zur Verfügung. Es muß darauf hingewiesen werden, daß neben den reichen Erzfällen auch unbauwürdige arme Quarzpartien vorkommen, und es wird als Hauptverdienst der Betriebsführer der Obuasi-Mine betrachtet, daß sie sich nie durch unbauwürdige Quarzpartien von der Fortführung der Aufschließung haben abhalten lassen.

Die hohen Gewinne, die die Gesellschaft ständig hatte, haben die Dividende nicht unter 50 v. H. sinken lassen, trotzdem in den dreißiger Jahren durch Verteilung von Bonusaktien das Kapital mehrfach erhöht wurde, so im

Februar 1931 auf 375000 £. im Januar 1932 auf 500000 £ und im Dezember 1933 auf 1000000 £. Die letzte Kapitalserhöhung fand 1939 statt, und zwar auf 1250000 £; davon wurden 200000 £ in 4 sh-Anteilen im Verhältnis von 1 Bonusanteil auf 5 Anteile verteilt, während die restlichen 50000 £ in 4 sh-Anteilen den Anteileignern angeboten wurden zum Preise von 3 £ pro Anteil. Trotz des erhöhten Kapitals wurden an Dividenden verteilt: 1933/34: 75 v. H., 1934/35: 85 v. H. und 1935/36: 95 v. H. und 1936/37 wieder 95 v. H.

Die folgende Tabelle gibt Daten über den Betrieb und die Betriebskosten:

Jahr	Verarbeitetes Erz in t 1 t = 907 kg	Goldgehalt in dwts 1 dwt = 9,55 g	Goldproduktion in Unzen	Kosten pro Tonne in sh		v. H. Ausbringen	Erzreserven mit Ayeinm in t	Gehalt der Reserven in dwts
				Betrieb	Aufschließung			
1934	173350	22,18	186847	27/11.32	4/5.07	97,2	584818	24,0
1935	192110	22,42	199560	26/11.87	5/1.42	92,7	1059224	19,8
1936	213713	21,17	206332	26/0.55	5/1.49	91,21	1458031	20,0
1937	216602	22,94	218647	28/1.5	4/10	88,01	1595113	19,7
1938	223800	21,8	224119	29/3	5/—	92,1	1834289	12,0

Dabei standen die Erzreserven der Obuasi Mine und der Ayeinm Mine wie folgt:

	1937	1938
Aschanti	1311485 Tonnen mit 22,3 dwts	1543388 Tonnen mit 23,3 dwts.
Ayeinm	283628 Tonnen mit 7,9 dwts	290901 Tonnen mit 8,0 dwts.

Die Betriebskosten waren 1898—1918 etwa 45 sh pro Tonne Erz gewesen und stiegen nach dem Krieg auf 60 sh pro Tonne. Um 1930 standen sie bei etwa 46/6 pro Tonne, worin aber an Abgaben für die Regierung etwa 6 sh und an Exportabgaben auf die Tonne noch einmal 3 sh 3 d enthalten waren. Bis 1934 hatte die Gesellschaft insgesamt 3072300 Unzen Gold im Wert von 13362360 £ von 3388720 Tonnen Erz mit durchschnittlich 19,3 dwts (etwa 29 g) pro Tonne produziert und 5490981 £ in Dividenden gezahlt.

Einzelheiten über Abbau und Aufbereitung auf der Obuasi-Mine findet man in der Arbeit von *S. W. Eaton Turner:* The Ashanti Goldfields Corporation, in The Mining Magazine von Juni 1932, S. 329—337.

Das Erz wird trocken aufbereitet, und zwar zerkleinert und dann geröstet; es enthält Graphit, Arsen und Sulfide, die durch Rösten des Erzes für den späteren Cyanidprozeß unschädlich gemacht werden. Die elektrische Kraftzentrale wird mit Holzgas getrieben und enthält 4 Holzgasmaschinen mit je 500 PS. Für Kraft-Selbstkosten werden 0,411 d für die Kilowattstunde angegeben. Die Versorgung der Kraftzentrale und Grube mit Feuerholz findet durch einen ziemlich umfangreichen Betrieb statt, der auf einem Netz von Feldbahnen Holz aus der Holzkonzession der Gesellschaft heranschafft. Man hat auch mehrfach Versuche zur Wiederaufforstung des Gebietes gemacht; erfolgreich waren Anpflanzungen von Teakbäumen, wenig erfolgreich solche von schnellwachsenden anderen Baumarten. 12 kleine Lokomotiven und einige Traktoren besorgen die Heranschaffung von Holz und den Verkehr auf der Grube.

Das Goldausbringen aus den komplexen Erzen war im ersten Jahrzehnt nur etwa 66 v. H.; erst durch den Röstprozeß wurde es 1906 auf 92 v. H. gesteigert. Als man infolge Arbeitermangel nach dem Krieg 1921 wieder auf die Naßaufbereitung zurückging, sank das Ausbringen schnell auf 71,9 v. H., so daß man 1925 gezwungen war, wieder zum Trockenverfahren und Röstprozeß zurückzugehen.

Die Kapazität der Aufbereitungsanlage ist 20000 t im Monat. Man hat eine Versuchsflotationsanlage auf der Grube angelegt für 2500 t im Monat; Resultate sind noch nicht bekannt.

Die Bibiani-Grube

Die Bibiani-Grube liegt nordwestlich Obuasi; sie baut Quarzlinsen in einer 1 km langen Kontaktzone zwischen Porphyr und Phylliten ab. Die nächste Eisenbahnstation ist Dunkwa an der Bahnlinie Tarkwa—Obuasi, und die Grube ist durch eine 100 km lange Autostraße mit Dunkwa verbunden. Die Abgelegenheit des Vorkommens und die damit zusammenhängenden hohen Transport- und Betriebskosten haben dazu geführt, daß die Grube zweimal den Besitzer gewechselt hat und gezwungen war, den Betrieb zeitweise einzustellen. Nachdem 1891 die Konzession gesichert war, wurde — erst 1900 — die Bibiani Ltd. Gesellschaft zum Abbau gegründet; als die Bahn 1902 bis Dunkwa gebaut war, erfolgte die erste Goldverschiffung von 20000 £. Von 1904—1913 wurden etwa 211000 Unzen gefördert und aus dem Erz im Durchschnitt 8,3 dwts pro Tonne gewonnen. Da es sich auch hier um komplexe Erze mit Graphit, Arsenkies und Sulfiden handelte, war das Ausbringen gering, und eine neue Gesellschaft, die sich 1922 bildete, die New Bibiani Company, verarbeitete nur Halde mit einem Ausbringen von 4,7 dwts (etwa 7 g) pro Tonne; diese Gesellschaft arbeitete nur 2 Jahre bis 1924. 1927 wurde dann die jetzt noch bauende Gesellschaft, die Bibiani (1927) Ltd., gegründet und erwarb zwei Konzessionen: eine über 16 Quadratmeilen (42 qkm) mit Minenrechten und eine von 20 Quadratmeilen (52 qkm) mit Holzrechten. Die Kapazität der Aufbereitung ist allmählich auf 110000 Tonnen im Monat gesteigert worden. Der 1933 einsetzende Abbau hatte folgende Resultate:

Jahr bis 31.März	Tonnen verarbeitetes Erz	Goldförderung in Unzen	Ausbringen in dwts pro t	Beschäftigte Arbeiter		Erzreserven	
				Europäer	Eingeborene	Tonnen	Gehalt dwts
1933 .	—	—	—	15	733		
1934 .	27701	9637	6,96	26	1136	1030400	8,75
1935 .	77010	26719	6,90	46	1410		
1936 .	61502	25649	8,39	54	1605	2049300	7,8
1937 .	119320	38708	6,49	67	2197	2807800	7,25
1. 1. bis 31. 12. 1937	129434	40248	6,08	76	2816		

Eine neue Anlage sollte im Juni 1939 zum Laufen kommen mit einer Kapazität von 30000 Tonnen im Monat.

Die Betriebskosten stellen sich niedriger als die von Aschanti und betrugen 1936: 25 sh 3 d und 1937: 23 sh 11 d; darin sind etwa 5 sh pro Tonne für Aufschließungsarbeiten enthalten.

Mit weiterer Erniedrigung wird zu rechnen sein, falls die neue Anlage zum Anlaufen kommt.

1936 und 1937 verteilte Bibiani (1927) Ltd. eine Dividende von je 15 v. H. Die Gesellschaft wird kontrolliert von der Ashanti Goldfields Corporation Ltd.

Die auf Goldquarzgängen arbeitenden Gruben der Latilla-Gruppe

Die Ariston Mine

Die Ariston Mine liegt auf den Prestea-Goldfeldern nicht weit von der Eisenbahnstation Prestea. Das Goldfeld ist seit langer Zeit bearbeitet worden, aber mit wenig Erfolg und hat mehrfach den Besitzer gewechselt. So war es 1903 in den Händen der „Prestea Block A Ltd.", deren Kapital 1919 auf 1150000 £ stand, die aber 1926 in Liquidation ging und für 20000 £ von der Gold Coast Explorers Ltd. aufgekauft wurde. Die jetzige Besitzerin, Ariston Gold Mines Ltd., wurde im Juni 1927 gegründet als Rekonstruktion der Gold Coast Explorers mit einem Anfangskapital von 400000 £; die Gesellschaft mußte 1929 noch einmal saniert und umgegründet werden unter dem Namen „Ariston Gold Mines (1929) Ltd." und ging in die Kontrolle der Latilla-Gruppe über. Das Kapital der Gesellschaft steht jetzt auf 900000 £, nachdem es 1938 um 100000 £ in 800000 Anteilen zu 2/6 erhöht war. Die Gesellschaft zahlte an Dividenden von 1931—1934 zusammen 47½ v. H. und im Geschäftsjahr bis 30. IX. 1937: 10 v. H. und bis 30. IX. 38: 17½ v. H. Die Entwicklung der letzten Jahre war gesund; das Durchsatzquantum erhöhte sich wesentlich, und die Betriebskosten gingen von 35 sh pro Tonne im Jahr 1936 auf 26/6 sh im Jahr 1937 und 24/8 sh im Jahre 1938.

1932 erwarb die Gesellschaft die angrenzende Minengerechtsame der Anfargah Gold Mines & Finance Co. Ltd. Insgesamt verfügt die Ariston Gold Mines (1929) Ltd. jetzt über Minengerechtsame auf 4785 acres (etwa 2300 ha), die etwa 10 km der Prestea-Goldquarzgangzone umfassen. Weiter besitzt die Gesellschaft noch eine Konzession bei Dunkwa, genannt Twofoo, etwa 13 qkm groß, im Streichen der Goldquarzzone von Obuasi. Schließlich gehören ihr noch Holzkonzessionen im Wassaw-Distrikt.

Vom Grubengebiet der Ariston Mine wurden von 1903 bis 1934 ungefähr 1241700 Unzen Gold im Wert von 5277000 £ produziert. Das Ausbringen aus den Erzen war im Durchschnitt 8 dwts (etwa 12 g) pro Tonne.

Die Grube baut auf 2 Erzkörpern, von denen der eine 2,60 m und der andere 6 m mächtig ist. Zwei tonnenlägige Schächte schließen die Gänge auf, einer der Schächte ist bereits bis zur vertikalen Teufe von über 800 m vorgedrungen; in den letzten Jahren wurde ein vertikaler Hauptschacht abgeteuft, der 1939 in Betrieb genommen werden sollte. Der Abbau findet durch „overhead stoping" mit nachfolgendem Ausfüllen der entstandenen Hohlräume mit Sand und Bergen statt. Die Aufbereitung wird erzielt hauptsächlich durch weitgehendes Zerkleinern und mehrfaches Amalgamieren; nur die letzten Konzentrate werden noch einmal in einer kleinen Cyanidanlage gelaugt. Das Gesamtausbringen soll 93 v. H. sein. Das jetzt angewendete Verfahren soll das billigste und einfachste sein; um ein höheres Ausbringen zu erzielen, müßte man wegen vorhandener schädlicher Sulfide und Graphit die Konzentrate rösten; die Mehrkosten würden aber nicht dem Mehrausbringen an Gold entsprechen (siehe Memoir 3. *S. G. Cooper:* The Geology of the Prestea Goldfield. 1934, S. 14).

Durchsatzquantum, Förderung und Zahl der Arbeiter geht aus folgender Tabelle hervor:

Jahr bis 31. März	Tonnen verarbeitetes Erz	Förderung in Unzen	Goldgehalt in dwts	Durchschnittliche Arbeiterzahl	
				Europäer	Eingeborene
1933	73 850	36 590	9,91	45	1 560
1934	95 641	44 716	9,34	56	1 714
1935	81 410	35 314	8,67	60	2 026
1936	75 820	32 919	8,68	82	2 884
1937	117 673	51 104	8,68	102	4 320
1. 1.— 31. 12. 1937	129 612	56 471	8,71	93	2 964
1938	134 969				

Die Erzreserven standen 1934 auf 552 200 t mit 10,45 dwts/Tonne,

1936 auf 799000 t mit 9,3 dwts/t,
1937 „ 929900 t „ 8,64 „ „
1938 „ 1082833 t „ 8,74 „ „

Eine Aufbereitung für 20 000 t im Monat war 1938 fertiggestellt. Die Ariston-Grube war 1938 der drittgrößte Goldproduzent der Goldküste. Es war ein Abkommen mit Marlu und Gold Coast Selection Trust getroffen, daß unter Aufsicht der Marlu Mine das Konzessionsgebiet der Ariston Mine auf Ruschelzonen mit niedrigen Goldwerten untersucht werden sollte, da in letzter Zeit die Marlu-Grube auf solchen Zonen mit großem Erfolg gearbeitet hat.

Die Marlu Mine

Eine der jüngsten, ganz modern eingerichteten Goldminen, die vor allem zum Anwachsen der Goldförderung der Goldküste beigetragen hat, ist die Marlu Mine, die erst 1937 in Förderung kam. Bereits 1938 war sie der zweitgrößte Goldproduzent des Landes. Die Entwicklung der Grube und Einzelheiten ihrer Betriebseinrichtungen sowohl wie der Lagerstätte sind beschrieben von *Frederick L. Thomas* in „Marlu Gold Mining Areas", The Mining Magazine, Juni 1937, S. 329—341.

Auf der Marlu Mine werden zum ersten Male an der Goldküste mit modernen Anlagen und im großen Maßstabe ärmere Erze mit etwa 4,6 dwts (7,13 g) pro Tonne abgebaut.

Das Kapital der 1934 gegründeten Marlu Gold Mining Areas Ltd. ist 2000000 £ in 5 sh-Anteilen und ist voll begeben. Die Gesellschaft übernahm von der Gold Coast Selection Trust Ltd., der Holding Gesellschaft der Latilla-Gruppe, folgende Konzessionsgebiete:

Tarkwa Banket West Ltd.;

Kwahu Mining (1925) Ltd.;

Vier Konzessionen auf den Prestea-Aschanti Goldfeldern von im ganzen etwa 12,1 Quadratmeilen (31 qkm) zusammen mit einer Holzkonzession. Diese vier Konzessionen sind bekannt unter den Namen: Bopo Nr. 2 (826,3 acres), New Assekukessi (3197,8 acres); New Bogosu (2980,0 acres) und Bojuri Holzkonzession (4096,0 acres). Diese Konzessionen liegen etwa 11 km von der Bahnstation Insu an der Strecke Takoradi—Kumasi und etwa 105 km vom Hafen Takoradi entfernt.

Das Erz bildet verquarzte Ruschelzonen von durchschnittlich 8—16 m Mächtigkeit. Am 31. Juli 1936 waren an Erzreserven nachgewiesen:

auf Bogom Nord und Marlu: 2813000 short tons mit 4,6 dwts und auf
Alt und Neu Dumassie 932000 „ „ „ 3,0 dwts als oxydische Erze. Insgesamt oxydische und sulfidische Erze waren nachgewiesen:

4132000 Tonnen mit 4,6 dwts.

Bis 1938 hat sich die Erzreserve auf 5672000 Tonnen mit 3,72 dwts gesteigert.

1936 wurde die erste Abteilung der Aufbereitung mit 12000 Tonnen monatlichem Durchsatzquantum abgeschlossen, und die Arbeit begann Ende des Jahres; bis 1938 waren 4 Abteilungen fertiggestellt, und die Kapazität wurde auf 48000 Tonnen im Monat erhöht; eine weitere Abteilung war geplant mit Erhöhung auf 60000 Tonnen im Monat.

1938 erwarb die Marlu-Gesellschaft ein weiteres angrenzendes Minenfeld, genannt Chuja oder Dainsu Concession und Beppo Nr. 3 von Gold Coast Selection Trust, und verfügt nun über einen geschlossenen Felderblock von 10895 acres entlang der vererzten Ruschelzone. An einer Stelle auf Bogosu Nord weitet sich die vererzte Zone auf über 80 m Breite und auf Marlu bis 130 m.

Der Hauptabbau findet mit Schaufelbaggern im Tagebau statt; dies soll bis zum Wasserspiegel etwa 60 m tief fortgesetzt werden. 4 Ruston-Bucyros Schaufelbagger mit 1½ Kubicyard Schaufelinhalt waren in Betrieb. Ein kleinerer Typ wird für Wegebau und Abbau einer Halde benutzt. Das abzubauende Material wird durch Sprengen mit Schwarzpulver vorher gelockert. 2813000 Tonnen Erz werden im Tagebau gewonnen werden können; für die Böschung zum Tagebau müssen 1400000 t taubes Material ausgeschachtet werden. Diesel-Lokomotiven schaffen das Material von den Baggern zum Hauptaufzug. Vorrichtung für Untertageabbau auf Marlu war 1938 noch im Gange; die Erzzonen verengen sich nach der Tiefe, werden aber reicher. Ein Vertikalschacht ist bis 500 Fuß abgeteuft. Wasser für die Aufbereitungsanlage steht genügend aus der Bogom-Grube zur Verfügung.

In der Kraftzentrale sind 3 Dieselmotoren zu je 1000 und einer zu 450 Pferdestärken, zwei weitere von je 1000 PS sollten 1938 installiert werden; es wurde mit 4 Generatoren elektrischer Strom erzeugt und mit 3300 Volt weitergeleitet. Nach langen Vorversuchen hat sich für die Verarbeitung der Erze als beste Methode herausgestellt: zerkleinern und Cyanlaugerei (allsliming cyanidation treatement); Zerkleinerung von 70—90 v. H. auf 200 Maschen erwies sich als der brauchbarste Grad für Zerkleinerung. Insgesamt kommt man bis auf 94 v. H. Ausbringen. Für Zerkleinerung und Cyanidlaugereibetrieb werden alle vom Witwatersrand bekannten modernen Maschinen und Apparaturen verwendet. Die bei längeren eingehenden Vorversuchen festgelegten Anordnungen haben in der Praxis des Abbaues und der Aufbereitung durchaus der Erwartung entsprochen und haben ermöglicht, daß die Gesellschaft praktisch vom ersten Jahre an Dividenden ausschütten konnte, trotzdem auf der Grube die ärmsten Erze in der Goldküste verarbeitet werden. Die Betriebskosten pro Tonne Erz waren 1937/38 noch 11/6, fielen 1938 auf 10/6 und zuletzt sogar auf 8/4. Bis 31. Juli 1938 waren bereits 25 v. H. Dividende gezahlt, und für Januar 1939 war eine weitere Interimdividende von 15 v. H. vorgeschlagen.

Die Nangodi-Grube

Die Nangodi-Grube ist die einzige größere fördernde Goldgrube in den Northern Territories. Sie wurde 1933 entdeckt und von dem ursprünglichen Eigentümer, einem Mr. *Maxwell Mc. Guiness*, zusammen mit einem Mr. *Reid* und dem Gold Coast Selection Trust untersucht und aufgeschlossen; es handelt sich um mehrere Goldquarzgänge; der Hauptgangzug liegt auf der sogenannten Nangodi-Doschi-Linie. Im Jahre 1938 wurde die Nangodi-Mine ganz von dem Gold Coast Selection Trust übernommen. Über Förderung und Arbeiterzahl unterrichtet die folgende Tabelle:

Jahr bis 31. März	Verarbeitetes Erz in Tonnen	Förderung Gold in Unzen	Dwts pro Tonne Erz	Durchschnittliche Arbeiterzahl	
				Europäer	Eingeborene
1935	1736	2468	28,43	4	244
1936	2524	2475	19,61	9	471
1937	8262	4918	11,90	9	636
1. 1.—31. 12. 1937	6999	4646	13,28	12	720

Die Eigentümerin der Nangodi-Grube ist der *Gold Coast Selection Trust*, eine Holding-Gesellschaft der Latilla-Gruppe; sie wurde 1928 gegründet, um Minengerechtsame zu erwerben, aufzuschließen und Minengesellschaften zu finanzieren. Ihr Kapital ist 750000 £ in 5 sh-Anteilen, voll begeben. Die Gesellschaft ist Großaktionär der folgenden Minenunternehmungen der Latilla-Gruppe: Amalgamated Banket Areas Ltd.; Gold Coast Main Reef Ltd.; Marlu Gold Mining Areas Ltd. Außer der Nangodi-Mine besitzt die Gesellschaft eine Exclusive Prospecting License über 835 Quadratmeilen in den Northern Territories und 80 v. H. in der Gesellschaft „Ntubia Gold Areas Ltd."

Gold Coast Main Reef Ltd.

Die Gold Coast Main Reef Ltd. ist eine Gesellschaft der Latilla-Gruppe, die 1933 gegründet wurde und folgende Konzessionen auf den Prestea-Goldfeldern besitzt: die Bondaje Konzession 4132 acres;
die Tuappim Konzession 3302 " ;
die New Ekotokroo Konzession 826 acres.

An keiner Stelle ist bisher ein Abbau eröffnet worden; im November 1939 sollte eine Anlage mit 200 t Tagesleistung in Betrieb gesetzt werden. Die Erzreserven standen am 30. Juni 1938 auf 237890 t mit einem Goldgehalt von 10,9 dwts bei einer Gangmächtigkeit von 1,80 m. Gute Resultate sollen bei Diamantbohrungen auf Quarzgängen der Ekotokroo-Konzession erzielt sein. 71500 £ wurden von der Gold Coast Selection Trust vorgeschossen als Betriebskapital für die Aufschlußarbeiten und die Aufbereitungsanlagen. Es wurden für 300000 £ unverzinsliche Obligationen ausgegeben, die 1943 mit 20 v. H. Prämie eingelöst werden sollen, aber auch gegen Anteile (1 £-Obligationen gegen 3 Anteile zu je 5 sh) ausgetauscht werden können. Das Kapital sollte von 600000 £ auf 900000 £ erhöht werden, um Barmittel für Einlösung der Obligationen zur Verfügung zu haben.

Die Obuom-Goldmine

Die Obuom-Goldmine ist gegenwärtig nicht mehr in Betrieb. Sie liegt östlich vom See Bosumtwi südlich Kumasi in Aschanti und arbeitete auf einer Reihe wenig mächtiger Goldquarzgänge. Nachdem die Minenkonzession seit 1900 durch verschiedene Hände gegangen war, wurde sie 1931 von der „Obuom Gold Mines Ltd."-Gesellschaft übernommen und aufgeschlossen. Die verhältnismäßig reichen Erze waren aber 1936 bereits erschöpft, und die Grube wurde stillgelegt. Seitdem hat die Gesellschaft ihr Kapital in anderen Unternehmungen angelegt, in zwei Syndikaten, nämlich: 25 v. H. in einem Syndikat zusammen mit Tarkwa Banket West Ltd., Kwahu Mining Co. (1925) Ltd., Ashanti und Gold Coast Mining Corporation Ltd., und zwar als eine Option auf die Tokosea Gold Konzession (130 km westlich Insu an der Bahn Takoradi—Kumasi); ferner 22 v. H. Beteiligung an einem Syndikat zusammen mit Gold Coast Selection Trust, General Mines Investment Ltd. und Nigerian Gold Mines als eine Option über ein großes Gebiet in Northern Territories, in dem die Nangodi Gold Mines liegt.

Die Konongo-Goldmine

Die Konongo-Grube liegt direkt bei der Eisenbahnstation Konongo an der Eisenbahnlinie Accra—Kumasi, 245 km von Accra. Die Goldquarzgänge dieser Konzession wurden zuerst von der Lyndhurst Deep Level Company aufgeschlossen, die die Grube und Konzession 1933 an die Konongo Gold Mines Ltd. verkaufte. Die Konzession ist etwa 6,5 qkm groß. Die Förderung begann 1936; die folgende Tabelle gibt Aufschluß über die ersten Betriebsergebnisse:

Jahr	Verarbeitetes Erz in Tonnen	Förderung Gold in Unzen	Goldgehalt pro Tonne in dwts	Durchschnittliche Arbeiterzahl	
				Europäer	Eingeborene
bis 31. 3. 1937	31557	16157	10,24	60	1075
Kalenderjahr 1937	79126	32426	8,19	56	1316

Am 30. September 1936 standen die Erzreserven auf 272759 short tons mit 9½ dwts Gold (etwa 16 g) pro Tonne; es wurden monatlich etwa 6000 t durchgesetzt. Sonst ist wenig über diese Mine und Gesellschaft bekannt geworden. Betriebskosten waren im Jahre bis 30. September 1937: 31/10 d pro Tonne Erz.

c. *Goldbergbau auf Konglomerate*

Die goldführenden Konglomerate der Tarkwa-Formation der Goldküste sind dem Banket vom Witwatersrand sehr ähnlich; sie führen das Gold ebenfalls in meist fein verteilter Form in der Grundmasse, nicht in den Geröllen; es ist, wie am Rand, freies Gold, das durch Amalgamation und Cyanidlaugerei gewonnen werden kann. Auch hier stimmen die meisten Geologen darin überein, daß es sich ursprünglich um Goldseifen gehandelt hat, wenn auch das Gold heute in umkristallisierter Form auftritt. Auch der reichliche Sericitgehalt fehlt nicht und hat auch hier, wie am Witwatersrand, die Versteinerung der Lungen der Bergleute — die „Miners Phtisis“ — bei längerer Arbeitsdauer hervorgerufen. Der eine Unterschied ist, daß am Witwatersrand an Eisenmineralien Pyrit in großer Menge auftritt, der im Banket der Goldküste sehr selten ist und durch Hämatit ersetzt wird.

Bei Tarkwa wurde das Banket von dem Franzosen *J. Bonnat* zuerst gefunden und Bergbau darauf begonnen; *Bonnat* und ein *Dr. A. Horton* waren die ersten, die sich Konzessionen sicherten. Die südlichsten Ausbisse des Bankets liegen etwa 5 km südlich Tarkwa und sind von den Konzessionen Tamsoo und Effuenta belegt, die jetzt in den Händen der South Banket Areas Ltd. sind. Dann folgen bei Tarkwa selbst die Tarkwa und Abontiakoon Mine, die beide zusammen mit den westlich auf dem Mantraim Sattel vorgelagerten Konzessionen Pepe und der Mantraim Mine zu den Amalgamated Banket Areas Ltd. gehören. Nun folgt nördlich Tarkwa die alte Fanti Mine, die jetzt von Gold Coast Banket Areas Ltd. bearbeitet wird; hieran schließen sich die Konzessionen Abosso, Adja Bippo und Cinnamon Bippo, alle drei gehören und werden bearbeitet von der Tarkwa & Abosso Mines Ltd. Gesellschaft, die bis 1937 der zweitgrößte Goldproduzent der Goldküste war. Noch weiter nördlich und allein für sich liegt 72 km nordwestlich Oda bei Ntronang die Goldgrube der Ashanti-Adowsena (Banket) Goldfields Ltd., die seit 1935 in Förderung getreten ist.

South Banket Areas Ltd.

Im Jahre 1933 wurde die Gold Coast Banket Areas Ltd. gegründet, die etwa 55 qkm Konzessionen am Tarkwa Banket entlang erwarb. Im Februar 1934 wurden die südlichsten Konzessionen mit einem Flächenraum von etwa 26 qkm an die South Banket Areas Ltd. verkauft — es handelt sich um die Konzessionen Tamsoo und die alte Effuenta Mine. Weitere 13 qkm wurden an Amalgamated Banket Areas verkauft, während Gold Coast Banket Areas für eigenen Betrieb sich ungefähr 2858 acres mit der alten Fanti Mine zurückbehielt.

Das Kapital von South Banket Areas Ltd. ist 500000 £ in 2 sh-Anteilen, hiervon sind 465000 £ verausgabt.

Die South Banket Areas waren 1938 noch im Aufschluß; ihre Erzreserven beliefen sich am 31. März 1938 auf 475278 t und am 31. Dezember 1938 auf 622300 t mit einem Gehalt von 5,65 dwts in der Tonne bei einer durchschnittlichen Mächtigkeit des Bankets von 103 cm. Es bestand die Absicht, eine Aufbereitung für ein Durchsatzquantum von 15000 t im Monat zu errichten.

Amalgamated Banket Areas Ltd.

Die Amalgamated Banket Areas Ltd. ist 1935 gegründet worden und übernahm zuerst von der Gold Coast Banket Areas Ltd. 13 qkm Konzessionsgebiet mit der Tarkwa Mine; diese war vorher in den Händen von Tarkwa Gold Areas Ltd. und Tarkwa Southern Mines gewesen. Die Tarkwa Mine liegt auf der ältesten durch *Bonnat* gesicherten Konzession und war von verschiedenen Gesellschaften meist mit der Abosso Mine zusammen abgebaut worden;

1928 wurde sie stillgelegt. Von 1933 an war sie zusammen mit der Abontiakoon Mine von der Premier Gold Mining Co. im Auftrage der American Smelting and Refining Co. bearbeitet worden. Im August 1935 erwarb Amal-

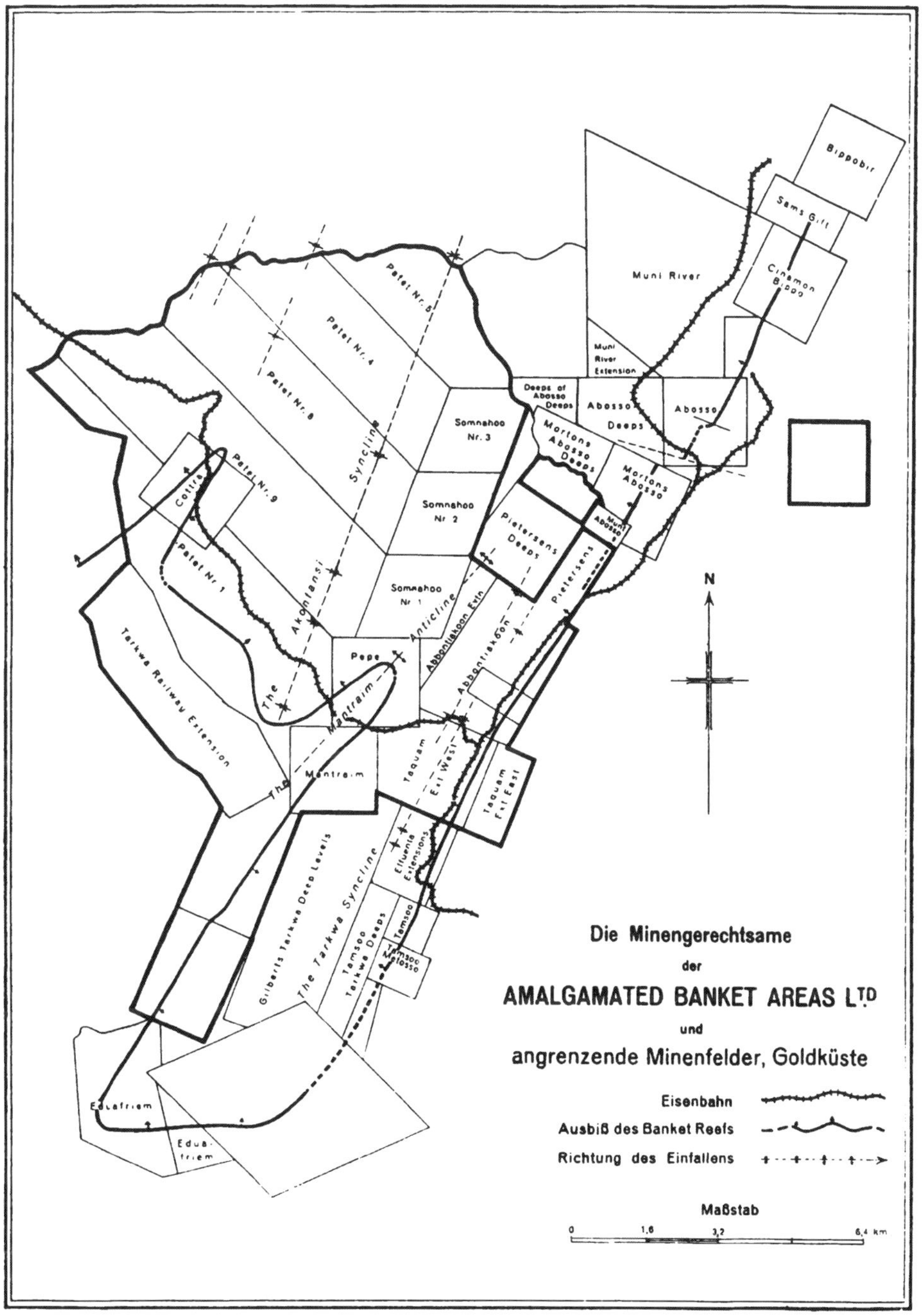

Abb. 29.

gamated Banket Areas Ltd. 92,2 v. H. des Kapitals der Tarkwa Southern Mines Ltd. und das gesamte Kapital der Tarkwa Gold Areas Ltd., wodurch auch die Abontiakoon Mine in ihren Besitz kam; ihre Konzessionen umfassen jetzt: die Abontiakoon und Tarkwa Mine, die Mantraim und Pepe Mine, die Patet und Samnahoo Konzessionen und die Akontansi Konzession; auf letzterer wurde 1938 eine neue Aufbereitung für 30000 t monatliches Durchsatzquantum gebaut, während eine weitere Abteilung ebenfalls für 30000 t im Monat in Auftrag gegeben war, mit deren Fertigstellung für Ende 1939 gerechnet wurde. Bis 1938 war das Durchsatzquantum der vorhandenen Aufbereitungsanlage 11000 t im Monat. Dabei standen die Erzreserven am 31. März 1937 auf 1780000 short tons mit 5,77 dwts Gold pro Tonne und am 31. August 1937 auf Abontiakoon, Mantraim, Pepe und Tarkwa zusammen auf 1785230 t mit 5,163 dwts pro Tonne. Am 15. Dezember 1938 werden die Erzreserven auf Abontiakoon, Tarkwa, Mantraim und Akontansi auf insgesamt 1392318 t mit 5,679 dwts pro Tonne angegeben und weiter als im Tagebau zu gewinnen auf Pepe, wo das Banket 2,60 m mächtig ist, 1897524 t mit 2,35 dwts pro Tonne. Da die Betriebskosten ohne Aufschließung 1935 auf 22,07 sh und 1936 auf 20/3 pro Tonne standen, mit Aufschließung aber 1938 auf 28 sh pro Tonne ohne Abgaben an die Regierung angegeben werden (The Mining Journal, London, 22. Oktober 1938, S. 970), war ein Erz mit 2,35 dwts bei einem Goldpreis von 140 sh für die Unze (d. h. 7 sh für ein dwt) völlig unbauwürdig. Es war nicht ersichtlich, weshalb eine Aufbereitung für 60000 t im Monat gebaut werden sollte, solange nur für 2 Jahre Erz zur Verfügung stand. Damit zu rechnen, daß durch großes Durchsatzquantum die Betriebskosten pro Tonne auf die Hälfte verringert werden würden, war zum mindesten ein gewagtes Experiment bei den nur für wenige Jahre aufgeschlossenen Erzmengen. Allerdings waren die reinen Gewinnungskosten auf dem Banket der Abontiakoon Mine 15/18 sh pro Tonne, was im Tagebau sich natürlich wesentlich niedriger gestalten würde.

Das Kapital war 1937 in Anbetracht des noch nicht erfolgten Ausbaues von Erzreserven und Anlagen recht hoch, nämlich 1750000 £ in 5 sh-Anteilen; da die Notwendigkeit der Erschließung weiterer großer Erzreserven für die geplante Wäsche als dringend empfunden wurde, wurde das Kapital 1938 noch weiter erhöht auf 2300000 £ durch Ausgabe von 2200000 Anteilen im Nennwert von 5 sh pro Anteil; dann sollten 1400000 Anteile zu 7 sh pro Anteil den Aktionären angeboten, 750000 Anteile von anderen Gesellschaften zu gleichen Bedingungen aufgenommen werden zur Abgeltung einer Anleihe von 250000 £ mit Zinsen; 50000 Anteile sollten in Reserve gehalten und die einkommenden Gelder für Aufschließung und Ausbau der Anlagen verwendet werden. Der Reingewinn für das Jahr bis 31. März 1937 war 71440 £, für das Jahr bis 31. März 1938: 79359 £; für beide Jahre wurde eine Dividende von je 5 v. H. ausgeschüttet. In bezug auf Förderung und Arbeiterzahl liegen folgende Angaben vor:

Jahr bis 31. 3.	Verarbeitetes Erz in Tonnen	Förderung, Gold in Unzen	Goldgehalt in dwts/Tonne	Beschäftigte Arbeiter	
				Europäer	Eingeborene
1933	77965	32251	8,27	17	1357
1934	81359	29742	7,41	24	1462
1935	86172	27861	6,47	34	1678
1936	117561	39200	6,67	39	2022
1937	124392	36931	5,84	55	2632
1. 1.—31. 12. 1937	122534	36305	5,92	74	3065
1. 4. 1937 bis 31. 3. 1938	123298	35951	5,815		

Es wird angegeben, daß auf der Abontiakoon-Mine 80 v. H. des Bankets bauwürdig sind.

Von 1901 bis 1933 waren von Abontiakoon 2152943 t Erz verarbeitet und hatten 931839 Unzen Gold oder 8,6 dwts (13,33 g) pro Tonne im Gesamtwert von 3946584 £ ergeben. Die Erzgefälle im Banket waren in den oberen Sohlen 1000 Meter breit im Streichen, in den tieferen bei etwa 500 m Teufe nur noch 500—700 m. Die Mine zeigt zwei bauwürdige Konglomeratlagen, die sich aber stellenweise vereinigen.

Die Erze der Tarkwa-Mine sind reicher als die der Abontiakoon, aber um die mit niedrigem Winkel einfallenden Erzgefälle in der Tiefe weiter zu verfolgen, muß ein neuer Schacht abgeteuft werden. Von 1894—1923 wurden von dieser Mine 853353 t Erz mit durchschnittlich 13,5 dwts (20,93 g) pro Tonne, also insgesamt 577414 Unzen im Wert von 2439996 £ gefördert.

Die Fanti Mine der Gold Coast Banket Areas Ltd.

Im Jahre 1933 wurde die Gold Coast Banket Areas Ltd. gegründet, um von der Fanti Consolidated Investment Company, der Holding Gesellschaft der Sir Edmund Davis Gruppe, die Konzession der alten Fanti zu erwerben. Die ursprüngliche Gesellschaft, Fanti Mines Ltd., hatte vor 1922 einen tonnenlägigen Schacht bis 500 m Teufe niedergebracht und 185000 t mit 6,6 dwts und 200000 t Erz mit 3,6 dwts pro Tonne erschlossen. Sechs Bohrlöcher wurden gebohrt, und eines derselben — das tiefste der Goldküste — hatte bei 2368 und bei 2486 Fuß Tiefe zwei Konglomeratlagen mit guten Werten gefunden. Offenbar waren die Goldgehalte für die damalige Zeit nicht hoch genug, und die Grube kam nicht in Förderung, sondern wurde 1912 stillgelegt.

Die Gold Coast Banket Areas hat ein Kapital von 500000 £ in 2 sh-Anteilen. Die Grube zeigt eine gesunde Entwicklung und konnte 1938 eine erste Dividende von 5 v. H. verteilen. Die Betriebskosten waren 1937 noch sh 32/3, sanken aber 1938 auf sh 25/3 pro Tonne, davon 4 sh pro Tonne für Vorrichtung und Aufschließung. Die Erzreserven wurden am 31. Oktober 1936 auf 201969 t berechnet mit durchschnittlich 7,51 dwts pro Tonne; am 30. Juni 1938 auf 256538 t mit 5,95 dwts und am 1. Dezember 1938 auf 295959 t mit 6,41 dwts pro Tonne. 1938 ergab sich pro Tonne verarbeitetes Erz ein Gewinn von 16 sh.

Über Förderung und Arbeiterzahl gibt folgende Tabelle Aufschluß:

Jahr bis 31. März	Verarbeitetes Erz in Tonnen	Förderung Gold in Unzen	Goldgehalt dwts pro Tonne	Beschäftigte Arbeiter	
				Europäer	Eingeborene
1934	—	—	—	6	155
1935	3930	492	2,53	22	567
1936	45609	11689	5,12	40	871
1937	64548	17174	5,32	56	1478
1. 1.— 31. 12. 1937	63714	19527	6,13	60	1718
1938	78662	23370	6,38		

Das Durchsatzquantum soll nach und nach auf 140000 t im Jahr gesteigert werden.

Die Gruben der Tarkwa & Abosso Mines Ltd.

Die Tarkwa & Abosso Mines Ltd. besitzt drei Minenkonzessionen, die zu den ältesten der Goldküste gehören und in längerer Periode in Förderung gestanden haben; sie sind bekannt unter den Namen: Abosso, Adja Bippo und Cinnamon Bippo und liegen aneinandergrenzend nordöstlich der Eisenbahnstation Abosso, die 77 km vom Hafen Takoradi entfernt ist. Die Tarkwa-Mine ist, wie oben erwähnt, schon 1928 stillgelegt und an andere Gesellschaften abgegeben; sie wird jetzt von Amalgamated Banket Areas neu aufgemacht.

Das verausgabte Kapital der Gesellschaft belief sich 1938 auf 337500 £ in 4 sh-Anteilen. Die Gesellschaft wird kontrolliert von der südafrikanischen Goldgesellschaft: Consolidated Goldfields of South Africa, einer Holding- und Finanzierungsgesellschaft, deren Mineninteressen verwaltet werden von der New Consolidated Goldfields. Mehrere Direktoren der Goldfields sind auch Direktoren der Tarkwa & Abosso Mines, so fungiert z. B. als Aufsichtsratvorsitzender *J. H. Batty*, und Direktoren sind unter anderen *J. A. Agnew* und *D. Christopherson*, alles Direktoren der Goldfields. Die Consolidated Goldfields kontrolliert auch die Ashanti Gold Fields und die Bibiani (1927) Ltd., deren Vorsitzender ebenfalls *J. H. Batty* ist. Ferner sind die Goldfields

Großaktionäre in Amalgamated Banket Areas, Gold Coast Selection Trust, Marlu Gold Mining Areas, Konongo Gold Mines, Tano Gold Dredging und Bremang Gold Dredging.

Die Gesellschaft wurde 1927 gegründet; der Umfang ihrer Minenkonzessionen ist 80 qkm, und sie besitzt über 22 km am Ausbiß des Bankets entlang. Über Förderung und Arbeiterzahl gibt folgende Tabelle Auskunft:

Jahr bis 31. 3.	Verarbeitetes Erz in Tonnen	Förderung Gold in Unzen	Durchschnittlicher Goldgehalt in dwts	Beschäftigte Arbeiter	
				Europäer	Eingeborene
1933	122043	39889	6,54	41	1937
1934	134534	44458	6,65	49	2084
1935	149688	50071	6,69	62	3210
1936	156329	49439	6,32	71	3941
1937	173291	51454	5,94	85	3878
1. 1.—31.12. 1937	193940	53258	5,49	78	3867
1938	216000				

Die Erzreserven betrugen 1937: 1190650 t mit 6,79 dwts pro Tonne und am 31. II. 1938: 1300000 t mit 6,5 dwts pro Tonne. Das Banket ist im Durchschnitt 1,15 m mächtig.

Es ist beabsichtigt, die Förderung auf 20000 t im Monat zu steigern; die neue Aufbereitungsanlage für dieses Durchsatzquantum wurde 1936 in Angriff genommen; das Durchsatzquantum war im Mai und Juni 1938 schon auf 19000 t gestiegen und wird 20000 t im Jahre 1939 erreicht haben.

Das Goldausbringen war 1938: 96 v. H.

Die Haupterzzufuhr kommt noch von der Abosso Mine vom Abosso Haupterzschacht; reiche Erze werden — etwa 3000 t im Monat — von Adja Bippo zugesetzt. Ein neuer Schacht, der Huni Schacht von 2470 ft (etwa 750 m) Teufe, hat das Banket bei 700 m Teufe durchfahren und wird als Hauptförderschacht für die tieferen Sohlen der Abossogrube dienen.

Der Reingewinn war für 1936: 141038 £; 1937: 140 448 £ und 1938: 161000 £. Für das Geschäftsjahr bis 31. März 1937 wurde an Dividende 1 sh 5 d pro Anteil bezahlt, d. h. etwa 35½ v. H.

Die Betriebskosten werden angegeben (ohne Abgaben an die Regierung) als 19 sh 5 d pro t für das Jahr bis 31. III. 1937 und als 18 sh 6 d pro t für das Jahr bis 31. III. 38.

Die Grube der Ashanti-Adowsena (Banket) Goldfields Ltd.

Diese Grube ist erst 1936 in Förderung getreten. Sie bearbeitet Banket etwa 70 km nordwestlich von Oda bei Ntronang. Die Konzession gehörte vorher dem sogenannten Wallis. Syndicate. Die Aufbereitung wurde im Dezember 1935 in Betrieb gesetzt. Bisherige Betriebsresultate sind:

Jahr bis 31. 3.	Verarbeitetes Erz in Tonnen	Förderung Gold in Unzen	Goldgehalt in dwts pro t	Beschäftigte Arbeiter	
				Europäer	Eingeborene
1936	3869	403	2,08	25	542
1937	30829	6212	4.03	38	709
1. 1.— 31.12. 1937	44693	9151	4,09	45	799
bis 31. 3. 1938	55850	10788			

Als Erzreserven werden am 31. III. 1938 angegeben: 110288 Tonnen mit 4,65 dwts pro Tonne.

Nach den ersten Angaben über Betriebskosten, die sich für 1938 auf 37 sh 7 d beliefen, hat diese Gesellschaft mit Verlust gearbeitet. Näheres über die weiteren Absichten der Gesellschaft ist nicht bekannt.

d. Goldgewinnung aus Seifen

Die Gewinnung von Gold aus Seifen hat an der Goldküste unter einem ungünstigen Stern gestanden. Eine Periode, in der zahlreiche Baggerbetriebe gearbeitet haben, war von 1902 bis 1925. Bagger mit höchstens 1200 Kubikyard (etwa 917 cbm) Tagesleistungen arbeiteten damals hauptsächlich auf den Flüssen Birrim, Pra, Ofin, Ankobra und Fura; insgesamt wurden etwa 3600 kg Gold gewonnen aus 16620000 cbm, d. h. etwa 0,275 g im Kubikmeter. Da die Bauwürdigkeitsgrenze bei etwa 0,3 g pro Kubikmeter lag, ist zu verstehen, daß praktisch keiner der damaligen Baggerbetriebe mit Gewinn arbeitete. 95 v. H. des gewonnenen Goldes kam vom Ofin und Ankobra-Fluß. Der Abbau fand ganz vorwiegend in den Flüssen selbst statt. Man hat Dutzende von Gründen vorgebracht, weshalb die Baggerbetriebe mit Verlust gearbeitet haben.

Die Goldgewinnungsmethoden der Baggerbetriebe hatten höchstens 70 v. H. Ausbringen, und die Eingeborenen der Umgebung wuschen meist die Halden mit ganz gutem Gewinn von Hand noch einmal durch. Schwierigkeiten beim Abbau bestanden vor allem darin, daß je nach Regenzeit oder Trockenzeit der Wasserspiegel der Flüsse bis zu 10 m wechselte und 3 m Wechsel an einem Tag häufig vorkam, ferner, daß der Kies des Flußbettes auf unebenem felsigem Grund lag und die in Unebenheiten des Untergrundes besonders angereicherten Goldwerte von dem damals benutzten Eimerkettenbagger nicht erfaßt wurden. *Kitson* schlägt deshalb vor, Saugbagger zu benutzen. Sonstige Schwierigkeiten bestanden in schlechten Transportverhältnissen, ungesundem Klima, Golddiebstahl, fehlerhafter Maschinerie und Betriebsführung.

Als die Abwertung des Pfundes besonders günstige Bedingungen für den Goldbergbau geschaffen hatte, lebte auch die Idee wieder auf, Alluviallagerstätten abzubauen. Man rechnete außer dem höheren Goldpreis vor allem mit den besseren Transportverhältnissen und dem intensiveren Abbaubetrieb mit Baggern moderner Bauart; vor allem aber vermutete man außerhalb der eigentlichen Flußbetten in den Talebenen ausgedehnte Goldseifen, die außerdem nicht die Schwierigkeit der plötzlichen Änderung des Wasserspiegels bieten würden, unter der die Baggerbetriebe in den Flüssen zu leiden gehabt hatten. Zuerst wurde ein Fluß in Angriff genommen, der vorher noch kaum eine Rolle in dem Baggerabbau gespielt hatte: der im Westen der Goldfelder liegende Tano. Später wurden die Talebenen der als goldführend bekannten Flüsse Ankobra und Ofin untersucht.

Ausführlichere Angaben über die einzelnen großen Alluviallagerstätten an Flüssen der Goldküste und die Baggerbetriebe findet man in dem weiter unten folgenden Schrifttumsverzeichnis (S. 245/46).

Der Baggerbetrieb der Tano Gold Dredging Ltd.

Am Tanofluß hatte sich eine Gesellschaft, genannt „Tano Alluvials Ltd.“, Konzessionen verschafft und hatte besonders die Talebenen des Flusses, die stellenweise 2½ km breit sind, mit mehreren tausend Bohrlöchern beschürft. Als Resultate ihrer Schürfungen gaben sie an, 28481000 Kubikyard mit durchschnittlich 4,8 grains Gold im Kubikyard (etwa 21,8 Millionen Kubikmeter mit 0,48 g Gold im cbm) nachgewiesen zu haben. Unter technischer Beratung durch die Anglo-Oriental Mining Corporation Ltd. bildete sich eine Gesellschaft: die Tano Gold Dredging Ltd., die die Lagerstätte und weitere Konzessionen von Tano Alluvials übernahm.

Tano Gold Dredging wurde im Oktober 1934 gegründet mit einem Kapital von 750000 £ in 5 sh-Anteilen; von den 3000000 Anteilen sind 2400000 £, also 600000 £ verausgabt. Tano Alluvials erhielten 300000 Anteile, stießen diese aber an den Anglo-Oriental and General Investment Trust ab. Die Tano Gold Dredging übernahm von Tano Alluvials zunächst die Konzession von 4,8 Quadratmeilen (12,5 Quadratkilometer), auf der 28481000 Kubikyard mit einem Goldgehalt von 4,8 grains im Kubikyard nachgewiesen waren, außerdem noch das sogenannte „Jiraboi Gebiet“, das stromabwärts an die erste Konzession anschließt und auf dem Tano Alluvials angab, weitere 34617910 Kubikyards mit durchschnittlich 3,9 grains Gold im Kubikyard (26,5 Millionen Kubikmeter mit 0,39 g im Kubikmeter) nachgewiesen zu haben. Man rechnete auch noch mit weiteren 15—20 Millionen Kubikyard bauwürdiger Ablagerungen stromabwärts von Jiraboi. — Die Konzession ist durch eine 100 km lange Autostraße von der Bahnstation Insu, 100 km von Takoradi gelegen, zu erreichen.

Es wurden sofort alle Anlagen für zwei elektrisch betriebene Bagger mit einer Jahresleistung von je 1750000 Kubikyard, zusammen also für 3500000 Kubikyard im Jahr, bestellt und die Aufstellung der Bagger mit Hochdruck betrieben; der erste Bagger kam im März 1936, der zweite im Juli 1936 in Betrieb. Die Betriebsresultate waren sehr enttäuschend; die folgende Tabelle gibt darüber Auskunft:

Jahr bis 31. 3.	Verarbeitetes Material in Kubikyard	Förderung Gold in Unzen	Durchschnittlicher Goldgehalt/Kubikyard in grains	Beschäftigte Arbeiter	
				Europäer	Eingeborene
1936	75689	69	0,44	19	865
1937	2261319	7215	1,54	23	424
1. 2.—31.3. 1937	3161760	12690	1,93	22	317

Im Gesellschaftsbericht für 1937 wurde gesagt, daß der eine Bagger im Jahr 1373000 Kubikyard und der andere 1781000 Kubikyard verarbeitet habe, daß aber die Gehalte an einer Arbeitsstelle nur 2,08 grains, an der anderen nur 2,01 grains im Kubikyard gewesen seien. Der reine Betriebsgewinn sei 35618 £, aber nach Abzug der Exportabgaben, Abschreibung und Kosten in London sei ein Verlust von 5870 £ zu verzeichnen. Als Betriebskosten werden an einer Stelle (The Mining Journal, New York, 22. Oktober 1938, S. 970) für 1934: 4,05 d pro Kubikyard angegeben, an anderer Stelle (The Mining Magazine, 1938, Jahresbericht der Bremang Gold Dredging Co. Ltd.) wird angegeben, daß die Kosten auf $2^3/_4$—3 d pro Kubikyard von der Gesellschaft selbst berechnet würden. Es ist also festzustellen, daß bei diesem ersten Abbau weder die Baggerleistungen noch die veranschlagten Betriebskosten versagt haben, sondern die Goldgehalte.

Der zum Betriebsleiter ernannte *H. H. Watson* hatte empfohlen, die von Tano Alluvials vorgelegten Schürfresultate zu überprüfen; bei der Nachprüfung stellte sich heraus, daß die Angaben stark überschätzt, also falsch waren, daß der größte Teil des Gebietes unbauwürdig ist und daß nur im Fluß und am Ufer 13400000 Kubikyard mit 1,9 grains im Kubikyard als bauwürdig betrachtet werden könnten, wobei man mit einem Verdienst von insgesamt 100000 £ rechnen könne. Da die Tano Alluvial oder Einzelpersonen nicht mehr haftbar gemacht werden konnten, mußte Tano Gold Dredging den vollen Verlust tragen.

Mehrere andere Bagger-Projekte waren im Aufbau begriffen, aber die große Enttäuschung am Tanofluß brachte eine Stockung in die Entwicklung. Trotzdem hat eine neue Gesellschaft unter dem Einfluß ihrer wohlrenommierten Berater es gewagt, ihre Alluvialkonzession in Angriff zu nehmen.

Die Bremang Gold Dredging Company Ltd.

Diese Gesellschaft hat ihr Konzessionsgebiet an dem oberen Ankobrafluß in einem altbekannten Alluvialgoldareal. Das Gebiet wurde vom Gold Coast Selection Trust ausgewählt und in zweijähriger Schürfarbeit untersucht. Es handelt sich um ein Gebiet von 52 Quadratkilometer Ausdehnung, 64 km am oberen Ankobrafluß entlang, wo 93900000 Kubikyard bauwürdige, 7,50 m mächtige Ablagerungen mit 3,43 grains Gold im Kubikyard erschürft sind und durch Probebohrungen weitere 10000000 Kubikyard hochwertiger Alluvialablagerungen wahrscheinlich sind; weitere 12,5 km Flußlänge müssen noch untersucht werden. Zuerst sind zwei Bagger eingesetzt mit einer theoretischen Leistung von je 1920000 Kubikyard im Jahr oder von zusammen 320000 Kubikyard im Monat. Zwei bis drei weitere Bagger sollen eingesetzt werden, sobald mit den ersten beiden Baggern genügend Erfahrungen gesammelt sind, um eventuell Verbesserungen an den neuen Baggern einbauen zu können.

Die Bremang Gold Dredging Company Ltd. wurde am 1. Dezember 1936 gegründet und übernahm ihre Rechte und Minenbesitz von den drei Gesellschaften: Gold Coast Selection Trust, Ariston Gold Mines (1929) und Tintin Exploration Syndicate. Das Kapital ist 1000000 £ in 4000000 Anteilen von je 5 sh; für den Kauf der Rechte gibt die Gesellschaft an die Gründergesellschaften 1750000 Anteile als Teil des Kaufpreises ab. Den Aktionären der Gold Coast Selection Trust wurden 1500000 Anteile zum Preis von 6 sh für den Anteil angeboten, und der Trust selbst nimmt 250000 Anteile auf. Die restlichen 500000 Anteile sollten bis zum 30. Juni 1938 zum Preis von 10 sh für den Anteil von den Gründergesellschaften aufgenommen werden können. Als Betriebskapital würde die erste Finanzierung 485000 £ übriglassen. Die Kosten der beiden ersten Bagger mit Kraftanlage und bis zur Inbetriebsetzung wurde mit 450000 £ veranschlagt, die Kosten für zwei weitere Bagger mit 250000 £. Die Betriebskosten sind mit 3½ d für den Kubikyard veranschlagt.

Die ersten zwei Bagger sind Oktober und November 1938 in Betrieb genommen. Als Bauwürdigkeitsgrenze sind 1,8 grains Gold im Kubikyard angegeben. Im Jahresbericht der Bremang für 1938 wird gesagt, daß das Goldausbringen im großen und ganzen den Schürfresultaten entspreche; ferner, daß weitere 8000000 Kubikyards mit 2,77 grains Gold im Kubikyard durch Schürfungen im angrenzenden Gebiet nachgewiesen seien. Die anfänglichen mechanischen Schwierigkeiten, die sich im Baggerbetriebe zeigten, sollen behoben sein, haben aber höhere Betriebskosten als erwartet in den ersten Monaten verursacht.

Als Goldaktionär interessiert sind in der Bremang außer der kontrollierenden Latilla-Gruppe, die den Aufsichtsratsvorsitzenden (*H. G. Latilla*) stellt, offenbar auch die Consolidated Goldfields (Direktoren *J. A. Agnew* und *D. Christopherson*) und die Anglo American Corporation (Direktoren: *Carl R. Davis* und *S. S. Taylor*).

Über Förderung der Bremang Gold Dredging Company ist noch nichts bekannt geworden.

Die Ofin River Gold Estates Ltd.

Ursprünglich ist die Ofin River Estates eigentlich eine Pflanzungsgesellschaft, die große Gummipflanzungen besitzt. Außerdem besitzt sie über 220 Quadratmeilen Landkonzessionen mit den Rechten, an 93 km Flußlauf auf Gold zu baggern; davon liegen 67 km am Ofin und 26 km am Pra. Gold Coast Selection Trust hat die Talebenen beschürft und hatte bis Ende Oktober 1936: 31 000 000 Kubikyard mit 3,42 grains oder 1 sh Wert Gold im Kubikyard nachgewiesen. Diese Ablagerungen liegen in einem alten Flußbett, das durchschnittlich 139 yards breit und 24,1 Fuß tief ist und über 26 Meilen (40 km) Länge nachgewiesen werden konnte.

Gold Coast Selection Trust hatte die Schürfrechte über das ganze Ofinflußgebiet gesichert, von der Einmündung in den Pra auf 192 km Länge bis in die Nähe von Kumasi. Man hat diese Schürfungen unter die Oberaufsicht des Betriebsleiters der Bremang gestellt, und bis zum Dezember 1938 waren folgende Ablagerungen nachgewiesen:

Oberer Ofinfluß . . .	49 200 000	Kubikyards	mit	2,63	grains	Gold	/	cu yrd
Mittlerer Ofinfluß . . .	59 787 000	,,	,,	2,41	,,	,,	,,	,,
Unterer Ofinfluß . . .	10 633 000	,,	,,	2,89	,,	,,	,,	,,
Jimi-Fluß	33 402 000	,,	,,	3,23	,,	,,	,,	,,
Ofin-Dunkwad Sektor	4 015 500	,,	,,	2,69	,,	,,	,,	,,
Zusammen	157 037 500	Kubikyards	mit	2,69	grains	Gold	/	cu yrd

Der Betrieb soll in Angriff genommen werden, sobald die Bagger der Bremang voll ausprobiert sind und die dortigen Betriebsresultate vorliegen.

2. Die Diamantfelder

a. Allgemeines

Entdeckung, Entwicklung und Größe der Diamantfelder

In den Jahren 1919 und 1920 wurden durch Beamte der Geologischen Landesaufnahme der Goldküste an zahlreichen Stellen im Flußgebiet des Birrim bei Abomoso, Kade, Oda und Masno Diamanten entdeckt. 1921 und 1922 entdeckten dieselben Beamten Diamanten am Bonsa, einem Nebenfluß des Ankobra südwestlich Tarkwa. Bisher sind 98 v. H. der Diamantförderung der Goldküste vom Birrimdistrikt gekommen, und nur hier sind europäische Gesellschaften tätig, während die nesterartigen, wenig umfangreichen Ablagerungen des Bonsafeldes von Eingeborenen im regellosen Abbau ausgebeutet werden.

Der Hauptort des Birrimdistriktes Oda ist etwa 110 km vom Hafen Accra entfernt, und aller Verkehr von und nach den Diamantfeldern geht auf Autostraßen und über Accra.

Die Hauptfelder des Birrimdistriktes liegen bei den Niederlassungen Kade, Oda, Akwatia und Atiankuma. Diamanten in bauwürdigen Ablagerungen sind bisher hier auf einem Gebiet von etwa 19 × 25 km oder über 475 Quadratkilometer nachgewiesen. Das Bonsafeld ist 1,5—6,5 km breit und etwa 22 km lang, und es bedeckt etwa 100 qkm. Einzelne Diamanten dagegen sind über ein gewaltiges Gebiet von mehr als 10000 qkm gefunden worden. Solche Einzelfunde sind in den Veröffentlichungen der Geologischen Landesaufnahme vermerkt und auf ihren Lagerstättenkarten eingezeichnet. Überhaupt hat diese Behörde nie bei der Untersuchung weiterer von ihr bearbeiteter Gebiete die Möglichkeit von Diamantvorkommen außer Acht gelassen und stets Schürfungen unternommen. 1938 erregte ein Fund zweier großer Diamanten viel Aufmerksamkeit; diese Diamanten, einer von 7½ und der andere von 10½ Karat — also viel größer als der bisher gefundene größte Stein der bekannten Felder —, wurden im Flußgebiet des Volta in den Northern Territories gefunden. Die Schürfung war durch den Direktor *Junner* der Geologischen Landesaufnahme in Flußablagerungen des Volta und des Afraflusses unterhalb ausgedehnter Ausbisse von Oti- und Voltakonglomeraten angesetzt worden, und man glaubt, daß die gefundenen großen Diamanten aus diesen Konglomeraten stammen. Der größte bisher auf den Birrimdiamantfeldern gefundene Stein wog nur 4½ Karat, trotzdem bis 1938 vom Birrimfeld über 13000000 Karat und vom Bonsafeld über 90000 Karat gefördert waren.

Primäre Diamantlagerstätten sind an der Goldküste nicht entdeckt worden, und die Frage der Herkunft der Diamanten ist noch nicht geklärt.

b. Die Diamantgesellschaften und ihre Produktion

Es waren 1938 folgende Gesellschaften — in der Reihenfolge ihrer Bedeutung geordnet — mit Diamantabbau auf den Birrimfeldern tätig:

Der Consolidated African Selection Trust; Produktion im Jahre etwa 800000 Karat;

Das West African Diamond Syndicate; Produktion im Jahre etwa 250000 Karat;

Das Holland Syndicate; Produktion im Jahre etwa 100000 Karat;

Die Cayco (London) Ltd. und Ayena Ltd.;

Die Morkwa, die mehrere Minenkonzessionen hat; Förderung der drei Gesellschaften in normalen Jahren etwa 100000 Karat; Morkwa Ltd. begann Produktion im Mai 1935.

Der Consolidated African Selection Trust wurde 1924 gegründet und betreibt seit diesem Jahr den Diamantabbau. Er gehört zur Chester Beatty Gruppe und ist deren Holding Gesellschaft für westafrikanische Diamantinteressen. Die Hauptholdinggesellschaft der Chester Beatty-Gruppe, der 1933 gegründete Selection Trust Ltd. (Sitz London, Kapital: 2250000 £

in 5 sh-Anteilen, wovon 2004644 £ verausgabt sind), hält 40 v. H. des von dem Consolidated African Selection Trust verausgabten Kapitals und kontrolliert dadurch praktisch diese Gesellschaft. Es ist wichtig festzustellen, daß der Selection Trust starke Bindungen zum amerikanischen Kapital hat; diese Gesellschaft wurde als „Finance and Investment Company" für Bergbauunternehmen gegründet und erwarb von der Canadian Selection Co. Ltd. gewisse Sicherheiten, Anlagewerte und anderen Besitz für 3238000 £ in bar und 220004 Anteile; außerdem übernahm die Kanadische Gesellschaft weitere 3780036 Anteile der neuen Gesellschaft für 15 sh pro Anteil, welche Anteile die Kanadische Gesellschaft ihren Aktionären zum Kauf anbot, und zwar erhielten die Aktionäre 4 Selection Trust-Anteile für einen Anteil an Canadian Selection Co. Ltd. Der Selection Trust besitzt 25 v. H. der American Metal Company Ltd., 40 v. H. des Consolidated African Selection Trust, 23 v. H. des verausgabten Kapitals der Trepca Mines Ltd. (in Jugoslawien) und ist Großaktionär in Roan Antelope und Rhodesien Selection Trust, beide in Nordrhodesien, ferner in den jugoslawischen Erzgruben Zletove Mines, Kapaonik Mines und Novo Brdo Mines. Die American Metal Company verfügt ihrerseits über 30 v. H. des Kapitals der Roan Antelope Kupfermine und über 55 v. H. des Kapitals des Rhodesian Selection Trust, der seinerseits die Mufulira-Kupfergrube Nordrhodesiens kontrolliert.

Die Interessen, die Consolidated African Selection Trust in Sierra Leone, Nigeria und Namaqualand hat, waren bereits oben erwähnt. Das Kapital des Consolidated African Selection Trust war 108117 £ in 5 sh-Anteilen; als der Reingewinn der Gesellschaft, besonders infolge der schnell wachsenden Verdienste des Sierra Leone Selection Trust, schnell stiegen und im Jahre 1933/34: 65 v. H. und 1934/35: 70 v. H. Dividende gezahlt waren, beschloß man, aus den Kapitalreserven heraus das Kapital zu erhöhen auf 358117 £ durch die Schaffung von 1000000 neuen 5 sh-Anteilen. Es wurden an die Besitzer der Stammaktien je eine neue Stammaktie für zwei schon im Besitz befindliche verteilt. Eine weitere Kapitalerhöhung fand 1937 statt, und zwar von 358117 £ auf 1508000 £ durch Verteilung von drei 5 sh-Aktien für jede im Besitz befindliche Aktie — hiermit war die Dividende für 1936/37 praktisch 135 v. H. Für das Jahr bis 30. Juni 1938 wurde ein Reingewinn von 374444 £ erzielt gegen 582400 £ im Jahre 1937; eine Dividende von 15 v. H. wurde auf das vergrößerte Kapital ausgeschüttet. Der allgemeine Reservefond wurde 1938 auf 170000 £ erhöht.

Die Gesellschaft veröffentlicht keine Zahlen über ihre Förderung; diese war wahrscheinlich im Jahre bis 30. Juni 1937: 913000 und bis 30. Juni 1938: 964000 Karat; trotz starker Förderung war die Erzreserve im aufgeschlossenen Feldgebiet gleich hoch gehalten. Es waren 19 Europäer und 2000 Eingeborene auf den Diamantfeldern beschäftigt.

Über Einnahmen und Dividenden von 1932—1936 unterrichtet folgende Tabelle:

Jahr bis 30. 6.	Gesamte Einnahmen in £	Reingewinn in £	Verteilte Summe in £	Dividende v. H. auf Kapital
1932	115374	86562	74933	30 v. H.
1933	186634	161406	62444	25 v. H.
1934	268253	234204	124889	50 v. H.
1935	261067	236395	145556	60 v. H. (mit Steuer)
1936	384612	335953	175947	70 v. H. (mit Steuer)

Das *West African Diamond Syndicate* wurde 1923 gegründet; sein Sitz ist London (Winchester House, London E. C.), und der Aufsichtsratsvorsitzende ist Mr. *F. P. Sudbury*. 1935 verteilte es 5 v. H. Dividende. Die nachgewiesenen Diamantreserven 1935 waren höher als im Jahre 1925; eine Tochtergesellschaft begann 1936 mit Goldbergbau. Neue noch nicht beschürfte Felder stehen der Gesellschaft zur Verfügung. Förderung und Reingewinn waren:

Jahr bis 31. 3.	Förderung in Karat	Betriebsgewinn in £	Reingewinn in £	Für Dividende in £ ausgeschüttet
1934 . .	218500	37499	19298	14973
1935 . .	259900	39150	18603	16113
1936 . .	248800	42787	26325	13808
1937 . .	238000	—	12440	—

Das Sinken der Förderung wird erklärt mit der wachsenden Entfernung zwischen Abbau und Anlage, schweren Regenfällen und teilweiser Arbeiterknappheit, der niedrigere Reingewinn mit dem niedrigen Durchschnittspreis der Diamanten.

Die *Morkwa Ltd.* hat Diamanten- und Goldkonzessionen. 1934 vergab sie eine Unterkonzession über 173 acres ihres Konzessionsgebietes für Diamantabbau an eine englische Gesellschaft; diese hat eine moderne Anlage aufgestellt und im Mai 1934 zu fördern begonnen; die Unterkonzession läuft auf zwei Jahre, kann aber um weitere drei Jahre verlängert werden. Hieraus hat die Morkwa gute Einnahmen bezogen. Darauf plante sie Abbau auf eigene Rechnung und beschürfte einen Teil ihres Konzessionsgebietes. 1936/37 erhielt sie Abbaurecht über einige von ihr aufgeschlossene bauwürdige Diamantfelder an den Bächen Askori, Tuasenda und Jawesu; es wurde für mehrere Jahre Diamantkies für eine am Jawesu aufgestellte Anlage nachgewiesen. Förderung war 654 Karat im Juni und 1300 Karat im November 1937, insgesamt wurden in 6 Monaten 5264 Karat gefördert. Weitere Aufschließungsarbeiten finden auf der Sumansu Bipoo Option statt.

Die *Ayena Ltd.* begann mit der Förderung im April 1934, stellte sie jedoch im Januar 1937 wieder ein.

Der Diamantexport der Goldküste von 1933—1937 und die Zahl der im Diamantabbau beschäftigten Arbeitskräfte ist aus folgender Tabelle ersichtlich:

Jahr bis 31. März	Exportierte Diamanten, Karat	Wert der Diamanten £	Beschäftigte Arbeiter	
			Europäer	Eingeborene
1933 . .	863722	560284	36	2667
1934 . .	1142268	615943	46	3638
1935 . .	2172563	645166	51	4118
1936 . .	1489410	601636	56	4514
1937	1478822	601171	55	4543
1. 1. bis 31. 12. 1937	1577660	648057	54	5024

Diese umfaßt die Produktion von allen Quellen, aber nur die Arbeiterzahl der von europäischen Gesellschaften beschäftigten Arbeitskräfte. Der Umfang der von Eingeborenen seit 1933 auf den Bonsafeldern geförderten Menge ist schwer zu schätzen; für das Kalenderjahr 1937 soll sie etwa 20000 Karat sein im Wert von ungefähr 8000 £; die Schätzung für 1937/38 ist 16464 Karat im Wert von 7360 £. Es waren etwa 1000 Eingeborene auf den Bonsafeldern mit dem Abbau beschäftigt. Wie stark die Förderung von diesen Feldern wechselt, kann man daraus ersehen, daß sie im Jahre 1934 mit 5000 Karat angegeben wird, 1935 mit 50000 und 1936 mit 70000 Karat. Im Geschäftsjahr 1936/37 wurden insgesamt 13396 Karat im Wert von 13943 £ exportiert, die nicht von den produzierenden europäischen Gesellschaften stammten.

c. Abbau und Aufbereitung

Die Negerabbaue der Bonsafelder

Diamanten am Bonsafluß waren schon 1922 gefunden worden, jedoch erregte der Fund wenig Beachtung. Zur weiteren Entwicklung kam es erst, als 1929 Eingeborene selbständig auf Diamanten schürften und reichere Ablagerungen in den Tälern der Flußläufe Chirian und Bediabawn nahe bei der Autostraße von Tarkwa nach Anibil fanden; die Stelle liegt nur 6—12 km südwestlich von Tarkwa. Die Eingeborenen begannen 1933 auf eigene Rechnung den Abbau, und dieser gestaltete sich teilweise so gewinnbringend, daß zeitweise bis 1000 Eingeborene damit beschäftigt waren und daß die Förderung in einem Jahre bis auf 6000 Karat im Monat stieg. Die Abbaumethode ist ähnlich der von den Eingeborenen im Goldbergbau angewendeten. Sie arbeiten zu dreien, ein Mann, sein Weib und meist ein Kind; es werden nur Schächte gegraben bis auf den Kies, und der Kies wird in Holzschüsseln gewaschen. Der Mann besorgt das Graben und die Gewinnung des Kieses, das Weib wäscht. Die Abbauverluste sind natürlich große, da aller Kies zwischen den einzelnen Schächten stehen bleibt. Ein Drittel der Steine etwa geht beim Waschen verloren; man sucht nach reichen Stellen und bearbeitet nur diese.

Die Förderung eines Tages in der Woche gehört dem Stammeshäuptling, die übrigen Steine gehören den Arbeitern.

In der Ablagerung liegen in der Regel 30—60 cm Diamantkies unter 60—90 cm Abraum (Erdkrume). Die Steinqualität ist dieselbe wie auf den Birrimfeldern: 40—45 v. H. ist Bort, 25 v. H. sogenannte Sanddiamanten unter 1 mm; 30—35 v. H. sind Schmuckdiamanten; der Durchschnittspreis war 1937 etwa 8 sh pro Karat.

Wie aus Angaben über die Förderung im vorigen Abschnitt hervorgeht, ist die Produktion stark im Absinken begriffen infolge des Raubbaues, der getrieben wird. Es ist damit zu rechnen, daß der Abbau in wenigen Jahren zum Erliegen kommt. Angaben, daß die Diamanten auf den Bonsafeldern im Durchschnitt größer seien als die von den Birrimfeldern, beruhen wohl darauf, daß bei den Eingeborenen nicht dieselbe Sorgfalt dem Aussuchen gewidmet wird wie unter Aufsicht von Weißen und daß bei den europäischen Betrieben meist ein Magnetseparator eine weitere Einengung des diamanthaltigen Konzentrates bewirkt, wodurch ebenfalls das Aussortieren kleinster Steine ermöglicht wird.

Abbau und Aufbereitung auf den Birrim-Diamantfeldern

Praktisch können alle bekannten bauwürdigen Diamantablagerungen dieses Feldes begrenzt werden durch eine Linie von Kade nach Pramkese, Osenasi, Manso, Oda und dem Zusammenfluß des Birrim mit dem Prafluß. Alle fördernden Abbaue liegen nicht weiter als 9—10 km vom Birrim, und die meisten sind weniger als 6½ km entfernt.

Die bauwürdigen Ablagerungen sind in der Regel auf die nur 60—90 cm mächtigen Kiese in den Flußbetten und den Talauen der kleineren Flüsse beschränkt, während die viel mächtigeren jüngeren und älteren Terrassenschotter zwar Diamanten führen, meist aber nicht bauwürdig sind.

Der Abbau gleicht völlig dem schon von den Diamantfeldern von Sierra Leone beschriebenen; auch die dort angewandten Schürfmethoden gelten für die Goldküste ebenso wie für die Angola-Kongodiamantfelder.

Ebenso wird auf allen diesen Feldern für die Aufbereitung eine gleiche oder ähnliche Methode und Maschinerie angewendet. Ich möchte hier nur auf zweierlei näher eingehen: die Waschtrommel für tonige Kiese und die Verschiedenheiten der beiden angewendeten Aufbereitungsanlagen: die Trommelanlage und die Anlage mit Waschpfannen (Rotary Pans).

Die Ablagerungen der Goldküste sind häufig recht tonig, und man hat verschiedene Methoden ausprobiert, um die mit Ton umkleideten Kiese aufzuschließen. Die eine bei der Trommelanlage angewendete Methode beruht darauf, daß die großen Tonkiesbrocken bei Anfuhr des Rohgutes auf einem

Rost in der sogenannten „Puddle Box" zurückgehalten und von zahlreichen Eingeborenen mit an langen Stöcken befestigten, sichelartigen Messern unter Wasserbrause durchgearbeitet und zerkleinert werden. Die mechanische Methode überträgt diese Aufgaben einem sogenannten „Claywasher", der mit zahlreichen gebogenen Zähnen oder Messern unter Wasserbrause das Material in einer Trommel durcharbeitet. Bisweilen bringt auch diese Methode keine befriedigende Lösung, auch wenn Neigung der Trommel und Wasserbrause bis zu einem besten Ausbringen ausprobiert werden; bei zähem Ton können sich eigenartig harte Tonkugeln bilden, die einer Zerkleinerung großen Widerstand entgegensetzen. Meist kann man sich dadurch helfen, daß man stark kiesiges Material mit dem tonigeren Material mischt.

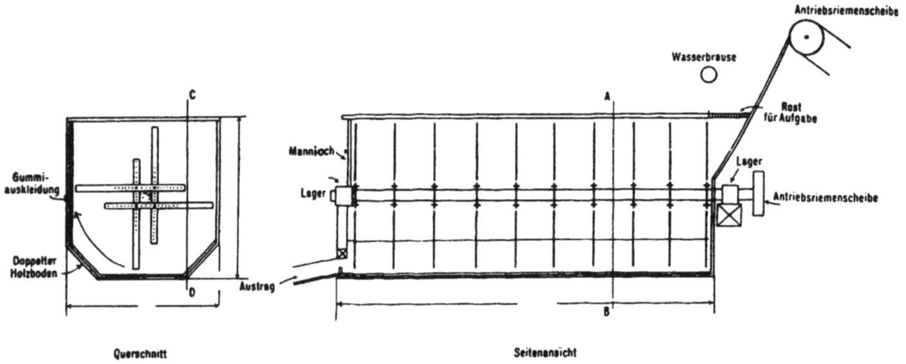

Abb. 30. Ton-Waschtrommel, benutzt für Aufschließung tonhaltiger Diamantkiese.

Die Vorteile und Nachteile und das Anwendungsgebiet der beiden Aufbereitungsanlagen werden in Einzelheiten geschildert in dem Aufsatz: *Kenneth McLeod:* The Recovery of Alluvial Diamonds. The Mining Magazine, London, Januar 1933, S. 9—19.

Die Trommelanlage ist die einfachere; vom Feld herangeschafftes Rohgut wird in der Puddle Box, wie oben beschrieben, so gut wie möglich aufgeschlossen; das Gut wird dann auf eine Serie Klassiersiebe aufgegeben, und zwar zuerst auf eine Klassiertrommel, bespannt mit Siebgaze mit 8 mm lichter Weite; das Überkorn aus dieser Trommel muß meist, wenn noch zu tonig und wenig aufgeschlossen, noch einmal durchgesetzt werden; dies geht leichter, wenn nach einiger Zeit die Tonbrocken beim Trocknen zersprungen sind. Darum wird meist 4—5 Tage angesammelt, und am 6. Arbeitstage wird dann das angesammelte Überkorn verarbeitet. Das 8 mm-Korn von der ersten Trommel geht auf eine mit 4 mm Gaze bespannte Trommel, das Unterkorn von dieser auf eine mit 2 mm und von dieser auf eine mit 1 mm Siebgaze bespannte Siebtrommel. Der Sand und die Trübe unter 1 mm gehen zur Halde.

Die anfallenden Korngrößen werden auf Harzer Setzmaschinen gesetzt, die von Zeit zu Zeit von diesen Maschinen abgezogenen Konzentrate nachgesetzt und dann sortiert.

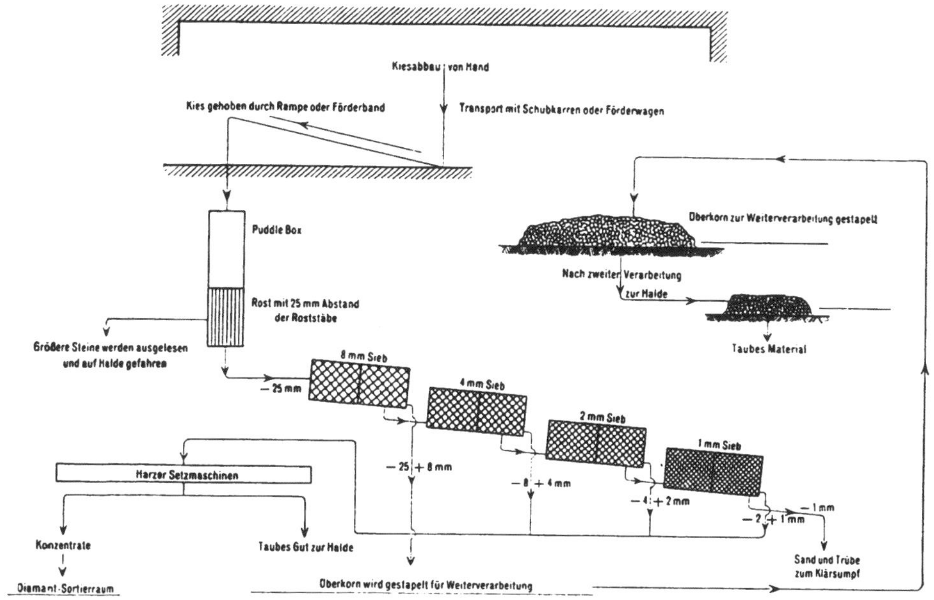

Abb. 31. Aufbereitung von Diamantkiesen in der Trommelanlage.

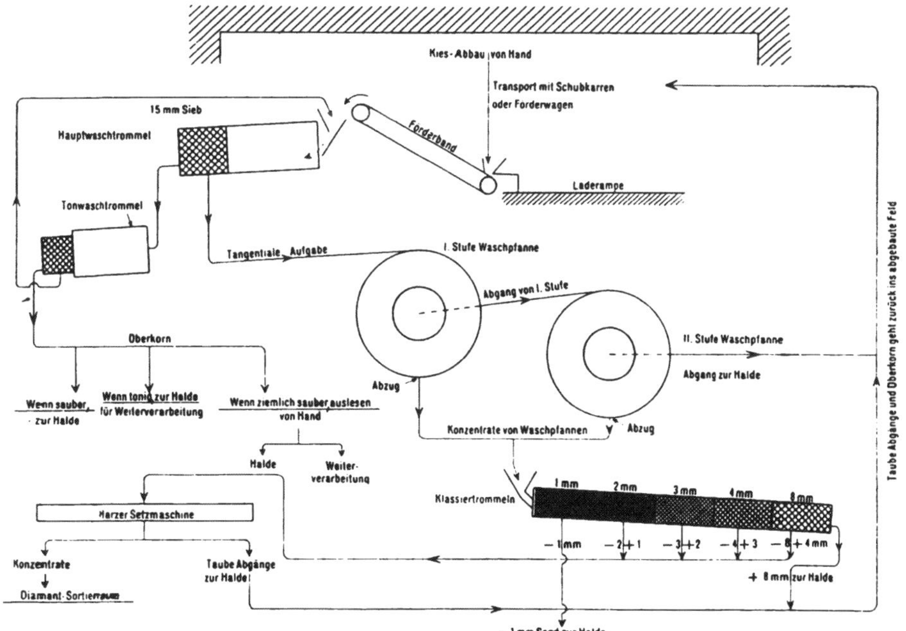

Abb. 32. Aufbereitung von Diamantkies in Waschpfannenanlage.

Die Waschpfannenanlage hat zwar einen komplizierteren Betrieb, verarbeitet aber das Rohgut in einem Arbeitsvorgang. Das Rohgut wird hier zuerst in einem „Claywasher" aufgeschlossen und geht dann in die Waschpfannen (Rotary Pans), meist von 8 Fuß Durchmesser, wie sie in Südafrika auf allen Diamantabbauen üblich sind. Häufig sind zwei Stufen Waschpfannen vorhanden, so daß die Abgänge von der ersten Stufe in einer zweiten Stufe noch einmal durchgesetzt werden. Die von den Waschpfannen abgezogenen Konzentrate werden mit einer Reihe Klassiertrommeln klassiert und auf Harzer Setzmaschinen oder auch auf den in Südwestafrika entwickelten Plietz-Setzmaschinen weiter eingeengt und die Konzentrate mit oder ohne Zwischenschaltung eines Magnetseparators für das Aussortieren der Steine fertiggemacht.

Die Methode, das Konzentrat unter einer dünnen Schicht Wasser zu durchsuchen, ist an der Goldküste entwickelt; hierdurch werden die Steine, besonders kleinere, deutlicher sichtbar als in freier Luft.

d. Arbeitslöhne und Betriebskosten

In bezug auf die Arbeitslöhne kann gesagt werden, daß ein eingeborener Arbeiter von 1 sh 6 d bis 2 sh in der Schicht verdient; die eingeborenen Vorleute und Handwerker bekommen 3—4 sh pro Schicht. *S. V. Griffith* gibt in seinem Aufsatz: Diamond Mining on the Gold Coast. The Mining Magazine, November 1929, S. 271—281 folgende Übersicht über die monatlichen Betriebskosten einer mittleren Anlage mit 1500 Kubikyard Durchsatzquantum im Monat (26 Schichten):

Betriebsabteilung	Verfahrene Schicht	Gesamtkosten £	sh	d	Kosten per Kubikyard in pence
Abbau und Transport zur Aufbereitung	1876½	173	3	0	27,8
Aufbereitung	1276¾	117	18	5	18,9
Kraft, Reparatur und Unterhaltung	228½	30	17	3	4,9
Überstunden und besondere Ausgaben	97	8	17	9	1,4
Feuerholz		18	14	6	3,0
Materialien		31	9	0	5,0
Total	3478¾	380	19	11	61,2

Die reinen Betriebskosten wären also 5 sh 1,2 d. Bei einem durchschnittlichen Preis von 8 sh pro Karat kann also die Bauwürdigkeitsgrenze nicht bei 0,4 Karat im Kubikyard liegen, wie in der von der Geologischen Landesaufnahme veröffentlichten Schrift: The Geology and Mineral Resources of the Gold Coast. 1937, S. 8 angegeben wird. Da Steuerabgaben und Generalunkosten zugerechnet werden müssen, liegt die Bauwürdigkeitsgrenze beim heutigen Diamantpreis vielmehr bei etwa 1 Karat im Kubikyard, d. h. bei 1,3 Karat im Kubikmeter Rohgut. Dies mutet hoch an im Vergleich mit z. B. den Südwester Diamantfeldern, wo früher Gehalte von 0,2—0,3 Karat im Kubikmeter Rohgut noch durchaus bauwürdig waren; allerdings waren hier die Betriebskosten niedriger, und der Preis der kleinen Steine — ich meine der Lüderitzbuchter Diamantfelder — war etwa 20—40 sh pro Karat.

e. Qualität der Steine und Gehalte der Ablagerungen

Es war schon erwähnt, daß dem Preis nach die Steine der Goldküste an vorletzter Stelle stehen, nur die von Belgisch-Kongo sind noch niedriger im Preis, weil der Hauptproduzent im Kongo über 95 v. H. Bortsteine liefert. Bei den Goldküstesteinen sind auch 40—45 v. H. der Diamanten als zum Bort gehörig zu bezeichnen, und dazu kommen 25 v. H. sogenannte Sanddiamanten, die so klein sind, daß sie nicht schleifwürdig sind. Aber die Qualität der Schmucksteine, die immerhin etwa 30 v. H. des Gewichtes ausmachen, ist gut; nur sind die Steine sehr klein. Man rechnet an der Goldküste mit einer Durchschnittsgröße von 15—25 Diamanten auf den Karat. Über das Verhältnis Schmucksteine: Bort: Sanddiamanten gibt die folgende Tabelle Aufschluß:

Jahr	Schmuckdiamanten		Bort		Diamantsand		Total	
	Karat	Wert in £	Karat	Wert in £	Karat	Wert in £	Karat	Wert in £
1934							2391609	756816
1935	489172	390454	656656	92545	204019	63075	1349847	546074
1936	449860	380243	725539	122939	239278	81815	1414677	584997
1937	462087	417296	772134	129493	343440	101268	1577661	648057

Die durchschnittlichen Diamantgehalte der abgebauten Kiese liegen in der Regel zwischen 1 und 2 Karat im Kubikyard, d. h. 1,3—2,6 Karat im Kubikmeter. Es waren

	Verarbeitetes Rohmaterial Kubikyard	Geförderte Diamanten Karat	Gehalt im Kubikyard
1933/34	631434	1142268	1,80
1935/36	939729	1478822	1,57

3. *Der Manganerzbau von Nsuta*

a. Gesellschaft und Besitz

Nur eine Gesellschaft baut Manganerze an der Goldküste ab, die African Manganese Company Ltd., die am 20. Februar 1923 gegründet wurde. Ihr Anfangskapital war 150000 £ in Anteilen von je 1 £; alle Anteile wurden verausgabt. Im Jahr 1927 wurde das Kapital auf 500000 £ in 1 £-Anteilen erhöht.

Die Gesellschaft erwarb bei Gründung von Fanti Consolidated Mines Ltd. (der Holding Gesellschaft der Sir Edmund Davis Gruppe), von Wassaw Exploring Syndicate Ltd., Dainsoo Gold Mines Ltd. und Apapari Syndicate mehrere Grubenfelder und Konzessionen mit Manganerzlagerstätten, ungefähr 53 km vom Hafen Sekondi entfernt. Es wurden dafür gezahlt: 75000 £ in 1 £-Anteilen und 400000 £ in Obligationen.

Aufsichtsratsvorsitzender wurde der jetzt verstorbene Sir *Edmund Davis*, wie überhaupt die Sir Edmund Davis-Gruppe den Manganerzbergbau von Nsuta kontrolliert; andere Direktoren sind: *S. H. Boileau*, *A. B. Ryde* und *P. Huffmann*. Der Sitz der Gesellschaft ist in London, Adresse: A. F. W. King and W. H. Antram, 19, St. Swithin's Lane, E. C. 4.

b. *Lage und Entwicklung des Abbaues*

Die Manganerzlagerstätte Nsuta-Dagwin liegt bei Nsuta in der Nähe von Tarkwa im Wassaw-Aowin-Distrikt, Western Province. Die Hauptlagerstätte wurde 1915 entdeckt bei Akyen, einer Station der Sekondi-Kumasi-Eisenbahn, ungefähr 53 km von Sekondi entfernt. Die Lagerstätte wurde zuerst abgebaut von dem Wassaw Exploring Syndicate; diese Gesellschaft begann im Jahre 1916, Erz zu exportieren. Die Förderung blieb unter dieser Gesellschaft verhältnismäßig niedrig (4274 bis 661113 t Erz); sie stieg erst stärker an, als die African Manganese den Betrieb 1923 übernahm. Die Tabelle über Förderung, Wert der Erze und Arbeiterzahl findet sich unter Abschnitt E.

c. *Erzreserven, Qualität des Erzes, Wert des Erzes*

Die Förderung und der Preis des Erzes sind natürlich stark vom Weltmarkt abhängig. Von 532126 Tonnen Erz im Wert von 1166175 £ im Jahre 1937/38 ging die Ausbeute zurück auf 257378 Tonnen Erz im Wert von 681188 £ im Jahre 1938/39, lediglich infolge schlechter Weltmarktlage.

Die Erzreserven des Vorkommens lassen sich noch nicht übersehen, werden aber wahrscheinlich viele Millionen Tonnen betragen; eine Schätzung gibt 12 Millionen Tonnen an.

Die durchschnittliche Qualität des Exporterzes ist:

Mangan	50—53 v. H.
Eisen	2—4 v. H.
Kieselsäure	3—7 v. H.
Phosphor	0,1—0,12 v. H.

Das Erz ist also zur Herstellung von Ferromangan gut geeignet, und der Preis einer Tonne dieses Erzes auf dem Weltmarkt stand 1938 auf 55—60 sh. Der Wert des Erzes wurde geschätzt f.o.b. Takoradi auf durchschnittlich 36 sh in den Jahren von 1925—1927, auf 30/9 von 1934—37 und auf 41/6 in den Jahren 1937—1938. Bis 1937 waren 5000000 Tonnen für 8½ Millionen Pfund exportiert, also zum Durchschnittspreis von 1.13.0 £ pro Tonne Erz. Fracht nach den Vereinigten Staaten war etwa 13 sh pro Tonne.

d. Abbau, Aufbereitung und Abtransport

Das Erz tritt hauptsächlich an den Hängen von fünf über 100 m hohen Hügeln auf, die sich in zwei parallelen Reihen auf $3\frac{1}{2}$ km hinziehen. Die fünf Hügel werden mit den Buchstaben A—E bezeichnet; abgebaut wird überall im Tagebau, an den beiden nördlichsten Hügeln D und E und am südlichsten A.

Es handelt sich um eine obere Schicht von 10 bis über 30 m Mächtigkeit, in der Manganerzknollen in loser Erde liegen und darunter eine massive Manganerzschicht, die auch schon über 30 m mächtig nachgewiesen ist. Das lose Material der oberen Schicht, die etwa 40 v. H. Mangan enthält, wird mit Schaufelbaggern gewonnen, in einer Wäsche von der Erde befreit und auf ein Erz mit etwa 52 v. H. Mangan angereichert. Eine Erzwäsche mit 1000 t Tagesleistung bestand, eine neue für 3000 t Erz Durchsatzquantum in 24 Stunden war 1938 im Bau. Von dem entfernteren Abbau zur Wäsche ist eine Drahtseilbahn mit einer Leistung von 100 Tonnen/Stunde gebaut. Als Schaufelbagger werden von Dieselmotoren angetriebene Ruston-Bucyrus Caterpillar Excavators verwendet mit einem Schaufelinhalt von $1\frac{1}{2}$ Kubikyard (1,164 cbm). Hanslet- und Bagnall-Diesellokomotiven und wenige Dampflokomotiven besorgen den Erztransport und sonstigen Verkehr.

Im Hafen von Takoradi sind modern eingerichtete elektrische Verladeeinrichtungen mit einer Leistung von 1000 t pro Stunde für das Beladen des Erzdampfers vorhanden.

Das Erz wurde besonders nach den Vereinigten Staaten exportiert, in den letzten Jahren auch nach Deutschland. Als Exporteure nach den Vereinigten Staaten werden genannt die Electro Metallurgical Company und die Union Carbide; letztere ließ das Manganerz in den norwegischen Werken von Saude im Elektroofen zu Ferromangan verarbeiten.

e. Yakau Manganese Ltd.

Es sind viele Vorkommen von Manganerzen in der Goldküste bekannt, ja, diese bilden einen bestimmten Horizont in der Birrim-Formation. Bisher waren aber bauwürdige Erze nur von Nsuta bekannt, wo sie eine eluviale Anreicherung bilden, die die primären Manganerzlager bedeckt.

Eine ähnliche Anreicherung glaubt man am Yakau-Hügel, 5 km nordnordwestlich von Dixcove, einem kleinen Küstenplatz, 25 km westlich Takoradi, festgestellt zu haben. Das Vorkommen ist beschürft worden, und man hat in Stollen Psilomelanerze gefunden mit 50 v. H. Mangangehalt. Eine Gesellschaft: Yakau Manganese Ltd. mit 300000 £ in 5 sh-Anteilen hat sich im Juli 1938 gebildet, um das Vorkommen abzubauen. Im Prospekt der Gesellschaft wird angegeben, daß durch Schürfarbeiten 1920000 Tonnen hochwertiges Manganerz nachgewiesen sind. Das Erz müßte im Untertagebau durch Stollen gewonnen werden.

4. *Bauxit*

An der Goldküste sind eine Reihe von Bauxitlagerstätten bekannt und von der Geologischen Landesaufnahme recht eingehend untersucht worden. Man schätzt bei den größten Ablagerungen von Jenahin, 64 km westlich von Kumasi, 168000000 Tonnen, in den Hügeln von Sefwi Bekwai, 88 km nordwestlich der Bahnstation Dunkwa, an der Bahnlinie Takoradi—Kumasi, 30000000 t und auf dem Mount Ejuanema, 3 km von der Bahnstation Nkawkaw an der Accra-Kumasibahn, 4000000 t Bauxit. Man rechnet mit folgenden Durchschnittsanalysen des Bauxits:

	Sewfi Bekwai		Mt. Ejuanema	Jenahin
Al_2O_3	52,6—58,3	v. H.	60,66	46,13—54,59
SiO_2	0,6— 2,7	,,	0,88	0,23— 1,27
Fe_2O_3	8,1—14,1	,,	9,27	13,24—25,37
TiO_2	0,9— 1,3	,,	1,94	1,49— 2,90
Wasser . . .	28,2—30,8	,,	26,80	24,38—28,61

Am günstigsten liegt die Lagerstätte des Mount Ejuanema; sie bedeckt einen Hügel, der etwa 250 m über und 3 km entfernt von der Eisenbahnstation Nkawkaw liegt; die Distanz Nkawkaw—Accra beträgt etwa 180 km. Wasser, Holz als Brennmaterial und Arbeitskräfte stehen reichlich zur Verfügung. Am Asubonifluß könnten in Entfernungen von 16—40 km Wasserkraftwerke angelegt werden, die auf Dauer 4600 Pferdekräfte, an anderer Stelle auch 4250 Pferdekräfte liefern könnten.

A. E. Kitson gibt an, daß die Frachtkosten für das Rohprodukt zu hoch seien, so daß es nicht auf dem Weltmarkt konkurrieren könne. Er schlägt verschiedene Methoden vor, veredelte Produkte zu erzeugen, und zwar einmal durch Kalzinieren des Bauxits; hierbei wäre das Rohgut auf 260—700° Celsius zu erhitzen; da der Gehalt an Gibbsit, der schon bei niedriger Temperatur Wasser abgibt, hoch ist, wird die Temperatur, die zum Kalzinieren nötig ist, wahrscheinlich verhältnismäßig niedrig liegen; für den Prozeß wird Holzgas und Benutzung von Elektrizität aus Wasserkraftanlagen vorgeschlagen.

Weiter wird vorgeschlagen, durch den Bayerprozeß mit Soda reines Al_2O_3 herzustellen; jedoch ist der Markt für dieses Produkt beschränkt. Für Ausschmelzen des Aluminiums an Ort und Stelle durch Elektrizität würde bei dem enormen Kraftbedarf von über 30 Kilowattstunden für das Kilo Aluminium nicht genügend Wasserkraft in der Nähe zur Verfügung stehen. *Kitson* gibt jedoch die Unterlagen für ein großes Wasserkraftwerk am Voltafluß durch Dammbau bei Ajin, wo ein Damm von 17 m Höhe 90000 Pferdekräfte und ein Damm von 35 m Höhe 180000 Pferdekräfte liefern könnte; ein solches Wasserkraftwerk wäre vom Mt. Ejuanema etwa 100 km entfernt. — Die anderen Lagerstätten liegen noch ungünstiger. Gute Unterlagen für Berechnungen und für die Aussichten der Bauxitvorkommen findet man in folgendem Schrifttum.

Schrifttum

Die Bergwirtschaft der Goldküste

Kitson, A. E., Outlines of the Mineral and Water-Power Resources of the Gold Coast, British West Africa. Gold Coast Geol. Survey. Bulletin No. 1. 1925.

Cooper, W. C. C., The Bauxite Deposits of the Gold Coast. Gold Coast Geol. Survey. Bulletin No. 7. 1936.

Junner, N. R., The Geology and Mineral Resources of the Gold Coast. Veröffentlicht durch den Geological Survey. 1937.

Veröffentlichungen der Geologischen Landesaufnahme der Goldküste.

Annual Reports von den Jahren 1913 bis 1938; für die ersten Jahre für das Kalenderjahr, später für das Geschäftsjahr bis 31. März.

Report on the Geology of Western Togoland von Robertson. 1921.

Bulletin No. 1. — Outlines of the Mineral and Water-Power Resources of the Gold Coast, with Hints on Prospecting von A. E. Kitson. 1925.

Bulletin No. 2. — Provisional Geological Map of the Gold Coast and Western Togoland, with brief descriptive notes thereon von Kitson. 1928.

Bulletin No. 3. — Report on a rapid Geological Survey of Gambia von Cooper. 1927.

Bulletin No. 4. — Microscopical Features and Chemical Analyses of Certain Representative Igneous Rocks from the Gold Coast von N. R. Junner. 1928.

Bulletin No. 5. — References to Occurrences of Economic Minerals in the Gold Coast recorded in Annual Reports von Kitson und Felton. 1930.

Bulletin No. 6. — Minerals of Concentrates from Stream-Gravels, Soils, and Crushed Rocks of the Gold Coast von Kitson und Felton. 1930.

Bulletin No. 7. — The Bauxite Deposits of the Gold Coast von Cooper. 1936.

Bulletin No. 8. — The Geology of the Bosumtwi Caldera and Surrounding Country, and Results of a Hydrographic Survey of Lake Bosumtwi von Junner und McGregor. 1937.

Bulletin No. 9. — Bibliography of Gold Coast Geology, Mining and Archaeology von James. 1937.

Bulletin No. 10. — The Geology of the Tarkwa Goldfield and Adjacent Country von Hirst. 1938.

Memoir No. 1. — Geological and Mining Features of the Tarkwa-Abosso Goldfield von Whitelaw. 1929.

Memoir No. 2. — The Geology of the Obuasi Goldfield von Junner. 1932.

Memoir No. 3. — The Geology of the Prestea Goldfield von Cooper. 1934.

Memoir No. 4. — Gold in the Gold Coast, with Coloured Geological Map von Junner. 1935.

Gold Coast Sessional Papers, veröffentlicht durch die Geologische Landesaufnahme.

No. IX. Jahr 1918—1919. Discovery of Diamonds in the Eastern Province of the Gold Coast Colony.

No. XXIII. Jahr 1927—28. Paper relating to a Project for the Construction of a Railway between Kumasi and the Northern Territories of the Gold Coast.

No. VII des Jahres 1930—31. Despatches relating to the Kumasi Water Supply (Owabi) Scheme.

No. X des Jahres 1930—31. Correspondance relating to the proposed Western Province Railway from Tarkwa to Babeaneha.

No. XXII des Jahres 1930—31. Memorandum on the Operations of the Geological Survey Department of the Gold Coast, 1913—1930.

No. XXVII des Jahres 1930—31. Reports on the Water Supply of the Coastal Area of the Eastern Province of the Gold Coast Colony.

No. I des Jahres 1933. The Gold and other Mineral Resources of the Gold Coast and Sierra Leone.

Reports of Investigations into the Water Supplies of the Northern Territories of the Gold Coast von Cooper und Sharkie. 1937.

Geologische Karten, veröffentlicht von der Geological Survey. Geological and Gold Mining Map of the Gold Coast (Southern Section) 1 : 500000. — 1934.

Geological Map of the Gold Coast (Southern Section). 1 : 500000.

Sonstige benutzte Schriften über die Goldküste.

Bishopp, W. und Hughes, W. J., A contribution to the geology of the manganese ore deposits in the Gold Coast Colony and in Ashanti. Institute of Mining and Metallurgical Engineers. Transactions Bd. 39 (1930), S. 142. Referat: Geol. Zentralblatt Bd. 48 (1932), S. 1052.

Blanchard, Floyd M., Gold Dredging in West Africa. Engineering and Mining Journal. April 1936, S. 175—177.

Candlish, Edwin D., Diamond Recovery from Gravels and Clays in Gold Coast Colony. The Mining Magazine. Juni 1931, S. 333—342.

Cardinall, A. W., The Gold Coast. 1931.

Cooper, W. G. G., The Prestea Goldfield, Gold Coast Colony. Referat über Memoir 3 der Geol. Survey. Mining Magazine, Juni 1934, S. 373—376.

Cooper, W. G. G., Report on Investigation into Water Supply of the Northern Territories of the Gold Coast. 1937.

Croston, John J., World Gold Production Costs. The Mining Journal. 11. September 1937, S. 818—821 und 22. Oktober 1938, S. 966—971.

Description and Method of Working Obuasi Reef of the Ashanti Goldfields Corporation Ltd. Bulletin No. 295, Institution of Mining and Metallurgy, April 1929.

Eaglesome, Sir John, Road Constructions in West Africa. West Africa. Oktober, 16. 1937, S. 1430.

Gold Coast Handbook.

Gold Coast Mining, The Mining Magazine. Februar 1932, S. 67—68; Oktober 1936, S. 197; Oktober 1938, S. 197.

Gold Coast Yearbook of Agriculture.

Griffith, S. V., Diamond Mining on the Gold Coast. The Mining Magazine. November 1929, S. 271—282.

Lord Hailey, An African Survey. Oxford University Press, London, New York und Toronto. 1938.

Junner, N. R., Gold in Gold Coast Colony. Referat über Memoir 4, Geol. Survey. Mining Magazine. Mai 1935, S. 301—308.

Junner, N. R., The Banket Deposit of the Gold Coast. Referat über Memoir No. 1, Geol. Survey. Mining Magazine. Bd. 41, S. 377—378.

Kitson, A. E., The Possible Sources of Power for Industrial Purposes in the Gold Coast, British West Africa. (International Committee, World Power Conference; Bulletin with map by Kitson, Gold Coast Delegate to the first World Power Conference at London in 1924, published by the Transactions of that Conference. Vol. 1, S. 325 bis 337.

Kitson, A. E., The Mineral Resources of the Gold Coast. The Mining Magazine. Januar 1925, S. 9—17.

Kitson, A. E., The Geology of the Gold Coast. The Mining Magazine. Oktober 1929, Bd. XLI. Nr. 4, S. 201—204.

Klingner, F.-E., Die Gold-Lagerstätten der britischen Kolonie Goldküste (Westafrika). Berg- und Hüttenmännische Monatshefte Bd. 88, Heft 2, S. 17—22.

Knetsch, Georg, Geologische Beobachtungen an Diamantlagerstätten der Goldküste, West-Afrika, Ztschr. f. Prakt. Geol. 44. Jahrg. (1936), Heft 11, S. 167—182.

McLeod, Kenneth, The Recovery of Alluvial Diamonds. The Mining Magazine, Januar 1933, S. 9—19.

Martens, O. und Karstedt, O., Afrika. Ein Handbuch für Wirtschaft und Reise. 4. Auflage. Berlin 1938.

Maxwell, The Gold Coast Handbook.

Mining in the Gold Coast. The Mining Journal. Vol. 203, No. 5390, 10. XII (1938), S. 1133—34.

Paterson, J. E. A., Prospecting in Gold Coast Colony. The Mining Magazine, April 1938, S. 207—215.

Pickering, T.: Mineralized Crush Zones in Gold Coast Colony. Mining Magazine, Dezember 1935, S. 329—336.

The Gold Coast Colony as a Gold Producer. Mining Journal, Vol. 189, No. 5205, 25. Mai 1935, S. 377—378.

The Mineral Industry. 1938, S. 268—269 und S. 533—534.

Thomas, Frederic L., Marlu Gold Mining Areas. Mining Magazine, Juni 1937, S. 329—341.

Turner, G. W. Eaton, The Ashanti Goldfields Corporation. Mining Magazine, Juni 1932, S. 329—337.

The Geology and Mineral Resources of the Gold Coast. 1937. Zusammengestellt von N. R. Junner, Direktor der Geologischen Landesaufnahme der Goldküste.

Mining in the Gold Coast. 1938. Zusammengestellt vom Chief Inspector of Mines, Mr. H. G. Mountain.

VIII. TOGO

VIII. a. Der geologische Bau von Togo

Von Fritz Behrend

Togo, die kleinste unserer afrikanischen Kolonien, hat einen Flächeninhalt von 89944 qkm, umfaßt also ungefähr den Raum von Bayern und Thüringen.

Die Mandatsmächte verteilten das Land derart unter sich, daß England im Westen eine Zone von 33775 qkm übernahm, die es verwaltungsmäßig an seine Goldküstekolonie angliederte. Wie England seinen Mandatsteil entwickelte und was es wirtschaftlich herausholte, ist nicht mit Sicherheit zu sagen, weil die herausgegebenen Rechenschaftsberichte sehr dürftig sind.

Frankreich erhielt den östlichen, 56169 qkm umfassenden Teil der Kolonie. Dieser wurde zwar vom östlich anschließenden Dahome aus verwaltet, jedoch als besonderes Gebiet. Die wirtschaftliche Entwicklung wurde jährlich durch gewissenhafte Mandatsberichte nachgewiesen.

Eine Gewinnung von nutzbaren Mineralien hat in Togo bisher nicht stattgefunden.

Togo besitzt zwei Eisenbahnen, die vom Küstenplatz Lome ausgehen. Eine Strecke geht nach NW bis zu dem 119 km entfernten Palime, die andere 276 km lange Strecke geht direkt nach N über Atakpame bis Blita.

Die Zahl der in Togo lebenden Eingeborenen beträgt etwa 1,1 Million, etwa 12,6 je qkm. Gute Häfen fehlen bisher in Togo.

A. Stratigraphie

Am Aufbau von Togo nehmen folgende Formationen teil:

6. Quartär.
5. Tertiär (Eozän)
4. Oti-Formation (Silur-Karbon)
3. Buem-Formation (Kundelungu-Schichten = Alt-Paläozoikum)
2. Togogebirgs-Formation (Jung-Algonkium)
1. Archaikum.

1. *Archaikum*

Das Archaikum nimmt ungefähr das südöstliche Drittel von Togo ein, es bildet den westlichen Teil des Dahome-Massivs, das über Dahome bis in den Westen von Nigeria sich ausdehnt.

In Nigeria wird diese einheitliche archaische Platte im Stromgebiet des Niger und Benuë durch eine breite Senke begrenzt, in der marine Kreide und Tertiär abgelagert sind. Im Osten dieser Senke beginnt ein weiteres großes archaisches Massiv, das sich von Kamerun bis nach Ubangi-Schari und in den Sudan hinein ausdehnt und das wir als Kamerun-Ubangi-Massiv bezeichnen.

Zu den archaischen Gesteinen gehören die nicht übermäßig häufigen Sedimentgneise der mannigfaltigsten Zusammensetzung, auch anscheinend solche mit Graphit, ferner Muskowit- und Biotit-Glimmerschiefer, Quarzite und kristalline Kalksteine, die aber anscheinend selten sind (z. B. bei Togodo am Monufluß an der Ostgrenze, dann namentlich Granitgneise, z. B. Biotitgneis, Zwei-Glimmer-Gneis, Muskowitgneis und, wie üblich, basische Intrusiva, die als Hornblende- und Augitschiefer erhalten sind.

Von Interesse ist das Vorkommen von Eklogit östlich der Latoberge im Kreise Palime, etwa 30 km nordnordöstlich vom Agu-Massiv. Der Eklogit wurde bereits von *Koert* gefunden und dann von *Kouriatchy* (1933, S. 599) ausführlich beschrieben und analysiert. Das Gestein tritt zusammen mit granatführendem Amphibolit auf; es bildet harte massige grüne Bänke; die Granaten darin sind oft mit Omphazit verwachsen, der in Bändern von grasgrüner Farbe angeordnet ist.

Außerdem finden sich Pyroxenit, Granatfels, Epidorit.

Die archaischen Gesteine sind nach den Untersuchungen von *Koert* in Falten gelegt, die um die N—S-Richtung herum streichen, sofern nicht später tektonische Verschiebungen stattgefunden haben.

Das Archaikum bildet in Togo eine Fastebene, über die sich zahlreiche Inselberge erheben, die meist aus jüngeren nicht oder wenig gepreßten Intrusivgesteinen bestehen.

An der Nordgrenze von Togo grenzt an die Decke der Oti-Sandsteine die Fastebene von Gurma, die aus archaischen Gneisgraniten und Sedimentgneisen mit Intrusionen von jüngerem Granit, Diorit, Gabbro usw. aufgebaut ist.

Die Gurma-Fastebene liegt erheblich höher als das ebenso gebaute Gebiet südöstlich der Togo-Atakora-Berge und höher als die Fläche des Otibeckens.

2. *Togogebirgsformation* (Jung-Algonkium)

Das archaische Grundgebirge wird in Togo nach Westen hin begrenzt durch eine Folge von Schichten, die im allgemeinen weniger stark metamorph umgewandelt sind und die eine Art von Rumpfgebirge bilden. Dieser von

Koert als „Togogebirge“ bezeichnete Gebirgszug zieht von Accra an der Goldküste zunächst nach NO bis in die Gegend von Atakpame, von da geradeswegs nach N bis an die Nordostgrenze von Togo, um dann auf französischem Gebiet in den Atakora-Bergen wieder mehr in die NO-Richtung umzubiegen.

Quarzit, Quarzitschiefer, Glimmerschiefer verschiedener Art, z. T. mit Granatführung, Phyllit und Talkschiefer, auch Graphitschiefer (z. B. am Kerangfluß im Norden der Kolonie), ferner Eisen-Quarzitschiefer mit Magnetit oder mit Roteisen (S. 262) bauen das Gebirge im wesentlichen auf.

Nach unserer bisherigen Kenntnis scheinen die Eisen-Quarzitschiefer (Itabirit) einen oder zwei durch einen Teil der Kolonie zu verfolgende Horizonte zu bilden. Wenn es sich herausstellen sollte, daß es sich hier um horizontbeständige Schichtglieder handelt, könnten sie zur Klärung der Tektonik verwendet werden. Die Gesteine bestehen ausschließlich aus Quarzit mit mehr oder weniger lagenweise eingefügten Körnern und Lamellen von Roteisen, seltener Magnetit bzw. Martit. Tonerde-Mineralien scheinen teilweise zu fehlen. Sie dürften demnach aus durch Brauneisen verkittetem Sand, nicht aus chamositischen oder glaukonitischen Sedimenten entstanden sein. Auch eine Entstehung aus Sand mit Roteisenkörnchen (Eisenerzseifen) ist durchaus möglich.

Hubert (La Géologie et les Mines de la France d'outre-Mer, 1932, S. 210) hat versucht, diese von *Koert* als „Togogebirgsschichten“ zusammengefaßten Formationen weiter zu gliedern. Dabei hat er sie leider mit der „Buem-Formation“ (S. 252) von *Koert* zusammengeworfen.

Die tiefste Zone enthält nach *Hubert* Arkosen und reichlich feldspatführende Schiefer, die z. T. gneisähnlich werden und die im wesentlichen nur in Togo entwickelt sein sollen.

Darüber folgen Glimmerschiefer, Phyllite usw., die langgestreckte anscheinend nicht immer zusammenhängende Zonen bilden.

Als hangenden Teil der Togo-Formation faßt *Hubert* die metamorphen, z. T. goldhaltigen Konglomerate der Tarkwa-Formation auf, die mit den Witwatersrandschichten parallelisiert werden. Die Tarkwa-Formation liegt aber vermutlich diskordant über der Birrim-Formation (S. 137). In Nordosttogo soll ein gleichartiges, ebenfalls goldführendes Konglomerat unter jüngeren Schichten zutage kommen. Sichere Angaben liegen darüber nicht vor.

Die unmittelbare Auflagerung der Togoschichten auf dem Archaikum ist bisher nirgends beobachtet, doch ist z. B. im Tal des zum Volta fließenden Tsavoeflusses das Liegende, in diesem Falle Granit, freigelegt.

Im wesentlichen scheint in Togo die Grenze zwischen Archaikum und Algonkium normal zu verlaufen. Die nach Osten hervorspringenden Ausstülpungen des Algonkiums im Grenzgebiet zwischen beiden Formationen bei Atakpame, ferner im Korongagebirge und an der Sudu-Dako-Hochfläche dürften dagegen tektonisch bedingte Schollen sein.

Möglich ist aber auch, daß die Grenze zwischen den beiden Formationen längs einer sehr alten Störungszone verläuft. Darauf könnten die großen Gabbro-Massive im Archaikum längs dieser Zone hindeuten.

Intrusivgesteine im Archaikum und Algonkium

Die älteren Intrusivgesteine, die namentlich in die archaischen Gesteine im Verlauf der Faltungen eindrangen, liegen heute als Orthogneise vor; sie nehmen an einigen Stellen in Afrika gewaltige Flächenräume ein, und in einem Teil von Westafrika ist das vorherrschende Gestein ein Gneis-Granit, in dem die metamorphen gefalteten Sedimente als Inseln schwimmen.

In Togo ist der Anteil der Ortho- und der Paragneise an der Zusammensetzung des Archaikum noch nicht bekannt.

Die alten Sedimente sind also in archaischen Zeiten im Verlauf der Faltungsprozesse, wahrscheinlich in mehreren Perioden, von vorwiegend sauren Intrusivmassen durchbrochen und kontaktmetamorph verändert, z. T. assimiliert worden, vielleicht noch, bevor sie in den Bereich der Kata- bzw. Meso-Zone gerieten. Mit dem endgültigen Abschluß dieser ersten Auffaltungsperioden waren auch die massenhaften Granitintrusionen beendet, die heute als Orthogneise zwischen den hochkristallinen Sedimenten liegen. Die basischen Intrusionen der damaligen Zeit liegen heute meist als Amphibolite und Pyroxenite vor.

Die Frage, wie weit die Migmatitbildung bei den Granitintrusionen eine Rolle spielte, ist nicht geklärt, es ist aber durchaus unwahrscheinlich, daß der Granitgneis, der auch als „Alter Granit" bezeichnet wird und der in mineralogisch und chemisch auffällig gleichbleibender Beschaffenheit riesige Gebiete in West- und Ostafrika einnimmt, etwa durch Aufschmelzung von mannigfaltigen anderen Gesteinen entstanden sein sollte.

Anders ist es natürlich bei den jüngeren Graniten, die sowohl das Archaikum wie das Algonkium in mehreren Intrusionsperioden durchbrochen haben und die in verschiedenem Maße, z. T. überhaupt nicht, einem Faltungsdruck unterworfen worden sind. Ihre mineralogische und chemische Zusammensetzung wechselt in ziemlich weiten Grenzen, und diese Erscheinung kann entweder durch Assimilation von fremdem Material oder durch Aufschmelzung fester Gesteine und Migmatitbildung erklärt werden.

Wir müssen im Rahmen dieser Arbeit diese Frage beiseite lassen und wenden uns den großen und kleinen Massiven, Stöcken und Gängen von Intrusivgesteinen zu, die das Archaikum und namentlich auch die algonkischen Gesteine durchsetzen und die oft die algonkischen Sedimente im Kontakthof rings um die Intrusion so wesentlich umgewandelt haben, daß sie den archaischen Gesteinen ähnlich werden. Die schnelle Abnahme der Umwandlung mit der Entfernung vom Intrusiv kennzeichnet aber stets die Kontaktmetamorphose.

In Togo sind nach *Koert* die ältesten Gesteine dieser Art mehrere Massive von Gabbro mit seinen Differentiationsprodukten Pyroxenit und Peridotit, die großenteils in Serpentin umgewandelt sind.

Die Gesteine sind mittel- bis grobkörnig, die Plagioklase sind stark saussuritisiert, die rhombischen oder monoklinen Pyroxene sind oft uralitisiert. Gelegentlich tritt Granat als sekundäre Bildung auf.

Einer dieser basischen Gebirgsstöcke ist das Agu-Massiv mit der höchsten Erhebung in Togo (1020 m), das aus biotitführendem Gabbro mit geringer Beimengung von Quarz besteht. Die Bemerkung von *E. Krenkel* (Geologie Afrikas, Bd. 3. 1934, S. 1337), der Gabbro des Agu sei „ein granatführender Gneis mit Hornblende oder Hypersthen", scheint auf einer Verwechslung zu beruhen. Die Muster in der Berliner Kolonialsammlung stimmen mit den Angaben von *Koert* überein.

Kouriatchy (1933, S. 584 ff.) hat die Gesteine petrographisch genauer beschrieben. Das Gestein ist in den Gipfelpartien des Gebirges zu Bauxit zersetzt (S. 268).

Außer dem Agu sind von großen Massiven noch die folgenden zu nennen: Kalanga, Meliende, Fupabo. Weiter im Norden liegt das große Gebirgsmassiv von Kabure, Lamatessi und Bufale. Außerdem sind zahlreiche kleinere Stöcke vorhanden.

Die Anordnung dieser Gabbro-Massive längs dem Ostrande des Togogebirges könnte dafür sprechen, daß die Intrusionen einer sehr alten tektonischen Schwächezone folgen.

In einigen kleineren Stöcken dieser Art sind in der Gegend von Atakpame erhebliche Chromeisenlagerstätten (S. 264) bekannt geworden.

Jünger und im Alter nicht genau einzuordnen sind die zahlreichen Granite und mit diesen genetisch verbundenen Diorite, die z. T. in der gleichen Zone auftreten, aber das Archaikum weiter nach Osten hin sehr zahlreich durchsetzen. *Koert* (Begleitwort z. geol. Karte v. Togo, S. II) konnte gelegentlich Kontaktwirkungen des Granites auf die Gabbros beobachten.

Das Algonkium in Togo wird nur in verhältnismäßig geringem Ausmaße von kleinen Granitstöcken durchsetzt, die sämtlich in Gneis umgewandelt sind.

Unter diesen jüngeren Intrusiven seien folgende Typen erwähnt, die auch von *Kouriatchy* beschrieben werden (1933, S. 565 ff.):

Monzonit-Granit bildet einen schmalen Streifen zwischen Palime und Atakpame am Ostrand des Togogebirges. Die Gesteine sind grauweiß und bestehen aus saurem Plagioklas, der vorherrscht, Mikroklin, Orthoklas, Biotit, Quarz, Epidot, Titanit. Eine Anordnung der Gemengteile quer zur Druckrichtung ist mehr oder weniger deutlich zu erkennen. Die Gesteine sind also wohl gegen Ende der algonkischen Faltung aufgestiegen.

Glimmer-Granodiorit. Der eben erwähnte Monzonit-Granit scheint nach SW seinen Mineralbestand etwas zu ändern. Östlich Agome (bei Palime) tritt in der Fortsetzung des vorigen ein Gestein zutage, das aus saurem Plagioklas, Orthoklas, Biotit, Muskowit, Quarz, Titaneisen besteht, d. h. es liegt ein Zwei-Glimmer-Gestein vor, wie es durch Differentiation gelegentlich in den Randgebieten von manchen Graniten entsteht. Der Orthoklas ist rötlich, der Plagioklas hellgrau. Auch Hornblende-Granodiorit tritt auf.

Diorit, Quarz-Diorit und Quarz-Biotit-Diorit sind nicht selten; der letztere scheint namentlich im Norden häufiger zu sein. Sie bestehen aus Oligoklas-Andesin, Biotit und Quarz. Nebengemengteile sind Hornblende, Titanit, Kalkspat, Apatit, Magnetit.

Pegmatitgänge im Streichen der Schichten oder quer dazu sind durchaus nicht so selten, wie es nach der älteren Literatur scheint. Sie sind z. B. bekannt bei Anie, Agbeluwe, Nuatjä, in der Ebene des Kara-Flusses usw., also im Norden sowohl wie im Süden.

Die Gänge bei Agbeluwe im Bezirk Lome führen Mikroklin und Plagioklase in von Ort zu Ort wechselndem Verhältnis. Als Nebengemengteile treten auf: Biotit, Quarz, Muskowit, Allanit, Zirkon, Granat, Epidot, Magnetit.

Südwestlich Palime, ebenfalls im Süden der Kolonie, im Flußbett des Bla, steht Pegmatit mit Mikroklin und Orthoklas, Muskowit und Quarz an.

Hierher gehören auch die Turmalin-Quarz-Gänge zwischen Agbandi und Pagala, die Quarz, Turmalin, etwas Plagioklas, Glimmer, Epidot und Zoisit, daneben etwas Gold (S. 267) führen.

In der Kara-Ebene finden sich ähnliche Gänge mit blauem Turmalin und Glimmer in großen Tafeln.

Aplitgänge sind mehrfach bekannt.

3. *Buem-Formation*

(= Kundelungu-Formation [?] = Alt-Paläozoikum)

Das algonkische Togogebirge wird auf seiner Westseite begrenzt durch ein ihm an Höhe wenig nachgebendes Vorgebirge, das gleich ihm NNO—SSW streicht und das nicht mehr als 20—30 km Breite im Durchschnitt besitzt. Dieses Vorgebirge besteht aus hellen kaolinführenden Sandsteinen mit untergeordneten Einschaltungen von Tonschiefer-, Quarzit- und Hornsteinlagen. Der liegende Teil führt ziemlich mächtige Konglomeratzonen. Einer der tiefsten Konglomerathorizonte wurde von *Koert* (1906, S. 116) als Tillit, also als alte Grundmoräne angesprochen. Die Muster in der Kolonialsammlung der Reichsstelle für Bodenforschung scheinen diese Auffassung zu bestätigen.

Ein Teilprofil aus der Tillitzone ist an anderer Stelle (S. 260) mitgeteilt. *Koert* nahm an, daß der Tillit keinen durchgehenden Horizont, sondern nur örtlich auftretende ausgedehnte Linsen bildet. Wenn aber die von *Koert* gegebene Kartendarstellung ungefähr richtig ist, dann könnte ebensogut der Tillit durch vertikale Schollenverschiebungen und durch Gehängeschutt der Beobachtung entzogen sein. Nach den Angaben im Kolonialblatt Bd. 17,

1906, S. 280 und in den Beiträgen z. Geol. Erforsch. d. D. Schutzgebiete, Heft 1, S. 17 hat derselbe Forscher auch im Süden von Togo bei den Orten Agame, Ajingbe und Djani südlich Kpandu ähnliche Konglomerate beobachtet, die er ebenfalls als Tillit ansprach. Die Beobachtungen sind von keinem anderen Autor nachgeprüft worden.

Übrigens unterscheidet der Kaolin- bzw. Feldspatgehalt die Buem-Sandsteine und Quarzite scharf von denen der Togo-Formation.

Wirtschaftlich wichtig können vielleicht gelegentlich ausgedehnte Roteisenlager werden, die namentlich im Norden der Kolonie in der Gegend von Banjeli, Bassari, Kabu und Djopli den Sandsteinen und Konglomeraten eingeschaltet sind. Sie besitzen einen hohen Eisengehalt (60—65 v. H. Fe) und eine stellenweise mehr als 10 m erreichende Mächtigkeit (vgl. S. 257).

Die Schichten sind oft stark zerklüftet und mit Quarzgängen durchtrümmert, häufig stark aufgerichtet und zerbrochen, jedoch nicht in dem Maße wie die Togogebirgsschichten.

Koert bezeichnete die Schichtenfolge nach der Landschaft Buem in Südwesttogo, wo sie in erheblicher Ausdehnung auftritt, als „Buem-Formation". Das Auftreten des Tillits veranlaßte *Koert*, die Schichten für Permo-Karbon anzusehen.

Die neueren Forschungen von *Hubert*, *Malavoy* und anderen französischen und englischen Geologen zeigen aber, daß die Buem-Formation offenbar mit den Transvaal- und Namaschichten in Südafrika und mit dem oberen Teil der Katanga-Formation in Belgisch-Kongo zu parallelisieren ist.

Die Gesteine liegen vermutlich diskordant über den Togoschichten, streichen aber wie diese im ganzen NNO—SSW, sind jedoch nicht so stark gefaltet wie sie. Am Ost- und Westrande scheint die Faltung stärker zu sein als im mittleren Teil.

Die Buem-Formation wird östlich des Volta in der Gegend von Kpandu und Neu-Akroso von Gesteinen durchbrochen, die *Koert* als Porphyrite, Diabase und zugehörige Tuffe ansprach. Es besteht aber vielleicht die Möglichkeit, daß es sich hier um jungvulkanische Gesteine handelt.

4. *Oti-Volta-Formation* (Silur bis Unter-Karbon?)

Als nächst jüngere Formation ist eine Schichtenfolge zu besprechen, die im Nordwesten von Togo und in der westlich anschließenden Goldküstenkolonie erhebliche Verbreitung besitzt und die *Koert* als „Oti-Formation" zusammenfaßte.

Die Schichten der Oti-Formation liegen im Gegensatz zu denen der älteren Systeme ganz vorwiegend flach oder nur schwach geneigt. Die tiefsten aufgeschlossenen Teile bestehen aus Schiefertonen mit gelegentlichen dünnen Kalksteinlagen. Darüber folgen feinkörnige lichte Sandsteine, die teilweise zu Kaolin zersetzte Feldspäte enthalten, mit Glimmerlagen, Tongallen und

Hornsteinschichten. Stellenweise sind Konglomerate eingeschaltet, die neben Geröllen archaischer Gesteine auch solche der Buem-Formation enthalten.

Unmittelbare Beobachtungen über die Auflagerung der Oti-Schichten auf der Buem-Formation liegen bisher nicht vor. Aber das Auftreten von Buemgeröllen in den Konglomeraten der Oti-Schichten beweist unzweifelhaft ihr jüngeres Alter (*Koert*, 1913, S. 19).

Die Schichten scheinen in Togo fossilfrei zu sein und bilden eine weite Fläche, die außer dem nordwestlichen Teil von Togo einen großen Teil vom Inneren der englischen Goldküstekolonie einnimmt und die den Mittellauf des Volta und das gesamte Otibecken beherbergt.

In der Goldküste wird sie als Volta-Formation (Voltaian) bezeichnet (S. 145). Nach NO gehen die Oti-Schichten nach Dahome hinüber, wo sie als Gurma-Sandstein bezeichnet werden.

Sehr ähnlich ausgebildete ebenfalls flach liegende Schichten sind über den Oberlauf des Niger hinweg nach NW bis an die Südgrenze der spanischen Kolonie Rio de Oro zu verfolgen.

Durch einige über diesen riesigen Flächenraum verteilte Fossilfundpunkte, die durchweg erst nach dem Weltkriege bekannt geworden sind, die aber sämtlich außerhalb von Togo liegen, sind in diesen Sandsteinen einzelne Horizonte vom Ober-Silur bis zum Unter-Karbon nachgewiesen. Ein Fundpunkt mit *Monograptus priodon* und *M. riccartonensis* aus dem Ober-Silur liegt nordöstlich Konakry; im Hinterland von Accra an der Goldküste wurde der dem Mittel-Devon angehörende Trilobit *Homalonotus dekayi* gefunden. *Spirifer cf. rousseaui* und *Stropheodonta oriskania* aus dem Unterdevon sind von Dadafi bekannt. Der oberdevonische *Spirifer verneuili* wurde aus Mauretanien beschrieben und der karbonische *Productus cora* aus dem gleichen Gebiet.

Auf Grund der in dem gesamten Schichtkomplex gefundenen Fossilien ist die Oti-Formation also ungefähr dem Kapsystem zu parallelisieren. Die östlich anschließende Buem-Formation, die im Gegensatz dazu eine merkliche Regionalmetamorphose erlitten hat und deren Gesteine, wie bereits erwähnt, auch als Gerölle in den Oti-Schichten auftreten, sind wesentlich älter und vermutlich der Transvaal- und Nama-Formation gleichzusetzen. Die Grenzfläche zwischen beiden muß ursprünglich eine Transgressionsfläche gewesen sein, die heutige Grenze zwischen beiden Formationen in Togo dürfte allerdings durch Störungen weitgehend beeinflußt sein.

Die granatführenden Alluvialsande im Kara und im Kumanga scheinen ihr Material den Oti-Schichten zu entnehmen.

5. *Tertiär*

Im Unterlauf des Monu-Flusses an der südlichen Ostgrenze von Togo, etwa 50 km von der Küste, tritt beim Orte Tokpli im Flußbett eine feste Bank von sehr reinem Kalkstein mit 99,5 v. H. $CaCO_3$ auf, die sogenannte

Adabion-Bank. Der Kalk ist außerordentlich reich an nicht sehr gut erhaltenen Fossilien, die durch *Stromer v. Reichenbach* (Zeitschr. d. D. Geol. Ges. Bd. 62, 1910, S. 487—507) und *P. Oppenheim* (Beitr. z. Geol. Erforsch. d. D. Schutzgebiete, Heft 12, 1915) bearbeitet wurden. Außer bei Tokpli wurden auch Fossilien im Kalk bei Djagbati und Tabligbo südlich Tokpli gefunden.

Die Fauna umfaßt Schildkröten, Rhynchocephalen, Schlangen, *Pycnodus variabilis var. togoensis*, *Myliobatis dixoni*, *Hypolophites myliobatoides*, *Odontaspis cuspidata*, *O. elegans var. substriata*, *Odotus koerti*, *Lamna vincenti*, *Alopiopsis secundus*, *Xenodolamia*, *Galeocerdo*, *Ginglymostoma*, ferner Korallen, Lamellibranchiaten, Gastropoden, einen Nautilus und den Krebs *Callianassa seefriedi.*

Die Fauna entspricht der im Lama-Sumpf in Dahome in der östlichen Fortsetzung im gleichen Horizont gefundenen, ist aber etwas reicher. Außerdem enthält der Kalk Phosphoritknöllchen, wie sie auch in größerer Menge in Dahome (S. 74) und zu bauwürdigen Lagern angereichert im westlichen Nigeria (S. 316) in denselben Schichten auftreten.

Der Kalk scheint im Küstengebiet von Togo größere Verbreitung zu haben. Meist ist er aber durch jüngere Sedimente verdeckt. Diese Decke ist jedoch nicht sehr stark, so daß das Eozän an mehreren Stellen im südöstlichen Togo bei Brunnengrabungen nachgewiesen werden konnte.

Durch seine Fauna ist der Kalk als Mittel-Eozän festgelegt.

Kouriatchy (1933, S. 531—536) teilt das Schichtenverzeichnis einer Wasserbohrung auf der Regierungspflanzung Togblekove, östlich der Bahn Lome-Atakpame, mit, in der bei etwa 38 m Tiefe Tertiärschichten angefahren wurden:

		Höhe über NN
Roter toniger Sand	0— 2,10 m	+ 37,80 m
Weißer Sand u. Kies	2,10— 3,00 m	
Grauer Ton mit Geröllen von Kalkmergel	3,00— 3,40 m	
Bräunlichgrauer Schieferton .	3,40—26,00 m	
Blaugrauer Mergel mit wenigen marinen Foraminiferen . .	26,00—38,10 m	
Phosphatkalk mit Glaukonit und Globigerinen	38,10—38,50 m	
Muschelkalk, gelblich; wasserführend	38,50—41,50 m	— 3,64 m

Grundwasser stellt sich bei 38,10 m Tiefe ein.

Der Kalkstein enthält Korallen *(Turbinolia* sp.*)*, Echinodermen *(Fibularia supera)*, Lamellibranchiaten *(Arca*, *Pectunculus*, *Corbis aff. lamellosa*, *Callista)*, Gastropoden *(Pleurotoma*, *Ancillaria*, *Bulla*, *Mitra*, *Vermetus*, *Cerithium*, *Turritella*, *Cyclomolops*, *Diastoma)*, Scaphopoden und Cephalopoden *(Dentalium*, *Nautilus)*, Crustaceen *(Callianassa?)*, Fische *(Myliobates)*.

Der Kalkstein gehört wohl der gleichen Stufe des Eozän an wie der von Tokpli.

Ob die im Küstengebiet von Dahome über dem Kalk folgenden sandigen Tone, tonigen Sande und Sandsteine, die dort ausgedehnte Plateaus bilden und ebenfalls als alttertiär angesehen werden, auch in Togo auftreten, ist nicht geklärt.

Jungtertiäre Sedimente sind in Togo bisher nicht mit Sicherheit bekannt.

6. *Pleistozän und Alluvium*

Das Archaikum in Togo ist im Süden nach der Küste hin durch ein 25—50 km breites flachwelliges Vorland begrenzt, das aus Lehm, Sand und Kies pleistozänen Alters aufgebaut ist. Es sind die in der Pluvialzeit fluviatil umgelagerten Verwitterungsprodukte des alten Gebirges. Die Schichten haben auch im Küstengebiet von Dahome und Nigeria weite Verbreitung. Fossilien sind in ihnen bisher nicht bekannt. Der Lehm ist an der Oberfläche stets in Rotlehm umgewandelt und enthält oft Konkretionen und Krusten von Brauneisen. Auch der Sand ist durch Eisen oft stark verkrustet. Die so entstandenen Erze ähneln denen vom Soonwaldtypus.

Unmittelbar an der Küste legen sich auf das Pleistozän alluviale Sande. Sie bilden am Strande mehrfach langgestreckte Nehrungen, hinter denen haffartig vom Meere abgetrennte Wasserflächen liegen. Stellenweise ist der Sand in einzelnen Bänken durch aus dem Grundwasser abgeschiedenes Kalk-Bindemittel zu Sandstein verhärtet.

Kouriatchy (1933) hat zahlreiche Bohrungen im Küstengebiet von Togo zusammengestellt.

B. *Tektonik*

Das Archaikum und die algonkischen Schichten des Togogebirges zeigen vorwiegend N—S gerichtetes, also kaledonisches Streichen.

Das Togogebirge wird an seiner Westseite, gegen die Buemformation, wahrscheinlich durch nordnordöstlich laufende Bruchlinien begrenzt, und die Buem-Schichten fallen daher gewöhnlich gegen das Togogebirge hin, also östlich, ein.

Durch ähnliche ebenfalls nach NNO laufende Brüche scheint die Oti-Formation gegen die Buem-Schichten abgesetzt zu sein; auch hier sind die Oti-Schichten im Grenzgebiet gegen die Buem-Formation nach O geneigt, während sie sonst nahezu horizontal liegen.

Diese nach NNO gerichteten Störungszonen entsprechen der auch in Kamerun und vor allen Dingen in Ostafrika herrschenden somalischen Richtung tektonischer Schwächezonen.

Zahlreiche Querbrüche durchsetzen das Togogebirge.

Die bereits oben erwähnten eigenartigen Vorsprünge des Togogebirges nach O bei Atakpame, im Korangagebirge und an der Sudu-Dako-Hochfläche dürften durch ein Zusammenwirken von somalischen Längs- mit Querbrüchen bedingt sein.

VIII. b. Die nutzbaren Lagerstätten in Togo

Von Fritz Behrend

1. Eisen

Eisenerzlagerstätten sind in Togo an zahlreichen Stellen gefunden worden. Ein Teil der Erze ist nach den vorliegenden Analysen hochwertig.

Namentlich die Roteisenvorkommen im Bassari-Bezirk können eine wirtschaftliche Bedeutung erlangen, sobald die Transportfrage gelöst ist.

Die Vorkommen sind zum größten Teil Sedimente, die genau wie die Formationen, denen sie eingefügt sind, der Regionalmetamorphose unterworfen worden sind und ihren Mineralbestand entsprechend umgewandelt haben.

a. Roteisenlager. Bassari-Bezirk in Nordtogo

In der Literatur ist die Roteisenlagerstätte von Banjeli durch die Untersuchung von *Koert* am bekanntesten geworden.

Der 490 m hohe Erzberg Djole bei Banjeli, der sich um etwa 200 m über das umgebende hügelige Gelände erhebt, liegt rund 400 km von der Küste entfernt und etwa 120 km vom derzeitigen Endpunkt der Eisenbahn.

Das Roteisenerz bildet ein wahrscheinlich sedimentäres Lager in den Buem-Schichten (S. 252), die mutmaßlich dem hangenden Teil der Transvaal-Nama-Schichten gleichzusetzen sind. Die Schichtenfolge ist dadurch interessant, daß sie ein als Tillit (Glazial-Konglomerat) angesprochenes Gestein enthält.

Die Lagerungsverhältnisse am Djoleberg ergeben sich aus der Arbeit von *W. Koert* (Mitteil. a. d. D. Schutzgebieten Bd. 19, 1906, S. 115—118). Danach läßt sich an der Nordwestseite des Berges folgendes Profil aufstellen (vom Liegenden zum Hangenden):

1. Hellfarbige Sandsteine mit Kaolinpünktchen, z. T. quarzitisch; das Korn ist ungleichmäßig; stellenweise geht der Sandstein in Linsen und Lagen von Konglomerat über.

2. Darüber folgt im Lebule-Bach eine etwa 60 m mächtige Zone, die als alte Grundmoräne angesprochen wird. Das Gestein enthält in grauer tonig-sandiger Grundmasse, die z. T. kalkig ist, regellos verteilt bis zu 0,5 m Durchmesser haltende, z. T. geschrammte und zerquetschte Geschiebe von Granit, Tonschiefer, Glimmerschiefer, Quarzit, verkieseltem Kalk usw. Die Geschiebe sind oft mit einer dünnen Kalkspatkruste bedeckt. Das Gestein

TOGO

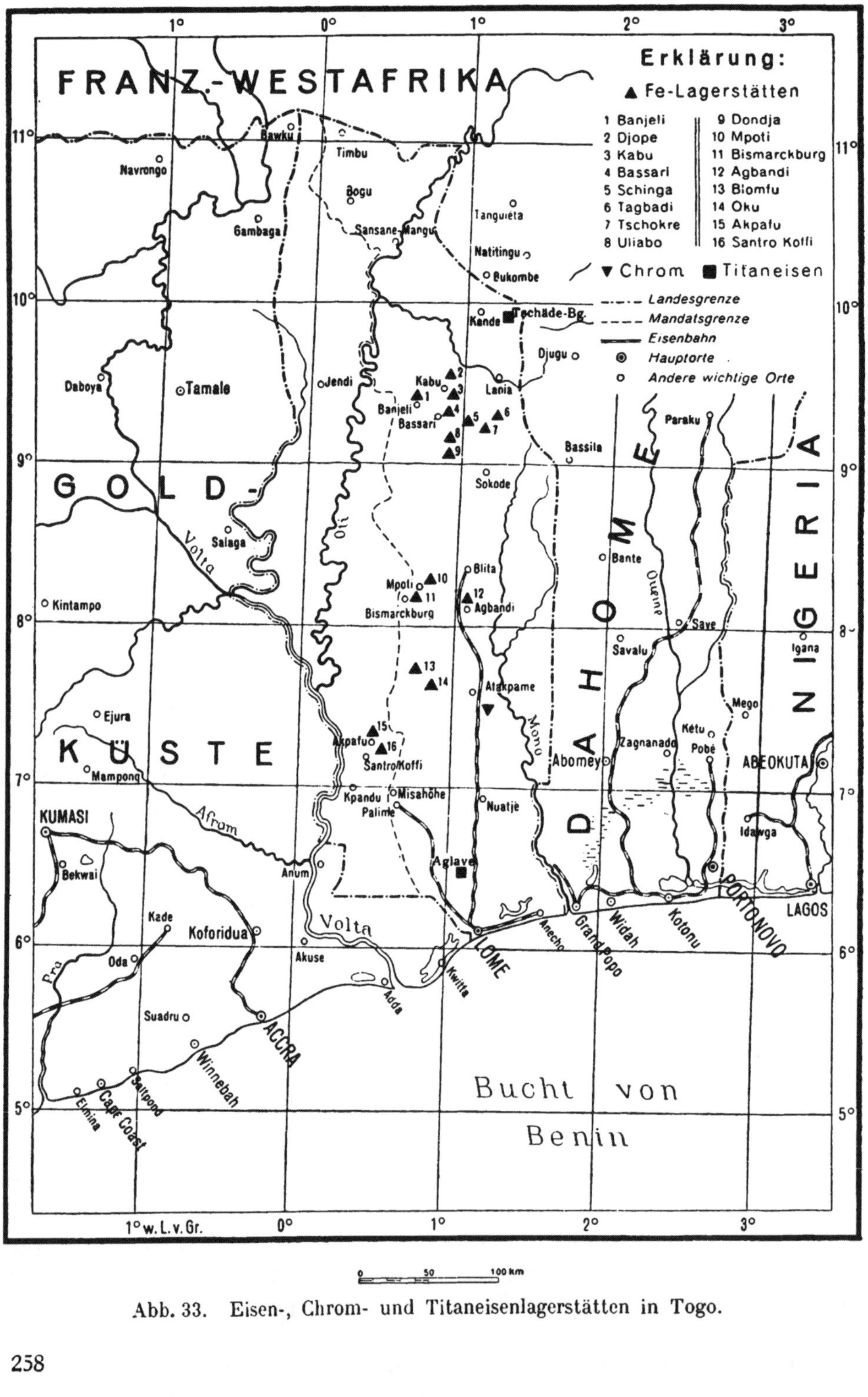

Abb. 33. Eisen-, Chrom- und Titaneisenlagerstätten in Togo.

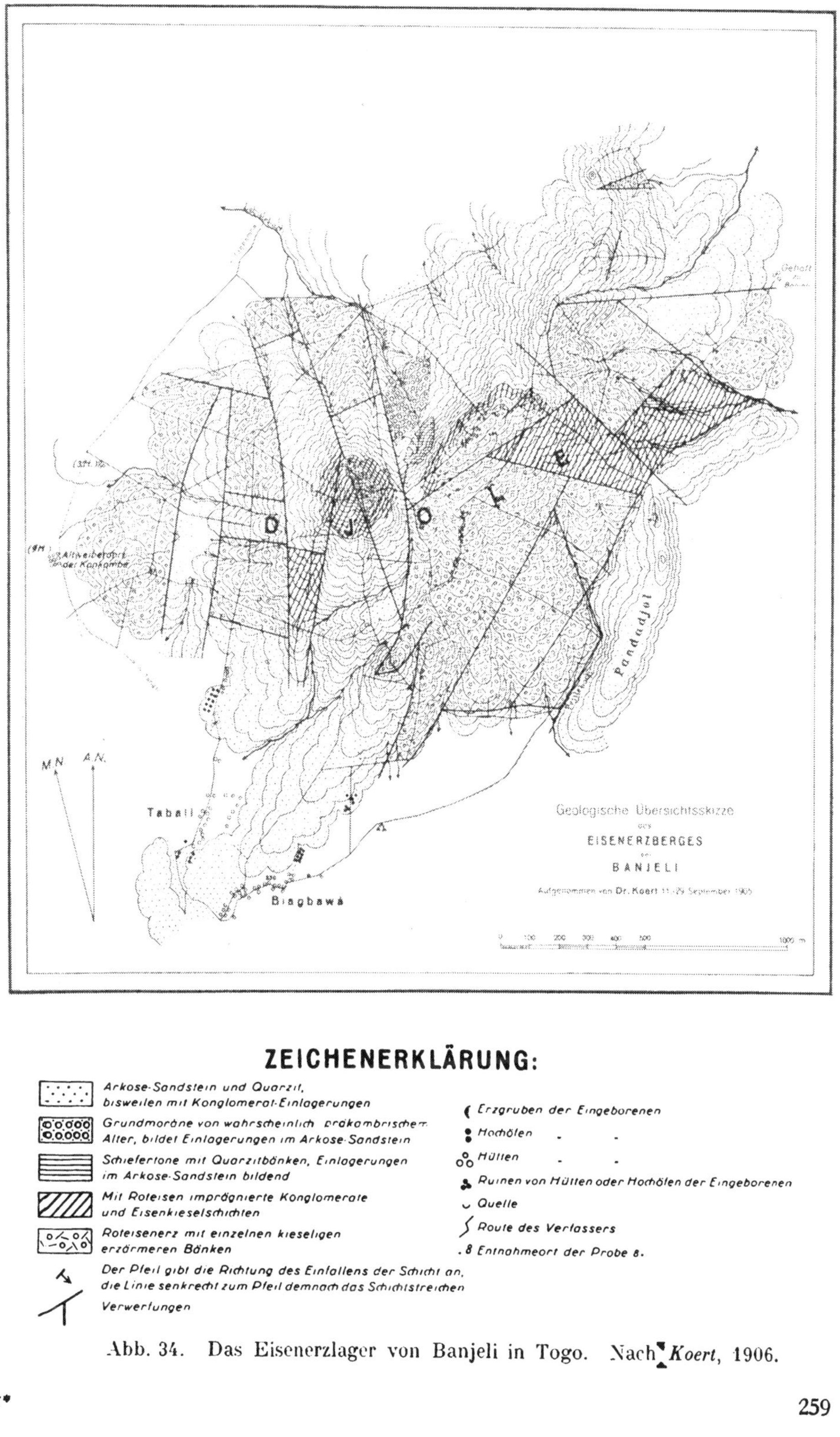

Abb. 34. Das Eisenerzlager von Banjeli in Togo. Nach *Koert*, 1906.

ist meist ungeschichtet. Der Grundmoräne sind Bänke von Sandstein und Quarzit eingeschaltet.

Koert vermutete, daß die Grundmoräne als linsenförmige Einlagerung im Sandstein aufzufassen ist, weil sie an anderen Stellen nicht wieder aufzufinden war.

Aber auch an anderen Stellen glaubte *Koert*, Reste der Grundmoräne festgestellt zu haben (Kolonialblatt Bd. 17. 1906, S. 280) (vgl. S. 253).

3. Über der Grundmoräne liegt in dem beschriebenen Aufschluß am Djole-Berg eine etwa 50 m mächtige Folge von buntem Schieferton mit eingelagerten Bänken von z. T. recht grobkörnigem Quarzit.

4. Darüber folgt heller Arkose-Sandstein mit kaolinisierten Feldspäten. Mächtigkeit etwa 20 m.

5. Auf dem Sandstein liegt eine „Gruppe von mit Roteisen imprägnierten Konglomeraten und Eisenkieselschichten" in etwa 30 m Mächtigkeit. Die Konglomeratbänke enthalten Brocken von Quarz, Schiefer, Kaolin-Sandstein und Granit.

Koert glaubte, daß es sich hier um eine nachträglich vererzte und teilweise verkieselte Grundmoräne (Tillit) handelt. Da aber die Brocken teilweise nur kantengerundet sind, so macht das Gestein eher den Eindruck eines Trockenfluß-Schotters.

Innerhalb der konglomeratischen Gesteine treten Bänke von meist stark zerklüftetem rotem bis violettem Eisenkiesel auf.

6. Die hangendsten Schichten am Djole-Berg bildet das Roteisenlager, dessen Mächtigkeit am westlichen Berggipfel etwa 25—30 m, am östlichen Gipfel mindestens 12 m beträgt.

Bekannt ist also die Mächtigkeit des Lagers nur an den beiden Gipfeln des Djole, wo die Erosion besonders stark gewirkt hat, nicht aber an den übrigen Teilen des Lagers.

Das Erz ist ein dichter kieseliger Roteisenstein, der stellenweise Konkretionen und Linsen von Eisenkiesel enthält; diese sind stets leicht kenntlich, also beim Bergbau ohne weiteres auszuhalten.

Der Eisenmetallgehalt des Erzes beträgt 40—67 v. H., im Mittel mindestens 50 v. H. Fe.

Die durchschnittliche Zusammensetzung ist nach *Koert* (Iron ore resources of the world, 1910, S. 1045) folgende:

Fe_2O_3	89,51 v. H.	= 62,6 v. H. Fe
SiO_2	9,47 ,,	
Al_2O_3	0,24 ,,	
Mn_3O_4	0,16 ,,	
P_2O_5	0,03 ,,	
SO_3	Spur	
Glühverlust	0,30 ,,	
CaO + MgO	fehlen	
	99,71 v. H.	

Eine von *Koert* aufgestellte Mengenberechnung, die sich nur auf die große Scholle am Südosthang des Djoleberges bezog, ergab eine Erzmenge von 20 Millionen Tonnen mit mindestens 10 Millionen Tonnen Eisenmetall, die an der Oberfläche aufgeschlossen sind und die im Tagebau abgebaut werden können; die große Scholle am Westhang des Berges, die z. T. unter alluvialen und eluvialen Bildungen der Ebene verborgen ist, dürfte zum mindesten nicht kleiner sein, und die übrigen an den Berghängen beobachteten Lagerteile haben mindestens den gleichen Inhalt.

Daher ist der an dem kartierten Teil der Oberfläche des Djoleberges sichtbare Vorrat auf mindestens 60 Millionen Tonnen Erz mit mindestens 30 Millionen Tonnen Eisenmetall zu veranschlagen.

Soweit die Kartierung von *Koert* reicht (nach dessen mündlicher Mitteilung an den Verfasser ist nur ein Teil des Erzgebietes bei Banjeli untersucht worden), besteht das Erzlager aus mindestens 10 Schollen. Diese fallen teils nach S, teils nach SO ein.

Nach der Darstellung von *Koert* soll das Erzlager den hangenden Teil der Buem-Schichten bilden. Diese Auffassung gilt zwar für den Djole-Berg, ist aber im übrigen in gar keiner Weise erwiesen; wahrscheinlich bildet das Erz eine oder mehrere Einlagerungen in den Buem-Schichten, ähnlich wie sie auch in den Transvaal-Nama-Schichten in Süd- und Südwestafrika, auch in Ostafrika mehrfach bekannt sind. Da das Eisenerz der Verwitterung aber wesentlich größeren Widerstand entgegensetzt als die Sandsteine, so kann an geeigneten Stellen die Erosion diese widerstandsfähigen Schichten freilegen.

Auf der *Koert*schen Karte sind die von ihm gezeichneten Schollen allseitig durch Störungslinien begrenzt, die er aber nach seiner eigenen Angabe teilweise nicht beobachtet hat. Besonders die Störungen, die die Schollen am Osthang des Djoleberges im Tal des Pejile-Baches gegen den östlich anstoßenden Hügel Pandadjol begrenzen sollen, sind von *Koert* lediglich vermutet.

Die Kartierung von *Koert* kann ebensogut dahin gedeutet werden, daß die Schollen am Westhang des Djole und die kleine, angeblich keilförmig in den Sandstein eingesunkene Scholle am Nordhang des Berges einem zweiten, tiefer gelegenen Erzlager angehören. Die Zusammensetzung dieses Erzes ist übrigens günstiger als die des Ostlagers. Ferner ist zu vermuten, daß die große Erzscholle am Osthang des Djoleberges nicht mit einer Störung gegen den Hügel Pandadjol im Pejili-Tal absetzt, sondern daß das Lager nach SO unter dem hangenden Sandstein des Pandadjol in die Tiefe setzt.

Auf dem hier folgenden Profil haben wir unsere Auffassung dargelegt.

Diese Annahme ebenso wie die wahre Mächtigkeit der bauwürdigen Teile des Erzlagers, die *Koert* vorsichtshalber mit nur 9 m bewertete, müßten natürlich erst durch Bohrungen nachgeprüft werden.

Es besteht also die Möglichkeit, daß die Erzvorräte am Djoleberg bei Banjeli wesentlich größer sind als oben angegeben.

Bei Kabu im Nordosten und bei Bassari im Südosten von Banjeli, ferner bei Djopli, 3 km nordöstlich Kabu, sind Lagerstätten der gleichen Art und in gleicher geologischer Position wie bei Banjeli bekannt, die große, bisher nicht genauer untersuchte Vorräte an gutem Roteisen enthalten.

Wie weit sie mit dem Erzlager von Banjeli im Zusammenhang stehen, ist bisher unbekannt.

Auf dem beigefügten Kärtchen der Eisenlagerstätten in Togo (Abb. 33) ist die Lage der einzelnen bisher bekannten Fundorte (Nr. 1—4) ersichtlich.

Es besteht die Möglichkeit, daß es sich um ein zusammenhängendes, in Schollen zerlegtes Lager oder um mehrere gleichartige Erzkörper im gleichen Horizont handelt.

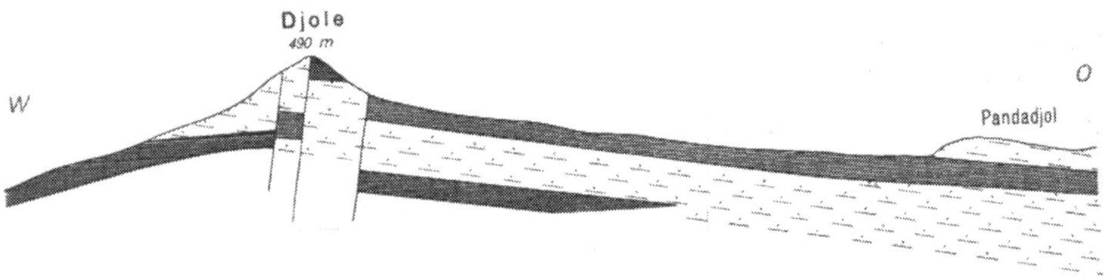

Abb. 35. Profil durch den Djoleberg.

Die Gesamtmenge der hochwertigen Roteisenerze im Banjeli-Distrikt dürfte sehr erheblich sein.

Das Erz wurde früher von den Eingeborenen in der Weise ausgebeutet, daß sie Brocken aus dem Verwitterungsschutt zerkleinerten und in primitiven Öfen verschmolzen. Die Arbeitsmethoden der Neger wurden seiner Zeit von ***Hupfeld*** beschrieben. (Mitt. a. d. Deutschen Schutzgeb. Bd. 12 [1899], S. 175—194.)

b. Eisen-Quarzit-Schiefer (Itabirit)

Einem ganz anderen Typ gehören die Itabirit-Lagerstätten an, die in der algonkischen Togo-Formation eine sehr weite Verbreitung zu haben scheinen.

Nördlich vom 9.° n. Br. in dem Dreieck zwischen den Orten Dako, Bafilo und Sokode sind mehrere derartige Vorkommen am Schinga-Bach, ferner bei den Orten Tagbadi, Tschokre, Uliabo und Dondja bekannt (Abb. 33 Nr. 5—9).

Die Itabiritzonen streichen N—S bis NNW—SSO und fallen mit 50° bis 60° nach O ein.

V. Kaschinsky (Zeitschr. Togo-Cameroun, Okt. 1933, S. 179—185) beschrieb die Lagerstätten im Schingatal genauer.

Dies Vorkommen liegt nicht allzu weit südwestlich Bafilo auf 10° ö. L., 9° 8′ n. Br. und bildet mehrere langgestreckte Rücken, unter denen der Bulao, der Abonesi und der Kodo besonders zu erwähnen sind. Im Tal des Schingabaches ist es besonders gut aufgeschlossen.

Der Itabirit besteht, wie üblich, aus abwechselnden Lagen von Quarzit, Chloritschiefer, Glimmerschiefer und Roteisen oder Magnetit bzw. Martit und bildet mehrere mehr oder weniger unter sich parallele, tektonisch zerstückelte Zonen von 10 bis 30 m Mächtigkeit.

Das Nebengestein bilden Chloritschiefer, Talkschiefer, Glimmerschiefer sowie Quarzite und Sandsteine.

Die Itabiritzone vom Schinga ist auf mehr als 3 km verfolgt.

Das Erz enthält 43—50 v. H. Fe und ist am Ausgehenden leicht zu zerkleinern und aufzubereiten. Konzentrate enthielten 59 v. H. Fe und 15,8 v. H. Nebengestein.

Da der P_2O_5 -Gehalt nur 0,017 v. H. beträgt, so ist es nur als Bessemer-Erz (mit 0,17 v. H. S in Form von Pyrit) zu verwenden.

Im Ausgehenden liegen stellenweise massenhafte Anhäufungen von Brauneisen-Konkretionen.

Brauchbare Vorratsschätzungen liegen bisher nicht vor, sind auch ohne genaue Untersuchungen nach der Tiefe hin nicht möglich.

Die Lagerstätte von Tagbadi ist ganz ähnlich. Von den anscheinend recht ausgedehnten Vorkommen soll bei Uliabo eine besonders reiche Martit-Magnetitzone im Quarzit an der Grenze gegen ein mit Roteisen imprägniertes Konglomerat liegen.

Das Vorkommen am Tschokre-Berg soll ähnlich sein, aber ein Konglomerat ist hier nicht bekannt.

Die Gegend von Bismarckburg, Mpoti und Blita ist ebenfalls durch das Auftreten mehrerer Itabirit-Zonen gekennzeichnet (Abb. 33 Nr. 10—12).

Ob eine Verbindung der Itabiritlager von Bismarckburg mit denen nördlich Sokode besteht, ist nicht bekannt, aber möglich.

Zweifellos liegen in den Itabirit-Zonen sehr große Mengen hochwertiger Eisenerze vor. Im allgemeinen aber ist das sehr stark kieselsäurehaltige Erz an sich nicht zu verhütten, sondern müßte einer Aufbereitung unterworfen werden, die zwar einfach, aber unrentabel ist.

Es treten aber nicht selten in den Eisen-Quarzit-Schiefern Partien auf, die besonders reich an Eisen und arm an Kieselsäure sind und die dann bei genügender Ausdehnung abbaufähig sind, ähnlich wie in Sierra Leone.

Daher wird es sich empfehlen, die Itabiritzonen einer genauen Untersuchung zu unterziehen, um etwa bauwürdige Teile abzugrenzen.

c. Brauneisen

Bei Akpafu (Abb. 33 Nr. 15), nordöstlich Kpandu, sind in den Hornstein- und Eisenkieselschichten der Buem-Formation linsenförmig anschwellende roteisenführende Zwischenlagen eingeschaltet, deren Eisengehalt bis über 55 v. H. steigt, die aber wohl ohne wirtschaftliche Bedeutung sind. Wichtig könnten dagegen die in der gleichen Gegend auftretenden Brauneisensteingänge werden, die, N—S streichenden Trümmerzonen folgend, die Hornsteinschichten durchschneiden und die stellenweise mehrere Meter Mächtigkeit erlangen. Es ist bisher nicht bekannt, in welches Erz der Brauneisenstein in der Tiefe übergeht, ob in Eisenspat oder in Schwefelkies, mit denen gewöhnlich noch andere Erze vergesellschaftet sind. Die Umwandlung scheint in erhebliche Tiefe hinabzureichen, da berichtet wird, daß die Eingeborenen bis zu 40 m tiefe Schächte im Brauneisenstein abgeteuft haben, ohne daß das Erz sich geändert hat.

Bei Santrokoffi (Abb. 33 Nr. 16), einige km südsüdöstlich von Akpafu, treten Gänge des gleichen Typus in gleichen Positionen auf. In dem dort sehr mächtigen und ausgedehnten Abhangsschutt und Eluvium liegen massenhaft Brauneisengerölle aus diesen Gängen, die von den dortigen Eingeborenen verschmolzen werden.

Es ist möglich, daß die Gänge in der Tiefe in Eisenspatgänge mit Bleiglanz und Zinkblende übergehen, ähnlich wie die Gänge von Abakaliki in Nigeria (S. 308).

2. Serpentin und Chromeisenerz

Chromeisen tritt, wie üblich, als magmatische Ausscheidung an mehreren Stellen von Togo in den Serpentin-Massiven auf, die aus Peridotit und ähnlichen Gesteinen entstanden sind.

Serpentinvorkommen liegen im Ahitogebirge, ferner bei Moliendo, Aukpometo (Kr. Palime) und bei Gondewe (Kr. Atakpame) (vgl. *Kouriatchy*, 1933, S. 592ff.).

Die Serpentine durchbrechen Gneise, Orthoamphibolithe, epidotführende Granatgesteine und Chloritschiefer.

Der Serpentin ist blaugrau bis bräunlichgrün, massig bis schieferig; er besteht aus Antigorit und enthält oft sekundären Amphibolit.

Die chemische Zusammensetzung des Serpentins ist recht interessant.

Ein Serpentin von Ajagbe, Kreis Atakpame, enthält nach *Arsandaux* (1925, S. 70):

SiO_2	39,08 v. H.	K_2O	0,11 v. H.
Al_2O_3	2,10 ,,	TiO_2	0,09 ,,
Fe_2O_3	6,21 ,,	P_2O_5	—
Cr_2O_3	0,29 ,,	NiO	0,04 ,,
FeO	2,99 ,,	H_2O + . . .	11,87 ,,
MnO	0,12 ,,	H_2O — . . .	0,12 ,,
MgO	37,23 ,,		100,31 v. H.
CaO	—		
Na_2O	0,06 ,,		

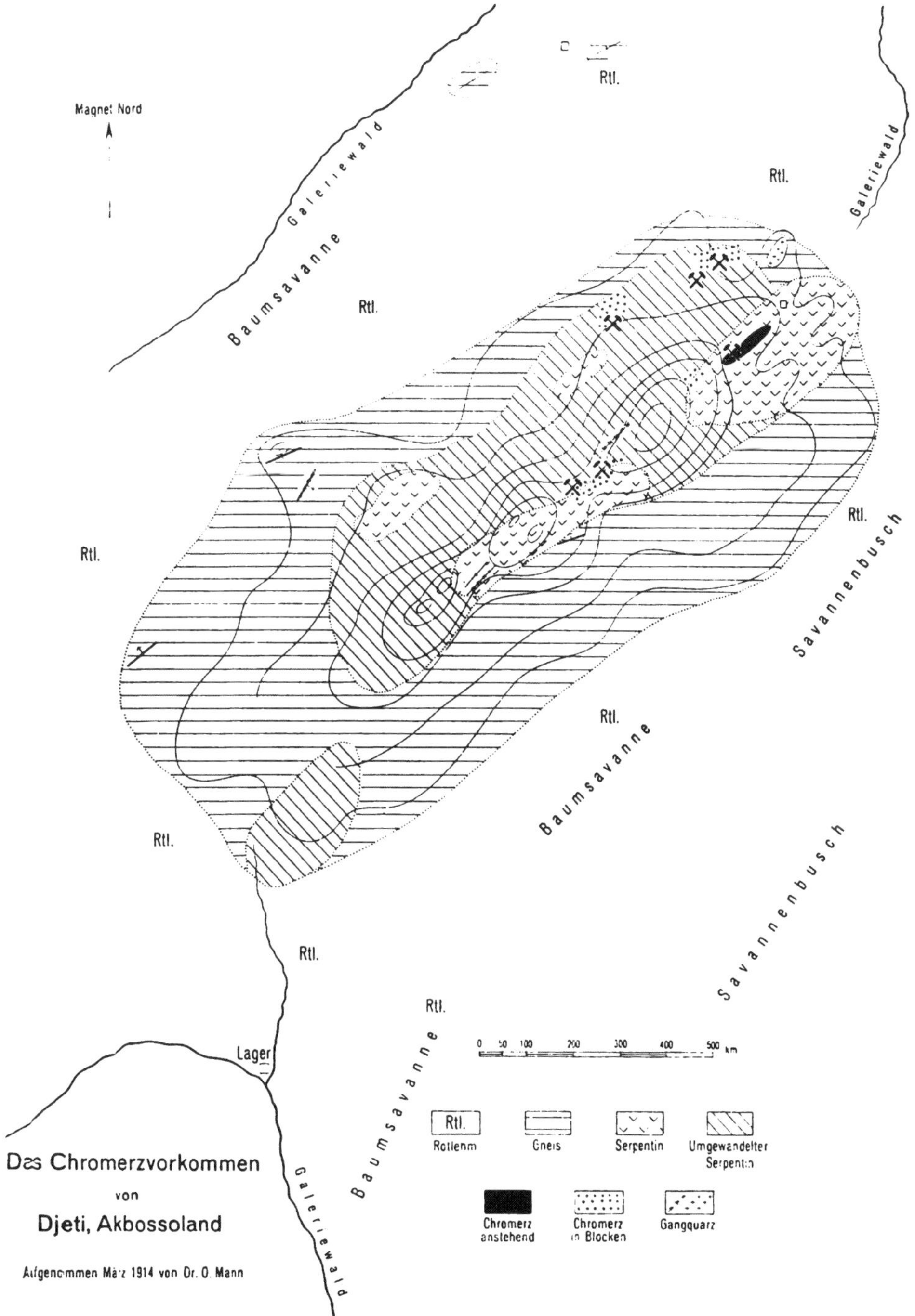

Magnet Nord
Rtl.
Galeriewald
Baumsavanne
Savannenbusch
Lager
0 50 100 200 300 400 500 km
Rotlenm
Gneis
Serpentin
Umgewandelter Serpentin
Chromerz anstehend
Chromerz in Blöcken
Gangquarz
Das Chromerzvorkommen
von
Djeti, Akbossoland
Aufgenommen März 1914 von Dr. O. Mann

Abb. 36.

Bekannt sind bisher namentlich die Chromerz-Vorkommen am Djeti-Hügel, 18 km südwestlich Atakpame; am Berge Ahito, 30 km südwestlich vom Djeti-Hügel, auf dessen Westhang am linken Ufer des ersten Baches Chromitblöcke in großer Menge, meist von 10 bis 20 cm Durchmesser, gelegentlich auch wesentlich größer, liegen; ferner beim Ort Evoe (Gudewe), zwischen Gamo und Bato, nordwestlich Atakpame.

Ein Teil der Serpentinmassive ist anscheinend überhaupt noch nicht auf das Auftreten von Chromeisenlagerstätten untersucht worden. Außerdem sind natürlich nur diejenigen Chromeisen-Vorkommen bekannt, die zutage ausgehen. Was in der Tiefe steckt, ist noch ungewiß. Bei der Unregelmäßigkeit der Chromeisen-Schlieren ist also ohne genaue Untersuchung nichts Bestimmtes zu sagen.

Einzelne Chromeisen-Schlieren haben sehr großen Umfang. So liegt am Fuße des Djeti-Hügels nach *Koert* eine mehr als 100 qm große Fläche, die ganz aus Chromeisen besteht; das Chromeisen hebt sich durch die Art seiner Verwitterung scharf von dem umgebenden Serpentin ab.

Die an den drei oben genannten Fundpunkten vorhandenen Chromerz-Massen wurden von *Arsandaux* — willkürlich, und wahrscheinlich viel zu niedrig — auf mehr als 500000 t geschätzt.

Weitere ähnliche Lagerstätten dürften sich noch in der Nähe der bekannten Vorkommen geophysikalisch in der Tiefe nachweisen lassen.

Die Zusammensetzung des Chromeisens zeigen die folgenden Analysen nach *Arsandaux*, Soc. Min. de France. 1925. Bd. 48, S. 70—76:

	1.	2.	3.	4.	5.	6.
SiO_2	0,88	0,74	2,92	5,54	3,64	27,50
Al_2O_3	21,70	21,10	16,04	17,15	24,61	22,17
Fe_2O_3	6,93	3,77	4,52	7,28	4,92	0,70
Cr_2O_3	44,56	47,62	49,88	44,66	39,14	0,04
FeO	8,51	10,05	10,99	7,37	10,06	6,48
MnO	0,23	sp.	0,04	0,05	sp.	0,12
MgO	16,65	15,95	14,70	16,19	15,03	39,29
CaO	0,78	0,26	0,22	0,56	0,62	—
$Na_2O + K_2O$	sp.	sp.	sp.	sp.	sp.	0,17
TiO_2	sp.	0,16	0,41	0,39	0,44	0,18
P_2O_5	—	—	—	—	—	—
H_2O +	0,09	0,29	0,67	1,50	1,37	12,44
H_2O —	0,02	0,23	0,17	—	—	0,10
	100,35	100,17	100,56	100,69	99,83	99,87

1. Djeti-Hügel.
2. Linkes Ufer des Baches nahe dem Ahito-Berg.
3. Spitze des Ahito-Berges, ohne Gangart.
4. Ahito-Spitze, nicht aufbereitet.
5. Platz Evoe (bei Gudewe), aufbereitet.
6. Grüner Chlorit vom Ahito-Berg.

Weitere, aber sehr unvollständige Analysen vom Djeti-Berg im Amtsblatt f. Togo 1909, S. 379.

Das Chromeisen ist dunkelbraun und von grünen und rotvioletten Adern von Kotschubeyit (chromhaltiger Klinochlor) durchtrümert, die den reinen Chromit umschließen. Der Chromgehalt des Erzes ist dadurch erheblichen Schwankungen unterworfen. Durch Aufbereitung läßt sich aber leicht ein hochwertiges exportfähiges Produkt herstellen.

3. *Titaneisen*

In der Küstenzone, 40—45 km von Lome, treten 1 km südwestlich vom Ort Aglawe, westlich vom Awatobach, im Archaikum Bänke von titanreichem Magnetit auf, die wohl dem Gneis eingeschaltet sind und die vielleicht praktisches Interesse erlangen könnten.

Das körnige, schwach magnetische eisengraue Erz tritt unter Humusboden und Alluvialablagerungen zutage. Die Zusammensetzung ist:

Fe_2O_3	40,59
FeO	25,65
TiO_2	32,24
MgO	0,87
CaO	0,44
MnO	0,33
SiO_2	Spur
H_2O	0,57
	100,69

Ähnliches titanhaltiges Magneteisen tritt „in einem alten Eruptivgestein" nach *Koert* (1906, Bd. 17) als magmatische Ausscheidung an der Nordseite des Tschädeberges in Lamatischi auf, am 9.° 45′ n. Br. nahe der Ostgrenze.

4. *Gold*

Gold ist in Togo an mehreren Stellen nachgewiesen; nirgends aber haben sich bis jetzt bauwürdige Goldgehalte gefunden (*Koert*, 1910, S. 57 bis 67; *Kachinsky*, 1935).

a. Quarzgänge mit Gold

In der Gegend von Agbandi fand *Koert* in pegmatitischen Quarz-Turmalingängen mit etwas Plagioklas und Glimmer auch Gold zusammen mit Schwefelkies, Kupferkies und Bleiglanz. Das Gold scheint hier einer jüngeren Mineralparagenese anzugehören.

Das Nebengestein ist ein Sericitgestein, das durch hydrothermale Einwirkung aus granitischen bzw. dioritischen Gesteinen hervorgegangen sein soll.

Ähnliche Vorkommen treten auch im Togogebirge im Quarzit im Kendi-Bach, 16 km westsüdwestlich der Station Sokode, auf.

b. Gold in Sedimenten

In Sedimenten, also in fossilen Seifen, ist Gold mehrfach nachgewiesen. In der Buem-Formation sind den Sandsteinen mehrfach Konglomeratzonen eingelagert; sie wurden wegen ihrer vermuteten Ähnlichkeit mit dem Tarkwa-Konglomerat der Goldküste von *Koert* in der Nähe von Kpandu untersucht. Die Goldgehalte lagen zwischen Spuren und 1,92 g; sie sind also auch unter den heutigen Verhältnissen zu gering für den Abbau. Dagegen besteht die Möglichkeit, daß die die Konglomeratzonen schneidenden Flüsse stellenweise in ihren Schottern abbauwürdige Goldgehalte angereichert haben.

Geringe Goldspuren ohne jede Bedeutung sind auch anderwärts in Sandsteinen und Konglomeraten der Buem-Formation gefunden. So enthält ein Konglomerat im tieferen Teil der Oti-Schichten bei Kete Kratschi am Volta Spuren von Gold.

c. Gold in jungen Flußablagerungen

Gold in Sanden und Schottern der Flüsse ist häufig beobachtet, so z. B. im Unterlauf des Monu auf größeren Strecken, auch stellenweise in seinem Oberlauf bis in die Quellbäche Bungba und Uwu auf dem Sudu-Dako-Plateau, ferner in den Alluvionen des Volta und des unteren Oti, am Volta z. B. 25 km nördlich Kete Kratschi, im Oti beim Ort Pädji. Auch am Osthang des Togogebirges in der Gegend von Bismarckburg finden sich in den Alluvionen geringe Goldmengen an zahlreichen Punkten.

Beim Dorfe Kjirina, etwa 15 km nördlich Bismarckburg, sollen die im Bach Gajale unter Quarzit zutage kommenden Schiefer angeblich Gold enthalten.

An keinem Punkt hat sich bisher ein Anreiz für eine Goldgewinnung ergeben.

5. Bleiglanz

Etwa 1 km östlich vom Dorf Agbandi beobachtete *Koert* einen 0,35 m mächtigen Quarzgang mit Bleiglanz und Kupferkies. Das Bleierz war im Ausgehenden zu Grünbleierz und Weißbleierz umgewandelt, die schwache Überzüge bilden. An anderen Stellen treten im Gangquarz Turmalinsäulchen auf. Der Gang gehört also zur Gruppe der pegmatitischen Quarzgänge, die oben (S. 252) erwähnt wurden und die auch Spuren von Gold führen. Auch der Bleiglanz findet sich nur in einzelnen Nestern. Ähnliche Vorkommen treten im gleichen Gebiet mehrfach auf.

Keines dieser Vorkommen ist bauwürdig.

6. Bauxit

Der große Gabbrostock des Agu nahe der Station Palime an der Nordwestbahn ist an seinen Hängen zu einem fruchtbaren Rotlehm verwittert.

Die Gipfelpartien des Gebirges aber sind in anscheinend größerer Ausdehnung mit einer Decke von hartem Bauxit überkleidet. *Koert* (Deutsches Kolonialblatt, 1. Mai 1909) gab folgende Analysen:

	1.	2.	3.	4.
SiO_2	0,92 v. H.	1,39 v. H.	20,57 v. H.	2,82 v. H.
Fe_2O_3	18,01 ,,	30,47 ,,	1,66 ,,	26,37 ,,
Al_2O_3	52,16 ,,	45,60 ,,	53,25 ,,	45,81 ,,
TiO_2	1,23 ,,	1,17 ,,	0,20 ,,	1,18 ,,
H_2O + ...	26,11 ,,	19,74 ,,	21,63 ,,	22,65 ,,
H_2O —	0,97 ,,	0,64 ,,	0,48 ,,	0,82 ,,
	99,40 v. H.	99,01 v. H	97,79 v. H.	99,65 v. H.

1. Baumann-Spitze (westl. Agu-Gipfel). Löcheriges, festes, gelbbraunes Gestein.
2. Baumann-Spitze. Gelb- bis rotbraune ziegelsteinartige Grundmasse mit schalig gebauten Kügelchen und Knauern von rotbraunem Eisenhydroxyd.
3. Baumann-Spitze. Fest, löcherig, hellgelb. Mit massenhaften Äderchen von opal- bzw. chalcedonartiger Kieselsäure; daher ungewöhnlich reich an Kieselsäure.
4. 1,3 km östlich der Baumann-Spitze auf dem Wege von Oaghe nach Djigbe in der Nähe der Wasserscheide.

Wie groß die Vorräte sind, ist unbekannt; ebenso unbekannt ist, ob auf den übrigen Massiven basischer Gesteine am Ostrande des Togogebirges ebenfalls Bauxit auftritt.

7. *Phosphat*

Wie im Eozän von Westnigeria (S. 316) und von Dahome (S. 74), so tritt auch in Togo in dem gleichen Horizont Phosphorit auf in Form von Knöllchen in phosphorisiertem Kalkbindemittel. Derartige Vorkommen sind z. B. in Brunnen im Ort Toblecove gefunden, aber noch nicht näher untersucht worden (vgl. oben beim Abschnitt Tertiär).

8. *Glimmer*

In der Ebene des Kara-Flusses in Nordtogo sind Pegmatitgänge mit blauem Turmalin und Glimmer in großen Tafeln mehrfach gefunden worden. Die Qualität des Glimmers ist noch unbekannt.

9. *Grundwasser*

Über die Grundwasserverhältnisse in Togo hat *Koert* mehrfach berichtet (z. B. 1913, S. 25).

1. Die jungen Sedimente der Küstenzone bestehen aus Lehm, Sand und Kies, die in der Schichtenfolge mehrfach miteinander wechsellagern. Die unter der Oberfläche liegenden Kiesschichten, die von Lehm- und Tonlagen überdeckt werden, führen in einer Tiefe, die zwischen 10 und 45 m schwankt, meist reichliches und einwandfreies Trinkwasser, so daß hier Wasserbohrungen, an günstigen Stellen auch schon Brunnen, im allgemeinen guten Erfolg haben.

Unmittelbar an der Küste hat aber eine Bohrung hinter der Lagune bei Lome in den Kiesschichten in 57 m Tiefe Salzwasser mit 3 v. H. Salzgehalt ergeben, dessen Zusammensetzung aber anders ist als die des Meerwassers. Die Herkunft dieser Sole ist noch unbekannt. Hier ist also mit der Gewinnung von Trinkwasser nicht zu rechnen.

Kouriatchy (1933) hat eine Anzahl von Bohrprofilen zusammengestellt, die für die Grundwasserbeschaffung in Südtogo von Interesse sind.

2. Die Gesteine der Oti-Formation führen ihr Wasser im allgemeinen hauptsächlich auf Klüften und Störungen. Doch sind auch einige grobsandige bzw. konglomeratische Lagen in ihnen vorhanden, die für die Aufsuchung von Wasser nicht ungünstig sind. Ferner findet sich öfters aufgestautes Wasser an den Schieferlagen im tieferen Teil der Sandsteine und nahe der konglomeratischen Basis. Sodann sind die Sandsteine von zahlreichen Störungen durchsetzt, die reichlich Wasser führen, wie z. B. die annähernd O—W streichende Querstörung bei Kpandu, auf der mehrere Quellen liegen. Auch längs der Grenze der Oti-Formation gegen die älteren Formationen, die vermutlich wenigstens teilweise tektonisch bedingt ist, treten Quellen auf.

3. In den kristallinen Gesteinen des Ostens und in den Gesteinen des Togogebirges sitzt das Grundwasser fast ausschließlich auf Klüften, Spalten und Störungen. Die zerklüfteten Gesteine der Buem-Formation führen zudem noch Konglomerate, die zum Teil wenigstens als Wasserträger in Frage kommen.

Bohrungen auf Kluftwasser sollten im allgemeinen nicht tiefer als 100 bis 150 m niedergebracht werden, weil mit zunehmender Tiefe die Aussichten, Wasser aufzufinden, immer geringer werden. Übrigens ist in vielen Gebieten die Verunreinigung des auf Klüften befindlichen Wassers durch von oben eindringende Keime möglich, namentlich in solchen Gegenden, in denen keine genügend starke lehmige Verwitterungsschicht die Klüfte vor dem Eindringen von Verunreinigungen schützt.

Im übrigen kann man unter günstigen Bedingungen in solchen klüftigen Gebieten an geeigneten Stellen gelegentlich artesisch aufsteigendes Wasser finden.

4. Eingeebnete Gebiete, namentlich in der archaischen Fastebene des Ostens und am Nordrande, aber auch in der Region der Oti-Formation, enthalten gewöhnlich eine oft ziemlich mächtige Deckschicht, die aus den sandigen und lehmigen Verwitterungsprodukten des Untergrundes, gemengt mit groben Brocken von weniger zersetztem Gestein, besteht. Dazu kommt dann noch gewöhnlich das Material der in unendlich langen Zeiträumen abgetragenen Bergzüge, das ebenfalls aus feinem und grobem Material besteht.

Alle diese Verwitterungsprodukte sind später, z. T. während der Pluvialzeit, vom Wasser umgelagert und das grobe von dem sandigen und tonigen Material mehr oder weniger vollständig getrennt worden.

So entsteht häufig in solchen ausgedehnten Ebenen an der Basis der Verwitterungsprodukte eine Zone, die besonders viel grobes Material enthält und die nach der Oberfläche zu durch sandiges und toniges Material mehr oder weniger gut abgedichtet ist.

Außerdem ist die Oberfläche der festen Gesteine unter den Verwitterungsprodukten in der Regel keine Ebene, sondern unregelmäßig hügelig, und die groben Produkte pflegen in den Senken besonders reichlich angesammelt zu sein; sie enthalten dann häufig auch Grundwasser in Mengen, die für eine örtliche Versorgung ausreichen. Das Wasser muß aber stets vor der Benutzung auf seine hygienischen Eigenschaften geprüft werden.

In dicht besiedelten Gebieten, in denen bereits dies oberflächennahe Grundwasser aus Brunnen entnommen wird, ist eine Verunreinigung desselben bei dem geringen Verständnis der Neger für Hygiene durchaus möglich. Insbesondere besteht die Gefahr der Übertragung des Guineawurmes durch seine Eier, die durch *Cyclops*arten leicht übertragen werden.

5. An den großen Flüssen liegen oft ausgedehnte Flußterrassen mit Bänken von Sand und Schotter über dem heutigen Flußspiegel, die meist reichliches und gutes Grundwasser enthalten.

Auch die jungen Aufschüttungen der großen Flüsse bestehen in den großen Ebenen aus abwechselnden Lagen und Linsen von Schotter, Kies, Sand, Lehm und Ton. In den grobkörnigen Lagen sitzt stets reichlich Grundwasser, das in gleicher Richtung fließt wie das Oberflächenwasser im Fluß selbst. Häufig ist das Oberflächenwasser im Flußbett durch eine tonige oder lehmige Schicht gegen das Grundwasser abgedichtet, so daß beide Ströme unabhängig voneinander fließen. Das Grundwasser ist in diesem Fall meist einwandfrei.

In der Trockenzeit ist im Sande der oberflächlich ausgetrockneten Flüsse meist noch reichlich Grundwasser vorhanden, das in nicht bewohnten Gebieten meist ziemlich gut ist.

Schrifttum

Togo

Die gesamte ältere Literatur ist zusammengestellt in:

Stromer v. Reichenbach, E., Die Geologie der deutschen Schutzgebiete. 1896. Togo: S. 200—204.

Koert, W., Ergebnisse der neueren geologischen Forschung in den deutsch-afrikanischen Schutzgebieten. Beitr. z. Geol. Erforsch. d. deutschen Schutzgebiete. Heft 1. Berlin 1913. — Togo: S. 6—30.

An älteren und neueren Arbeiten seien hier hervorgehoben:

— — —, Aperçu sur la géologie et le Service géologique et des Mines du Togo. Zeit schr. Togo-Cameroun. Paris 1930 S. 287—289.

— — —, Le chrome au Togo. Chron. Min. colon. Paris Nr. 2. 1932, Suppl. S. 14.

Ammon, L. v., Zur Geologie von Togo und vom Nigerland. Mitteil. Geogr. Ges. München. Bd. 1 (1905), S. 393—474.

Arsandaux, H., Les roches anciennes du Togo. C. R. Congr. Soc. Savantes, Paris 1923.

Arsandaux, H., Sur la chromite du Mont Djeti, cercle d'Atakpamé. Bull. Soc. franç. Minéral. Bd. 48 (1925), S. 70 bis 76.

Arsandaux, H., Sur l'origine éruptive des gneiss basiques de Djabataouré (Togo). C. R. Acad. Sci. Paris. Bd. 182 (1926), S. 708—710 und C. R. Congr. Soc. Sao. Poitiers 1926, S. 218—224.

Behrend, F., Geologie von Kamerun und Togo. Zeitschr. d. D. Geol. Ges. Bd. 89. Berlin 1937, S. 527—549. 1 schw. geol. Karte ca. 1 : 3 Mill. — Literatur!

Dalloni, M., Les grès siluriens et les roches intrusives alcalines des formations anciennes du Tibesti. C. R. Acad. Sci. Paris Bd. 194 (1932), S. 471—474.

De Chételat, E., Reconnaissance sur le terrain d'origine sédimentaire du Bas Dahomey. Bull. Comit. Etudes Hist. et Sci. A. O. F. Bd. 10 (1927), S. 8—37.

De Chételat, Notes d'un voyage géologique au Dahomey et en Haute-Volta. Revue géogr. phys. et géol. dyn. Paris 1928, S. 1—16.

Douvillé, H., L'Eocène au Soudan et au Sénégal. Bull. Comité études historiques et scientifiques de l'A. O. F. 1920, S. 113.

Dubois, G. und Dubois, C., Caractères micropaléobotaniques d'une tourbe du Togo. C. R. Acad. Sci. Paris. Bd. 208 (1939), S. 1421—1422. 1 Textfig.

Furon, R., L'extension du dévonien marin en Afrique occidentale. Comptes rend. Ac. Sci. Paris Bd. 194 (1932), S. 996—998.

Hubert, H., Afrique occidentale française et Togo. In: La Géologie et les Mines de la France d'outre-mer. Paris 1932, S. 205—240. (Publ. Bureau d'études géol. min. colon.).

Kachinsky, V., Les gisements de fer au Togo. Zeitschr. Togo-Cameroun. 1935, S. 179—185. 1 Kärtchen.

Kachinsky, V., Bibliographie géologique et minière du Togo. — Chron. Mines colon. Paris. Nr. 21 (1936), S. 76—80.

Kachinsky, V., Etudes sur les Itabirites de la Vallée de la Schinga (Togo). — Chron. Min. colon. Paris. Nr. 36 (1935), S. 76—80.

Kachinsky, V., L'or au Togo. — Chron. Min. colon. Paris Nr. 37 (1935), S. 114—123.

Kachinsky, V., Les aspects historiques et sociaux de la question de l'or au Togo. Zeitschr. Togo-Cameroun. Paris. 1935, S. 191—198.

Kilian, C., Sur la présence du silurien à l'est et au sud de l'Ahaggar. C. R. Acad. Sci. Paris. Bd. 186 (1928), S. 508 bis 510.

Kilian, C., Sur l'âge des grès à Harlania et sur l'extension du silurien dans le Sahara oriental. C. R. Acad. Sci. Paris. 1931. Bd. 192, S. 1742—1744.

Klingner, F.-E., Geologischer Bau und Mineralschätze der deutschen Kolonien. Berlin 1938. Togo: S. 11—15.

Koert, W., Das Eisenerzlager von Banjeli in Togo. Mitteil. a. d. Deutschen Schutzgeb Bd. 19 (1906), S. 113—131. 1 geol. Karte.

Koert, W., Über ein Chromeisenstein-Vorkommen im Atakpamebezirk. Amtsblatt f. d. Schutzgebiet Togo. 1908, S. 13 und 1909, S. 379.

Koert, W., Begleitworte zur Geologischen Karte von Togo. — Das Deutsche Kolonialreich, Leipzig 1910. 1 bunte geol. Karte 1 : 2,5 Mill. 45 S. Text.

Koert, W., Togo. In: Ergebnisse der neueren geologischen Forschung in den deutsch-afrikanischen Schutzgebieten. Beitr. z. Geol. Erforsch. d. Deutschen Schutzgebiete. Heft 1. Berlin 1913, S. 6—30.

Kouriatchy, N., Les gisements de serpentine et de Chromite du Togo. — C. R. Acad. Sci. Bd. 192 (1931), S. 1669 bis 1672.

Kouriatchy, W., Carte géologique et minéralogique du Cercle d'Atakpamé. 1 : 200000. Publ. Serv. Travaux publics. Togo. 1933.

Kouriatchy, N., Géologie du Territoire du Togo. Bull. Comité Etudes hist. scient. A. O. F. Bd. 16 (1933), S. 493 bis 629. 1 schwarze geol. Karte 1 : 1 Mill. 7 Taf. Literatur!

Kouriatchy, N., La carte géologique du territoire du Togo placé sous mandat de la France. Chron. Mines colon. Paris Nr. 24, 1934, S. 58—70. 1 geol. Karte.

Krenkel, E., Togo. — In: „Geologie Afrikas", Band 3. Abt. 2. Berlin 1938, S. 1336—1343.

Krenkel, E., Geologie der deutschen Kolonien in Afrika. Berlin 1939. Togo: S. 247—258. Schriftenverzeichnis S. XXI—XXII.

Krenkel, E., Der geologische Bau der deutschen Kolonien in Afrika und in der Südsee. Berlin 1940. Togo: S. 104 — 114.

Malavoy, I., Sur le Voltaien et l'Atakora (Gold Coast, Togo et Dahomey). C. R. Acad. Sci. Paris. Bd. 195 (1932), 714—714.

Oppenheim, P., Die eozäne Invertebraten-Fauna der Kalksteine in Togo. Beitr. z. Geol. Erforsch. d. deutschen Schutzgebiete. Heft 12. Berlin 1915.

Orcel, I., Sur deux clinochlors chromifères du Togo. C. R. Acad. Sci. Paris. Bd. 180 (1925), S. 836—838.

Prokopenko, R., Notes géologiques sur le Togo méridional et central. — Publ. Serv. géol. A. O. F. Dakar 1932. 15 S. mit Karte.

Range, P., Geologie und Bergbau der deutschen Schutzgebiete. 2. Togo. — Tropenpflanzer. Bd. 37 (1934), S. 291 bis 296.

Range, P., Mineralfunde und Bergbau in den deutschen Schutzgebieten in Afrika und in der Südsee. — Koloniale Rundschau 1936, H. 3. Mit reichem Literaturverzeichnis über alle Kolonien.

Robertson, T., Report on the geology of Western Togoland. London 1921. 51 S. 2 Karten, 4 Taf.

Robertson, T., The crystalline and metamorphic rocks of South Western Togoland. Geol. Magaz. Bd. 61 (1924), Nr. 717.

Robertson, T., The sedimentary and volcanic rocks of West-Togoland. — Geol. Magaz. Bd. 62 (1925), Nr. 727.

Stromer, E., Reptilien- und Fischreste aus dem marinen Alttertiär von Südtogo (Westafrika). Zeitschr. d. Deutschen Geol. Ges. Bd. 62 (1910), S. 478—507.

Berichte der Mandatsmächte:

Rapport annual du gouvernement français sur l'administration des territoires du Togo. — Paris, seit 1923 jährlich.

Togoland under British Mandate. Report by His Brit. Majest. Government to the Council of the Leage of Nations. London, seit 1922.

IX. NIGERIA

IX. a. Der geologische Bau von Nigeria

Von Fritz Behrend

Die englische Kolonie Nigeria liegt am Nordrande des Golfes von Guinea. Im Osten grenzt sie an Kamerun, im Westen an Dahome. Im Norden grenzt Nigeria in der Nähe des 14.° n. Br. gegen den Distrikt Niger in Französisch-Westafrika.

Die Kolonie hat einen Flächeninhalt von etwa 964990 qkm, ist also fast viermal so groß wie Großbritannien. Nigeria ist mit seinen rund 20 Millionen Eingeborenen die dichtest bevölkerte Kolonie von Westafrika und eine der dichtest bevölkerten Regionen Afrikas überhaupt.

Der Unterlauf des Niger mit seinem riesigen Mündungsdelta durchzieht den westlichen Teil des Landes. Von O fließt von Nordkamerun her der Benuë in der Nähe des 8.° n. Br. in den Niger. Beide Flüsse sind auf große Erstreckung schiffbar.

Die Gesamtlänge der fertiggestellten Eisenbahnen beträgt etwa 3100 km mit einer Spurweite von 106 cm (Kapspur), mit Ausnahme der Schmalspurlinie Saria—Jos (75 cm; Länge 215). Sämtliche Linien gehören der Regierung.

Die westliche Hauptlinie (1146 km) läuft von Lagos über Abeokuta, Ibadan, Oschogbo, Ilorin, Jebba, Sungeru, Minna, Kaduna und Saria nach Kano. Bei Minna geht eine Zweiglinie nach Baro am Niger ab (178 km). Die Schmalspurlinie von Saria nach Jos wurde oben erwähnt.

Von Kano geht eine Verlängerungslinie nach Nguru (231 km), von Saria eine andere Linie nach Kaura Namoda (220 km).

Die östliche Hauptlinie geht von Port Harcourt nach den Kohlengruben von Enugu (242 km), dann bei Makurdi über den Benuë und weiter nach Kaduna an der westlichen Hauptlinie (Port Harcourt—Kaduna 915 km). Von der Station Kaffanchan (733 km von Port Harcourt) geht eine Verbindung nach Jos (100 km) in das Zinnerzgebiet. Eine Nebenlinie geht von Ifo bei Lagos nach Idogo nahe der Dahomegrenze (40 km). Mehrere weitere Linien sind geplant oder im Bau begriffen.

Regelmäßiger Schiffsverkehr findet auf dem Niger, dem Benuë und dem Croßfluß statt.

Der Niger ist für kleinere Schiffe mit einem Tiefgang von nicht mehr als 2 m vom Juli bis Oktober flußaufwärts bis Jebba schiffbar, bis Lokodja das ganze Jahr hindurch. Der Benuë ist während der Regenzeit bis nach Garua in Kamerun für flachgehende Schiffe bis 2 m Tiefgang befahrbar. Die Flußschiffahrt liegt in Händen der United Africa Company.

Der Croßfluß wird durch Schiffe der Elder Dempster-Linie das ganze Jahr hindurch bis Ita befahren, von dort bis nach Ikom in den Monaten Mai bis November.

Autostraßen, die durchweg in gutem Zustande sein sollen, sind in einer Länge von mehr als 7000 km vorhanden; sie werden vom Staat unterhalten.

Eine wichtige Hauptstraße geht von Lagos über Abeokuta, Ibadan, Ojo, Ogbomoscho, Ilorin, Jebba, Tegina, Funtua nach Kano (1167 km).

Von Kano geht eine Straße nach Katsina (172 km), eine andere nach Maidugari (530 km).

Die Straße Kaduna—Jos—Bautschi—Potiskum (612 km) durchschneidet das Zinngebiet.

Von Ibadan führt eine Straße über Akure, Owo, Benin, Onitscha, Enugu nach Abakaliki. Die Strecke ist im ganzen 703 km lang.

Außer den von der Regierung unterhaltenen Straßen hat die Eingeborenenverwaltung Nigerias mehr als 5000 km gebaut, die aber während der Regenzeit meist nicht befahrbar sind.

Der wichtigste Hafen, zugleich die Hauptstadt des Landes, ist Lagos. Weitere große Häfen sind Port Harcourt, Burut und Calabar.

Nigeria umschließt das Einzugsgebiet des unteren Niger und Benuë. Längs der Küstenlinie zieht sich ein 10 bis 100 km breiter Streifen von Sumpf- und Mangrove-Wald, der im Nigerdelta am breitesten ist. Dahinter liegt eine 80—160 km breite Urwaldzone, reich an Ölpalmen und Edelhölzern; nach dem Innern folgen breite Zonen von Savannen- und Parklandschaften, in denen bereits hinter dem breiten sedimentären Küstenstreifen die archaischen Hochplateaus des Landesinnern sich zu erheben beginnen, die durchschnittliche Höhen von 500—700 m aufweisen und die im Süden mit Savannen, im Norden mit Gras- und Buschsteppe bedeckt sind und die von Inselbergen überragt werden.

Die Täler des Niger und des Benuë sind in einer durchschnittlichen Breite von 150—300 km von Kreide- und Tertiär-Sedimenten erfüllt. Sie trennen das Kamerungebiet von Westafrika.

Am geologischen Bau von Nigeria beteiligen sich folgende Formationen:

5. Jungvulkanische Gesteine.
4. Quartär.
3. Tertiär.
2. Kreide.
1. Archaikum und Algonkium.

Alle anderen Formationen scheinen zu fehlen.

1. Archaikum und Algonkium

Neben dem Archaikum nehmen altalgonkische, untergeordnet vielleicht auch jungalgonkische Gesteine erhebliche Flächen von Nigeria ein; sie sind aber auf den bisher vorhandenen Karten nur in vereinzelten Fällen ausgeschieden. Es empfiehlt sich daher für unsere Zwecke, die Formationen gemeinsam zu behandeln.

Niger und Benuë trennen das Land in drei ungleiche Teile: den Teil westlich des Niger, den Teil östlich vom Niger und südlich vom Benuë, schließlich den weitaus größten Teil nördlich vom Benuë und vom Niger.

In allen drei Teilen kommen sehr große Gebiete der alten Sockelgesteine zutage, die durch breite Kreide- und Tertiärzonen in den Senken der beiden Flüsse voneinander getrennt sind.

a) Der südöstliche Teil, östlich vom Niger und südlich vom Benuë, umfaßt den westlichen Zipfel des Kamerungebietes mit den Oban-Bergen im Süden und dem westlichen Teil des Schebschi-Gebirges im Norden.

In diesem Gebiet treten Hornblende- und Biotit-Gneise auf, die zum „Alten Granit" gerechnet werden müssen und die in Hornblendeschiefern, Phylliten und Sedimentgneisen sitzen. Jüngere Stöcke von Intrusivgranit durchbrechen diese Gesteine an mehreren Stellen, von denen der große Stock von Biotit-Hornblende-Granit des Schebschi-Gebirges zu erwähnen ist. Zwischen den Flüssen Donga und Gamana, ferner zwischen Katsena und Wam treten größere Stöcke von Syenit aus Kamerun in das Gebiet von Nigeria hinein. Die Schichten streichen, soweit beobachtet, meist NO.

Die letzten, nur schwach oder kaum gepreßten Intrusionen sind im Calabar-Distrikt im Süden Pegmatitgänge mit Orthoklas, Oligoklas, Quarz, Muskowit, Turmalin und etwas Zinnstein, dazu kommt als Vertreter der „jüngeren Intrusiv-Serie" ein nicht gepreßter grüner Syenit.

b) Der südwestliche Teil, westlich vom Niger, bildet eine große zusammenhängende Fläche, die von Lokodja am Niger nach W durch ganz Dahome bis in den östlichen Teil von Togo reicht. Den Westrand dieser Masse bildet das Togogebirge, den Ostrand bilden die Kreide-Tertiärgebiete des Nigertales; im Süden verschwinden die alten Gesteine unter den Sedimenten der Küstenzone und im Norden unter der Kreide und dem Tertiär des Mittelsudan.

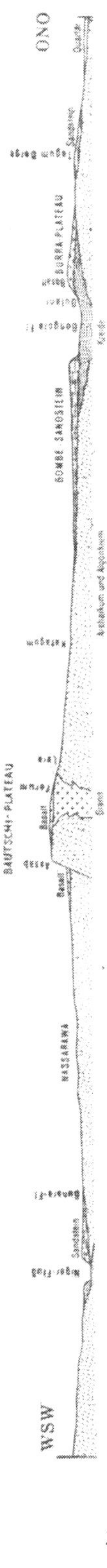

Abb. 37. Profil durch Nordnigeria vom Niger zwischen Baro und Lokodja nach Bornu. Nach *Falconer*, 1911.

Biotitgneis, Sillimanitgneis und Sillimanitschiefer, Glimmer- und Sericitschiefer, Quarzit und Quarzitschiefer, die teilweise Granat und Turmalin führen, bauen den wesentlichen Teil des Gebietes auf. Die Gesteine sind stark gefaltet. Die Schichten streichen im wesentlichen N—S mit örtlichen kleinen Abweichungen; das Einfallen geht steil nach O oder W. Namentlich der Quarzit, aber auch andere harte Gesteine bilden mehrfach Bergrücken.

Im Norden, in der Provinz Ilorin, treten die Sedimente mehr in den Vordergrund als im Süden, namentlich sind hier verbreitet: Quarzit, Quarzitschiefer und Glimmerschiefer mit und ohne Granaten.

In diese alten metamorphen Gesteine sind zahlreiche Intrusiva sehr verschiedener Zusammensetzung eingedrungen, die meist ebenfalls gepreßt sind: Biotit-Granit-Gneis, wie bei Oleke Meji, z. T. mit Hornblende, wie bei Aschipa, ferner mittelkörniger Muskowitgneis, Bändergneis bei Ogunschile Adio und bei Ibadan; einer jüngeren Intrusivperiode gehören porphyrischer Granitgneis und der Dioritgneis von Eruwa an, sodann auch Hornblende-Epidot-, Anthophyllit- und Talkschiefer, die wohl z. T. aus basischen Intrusiven hervorgegangen sind.

Gänge von jüngerem Granit, Aplit und Pegmatit durchsetzen die alten geschieferten Sedimente und Intrusiva; diese jüngeren Intrusionen sind nicht so stark, z. T. gar nicht geschiefert. Die Pegmatitgänge in Ilorin führen Turmalin oder Zinnstein oder auch beides.

Am jüngsten sind unbedeutende nicht gepreßte Gänge von Diabas, Diorit und Pyroxenit.

c) Nordnigeria. Der geologische Aufbau des namentlich von *Falconer* durchforschten Gebietes ist verhältnismäßig gleichartig.

Ein alter Komplex von Sedimentgneisen, Orthogneisen und alten Schiefern (namentlich Biotitschiefern) wird von einem riesigen Granitbatholithen unterteuft, der in verschiedenen Perioden in diese ältesten Gesteine an zahlreichen Stellen Intrusivmassen hineingepreßt hat; die älteren von diesen Intrusionen sind ebenfalls in Gneis umgewandelt.

Diese älteren Intrusionen sind

a) ein feinkörniger, sehr feldspatreicher Granit, zu dem feldspatreiche zinnsteinführende Pegmatite gehören;

b) ein grobkörniger Biotitgranit mit porphyrischen Feldspäten. Das gegenseitige Altersverhältnis dieser beiden Granite ist nicht sicher bekannt; vermutlich ist der letztere der jüngere.

Nach der Umwandlung dieser Intrusiva in Gneis folgt, namentlich gut entwickelt im Gebiet der „Plateau-Zinnfelder“ in der Provinz Bautschi, eine Reihe von stock- und gangförmigen Intrusionen, die nach *Falconer* und *Raeburn* (Geol. Surv. Nigeria, Bulletin 4. 1923) alle aus dem gleichen Magmaherd stammen und die vom ältesten zum jüngsten Glied diese Reihenfolge erkennen lassen:

1. basische Phase: Olivin-Diabas, Olivin-Dolerit, Olivin-Gabbro.

2. intermediäre Phase: Andesit, Augit-Diorit, Quarz-Diorit, Augit-Monzonit, Quarz-Monzonit, Augit-Syenit, Quarz-Syenit, quarzarmer Hornblende-Granit.

3. saure Phase: Mikrogranit, Granit-Porphyr, feinkörniger Granit, feinkörniger porphyrischer Granit, grobkörniger porphyrischer Granit, feinkörnige Granitgänge, Quarzporphyr-Gänge; Diabasgänge als letzter basischer Nachschub.

Diese Abfolge ist ausführlich von *A. D. N. Bain* (Nigeria G. S. Bull. 4, 1923, S. 27—28) aus den Kofayi-Bergen in Nord-Bautschi beschrieben.

Alle diese Intrusiva und Ganggesteine zeigen keine Pressungserscheinungen, sind also jünger als alle Faltungen, die das Gebiet betroffen haben.

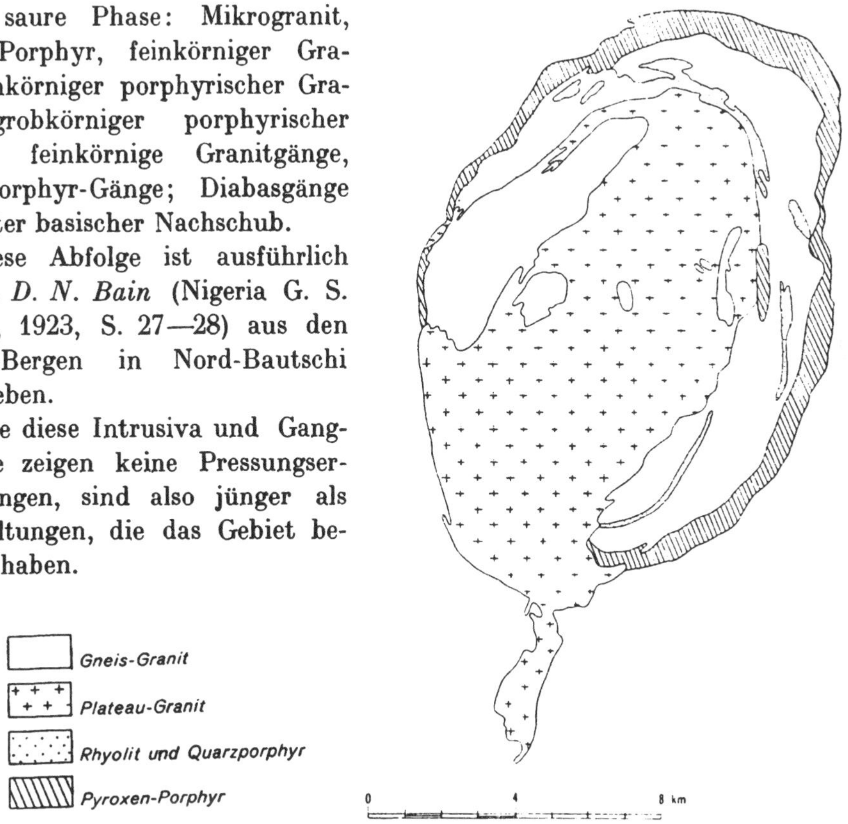

Abb. 38. Die Kudaru-Berge. Nach *Bain*, Nigeria Geol. Survey Bulletin 11, 1927.

Jünger als diese ganze Intrusiv-Serie, aber aus dem gleichen Magmaherd aufgedrungen, ist ein weißer oder rötlicher mittelkörniger Biotitgranit, in dem stellenweise der Biotit durch Riebeckit ersetzt ist. In den Randgebieten tritt neben dem Biotit auch gelegentlich Hornblende auf.

An den Rändern geht der Granit häufig in Granitporphyr über; dessen Grundmasse besteht aus feinkörnigem biotitreichem Granit; darin liegen Feldspat- und Quarzkristalle.

Am Kontakt mit den älteren Gesteinen wird der Granit feinkörnig, mikrogranitisch mit porphyrischen Ausscheidungen von Quarz und Mikropegmatit.

Die Lage der größeren Granitintrusionen ist aus Kartenbeilage 2 ersichtlich.

Ein typisches Beispiel für die Differentiation des granitischen Magmas bieten die Kudaru-Berge in der Provinz Saria (Abb. 38).

Die ältesten Gesteine sind hier Biotit- und Hornblende-Gneise und Gneisgranit mit xenolithischen Schieferresten. Die Altersfolge zeigt das folgende Schema:

4. Porphyrischer alter Granit (b. mit Biotit und Hornblende, a. mit Biotit allein).
3. Feinkörniger feldspatreicher Granit mit Pegmatit.
2. Gestreifte und gebänderte Gneise.
1. Hornblende- und Glimmerschiefer als Xenolithen.

In diesem Nebengestein sitzen die jüngeren Intrusive:

5. Grober Quarz-Feldspat-Porphyr.
4. Riebeckit-Quarz-Porphyr und Rhyolith.
3. Granit (a. Riebeckit-Biotit-Granit, b. Hornblende-Biotit-Granit).
2. Feinkörniger grauer und grüner Rhyolith, Mikrogranit und Quarzporphyr.
1. Grober Quarz-Feldspat-Pyroxen-Porphyr.

Die randlichen Partien des Granites (3) sind in bezug auf Struktur und Textur großen Veränderungen unterworfen.

Der größere Teil des Granitmassives besteht aus ziemlich grobem Riebeckit-Granit, am Rande stellenweise mit Biotit-Beimengungen. Im inneren Teil des Massivs liegt ein ausgedehntes Massiv von Pyroxen-Hornblende-Biotit-Granit; dieser Typ ist gewöhnlich porphyrisch. An Klüften ist der Granit in Greisen umgewandelt. An einer Kluft bei Nagaro am Ostrande ist der Granit in dunkelgrünen Glimmer mit Quarz und Flußspat umgewandelt.

Quarzlinsen und Pegmatitgänge sind namentlich in den Randgebieten und im Nebengestein sehr zahlreich.

Nach der Erstarrung wurde der Granit von zahlreichen Störungen und Klüften durchsetzt. An den Salbändern dieser Klüfte, die auch ins Nebengestein hineinziehen, ist durch magmatische Gase und Dämpfe teilweise Greisenbildung erfolgt, bei der Topas und Zinnstein in den Granit und das Nebengestein eingewandert sind. Jedoch ist eine regelrechte Greisenbildung ziemlich selten (vgl. S. 298).

Meist ist es nur zu einer Verquarzung, also zur Verdrängung der Feldspate und Ausfüllung der Klüfte durch Quarz gekommen. Topas und Zinnstein sind aber stets vorhanden.

Außer diesen an Greisenzonen und verquarzten Salbändern gebundenen Zinnsteinvorkommen sind an vielen Stellen, z. B. in der Provinz Saria, in Nassarawa und im Calabar-Distrikt, Pegmatitgänge mit Zinnstein und mit Turmalin vorhanden, die z. T. in Quarzgänge übergehen und die älter sind als der junge Zinngranit; sie sind vielleicht als Ganggefolgschaft des in Gneis umgewandelten feinkörnigen feldspatreichen Granits anzusehen. Sie liefern einen wesentlichen Teil des Seifen-Zinnsteins in Nigeria.

Der jüngere Granit durchsetzt sämtliche älteren Gesteine, namentlich häufig den Augit-Syenit und Augit-Syenit-Porphyr, die weitverbreitet sind. Besonders in der Bautschi-Provinz werden die wohl definierten Bergzüge und Hügelgruppen im allgemeinen von jüngerem Granit gebildet, während die einzelnen Inselberge meist aus alten Graniten und Gneisen bestehen.

2. *Die Sedimente im Küstengebiet*

Folgende Schichten werden im Küstengebiet unterschieden:

Rezent	i) Flußalluvium, Deltabildungen, rote Böden.
Jung-Pliozän oder Pleistozän	h) Benin-Sand.
Post-Mittel-Eozän	g) Lignitgruppe.
Mittel-Eozän	f) Bende-Ameki-Gruppe.
Prä-Mittel-Eozän	e) Kohlen- und geröllführende Sandsteingruppe.
Unter-Eozän	d) Sandsteingruppe.
Senon und	c) Kohlengruppe.
Turon (?)	b) Oberer Schiefer.
Ober-Alb (?)	a) Unterer Schiefer.

Diese Schichtfolge ist nicht überall vollständig entwickelt. So tritt z. B. im Bereich der östlichen Eisenbahnlinie bei Enugu im Norden nur der tiefere Teil bis zur Sandsteingruppe hinauf auf. Bei Awgu, am Südende des Kohlenfeldes, liegt darüber noch die kohlen- und geröllführende Sandsteingruppe, die jüngeren Schichten fehlen ebenso wie bei Enugu. Bei Otampa im südlichsten Teil liegt auf dem unteren Schiefer unmittelbar die kohlen- und geröllführende Sandsteingruppe, die von sämtlichen jungen, weiter im Norden fehlenden Schichten überlagert wird.

3. *Kreide, Tertiär und Quartär im Küstengebiet und im unteren Nigertal*

a. Unterer Schiefer

Dieser tiefste Sediment-Horizont besteht aus dunkelgrauem oder graublauem Schiefer, der stellenweise etwas sandig ist; ihm sind dünne Bänke (etwa 0,5 m) von hellem Sandstein und stellenweise von Kalkstein eingeschaltet, die im hangenden Teil häufiger sind als im liegenden. Die Kalksteine führen stellenweise Fossilien, einige Lagen bestehen ganz aus zerbrochenen Austernschalen. Auch in den feinkörnigen Sandsteinbänken finden sich gelegentlich Fossilien. Die Mächtigkeit soll gegen 1000 m betragen.

Gelegentlich führen die Schiefer Gipskristalle.

Stellenweise hat der Schiefer einen geringen Salzgehalt; reine Salzausscheidungen fehlen jedoch anscheinend.

Die Sedimente sind wahrscheinlich in einem flachen Meere bei ständig langsam sinkendem Untergrunde abgelagert; das gleiche gilt von den über ihnen liegenden oberen Schiefern.

Der Schiefer verwittert zu einem zähen Ton, der in Ziegeleien ausgebeutet wird.

Spath (Nigeria Geol. Surv. Bulletin 12. 1928, S. 51—54) beschrieb aus diesen Schiefern von der Ziegelei Ischiago, 175 km von Port Harcourt, folgende Ammoniten: *Pervinquieria depressa*, *P. quadrata*, *P. angustatum*, *Elobiceras newtoni*, *Stoliczkaia n. sp.*, *Anisoceras cf. perarmatum.*

Das sind fast sämtlich neue Formen.

Spath stellte danach die Schichten in die untere Kreide, und zwar ins Ober-Alb.

Diese Horizontierung ist von den Geologen in Nigeria ohne weiteres als richtig angenommen worden, ohne daß ein endgültiger Beweis erbracht wäre.

Die Schichten liegen in einem ausgedehnten Gebiet in den Ebenen östlich Enugu und nördlich des Sandstein-Plateaus in den Ostprovinzen. Ihre Ausdehnung nach N ist unbekannt.

Der ursprüngliche Salzgehalt der Schiefer konzentriert sich bei der Verwitterung häufig im Schlamm von Tümpeln, der beim Eintrocknen von den Negern gewonnen wird, z. B. nordwestlich Uburu.

Der untere Schiefer enthält Gänge und Lagergänge von Diabas (Dolerit, vielleicht Basalt ?), die im Horizont des oberen Schiefers nicht beobachtet sind. Im Kontakt mit den Intrusivgesteinen ist der Schiefer etwas verhärtet.

b. Oberer Schiefer

Diese Stufe geht ohne scharfe Grenze aus den unteren Schiefern hervor. Sie besteht aus grauem Tonschiefer, dessen Sandgehalt größer ist als in den unteren Schiefern. Der Schiefer enthält zahlreiche Bänke und Linsen von hellem mürbem Sandstein, deren Menge nach dem Hangenden hin zunimmt, und dünne Streifen und Linsen von Kohle. Außerdem treten hier, hauptsächlich in den höheren Horizonten, Bänke und lagenweise angehäufte Knollen von Toneisenstein bzw. von Brauneisen auf, die eine geringe Fauna und Flora führen. Reiner Kalkstein ist in diesem Horizont selten.

Die Stufe der oberen Schiefer führt in mehreren Horizonten Fossilien.

Zunächst führen die Schiefer in verschiedenen Horizonten *Inoceramus cf. labiatus* in dünnschaligen Formen. In einem Steinbruch östlich der Ost-Eisenbahn bei Obaho fand sich in einer Kalkbank, die fast ganz aus Bruchstücken großer Austern besteht, *Plicatula aff. multicostata var. concentrica.*

In anderen Kalkbänken fand man *Veniella cf. drui.*

Das sind sämtlich Fossilien, die für Turon-Alter dieser Schiefer sprechen.

Dem hangenden Teil sind Linsen und Lagen von Toneisenstein eingeschaltet, die gelegentlich Fossilien führen.

Im tieferen Teil dieser toneisensteinführenden Lagen fand sich eine Sumpfflora; diese bestand aus *Acrostichites cf. lanzaeanus*, *Salvinia formosa*, *Typhacites latissimus.* Diese Pflanzen weisen zweifellos auf ein eozänes Alter dieses Horizontes hin. In dem höchsten Teil dieser Stufe fand sich *Cardita beaumonti*, die als Leitfossil für die oberste Kreide (Maastricht und Danien) gilt.

Die Geologen in Nigeria sehen diese *Cardita* als Beweis dafür an, daß diese Schichten noch in die oberste Kreide gestellt werden müssen.

Es ist aber nicht bewiesen, daß *Cardita beaumonti* mit dem Ende der Kreideperiode ausgestorben ist. Es ist durchaus möglich, daß dieses Fossil an geeigneten Stellen in einem Meeresteil, der durch lange Zeiträume gleichbleibende Lebensbedingungen aufwies, auch bis ins Tertiär hinein weiter existieren konnte.

Vielleicht muß mit dem Einsetzen der Toneisenstein-Ausscheidungen ein Trennungsstrich gegen den tieferen Teil des oberen Schiefers gezogen werden, und der hangendste Teil muß an die Wende Kreide-Tertiär, vielleicht ins Paleozän gestellt werden. Es muß also wahrscheinlich eine Dreiteilung dieser Schichtenfolge vorgenommen werden.

In der gesamten Gruppe der unteren und oberen Schiefer fehlt zwischen dem oberen Alb und dem Turon jede Verbindung auf Grund von Fossilien. Es ist durchaus denkbar, daß in Zukunft auch das Ober-Alb-Alter der Fossilien aus der Ziegelei von Ischiago noch korrigiert werden muß.

Die besten Aufschlüsse im oberen Schiefer liegen am Fuße der Sandstein-Plateaus von Udi bis östlich Nsuka.

Die Schichten sind wohl zum größten Teil in brackischem Wasser abgesetzt. Einige Kalkbänke in den höheren Horizonten scheinen Süßwasserbildungen zu sein.

4. *Tertiär*

c. Die Kohlengruppe

Über dem oberen Schiefer folgt die Kohlengruppe (Coal measures), die eine Mächtigkeit von etwa 75 m aufweist. Die Gruppe besteht aus einer sehr häufigen Wechsellagerung von grauem Schiefer und Sandstein mit allen Übergängen zwischen beiden Gesteinen. Dazwischen liegen einzelne Bänke von Toneisenstein. Diesen Sedimenten sind mehrere Kohlenflöze mit Kohlenschieferlagen eingeschaltet. Die Zahl der Flöze wechselt. Stellenweise sind fünf Flöze vorhanden, wie am Olbawa. Doch lassen sich die Flöze nicht durchgehend mit Sicherheit verfolgen. Oft sind nur drei Flöze nachgewiesen; an einigen Stellen, z. B. am Japwa, ist nur ein Flöz festgestellt.

Die Mächtigkeit der Flöze wechselt zwischen 0,2 und 1,2 m. Der Durchschnitt beträgt 0,5—0,6 m. Vgl. die eingehende Beschreibung auf S. 311.

Bestimmbare Fossilien wurden nicht gefunden.

Die besten Aufschlüsse liegen bei Enugu, wo die Kohle gefördert wird. Die Kohlengruppe läßt sich aber verfolgen von Udi nach N bis fast zum Benuë.

Da bestimmbare Fossilien fehlen, ist das wirkliche Alter der Kohlengruppe bisher unbekannt. Man rechnet die Schichten gewöhnlich noch zur obersten Kreide, obwohl wir bei der Besprechung der oberen Schiefergruppe bereits betont haben, daß in deren hangendem Teil vermutlich bereits die Kreide-Tertiär-Grenze erreicht, wahrscheinlich sogar nach oben überschritten ist.

d. Die Sandsteingruppe

Konkordant auf der Kohlengruppe liegt die Sandsteingruppe, die sich sehr schnell durch plötzliche starke Zunahme der sandigen Komponente entwickelt. Die Mächtigkeit beträgt mehr als 150 m.

Die hier vorherrschenden Gesteine sind dickbankige feinkörnige weiße, rötliche oder gelbliche Sandsteine, die an der Oberfläche zu feinem weißem Sand zerfallen. Eine Bank nahe der Basis ist härter als der Durchschnitt. Sie wird als Eagle-rock-Sandstein bezeichnet und tritt bei der Verwitterung als Steilstufe deutlich hervor. Auf manchen Schichtflächen liegen Wellenfurchen und Wurmspuren. Kreuzschichtung tritt ebenfalls auf.

Die Gruppe wird in zwei Stufen geteilt:

Die untere Stufe besteht aus etwas härteren, dickbankigen feinkörnigen Sandsteinen, in denen einige Lagen zerriebene Schiefer und Kohlenpartikel führen.

Die obere Stufe besteht aus weißen kreuzgeschichteten Sandsteinen von sehr wechselnder Mächtigkeit, die teilweise grobkörnig sind und auch gelegentlich einzelne Gerölle führen. Diese obere Stufe wird stellenweise gegen 500 m mächtig.

Die Sandsteingruppe bildet die markanten Steilhänge der ausgedehnten Plateaus von Udi nach N.

Krenkel (Geologie Afrikas Bd. 3. 1938. S. 1325) nimmt an, daß die obere Stufe der Sandsteingruppe zu den viel jüngeren Beninsanden gehört. Anscheinend trifft das nur an einigen Stellen zu.

Stellenweise scheint die Sandsteingruppe ganz zu fehlen, beziehungsweise vor Ablagerung der jüngeren Schichten mehr oder weniger vollständig abgetragen zu sein.

Obwohl die Fauna und Flora im hangenden Teil des oberen Schiefers schon zum mindesten auf die Wende Kreide-Tertiär hinweist, nehmen die Geologen in Nigeria auch noch für die Sandsteingruppe an, daß sie zur obersten Kreide (Danien ?) gehört, weil die Sedimentation anscheinend ohne jede Unterbrechung fortdauerte.

Diese Folgerung ist aber durchaus nicht sicher begründet, auch auf den Übersichtskarten des Nigeria Geological Survey nicht durchgeführt.

Die Schichten vom unteren Schiefer bis zur Sandsteingruppe sind ganz leicht gefaltet; eine ausgesprochene Faltenrichtung ist aber nicht zu erkennen. Mehrfach sind Bruchzonen nachzuweisen.

e. Geröllführender kohliger Sandstein

Dieser von den englischen Geologen als „carbonaceous and pebbly Sandstone group“ bezeichnete Horizont erreicht eine Mächtigkeit bis zu 210 m. Er ist von allen jüngeren Sedimenten am weitesten verbreitet und liegt diskordant über der Sandsteingruppe.

Schieferton mit Kohlenhäutchen und Pflanzenhäcksel, gestreifte Schiefer, mittel- und feinkörnige Sandsteine, gewöhnlich mit kohligem Material und mit dünnen Schieferlagen, sowie mittel- bis grobkörnige geröllführende Sandsteine bauen die Stufe auf.

Im liegenden Teil wiegen blaugraue und dunkelgraue Tonschiefer vor; darüber folgen gestreifte Schiefer, die aus dünnen Lagen von Schiefer und Sandstein bestehen, fein- bis mittelkörnige Sandsteine mit dünnen Lagen von Schieferton und unreiner Kohle. Dünne Bänke von grobem geröllführendem Sandstein sind gelegentlich eingeschaltet. Unbestimmbare Pflanzenreste treten massenhaft auf.

Der hangende Teil besteht fast ausschließlich aus dickbankigem grobem kreuzgeschichtetem Sandstein mit gelegentlichen dünnen Lagen von weißem oder rotem Schiefer. Der Sandstein enthält stellenweise viel Gerölle und Tongallen.

Eisenhaltige Sandsteine und Toneisensteine finden sich gelegentlich in allen Horizonten.

Die Schichten fallen mit 10 bis 25° nach verschiedenen Richtungen ein; es ist nicht geklärt, ob diese Schrägstellung der Schichten auf Faltung oder auf Schollentektonik beruht. Die Schichten führen im unteren Teil der Serie stellenweise, namentlich nach O hin, einige kleine Kohlenflöze, wahrscheinlich mindestens drei Flöze.

Es ist aber nicht ganz sicher, ob diese Teile nicht etwa der Kohlenstufe (c) angehören.

f. Bende-Ameki-Gruppe (Mittel-Eozän)

Diese Gruppe, die mit einer schwachen Diskordanz über dem geröllführenden kohligen Sandstein liegt, besteht im wesentlichen aus graugrünem sandigem Ton, z. T. Schieferton, mit Bänken von graugrünem Sandstein und von mürbem geflecktem und weißem tonigem Sandstein. Fossilführende Kalkkonkretionen sind dem Ton lagenweise eingefügt. Auch verkohlte Holzstücke und Stücke von Baumharz sind häufig. Außerdem treten in dem Ton und Schieferton Kalkbänke auf, die aus massenhaften zusammengewachsenen Austernschalen bestehen.

Der hangende Teil der Schichtenfolge besteht aus weißem und weinrotem Ton mit zahlreichen Geröllen in allen Größen, die meist gut gerollt sind, im Gegensatz zu den Sandkörnern.

In den Provinzen Onitscha und Owerri ist stellenweise der graugrüne tonige Sandstein fast allein entwickelt, der verkohltes Holz und Harz führt.

Die Gesteine der Bende-Ameki-Gruppe enthalten sehr zahlreiche Fossilien, namentlich Fische und Mollusken. Der größte Teil der in der Literatur beschriebenen Fossilien stammt von Ameki an der Ost-Eisenbahn. Bei Oschosun an der West-Eisenbahn wurden bei den Phosphat-Lagerstätten Fische gefunden, die der gleichen Stufe angehören.

Von den 72 Molluskenarten, die von Ameki beschrieben wurden, seien hier genannt: *Rostellaria bidigitata*, *Semiterebellum elongatum*, *Surcula africana*, *Conospirus cf. parisiensis*, *Cornulina minax*, *Cancellaria multiplicis*, *Calyptraea crepidularis*, *Crassostrea lugardi*, *Plicatula polymorpha*, *Divaricella oppenheimi*, *Cardita planicosta*, *Mactra semisulcata*, *Raetomya schweinfurthi*, *Corbula rugosa*.

Die Fischreste von Ameki umfassen Zähne, Schädelteile, Wirbel, Rostra und Otolithen von 15 Selachiern und 14 Teleostiern; aus Oschosun lagen Reste von 12 Selachiern und 4 Teleostiern vor. 4 Selachier und ein Teleostier waren beiden Fundpunkten gemeinsam. Diese Reste beschrieb *I. E. White* im Nigeria Geol. Survey Bulletin 10, 1926.

Die bei den Fundpunkten gemeinsamen Selachier sind *Odontaspis koerti*, *Pristis lathami*, der Teleostier ist *Cylindracanthus rectus*. *Odontaspis koerti* ist auch in Togo gefunden.

In Ameki fand sich außerdem der zeuglodonte Wal *Pappocetus lugardi*, die Lederschildkröte *Cosmochelys dolloi* und der carinate Vogel *Gigantornis eaglesomei*.

Bei Oschosun an der West-Eisenbahn fanden sich außer den Fischen Wirbel einer Wasserschlange, die von *Andrews* (Nigeria Geol. Surv. Bullet. 7. 1924, S. 39) als *Palaeophis africanus n. sp.* beschrieben wurde.

Ferner finden sich in den dortigen die Phosphatbänke begleitenden Schichten Foraminiferen.

Die an beiden Fundpunkten gefundenen Tierreste sind durchweg Formen, die in tropischen Gewässern in der Nähe des Ufers lebten.

Die Horizontierung ergibt lutetisches Alter, speziell Ameki wird zum oberen Teil der lutetischen Stufe gestellt.

Die Formen von Ameki, Südtogo und Ägypten sind gleichen Alters.

Die wichtigste Literatur über den Fossil-Inhalt der Bende-Ameki-Gruppe ist unten bei den Werken von Nigeria angegeben.

Das Eozän bei Oschosun an der West-Eisenbahn in der Provinz Abeokuta ist anders ausgebildet. Es besteht aus roten sandig-tonigen ungeschichteten Sedimenten mit Lagen und Linsen von grobem Sandstein mit Konglomeratlagen, im liegenden Teil folgt eine Zone von buntem Ton mit Phosphatflözen, die außerdem Toneisenstein-Konkretionen mit Fischresten enthält (vgl. S. 315, 316 und oben).

Der grobe rote Sandstein mit Einlagerungen von Sand und sandigem Ton bildet den oberen Teil der Schichtfolge und ist etwa 60 m mächtig. Er enthält mehrere Lagen von Kaolin.

Die Zone der roten Sandsteine transgrediert nach N über die untere Zone auf das angrenzende Archaikum.

g. *Die Lignitgruppe*

Über der Bende-Ameki-Gruppe folgt — ob konkordant oder diskordant, ist unsicher — die Lignitgruppe. Sie besteht im wesentlichen aus grauweißem grobsandigem Ton, dem mehrere — mindestens 2—3, wahrscheinlich aber mehr — Lignitflöze eingeschaltet sind.

Die Mächtigkeit der Braunkohlenflöze schwankt zwischen 0,3 und 4 m; die Mächtigkeit der Tonlagen dazwischen beträgt 20—30 m; häufig aber liegen mehrere Kohlenflöze ziemlich dicht übereinander.

Die Schichten liegen im Norden auf Gneis und kristallinen Schiefern und werden im Süden durch Pleistozän (Benin-Sand) und Alluvium überlagert. Profile und Einzelheiten sind unten mitgeteilt.

Bei dem Mangel an Fossilien ist das genaue Alter der Lignitgruppe nicht anzugeben. Die Schichten werdon gewöhnlich als „Post-Mittel-Eozän" bezeichnet.

h. *Der Benin-Sand*

Auf allen älteren Formationen im Küstengebiet liegt der Benin-Sand, der wesentlich jünger ist, wahrscheinlich Pliozän oder Pleistozän. Er verdeckt alle Unebenheiten seiner Unterlage.

Es sind weiße, honiggelbe, stellenweise auch braunrote, z. T. tonige nicht verfestigte Sande, fast ungeschichtet oder mit Kreuzschichtung. Der Sand ist sehr ungleich körnig, meist grob und führt Gerölle in einzelnen Lagen und in Nestern, häufig aber auch regellos im Sand verteilt. Nicht aushaltende Lagen und Linsen von weißem Ton sind ihm mehrfach eingeschaltet. Im tiefsten Teil sind die Sandkörner lagenweise durch Brauneisen (Grundwasserausscheidungen) verkittet. Auch die Oberfläche ist durch ausgeschiedenes Brauneisen verfestigt und rotbraun.

Die Mächtigkeit ist sehr starken Schwankungen unterworfen und kann zwischen 3 m und etwa 200 m wechseln.

Stellenweise ist der Sand durch Kalkausscheidungen zu mürbem Sandstein verfestigt. Ob dieser zum hangenden Teil der Sandsteingruppe (s. S. 282) gerechnete weiße kreuzgeschichtete Sandstein hierher gehört, ist noch unsicher.

Die Schichtenfolge ist am besten aufgeschlossen bei Isu Awfia im Imo-Fluß und westlich Enugu.

Profil bei Isu Awfia:

7.	Roter Sand und weißer kreuzgeschichteter Sandstein bis zu	150—200 m
6.	Sand mit grünen Tonbändern	0,6 m
5.	Blaugrüner Sand und geröllführender Ton	1,25 m
4.	Sand- und Tonlagen wechsellagernd	2,5 m
3.	Kalkiger Sandstein	3 m
2.	Grober gelber Sand mit Geröllen und Tonlagen	7 m
1.	Heller kreuzgeschichteter Sand mit Geröllen mehr als	10 m

Liegendes nicht aufgeschlossen.

Der Benin-Sand ist zweifellos kontinentalen Ursprunges, abgesetzt von Flüssen unter schnell wechselnden Bedingungen, vielleicht während der Pluvialzeit in einem Senkungsgebiet. Die ehemals wohl viel größere Fläche der Verbreitung des Sandes ist heute stellenweise bereits wieder abgetragen bis auf Reste.

Der Benin-Sand ist zu verfolgen von Calabar bis westlich Benin. Auch auf dem Udi-Plateau und nördlich von Ankpa im Norden der Kolonie ist der Sand ebenfalls nachgewiesen.

Der Benin-Sand führt keine Fossilien, liegt aber diskordant über allen älteren Schichten und dürfte dem Alt-Quartär angehören.

In der ganzen Art seines Auftretens, seiner Ausbildung und wohl auch im Alter ist der Benin-Sand mit den Mikindani-Schichten in Deutsch-Ostafrika und dem Magarini-Sand in Britisch-Ostafrika zu vergleichen.

i. Ijebu-Schichten

I. Parkinson (Quart. Journ. Geol. Soc. Bd. 63. 1907, S. 312) beschrieb aus dem Ijebu-Distrikt nordöstlich Lagos nicht verfestigte Sande, die z. T. mit Bitumen imprägniert sind und die unter dem Benin-Sand (angeblich diskordant) und über den Schichten der Lignitgruppe liegen. Diese Schichten wurden nur in Bohrungen gefunden. In ihnen fanden sich Fossilien, die *R. B. Newton* (Annual and Magazine of Nat. Hist. Ser. 8. Bd. 8. 1911, S. 193) beschrieb; *Barnea lagosiensis*, *Dentalium entale*, *Arca cf. lactea*, *Arca nigeriensis*, *Cuspidaria cf. rostrata* fand er unter anderem. Diese Mollusken sprach er als spätpliozän oder jungpleistozän an, während *Krenkel* (Geologie Afrikas, Bd. 3, S. 1328) ein eozänes Alter annehmen möchte. Die Fauna reicht aber für eine Horizontierung kaum aus.

Die Schichten sind auch von keinem anderen Punkt in Nigeria bekannt geworden.

k. Junge Ablagerungen der Küstenzone

Diese jungen Ablagerungen bestehen aus Tonen und meist rotgefärbten, z. T. lehmigen Sanden. Sie sind teils Verwitterungsprodukte kristalliner Gesteine, teils Zerfallsprodukte der Sandsteine der Kreide und des Tertiär; auch der Benin-Sand hat zweifellos zur Bildung dieser Gesteine beigetragen.

Die Schichten sind durch die Atmosphärilien zweifellos z. T. mehrfach umgelagert.

Imprägnationen mit Bitumen sowie gangartige Bitumenvorkommen sind an mehreren Stellen vorhanden.

Hierher gehören auch die im riesigen Delta der Niger-Mündungen sedimentierten Sande, Tone und Schotter, die großenteils mit Mangroven bewachsen sind.

5. *Kreide und Tertiär in Nordwestnigeria*

In den Provinzen Sokoto und Katsina im Nordwesten von Nigeria sind seit langem fossilführende marine Sedimente in großer Flächenausdehnung bekannt, die der Kreide und dem Tertiär angehören und die nach S bis nach Lokodja am Niger reichen. Sie sind am eingehendsten von Sokoto beschrieben (*Swinton*, Geol. Surv. Nigeria Bull. 13. 1930; *White*, Bull. 14. 1934).

Der ganze Schichtenkomplex zeigt folgendes Profil vom Hangenden zum Liegenden:

c) Gudumi-Schichten
b) Gwandu-Schichten
a) Rima-Schichten
  γ) Kalk-Gruppe . . . . Eozän
  β) Tonschiefer-Gruppe
  α) Sandstein-Gruppe . . . . Maastricht oder Danien.

Falconer (1911) hat die Schichtfolge als Sokoto- und Lokodja-Schichten bezeichnet.

a) Der liegende Teil der gesamten Schichtfolge wird unter der Bezeichnung Rima-Schichten zusammengefaßt.

Die petrographische Ausbildung der Rima-Schichten wechselt vom Liegenden zum Hangenden von einer sandigen über eine tonige zur kalkigen Fazies, und der liegende, sandige Teil ist durch Fossilien als oberste Kreide festgelegt, während der hangende, kalkige Teil dem Eozän angehört.

Es wäre also eigentlich zweckmäßiger, die liegende Gruppe gesondert zu behandeln und die hangenden beiden Gruppen mit den darüber folgenden Schichten zu einer Einheit zusammenzufassen, wenn die stratigraphische Altersbestimmung richtig ist.

Vorläufig soll aber die bisher übliche Einteilung beibehalten werden, um nicht durch Einführung neuer Namen Unklarheit zu schaffen.

α) Die Sandstein-Gruppe bildet die liegende Stufe. Ihre Basis ist nicht aufgeschlossen. Sie besteht aus feinkörnigen Sandsteinen mit Tonschieferbänken und Konglomeraten. Die Gesamtmächtigkeit dürfte gegen 125 m betragen.

Die Sandsteine sind fossilfrei. In den blaugrauen Tonschiefern finden sich Fossilien, und zwar Reste von *Mosasaurus nigeriensis*, von Schildkröten und Fischen; eine Schieferlage ist besonders fossilreich, eine

Kalkbank führt Muscheln. Im Schiefer tritt außerdem gelegentlich Gips auf. — Die Schichten werden in die oberste Kreide (Danien) gestellt.

Die Fische sind: *Lamna appendiculata var. biauriculata*, *Lamna libyca*, *Schizorhina stromeri*, *Stephanodus libycus*.

β) Die Tonschiefer-Stufe, der mittlere Teil der Rima-Schichten, besteht aus einem unteren Tonschiefer-Horizont von 3 bis 10 m Mächtigkeit; darüber folgt ein wenig mächtiger Horizont von gelbem Knollenkalk; der hangende Teil besteht wieder aus Tonschiefer in etwa 10 m Mächtigkeit. Der Schiefer, namentlich der hangende Teil, enthält Fossilien, die großenteils in Toneisensteinkonkretionen eingeschlossen sind, und zwar sind es Krokodilier *(Wurnosaurus wilsoni*, *Rhabdognatus rarus*, *Sokotosaurus nopcsai*, *Dyrosaurus minor)*, ferner Fische und Muscheln. Die Krokodil-Fundpunkte liegen bei Wurno, Kwarra und Gada. Die Schichten gehören bereits ins Unter-Eozän (Landénien).

γ) Die hangende Kalk-Stufe beginnt mit massigem Kalk, der nach oben in Knollenkalk übergeht; darüber folgt Kalkmergel, oben liegt Kalkschiefer. Die Gesamtmächtigkeit der Stufe beträgt etwa 20 m. An Fossilien treten auf: Muscheln, Gastropoden, Nautiliden, Echinodermen *(Hemiaster sudanensis*, *Plesiolampas saharae)*, Korallen, Foraminiferen, Fische. Von diesen Fischen sind die folgenden auch in Togo und in Cabinda gefunden: *Odontaspis macrota var. substriata* und *Hypolophites myliobatoides*, in Togo *Pycnodus variabilis var. togoensis*; hier und in Kamerun findet sich *Eotorpedo hilgendorfi*. Weiterhin seien erwähnt *Ginglymostoma sokotoense*, *Myliobatis wurnoensis*. Die Schichten werden ebenfalls ins Unter-Eozän gestellt (Landénien).

Die Rima-Schichten haben ihre Hauptverbreitung vom Nordosten der Provinz Sokoto längs der Täler der Flüsse Rima und Sokoto bis östlich der Stadt Sokoto und weiter bis zu den Tälern der Flüsse Ka und Samfera südwestlich Jega.

b) Die Gwandu-Schichten bilden den nächst höheren Horizont über den Rima-Schichten; ob die Auflagerung konkordant oder diskordant erfolgt, ist unsicher; jedoch transgredieren die Gwandu-Schichten über die Rima-Schichten hinaus auf das angrenzende Kristallin.

Die Schichten bestehen aus Ton, pisolithenführend in einzelnen Lagen, feinkörnigem Sandstein, grobem kreuzgeschichtetem Sandstein und Konglomeratbänken. Die Mächtigkeit beträgt mindestens 125 m. — Die ganze Schichtfolge scheint fossilfrei zu sein, wird aber dem Eozän zugerechnet ebenso wie der hangende Teil der Rima-Schichten, über dem sie diskordant liegen.

Das Hauptverbreitungsgebiet der Gwandu-Schichten liegt im Westen und Südwesten der Provinz Sokoto und im Emirat Gwandu; die Schichten gehen nach NW in das Gebiet von Französisch-Westafrika hinein.

c) Die Gudumi-Schichten bilden den hangendsten Teil der ganzen Schichtfolge. Die Art der Auflagerung auf den Gwandu-Schichten ist nicht geklärt. Dort, wo sie auf Rima-Schichten übergreifen, liegen sie diskordant auf diesen.

Die Schichten beginnen mit einem Basis-Konglomerat; darüber folgen Sandsteine und lockere Sande mit Kreuzschichtung, sandige Tone und massige ungeschichtete Tone; die Schichten scheinen durchweg fossilfrei. Charakteristisch ist der schnelle seitliche Fazieswechsel in den einzelnen Horizonten. Die Mächtigkeit ist unbekannt.

Die Schichten bilden ein ungefähr dreieckiges Gebiet zwischen dem Sokoto-Fluß, dem kristallinen Gebirge und dem Südwestteil des Rima-Flusses in der Sokoto-Provinz.

6. *Kreide und Tertiär im Benuë-Gebiet*

Unsere Kenntnis der Kreide- und Tertiär-Ablagerungen im Benuë-Gebiet beruhen im wesentlichen heute noch auf der großen Arbeit von *I. D. Falconer* „The Geology and Geography of Northern Nigeria", London 1911, die durch die neueren Untersuchungen kaum überholt ist.

Die Gliederung der Kreide und des Tertiär im Gebiet des Benuë und seines von Norden kommenden Nebenflusses Gongola (östlich des Bautschi-Plateaus) sieht folgendermaßen aus:

	Benuë-Tal	Gongola-Tal
	Duguri-, Gombe- und	Kerri-Kerri-Sandstein
Obere Kreide.	Sandstein von Mutum-Biu und Loko	Sandstein mit Eisensteinbänken und verkieselten Hölzern
	Kalkstein- und Schiefer-Stufe mit Turonfossilien	grauer Schiefer.
		gelber Kalkstein (Turon)
	Übergangsschichten	?
	Muri-Sandstein	Bima-Sandstein.
	Gateri-Sandstein	?

a. *Kreide des Benuë-Gongola-Beckens*

α) Stufe der liegenden Sandsteine. In den alten Provinzen Muri und Jola am Mittel- und Unterlauf des Benuë beginnt die Schichtenfolge mit dem Gateri-Sandstein, einem sehr grobkörnigen weißen, feldspatführenden Sandstein, der anscheinend weiter im Norden, im Becken des Gongola, nicht entwickelt ist. Über ihnen folgt der Muri-Sandstein. Dieser besteht aus weißen und roten mittel- und grobkörnigen Sandsteinen mit Tonlagen; ihr hangender Teil führt schwach salzhaltiges Wasser, das an zahlreichen Stellen in Form von Quellen zutage kommt. Die Mächtigkeit des Muri-Sandsteines beträgt etwa 450 m.

Im Gongolabecken entspricht diesem Sandstein der Bima-Sandstein, der ebenfalls grobe und kleinkörnige Bänke aufweist und teils weiß, teils rot gefärbt ist. Seine Mächtigkeit wurde auf 300 m geschätzt.

In Muri liegt auf dem Muri-Sandstein eine als Übergangsschichten bezeichnete Sedimentfolge, die in der Gegend von Awe aus weißem Sandstein und kohligen Schiefern besteht, während bei Bomanda Kalksandsteine und grüne Kalkmergel entwickelt sind.

Die Übergangsschichten scheinen im Norden zu fehlen.

Darauf liegt in Muri und Jola die

β) Kalkstein-Schiefer-Stufe; diese besteht im wesentlichen aus Tonschiefern, kohligen Schiefern und kohligen Sandsteinen mit einigen geringmächtigen Bänken von meist oolithischem Kalkstein, der teilweise verkieselt ist.

Im Gongola-Becken besteht die Stufe im liegenden Teil aus gelbem Kalkstein, dem nach oben Schieferlagen eingeschaltet sind; die Mächtigkeit beträgt 30—50 m. Darüber folgen blaugraue dünnblättrige Tonschiefer in etwa 100 m Mächtigkeit. Der Kalk ist fossilreich und führt Ammoniten, der Tonschiefer führt Muscheln und Fischreste.

Die wichtigsten Fossilfundpunkte sind Awe und Arofu im Benuë-Tal, Gongola, Kumberi und Gulani im Gongola-Becken.

An Fossilien seien genannt:

Vascoceras nigeriensis, *V. gongilensis*, *Hoplitoides nigeriensis*, *Mammites*, der Seeigel *Micropedina olisiponensis*, Lamellibranchier: *Exogyra olisiponensis*, *Ostrea praelonga*, *Pecten quinquecostatus*, die Schnecke *Semifusus africanus*.

Die Schichten werden auf Grund der Fauna als unteres Turon angesehen.

Ob der bei Arofu im Kalk gefundene *Elobiceras newtoni* wirklich ins obere Apt gehört, dürfte noch sehr zweifelhaft sein. Vorläufig ist kein Anhalt für das Auftreten von unterer Kreide im Benuëbecken vorhanden.

Die Schichtenfolge verschwindet nach N unter den jüngeren Sedimenten des Tschadbeckens, taucht aber weiter nördlich, schon auf französischem Gebiet, in der Gegend von Sinder wieder auf.

γ) Über der Kalkstein-Schiefer-Stufe liegt in den Randgebieten des Gongola-Tales eine etwa 250—300 m mächtige Sandsteinstufe. Bei Tangalto besteht die Schichtfolge aus groben weißen Sandsteinen mit Quarz-Konglomeratbänken. Die Basis besteht im Gongolatal aus grünen und roten groben Sandsteinen mit Tonbindemittel, darüber folgen weiße, hell- und dunkelrote grobe Sandsteine. Tonschichten und Mergelbänke sind ebenfalls vorhanden, und diesen sind Bänke von Brauneisenstein eingeschaltet, die unbestimmbare Pflanzenreste führen. Die Sandsteine an den Bima-Bergen enthalten verkieselte Hölzer.

Die Schichten sind namentlich im Gongolabecken bei Waja und Gulani, auch bei Tangalto und an den Bima-Bergen westlich Wujo aufgeschlossen.

Die Schichten liegen auf dem Turonkalk des Gongola-Tales und werden für oberste Kreide gehalten. Vermutlich gehören auch die Sandsteintafeln bei Mutum-Biu und bei Loko, nördlich Katsena Allah am Südostrande des

Benuë-Tales, hierher. Der Vergleich mit dem Nubischen Sandstein in Ägypten und dem Ostsudan liegt nahe.

Bei Awe am Benuë, bei Namu und Wase am Nordrande der Benuë-Senke gegen das Kristallin werden die Kreide-Sedimente von jungvulkanischen Eruptionen durchbrochen.

Die Schichten der Kreide im Benuë-Tal sind unregelmäßig in meist ONO streichende Falten gelegt.

b. Vermutetes Tertiär

Duguri-, Gombe- und Kerri-Kerri-Sandstein. Am Westrande der Provinz Bautschi und in der Landschaft Kerri-Kerri in Südbornu tritt eine etwa 300—400 m mächtige Folge von groben und feinkörnigen Sandsteinen auf, die mit groben hell- und dunkelroten Sandsteinen beginnt; darüber liegt der größere, hellgefärbte Teil der Schichtfolge mit weißen und roten Tonlagen. Oben liegt eine Kappe von dunkelrotem eisenschüssigem Sandstein. Am Kerri-Kerri-Plateau sind ihnen Toneisensteinlagen eingeschaltet.

Falconer unterschied: Duguri-Sandstein im Süden mit Konglomeraten und Sandsteinen, Gombe-Sandstein, roter geröllführender Sandstein mit Tonlagen und Bänken von oolithischem Brauneisenerz und Kerri-Kerri-Sandstein in Südbornu, die dem Gombe-Sandstein ähnlich sind.

Die Schichten sind Kontinentalbildungen und angeblich fossilfrei.

Die Lagerungsverhältnisse dieser Sandsteine zu den Kreideschichten sind unbekannt. Nach W transgredieren sie weithin unmittelbar auf das Kristallin der Provinz Bautschi. Die von den englischen Geologen vermutete Auflagerung auf den Kreideschichten des Benuë- und Gongola-Tales ist bisher noch nicht sicher beobachtet. Es ist also über das Alter dieser Schichten bisher nichts auszusagen, und die von *Falconer* aufgestellte Behauptung, daß die Schichten als Eozän anzusehen seien, die von allen späteren Autoren übernommen wurde, ist noch nicht bewiesen. Auch hier liegt der Vergleich mit dem Nubischen Sandstein nahe.

Die Schichten haben eine gewisse Ähnlichkeit mit denen im Nigertal.

7. Schichten unsicherer stratigraphischer Stellung

Der Sandstein am oberen Benuë. Dieser Sandstein am oberen Benuë liegt im allgemeinen, soweit bekannt, unmittelbar auf archaischen Gesteinen und bildet die Ausfüllung eines alten breiten Tallaufes. Nach O erstreckt er sich weit in die deutsche Kolonie Kamerun über Garua bis nach Rei Buba hin.

Wir bezeichnen ihn hier absichtlich nicht als „oberen Benuë-Sandstein", weil damit seine stratigraphische Stellung über den Kreide-Schiefern und Kalksteinen ausgesprochen wäre, sondern wir sprechen vom „Sandstein am oberen Benuë"; damit ist nur seine geographische Lage gegeben, nicht aber sein Alter, das noch nicht geklärt ist.

Im Abschnitt über Kamerun (S. 336) haben wir ihn als „Tengelin-Sandstein" bezeichnet, nach dem aus ihm aufgebauten Tengelingebirge bei Garua.

Der Sandstein ist teils grob, teils mittelkörnig, enthält oft sehr reichlich Feldspat und ist meist weiß, gelblich, lichtgrau oder durch Brauneisen schwach braun oder rötlich gefärbt. Einige dünne Bänke von 5—15 cm Mächtigkeit sind durch Brauneisen merklich stärker braun oder rötlich gefärbt. Die Basis besteht meist aus einem Konglomerat — aber nicht überall —, weil die Schichten auf stark modelliertem Untergrund einer Inselberglandschaft abgelagert sind, und das Basiskonglomerat liegt nur in den tieferen Teilen des Untergrundes.

Der Sandstein ist meist dickbankig und massig, einige Lagen zeigen Kreuzschichtung.

Oolithische Eisensteinbänke, wie sie in den als Tertiär angesehenen Gebieten westlich des Gongola und des Benuë im Duguri-, Gombe- und Kerri-Kerri-Sandstein auftreten, fehlen im Sandstein am oberen Benuë.

Auch die Sandsteine selbst sind insofern verschieden, weil die Sandsteine am oberen Benuë großenteils reichlich Feldspat, bzw. aus diesem hervorgegangenen Kaolin führen, der den Gombe- und Kerri-Kerri-Sandsteinen in dieser Menge zu fehlen scheint. Da die kristallinen Gesteine des Untergrundes in beiden Fällen das gleiche Ursprungsmaterial für die Sandsteine geliefert haben, so müssen offenbar die klimatischen Bedingungen während der Sedimentation in beiden Fällen verschieden gewesen sein, falls die vorliegenden Beobachtungen richtig sind. In einem Falle wurden die Feldspäte schon bei der Verwitterung zersetzt, im anderen Falle nicht.

Ferner ist die Auflagerung des Sandsteines am oberen Benuë auf den kretazischen Kalkstein-Schiefer-Schichten des Benuëtales nirgends mit Sicherheit beobachtet.

Falconer (1911, S. 188) erwähnte zwar, daß an einer Stelle zwischen Murki und Jibaru, etwa 40 km nördlich Jola, ein grober dunkelroter Sandstein unmittelbar auf Kreidekalk liegt; er gibt auf seiner Karte auch den Beobachtungspunkt an. Auf den jüngeren Karten des Nigeria Geological Survey aber fehlt dieser Punkt ohne Angabe von Gründen.

Es muß damit gerechnet werden, daß der von *Falconer* gefundene Kalkstein eine lokale Einlagerung im Sandstein — etwa eine Art Kalkpfanne — darstellt, oder daß auf der Sandstein-Oberfläche in flachen Senken jüngere Kalk- und Sandsteinbildungen gebildet worden sind, nach Art der Kalahari-Schichten.

Im übrigen ist der Sandstein am oberen Benuë dem als Tertiär angesprochenen Sandstein des Duguri, Gombe und Kerri-Kerri unähnlich, aber sehr ähnlich dem Mambere (Carnot)-Sandstein (S. 332), dem Sandstein im Mbinatal (S. 334) und dem Lubilasch-Sandstein.

Es besteht also die Möglichkeit, daß es sich hier um eine alte Füllung des Benuëtales handelt, die vielleicht dem Lubilasch-Sandstein zu vergleichen ist, die also dann wahrscheinlich der oberen Karru angehört.

Weiterhin ist folgendes zu erwägen: diese Sandstein-Tafel ist durch das Stromgebiet des Benuë in eine sehr große Anzahl von Tafelbergen zerschnitten. Die Sandsteine sind zerstört und ihre Bestandteile an anderen Stellen, z. B. im Tal des heutigen Benuë und im Kreidegebiet westlich Jola, wahrscheinlich wieder abgesetzt und z. T. verfestigt worden. Diese jüngeren Sedimente werden also voraussichtlich annähernd die gleiche Zusammensetzung haben wie der alte Sandstein am oberen Benuë selbst.

Es ist also mit der Möglichkeit zu rechnen, daß im Grenzgebiet des Sandsteingebietes am oberen Benuë gegen die kretazischen Schichten im Benuëtal westlich Jola zwei Sandstein-Generationen nebeneinander vorhanden sind, die im Alter wesentlich verschieden sind, obwohl sie petrographisch ziemlich gleichartig zusammengesetzt sind. Zu diesen jüngeren Generationen dürften die Sandsteine bei Waja, Ture, Gulani und Wujo gehören, die auf dem Gongola-Kalk liegen.

Fossilien sind bisher im Sandstein am oberen Benuë noch nicht gefunden. Die Beobachtung von fossilem Holz ist bisher nicht gesichert.

Auf der Karte ist der Sandstein mit einer besonderen Signatur dargestellt, weil seine stratigraphische Stellung noch unsicher ist.

Bildungen des jungen Vulkanismus

a. Die fluvio-vulkanische Serie

Diese Sedimente bestehen im wesentlichen aus folgenden Gesteinen:

α) Vorwiegend roter sandiger Lehm, der in einzelnen Lagen auch weiß, gelb oder braun oder gefleckt sein kann. Im allgemeinen nimmt die Intensität der Farbe nach dem Hangenden zu. Das Gestein entstand aus den Abtragungsprodukten von verwittertem Granit und Gneis, dem vielleicht etwas vulkanisches Material beigemengt ist. Lagen und Knollen von Toneisenstein sind häufig eingelagert.

β) Feinkörniger, massiger Kaolinton, der weiß, rötlich oder lila gefärbt ist und der vorwiegend aus zersetztem Feldspat entstand.

γ) Gelbe, blaue, rote und blaurote lockere mehlartig feine Erden, die durch und durch homogen sind und frei von Quarz. Sie bestehen aus völlig zersetzter Basaltlava, die über flaches Wasser floß. Alkalien, Kalk, Magnesia und Eisen sind großenteils ausgelaugt. Diese „Basalt-Erden“ wurden später weitgehend von den unter a) und b) genannten Verwitterungsprodukten überdeckt.

An einzelnen Stellen sind auch unzersetzte Basaltdecken bekannt, die oft säulig abgesondert sind und die meist unmittelbar der alten Landoberfläche aufliegen.

δ) Mit den „Basalt-Erden" zusammen treten ähnliche rötliche Erden auf, die teilweise Brekzienstruktur zeigen und die eckige Quarzkörner enthalten; dies sind zersetzte vulkanische Aschen. Die Schichten erreichen gelegentlich 200—250 m Mächtigkeit.

Diese eigenartigen Sedimente bedecken auf der alten Landoberfläche stellenweise in größerer Ausdehnung alte eluvial und alluvial entstandene Zinnseifen. Die eluvial entstandenen Seifen folgen meist alten, heute längst verlassenen Wasserläufen und sind durch die Bedeckung mit den fluviovulkanischen Sedimenten der Abtragung entgangen. Die fluvio-vulkanische Serie ist hauptsächlich in Südbautschi und in Nassarawa bekannt.

b. Jungvulkanische Gesteine

Einer jüngeren Periode gehören die Lavadecken an. Solche Gesteine des jungen (tertiären bis rezenten) Vulkanismus sind in Nigeria in drei Gebieten vorhanden: In der Provinz Sokoto im Nordwesten, im Benuëtal, in den Kreidegesteinen und auf dem Plateau von Bautschi.

Nach Ansicht von *Falconer* (1911) sind die Eruptionen auf dem Bautschiplateau wesentlich jünger als die im Benuëtal und auf dem Plateau von Biu, weil dort die Formen der Vulkane deutlicher erhalten sind als im Benuëtal. Die von *Falconer* vorgebrachten Gründe kann man gelten lassen, wenngleich seine Alterseinordnung: erste Phase mitteleozän, zweite Phase spätpliozän, vollkommen unbegründet ist. Einigermaßen genauere Angaben des Alters können bisher in keinem Fall gemacht werden.

α. Provinz Sokoto. Bei Maradu, südöstlich Sokoto, ist ein angeblicher Vulkanschlot bekannt, der mit einer Brekzie oder Agglomerat von Quarzporphyr-Brocken erfüllt ist. Ob die Beobachtung von *Falconer* richtig ist (1911, S. 254), ist nicht bekannt.

β. Benuë- und Gongola-Tal. Die Eruptionen liegen anscheinend in mehreren deutlich ausgeprägten Zonen. Einer solchen annähernd O—W gerichteten Zone folgen möglicherweise die Eruptiva von Song nördlich Jola, am Tangale-Berg, westlich vom Gongola-Fluß.

Die Vorkommen in der weiteren Umgebung von Wase scheinen einer nordöstlichen Störungszone zu folgen, und die Durchbrüche von Awe scheinen auf ein sich kreuzendes Spaltensystem mit N-S und ONO-WSW streichenden Linien hinzudeuten.

Vereinzelte Vorkommen liegen bei Bantaji, südlich vom Benuë. Das kleine Vorkommen bei Namu am Nordrande des Benuëtales aber hängt möglicherweise mit den Gesteinen der Umgebung von Wase zusammen. Nachgewiesen ist bisher keine dieser Zonen.

Die jungvulkanischen Gesteine, die diese Eruptionen gefördert haben, sind vor allem Basalt, Phonolith und Trachyt, im Gegensatz zu den Ergüssen auf dem Bautschiplateau, die im wesentlichen nur aus Olivinbasalt bestehen. Der Basalt führt stets Olivin und meist große porphyrische Kristalle von Augit und Olivin, wie der auf dem Bautschiplateau; der Basalt des Vulkanstieles von Wase (Wase-Fels) führt Olivinknollen, wie die Basaltdecke von Kaura auf der Grenze von Saria und Nassarawa (S. 296). Nephelin ist in den Basalten mehrfach sehr verbreitet. Bei Wase tritt trachytoider Phonolith auf mit Ägirin-Augit und Nephelin in Feldspat-Grundmasse.

Den Laven der riesigen Decke von Biu nördlich vom Gongolatal ist eine Decke von rotem Sandstein eingelagert. Die Laven des Plateaus sind stark durch Erosion zerfurcht und daher wohl älter als auf dem Bautschi-Plateau.

Im Schebschi-Gebirge, an der Grenze gegen Kamerun, bestehen die Kuppen der Bergzüge nach *Passarge* aus Basalt, Andesit und Trachyt; sie gehören wohl auch in diese Gruppe.

In der Gegend von Abakaliki, in der Umgebung der Blei- und Zinklagerstätten treten zahlreiche Gesteinsgänge auf, die von *Tattam* (Ann. Rep. Geol. Surv. Nigeria 1930, S. 18) als Diorit und „Dolerit" beschrieben werden. Die Gesteine sind fein- bis mittelkörnig.

Bei Okposchi bildet ein solcher Gang einen Hügel im Sumpfgebiet des Croßflusses gegenüber vom Ort Obubra. Andere Vorkommen liegen im Odumoke-Distrikt nahe der Grenze gegen die Nordprovinzen. Am östlichen Ufer des Aboine-Flusses ist ein Gang an der Straße nach Odumoke aufgeschlossen. Ein Gang bei Otam Esekwe zeigt große schwarze Hornblendekristalle in feinkörniger grauer Grundmasse. Der mittlere Teil eines Ganges bei Otak Mkpuma, etwa 7 km nordöstlich Mkpuma Akwaokuku, besteht aus grobkörnigem Feldspatgestein. Die Gesteine führen oft etwas Pyrit. Eingehende petrographische Beschreibungen liegen nicht vor.

Bei Abakaliki sind drei derartige Gänge bekannt; der größte liegt bei der Station selbst.

Die Gänge liegen in den NO streichenden Faltenzügen im unteren Teil der Schiefergruppe und sind in ebenso streichenden Zonen angeordnet.

Die Frage nach dem Alter der Ganggesteine, in deren Gefolgschaft die Blei-Zinkerzlagerstätten von Abakaliki entstanden sind, ist nicht einfach zu lösen. Es liegt nahe, sie gleich den weiter im Nordosten der Niger-Benuë-Senke auftretenden als postkretazische Basalte aufzufassen. Doch möchten die Geologen in Nigeria diese Vorkommen, auch den Vulkankegel der Station Abakaliki, als etwas älter, also als in der Kreidezeit entstanden, auffassen. Eine ausreichende Begründung dieser Ansicht ist aber bisher nicht beigebracht worden.

γ. Bautschi, Saria, Kano und Nassarawa. In Nordnigera, hauptsächlich in den Zinn-Provinzen Saria, Kano, Bautschi und Nassarawa, treten an zahlreichen Stellen mehr oder weniger ausgedehnte Basaltdecken auf.

Im wesentlichen handelt es sich um die Ergüsse von Einzelvulkanen, die niemals große zusammenhängende Decken gebildet haben, wenngleich ihr Umfang heute durch Erosion teilweise stark verkleinert ist.

In vielen Fällen sind die Krater, aus denen die Laven kamen, noch mehr oder weniger deutlich erhalten. In anderen Fällen scheint ein Krater zu fehlen.

Die Ergußgesteine sind in allen Fällen Olivinbasalte, die aus Labrador, Olivin und Augit bestehen und die oft porphyrische Einsprenglinge von Olivin und Augit führen. Die Gesteine sind entweder dicht oder häufiger blasig. Einschlüsse der vom Aufstiegskanal durchbrochenen Gesteine des Untergrundes (Biotit-Granit, Gneis) sind nicht selten.

In einzelnen Basaltdecken sind sogenannte Olivin-Knollen beobachtet, wie sie auch z. B. am Laacher See auftreten, so z. B. an der Kaura-Basaltdecke (Nigeria G. S. Bulletin 11, S. 30—31). Diese bestehen aus Chrom-Diopsid, Enstatit, z. T. verwachsen mit monoklinem Pyroxen, Olivin (Forsterit ?) und Chromspinell, also aus Mineralien, die z. T. dem Basalt selbst ganz fehlen. Andere Knollen im Basalt bestehen aus grünem Chrom-Diopsid mit orientiert eingewachsenen Leisten von Chromspinell (Picotit).

Eine der größten Basaltdecken des Gebietes ist wohl die der Kaura-Berge bei der Eisenbahnstation Kagoro, an der Grenze zwischen Saria und Nassarawa, die ein Gebiet von 350—400 qkm überdeckt; nicht weit südlich davon liegt östlich Jemaa die große Decke von Karschi, die nicht viel kleiner ist, dicht südlich der granitischen Kagorohügel. Die meisten anderen Decken haben einen wesentlich geringeren Umfang.

Im allgemeinen lassen sich tektonische Linien, die für mehrere Ergußzentren verantwortlich zu machen wären, nicht häufig erkennen.

In einem Falle aber ist eine solche Vulkanlinie deutlich ausgebildet, das ist die Sura-Vulkanlinie:

Etwa 30 km nordöstlich vom Intrusivstock des Scha-Granites liegen auf einer annähernd N—S mit kleiner Abweichung nach W streichenden Linie fünf gut erhaltene Vulkane, die auch Basalt-Lavaströme gefördert haben. An den Kratern sind vulkanische Aschen ebenfalls vorhanden. Die sehr blasigen Laven verwittern rasch und geben guten Ackerboden, der von Angehörigen des Sura-Stammes bebaut wird.

Die fünf Vulkane sind von N nach S Dei, Dajam, Duschuwo, Kakoram und Pedong. Einige von ihnen bestehen aus mehreren Kratern, der Pedong z. B. umfaßt 4 oder 5 auf einer N—S-Linie liegende Krater, deren Lavaströme im wesentlichen nach O geflossen sind; der südlichste dieser Krater enthält einen kleinen Kratersee.

Die Basaltdecken im Zinngebiet haben auch ein gewisses wirtschaftliches Interesse, weil sie ebenso wie die „fluvio-vulkanischen" Sedimente die alte tertiäre Landoberfläche mit ihren Verwitterungs- und Abtragungsprodukten überdecken und daher gelegentlich auch alte Zinnseifen mit teilweise bauwürdigen Metallgehalten vor der Abtragung geschützt haben.

Der Basalt ist jünger als die im gleichen Gebiet auftretenden fluviovulkanischen Decken, auf denen er teilweise als Kappe liegt.

8. *Sedimente des Tschadbeckens*

Die Sedimente des Tschadbeckens werden bei den Abschnitten Kamerun (S. 341) und Französisch-Äquatorialafrika (S. 399) ausführlich beschrieben.

In dem nigerischen Anteil des Tschadbeckens, namentlich in Bornu, Daura und Katsina, sind diese ziemlich mächtigen Ablagerungen durch Bohrungen eingehend untersucht, weil in diesen niederschlagsarmen Gebieten die Beschaffung von einwandfreiem Trinkwasser in größeren Mengen dringend erforderlich war.

In den Randgebieten beginnt die Tschadgruppe über dem Archaikum mit feldspatführendem Sand und Schotter. Darüber folgt grüner und graugrüner sandiger Ton mit eingelagerten Sandbänken; über dem Ton liegt feinkörniger Sand mit Lagen von grobem Material und mit viel Feldspat. Nahe am Südrande ist das Tonlager etwa 15 m mächtig, wird aber nach dem inneren Teil des Beckens viel mächtiger und enthält viel Lagen und Linsen von sandigem Material, das meist reichlich Wasser führt.

Unmittelbar unter der Oberfläche finden sich örtlich Kalkknollenbildungen, die am weitesten verbreitet sind in sandigen Gebieten mit weniger als 650 mm Niederschlägen und mit tonigem Untergrund. Die Knollen entstehen durch kapillaren Aufstieg von kalkhaltigem Wasser in der Trockenzeit. In Gebieten mit mehr als 750 mm Niederschlägen sind die Kalkknollen viel kleiner und an Niederungen mit schwerem schwarzem Boden gebunden.

Das Alter der Tonschichten ist bei völligem Mangel an Fossilien bisher unbekannt. Es wird jungtertiäres Alter (Pliozän) vermutet.

IX. b. Nutzbare Lagerstätten und Bergwirtschaft in Nigeria

Von Fritz Behrend

1938 betrug die Ausfuhr an Bergwerkserzeugnissen 16,4% des Gesamtausfuhrwertes. Zinnstein machte 84,4% des Gesamtwertes der Bergbauförderung aus, 16,6% entfallen auf Gold, Bleiglanz, Niobit und Wolframit; Salz und Kohlen werden nur für den örtlichen Bedarf gewonnen.

1. Zinnerzlagerstätten

Die wichtigen Zinnerzlagerstätten Nigerias liegen im wesentlichen im Norden des Landes auf dem Bautschi-Plateau in 1100—1300 m Seehöhe in in den Provinzen Bautschi, Nassarawa, Ilorin, Kano und Saria.

Das Wesentliche über den geologischen Bau der Zinnerzgebiete ist bereits im Abschnitt über das Archaikum gesagt. Für unsere Zwecke sollen hier nur kurz die Hauptpunkte zusammengestellt werden.

Zwei Mineralisations-Perioden lassen sich deutlich unterscheiden, in denen Zinnsteinlagerstätten entstanden.

a. Zinn-Pegmatit-Gänge

Die älteren archaischen Gesteine werden an zahlreichen Stellen von Massiven von feinkörnigem feldspatreichem Granit und von grobkörnigem Biotitgranit durchsetzt, die beide heute als Gneise vorliegen und die primär nicht mineralisiert sind.

Etwas jünger als diese und kaum gepreßt sind zahlreiche zinnsteinführende Pegmatitgänge. Sie führen neben Quarz, Orthoklas, Albit und Muskowit auch Turmalin, Zinnstein, Zirkon und häufig Granat. Der Mengenanteil der einzelnen Mineralien an der Zusammensetzung der Gesteine ist örtlichen wesentlichen Schwankungen unterworfen. Neben Gängen von normal-granitischer Zusammensetzung treten solche mit vorwiegendem Quarz und Turmalin neben anderen auf, die ganz vorherrschend aus Quarz bestehen.

Die Gänge streichen meist ungefähr parallel der Flaserung der Gneise, also annähernd N-S. Das Einfallen wechselt stark. Die streichende Erstreckung und die Mächtigkeit ist ebenfalls erheblichem Wechsel unterworfen, wie das bei Pegmatitgängen üblich ist, und kann bis zu 2 km betragen.

Die Zusammensetzung der Pegmatitgänge ist ziemlich veränderlich. Sie wechselt von normal-granitisch zusammengesetzten Gesteinen über Quarz-Turmalin-Gänge bis zu reinen Quarzgängen. Teils handelt es sich um Einzelgänge, teils um schmale, sich verästelnde und sich zerschlagende Gänge, die von einem Zentrum ausgehen.

Raeburn (Nigeria Geol. Survey Bulletin 5. 1924, S. 37) unterschied folgende Typen in Nassarawa:

1. Vorwiegend feldspatführende (Karama, Amari).
2. Vorwiegend quarz- und glimmerführende (Randa, Amari, Jemaa).
3. Vorwiegend quarzführende (bes. im Norden des Gebietes).
4. Normale Pegmatite (Gita, Womba-Denge-Gebiet).

Einige typische Beispiele aus Nassarawa sollen die Beschaffenheit der Gänge kurz erläutern; auf eine Aufzählung und Beschreibung aller Vorkommen muß hier verzichtet werden, um Wiederholungen zu vermeiden.

α) Amari. Der Amari-Gang liegt südlich des Ortes Randa, dicht östlich 8° 30′ ö. L. und nördlich 9° n. Br. Er streicht N-S und besitzt eine Anzahl von sich verzweigenden Trümern.

An der Oberfläche ist das Gestein aus groben Massen von Quarz und von Glimmer zusammengesetzt, dessen Platten 15—20 cm Durchmesser erreichen. Wenig Zinnstein ist vorhanden.

In etwa 10 m Tiefe aber besteht das Gestein aus feinkörnigem Albit und enthält viel Zinnstein, oft in großen, wohl ausgebildeten Kristallen. Eingesprengt in den feinkörnigen Albit sind zahlreiche große Orthoklaskristalle, die gelegentlich Zinnsteinkörner vollständig umschließen.

Zwischen diesen beiden sehr verschiedenen Phasen des Ganges liegt ein Gestein, das aus Orthoklas, Albit, Glimmer und Quarz besteht und in dem die beiden Feldspäte häufig miteinander verwachsen sind. Auch hier tritt Zinnstein häufig auf.

Turmalin ist durch den ganzen Gang verteilt.

Akzessorische Mineralien sind grüner Beryll, Granat und selten Kupferkies.

Der Zinngehalt nimmt nach der Tiefe zu. In etwa 12 m Tiefe beträgt er bis zu 10 v. H., ist im allgemeinen aber wesentlich geringer. Durchschnittsgehalte werden nicht angegeben.

Das Nebengestein ist Biotit-Gneis-Granit, der am Kontakt mit dem Gang mit Turmalin imprägniert ist.

Bei der Aufbereitung lassen sich die Gangarten sehr schlecht vom Erz trennen.

β) Jemaa. Dieser in der Literatur bekanntgewordene Gang ist außerordentlich unregelmäßig, der Ausbiß ist etwa 20 m lang und 4,5 m breit. Das Gestein besteht im wesentlichen aus Quarz, Muskowit und Zinnstein; in der Tiefe tritt noch Albit und Orthoklas hinzu. Turmalin kommt in kleinen Mengen im ganzen Gang vor.

Der Zinngehalt ist verhältnismäßig hoch. In der Nähe befinden sich noch mehrere zinnsteinführende Pegmatitgänge von gleicher Beschaffenheit. Die Gänge streichen annähernd N—S.

γ) Karama. Ein Pegmatitgang bei Karama besteht in der Hauptsache aus Albit mit einzelnen großen Kristallen von rosa Orthoklas. Quarz tritt gelegentlich in Verwachsung mit Orthoklas und in der Albit-Grundmasse auf. Zinnstein ist in der Grundmasse eingesprengt, sitzt aber auch im Innern der großen Orthoklase. Turmalin ist nur in geringer Menge vorhanden.

δ) Abu-Hill. Der Gang ist einer der größten des ganzen Gebietes. Er streicht etwa N—S, ist ungefähr 2 km lang und 10—12 m breit.

Das Gestein ist kleiner körnig als das der meisten anderen Pegmatitgänge. Am Nordende besteht der Gang aus einem gleichkörnigen Gemenge von Orthoklas, Albit, Muskowit und Quarz mit Turmalin und kleinen Mengen von Zinnstein. Nach S hin nimmt der Anteil von Quarz, Orthoklas und

Glimmer an der Gangmasse allmählich ab, so daß wieder ein feinkörniges Albitgestein mit Quarz in den Kristallzwickeln entsteht, wie beim Gang Amari. Das Gestein enthält hier etwas Muskowit und Turmalin.

ε) Womba-Denge-Gebiet. Hier treten zahlreiche kleine Pegmatitgänge mit normal-granitischer Zusammensetzung und mit geringen Mengen von Zinnstein und Turmalin auf.

ζ) Quarz-Turmalin-Gänge und reine Quarzgänge, auch Übergänge zwischen beiden, sind mehrfach, namentlich am Südrand der Kaura-Basaltdecke, an der Nordgrenze gegen die Provinz Saria bekannt. Die wirtschaftliche Bedeutung scheint sehr gering zu sein. Zinnerzführende Pegmatitgänge, die sich fast stets in einen der vier oben besprochenen Typen einordnen lassen, sind hauptsächlich in den Provinzen Nassarawa, Ilorin und Saria weitverbreitet und von großer wirtschaftlicher Bedeutung. Nach O und NO nimmt ihre Zahl und auch die Zinnführung wesentlich ab. Schon im Bezirk Mama kommen sie nur untergeordnet als Zinnerzträger zur Geltung.

Im Süden, im Calabar-Distrikt, südlich vom Croßfluß, sind Pegmatitgänge in verhältnismäßig geringer Anzahl bekannt, die Zinnstein und Turmalin führen. Namentlich im Westen des Distrikts, bei Ujana Okposson, Ujana Ikpofia, Akwa Ibame und Ekperem Ibame nördlich Uwet, ferner bei Obutong und Nsan, östlich vom Calabarfluß, liegen derartige Gänge.

Ein Gang bei Akwa Ibame dicht an der Straße nach Ujana Okposson führt große Feldspatkristalle, große Bücher Muskowit, viel Quarz und Turmalinkristalle. Zinnstein wurde im Gang selbst nicht beobachtet, wohl aber im Bachschotter unterhalb des Ganges, dessen Zinngehalt also wohl nicht hoch ist; andere Gänge führen vorwiegend Quarz und Glimmer; auch Gänge mit vorherrschendem Albit und Turmalin (z. B. westlich Ujana Okposson) sowie Quarz-Turmalin-Gänge und reine Quarzgänge sind bekannt. Es finden sich also alle oben beschriebenen Typen wieder.

Der Zinngehalt aber ist nicht bauwürdig. Die Seifenlagerstätten sind arm und die Arbeiterverhältnisse schlecht, so daß ein Bergbau bisher nicht lohnend war.

b. Zinnerzlagerstätten in Verbindung mit dem jüngeren Granit

Die Namen und die Lage der wichtigsten Stöcke des jungen Plateau-Granits sind aus der beigefügten Skizze (Taf. 2) zu ersehen. Der namentlich in der Provinz Bautschi, aber auch in Nassarawa in Form von riesigen Stöcken auftretende jüngere Granit (Riebeckit-Biotit-Granit und Hornblende-Biotit-Granit) ist von zahlreichen Kontraktionsspalten und Klüften durchsetzt, an denen der Granit teils in Greisen umgewandelt, teils mehr oder weniger vollständig verquarzt ist.

Diese umgewandelten Zonen führen häufig Zinnstein und daneben Topas, im Gegensatz zu den Pegmatitgängen, die neben Zinnstein Turmalin führen.

Man kann also auch in eluvialen und alluvialen Zinnseifen feststellen, ob der Zinnstein aus jüngerem Granit oder aus Pegmatit stammt.

Die Spalten selbst, von denen aus die Umwandlung des Granits vor sich ging, sind fast stets durch Quarzgänge erfüllt, die ebenfalls Zinnstein führen.

Die Zinnstein-Zufuhr ist immer auf pneumatolytischem Wege erfolgt und ist ursprünglich gebunden an Gänge, Gangtrümer und Imprägnationszonen im äußersten Teil des Batholithen und in den angrenzenden älteren Gesteinen.

Vermutlich liegt eine solche N-S streichende ursprünglich besonders kräftig mineralisierte Zone von 6—8 km Breite zwischen Jos und Bukuru im Zentralgebiet des „Plateau-Granits", westsüdwestlich Bautschi.

In dieser Zone treten besonders häufig Quarzgänge und Trümer sowie Nester von umgewandeltem Granit auf, die oft Zinnstein enthalten. Lockere scharfkantige Bruchstücke der Gangfüllung von Zinnerzgängen von erheblicher Größe finden sich hier im Eluvium auf dem Granit häufig, ferner treten die reichsten Alluvial-Lagerstätten im Bukuru-Granit östlich und westlich dieser Zone auf.

Eine ähnliche kräftig mineralisierte Zone liegt einige 30 km weiter südlich im Granit-Massiv der Ropp-Berge.

Quarz-Zinnsteingänge treten in den älteren Gneisen und Gneisgraniten, besonders häufig in der Nähe der Granitdurchbrüche auf, gelegentlich verhältnismäßig weit von ihnen entfernt.

Die alten Granite und Gneise führen selbst kein Zinn, aber am Kontakt mit den jüngeren Granitdurchbrüchen sind sie von Brüchen und Klüften durchsetzt und stellenweise in Greisen umgewandelt oder verquarzt. Die Gangmasse an den Klüften ist gelegentlich reich an Flußspat und enthält Zinnstein, Wolframit (selten), Blende, Pyrit, Kupferkies.

Außer Zinnstein finden sich in den Quarzgängen Topas, Eisenglanz, ferner Wolframit, z. B. bei Bukuru und in den Ropp-Bergen, Pyrit, Kupferkies, Bleiglanz, Arsenkies und Molybdänglanz bei Jos und in den Jarawa-Bergen. Flußspat ist verhältnismäßig selten, tritt aber angeblich als primärer Übergemengteil im Granit selbst auf.

Als Beispiel wählen wir zunächst den Bukuru-Schere-Granit. Im Bukuru-Schere-Granitstock, auf dem die Orte Naraguta, Jos und Bukuru liegen, sind durch Abkühlung zahllose Spalten und Klüfte entstanden, auf denen auch teilweise tektonische Bewegungen geringen Ausmaßes stattgefunden haben. Auch kleine Gänge von Mikrogranit sind häufig.

Der Granit, auch der Mikrogranit, ist an den Klüften in eine Art Greisen umgewandelt. Der Feldspat ist durch Aggregate von Quarz, grünlichem Biotit, Eisenglanz, Topas und wenig Zinnstein in kleinen Kristallen und Körnchen verdrängt. Auch der ursprüngliche Biotit wird allmählich durch sekundären Glimmer ersetzt. Das so entstehende Gestein ist fleckig und auf den Klüften von kleinen Quarzäderchen mit etwas Zinnstein durchzogen. Namentlich zwischen Jos und Kuru ist dieser Typ verbreitet. An anderen Stellen ist der sekundäre grüne Biotit durch weißen Glimmer vertreten.

Eine weitere Umwandlung des Granits besteht darin, daß die Kieselsäure von den Klüften aus in das umgewandelte Gestein eindringt; der Feldspat wird dann ganz durch Körnchen oder Kriställchen von Quarz nebst Eisenglanz, Topas und Zinnstein in kleinen Mengen ersetzt; der Quarz kann stellenweise ganz vorherrschen, so daß das Gestein regelrecht verquarzt ist.

Nur an wenigen Stellen, z. B. an der Bukuru-Straße zwischen Jos und Ngel, sind in das teils in Greisen umgewandelte, teils verquarzte Gestein Pyrit, Kupferkies und Bleiglanz als jüngstes eingewandert; sie füllen kleine Hohlräume im verquarzten Gestein aus.

An einigen Stellen führen die Quarzgänge neben Zinnstein auch Molybdänglanz in kleinen Mengen.

Zinnführende Quarzgänge treten aber auch häufiger im Granit auf, ohne daß der Granit an ihren Salbändern verquarzt oder in Greisen umgewandelt wäre.

Beim Lager der Dua-Zinn-Gesellschaft südlich Dugusa wurde ein örtlich mineralisierter Quarzporphyrgang, etwa 800 m von der Granitgrenze entfernt, beobachtet.

Der normale Quarzporphyr hat in der hellen Grundmasse Kristalle von Quarz, aber in der mineralisierten Zone ist die Grundmasse fast völlig verquarzt, und Zinnstein tritt in kleinen gut ausgebildeten Kristallen an den verkieselten Rändern von Klüften auf. In einiger Tiefe tritt Arsenkies zu dem Zinnstein hinzu und gewinnt nach der Tiefe an Menge gegen den Zinnstein.

Anscheinend kommt Zinnstein auch als primärer Bestandteil des Plateau-Granits in seltenen Fällen vor. So tritt z. B. in dem kleinen Granitstock am Forum-Fluß Zinnstein in Quarzlinsen in unverändertem Granophyr am Rande des Granits auf; das Zinn scheint also schon im Granitmagma selbst in geringen Mengen vorhanden gewesen und mit der Rest-Kieselsäure in miarolithischen Hohlräumen in den Randpartien des Granits ausgeschieden worden zu sein.

In den Schokobo- und Saja-Bergen ist der feinkörnige Granit an Klüften umgewandelt und enthält etwas Zinnstein. Die Hauptmenge des Zinns liegt aber in schmalen Quarzgängen innerhalb der Umwandlungszonen. Die den Granit umgebenden Rhyolithe und Quarzporphyre sind in seiner Nähe dunkel gefärbt, verkieselt und ebenfalls mineralisiert, d. h. in Sericit umgewandelt. Die Quarzgänge auf den Spalten führen auch hier Zinnstein.

Die Vorkommen im jüngeren Granit sind in vielen Fällen nicht bauwürdig; sie liefern dann aber das Material für die bauwürdigen Eluvial- und Alluviallagerstätten.

c. *Eluviale und alluviale Zinnlagerstätten*

Für unsere Zwecke muß es genügen, eine allgemeine Übersicht über die verschiedenen Bedingungen zu geben, unter denen sich der Zinnstein aus den oft nicht bauwürdigen primären Lagerstätten im Verwitterungsboden, im Gehängeschutt und in den Ablagerungen der Wasserläufe zu bauwürdigen Mengen anreichern kann, um zu zeigen, worauf der Prospektor achten muß.

Diese Übersicht wird zweckmäßig durch das von *Falconer* aufgestellte Schema erreicht.

Falconer (Nigeria Geol. Survey Bulletin 1. 1921, S. 54—55) teilte die Alluviallagerstätten im Gebiet von Bautschi folgendermaßen ein:

α) Lagerstätten ohne Beziehung zum heutigen Flußnetz
- a) Vorkommen in der fluviovulkanischen Serie (vgl. S. 293).
- b) Lagerstätten unter jungvulkanischen Decken (vgl. S. 296).

β) Lagerstätten in Beziehung zum heutigen Flußnetz
- a) In Niederterrassen, deren Liegendes im Niveau der heutigen Flußbetten liegt.
- b) In höheren Terrassen über dem heutigen Flußbett.
- c) Lagerstätten in Talebenen, deren Liegendes unter dem heutigen Flußspiegel liegt.
- d) Lagerstätten in Löchern und Taschen im festen Gestein im Flußbett.
- e) Vorkommen im Verwitterungs- und Gehängeschutt.

Die Einteilung ist auf das ganze Zinngebiet anwendbar.

Der Zinngehalt ist fast stets auf den tiefsten Teil der Terrassen beschränkt, die z. T. erheblich darüber liegende Decke (overburden) ist fast stets erzfrei.

Die Konzentrate enthalten außer dem Zinnstein noch folgende Schwermineralien: Ilmenit, Magnetit, Rutil, Granat, Spinell, Topas, Turmalin, Zirkon, Monazit, Epidot, Anatas.

Wo der Zinnstein aus Pegmatitgängen stammt, ist er mit Turmalin vergesellschaftet.

Der aus der Verwitterung des jüngeren Plateau-Granites in die Alluviallagerstätten geschwemmte Zinnstein kommt mit Topas zusammen vor.

Wenn Topas und Turmalin zusammen mit Zinnstein in den Seifen auftreten, dann stammt der Zinnstein aus dem jüngeren Granit und aus Pegmatit.

d. *Bergwirtschaft*

Die aus der Aufbereitung der Zinnerz-Seifen gewonnenen Konzentrate enthalten durchschnittlich 72,5 v. H. Zinn.

Die Zinnsteingewinnung ist mit mehr als 84 v. H. am Gesamtwert der Bergbauproduktion Nigerias beteiligt.

Der Bergbau begann 1906 mit der geringen Jahresproduktion von 11 t. Die Ausbeutung wurde zunächst erschwert durch die weite Entfernung der weit verstreuten Alluviallagerstätten von der Küste sowie die Verschlammung der offenen Tagebaue in der Regenzeit. Erst der Bau der Eisenbahn von Port Harcourt nach Jos im Zinngebiet sowie die Entdeckung der Steinkohlenlager bei Enugu und Udi ermöglichte eine billige Ausbeutung der Lagerstätten und schnellen, billigen Transport zur Küste, so daß die Produktion schnell stieg.

Der Metallgehalt der Zinnerz-Produktion war in den Jahren 1927 bis 1940 der folgende:

1927	8185	metr. t
1928	9275	,, ,,
1929	10902	,, ,,
1930	9840	,, ,,
1931	7906	,, ,,
1932	4331	,, ,,
1933	3807	,, ,,
1934	5076	,, ,,
1935	7142	,, ,,
1936	9783	,, ,,
1937	10636	,, ,,
1938	10217	,, ,,
1939	13217	,, ,,
1940	10421	,, ,,

Das ist ungefähr die Förderung der niederländisch-indischen Insel Bangka.

Die Förderung wird lediglich durch die Lage am Zinnmarkt, nicht durch die vorhandenen Erzreserven bedingt. 1937 waren 49509 Eingeborene im Zinnbergbau beschäftigt.

Abgebaut werden fast ausschließlich alluviale und eluviale Seifenlagerstätten, deren Typen oben kurz skizziert wurden. Der Bergbau bedient sich der verschiedensten Methoden; kleine Betriebe wenden z. T. noch die einfache Handwäscherei durch Eingeborene an, die größeren Betriebe haben, je nach den vorliegenden Bedingungen, Saugpumpen, hydraulischen oder Baggerbetrieb eingeführt. Es werden überall Zinnerzkonzentrate mit durchschnittlich 72,5 v. H. Zinn hergestellt, die nicht im Lande verschmolzen, sondern nach England ausgeführt werden.

An den Kura- und Jekko-Wasserfällen sind Wasserkraftwerke errichtet worden, die die volle Ausnutzung der Kapazität während des ganzen Jahres, auch während der Trockenzeit erlauben.

Vier Bezirke des Zinnerzbergbaues werden unterschieden:

1. die Zinnerzlagerstätten der Bautschi-Provinz.
2. die nördlichen Zinnfelder in den Provinzen Bautschi, Kano und Saria.

3. die südwestlichen Zinnfelder der Provinz Nassarawa.
4. die Zinnfelder der Provinz Ilorin.

1938 befaßten sich 81 Unternehmungen mit dem Zinnerzbergbau, davon 37 größere Gesellschaften und 44 kleinere Unternehmungen.

Maßgebenden Einfluß auf den nigerischen Zinnbergbau hat die große Holdingsgesellschaft *London Tin Corporation Ltd.*, die 1925 in London als London Tin Syndicate gegründet wurde. Der Name wurde 1930 in die heutige Bezeichnung umgewandelt. Die Gesellschaft ist außer in Nigeria auch in Cornwall, in den Vereinigten Malayenstaaten und in Bolivien stark interessiert. Die Unternehmungen in Nigeria werden technisch und organisatorisch geleitet durch die Nigerian Organisation A. O. Nigeria Ltd. Reyfield, Jos. Northern Nigeria. Das Kapital der London Tin Corporation Ltd. beträgt 3618236 £.

Die London Tin Corp. kontrolliert die folgenden nigerischen Gesellschaften:

1. London Nigerian Tin Mines; Sitz London. Gegründet 1928 (als Nigerian Tin Trust Ltd., 1931 Name geändert). Kapital 950000 £. Alle Aktien im Besitz der London Tin Corporation.

Förderung 1937: 2639 metr. t Konzentrate.

Vorräte (als Konzentrate gerechnet): 27555 t nachgewiesen, 10541 t wahrscheinlich.

Die Kraftstromerzeugung liefert die *Nigerian Electricity Supply Corporation Ltd.*, an der die London Tin ebenfalls beteiligt ist.

2. Associated Tin Mines of Nigeria Ltd.; Sitz London. Gegründet 1926 mit einem Kapital von 1 Million £. Die London Tin besitzt die Aktienmehrheit.

Förderung 1937: 3980 metr. t Konzentrate.

Die beiden Gesellschaften liefern etwa 45 v. H. der gesamten Zinnproduktion Nigerias. Sie sollten zu einer neuen Gesellschaft, der Amalgamated Tin Mines of Nigeria, verschmolzen werden. Die Aktien sollten 1 : 1 in die Aktien der neuen Gesellschaft umgetauscht werden.

Die London Tin ist außerdem an folgenden Gesellschaften beteiligt:

3. *Bisichi Tin Company Ltd.;* Sitz London. Gegründet 1910. Kapital 460000 £. An Vorräten sollen 8514 t Konzentrate nachgewiesen sein. Die Produktion war 1937 425 metr. t Konzentrate Zinnstein; daneben 51 t Columbit (vgl. S. 307).

4. Jantar Nigeria Company Ltd.; London. Gegründet 1912, arbeitet bei Jos und in der Nähe von Naraguta. Kapital 135000 £. Als nachgewiesene Vorräte wurden 1937 angegeben 1695 t Zinnkonzentrate und 6074 t Columbitkonzentrate. Gefördert wurden 1937/38 474 t Zinnkonzentrate und 320 t Columbitkonzentrate.

5. Kaduna Prospectors Ltd.; London. Gegründet 1913. Kapital 30000 £. Aufgeschlossene Vorräte nicht angegeben; Förderung 1938: 211 t.

6. *Kaduna Syndicate Ltd.*; London. Gegründet 1910. Kapital 48000 £. Aufgeschlossene Vorräte nicht angegeben; Förderung 1938: 400 t Konz.

7. *Naraguta Karama Areas Ltd.*; London. Gegründet 1926. Kapital 80000 £. Fördert Zinnerze in den Distrikten Scho und Karama. Nachgewiesene Vorräte 1938: 1252 t Konzentrat; dazu wahrscheinlich noch 147 t. Förderung 1938: 181 t Konz.

Die Höhe der Beteiligung der London Tin an den unter 3—7 genannten Gesellschaften, ferner an den Jungar Valley Tin Areas Ltd. London ist nicht angegeben.

Die London Tin Corporation ist ferner an der *Nigerian Electricity Corporation Ltd.* maßgebend beteiligt, die 1929 in London mit einem Kapital von 500000 £ gegründet wurde und die 1930 ein Kraftwerk, dann 1933 ein Wasserkraftwerk an den Kwallfällen des Ngellflusses mit 2000 PS und 1937/38 ein zweites Wasserkraftwerk an den Jekkofällen, 8 km unterhalb der Station Kura, mit einer Kapazität von 14000 KW erbaute.

An weiteren Zinngesellschaften in Nigeria sind ferner zu nennen:

Gold and Base Metal Mines of Nigeria Ltd.; London, Kapital 600000 £, gegründet 1934, die auch in der Goldküste und in Sierra Leone arbeitet und die ferner in Südnigeria Blei-Zinkvorkommen ausbeutet. Die Förderung von Zinnerzen erfolgt in den Provinzen Nassarawa, Bautschi und Ogoja; in der Provinz Sokoto betreibt die Gesellschaft Goldbergbau. 1937/38 produzierte die Gesellschaft in Nigeria 1286 t Zinnkonzentrate und 31566 g Gold. Es wurde eine Dividende von 7,5 v. H. ausgeschüttet.

Ex-Lands Nigeria Ltd., Sitz London. Kapital 200000 £. Nachgewiesene Vorräte 5792 t Konzentrate, Förderung 1937 625 t Konz.

Naraguta Tin Mines Ltd. London. Gegr. 1934. Kapital 220000 £. Nachgewiesene Vorräte 1938 2700 t Konzentrate. Produktion 1937/38 529 t Konz.

United Tin Areas Ltd. London. Kapital 150000 £. Die Gesellschaft treibt Zinnerzbergbau am Gurumfluß im Distrikt Bautschi und in der Provinz Kano. Die Förderung betrug 1937 303 t Zinnkonzentrate.

Alle übrigen Gesellschaften und Unternehmungen hatten weniger als 300 t Jahresproduktion.

Seit 1930 ist die Zinnproduktion Nigerias durch das Internationale Zinn-Kartell kontrolliert.

1937 war die Förderquote Nigerias 11706 t, die aber nicht ganz erreicht wurde.

Die Zinnerzförderung hängt also ausschließlich von der Marktlage ab.

Das Mining Journal vom 26. Nov. 1938, Bd. 203, S. 1092 brachte auf Grund der Jahresberichte der wichtigsten Zinngesellschaften sowie nach den Angaben der Bergbehörde folgende Schätzung der Zinnvorräte in Nigeria für Ende 1937 (Konzentrate in tons):

	Schätzung der Bergbehörde	Berichte der Gesellschaften nach-gewiesen	wahr-scheinlich	zu-sammen
Associated Tin Mines . . .	44000 t	46275 t	—	46275 t
London Nigerian.	24100 t	25674 t	13477 t	39151 t
Gold and Base Metals . .	4771 t	4771 t	—	4771 t
Ex-Lands.	3650 t	5792 t	—	5792 t
Naraguta Tin	3080 t	2280 t	500	2780 t
Jantar	1831 t	4251 t	—	4251 t
Kaduna Syndicate. . . .	—	—	—	—
Kaduna Prospectors . . .	—	900 t	—	900 t
Bisichi	8535 t	8514 t	—	8514 t
United T. A. N.	1560 t	1560 t	—	1560 t
Naraguta Karama . . .	—	1191 t	2297 t	3488 t
Naraguta Extended. . . .	—	1453 t	412 t	1865 t
Nigerian Consol. M. . . .	—	1225 t	—	1225 t
Jos Tin Areas	—	—	—	—
Ribon Valley	—	1108 t	—	1108 t
Amari	—	921 t	—	921 t
S. Bukuru	—	287 t	—	287 t
	91527 t	106202 t	16686 t	122888 t

2. *Columbit* (Niobit)

Nigeria führt das seltene Mineral Columbit in verhältnismäßig großer Menge aus. Der Columbit stammt aus Pegmatit-Gängen in der Gegend von Kuru, die das Mineral in geringen Mengen enthalten. In den Seifenlagerstätten ist das Mineral neben dem Zinnstein angereichert und wird als Nebenprodukt gewonnen. Die Förderung betrug:

1935	67,5 t
1936	341,5 t
1937	722,7 t
1938	538,5 t

Der Columbit enthält die seltenen Metalle Niob und Tantal, die gelegentlich zur Herstellung von nicht rostenden Spezialstählen verwendet werden.

Haupterzeuger ist die Jantar Nigeria Company (siehe oben), die 1937 allein 410 t nach den Vereinigten Staaten verkaufte. Ferner führten 1937 die folgenden Gesellschaften Niobit nach London aus:

Minerals Research Syndicate	140 t
Gold Coast Consolidated Lands	66 t
Bisichi	58 t
Gold and Base Metals	15 t
Jos	7 t
United Tin Areas	5 t

Die Columbit-Reserven wurden Ende 1937 auf etwa 10000 t geschätzt. Jantar allein schätzte seinen Vorrat Ende 1937 auf 6394 t Columbit.

Columbit wurde auf der Basis von 60 v. H. Nb_2O_5 gehandelt.

Der Gehalt der Konzentrate an Columbit aus den Zinnseifen schwankt zwischen 1 und 6 v. H. Waschversuche in einigen Flüssen ergaben (Ann. Rep. 1934):

Wobi südlich Okuta	3	v. H.
Gessua an der westl. Handelsstraßen-Kreuzung	3	,,
Moshi am Zusammenfluß mit dem Turu	1	,,
Moshi 3 km östl. des Ortes Moshi	1,5	,,
Wuro bei Tagwagwaru	6	,,
Nano bei Nobo	2	,,

3. *Tantalit*

kommt häufig in kleinen Mengen zusammen mit dem Columbit vor. Im Jahre 1937 wurden 1 bis 2 t Tantalit mit 80 v. H. Ta_2O_5 ausgeführt.

4. *Wolframit*

Die Zinnerz-Pegmatite enthalten in einigen Fällen als Nebengemengteil etwas Wolframit, der sich ebenfalls in den Zinnseifen anreichert und als Nebenprodukt gewonnen wird. Die Produktion ist gering und größeren Schwankungen unterworfen.

Es wurden gewonnen

1935	15 t Wolframit
1936	6 t
1937	8 t

Wolframit ist in kleinen Mengen weitverbreitet, aber nur in Liruein in der Provinz Kano tritt er in gewinnbaren Mengen auf; hier wird Wolframit in den Konzentraten vom Zinnstein getrennt.

5. *Blei*

Bei Abakaliki, etwa 75 km östlich der Station Enugu an der Ost-Eisenbahn, bestehen die Schichten der unteren Kreide vorwiegend aus Schiefern mit einzelnen Bänken von Sandstein und von blaugrauem Kalk, der im wesentlichen aus zerbrochenen Muschelschalen besteht mit einem Bindemittel von Kalk und Sand. Die Kalkbänke führen Ammoniten-Steinkerne. Stellenweise treten Diorit- bzw. Basaltgänge in NO gerichteten Zonen auf.

Die Erzlagerstätten liegen im allgemeinen im Gebiet der Intrusivzonen. Die Gänge streichen etwa N—S und fallen steil nach W.

An Erzen treten Bleiglanz oder Zinkblende oder beide zusammen auf. Blei herrscht im allgemeinen vor. Außerdem treten Kupferkies und Pyrit auf. Die Gangart ist vorherrschend Eisenspat, untergeordnet Quarz. Gelegentlich herrscht auch Quarz vor. Es sind noch erzfreie Gänge mit Quarz und Eisenspat bekannt.

Ein Teil der Gänge weist bauwürdige Bleigehalte auf. Der Bleiglanz ist stark silberhaltig (*Tattam*, 1930).

Im mittleren Teil des Benuëbeckens bei Arofu, nordöstlich Akwana, und im Kudu-Tal westlich Jebjeb im Nordmuri ist der oft oolithische Kalkstein der kretazischen Kalkstein-Schiefer-Stufe meist verkieselt, und zwar häufig in gangartigen Zonen.

In diesem verkieselten Kalk liegen häufig Linsen von Bleiglanz; bei Arofu selbst treten auch Gänge von Bleiglanz mit Flußspat und Kalkspat als Gangart auf. Die Vorkommen wurden von den Negern zu kosmetischen Zwecken beschürft.

Nachrichten über die Ergebnisse von neuen Bergbauaufschlüssen liegen hier nicht vor.

Der Bleiglanz westlich Jebjeb, dessen Gänge nicht aufgeschlossen sind, scheint mit Quarz, Zinkblende und Eisenglanz vergesellschaftet zu sein.

Bei Surak im Bezirk Adamaua treten Bleiglanzgänge mit außerordentlich hohem Silbergehalt (3 kg/t) auf. Surak liegt auf 10° 30′ ö. L. und 9° 15′ n. Br. im nordöstlichen Teil des Bezirks Muri, auf dem nördlichen (rechten) Ufer des Benuë und auf der Westseite des von N in den Benuë fließenden Kudu. Die Erzgänge liegen hier, wie die übrigen Bleiglanzvorkommen Nigerias, in den Sedimenten der Kreide.

Der Bleierzbergbau in Nigeria liegt in den Händen der *Northern Nigerian Lead Mines Ltd.*, die bei Surak arbeitet, und der *Gold and Base Metal Mines of Nigeria Ltd.* Letztere Gesellschaft legte 1937 ihren Betrieb in Abakaliki still.

Auch die Northern Nigerian Lead Mines haben nach Zeitungsnotizen ihren Betrieb 1937 eingestellt und wurden liquidiert.

Nigeria förderte nach Min. Industr. Brit. Empire 1935—1937, S. 205, seit einer Reihe von Jahren geringe Bleimengen:

1935	690 t Blei-Inhalt
1936	830 t
1937	563 t nebst 3176 kg Silber.

Die Produktion des Jahres 1937 kam anscheinend ganz aus Surak.

6. *Gold*

Gold ist in Nigeria in kleinen, meist nicht bauwürdigen Mengen weitverbreitet. Die Lagerstätten sind namentlich von *W. Russ* beschrieben worden.

Der größte Teil des goldführenden Gebietes besteht aus Sedimentgneisen, Phylliten und Schiefern, die stark gefaltet sind und im Gneisgranit schwimmen, dazu kommen jüngere Intrusivgesteine, wie Diorit, Quarzdiorit, Pegmatitgänge mit Turmalin und Muskowit und Quarzgänge, die ebenfalls z. T. Turmalin und Muskowit führen.

Von besonderem Interesse sind die Chlorit- und Glimmerschiefer. Die Sättel dieser stark gefalteten Gesteine führen häufig Gänge von goldhaltigem Quarz, sogenannte „saddle reefs", die oft die Form eines umgekehrten V haben und von denen oft mehrere übereinander liegen. Die Faltenachsen schieben nach N ein.

Etwa 99 v. H. des in Nigeria geförderten Goldes stammen aber aus Flußseifen. Die älteren Flußterrassen sind bisher nur wenig untersucht.

Die wichtigsten goldführenden Alluvialgebiete liegen zwischen Kaura Namoda in der Provinz Sokoto und Bida in der Niger-Provinz.

Im Eluvium, also im Verwitterungsboden, sind an einzelnen Stellen, z. B. bei Kasai, etwa 50 km östlich der Eisenbahnstation Minna und etwa 15 km weiter südlich bei Boni, bauwürdige Goldgehalte gefunden, obwohl keine Quarzgänge in diesem Gebiet bekannt sind.

Die Sattelgänge sind bisher nur an wenigen Stellen gebaut worden, z. B. bei Birnin Gwari, westlich Saria; der Goldgehalt ist nicht hoch, etwa 7—8 g je Tonne neben 7—8 g Silber.

Ein Gang bei der Eisenbahnstation Minna ist über 300 m streichende Länge in einer Mächtigkeit von etwa 90 cm bis 1 m verfolgt. Der an Sulfide gebundene Goldgehalt beträgt bis zu 25 g je Tonne. Es handelt sich hier aber um einen an eine Störung gebundenen Gang, nicht um einen Sattelgang.

Ein anderer Gang bei Remi, 80 km südöstlich von Kano, dessen durchschnittliche Mächtigkeit 60 cm beträgt und der über 400 m streichende Länge verfolgt ist, hat (wohl nahe am Ausgehenden) Goldgehalte von 6 bis zu 60 g je Tonne ergeben.

Auch bei Bin Jauri und Mailele in Sokoto sind Golderzgänge untersucht.

Von Interesse ist die Beobachtung, daß an der Basis der tertiären Sandsteine (= Sokoto- und Lokodja-Sandstein, S. 287) in der Gegend zwischen dem Niger und seinem Nebenfluß Kaduna im Gebiet zwischen Kontagora und Jebba Schotterbänke liegen, die geringe Goldgehalte aufweisen. Auch in den Gebieten, in denen heute der Sandstein (von manchen Autoren auch als „Nupe-Sandstein" bezeichnet) abgetragen ist, führt der Verwitterungsboden kleine Goldgehalte.

Der Goldbergbau in Nigeria ist unbedeutend; er wurde eigentlich erst durch die Wirtschaftskrise ins Leben gerufen, scheint aber trotz der Abwertung des englischen Pfundes seinen Höhepunkt überschritten zu haben, wie die folgenden Zahlen zeigen.

1927	0,08 kg	1933	541 kg
1928	2,7 „	1934	1150,4 „
1929	5,6 „	1935	1211,7 „
1930	8,0 „	1936	1037,6 „
1931	21,6 „	1937	825,1 „
1932	84 „	1938	773 „

Diese verhältnismäßig kleine Produktion wurde zum größten Teil von den folgenden Gesellschaften erzeugt:

Nigeria Gold Mines Ltd., London.
A. J. Karuni.
Gold Areas of Nigeria Ltd.

Sokoto (Nigeria) Gold Mines Ltd.
Gold and Base Metals Mines of Nigeria Ltd.
H. A. Clarson.

In Goldseifen des Samfara-Flusses wurden auch kleine Körnchen von Osmiridium gefunden (Annual Report 1934).

7. *Eisen*

Im Süden der Provinz Kabba treten bei den Orten Okuruku, Atuka, Anom, Bangedde und anderwärts Magnetit-Quarzitschiefer (Itabirit) auf, in denen neben dem z. T. in Martit umgewandelten Magnetit auch Quarz, Hornblende sowie z. T. Hypersthen auftreten; Erzanreicherungszonen, wie in Sierra Leone und in Liberia, sind noch nicht bekannt geworden. Die Eisenquarzitschiefer in normaler Ausbildung kommen für den Abbau nicht in Frage.

Auf dem Ausgehenden der Itabiritzonen bilden sich durch Verwitterung reiche Brauneisenerze, die von den Eingeborenen verschmolzen wurden.

Brauneisenerz, z. T. oolithisch ausgebildet, ist in größeren und kleineren sedimentären Lagen und Linsen namentlich in der oberen Kreide und in den Tertiärschichten Nigerias weitverbreitet. Analysen dieser Erze sind bisher aber nicht bekannt geworden. Es scheint, daß die Erze teilweise nicht sehr rein sind. Für den Transport relativ günstig würden die Erze des Patti-Berges, dicht westlich Lokodja an der Mündung des Benuë in den Niger liegen. Der Patti-Berg wird gekrönt von einer etwa 30 m mächtigen Kappe von Brauneisenerz, die etwa 300 m über dem Fluß liegt und die auf mehrere Kilometer zu verfolgen ist. Auch auf anderen Tafelbergen der Umgebung steht das gleiche Erz in gleicher Beschaffenheit an. Das Erz ist ziemlich reich an P_2O_5. Nach Mining Journal 1938, S. 307 wird der Erzvorrat auf 2 Milliarden Tonnen mit 50% Fe geschätzt.

Am Mount Gidde, flußaufwärts bei Bare, ist ein gleiches Erzlager bekannt.

Das Auftreten dieser Erze erinnert sehr an die ebenfalls sedimentären Eisenerze im Nubischen Sandstein bei Assuan in Ägypten.

Vielleicht erhält das Erz in Zukunft wirtschaftliche Bedeutung.

Andere, wohl unbedeutende Lagerstätten sind in „The Iron Ore Resources of the World, Stockholm 1910", Bd. 2, S. 1029—1031 erwähnt.

Die Ilmenit-Magnetitsande in den jungen Ablagerungen der von Süden kommenden Nebenflüsse des Benuë, namentlich des Taraba, des Donga und des Katsena, sind anscheinend noch nicht näher untersucht.

8. *Kohlen*

a. Steinkohle

Einiges Wesentliche über das Vorkommen der Steinkohlen ist bereits oben (S. 281) mitgeteilt.

Von den fünf Flözen, unter denen im allgemeinen das dritte das mächtigste ist, sind immer nur Teile bauwürdig.

Das Verbreitungsgebiet der Steinkohlen ist auf die Gegend von Udi und Enugu begrenzt.

Die Kohle ist tiefschwarz; sie besteht aus abwechselnden Streifen von Matt- und Glanzkohle. Sie brennt mit heller, rußender Flamme. Über die Zusammensetzung geben folgende Analysen nach Nigeria Geol. Survey Bull. 6, S. 40 Aufschluß:

	1	2	3	4	5	6
Flüchtige Bestandteile	35,60	37,36	38,18	34,30	29,70	26,27
Fester Kohlenstoff	44,88	48,18	48,41	54,21	55,90	62,90
Asche	14,89	7,42	4,79	4,35	5,20	4,48
Schwefel	0,73	1,15	0,76	0,05	—	—
Feuchtigkeit	4,63	7,04	5,62	7,14	9,20	6,35
Kalorien	6437	6580	6969	7368	—	—

Fundpunkte:

1. Atoto-Ebedde
2. Oboka
3. Udigrube, Alte Analyse
4. „ 30 m Tiefe
5. „ spätere Analyse
6. „ Analyse, März 1923.

Die Asche besteht im wesentlichen aus Ton und enthält weder P_2O_5 noch V_2O_5.

Ein gutes Profil über die Beschaffenheit der Kohlenschichten gibt ein Aufschluß im Olawba-Fluß (Bulletin 8, S. 39):

Hangendes

Sandstein	50 m
unreiner Sandstein	1,5 „
harter Sandstein	3,3 „
Kohlenflöz V	0,45 „
Kohlenschiefer	0,05 „
Sandstein	3,0 „
Sandsteinschiefer	1,8 „
sandiger Schiefer	1,8 „
brekziöser Schiefer	1,5 „
Kohlenflöz IV	0,12 „
Kohlenschiefer	0,06 „
brekziöser Schiefer	0,6 „
nicht aufgeschlossen	0,6 „
Sandstein	6,0 „
brekziöser Schiefer	1,5 „
Kohlenflöz IIIb	0,75 „
harter Schiefer	0,20 „

Kohlenflöz IIIa	0,75 m
Schiefer	4,0 ,,
Flöz II	0,45 ,,
Kohlenschiefer	0,07 ,,
sandiger Schiefer	1,5 ,,
Sandstein	10,0 ,,

Das Kohlenbecken von Udi umfaßt eine Fläche von fast 3000 qkm, in der 4—5 Flöze zu verfolgen sind; nur ein Teil von ihnen ist bauwürdig. Die Vorräte werden auf 80—100 Millionen t geschätzt. Ob das ganze Kohlenfeld vollständig untersucht ist, geht aus der Literatur nicht hervor.

Die auf den beiden im Staatsbesitz befindlichen Gruben Udi und Iva gewonnene Kohle wird zum größten Teil auf den Staats-Eisenbahnen in Nigeria selbst verheizt, geht aber z. T. auch nach Port Harcourt, wo sie als Bunkerkohle verkauft wird, und zum gleichen Zweck nach der Goldküste.

Es wurden gefördert:		Verschifft wurden	
1935	257 819 t	1935	36 728 t
1936	291 651 t	1936	46 975 t
1937	363 181 t	1937	44 234 t

Die tägliche Förderkapazität ist 1200 t. Die Verwaltung der Gruben liegt in den Händen der staatlichen Nigerian Railways. Privatbergbau auf Kohle ist untersagt.

b. Braunkohle

Die Kohlen der Lignitgruppe (S. 285) treten hauptsächlich im Bereich der Ostbahn in den Provinzen Onitscha und Owerri auf, besonders in der Gegend bei Onitscha am Niger und westlich davon, etwa 100 km nördlich Port Harcourt.

Es handelt sich um 2 bis 3 Flöze, die zwischen dicken Bänken von grauweißem sandigem Ton liegen. Die Mächtigkeit der Kohlenflöze schwankt zwischen 0,3 und 4 m, die der Tonbänke zwischen 20 und 30 m. In der Nähe der Flöze ist der Ton meist schiefrig und enthält unreine Kohle. Stellenweise liegt ein etwa 2 m mächtiges Flöz an der Basis.

Die folgenden Profile geben ein gutes Bild.

Profil bei Ihiawma:
(Bulletin 12, S. 38)

Benin-Sand	36 m
Lignit (Oberkante nicht aufgeschlossen)	0,6 ,,
kohliger Schiefer	2,1 ,,
Lignit	0,9 ,,
kohliger Schiefer	2,1 ,,
sandiger Ton	2,8 ,,
überrollt	10 ,,
Lignit	2,9 ,,
kohliger Schiefer	1,1 ,,

Profil am Ojovo-Fluß bei Uma Ahia:
(Bulletin 8, S. 80)

Benin-Sand	54 m
Lignit	0,5 ,,
grauer Ton mit Pflanzenresten	1,5 ,,
Lignit	1,2 ,,
weißer Ton	Mächtigkeit unbekannt

Profil am Ekulu-Fluß:
(Bulletin 12, S. 40)

Weißer schieferiger Sandstein	1,5 m
Braunkohle	1,2 ,,
Kohlenschiefer	1,5 ,,
Eisenstein und eisenschüssiger Sandstein	0,6 ,,
Grauer sandiger Kohlenschiefer	2,4 ,,
Weißer Ton	2,1 ,,
Nicht aufgeschlossen	12,0 ,,
Braunkohle	0,75 ,,
Unreine Kohle	0,9 ,,
Dunkler Ton, durch Kohle verunreinigt	0,6 ,,
Weißer und farbiger Ton	0,45 ,,

Die Mächtigkeit der einzelnen Flöze kann beträchtlich schwanken. Die Kohle ist großenteils erdig, stellenweise ist die Holzstruktur erkennbar; oft sind auch Stämme erhalten. Fossilien sind aber bisher nicht bekannt.

Wahrscheinlich handelt es sich nicht um durchgehende Flöze, sondern um ausgedehnte flache flözartige Linsen von allochthonem Material, die annähernd horizontal liegen.

Die Flöze liegen annähernd horizontal.

Die Kohle läßt sich nach den Versuchen von *R. C. Wilson* (Nigeria Geol. Survey, Occas. Paper Nr. 1, 1925) brikettieren, destillieren und verkoken. Sie wird mit der deutschen Braunkohle verglichen.

Analysen

	Ojivo-Fluß	Osu Itukwa	Newi
Flüchtige Bestandteile	35,28	48,60	44,91
Fester Kohlenstoff	29,11	27,19	32,37
Asche	4,89	5,01	10,11
Feuchtigkeit	30,72	19,20	12,62
Schwefel	3,54	0,38	1,07
Kalorien	37,26		

Die Kohle ist also durchaus nicht so wertlos, wie man oft annimmt.

Der bei 600° durch Destillation gewonnene Koks hat folgende Zusammensetzung:

Fester Kohlenstoff	78,25 v. H.
Flüchtige Bestandteile	5,00 ,,
Asche	16,78 ,,
Schwefel	1,52 ,,

6670 Kalorien.

Die Destillation der Braunkohle ergab folgende Werte:

	bei 600° C		bei 650° C	
Teer	99 l	je Tonne	58 l	je Tonne
Leichtöl	29,7 l	,, ,,	33 l	,, ,,
Gas	5,1 cbm	,, ,,	7,1 cbm	,, ,,
Ammonium-Sulfat	4,5 kg	,, ,,	8,5 kg	,, ,,
Koks	463 kg	,, ,,	453 kg	,, ,,

9. *Erdöl*

Im Küstengebiet östlich Lagos sind in den Alluvialschichten Ölspuren bekannt. In den Ton- und Sandschichten finden sich mehrfach Imprägnationen und gangartige Vorkommen von Bitumen. Die Angelegenheit ist aber stets geheim behandelt worden. Vor und nach dem Weltkriege sind mehrere Bohrungen ohne Erfolg niedergebracht worden, ebenso wie in den übrigen Ländern am Golf von Guinea. Die Bohrungen in Nigeria scheinen weder die Kreide noch das Tertiär erreicht zu haben, die als Öl-Muttergesteine in Frage kommen (vgl. *Parkinson*, 1926).

10. *Kaolin*

In den Provinzen Abeokuta und Oja, namentlich in der Gegend von Abeokuta, liegen auf dem Archaikum Schichten des Eozän, die in zwei Stufen gegliedert werden können (vgl. S. 284):

Der obere Teil besteht aus grobem rotem Sandstein mit Bänken von lockerem Sand und sandigem Ton. Außerdem enthält der Sandstein stellenweise mehrere Lagen von Kaolin, im liegenden Teil auch Tonlagen; seine Mächtigkeit beträgt etwa 60 m.

Der untere Teil umfaßt tonige und sandige Schichten mit drei Phosphat-Horizonten.

Die obere Stufe transgrediert nach N über die untere hinweg auf das Archaikum.

Hauptsächlich im Westen, bei Meko, an der Dahomegrenze, auf 7° 25′ n. Br., finden sich Lager von gutem Kaolin. Hierher gehören das über 3 m mächtige Kaolinlager bei Bamajo und das über 3½ m mächtige Lager von Eleffun; der hier anscheinend von Eingeborenen gewonnene Kaolin wird geschlämmt und zu medizinischen Zwecken verkauft.

Eine Gruppe von Kaolinvorkommen liegt dicht über der Basis der Sedimente und besteht aus in situ zersetztem Gneis.

Die übrigen Kaolinvorkommen liegen in verschiedenen Horizonten darüber und sind sedimentär.

Bei Afon wurde von *W. Russ* (Nigeria Geol. Survey. Ann. Rep. für 1933, S. 48) folgendes Profil beobachtet:

Grober, dickbankiger roter Sandstein	1,20 m
Grober Sandstein mit Eisenbindemittel	0,55 ,,
Kaolinisierter Biotitgneis	0,51 ,,
Grober Pegmatit	0,38 ,,
Kaolinisierter Biotitgneis.	

Der Kaolin ist von guter Qualität und eignet sich zur Herstellung von Porzellan. Mengenangaben fehlen. Brauneisenerzlager sind in mehreren Horizonten vorhanden.

11. Phosphat

Bei Oschosun, 45 km nördlich Lagos an der West-Eisenbahn, treten Eozänschichten auf, die im oberen Teil aus roten, meist ungeschichteten sandigen Sedimenten bestehen mit Bänken und Linsen von grobem Sandstein mit kieseligem Bindemittel, die Konglomeratlagen und einzelne Gerölle enthalten; ferner nicht aushaltende Lagen von grauem, grünem, rotem und gelbem Ton. Die Schichten scheinen im allgemeinen fossilleer zu sein (S. 287). *W. Russ* (1924) hat die Lagerstätte eingehend beschrieben.

Wichtig in diesem Schichtenkomplex ist der liegende Teil, eine Zone von feingebändertem olivgrünem und grauem, auch hell-ockerfarbigem Ton, der z. T. zu Schieferton verhärtet ist und der stellenweise Adern, Linsen und Häutchen von Aluminium-Phosphat aus den darüberliegenden Phosphatbänken führt. Außerdem enthält der Ton reichlich Gips- und Aragonitkristalle. Toneisenstein-Konkretionen sind ebenfalls vorhanden, die gut erhaltene Fischreste enthalten. Gelegentlich finden sich im Ton Schnecken und Muscheln.

Die ganze Schichtenfolge hat eine Mächtigkeit von etwa 100 m. Darunter folgt der kristalline Untergrund mit unregelmäßig hügeliger Oberfläche.

Drei Phosphathorizonte sind bekannt. Die beiden unteren liegen im Ton selbst, das dritte in dem groben gefleckten Sandstein darüber.

Der oberste Phosphat-Horizont ist etwa 1,20 m mächtig („normales Phosphat") und über eine sehr große Fläche zu verfolgen.

Der mittlere Horizont, 30—60 cm über dem tiefsten gelegen, führt Blöcke von phosphatisiertem Kalk und ist nur über eine weit kleinere Fläche zu verfolgen.

Der tiefste Horizont liegt 15 m unter dem obersten. Die Mächtigkeit ist gering.

Alle drei Phosphat-Horizonte enthalten interessanterweise Glaukonitkörner.

Das normale Phosphat zeigt folgende Zusammensetzung:

P_2O_5	23,70	bis	33,02	v. H.
CaO	0,26	,,	38,43	v. H.
MgO	0,86	,,	1,90	v. H.
Fe_2O_3	0,57	,,	10,93	v. H.
Al_2O_3	4,92	,,	30,50	v. H.

Das Phosphat ist in Zitronensäure leicht löslich.

Der Beschaffenheit nach werden unterschieden:

	Körniges Phosphat	Knolliges Phosphat	Derbes Phosphat
P_2O_5	20,9 v. H.	26,8 v. H.	31,77 v. H.
$Ca_3P_2O_8$	66,2 v. H.	58,8 v. H.	69,38 v. H.
Ae_2O_3	—	—	34,60 v. H.
Fe_2O_3	—	—	2,40 v. H.

Phosphat-Analysen

nach *W. Russ*, Geol. Surv. Nigeria Bulletin 7, 1924, S. 29

	1	2.	3.
P_2O_5	31,99	31,38	26,30
CaO	38,43	31,68	1,18
MgO	1,90	0,86	1,29
Fe_2O_3	5,94	4,56	7,19
Al_2O_3	4,92	11,50	29,67
MnO	0,38	0,10	sp.
TiO_2	—	sp.	0,55
SiO_2	4,40	6,68	8,38
K_2O	0,26	0,10	0,12
Na_2O	0,28	0,44	0,16
SO_3	0,54	1,27	0,33
Cl	0,15	0,40	0,24
CO_2	2,11	2,26	0,64
H_2O (— 105°)	3,38	3,12	5,34
H_2O (+ 105°)	5,87	5,06	18,42
P_2O_5 löslich in 2,5 v. H. Zitronensäurelösung	7,78	8,46	0,13

1. Körniges Phosphat, Oschosun.
2. Knolliges Phosphat, Oschosun.
3. Poröses Phosphat, Schojinka. Es handelt sich hier um ein typisches Aluminium-Phosphat.

12. Glimmer

Glimmer ist auf zahlreichen Pegmatit-Gängen, namentlich auch auf denen, die Zinnstein führen, in großen Platten und Büchern bekannt. Seine Hauptverbreitungsgebiete fallen also z. T. mit dem Zinnstein-Pegmatit zusammen. Namentlich der Gang bei Akwa Ibame an der Straße nach Ujana Okosson führt große Glimmerplatten. Er liegt übrigens im gleichen Gebiet wie Essudan in Kamerun.

Immerhin hat man bisher dem Vorkommen von Nutzglimmer in Nigeria keine Beachtung geschenkt. Die Statistiken geben keine Ausfuhr von Glimmer an.

Im Nordosten der Provinz Benin wurden 1938 kleinere Glimmermengen gewonnen (Mining Magaz. Febr. 1940).

13. Salz

Die Schichten der oberen Kreide am Benuë besitzen an mehreren Stellen einen gewissen Salzgehalt, der vom Grundwasser gelöst und in Quellen und

Sumpfgebieten an die Oberfläche kommt, wo das Salz von den Negern, namentlich in der Provinz Muri, gewonnen wurde. Die Erzeugung ist aber durch Einführung von europäischem Salz (50—60000 t jährlich) stark zurückgegangen. 1937 wurden 406 t Salz erzeugt.

14. Diatomeenerde

Im Westen und im Südwesten der Provinz Bornu und in Nordbautschi sind größere Vorkommen von Diatomeenerde bekannt.

Zwischen Potiskum und Gorgoram liegt ein Gebiet von etwa 4500 qkm, in dem der Rückstand jeder Quelle Diatomeenschalen enthält.

Zwischen Gurutu und Sabon Giri besteht der Rückstand fast ausschließlich aus Diatomeen. In diesem Gebiet steht der tiefste Teil vieler Brunnen in Diatomeenerde.

Auch bei Abakrai und bei Bularaba sind Lager von Kieselgur bekannt.

Das Material von Bularaba hat folgende Zusammensetzung:

SiO_2	78,16 v. H.
Fe_2O_3	1,78 v. H.
Al_2O_3	5,83 v. H.
TiO_2	0,39 v. H.
CaO	0,40 v. H.
MgO	1,00 v. H.
Glühverlust . . .	12,04 v. H.

Das Material von Abakrai soll reiner sein. Die Verbesserung der Verkehrsverhältnisse scheint neuerdings geeignet zu sein, den Transport des Materials zu ermöglichen.

15. Diamant

Im Jahre 1934 wurden in Nigeria zwei Diamanten gefunden. Der eine fand sich in den Goldseifen des Birnin-Gwari-Gebietes und war von geringer Qualität. Der zweite wurde im Sokoto-Fluß gefunden; er wog etwas über 10 Karat und wurde mit 7 £ je Karat bewertet.

Das Schürfrecht und bei Nachweis der Bauwürdigkeit auch das Abbaurecht soll dem Consolidated African Selection Trust übertragen worden sein, der auch an mehreren Stellen Schürfarbeiten ausführen ließ. Näheres über einen Erfolg ist aber nicht bekannt geworden.

16. Grundwasser

In den weiten Gebieten archaischer Gesteine findet sich das Grundwasser einmal in dem oft tiefgründigen Verwitterungsboden, dann auf Klüften im festen Gestein und schließlich in den Alluvionen der Flüsse. In vielen Fällen sind diese Wasser der Verunreinigung ausgesetzt und daher oft gesundheitsschädlich. Namentlich gefährlich ist der Guineawurm, dessen Eier durch *Cyclops* übertragen werden.

In mächtigeren ausgedehnten Flußterrassen aber, die nach oben abgedichtet sind, und in tiefen Horizonten der Ablagerungen der großen Flußtäler ist häufig einwandfreies Trinkwasser zu finden.

Im Tschadbecken sind die Niederschläge z. T. äußerst gering, die Verdunstung im Gegensatz dazu sehr stark. Wie durch zahlreiche Bohrungen festgestellt ist, speisen fast ausschließlich die großen Flüsse die Grundwasserhorizonte. Daher liegt der Grundwasserspiegel um so tiefer, je weiter man sich von den Flüssen entfernt.

In den Gebieten, in denen der Ton des Tschadbeckens abgelagert ist, sind verschiedene Grundwasserhorizonte in den eingelegten Sandschichten im Ton vorhanden; da die Ton- und Sandschichten nach der Beckenmitte hin einfallen, so ist stellenweise artesisches Wasser vorhanden. Der oberste Wasserhorizont über dem Ton ist oft verunreinigt.

In den Tonschiefern der Kreide liegen sandige Schichten, die gutes Grundwasser führen.

In den vorwiegend sandigen Gesteinen der großen Tertiärgebiete liegen mehrere Tonlager, über und unter denen meist einwandfreies Trinkwasser zu finden ist. Der Grundwasserspiegel liegt aber z. T. recht tief, in 80—100 m Tiefe.

Auch in der Benin-Provinz nahe der Küste sind die Wechsellagerungen von Ton und von kreuzgeschichteten Sanden für das Auffinden von Trinkwasser günstig. An den Schichtgrenzen von Sand gegen Ton finden sich häufig Quellen.

Schrifttum

Nigeria

Veröffentlichungen des Geol. Survey of Nigeria.

A. Bulletins.

Bulletin 1. Falconer, I. D., The geology of the Plateau Tin fieldes. — (1921) 55 S. 10 Taf. 1 bunte geol. Karte 1 : 125000.

Bull. 2. Wilson, R. C., Bain, A. D. und Russ, W., The geology of the western railway, Sect. I. Iddo to Okuku. — (1922.) 63 S. 9 Taf. 1 bunte geol. Karte 1 : 250000.

Bull. 3. Newton, R., Eocene mollusca from Nigeria. With an appendix on the foraminifera by E. Herron-Allen und A. Earland. — (1922.) 114 S. 12 Taf.

Bull. 4. Falconer, I. D. und Raeburn, C., The northern tinfields of Bauchi Province. With notes by A. D. Bain and Russ. — (1923.) 67 S., 10 Taf. 2 bunte geol. Karten 1 : 125000.

Bull. 5. Raeburn, C., The tinfields of Nassarawa and Ilorin Provinces. — (1924.) 63 S. 7 Taf. 1 bunte geol. Karte 1 : 125000; 1 schw. Kärtchen des Ilorinfeldes.

Bull. 6. Bain, A. D., The Nigerian coal field. Section I. Enugu area. Mit Beiträgen von R. B. Newton und A. C. Seward. (1924.) 81 S. 9 Taf. Abbild. 1 Taf. Profile. 1 bunte geol. Karte 1 : 12500.

Bull. 7. Russ, W., The phosphate deposits of Abeokuta Province. Mit Beitrag von C. W. Andrews. (1924.) 43 S. 5 Textfig. 6 Taf. Abbild. 1 Taf. Profile. 1 schwarzer Lageplan ohne genauen Maßstab.

Bull. 8. Wilson, R. C., The geology of the Eastern railway. Sect. I. Port Harcourt to Enugu. Mit Beitrag von A. D. Banl. (1925.) 95 S. 3 Textfig. 8 Profile. 1 schwarzer Lageplan. 7 Taf. 1 bunte geol. Karte 1 : 250000.

Bull. 9. Raeburn, C., The geology of Mama Nassarawa Province. — (1926.) S. 9—19. 1 Textfig. u. Teil der bunten geol. Karte I. (1 : 125000.)

Falconer, I. D., The southern Plateau Tin Fields and the Sura volcanic line. (1926.) S. 19—37. 1 bunte geol. Karte 1 : 125000. 1 schw. Karte i. Text.

Bain, A. D., The geology of Banchi Town and surrounding district. (1926.) S. 38—67. 1 bunte geol. Karte 1 : 62500. 1 schw. Karte 1 : 62500.

Bull. 10. White, I. E., Eocene fishes from Nigeria. With an appendix on the otolithes by G. Frost. (1926.) 87 S. 18. Taf. 23 Textfig.

Bull. 11. Raeburn, C., The geology of south-eastern Zaria. (1927.) S. 9—38. Südteil der bunten geol. Karte 1 : 125000.

Bain, A. D., The geology of the Kudaru Hills. (1927.) S. 39—48. NW-Teil der bunten geol. Karte 1 : 125000.

Russ, W., The geology of the Banke and the Liruein Hills. (1927.) S. 49—71. 1 Lageskizze. 7 Taf. Nordteil der geol. Karte.

Raeburn, C., Tinstone in the Calabar district. (1927.) S. 72—88. 1 schw. geol. Karte 1 : 250000.

Bull. 12. Wilson, R. C. und Bain, A. D., The nigerian coalfield. Sect. II. Parts of Onitscha and Owerri Provinces. — Appendix: Albian Ammonoidea by F. L. Spat. (1928.) 54 S. 6 Taf. Bunte geol. Karte 1 : 125000.

Bull. 13. Swinton, W. E., On fossil Reptilia from Sokoto Province. With a preliminary note on the sedimentary rocks of Sokoto Province. (1930.) 60 S. 15 Taf. 1 Übersichtskärtchen.

Bull. 14. White, E. I., Fossil fishes of Sokoto Province. (1934.) 78 S. 10 Taf. 15 Textfig. — Literatur!

Bull. 15. Raeburn, C. und Jones, B., The Chad Basin: Geology and Water supply. (1935.) 61 S. Bunte geol. Karte 1 : 3 Mill. 4 Profile. 1 Taf. Bohrprofile. 1 Niederschlagskarte.

Bull. 16. Cochran, H. C., The technique of well sinking in Nigeria. (1937.) 63 S. Schwarze Karte der Bohrpunkte 1 : 2 Mill. 8 Textfig. 1 Taf. technische Zeichnungen.

B. Occasional Papers.

1. Wilson, R. C., Brown coal in Nigeria. (1925.) 21 S. 1 Lagerskizze.
2. Nopcsa, F., On some reptilian bones from the Eocene of Sokoto. (1925.) 15 S. 2 Taf. Literatur.
3. Brighton, A. G., On some cretaceous Echinoids from Nigeria. (1925.) 21 S. 5 Textfig.
4. Braunholtz, H. J., Stone implements of paleolithic and neolithic types from Nigeria. (1926.) 20 S. 6 Taf. 1 Lageskizze.
5. Carter, I. Th., The rostrum of the fossil swordfish *Cylindracanthus* Leidy (*Coelorhynchus* Agassiz), from the Eocene of Nigeria. (1927.)
6. Wilson, R. C., Notes on the Geology of the Mamfe Division, Cameroons Province. (1928.) 23 S. 1 schw. geol. Karte 1 : 300000.

C. Annual Reports.

Einige wichtigere Arbeiten sind in dem unten folgenden Schriftenverzeichnis erwähnt.

Zahlreiche Mitteilungen über Ausführung von Wasserbohrungen sind in den Annual Reports enthalten.

D. Karten.

Farbige geolog. Karte von Nigeria 1 : 2 Mill. im Annual Report für 1934.

Farbige geolog. Karte der Zinnfelder von Nigeria 1 : 250000. Zusammengestellt von I. D. Falconer. 1927. 2 Blätter.

Außerdem elf farbige geolog. Spezialkarten in den Bulletins 1, 2, 4, 5, 6, 8, 9, 11, 12.

Weiteres Schrifttum

Die Ergebnisse der älteren Literatur sind zusammengefaßt in dem ausgezeichneten Werk:

Falconer, I. D., The geology and geography of Northern Nigeria. London 1911. 295 S. 24 Taf. 1 bunte geol. Karte 1 : 2 Mill.

— — —, Mineralogy and Geology of Nigeria. — In: The Nigeria Handbook. 11. Ausgabe, London 1936, S. 105 bis 117. Mit bunter geol. Karte und bunter Lagerstättenkarte 1 : 7 Mill.

Andrews, C. W., Abstr. Proc. Zool. Soc. London Nr. 158, 1916, S. 30; Proc. Zool. Soc. London 1916, S. 514—524; 1920, S. 309—319.

Bain, A. D., The Coal field. Nigeria Geol. Surv. Ann. Report. 1920, S. 6—10.

Bain, A. D., The younger intrusive rocks of the Kudaru Hills (Nigeria). Quart. Journ. Geol. Soc. London. Nr. 358, 1934, S. 201—236.

Grummith, W. C., The gold bearing country east of Minna, Northern Nigeria. Mining Magaz. London. Bd. 49 (1933), S. 148—158. 1 Textkärtchen 1 : 500000.

Hayes, I. S., The development of the Udi coal field. Colliery Guardian. Bd. 120, S. 311.

Johnson, R. H., The birth of a tinfield. Mining Magaz. Bd. 33 (1925), S. 9—15. 2 Kartenskizzen i. Text.

Joleaud, L., Essai sur l'évolution des milieux géophysiques et biogéographiques. Bull. Soc. géol. France. Bd. 23 (1924).

Jones, B., The geology and water supply of Daura and Katsina Emirates. Nigeria Geol. Surv. Ann. Rep. 1933, S. 6—19; bunte geol. Karte 1 : 500000.

Jones, B., The geology of Southern Bornu. Nigeria Geol. Surv. Ann. Rep. 1931, S. 9—14; bunte geol. Karte 1 : 500000.

Jones, B., The geology and water supply of Northern Bornu and North-Eastern Kano. Nigeria Geol. Surv. Ann. Rep. 1932, S. 6—12. 1 schw. Karte 1 : 2 Mill.

Schrifttum

Parkinson, I., A note on the youngest beds of the Southern Province of Nigeria. Geol. Magaz. London. Bd. 48 (1926), S. 350—353.

Raeburn, C., Cochran, H. A. und Brymmore, I., Exploitation des eaux subterraines dans les régions sèches de la Nigeria. Congr. internat. des Mines etc. VII. Session, Paris. 1935 (ersch. 1936). Sect. Géol. appl. Bd. 2, S. 783—789.

Reinheimer, S., Beitrag zur Kenntnis der Zinnerzvorkommen im nördlichen Nigeria. Zeitschr. f. prakt. Geol. 1921, S. 17—27. 8 Abbild.

Roberts, A. T., Native tin smelting in Nigeria. Min. Magaz. Bd. 30 (1924), S. 339—344. 6 Abbild.

Rumbold, W. R. und Johnson, R. H., The Nigerian Tin deposits. Mining Magaz. Bd. 33 (1925), S. 73—83. 6 Abbild.

Russ, W., The Minna-Birnin Gwari Belt. Nigeria Geol. Surv. Ann. Rep. 1930, S. 10—14.

Russ, W., The Birnin Gwari Goldfield. Niger. Geol. Surv. Ann. Rep. 1931, S. 3—9. 1 Feldkarte.

Russ, W., The Minna-Birnin Gwari Goldfield. Niger. Geol. Surv. Ann. Rep. 1932, S. 33—36.

Russ, W., The Nigerian Goldfield. Mining Magaz. Bd. 49 (1935), S. 278—282.

Russ, W., Reconnaissance survey of parts of Abeokuta and Oya Provinces. Nigeria Geol. Survey. Ann. Rep. 1933, S. 43—50. Karte 1 : 250000 mit Lage der Kaolinvorkommen.

Russ, W., A review on the Nigerian Goldfield. Nigeria Geol. Surv. Ann. Rep. 1934, S. 6—16. 1 bunte geol. Skizze. 1 : 2 Mill. 1 bunte Skizze 1 : 125000.

Russ, W., The Nigerian Goldfield. Min. Magazine. Bd. 53 (1935), S. 305—309.

Tattam, C. M., The Lead-Zinc deposits of Ogoya Province. Nigeria Geol. Survey. Ann. Rep. 1930, S. 14—24. Vgl. Ann. Rep. 1933, S. 50—51 und 1934, S. 18.

Tattam, C. M., Water supply in Benin Province. Nigeria Geol. Survey. Ann. Rep. 1933, S. 10—16. 1 Taf.

Tattam, C. M., Water supply, Owerry Province. Nigeria Geol. Survey. Ann. Rep. 1934, S. 16—18.

Tattam, C. M., The geology of Borgu Division (Preliminary report). Nigeria Geol. Surv. Ann. Rep. 1935, S. 6—12.

Tattam, C. M., Geology of Borgu Division. Nigeria Geol. Survey. Ann. Rep. 1936, S. 3—9. Bunte geol. Karte 1 : 500000.

Williams, G. W., Preliminary note on the geology of Ningi Hills, Northern Nigeria. Geol. Magaz. 1920, S. 434.

Woodward, A. S., Abstr. Proc. Geol. Soc. London, Nr. 989, 1916, S. 51. Nr. 1042, 1909, S. 101.

X. KAMERUN

X. a. Der geologische Bau von Kamerun

Von Fritz Behrend

Deutsch-Kamerun umfaßt eine Fläche von rund 800000 qkm. Die Größe unserer Kolonie hat sich mehrfach geändert. Das ursprüngliche alte Kamerun umfaßte einschließlich des Gebietes zwischen den Flüssen Schari und Logone im Tschadsee-Gebiet eine Fläche von 544000 qkm.

Durch den Marokkovertrag von 1911 trat Frankreich als Entschädigung für die Ansprüche in Marokko einen kleinen Teil seiner Provinz Mittelkongo in Äquatorialafrika an der Kameruner Ostgrenze und einen Teil von Gabun an der Südgrenze an Deutschland ab. Dieser ganze Neubesitz umfaßte etwa 270000 qkm. Dafür erhielt Frankreich von Deutschland das Gebiet zwischen Schari und Logone mit einem Flächeninhalt von etwa 25000 qkm.

Durch den Versailler Vertrag nahm Frankreich eigenmächtig die neuerworbenen Teile zurück. Von dem Gebiet zwischen Logone und Schari, das 1911 im Austausch dafür an Frankreich abgetreten worden war, war dabei nicht mehr die Rede.

Den verbleibenden Rest der Kolonie mit 519000 qkm teilten England und Frankreich unter sich in der Weise, daß England sich mit zwei kleineren Gebieten an der Nigeria-Grenze begnügte, die etwa 89000 qkm umfassen und die verwaltungsmäßig der Kolonie Nigeria angegliedert sind. Im englischen Mandat lag auch das sehr wertvolle Gebiet deutscher Pflanzungen am Kamerungebirge.

Den großen östlichen Teil (431320 qkm) übernahm Frankreich als Mandatsgebiet unter besonderer Verwaltung. Über die Entwicklung dieses Teiles gab die französische Regierung jährlich ausführlichen Bericht.

Die Küste des Schutzgebietes Kamerun ist nur etwa 300 km lang, im nördlichen Teil durch zahlreiche Buchten stark gegliedert und mit mehreren guten Häfen (Viktoria und Tiko im britischen Mandatsgebiet, Duala im französischen Mandat) versehen. Die Südküste ist geradlinig und ohne natürliche Häfen. Der einzige größere Ankerplatz ist hier Kribi mit offener Reede.

Das im Norden 50—70 km (in der Gegend von Duala fast 100 km) breite flache Küstenvorland wird nach S sehr schmal und ist in der Gegend von

Kribi nur noch wenige Kilometer breit; es besteht aus Sedimenten der Kreide, des Tertiär und jungen Bildungen. Über dem nördlichen Teil der flachen Küste erhebt sich das Kamerungebirge mit der 4070 m hohen Spitze des Fako.

Hinter der Küstenebene steigt das Gelände in mehreren Stufen allmählich zu den Hochländern empor, die eine mittlere Höhe von 500—900 m aufweisen. Auf diese Hochflächen sind mehrere Gebirge aufgesetzt, die sich bis zu mehr als 2000 m Höhe erheben. Diese Gebirge sind z. T. von großer landschaftlicher Schönheit.

Die Bevölkerung wird auf etwa 3,5 Millionen geschätzt. Davon leben im britischen Mandat etwa 860000, im französischen Mandat, einschließlich des von Frankreich nach dem Versailler Diktat zu Äquatorialafrika geschlagenen Teiles von Ostkamerun, 2,6 Millionen Eingeborene. Dazu kommen noch 2800 Europäer im französischen und etwa 410 Europäer im englischen Anteil.

Entsprechend der weiten Erstreckung des Landes über 12 Breitengrade ist das Klima in den einzelnen Teilen des Landes sehr verschieden. Das Küstengebiet ist feuchtwarm und hat Niederschläge von 3000—4500 mm, am Kamerunberg sogar bis zu 10000 mm; die größten Regenmengen fallen vom Mai bis Oktober. In den mittleren Hochländern sind die Regenmengen etwas geringer (1500—2000 mm). Dezember, Januar und Februar sind verhältnismäßig regenarm, ebenso Juli und August; hier sind also zwei Regenzeiten vorhanden. Weiter im Norden, in Garua, sind Dezember, Januar und Februar und März trocken; die Hauptregenmengen fallen im Juni, Juli und August. Von hier nach N zum Tschad hin ist das Klima zwar sehr warm, aber trocken. Die Regenmengen betragen nur noch 300—600 mm und fallen in den Monaten Juni bis Anfang September; November bis März sind ganz trocken.

Den Niederschlägen entsprechend ist die Vegetation verteilt. Hinter den die flache Küste begleitenden Mangrovewäldern dehnt sich ein breiter Streifen dichter Urwälder aus, der auch fast das ganze südliche Grenzgebiet bedeckt und der jede geologische Arbeit erschwert. In den Hochländern und im Norden dagegen ist die Landschaft offen, z. T. Savanne, in den Tschadländern ist stellenweise Dornbuschsteppe verbreitet.

Im britischen Mandat sind etwa 300 km private (Schmalspur-)Pflanzungsbahnstrecken vorhanden.

Im französischen Mandat liegen die beiden bereits in deutscher Zeit gebauten Eisenbahnlinien.

Die Mittellandbahn, 308 km, geht von Duala über Edea nach Jaunde, der jetzigen Hauptstadt. Von der Station Otele geht eine 38 km lange Nebenstrecke nach Mbalmajo am Nyong, der von dort auf etwa 250 km schiffbar ist.

Die 160 km lange Nordbahn geht von Bonaberi am rechten Ufer des Wuri, gegenüber von Duala, nach Nkongsamba im Norden am Manengubagebirge.

Beide Bahnen sind in 1 m-Spur gebaut.

Im französischen Mandatsgebiet sind gegen 6000 km Autostraßen vorhanden, die sämtlich von Jaunde, dem Endpunkt der Mittellandbahn, ausgehen. Eine Hauptstraße geht von Jaunde nach N über Joko, Ngaundere nach Garua, von dort führt eine in der Trockenzeit befahrbare Straße weiter über Marua und Fort Lamy zum Tschadsee.

Eine andere Hauptstraße geht von Jaunde nach O über Bertua, Baturi nach Bangi, wo sie Anschluß an das Straßennetz im Belgisch-Kongo hat.

Eine weitere Straße läuft von Jaunde nach NW über Bafia nach Nkongsamba, dem Endpunkt der Nordbahn. Abzweigungen gehen nach Dschang und Fumban.

Die südliche Hauptstraße endlich geht von Jaunde über Lolodorf nach Kribi. Von Lolodorf gehen Abzweigungen nach Edea, Eseka, Ebolowa und Sangmelima.

Weitere Hauptstraßen gehen von Jaunde über Ajos nach Abong Mbang und Lomie, ferner von Jaunde über Ambam nach Spanisch-Guinea.

A. Stratigraphie

Kamerun ist einer der geologisch bisher am wenigsten durchforschten Teile Afrikas. Das auf den gleichzeitig erscheinenden geologischen Karten 1 : 2 Mill. und 1 : 5 Mill. gezeichnete Bild kann nur eine Vorstellung vom Stande unserer heutigen Kenntnis geben und wird sich in Zukunft noch erheblich ändern, wie die geologische Karte von Afrika überhaupt.

Am Aufbau des Landes nehmen nach unserem Wissen die folgenden Formationen Teil:

Archaikum, Alt-Algonkium und Granitgneis („Alter Granit"),
Jung-Algonkium,
Katanga-Formation? (Kundelungu?),
Karru,
Verschiedene Sedimente unsicheren Alters,
Kreide,
Tertiär,
Quartär,
Intrusiv- und Effusivgesteine sehr verschiedenen Alters.

1. Archaikum, Alt-Algonkium und Alter Granit

Archaische und neben ihnen altalgonkische Gesteine bilden im westlichen Afrika eine riesige zusammenhängende Fläche, die sich von Togo über Dahome und Nigeria durch ganz Kamerun bis in den Englisch-ägyptischen Sudan hineinzieht und die nur stellenweise, z. B. im Niger- und Benuë-Tal, von jüngeren Sedimenten verdeckt ist.

Trotz scheinbarer Eintönigkeit wechseln die Gesteine in den einzelnen Gebieten erheblich. Neben dem örtlichen Wechsel des Grades der Metamorphose spielt auch die von Ort zu Ort wechselnde primäre Zusammensetzung der Gesteine dabei eine wesentliche Rolle. Wahrscheinlich umfaßt das Archaikum seinerseits mehrere Formationen.

Die von uns dem Archaikum zugerechneten Gesteine bestehen einerseits aus Sedimentgneisen, d. h. hochmetamorphen Sedimenten, und andererseits aus Orthogneisen, also gepreßten Eruptivgesteinen.

Bei unserer bisherigen mangelhaften Kenntnis vom geologischen Bau Kameruns ist eine sichere Abgrenzung der beiden Komponenten gegeneinander noch nicht möglich.

Haugou hat auf seiner 1935 erschienenen Karte drei ungefähr WNW streichende Zonen von vorherrschendem Orthogneis ausgeschieden, zwischen denen zwei in gleicher Richtung liegende Zonen mit vorherrschenden Sedimentgneisen und Glimmerschiefern liegen. Die Richtigkeit dieser Angaben muß aber noch im Felde nachgeprüft werden.

Die archaischen Gesteine sind zu mindestens vier Fünfteln am geologischen Bau der Oberfläche Kameruns beteiligt.

Die Sedimentgneise sind zum Teil zweifellos aus Arkosesandsteinen hervorgegangen und sind dann in ihrer Zusammensetzung den Orthogneisen recht ähnlich. Im übrigen haben die Sedimentgneise außerordentlich mannigfaltige Zusammensetzung. Lagenstruktur ist meist gut ausgebildet. Dazu treten noch stellenweise Muskowit- und Biotit-Glimmerschiefer, solche mit reichlicher Granatführung und andere mit Graphit. Auch Graphitgneise sind anscheinend stellenweise vorhanden.

Die Glimmerschiefergruppe scheint mehrfach gut entwickelt zu sein; wahrscheinlich gehört sie, wenigstens zum großen Teil, ins Alt-Algonkium; diese Teile können aber heute auf der Karte noch nicht dargestellt werden.

Der Hauptanteil der Orthogneise besteht aus granitischen Gesteinen, von denen das verbreitetste ein grauer mehr oder weniger deutlich gepreßter Biotitgranit ist, der in gleicher Ausbildung in zahlreichen Gebieten Afrikas große Flächenräume einnimmt und den wir gewöhnlich als „Alten Granit" bezeichnen und der auf der Karte mit dem Buchstaben G_1 angegeben ist. In Westafrika, in Ostafrika und an anderen Stellen sind die Gebiete des Alten Granites nach unseren bisherigen Kenntnissen auf der Karte ausgeschieden. In Kamerun liegen bis jetzt nur von wenigen Punkten genauere Angaben über diese Granitgebiete vor, so daß deren Abgrenzung Schwierigkeiten bereitet. Der größte Teil des Alten Granits ist daher auf der Karte noch mit dem Archaikum zusammengefaßt. Sicher gibt es auch hier ausgedehnte Gebiete Alten Granits, die kaum Pressungserscheinungen zeigen; häufig aber liegt echter Granitgneis vor.

Neben dem Biotit-Granitgneis treten auch Muskowit-, Zwei-Glimmer- und Hornblende-Orthogneise auf, die teilweise als Differentiationsprodukte des Biotitgranites, teils aber auch als spätere Intrusionen aufzufassen sind, die gleichzeitig mit dem Alten Granit in Gneis umgewandelt wurden. Basische Intrusivgneise dieses Zeitalters sind seltener.

Wahrscheinlich sind die verschiedenen Typen des Alten Granites in Kamerun weitverbreitet.

Der Alte Granit sitzt stets intrusiv in den hochmetamorphen Sedimenten.

Aus den einzelnen Gebieten werden sehr wechselnde Streichrichtungen der archaischen Gesteine angegeben, und es ist nach den bisher vorliegenden Beobachtungen nicht zu erkennen, ob es sich um spätere tektonische Verdrehungen einzelner großer Schollen oder um primäre Unterschiede in der Faltung von Sedimenten verschiedenen Alters handelt.

Stellenweise, namentlich in den Gebieten von Dschang, Banjo, Mbati Eseka, Jaunde, enthalten die Paragneise und Schiefer Rutil, der sich im Eluvium anreichert und an einigen Stellen in primitivem Bergbau gewonnen wird.

2. *Jung-Algonkium*

Jungalgonkische Gesteine haben in Kamerun eine verhältnismäßig geringe Verbreitung; anscheinend sind sie an vielen Stellen abgetragen und nur noch in Resten vorhanden.

In Nordkamerun sind es Glimmerschiefer, Phyllite, Quarzite und kristalliner Kalk, die die algonkischen Inseln im mittleren Farobecken südlich Garua und die bei Lere östlich Garua zusammensetzen.

Im östlichen Teil von Mittelkamerun, im Stromgebiet des Lom, zwischen den Orten Betare-Oja, Meiganga und Kunde, ferner im Südosten in der Gegend von Jukaduma fehlen die kalkigen Einlagerungen anscheinend, dagegen sind neben den Quarziten, Sandsteinen und Phylliten stellenweise auch Graphitschiefer vorhanden, die aber vorläufig keinerlei wirtschaftliche Bedeutung haben. Auch Eisen-Quarzitschiefer treten gelegentlich auf. Sie sind aber anscheinend nicht so weit und regelmäßig verbreitet wie in Togo.

Im Bereich des Mambere(Carnot)-Sandsteins (S. 332) am oberen Sanga ist von W nach O die Auflagerung des Jung-Algonkium auf Archaikum in den Flußtälern zu verfolgen, die durch die flachliegenden Sandsteintafeln bis in die alten Gesteine eingesägt sind. Im westlichen Teil des Gebietes besteht der Untergrund aus Ortho- und Paragneisen mit Durchbrüchen von Granit, Diorit und Gabbro. Darüber folgen nach O hin Glimmerschiefer, glimmerführender Sandstein, Phyllit und Quarzit. In der Umgebung von Nola und weiter nach S sind die Schiefer, Quarzite und Sandsteine nur schwach metamorph und streichen südwestlich.

Am Lom bestehen die Sedimente, die wahrscheinlich zum Jung-Algonkium zu stellen sind, aus Tonschiefern und kohligen Schiefern mit Linsen von sandiger Kohle.

Bei Betare-Oja enthält nach *Borgniez* (Chronique des Mines coloniales Nr. 44, 1935, S. 354—372) eine mächtige Zone von quarzitischem Sandstein eine geringmächtige Konglomeratbank mit sandiger Grundmasse und mit Quarzgeröllen.

In der Gegend von Carnot sind die Quarzite und Schiefer in N—S streichende Falten gelegt. Die Falten sind namentlich im Lomtal gut zu sehen und oft steil.

Wahrscheinlich auf diese Faltung ist auch die anscheinend große Mächtigkeit einzelner Sedimentstufen zurückzuführen. *Borgniez* berichtet z. B., daß an der Lomquelle eine Wechsellagerung von sehr mächtigen Sandstein- und Schieferpaketen zu beobachten ist. Eine einzelne Sandsteinzone und die darauf liegende Schieferzone sollen jede eine Mächtigkeit von mehr als 1000 m haben. Im ganzen schätzte *Borgniez* die Gesamtmächtigkeit der jungalgonkischen Schiefer, Sandsteine, Quarzite und dolomitischen Gesteine auf mehr als 3000 m.

Haugou gibt in der Erläuterung zu seiner geologischen Karte von Kamerun vom Stromgebiet des Lom zwischen Meiganga und Betare-Oja folgendes Profil vom Hangenden zum Liegenden:

Quarzitischer Sandstein,
Glimmerführender Sandstein mit tonigem Bindemittel,
Schieferiger Sandstein,
Metamorpher Schiefer, z. T. rötlich,
Graphitschiefer mit Linsen und Trümmern von schwach goldhaltigem Quarz.

Van Aubel (Bull. Soc. géol. France, V. Bd., 7, 1937, S. 295—316) hat das südöstliche Gebiet von Kamerun zwischen Jukaduma, Molundu, Sembe, Nola und Sosso genau untersucht und die dort auftretenden algonkischen Schichten in drei Stufen gegliedert, die dem Muva-Ankole-System im östlichen Afrika entsprechen. Der Metamorphismus der hangendsten Stufe ist kaum merklich, wird in der mittleren Schiefer-Quarzitstufe, die auf große Erstreckung zu verfolgen ist, deutlicher und ist in der tiefsten Schieferstufe am kräftigsten. Diese tiefste Stufe besteht vom Hangenden zum Liegenden aus folgenden Zonen:

Schwach metamorphe glimmerführende Schiefer, nicht gebändert.
Phyllit oder Glimmerschiefer mit Pyrit.
Amphibolschiefer, Quarzglimmerschiefer und Dachschiefer.

Amphibolitschiefer, aus Diorit hervorgegangen, und Pyroxenitschiefer sind häufig beobachtet.

Die Granitintrusionen des Gebietes gehören anscheinend einem einzigen Zyklus an und sind an den Rändern z. T. in Gneis umgewandelt.

Jünger als diese Granitdurchbrüche sind Gabbrostöcke und saure Granite, die nicht gepreßt sind. Die Sedimente sind verschieden gefaltet, teils NO, teils NW. Am Kontakt mit den Intrusivgesteinen sind sie meist in Gneis und Glimmerschiefer umgewandelt.

An diese jüngsten Durchbrüche von saurem Granit sind goldführende Pyrit-Quarzgänge gebunden (*Haugou*, 1936).

Im ganzen sind die Gebiete, in denen in Kamerun das Algonkium erhalten ist, ziemlich klein, und nur das von Jukaduma im Südostzipfel von Kamerun scheint erheblicheren Umfang zu besitzen. Es ist großenteils vom Alluvium des Ubangi-Unterlaufes verdeckt.

Interessant ist die Tatsache, daß die algonkischen Gesteine an vielen Stellen von einem Netz von pyritführenden Quarzgängen durchsetzt sind, die 10—80 cm Mächtigkeit erreichen und die nur stellenweise und nur gelegentlich bauwürdige Goldgehalte führen. Meist aber ist der durchschnittlich sehr geringe primäre Goldgehalt in den Alluvionen der das Gebiet durchziehenden Wasserläufe angereichert und hat zu ziemlich erheblichem Seifenbergbau Veranlassung gegeben, so namentlich im Gebiet des Lomflusses und bei Jukaduma. Die Goldproduktion, die im Jahre 1936 etwa 343 kg betrug, stammt fast ganz aus diesen Gebieten.

Im Ubangi-Gebiet in Französisch-Äquatorialafrika, in der Gegend von Fort Crampel und Bangi und weiter nach O hin bis fast an die Sudangrenze, nehmen algonkische Sedimente sehr große Flächenräume ein. Sie bestehen auch hier, wie üblich, aus Quarzit, Phyllit und Sericitschiefer, denen am mittleren Ubangi Zonen von Itabirit, aus Quarz und Magnetit bzw. Roteisen bestehend, eingeschaltet sind. An mehreren Stellen sollen erhebliche Eisenanreicherungen vorhanden sein.

Das Streichen des gefalteten Algonkium wird im wesentlichen zu NNW angegeben.

Intrusiva im Archaikum und Algonkium

Es wurde bereits erwähnt, daß in Kamerun Orthogneise verschiedener Art den archaischen Sedimenten zwischengeschaltet sind.

Stellenweise nehmen sie sogar erhebliche Flächenräume ein.

Die alten Sedimente sind also noch in archaischen Zeiten im Verlauf der Faltungsprozesse, wahrscheinlich in mehreren Perioden, von sauren Intrusivmassen durchbrochen und kontaktmetamorph verändert, z. T. assimiliert worden, vielleicht noch bevor sie in den Bereich der Kata- oder Mesozone gerieten. Mit dem endgültigen Abschluß dieser ersten Auffaltungsperioden waren auch die massenhaften Granitintrusionen beendet, die heute als Orthogneise zwischen den alten Sedimenten liegen.

Basische Intrusionen waren in dieser Periode anscheinend seltener und haben meist geringen Umfang gehabt. Sie liegen heute durchweg als Amphibolite und Pyroxenite vor.

Nun wird aber das Archaikum ebenso wie die algonkischen Schichten von zahlreichen großen und kleinen Massiven und Stöcken von granitischen

Gesteinen durchsetzt, die namentlich die algonkischen Sedimente im Kontakthof oft so wesentlich umgewandelt haben, daß sie den archaischen ähnlich werden. Die schnelle Abnahme der Umwandlung mit der Entfernung vom Intrusiv kennzeichnet aber stets die Kontaktmetamorphose.

In der Mehrzahl der Fälle bestehen diese Intrusiva, die also jung- oder postalgonkisch sind, aus Biotitgranit, in manchen Gebieten auch zum Teil oder vorwiegend aus Zwei-Glimmer-Granit. Reiner Muskowitgranit ist seltener. Hornblendegranit ist stellenweise, namentlich in Adamaua, ziemlich verbreitet.

Manche größeren Massive zeigen in den Randgebieten oft mehr oder weniger ausgesprochene Gneisstruktur, während der zentrale Teil meist normal granitisch struiert ist. Kleinere Stöcke sind oft völlig in Gneis umgewandelt. Andere Massive und Stöcke zeigen überhaupt keine Deformationserscheinungen.

Im übrigen durchsetzen diese jüngeren Intrusiva die archaischen Orthogneise ebenso wie die kristallinen Sedimente.

Außer den Graniten treten viel seltener auch basische Intrusivgesteine auf, die gelegentlich größeren Umfang besitzen (vgl. unten).

Aus dem Verhalten der Gesteine geht hervor, daß die Intrusionen offenbar in mehreren, vielleicht z. T. weit auseinander liegenden Perioden erfolgt sind.

Auf den „älteren" Karten (*Denayer*, 1928, ferner im großen französischen Kolonialatlas, der auf *Denayers* Karte fußt) sind die größeren Intrusiva teilweise dargestellt. Dagegen geben die neueren Karten (*Borgniez*, 1935, *Haugou*, 1935, *Korableff*, 1937 und 1940) archaische Gesteine und intrusiven Granit in gleicher Farbe an, *Haugou* und ihm folgend *Korableff* unterscheiden nur die Gebiete mit vorwiegendem Granitgneis von denen mit vorwiegendem Paragneis nebst anderen hochmetamorphen Sedimenten. Da aber doch einige recht erhebliche Massive von intrusivem Granit im Archaikum bekannt sind, wie z. B. im Mandara-Bergland, im Alantika- und Schebschigebirge, ferner im Gebiet zwischen Banjo, Tingere und Joko und am Südrande des Jade-Massivs bei Babua, Buar und Buala (die letzteren gehören vielleicht einem großen zusammenhängenden Massiv an, von dem nur die höchsten Teile das Archaikum durchragen), so müssen auch diese auf Übersichtskarten dargestellt werden, um ein vollständiges geologisches Bild zu geben.

Die granitischen Intrusiva in Kamerun weisen im Gegensatz zu denen in Togo ein reichliches Gefolge von Pegmatiten verschiedener Art, pegmatitischen Quarzgängen, gelegentlich auch Aplit und Bostonit auf, die teilweise nutzbare Mineralien führen.

Im Duala-Bezirk treten Sedimentgneise mit mehrfach eingeschalteten Quarzitlagern auf, die nur von hellfarbigem Biotit- und Zwei-Glimmergranit durchbrochen werden. In der Umgebung dieser Granitstöcke sitzen zahlreiche Pegmatit-, Quarz-Turmalin- und reine Quarzgänge im Nebengestein. Beim Dorf Behudi, am Ostufer des Mbo, in der Landschaft Ndembang, wurde gelegentlich ein solcher Gang untersucht, der in petrographischer Beziehung sehr interessant war. In der Umgebung des aus weißem Orthoklas, grauem Quarz und hellem Muskowit bestehenden Ganges war nämlich eine Einwanderung von Orthoklas und Granat ins Nebengestein festzustellen, außerdem führten einige Nebentrümer des Ganges reichlich Granat. Abseits des Kontaktbereiches dieses Ganges fehlten diese Mineralien.

Der Syenit von Nda-Ali, am Südostende der Crossflußmulde, ähnelt dem, der mit den Zinngraniten in Nordnigeria vergesellschaftet ist. Ferner sind wirtschaftlich wertvolle glimmerführende Pegmatitgänge in großer Anzahl bekannt, von denen der bei Essudan, südlich Mamfe, im englischen Mandatsgebiet, in der Literatur am bekanntesten geworden ist. Er hat große Glimmerplatten von ausgezeichneter Qualität geliefert (*Guillemain*, 1908 und 1910; *Mann*, 1911).

Hierher gehören auch die zinnführenden Pegmatitgänge der Prinz-Luitpoldberge, westlich Tibati, noch im französischen Mandatsgebiet liegend. Die aus ihnen entstandenen Seifen liefern heute eine erhebliche Zinnerzproduktion. Im Jahre 1938 wurden 315 t Konzentrate mit 70 v. H. Zinnmetall gewonnen. Die Lagerstätten werden ausgebeutet (vgl. S. 345).

Ferner gehört hierher eine anscheinend ausgedehnte Gangzone von pegmatitischen Quarzgängen in der Gegend von Gutschumi, am Nordrand des Tengelingebirges nördlich von Garua. Die Gänge führen Wolframit (S. 348).

Größere Stöcke von Syenit werden im englischen Mandatsgebiet zwischen den Flüssen Donga und Gamana, ferner zwischen den Flüssen Katsena und Wam erwähnt.

Basische Intrusivgesteine scheinen in Kamerun nicht besonders häufig zu sein. Bekannt sind z. B. kleine Gabbromassive bei Garua im Norden der Kolonie, ferner einige größere im Süden und Südosten der Kolonie von Jukaduma; ihr Umfang und ihre Zusammensetzung sind aber noch nicht näher untersucht. Ein weiteres größeres Vorkommen liegt am Westhang der Kareberge, westlich Bosum. Gangförmige Porphyritvorkommen von geringer Ausdehnung werden von verschiedenen Stellen in Adamaua erwähnt. Westlich Ndikinimeki (östlich Nkongsamba) treten ultrabasische Gesteine in kleinen Flächen zutage.

3. *Katanga-Gruppe*

In Kamerun sind Schichten, die wahrscheinlich hierher zu rechnen sind, bisher nur im Süden bekannt. Sie besitzen in Gabun anscheinend erhebliche Verbreitung und dringen von dort in schmaler Zone östlich der Regierungsstation Akoafim auf deutsches Gebiet vor. Auch am Unterlauf des in den Ubangi fließenden Sanga kommen sie unter dem dort sehr ausgedehnten Alluvium zutage.

Die Schichten bestehen aus einer Folge von quarzitischen Sandsteinen, Arkosen und Tonschiefern von meist roter, selten heller Farbe, mit Konglomeratbänken an der Basis. Stellenweise treten in ihnen Zonen von schwarzem Schiefer auf.

Die gleiche Schichtfolge wurde in der Ubangi-Region von Französisch-Äquatorialafrika, wo sie große Ausdehnung besitzt, von *Borgniez* als „Furumbala-Formation" bezeichnet, nach der Station Furumbala am Unterlauf des Kotto (S. 394).

Die Schichten werden von uns vorläufig den oberen Kundelungu-Schichten, also dem obersten Teil der Katanga-Formation (vgl. Belg.-Kongo), gleichgesetzt.

Ob die Grauwackenschiefer und Tonschiefer am Sidifluß östlich Rei Buba in Nordadamaua hierher gehören, wie *Range* annimmt, ist nicht sicher. *Mann* stellte sie „ohne jeden Zweifel" zu den Dakume-Schichten (vgl. aber dazu S. 332) und meint nur, sie seien „älter als Turon".

4. *Karru-Formation*

Der älteste Teil der Karru-Formation, die Dwyka- und die Ekka-Lukuga-Stufe, fehlt anscheinend in Kamerun. Die jüngeren Stufen dagegen sind vorhanden.

a. Dakume-Schichten (Lualaba-Stufe)

In Nord-Adamaua treten an den Flüssen Mao Dakume und Mao Bulo, wenige Kilometer südlich Ssarauiel, nordwestlich Lere, schiefrige Grauwacken, Quarzite und dunkle bituminöse Tonschiefer auf, die am Mao Dakume O—W bis NW—SO streichen und mit Winkeln bis zu 40° nach S einfallen. Sie werden von einem Porphyrgang durchsetzt. In den Vorkommen am Mao Bulo, das von ersterem durch eine Gneiszone von einigen Kilometern Breite getrennt ist, streichen die Schichten NO und fallen mit 50° nach NW. *Passarge* und nach ihm *O. Mann* (1913) haben die beiden Fundpunkte untersucht. *Mann* fand in ihnen Fischreste, die von *E. Hennig* als *Lepidotus manni* beschrieben wurden, einen Saurierzahn und unbestimmbare Pflanzenreste. Ferner fanden sich Schalen, die von *Jaekel* als „altertümliche Brachiopoden" angesprochen wurden, die aber später anscheinend verloren gingen und daher nicht näher untersucht werden konnten. Da auch der *Lepidotus* eine neue Spezies und deshalb nicht geeignet war für eine genauere Horizontierung, ließ es *Hennig* offen, ob die Schichten zum oberen Jura oder zur unteren Kreide zu stellen seien.

Neuerdings hat nun *W. O. Dietrich* (Zentralbl. f. Min. Abt. B. 1939, S. 60—63) in der Berliner Universitätssammlung die angeblichen Brachiopoden der Sammlung *Passarge* wieder aufgefunden und als *Estheriella lualabensis* festgestellt. Die Phyllopoden liegen in dichtem brekziösem eisenschüssigem Dolomit eingebettet. Nach diesem entscheidenden Fund ist die ganze Schichtenfolge also nicht etwa als Kreide anzusehen, sondern sie gehört zur Lualaba-Lubilasch-Serie, d. h. wohl zur mittleren Karru. Es handelt sich um Absätze periodisch eintrocknender Binnengewässer.

Die Schichten sind ziemlich sicher älter als der Mambere (Carnot)-Sandstein, entsprechen also wohl den Lualaba-Schichten in Belgisch-Kongo. Sie müssen als der Abtragung entgangene eingefaltete Reste oder eingesunkene Schollen einer ehemals ausgedehnten Sedimentdecke aufgefaßt werden. Bezeichnend ist ihre Lage am Rande des Tschadbeckens, das vielleicht in der Beaufort-Zeit mit dem Kongobecken zusammenhing.

Am Mao Lidi (Sidi) und Mao Beimba östlich Rei Buba treten Grauwacken, Grauwackenschiefer und schwarze Tonschiefer auf, die O—W streichen und mit 50° nach N einfallen. Fossilien sind in ihnen bisher nicht gefunden. Die Gesteine werden nach der Beobachtung von *O. Mann* an den Bergen Hossere Beimba und Hossere Lauban von Granitstöcken durchbrochen, und die Schiefer sind im Kontaktbereich des Beimba-Granits in Knotenschiefer umgewandelt.

Ähnliche Grauwacken und Schiefer bei Bidjar in der Gegend von Binder, östlich vom Lue-Fluß, enthalten nach den Beobachtungen von *Mann* eine ausgedehnte Linse von Marmor. Der Granit des Hossere Bidjar hat die Schichten kontaktmetamorph beeinflußt.

Kleine Sedimentfetzen von gleicher Art sind in Nordadamaua an mehreren Stellen gefunden.

Es wäre wünschenswert festzustellen, ob sich in allen diesen Sedimenten Fossilien nachweisen lassen, die die Auffassung von *Mann* rechtfertigen würden, „daß alle diese Schollen gleichen Alters und durch Einfaltung vor der Erosion geschützte Reste einer größeren Decke sind.“

Sodann aber scheint es dringend erforderlich festzustellen, ob die im Kontakt mit den Granitstöcken umgewandelten Schiefer und der Marmor wirklich identisch mit den nicht metamorphosierten Sedimenten sind. Denn bisher sind in Mittelafrika keine Granitdurchbrüche bekannt, die der Karruzeit angehören oder noch jünger sind. Es wäre durchaus denkbar, daß Reste von Karru-Sedimenten und von algonkischen Sedimenten im gleichen Gebiet vorkommen.

b. Mambere(Carnot)-Sandstein (Lubilasch-Sankuru-Stufe)

Die jüngsten, triassischen und jurassischen, hier vielleicht auch noch jüngeren Schichten der Karru, die Lubilasch-Schichten, sind im östlichen Teil von Neu-Kamerun im Stromgebiet des oberen Mambere zwischen Buar, Carnot und Nola entwickelt; sie ziehen hier in breiter Fläche nach SO bis zum Ubangi, südlich von Libenge, und greifen über den Ubangi nach O hinweg. Ihre südliche Fortsetzung bilden die Bateke-Sandsteine im französischen Mittelkongo (S. 385).

Im östlichen Teil von Französisch-Äquatorialafrika besitzen die Schichten in der Gegend von Ndele, Uada und Muka weite Verbreitung und werden daher von den französischen Geologen als Muka-Ndele-Schichten bezeichnet (S. 395).

Der Schichtenkomplex baut sich auf aus flach NW—SO gefalteten fluviolakustren, hellen, leicht zu Sand verwitternden Sandsteinen und bunten Mergeln, die zwischen Ubangi und Mambère ein z. T. mit Dünen bedecktes wasserloses Plateau bilden. An der Basis liegen einige Konglomeratbänke, manchmal mit eisenschüssigem Bindemittel.

Im Liegenden sind stellenweise in den Flußtälern schwarze, nicht metamorphe Schiefer freigelegt, mit merklicher Diskordanz zu den Sandsteinen, deren Alter bisher nicht festgelegt ist. Manche Autoren sehen sie als fragliches Algonkium an; vielleicht handelt es sich aber um Äquivalente der Transvaal-Nama(Katanga)-Schichten.

Babet (Bull. Soc. géol. de France, V. Bd. 5, 1935, S. 458) gab ein Profil der Mambere(Carnot)-Sandsteine aus der Gegend von Carnot, am Zusammenfluß von Mambere und Nana:

5. Alluvialer Kies.
4. Braunvioletter eisenschüssiger Sandstein, im hangenden Teil übergehend in eisenschüssigen sandigen Ton.
3. Weißer grober konglomeratischer Sandstein mit geringem Kaolingehalt.
2. Grober Sandstein wie 4, aber mürbe, reich an Kaolin und hellrot gefärbt.
1. Basis: Roter konglomeratischer Sandstein mit tonig-sandigem Bindemittel.

Liegendes: Im Westen Ortho- und Paragneis mit sauren und basischen Intrusionen. Darüber folgen nach O Glimmersandstein, Glimmerschiefer, Phyllit, Quarzit.

Die Basiszone (1) hat wechselnde Beschaffenheit:

a) Bei Carnot gleicht der rote konglomeratische Sandstein einem fossilen Verwitterungsboden; vermutlich ist es ein solcher.

b) Bei Nanziembe, ostsüdöstlich Berberati, liegt an der Basis ein Konglomerat mit tonig-sandigem Bindemittel. Die Gerölle bestehen aus Gneis und glimmerführendem Sandstein, die im Untergrunde anstehen.

c) Am Wege nach Gasa, nordwestlich Berberati, liegt ein ähnliches, aber gröberes Konglomerat.

d) Bei Samo, am Wege von Bania nach Nola, liegt an der Basis der Sandsteine ein dichter, feiner roter Ton, der anscheinend in einem ruhigen Wasserbecken abgesetzt ist.

e) Am mittleren Lobaje, im Baghiri-Gebiet, ist der liegende Gneis vor der Ablagerung der Sandsteine verwittert.

Die Basis besteht also überall aus roten Verwitterungs- und Abtragungsprodukten.

Die Mächtigkeit des Basiskonglomerats der Mambere-Sandsteine ist im Norden am größten und nimmt nach S deutlich ab. Nach SO hin verschwindet es sogar allmählich.

Die eigentlichen Mambere(Carnot)-Sandsteine sind teils fein-, teils grobkörnig; sie zeigen Kreuzschichtung und führen Konglomeratlinsen. Im Bindemittel ist immer Kaolin vorhanden, und zwar im unteren rötlichen Teil viel, im hangenden, weißgefärbten Teil wenig. Der Übergang ist unscharf.

Die Mächtigkeit der Mambere-Sandsteine beträgt 300 m. An der Oberfläche zerfällt der Sandstein zu lockerem, meist schneeweißem Sand, der stellenweise, wie im Kongo, eingekieselt ist und „grès polymorphes" bildet.

In der Gegend von Nola am Mambere und bei Berberati sind in den Alluvionen, die den Basis-Schichten dieser flachliegenden Sandsteine entstammen, Diamanten gefunden worden, also in der gleichen Position, wie die Diamanten in dem Basiskonglomerat der petrographisch sehr ähnlichen und stratigraphisch gleichwertigen Lubilasch-Schichten am Kassai.

Bei dem anscheinend gänzlichen Mangel an bestimmbaren Fossilien kann man vielleicht diese Diamanten als eine Art von „Leitmineralien" für die Horizontierung der Schichten benutzen. Störungen von 50—100 m Sprunghöhe durchschneiden den Mambere-Sandstein mehrfach. Sie gehören zwei Systemen an, von denen das eine NO, das andere NW streicht.

5. *Sedimente unsicheren Alters*

a. Djerem-Sandstein

Passarge beschrieb nach den Beobachtungen des Oberleutnants *Nolte* weißen Sandstein, der an den Ufern des Djerem (zum oberen Sanaga) anstehen soll, und trug ihn als grabenförmige Einsenkung in seiner Karte ein. *Guillemain*, der später den Fluß ebenfalls von Tibati aus befuhr, konnte aber den Sandstein nicht wiederfinden. Es ist bisher nicht geklärt, ob von einer Seite ein Beobachtungsfehler vorliegt oder ob etwa *Guillemain* den Fluß bei höherem Wasserstande oder einen anderen Teil befahren hat als *Nolte*.

b. Mbere- und Mbina-Sandstein

In den Tälern des Mbere und Mbina, die nach ihrer Vereinigung bei Baibokum den westlichen Logone bilden, liegen helle Sandsteine und Konglomerate, ebenso in den Tälern einiger anderer Nebenflüsse des Logone-Gebietes. Die zwischen den Tälern liegenden Höhenrücken bestehen aus archaischen Gesteinen; Sandsteindecken fehlen auf ihnen.

Der Gedanke, daß es sich in allen diesen Fällen um Grabenbrüche handeln sollte, ist abzulehnen. Störungen sind bisher in keinem Falle an den Talrändern nachgewiesen worden. Vielmehr liegen gewisse Anhaltspunkte dafür vor, daß es sich hier um alte Talsysteme handelt, die zu irgendeiner Zeit von ausgedehnten Sandsteindecken ausgefüllt und überdeckt wurden. Die

Sandsteintafeln sind später abgetragen worden, und die Ausfüllungen der alten Flußtäler sind als ihre letzten Reste zu betrachten.

Edlinger und *Mann* verglichen diese Sandsteine mit dem ziemlich ähnlichen Benuë-Sandstein. Sie würden dann vielleicht kretazisches Alter haben.

Die petrographische Ähnlichkeit weist aber nur auf ihre gleichartige Entstehung hin, nicht aber auf gleiches Alter. Dieses könnte erst durch Fossilien entschieden werden.

Andererseits ist der Mambere(Carnot)-Sandstein, der ja der oberen Trias oder dem unteren Jura angehört, ebenfalls diesen Sedimenten im Mbere- und Mbinatal sehr ähnlich. Die Vorkommen liegen außerdem zum allergrößten Teil (mit Ausnahme des wahrscheinlich ebenfalls hierher gehörenden Djerem-Sandsteins) östlich der Wasserscheide gegen den Atlantischen Ozean, im Randgebiet des Tschad- und des Kongobeckens. Die rein kontinentalen Lualaba-Lubilasch-Schichten (Mambere-Sandstein, Bateke-Sandstein [S. 385], Muka-Ndele-Sandstein [S. 395]) sind im wesentlichen an diese Binnenbecken gebunden, und es ist sehr wahrscheinlich, daß die Mbere- und Mbina-Sandsteine mit ihnen gleichen Alters sind. Ebenfalls am Rande des Tschadgebietes liegen die Dakume-Schichten (s. o.) mit ihren Fossilien, die vielleicht als die ältesten Sedimente des Tschadbeckens anzusehen sind und sich möglicherweise auch in den alten Tälern unter den Sandsteinen und im Innern der Tschadsenke wiederfinden werden.

Es ist nicht unwahrscheinlich, daß das Tschadbecken ungefähr ebenso alt wie das Kongobecken ist und vielleicht in der Lualaba-Lubilasch-Zeit mit ihm zusammenhing.

Am linken Mbere-Ufer, etwa 70 km NO Meiganga, fand sich nach Angabe von *Korableff* (1940, S. 134) in feinkörnigem glimmerführendem Sandstein über der konglomeratischen Basis verkieseltes Holz, das von *Fritel* als Cupressinoxylon bestimmt wurde und das z. B. von *Chudeau* als zur Kreide gehörend angesehen wird.

Die Täler des Mbere und Mbina gehören dem Randgebiet des großen Binnenbeckens an, und aus ihnen und vielen anderen wurde das Material zugeführt, das in den ausgedehnten Sandsteintafeln im Süden und Südosten aufgespeichert wurde.

Im übrigen ist die Auffüllung alter Erosionstäler durchaus nichts Außergewöhnliches. Im östlichen Teil von Belgisch-Kongo sind mehrfach alte Talläufe bekannt, die von Dwyka- und Ekka-Schichten ausgefüllt sind und von den heutigen Flüssen wieder benutzt werden.

Ebenso ist das Tal des Lunangwa in Nordrhodesien in seiner ganzen von Karru-Sedimenten erfüllten Breite wahrscheinlich ein reines Erosionstal und kein Graben. Ferner liegen im Kassai-Gebiet an der Basis der Lubilasch-Schichten alte Talsysteme, an deren Umgebung die Diamantführung der tiefsten Teile der Lubilasch-Schichten zum kleinen Teil gebunden ist.

Die Sandsteine am Mbina und Mbere bilden wahrscheinlich, unter jungen Bodenbildungen teilweise verborgen, die Oberfläche bis an die westliche Grenze der Tschadsenke und verschwinden dann unter den jungen Tschadsedimenten. Unter sich stehen diese Sandsteindecken am Rande der Tschadsenke in Verbindung und ziehen am Westrande des Tschadbeckens entlang nach Norden und treffen in der Gegend von Lere und Binder mit den aus dem oberen Benuëtal heranstreichenden Sandsteindecken zusammen, die wir vorläufig als „Tengelin-Sandstein" bezeichnen.

Ob alle diese Sandsteine gleichen oder verschiedenen Alters sind, ist noch völlig ungeklärt, mit Sicherheit aber auch nur durch sorgfältige Kartierung im Felde zu entscheiden.

c. Konglomerat von Betare-Oja

Etwa 20 km nördlich Betare-Oja fand *Korableff* (1940, S. 133) ein kleinkörniges Konglomerat mit Quarzgeröllen und sandigem Bindemittel, das horizontal und diskordant über den alten Gesteinen liegt. Die Aufschlüsse sind schlecht; der Lom fließt in etwa 5—6 km Entfernung vorbei. *Korableff* hält dieses Vorkommen für einen Erosionsrest einer ehemals ausgedehnten Sandsteindecke, die vielleicht mit der des Carnot-Sandsteins 150 km weiter östlich zusammenhing. Vermutlich werden bei genauer Durchforschung des Gebietes noch weitere derartige Erosionsreste in jenem Gebiet gefunden werden. Vielleicht besteht auch ein Zusammenhang mit den Sandsteinen in den Tälern des Mbere und Mbina.

Da im Mambere(Carnot)-Sandstein an mehreren Stellen Diamanten gefunden sind (S. 360), so ist die Untersuchung des Gebietes auf derartige Erosionsreste und ihre Abtragungsprodukte wahrscheinlich von Interesse.

d. Tengelin-Sandstein

Von Rei Buba über Garua bis nach Jola in Nigeria fließt der Oberlauf des Benuë durch ein von Granit, archaischen und algonkischen Gesteinen umrahmtes Becken, das von flachliegenden Sandsteinen in erheblicher Mächtigkeit erfüllt ist. Die weißen oder gelblichen Sandsteine sind mittel- bis grobkörnig, führen Kaolin, teilweise auch unzersetzten Feldspat. Konglomeratbänke sind ihnen eingeschaltet.

An beiden Ufern des Benuë bilden sie Tafelberge von erheblicher Höhe und Ausdehnung.

Eines der größten Tafelberggebiete ist das Tengelin-Gebirge nördlich Garua, nach dem wir den Sandstein benennen.

Nach unseren bisherigen Kenntnissen sind in den Sandsteinen keine Fossilien gefunden.

Bis jetzt hat man angenommen, daß diese mehrere 100 m mächtige Sandsteindecke das Hangende der Kreideschichten des Niger- und Benuëtales bildet und demnach Tertiär, wahrscheinlich Jung-Tertiär darstellt, und hat es als solches auf den Karten eingetragen.

Es ist aber bis jetzt weder der Beweis für das tertiäre Alter noch dafür erbracht worden, daß der Tengelin-Sandstein etwa im Hangenden des sogenannten Benuë-Sandsteins liegt.

Die Gesteinsbeschaffenheit und die Gesteinsfolge erinnert an gewisse Teile der Kreidesandsteine des Niger-Benuëtales, andererseits in noch höherem Maße an den Mambere(Lubilasch)-Sandstein. Es ist durchaus nicht ausgeschlossen, daß hier am Oberlauf des Benuë, nicht allzuweit entfernt von den Sandsteinen und Konglomeraten des Mbere und Mbina, ein weiterer isolierter Rest der Lubilasch-Schichten erhalten ist, der in diesem Falle das Liegende der Benuë-Sandsteine bilden würde.

Wo die Wasserscheide zwischen den großen Binnenbecken des Tschad und des Kongo einerseits und dem Küsten- bzw. Niger-Benuë-Gebiet andererseits zur Zeit der Bildung der jüngsten Karrusedimente (Mambere-Sandstein, Lubilasch-Sandstein) lag, ist noch unbekannt.

Da die stratigraphische Stellung aller dieser Sandsteindecken unsicher ist, wurden sie auf der Karte vorläufig zusammengefaßt.

6. *Sedimente der Kreidezeit*

Die jüngeren Sedimente, die in vielfältiger Ausbildung, namentlich im Küstengebiet, vorhanden sind, die sich aber durch das Stromgebiet des Niger und Benuë bis nach Nordkamerun in die Gegend von Garua erstrecken, bilden eine ziemlich lückenlose Schichtenfolge von der unteren Kreide bis zum Alluvium. Die einzelnen Schichtglieder liegen aber nach der bisherigen Kenntnis zum großen Teil nicht immer unmittelbar übereinander, sondern teilweise verstreut und zeigen so das sehr wechselvolle Aufsteigen und Absinken der Ränder des afrikanischen Kontinentes um die Kamerunbucht herum.

Die stratigraphische Horizontierung ist leider nur zum Teil in befriedigender Weise durchgeführt. Das liegt daran, daß einige Schichtenkomplexe sich bisher als fossilleer erwiesen haben, in anderen sind zwar Fossilien gefunden, die aber bisher keine eindeutige Einordnung in das stratigraphische Schema erlauben. Nur wenige Vorkommen sind ausreichend bekannt und sorgfältig bearbeitet. Auch genaue Untersuchungen im Felde über die gegenseitigen Lagerungsverhältnisse der einzelnen Horizonte fehlen meist noch.

a. Küstengebiet

Teilweise gut erforscht sind die Kreidesedimente des Küstengebietes. Sie beginnen nördlich vom Wurifluß bei Duala und ziehen nördlich vom Kamerunberg vorbei zum Croßfluß, von da zum Benuë, dessen Lauf sie nach NO bis ungefähr in die Gegend von Garua folgen. Namentlich die im Unterlauf des Mungoflusses nordöstlich Buea aufgeschlossenen Schichten sind durch *Esch* und *Guillemain* genauer untersucht und die Fossilien durch *Riedel* bearbeitet worden.

Die Schichten am Mungo bestehen im wesentlichen aus wechsellagernden Sandsteinen und Kalksteinen, die eine fortlaufende, ununterbrochene Schichtenfolge bilden, und die Faunen der Santon-, Campan- und Maastricht-Stufe, also solche der obersten Kreide, lieferten. *Riedel* konnte bisher 134 Fossilarten beschreiben. Die Schichten transgredieren unmittelbar auf Granit.

Hervorzuheben ist, daß *Guillemain* in den Mungo-Schichten bei Balangi Basalttuffe mit dikotylen Pflanzenresten fand. Danach ist es möglich, daß die ersten Basalteruptionen des Küstengebietes bereits im Senon begonnen haben; die Pflanzenreste reichen aber für eine sichere Horizontierung nicht aus und können ebensogut tertiär oder diluvial sein.

Die von *Jaekel* aus ähnlichen Schichten in der Nähe beschriebenen Fischzähne sind zu wenig charakteristisch, um aus ihnen ein jüngeres (tertiäres) Alter der Schichten schließen zu können, wie ja überhaupt vereinzelte neue Spezies für eine genaue Horizontierung meist nicht in Betracht kommen.

Vom Mungo nach O bis zum Wuri und Dibamba treten in gleicher transgredierender Lage Sandsteine, Arkosesandsteine und Konglomerate auf, nach W hin, im Gebiet des Rio del Rey, Kalk-Sandsteine und dunkle Schiefer. Sie führen Fossilien, die nach *Dusén* (Geol. Fören, Stockholm, 1894, S. 35) Mollusken und Fischreste der unteren Kreide führen. Es ist möglich, daß sie mit den Mungo-Schichten zu parallelisieren sind.

Im südlichen Teil des Küstengebietes, in der Gegend von Kribi, treten grobe rote, braune und gefleckte Sandsteine und Schiefer auf, die von da nach S nach Gabun hineinziehen und die in Kamerun keine Fossilien führen. Sie wurden bisher von den französischen Autoren als „Grès sublittoraux" (Küstensandsteine) bezeichnet.

Die sorgfältigen Untersuchungen der Erdölgeologen in Gabun, namentlich von *J. Haas*, haben gezeigt, daß diese Gesteine der unteren Kreide zugerechnet werden müssen (vgl. S. 411).

Die Kreide ist von Kribi in Kamerun durch Spanisch-Rio Muni, Gabun über die Kongomündung längs der Küste bis nach Angola zu verfolgen.

b. Die Bucht von Mamfe (Kreuzfluß-Schichten)

Die Kreidesedimente setzen sich dann über Rio del Rey nach NW zum Kreuzfluß (Cross River) fort und folgen diesem in seinem Oberlauf bis westlich und südwestlich Mamfe. Sie bilden hier eine tief nach SO in das Archaikum eindringende Bucht, die die Obanberge und einen Teil der Manengubaberge als Halbinsel, vielleicht sogar als Insel, abschnürt. Das ist die Kreidebucht von Mamfe.

In der Gegend von Mamfe transgredieren die Sedimente ebenfalls über Archaikum. Es sind weiße bis graubraune, teils kalkige, teils kieselige, mittel- bis grobkörnige mürbe Sandsteine mit Kreuzschichtung.

Außerdem treten graugrüne Sandsteine auf, die gewöhnlich Stücke von blaßrotem Feldspat sowie Lettenbänder enthalten. Stellenweise führen diese

Sandsteine kohlige Streifen und dünne Kohlenbänder sowie Bänder von schokoladenbraunem Ton. Einzelne Sandsteinbänke führen Geröll-Lagen.

Im Bassabach bei Ntuku am Ostrande der Mulde treten dünne Sandstein- und Schieferbänke auf, die sehr stark lignitisch sind.

Die hangenden Sandsteinschichten enthalten verkieselte Hölzer. Stellenweise finden sich Einlagerungen von buntem glimmerführendem Ton.

Mit den Sandsteinen wechsellagern Schieferbänke, die gelegentlich kleine unbedeutende Kohlenflözchen, ferner bituminöse Schiefer führen. Die Schiefer sind weitverbreitet, treten aber gegen die Sandsteine an Menge sehr zurück.

An den Rändern der Bucht bestehen die tiefsten Schichten aus harten, z. T. konglomeratischen Sandsteinen und Konglomeratbänken.

Am Nordrande der Mulde bei Ebischi ist z. B. im Munjaia-Bach die Basis der Mamfe-Schichten aufgeschlossen. Sie besteht aus einer groben, aus Granit hervorgegangenen Arkose, die grobes Geröll enthält und auf Gneis liegt.

Einige Gänge und Lagergänge von dichtem feinkörnigem Basalt mit viel Olivin durchsetzen die Sedimente, so z. B. im Balifluß bei Mamfe und bei Ntai, 9—10 km südöstlich Mamfe, ferner bei Britisch-Obokum an der Grenze. Ob die großen Basalteruptionen, z. B. am Kamerunberg, wesentlich jünger sind, ist unbekannt.

Die Sedimente sind in schwache, ungefähr O—W streichende Falten gelegt; das Einfallen der Schichten nach N und S zeigt Winkel von 15—25°, an einigen Stellen auch bis zu 45°.

Es scheinen aber nur wenige Faltenachsen vorhanden zu sein. Vermutlich folgt der Croßfluß einer Antiklinale.

Die stratigraphische Stellung der Mamfe-Schichten im Verhältnis zur Kreide in Nigeria ist bisher nicht geklärt. Es ist auch noch nicht zu sagen, ob die Faltung der Mamfe-Schichten etwa gleichalt ist wie die Faltung der unteren Schiefer und Sandsteine im nördlichen Nigeria.

Sehr ähnlich scheinen die Gesteine einem Teil der oberen Schiefer in Nigeria (S. 280) zu sein.

In den bituminösen Schiefern wurden Fischreste gefunden, die als *Proportheus kameruni* beschrieben wurden, ferner *Estherien. Jaekel* (in: *Guillemain*, 1909) wollte danach die Schichten zum Wealden stellen, doch ist diese Bestimmung durchaus nicht gesichert. Mit vielleicht besserem Recht kann man der Auffassung von *Hennig* und *Krenkel* folgen, die die Schichten der oberen Kreide zurechnen möchten. Der Umstand, daß bisher an der Küste keine Schichten der unteren Kreide bekannt sind, spricht für diese Auffassung. Man sieht aber auch hier wieder, wie wenig bekannt selbst große Teile des Küstengebietes sind und wie schwierig es ist, paläontologische Einzelfunde stratigraphisch einzuordnen. *Range* möchte die hangenden Sandsteine mit fossilen Hölzern zum Senon rechnen, also mit dem gleich zu erwähnenden oberen Benuë-Sandstein parallelisieren.

Wilson (Geol. Surv. Nigeria, Occasional Paper. 6, 1928) weist, vielleicht mit Recht, auf die Ähnlichkeit der Mamfe-Schichten mit der „kohligen und geröllführenden Sandstein-Gruppe" von Nigeria hin, die als „prämittel-eozän" angesehen wird.

Die von manchen Forschern geäußerte Hoffnung für das Auffinden von abbauwürdigen Kohlenflözen ist wohl sehr gering.

Eine Anzahl von Quellen, die aus dem liegenden, nicht erschlossenen Teil der Mamfe-Schichten kommt, führt einen erheblichen Salzgehalt. Man nimmt danach an, daß in der Tiefe salzführende Schichten vorhanden sind; sie sind aber noch nicht nachgewiesen.

c. Nordkamerun

Die Kreideschichten dehnen sich dann weiterhin nach NO durch das Gebiet der Kolonie Nigeria bis an die Grenze von Nordkamerun, und das Stromgebiet des Benuë folgt ihnen bis Jola aufwärts. Die Schichten zeigen eine etwas wechselnde Ausbildung und bestehen aus Konglomeraten, groben Sanden, Arkosen, Sandsteinen mit Kalkbindemittel, Muschelbrekzien, Kalksteinen und Schiefertonen.

Die tiefsten Schichten, die etwas gefaltet sind, gehören nach Ansicht englischer Forscher dem Turon an. Auf sie legt sich der ungefaltete sogenannte obere Benuë-Sandstein, der bisher als fossilfrei gilt, der aber an anderen Stellen verkieselte Hölzer führt und der wohl zum Senon zu rechnen ist.

Die stratigraphische Einstufung der einzelnen Horizonte ist also noch völlig ungeklärt.

Die Einzelheiten über die Schichtenfolge im Niger-Benuë-Becken sind im Abschnitt Nigeria (S. 289) erörtert.

7. Tertiär und Quartär

a. Alt-Tertiär

Im Hangenden der Mungo-Kreide treten nach der Küste zu fossilführende dünnplattige Sandsteine am Dibamba auf, die auf Gneis liegen, ferner gelblich-graue kalkige Schiefertone und Kalksteine bei Ba Kundu ba Bombe am Mungo sowie blaugraue Schiefertone und Kalksteine bei Bonangando am Wuri, nahe der Einmündung des Dibombe. Der Schieferton von Bonangando enthält vulkanisches Material. Von diesem Fundpunkt beschrieb *Oppenheim* (in: *Esch*, 1904) eine sehr reichhaltige Gastropoden- und Lamellibranchiaten-Fauna mit sehr viel neuen Formen. Die Fauna zeigt starke Anklänge an das Eozän des Pariser Beckens. *Cytherea nitida*, *C. elegans*, *Calyptraea trochiformis*, *Tellina subrotunda*, *Sycum bulbiforme* treten bei Bonangando und im Pariser Becken hauptsächlich in den Sanden von Cuise auf. Nummuliten fehlen ganz.

Die Eozänschichten von Togo (S. 254) gehören wahrscheinlich einer anderen Stufe an, da die dortige Fauna stark von der in Kamerun abweicht.

Die genaue Einstufung des Eozän steht noch aus (vgl. S. 363).

Nach *Douvillé* (Bull. Com. d'études historiques et scientifiques de l'Afrique Occidentale Française 1926, S. 113) steht westlich des Tschadsees am Adrar Dutchi unteres und mittleres Eozän in mariner Ausbildung an, ferner kontinentales oder brackisches Obereozän und weiter nach Westen marine Kreide.

b. Jung-Tertiär

Hierher rechnet man Sande, rote Sandsteine (tiefster Teil des „Ossa-Sandsteins"), Schiefertone, Kalksteine und gelegentlich Konglomerate, die in schmalen Streifen an der Küste auftreten und die sowohl Kreide und Tertiär als auch altkristalline Gesteine überdecken.

Wahrscheinlich gehören auch die Schichten von Dschang hierher, die ein Lignitflöz führen.

c. Jung-Tertiär und Quartär im Tschadbecken

Wenn wir von den Dakume-Schichten (S. 331) absehen, die im Randgebiet der Tschadsenke auftreten, so sind die ältesten bisher bekannten Sedimente im Tschadbecken feldspatführende Sande und graugrüne sandige Tone mit eingelagerten Sandbänken, die in Nigeria (S. 297) durch zahlreiche Wasserbohrungen erschlossen sind und die den Untergrund eines großen Teiles des Beckens ausfüllen dürften. Die Schichten sollen fossilfrei sein. Wahrscheinlich sind es Bildungen der Pluvialzeit (vgl. Teil 3 Deutsch-Ostafrika und Uganda).

Darüber liegen diluviale und alluviale Ablagerungen, die außerordentlich weite Flächenräume im Gebiet des Tschadsees und seiner Zuflüsse Schari und Logone bedecken.

Das Gebiet war offenbar in frühdiluvialer Zeit zum größten Teil eine Sandwüste, deren heute tote Dünenzüge sich nach O bis zum Bahr el Ghazal im Sudan erstrecken. Ob der Bahr el Ghazal ein Zufluß oder Abfluß des Tschadsees gewesen ist, ist nicht sicher bekannt.

Der Tschadsee hat zur Zeit seines höchsten Wasserstandes, offenbar während der Pluvialzeit, einen wohl 10—15 m höheren Wasserstand gehabt als heute und damit eine sehr viel größere Ausdehnung (vgl. S. 400).

In den Senken zwischen den alten rot gefärbten Sanddünen entstanden damals kalkige und tonige Sedimente, die bis zu 10 m Mächtigkeit erreichen. Sie enthalten Mollusken- und Fischreste, die der heute noch im See lebenden Fauna angehören sollen.

Die heute sich bildenden Sedimente im Tschadsee sind feiner Tonschlamm, Flugsand und Flußabsätze. Der Schari-Logone schüttet in das Südende des Sees ein ausgedehntes Delta, das sich jährlich um 50—100 m weiter in den See vorschiebt. Sand- und Schlammschichten wechsellagern in den Sedimenten. Organische, namentlich pflanzliche Bestandteile reichern sich in manchen Schichten erheblich an.

Eines der jüngsten Sedimente, das sich bei den jährlichen Seespiegelschwankungen in den überschwemmten Ufer-Gebieten bildet, ist der als „Firki" bezeichnete Tonboden, der vegetationsarm ist und der in der Trockenzeit starke Risse aufweist.

Das Wasser des Tschad enthält nur wenig Kochsalz (0,03 NaCl im Liter), dagegen Karbonate und Sulfate. In der Trockenzeit scheiden sich an den Rändern daher Trona (Na-Karbonat) und Thenardit (Na-Sulfat) ab.

d. Ubangi-Gebiet

Ein weites Gebiet junger Sedimente dehnt sich am Unterlauf des Ubangi und seines Nebenflusses Sanga aus. Der sogenannte Kongozipfel von Neu-Kamerun besteht im wesentlichen aus diesen Schichten. Einige Inseln alter Gesteine kommen hier an mehreren Stellen unter den Quartärschichten zutage.

Die jungen Sedimente sind hauptsächlich sandige und tonige Bildungen, die großenteils an der Oberfläche aus rotem Ton bestehen. Häufig sind sie von ausgedehnten Flächen von Krusteneisenstein bedeckt, der in der Literatur oft fälschlicherweise als Laterit oder Lateriteisenstein bezeichnet wird. Ob hier auch echter Laterit, d. h. Verwitterungsprodukte mit wesentlicher Anreicherung von Tonerde und Auslaugung von Kieselsäure vorkommen, ist nicht bekannt.

e. Küstengebiet

Im flachen Küstengebiet von Kamerun bestehen die als Pleistozän anzusprechenden Bildungen aus ungeschichtetem Lehm, Sand und Schotter, die sowohl die alten Formationen wie auch Kreide und Tertiär überdecken.

Die älteren Schotter- und Sandschichten sind zu rotem Sandstein mit Konglomeratlagen an der Basis verhärtet und werden als „Ossa-Sandstein" bezeichnet. Dessen tiefste konglomeratführende Schichten werden bereits als Jung-Tertiär aufgefaßt, ohne daß ein Beweis dafür erbracht werden kann. Immerhin ist ein lückenloser Übergang vom Jung-Tertiär zum Diluvium wahrscheinlich. Nach dem Hangenden hin werden die Sandsteine von gelbem, geröllführendem Lehm bedeckt. Ob der Übergang allmählich geschieht oder ob es sich um wesentlich jüngere Bildungen handelt, ist nicht geklärt.

Stellenweise enthalten die pleistozänen Sedimente Tuffbeimengungen. Nördlich vom Kamerunberg geht der gelbe Lehm in normalen geschichteten Tuff über.

Die Küstenebene ist von zahlreichen Hügelketten durchzogen, die in der Literatur meist als Strandwälle bezeichnet werden. Vermutlich sind sie als tote Dünen anzusehen.

Mangrovenschlamm mit massenhaften Foraminiferenschälchen und lößartiger hellgrauer Lehm sind die jüngsten Bildungen im Mündungsgebiet der Kamerunflüsse und des Rio del Rey.

Jungvulkanische Gesteine

Kamerun weist jungvulkanische Gesteine in großer Ausdehnung und großer Mannigfaltigkeit auf.

Das jungvulkanische Kamerungebirge an der Küste, dessen ältester Teil der Etinde oder kleine Kamerunberg ist, beherbergt in dem heute noch tätigen Vulkan des Fako oder großen Kamerunberges den höchsten Berg der ganzen Westküste mit 4070 m Seehöhe. Der Etinde besteht aus Nephelin-, Leuzit- und Hauyngesteinen, während der große Kamerunberg nach unserer bisherigen Kenntnis im wesentlichen aus olivinführendem Plagioklasbasalt nebst reichlichen Tuffen aufgebaut ist.

Vom Kamerunberg nach NNO über den Tschadsee hinaus bis nach Tibesti durchbrechen jungvulkanische Gesteine die alten Formationen ebenso wie die jüngeren Sedimente an zahlreichen Stellen. Sie liegen heute als z. T. sehr ausgedehnte Decken, teils als Stöcke vor.

Die Hauptmasse der Laven besteht aus Basalten verschiedener Zusammensetzung, aber auch Andesit, Trachyt, Phonolith und Rhyolith sind in erheblicher Verbreitung bekannt. Diese Laven sind im allgemeinen jünger als die Basalte und durchbrechen oder bedecken sie häufig.

Am Südufer des Tschadsees, östlich der Scharimündung, liegt ein kleines jungvulkanisches Comendit (Ägirin-Rhyolith)-Massiv, die Hadjer el Hamis (fünf Felsen). Ein sehr ähnliches Gestein tritt im Schnellengebiet des Flusses Mao Kabi, der zum westlichen Logone fließt, 20 km unterhalb Mburao, auf.

Die ältesten sicheren Anzeichen vulkanischer Tätigkeit sind die pflanzenführenden Basalttuffe, die *Guillemain* in den Sedimenten am Mungo fand. Doch ist das Alter der Pflanzenreste durchaus unsicher. Die Eruptionen sollen bereits im Senon begonnen haben, sie können aber ebensogut ins Diluvium gehören. Die Hauptphase der Eruptionstätigkeit der Vulkane im Kamerungebiet liegt zweifellos im Pleistozän, ist aber auch heute noch nicht abgeschlossen, wie die Ausbrüche des Kamerunberges im Jahre 1910 und 1922 zeigen.

B. Tektonik

Unsere Kenntnis von der Tektonik Kameruns ist bisher äußerst mangelhaft.

Es besteht die Vermutung, daß das Sedimentgebiet der Biafrabucht gegen das alte Gebirge des Inneren durch eine Reihe von Staffelbrüchen begrenzt ist, wenngleich die Brüche im einzelnen noch nicht festgelegt sind.

Weiterhin ist das Vorhandensein der sogenannten Kamerunlinie im Sinne von *Passarge* kaum von der Hand zu weisen. Es scheint allerdings zweckmäßig, statt dessen die Bezeichnung Kamerunzone oder Kamerunrichtung zu wählen, da es sich hier um eine breite Schwächezone im afrikanischen Kontinentalsockel handelt, in der die Zone der jungvulkanischen Ergüsse liegt. Sie ist identisch mit der somalischen Richtung im Sinne von *Krenkel.* Im übrigen entspricht die Kamerunrichtung derjenigen, die *Koert* in Togo als die Hauptrichtung der großen Bruchlinien erkannt hat.

Es ist dies die große, von Annobon über São Thomé, Fernando Po und das Kamerungebirge nach NNO zum Tschadsee und weiterhin bis nach der Landschaft Tibesti an der libyschen Grenze verlaufende Zone, in der die wesentlichen jungvulkanischen Ausbrüche des Gebietes stattgefunden haben. Die ONO ziehende Sanagalinie *Passarges* gehört vielleicht mit in die Kamerunrichtung hinein.

Als weitere tektonisch wichtige Linien im Bau von Kamerun bezeichnete *Passarge* die WNW ziehende Benuëlinie und ferner die NW gerichtete Balilinie, die wohl ebenfalls eine Gruppe bilden. Von diesen vieren ist bisher die Kamerunrichtung geologisch am besten wahrscheinlich gemacht, wenn auch noch nicht im einzelnen nachgewiesen. Benuë- und Balirichtung werden von *Krenkel* mit Recht als erythreische Richtung zusammengefaßt.

Krenkel glaubt weiterhin annehmen zu können, daß auch eine N—S gerichtete Bruchrichtung im Bau von Kamerun maßgebend sei; diese habe die Senkung derjenigen Teile des Kontinents veranlaßt, in denen die Bildung der Kreide- und Tertiärschichten des Benuëbeckens vor sich ging. Er vermutet, daß sich diese Zone bis ans östliche Mittelmeer erstreckt.

Es muß aber nochmals daran erinnert werden, daß alle diese „Linien" und Richtungen bisher rein spekulative Forderungen sind und daß der unbedingt nötige Nachweis im Felde noch fehlt.

Auf jeden Fall scheint der tektonische Bau von Kamerun recht verwickelt. Anscheinend hat das sich kreuzende Gitterwerk der Störungslinien bewirkt, daß das archaische Hochland von Kamerun nicht eine mehr oder weniger gleichartige Fastebene mit aufgesetzten Inselbergen und Inselgebirgen ist, sondern sich uns als scheinbar regelloses Nebeneinander von Gebirgen, Fastebenen mit Inselbergen und Hochländern darstellt.

Von den zahlreichen Gräben, Horsten und Kesselbrüchen, die *Hassert* und *Thorbecke* durch morphologische Beobachtungen wahrscheinlich gemacht zu haben glaubten, ist bisher kein einziger durch geologische Tatsachen erwiesen.

X. b. Nutzbare Lagerstätten und Bergwirtschaft in Kamerun

Von Fritz Behrend

Das französische Kolonial-Berggesetz teilte die mineralischen Rohstoffe nach ihrer Wichtigkeit folgendermaßen ein:

1. Substances principales (in neuester Zeit dem Staat vorbehalten):
   Kohle,
   Erdöl,
   Kupfer.

2. Substances importantes pour la défense nationale:

Roteisen,	Pyrit,
Mangan,	Molybdän,
Blei,	Kobalt,
Zink,	Vanadin,
Chrom,	Titan,
Nickel,	Phosphat,
Zinn,	Graphit,
Wolfram,	Glimmer.

3. Substances d'inférieur besoin:

Gold,	Antimon,
Silber,	Quecksilber,
Edelsteine,	Beryll.

4. Alle übrigen nutzbaren Mineralien sind unwichtig.

Die Schürf- und Bergbautätigkeit wird in den französischen Kolonien folgendermaßen geregelt:

1. Der *Permis d'exploration* berechtigt den Inhaber, alle mineralischen Rohstoffe, außer denen der ersten Kategorie, in einem durch N—S und O—W orientierten rechteckig begrenzten Gebiet von etwa 2000 qkm Fläche aufzusuchen; durch besonderen Erlaß kann das Gebiet auf 10000 qkm vergrößert werden.

Der Permis d'exploration ist drei Jahre gültig. Er kann nicht verlängert werden.

Der Inhaber kann nach Ablauf aber soviel Permis de recherche erwerben, wieviel mal er die Summe von 50000 fr für Untersuchungsarbeiten ausgegeben hat. Dieser Permis ist für kapitalkräftige Gesellschaften bestimmt.

2. Der *Permis de recherche* gibt dem Inhaber das Recht zur ausschließlichen Untersuchung in einem durch geographische Koordinaten begrenzten Rechteck, dessen Seiten 5—10 km Länge haben.

Die Gültigkeit läuft zwei Jahre und kann zweimal auf je zwei Jahre verlängert werden.

Dieser Permis gilt jedesmal nur für eine der Kategorien 2—4. Für jede weitere Kategorie muß ein neuer Permis gelöst werden. Für Kategorie 1 wird kein Permis ausgestellt.

3. Der *Permis d'exploitation* wird dem Inhaber eines Permis de recherche erteilt, wenn er das Vorhandensein einer nutzbaren Lagerstätte in seinem Schürffeld nachgewiesen hat. Inhaber darf die Lagerstätte ausbeuten, wenn sie der im Permis angegebenen Kategorie angehört.

Der Permis d'exploitation ist vier Jahre gültig und kann viermal für je vier Jahre erneuert werden.

4. *Konzession.* Der Inhaber eines Permis d'exploitation kann diesen in eine Konzession umwandeln lassen, wenn er nachweist, daß die von ihm aufgefundene Lagerstätte wirtschaftlich aussichtsreich ist.

Die Konzession läuft 60 Jahre und kann zweimal um je 25 Jahre verlängert werden.

In Kamerun bestand außerdem die Bestimmung, daß jeder Bewerber um einen Permis Bürger entweder eines dem Völkerbund angeschlossenen Staates oder der Vereinigten Staaten von Nordamerika sein mußte. Deutsche waren also vom Erwerb eines Permis ausgeschlossen (vgl. auch S. 56).

1. Zinn

Am Südrande der Hochplateaus von Südadamaua liegen die Prinz Luitpoldberge an der Straße von Fumban nach Banjo, und zwar etwa 50 km südlich Banjo und 135 km nordöstlich Fumban. Fumban ist Endpunkt einer 220 km langen Autostraße von Nkongsamba, dem Endpunkt der Nordbahn.

Die Schürffelder liegen rings um die 1530 und 1600 m hohen Gipfel der Prinz Luitpold-Berge, die die umgebende Hochfläche um 300 bis 400 m überragen.

Das ganze Gebiet besteht vorwiegend aus Gneis, der an vielen Stellen durchbrochen ist von Granit- und Pegmatitgängen, Quarzporphyrgängen und stellenweise überdeckt von Ergüssen von jungem Basalt.

Der Granit ist an mehreren Stellen in zinnsteinführende Greisen umgewandelt, in denen der Zinnstein Körner von Erbsengröße bis zu 50 cm Durchmesser bildet.

Auf einem Hügel am Ufer eines Baches wurde eine stockwerkartige Greisenzone durch einen Schurf bis zu 10 m Tiefe untersucht, ohne daß das Stockwerk durchsunken wurde, auch die seitliche Ausdehnung wurde nicht bearbeitet. Über den Zinngehalt dieser primären Lagerstätte liegen keine Unterlagen vor. In der Umgebung sind noch mehrere ähnliche Greisenzonen vorhanden, von denen aber keine abgebaut wird.

In Abbau stehen bisher nur das Eluvium (Verwitterungsschutt an den Hängen, der durch Regengüsse allmählich in die Wasserläufe gespült wird) und die aus diesem sich bildenden Alluvionen in kleinen Wasserläufen („Majo"), die dem Majo Darle zufließen: besonders sind es die Ablagerungen eines kleinen Baches ohne Namen von etwa 7 km Länge, die nach *Korableff* (1940, S. 156 ff.) abgebaut werden. Der Bach fließt an dem Hügel mit dem oben erwähnten Greisenstockwerk vorbei. Der Greisen steht auch stellenweise im Flußbett an. In den Flußablagerungen am Fuß des Hügels bildet der Zinnstein kantige, kaum gerundete Brocken bis zu 3 cm Durchmesser, während die Zinnsteinkörner an der Mündung des Baches kaum 1 mm Durchmesser überschreiten.

Die alluvialen Sedimente im Bachtal sind an den breitesten Stellen kaum breiter als 50—60 m. Mehrfach verengt sich das Bachbett zu schmalen Schluchten, in denen die starke Strömung den Absatz von Sedimenten kaum zuläßt. In diesen eingeengten Teilen ist häufig Zinnstein in gewinnbaren Mengen angereichert.

Die zinnsteinführende Alluvialschicht ist stellenweise 50—70 cm mächtig, darüber liegt meist eine 3—4 m mächtige erzfreie Decke aus Sand und Ton. Das erzführende Alluvium besteht teils aus Sand und Kies, teils aus tonigen Verwitterungsprodukten des anstehenden Gneises. Diese tonigen Sedimente sollen gelegentlich bis zu mehr als 20 m Tiefe mit Zinnstein durchsetzt sein.

Die Alluviallagerstätten enthalten nach den französischen Mandatsberichten durchschnittlich 2,5 kg Zinnstein je Tonne Schotter.

Der Bergbaubetrieb liegt bisher ausschließlich in Händen der *Compagnie des Mines Africaines*, einer Schweizer Gesellschaft mit Sitz in Genf, Croix d'Or 29, die mit einem Kapital von 500000 Schweizer Franken ausgestattet ist und die fünf Konzessionsgebiete mit im ganzen 3150 ha Fläche besitzt, ferner weitere ausgedehnte Gebiete, die durch Permis d'exploitation gedeckt sind.

Eine weitere Gesellschaft, die *Compagnie Méditerranéenne Minière, Métallourgique et Commerciale*, Paris, Rue de la Victoire 60, gegründet 1928 mit einem Kapital von 1,5 Millionen franz. Franken, besitzt 86 Permis de recherche, aber kein Permis d'exploitation und hat daher auch keinen Betrieb.

Der Betrieb der Compagnie des Mines Africaines wird mit einfachen Hilfsmitteln durchgeführt. Nach dem Absieben der groben Bestandteile wird der Zinnstein durch Setz- und Spitzkästen von den Abgängen getrennt, stellenweise wird der Zinnstein durch eingeborene Arbeiter im Handbetrieb gewaschen.

Der Bergbau wurde im Jahre 1933 begonnen. Es werden Konzentrate mit etwa 70 v. H. Zinn gewonnen.

Folgende Mengen wurden erzeugt:

1933	97,2	Konzentr.	mit	68 t	Zinn-Metall
1934	244,4 t	,,	,,	172 t	,, ,,
1935	314,0 t	,,	,,	217 t	,, ,,
1936	314,0 t	,,	,,	217 t	,, ,,
1937	336 t	,,	,,	235 t	,, ,,
1938	315,4 t	,,	,,	221 t	,, ,,
1939	362,9 t	,,	,,	255 t	,, ,,

Die eingeborenen Arbeiter wurden bisher in der Umgegend angeworben. Die Konzentrate wurden in Säcke zu je 25 kg verpackt und mit Trägern bis nach Fumban transportiert; dort wurden sie auf Autos verladen, bis zum Endpunkt der Eisenbahn, Nkongsamba, gebracht und dann mit der Bahn nach Bonaberi bei Duala gebracht, wo sie aufs Schiff kamen.

Neben dem Zinnstein tritt in den Seifen besonders häufig Rutil auf, der aber durch sein geringeres spezifisches Gewicht leicht vom Zinnstein zu trennen ist, ferner etwas Korund und geringe Mengen Gold.

Nach den vorliegenden Berichten scheint das Gebiet noch nicht gründlich untersucht zu sein. Wahrscheinlich ist die Zinnerzgewinnung erheblich zu vergrößern, wenn alle in Betracht kommenden Alluvialgebiete sorgfältig untersucht werden und wenn mehrere Betriebspunkte in Angriff genommen sind. Auch die wirkliche Verbreitung der zinnsteinführenden Greisenzonen ist noch nicht bekannt.

Der Ausbau der Straße von Fumban ins Zinngebiet zu einer guten Autostraße ist Voraussetzung für eine Erhöhung der Förderung, weil erst dann größere Aufbereitungsanlagen dorthin transportiert werden können. Bisher war der Transport von Maschinenteilen von mehr als 150 kg durch Träger so gut wie ausgeschlossen. Daher wurde der Betrieb nur mit primitiven Mitteln durchgeführt.

Ähnliche Zinnlagerstätten sind noch an mehreren anderen Plätzen in Kamerun bekannt: Zunächst im Schebschi-Gebirge, auf der Grenze gegen Nigeria, südwestlich Jola, ferner im Mandara-Gebirge, nördlich Garua; schließlich sind in dem Goldgebiet von Betare-Oja bei Garga Sarali südlich Betare Zinnstein- und Goldseifen gefunden worden. Keine dieser Lagerstätten scheint genauer untersucht zu sein.

2. *Wolfram*

Die größte und wirtschaftlich aussichtsreichste Lagerstätte liegt etwa 50 km nördlich der Station Garua, nördlich vom Benuëtal und nördlich vom Tengelin-Gebirge. Sie wurde 1911 vom Regierungsgeologen Dr. *Mann* entdeckt und später von dem Bergingenieur *Fuchs* beschürft. Nach dem Kriege hat die französische Mandatsverwaltung die Lagerstätte von neuem untersucht und in amtlichen Berichten die irrtümliche Behauptung aufgestellt, die Lagerstätte sei von Franzosen entdeckt worden.

Eine Scholle von metamorphen Schiefern wird hier anscheinend inselartig von Granit umschlossen und von Granit- und Quarzgängen durchsetzt. Die Quarzgänge erheben sich am Ausgehenden als langgestreckte flache Rippen über den Verwitterungsboden. Die zahlreichen Gänge bilden, z. T. zu mehreren nebeneinander, eine über viele Kilometer zu verfolgende N 20° W streichende Gangzone.

Die 0,5 bis mehr als 1 m mächtigen Erzgänge führen neben vorherrschendem Quarz hellroten Orthoklas und etwas Kaliglimmer; sie sind also pegmatitischer Natur. Das vorherrschende Erz ist Wolframit, dessen oft über 10 cm lange divergent strahlig verwachsene Kristalle reiche Nester von großer Ausdehnung bilden; sie treten aber auch vereinzelt in der Gangmasse auf.

Daneben findet sich angeblich gelegentlich Zinnstein, aber anscheinend nur in sehr geringen Mengen. Gänge mit vorwiegendem Zinnstein sind unbekannt.

Von Sulfiden ist Bleiglanz häufig; ferner kommt Zinkblende, Magnetkies, Pyrit und Kupferkies vor. Es ist dies übrigens wohl das einzige sichere Vorkommen von Kupferkies in Kamerun.

Die Sulfide sitzen, soweit zu sehen, auf Klüften und jüngeren Trümern in den Gängen und bilden demnach eine jüngere Erzgeneration. In gleicher Weise kommt Roteisen vor. Im ganzen treten diese jüngeren Mineralien in der Gangfüllung sehr zurück.

Im Ausgehenden ist der Wolframit teilweise zu Wolframocker zersetzt.

Die Lagerstätte wird gewöhnlich kurz nach dem Orte Gutschumi, dem ersten Fundpunkt, genannt. Das bisher bekannte Hauptverbreitungsgebiet der Wolframitgänge liegt zwischen den Orten Gutschumi, Puri, Kabri und Hama Kussan.

Die Gänge fallen mit 50—75° nach NNO.

Das Erz nebst Gangart soll 8—20 v. H. WO_3, nach Angaben von *Korableff* (1940, S. 163) nur 1—4 v. H. enthalten und kann leicht in Konzentraten angereichert werden.

In den Akten des Reichskolonialamtes von 1913 findet sich eine Analyse des Wolframits von Gutschumi, die allerdings nicht vollständig ist:

WO_3	69,53 v. H.
SnO_2	1,95 ,,
Pb	Sp.
S	Sp.
As + Sb	fehlen
FeO	23,25 v. H.
M	nicht angegeben

Korableff (1940, S. 163) gibt eine ebenfalls unvollständige Analyse von unreinem Material, die nach Abzug des Quarzes und der Tonerde in der Gangart folgende Zahlen ergibt:

WO_3	53 v. H.
Mn_2O_4	24 ,,
Fe_2O_3	20 ,,
As	Spur

Wie weit diese Analyse zuverlässig ist, muß noch nachgeprüft werden.

Das Eluvium im Gebiet der Wolframitgänge soll durchschnittlich 1 v. H. WO_3 enthalten.

Die Lagerstätte, die voraussichtlich sehr erhebliche Erzvorräte birgt, hat bei den heutigen Transportmöglichkeiten über den Benuë und den Niger wahrscheinlich ein große Zukunft.

Das Abbaurecht wurde vom Gouvernement der *Compagnie Minière de l'Oubanghi Oriental* (S. 355) übertragen, die in der Wolframzone von Gutschumi acht Permis d'Exploitation besaß.

Wegen des Arbeitermangels stießen die Schürfarbeiten der Gesellschaft auf Schwierigkeiten. Daher sind die Erzgänge auch noch nicht in Abbau genommen worden.

Bei Lombel, etwa 30 km südsüdöstlich Gider, soll ein ähnliches Wolframitvorkommen liegen, über das nichts Näheres bekannt ist.

3. *Eisen*

Vor dem Weltkriege standen die Eisenerzlagerstätten in den meisten afrikanischen Ländern fast außerhalb des wirtschaftlichen Interesses. Daher haben die dort arbeitenden Geologen den Eisenerzvorkommen, die sie zufällig am Wege trafen, nur geringe Beachtung geschenkt und sie nur in wenigen Fällen genauer untersucht.

Auch heute noch sind wir in vielen Fällen auf kurze Angaben und wenige Analysen angewiesen, die meist kein zutreffendes Bild von der Lagerstätte geben können.

Voraussichtlich wird eine genaue Durchforschung des Gebietes noch große Lagerstätten zutage fördern, von denen einige vielleicht wirtschaftlich nutzbar zu machen wären.

Die folgende Zusammenstellung von Eisen und Manganerzvorkommen in Kamerun kann daher kein zutreffendes Bild von den wirklichen Vorräten an Eisen- und Manganerzen in der Kolonie geben.

a. Magnetit, Roteisen und Titaneisen

Guillemain fand im Küstengebiet, nordöstlich Edea, nördlich vom Sanaga beim Dorf Misseng nahe dem Ewimfluß, in hartem biotitarmem Gneis Einlagerungen eines körnigen Gemenges von Quarz und Magnetit (Analyse 2).

Ein ganz ähnliches Vorkommen findet sich am Ostufer des Mbam, eines von N kommenden Nebenflusses des Sanaga, beim Dorf Ntok. Auch hier ist der Gneis auf größere Erstreckung „mit Magnetiteisen-Imprägnationen erfüllt". Die Art des Auftretens der Erze ist aus der Beschreibung nicht recht ersichtlich. Vermutlich handelt es sich um Itabirit-Zonen. Über mögliche örtliche Erzanreicherungen ist nichts bekannt. Es ist nicht ausgeschlossen, daß sich an dem einen oder anderen Punkt bauwürdige Erzkörper finden lassen. Im übrigen ist auch der Titangehalt der Erze nicht festgestellt.

In der nach dem Tode von *Elbert* erschienenen zusammenfassenden Arbeit über die Ergebnisse seiner Reise (Mitteil. a. d. Deutschen Schutzgebieten Bd. 33. 1925, S. 134) steht folgender Satz:

„Bei Pokte-Boduma, auf dem Wege Babua—Buar liegt ein ringsum durch Spalten gegen Biotit-Gneis verworfenes Eisen-Mangan-Erzlager."

Eine Nachprüfung dieser Angabe ist bisher nicht erfolgt.

Ferner gibt *Elbert* an, daß „in dem zwischen dem Mbina und dem Mbere liegenden Winkel am Ostrande des Plateaus außergewöhnlich große Mengen von gutem Magneteisen und Eisenglanz als bankförmige Ausscheidung in dem quarzreichen Gneisgranit" liegen.

Auch diese Angabe bedarf der Nachprüfung.

Titaneisenerze scheinen in kleinen Mengen in den Gneisgebieten häufig aufzutreten. Darauf weisen die sehr erheblichen Mengen von Eisenerzsanden in den Flußläufen am unteren Sanaga hin, die vorwiegend aus Titaneisen nebst Magnetit und Zirkon bestehen (Analyse 1).

Ähnliche Sande kommen vielfach in den Wasserläufen der Basaltgebiete vor.

Pegmatitgänge, die neben den üblichen Bestandteilen z. T. reichlich Magnetit und Roteisen führen, sind in Kamerun zonenweise verbreitet. Ähnliche Gänge sind in Deutsch-Ostafrika in den Zonen der Glimmer-Pegmatite bekannt.

In Kamerun tritt z. B. zwischen Buala und Buar ein mehrere Kilometer breites Pegmatit-Gangsystem auf, das NNO—SSW streicht und auf mehr als 50 km streichender Länge verfolgt ist, hauptsächlich in den Njojo-Bergen bis zum Nanafluß im Süden. Die Pegmatitgänge bestehen aus Quarz, wenig Glimmer und führen Magnetit und Roteisen (Martit ?) bald in geringen Mengen, bald in dicken Trümern.

Diese Vorkommen sind genetisch sehr interessant, wirtschaftlich aber kaum wichtig.

b. Brauneisen

Im Mambere(Carnot)-Sandstein (S. 332) liegen mehrfach Lager oder ausgedehnte Linsen von ziemlich reinem Brauneisenstein, deren Mächtigkeit 1 m und mehr erreichen kann. Diese Brauneisenlager, die anscheinend teilweise oolithisch sind, sind sedimentäre Bildungen in flachen Wasserbecken in aridem Klima. Analysen und Mengenberechnungen dieser Erze liegen bisher nicht vor.

Viel häufiger sind die durch Verwitterung gebildeten Eisenerze, also an Landoberflächen gebundene Bildungen, die nur örtliches Interesse haben können.

Auf den Basaltdecken entstehen durch Verwitterungsprozesse an vielen Stellen Brauneisensteine von guter Zusammensetzung (Analyse 4), die namentlich in den Gebieten von Bali, Bamum und Bafut verbreitet sind. Das Erz bildet die Oberfläche der alten Basaltströme. Die Lagerstätten scheinen größere Ausdehnung und größere Mächtigkeit zu haben. Wegen ihrer relativ günstigen Lage dürften sie einige Beachtung verdienen. Sie sollten daher auf ihre Ausdehnung und Bauwürdigkeit geprüft werden. Gewisse Partien der Erze scheinen allerdings übermäßig reich an Kieselsäure zu sein (Analyse 5). Da in den Analysen kein Rückstand angegeben ist, so ist nicht zu erkennen, ob die Kieselsäure gelförmig im Erz verteilt oder etwa als Sand mechanisch beigemengt ist. Die kieselsäurereichen Partien dürften verhältnismäßig leicht auszuscheiden sein.

Andere von *Guillemain* (1908, S. 30) erwähnte Brauneisenerze, die durch Verwitterung auf Basalt und anderen jungen Eruptivgesteinen entstanden und die eine sehr große Verbreitung haben, scheinen nach dem hohen Kieselsäuregehalt mehr dem Typus der Krusteneisensteine im Sinne von *Koert* anzugehören (Analyse 7) und haben voraussichtlich keine wirtschaftliche Bedeutung. Stellenweise ist in ihnen allerdings eine Anreicherung an Mangan beobachtet (Analyse 8).

Das Raseneisenerz beim Dorfe Bagangu nahe Bamenda hat zwar eine recht günstige Zusammensetzung (Analyse 6), aber wohl keine große Ausdehnung.

Im Verwitterungston auf dem Basalt des Kamerunberges — wahrscheinlich auch an vielen anderen Stellen — liegen massenhafte Brauneisenkonkretionen nach der Art der Soonwalderze in Deutschland, die teilweise recht reich an Eisen sind (Analyse 9 und 10). Ob die Mengen stellenweise groß genug sind, um diese Erze abzubauen, ist unbekannt. Für den Export kommen sie wahrscheinlich in keinem Falle in Frage.

Die Eingeborenen der an Brauneisen reichen Gebiete haben vor dem Weltkriege die Erze in ihren kleinen Schmelzöfen wahllos und äußerst unwirtschaftlich verhüttet. Manche Schlacken sind überaus reich an Eisen (bis 52 v. H. Fe). Heute ist diese kleine Eisenindustrie durch die Einführung europäischen Eisens so gut wie ganz zum Erliegen gekommen.

Eisenerz-Analysen

	1.	2.	3.	4.	5.	6.	7.	8.
Fe	27,19	41,45	39,84	42,25	38,68	55,40	29,38	11,89
TiO_2	42,16	40,71	39,80	12,26	23,44	9,21	27,25	28,59
SiO_2	12,31							
Mn	0,88	0,26	0,13	0,35	0,26	8,43	1,41	13,36
CaO	—	—	0,30	—	—	0,89	0,01	0,01
MgO	0,72	0,38	0,72	—	0,16	—	0,21	0,36
P	0,113	0,066	0,08	0,173	0,093	0,12	0,704	0,199

In den Analysen 2—8 sind Titan und Kieselsäure nicht getrennt.
1. Titaneisensand vom Sanaga.
2. Magneteisen von Misseng.
3. Magneteisen von Ntok.
4. Basalteisenstein von Bali.
5. Brauneisenstein auf jungem Ergußgestein, Bamenda-Bezirk.
6. Raseneisenerz von Bagangu bei Bamenda.
7. Brauneisen auf Basalt, Ossidinge-Bezirk.
8. Manganreiche Konkretion aus Brauneisen Nr. 7.

	9.	10.
Fe	57,62	38,21
Mn	0,21	0,17
P_2O_5	0,48	0,96
CaO	—	—
MgO	sp.	0,15
Glühverlust	13,31	16,99
Rückstand	4,01	11,20

9 und 10 Brauneisenkonkretionen im Verwitterungston. Bananenpflanzung Ikosa, westlich Kamerunberg.

4. *Mangan*

Die bisher in Kamerun aufgefundenen Manganerzvorkommen sind wirtschaftlich anscheinend wertlos; sie kommen für eine Ausbeutung kaum in Frage, wie die folgende Aufzählung ergibt. Die hauptsächlichen Angaben stammen aus der Zeit vor 1914. Franzosen und Engländer haben in der Mandatszeit nichts wesentlich Neues gefunden.

Doch ist es natürlich nicht ausgeschlossen, daß noch bauwürdige Lagerstätten vorhanden sind.

Beim Dorf Ntiba in der Landschaft Ndem, etwa 50 km nordöstlich Jabassi an der Mündung des Nkam in den Wuri, fand *Guillemain* mehrere Meter mächtige Quarzgänge, die Trümer und Nester von Manganerzen enthalten. Die mitgeteilte Analyse

Mn	33,34
Fe	9,78
SiO_2	13,97
CaO	0,74
P	0,32

und die Beschreibung gibt allerdings kein genügendes Bild über den wahren Charakter der Erze und über die Größe der Lagerstätte, insbesondere ist nicht untersucht, ob größere Manganerztrümer auftreten. Jedenfalls sollte das Vorkommen noch genauer untersucht werden. *Guillemain* sah das Manganerz als Verwitterungsprodukt von Gangmineralien an.

O. Mann (1911, S. 215) fand westlich Dschang zwischen diesem Ort und Fontem, 1,5 km nordwestlich Fongotunga, Mangan- und Roteisengänge, die sich mit schwankender Mächtigkeit etwa 1,5 km nach N und S verfolgen ließen. Ähnliche Vorkommen wurden bei Forekedschang gefunden. Die Gänge enthielten 28,5 bis 36,5 v. H. Mn und etwa 2 v. H. Fe, denen ein erheblicher Kieselsäuregehalt gegenübersteht. Danach scheint die Bauwürdigkeit ausgeschlossen zu sein. Ein endgültiges Urteil läßt sich erst nach Durchführung von Untersuchungsarbeiten gewinnen.

Ob die von *Guillemain* erwähnten Anreicherungen von Mangan in den Verwitterungseisenerzen im Ossidinge-Bezirk eine wenigstens kleine wirtschaftliche Bedeutung haben, ist nach den wenigen Angaben nicht zu beurteilen.

Die von *Elbert* (1925, S. 136) in der Gegend von Boduma zwischen Bomse und Buar gefundenen Manganerze sind nur geringe Verwitterungsprodukte und wirtschaftlich wertlos.

5. *Blei*

Auf dem rechten Ufer des Croß-Flusses, etwa 17 km oberhalb Mamfe, fand *Guillemain* im Flußbett des Ngome in dem Komplex der dort fast flachliegenden Sandsteine der Mamfe-Schichten eine etwa 20 cm mächtige Sandsteinbank, die Bleiglanz, teils in feiner Verteilung zwischen den Sandkörnchen, teils auf Spalten und Klüften in derben Aggregaten, enthielt. Das Vorkommen ist leider nicht weiter verfolgt, auch nicht untersucht worden, ob noch andere bleiglanzführende Bänke vorhanden sind.

In Nigeria soll nach *Guillemain* unter ähnlichen Bedingungen beim Ort Wukari, zwischen den Flüssen Donga und Katsena, Bleiglanz von den Eingeborenen in großen Mengen gewonnen werden. Wahrscheinlich handelt es sich um die S. 308 beschriebenen Bleiglanzgänge.

Im Ssari-Massiv sollen Bleiglanzgänge auftreten, die nicht näher beschrieben sind. Kleine Mengen von Bleiglanz kommen mit den Wolframitgängen von Gutschumi (S. 348) vor. Sie bilden aber nach den vorliegenden Berichten jüngere Trümer, die die Wolframitgänge durchsetzen.

Größere Bleiglanzvorkommen sind in Kamerun bisher nicht bekannt.

6. *Gold*

Der Goldbergbau in Kamerun steht noch in den ersten Anfängen. Die Hauptfundpunkte liegen bisher:

1. im Stromgebiet des Lom zwischen Meiganga und Betare-Oja. Ausschließlich aus diesem Gebiet stammt die in den französischen Mandatsberichten aufgeführte Goldproduktion des französischen Mandatsgebietes Kamerun.

2. in dem durch die Franzosen nach dem Versailler Diktat eigenmächtig vom Mandatsgebiet abgetrennten und der Provinz Mittel-Kongo zugefügten Bezirk Ober-Sanga in der Gegend von Berberati, Sosso, Polipo und Barondo.

3. in der Gegend von Jukaduma ist zeitweilig Gold gewonnen worden.

4. ein kleineres Goldfeld liegt an den Flüssen Jaluke und Lobaje.

5. auch die Zinnstein-Seifen der Prinz-Luitpoldberge enthalten etwas Gold.

Primäre Golderzgänge werden bisher in keinem Falle gebaut. Das Gold wird überall ausschließlich aus den Flußalluvionen gewonnen.

Die Seifen im Stromgebiet des Lom enthalten nach den Mandatsberichten im Mittel 0,5 g Gold (0,1—10 g) je Kubikmeter Flußkies.

Im Gebiet von Sosso und Berberati führen nach Angabe von *Korableff* (1940, S. 165) die Alluvionen 1,5—2 g je cbm Kies. Nuggets, die aus Aggregaten von Goldkristallen zusammengesetzt sind, sind dort mehrfach gefunden worden. Die primäre oder sekundäre Entstehung dieser Gebilde ist noch nicht geklärt.

Bei den primären Golderzgängen, die diese heute in Abbau stehenden Goldalluvionen geliefert haben, lassen sich nach *Haugou* (1936) im Lom-Distrikt folgende Typen unterscheiden:

a) Quarz-Pyritgänge und Quarz-Arsengänge im Gefolge von Zwei-Glimmer-Graniten und vergesellschaftet mit Pegmatitgängen, wie sie z. B. bei Jukaduma, Meiganga, Betare, im Ssari-Massiv, im Atlantikagebirge und zwischen Garua und Marua auftreten. Bei Jukaduma sind auch vielleicht basische Gesteine als Stamm-Magma für die Quarzgänge anzusehen.

In den Prinz-Luitpoldbergen südlich Banjo führen ähnliche schmale Gangtrümer neben goldhaltigem Pyrit auch Zinnstein. Der Goldgehalt ist hier, wie anscheinend an vielen anderen Stellen, für einen Bergbau zu niedrig. Es sind teils nur Spuren, teils Gehalte von 0,1—0,5 g je Tonne Gestein.

b) Ähnlich niedrig ist der Goldgehalt in den Imprägnationszonen, die mehrfach in den altalgonkischen Schiefern auftreten, z. B. in der Gegend südlich Lomie. Die Schiefer sind mit Pyrit imprägniert, der Spuren von Gold enthält. Auch diese Lagerstätten kommen für den Bergbau nicht in Frage.

c) Die jungalgonkischen Schichten, z. B. bei Betare, sind stellenweise von einem unregelmäßigen Netz von kleinen Quarzgängchen durchsetzt, die Spuren von Gold enthalten, also nicht bauwürdig sind. In der Nähe dieser Quarzadern treten häufig saure Intrusiva auf.

Die meisten dieser primären Lagerstätten sind daher wertlos. Erst bei der Verwitterung reichert sich das Gold im Eluvium und Alluvium zu bauwürdigen Lagerstätten an.

Sorgfältige Prospektion wird zweifellos weitere bauwürdige Alluvialgold-Gebiete und vielleicht auch bauwürdige primäre Lagerstätten aufdecken.

Die Nebengesteine der Quarzgänge sind stets schiefrige Gesteine. Im Bezirk Ober-Sanga sind die geologischen Verhältnisse ganz ähnlich wie im Lom-Goldfeld: Die primären Goldgehalte sitzen in kleinen Quarzgängen in Schiefern im Kontaktbereich von Intrusiv-Granitstöcken. Bei Sosso tritt wahrscheinlich auch im Granit selbst, in kleinen ihn durchsetzenden Quarzgängen, Gold auf. Auch die beiden Goldfelder Roandji und Pulubu in Ubangi-Schari (S. 416) zeigen entsprechende genetische Verhältnisse.

Ob die Goldseifen ausschließlich aus den von *Haugou* beschriebenen armen Goldquarzgängen stammen, ist bisher nicht sicher. Allerdings sind bauwürdige Gänge noch nicht bekannt geworden.

Zweifellos sind außer den bereits bekannten noch andere bauwürdige Goldgebiete in Kamerun zu erwarten.

Überall liegen die heute im Abbau befindlichen goldführenden Alluvionen in und an den schnell strömenden Teilen von Wasserläufen, die über Schiefer (oft in Talkschiefer übergehende Amphibolitschiefer) in der Umgebung von Granitintrusionen laufen. Diese Granitstöcke sind großenteils auf den zugänglichen Karten nicht eingetragen und konnten daher auch auf unserer Karte nicht dargestellt werden.

Das Gold wandert im Laufe der Zeit aus dem goldführenden Sand in den darunter liegenden steil aufgerichtet anstehenden Schiefer ein, und man findet noch in 50 cm Tiefe im Anstehenden Gehalte von 0,5 g Gold je cbm, die natürlich nicht bauwürdig sind.

Die Konzentrate enthalten neben Gold auch Roteisen, Titaneisen und Rutil.

Das Goldfeld im Stromgebiet des Lom (Betare-Oja, Maiganga) besitzt erheblich größere Ausdehnung als das in Ober-Sanga und das in Ubangi-Schari. Etwa 5000 qkm sind im Lomgebiet durch Schürffelder gedeckt.

Folgende Gesellschaften und Privatunternehmen waren nach den Mandatsberichten und den Angaben in der Chronique des Mines Coloniales in den letzten Jahren im Goldbergbau im Lomgebiet tätig:

	Goldgewinnung 1938	1939
Compagnie Equatoriale des Mines (CEM) (gegr. 1927, Paris Kapital 20 Mill. fr) . .	139 kg 626 g	117 kg 388 g
Exploitation Minière Dard et Merlin (EMDEM) (gegr. 1937 in Betare-Oja mit 300000 fr Kapital)	137 kg 621 g	94 kg 300 g
Compagnie Minière de l'Oubanghi Oriental (CMOO) (gegr. 1928 in Paris, Kapital 10 Mill. fr)	74 kg 817 g	73 kg 457 g
Société Coloniale des Mines (Colomines, gegr. 1934 in Paris, Kapital 3 Mill. fr)	—	56 kg 392 g
M. Saubatte	—	31 kg 157 g

Pargny und Carmagnac	65 kg 296 g	29 kg 012 g
Compagnie des Mines Africaines (CMA) (gegr. 1929 in Genf (Schweiz) mit Kapital von 500000 Schweizer fr)	27 kg 771 g	28 kg 361 g
Tricou et Lorretan	—	28 kg 155 g
M. Fischer	—	16 kg 954 g
Verschiedene Einzelunternehmer	55 kg 213 g	28 kg 325 g
	493 kg 344 g	503 kg 493 g

Im ganzen Mandatsgebiet Kamerun waren am 31. 12. 1939 an folgende Gesellschaften und Privatunternehmer „Permis de recherche“ und „Permis d'exploitation“ auf Gold vom Gouvernement verliehen worden:

	Permis de recherche	Permis d'exploitation
Compagnie Equatoriale des Mines . .	102	21
Comp. Min. de l'Oubanghi Oriental .	81	17
Comp. Min. Africaines	39	8
Dard et Merlin	25	8
Soc. Colon. des Mines	5	4
Pargny		6
Carmagnac		1
Pargny et Carmagnac		3
Tricou	18	1
Tricou et Lorretan		2
Société Nationale du Cameroun . .	4	
Fischer		1
Schüller		1
Héritiers Gauthier		1
Saubatte		1

Die Schürfscheine und die Bergbaurechte verteilten sich auf folgende Distrikte:

	Permis de Recherche	Permis d'Exploitation
Lom und Kadei	265	64
Adamaua	99	13

Die Compagnie des Mines Africaines besaß 1939 in der Subdivision Banyo 5 Konzessionen mit einem Flächeninhalt von 3150 ha.

Die Compagnie Minière de l'Oubanghi Oriental besaß ein Permis Général im Gebiet Lom und Kadei durch Dekret des Gouverneurs vom 17. 6. 1939.

Das noch nicht gedeckte Gelände ist dem Staat für die Goldgewinnung vorbehalten.

Über die bisherige Goldproduktion der einzelnen Gesellschaften im Lomgebiet und die am 1. 9. 1939 nachgewiesenen noch vorhandenen Vorräte geben folgende Zahlen Aufschluß:

	Gewonnen bis 1. 9. 39 kg	Nachgewiesene Vorräte kg Gold
Compagnie Equatoriale des Mines (CEM)	643,224	1000
Compagnie de l'Oubanghi Oriental (CMOO) . . .	122,456	300
Comp. des Mines Africaines (CMA)	56,138	150
Exploitation Minière Dard et Merlin (EMDEM)	561,098	500
Colomines	14,582	250
Soc. Min. Pargny et Carmagnac (SMPC) . . .	147,260	200
Tricou et Lorretan (SEMTL)	55,499	300
Fischer	15,933	200
Saubatte	33,011	200
Andere Unternehmer	41,774	?
	1690,975 kg	3100 kg

Der Lom-Bezirk hat also bisher rund 1694 kg Gold geliefert, während noch mehr als 3000 kg Gold in den vorläufig untersuchten Alluvionen bekannt sind.

Weitere Goldlagerstätten sind in mehreren Gebieten Kameruns nachgewiesen, bisher aber noch nicht genauer untersucht, so z. B. am Sari-Massiv (von den Franzosen als Monts Namchis bezeichnet, nach dem Ort Namchi am Nordwestrande des Gebirges). Ferner enthalten die Sandsteindecken im Benuëgebiet in ihren grobkörnigen Basisschichten stellenweise Gold. Dieses ist wahrscheinlich in ehemaligen Trockenflußläufen der alten, von den Sandsteinen eingedeckten Landoberfläche angereichert.

Diese Angaben beziehen sich nur auf das Mandatsgebiet Kamerun. Ähnliche Angaben für das widerrechtlich abgetrennte Ostkamerun liegen nicht vor.

Im Sosso-Berberati-Gebiet am oberen Sanga und am Lobaje arbeiten hauptsächlich die Compagnie Equatoriale des Mines und die Compagnie des Mines de l'Oubanghi Oriental.

Insgesamt wurden in Kamerun im Jahre 1938 die folgenden Goldmengen gewonnen:

Lom-Gebiet	483,4 kg
Ober-Sanga	125,6 ,,
Jaluke u. Lobaje	183,1 ,,
zusammen	792,1 kg

7. *Pyrit und Arsenkies*

Arsenkies und Schwefelkies, eingesprengt in Quarzgängen, haben nur dann wirtschaftliches Interesse, wenn sie Gold in bauwürdigen Mengen enthalten. Andernfalls sind die Gänge ohne jedes Interesse. Es ist also unbedingt erforderlich, jedes derartige Vorkommen auf den Gehalt an Edelmetallen untersuchen zu lassen.

Bei den in der Literatur erwähnten Vorkommen läßt sich nicht immer feststellen, ob die dort erwähnten Vorkommen auf Edelmetall geprüft sind oder nicht. Deshalb seien einige Vorkommen hier kurz erwähnt.

Bei Munyanga im Rio del Rey-Gebiet setzt nach *Mann* ein arsenkiesführender Quarzgang im grauen Gneis auf.

Bei Bubandja am Mao Lidi (= Sidi) durchziehen nach *Mann* dünne Quarz-Arsenkiesgänge die Knotenschiefer.

Bei Njeo, in der Gegend von Jauja im Kajabergland, treten pyritführende Quarzgänge auf, ebenso östlich Babua längs des Ost-Weststückes des Mambere. Südöstlich Babua tritt dicht beim Dorf Abo ein großer, etwa 100 m breiter und mehr als 1 km im Streichen zu verfolgender Quarzgang mit Pyritnestern auf, der zu einer großen NNW streichenden Gangzone gehört.

Südlich Nyem, auf dem linken Ufer des in den Nana fließenden Nyong, liegt am Wege nach Jase—Samba ein Quarzgang mit Pyrit und Arsenkies, ebenso am Wege von Njem nach Jade. Die Zahl läßt sich sicherlich sehr stark vermehren. Bei allen diesen Vorkommen fehlen Angaben über Edelmetall-Gehalte.

8. Glimmer

Glimmerlagerstätten sind an vielen Stellen in Kamerun bekannt geworden. Eine Ausbeutung ist bisher nach den vorliegenden Angaben nirgends erfolgt, obwohl die Qualität z. T. ausgezeichnet ist.

Esudan. Die Lagerstätte liegt im Südosten des Bezirks Mamfe (Ossidinge) am steilen Osthang des Berges Ossiman in etwa 750 m Seehöhe. Sie wurde von *Guillemain* (1909, S. 78) entdeckt und beschrieben.

Das Gebiet besteht aus mittel- bis feinkörnigem Sedimentgneis und Gneisglimmerschiefer mit eingelagerten Quarzitschollen. Granitstöcke durchsetzen die Gesteine an mehreren Stellen; in ihrer Umgebung setzen zahlreiche Pegmatit- und Quarzgänge auf. Im Norden taucht das Archaikum unter die Sedimente des Croßbeckens; im Süden decken jungvulkanische Gesteine das alte Gebirge zu. In der Nähe von Esudan ist bisher kein Granit bekannt. Wahrscheinlich liegen die Gänge über dem Scheitel eines in der Tiefe steckengebliebenen Stockes.

Der zuerst untersuchte Hauptgang, in dessen Nähe später weitere Gänge gefunden wurden, ist 2,25 m mächtig, streicht N—S und fällt in den aufgeschlossenen Teilen mit 40° nach W. Der Pegmatit besteht aus weißem Orthoklas in oft halbmetergroßen Stücken, weißem und grauem Quarz und aus Muskowit, dessen rotbraune, oft klar durchscheinende Platten einen Durchmesser von 30—40 cm und eine Stärke von 10—20 cm erreichen können. Als Nebengemengteil tritt roter Ton-Eisen-Granat auf, der auch häufig an den Salbändern sitzt, der aber wertlos ist. Quarz und Orthoklas sind oft schriftgranitisch verwachsen.

Der Glimmer sitzt vorwiegend in der hangenden Partie, senkrecht zu den Salbändern, seltener unregelmäßig in der Gangmasse.

Die Qualität ist vorzüglich, den besten indischen und ostafrikanischen Sorten zu vergleichen, die Größe der geschnittenen Platten geht bis über 40 cm Durchmesser.

Vor dem Weltkriege fand zeitweilig ein geringer Abbau auf dem zuerst erschürften Gang statt. Er wurde aber wegen schwieriger Arbeiterverhältnisse und der damals ungenügenden Transportmöglichkeiten wieder eingestellt.

Nach den vorliegenden Berichten können im Gebiet von Esudan größere Mengen von erstklassiger Ware gewonnen werden.

Etwa 250 km weiter nordöstlich, in der Gegend von Kentu, sind ebenfalls Pegmatitgänge mit gutem Glimmer bekannt.

Duala-Bezirk. Im Duala-Bezirk sind an mehreren Stellen glimmerführende Pegmatitgänge bekannt geworden. So liegen östlich vom Dorf des Häuptlings Woe Matum auf der Ostseite des Kem-Flusses Pegmatitgänge im Sedimentgneis, die aus grauem Quarz und hellem Muskowit bestehen und die Muskowit-Platten von 10—12 cm Kantenlänge geliefert haben. Als Nebengemengteil treten auch hier Granaten auf. Über Mengenangaben und Qualität ist bisher nichts bekannt geworden (*Koert*, 1913, S. 80).

Auch dicht westlich Kribi an der Südküste und in der Gegend von Lolodorf sind Pegmatitgänge untersucht worden, die Nutzglimmer führen.

Grobkörnige Pegmatitgänge mit guten Glimmerplatten, die 10 cm Kantenlänge übersteigen sollen, wurden bei der Station Lomie, nahe der Quelle bei der Station, gefunden.

Da der Glimmer sehr schwer verwittert, so bleibt er in dem oft tiefgründigen Verwitterungsboden über dem frischen Gestein erhalten und kann aus diesem gewonnen werden, ohne daß seine Qualität merklich leidet.

Jaunde-Bezirk. 10 bis 12 km nordwestlich vom km 42 der Straße von Jaunde nach Joko wurde eine mindestens 3 km lange Zone von Granitpegmatit mit größeren Muskowitplatten festgestellt, die in WNW-Richtung streichen soll.

Zweifellos sind noch an vielen Stellen des Landes Pegmatitgänge mit Glimmer von guter Qualität vorhanden. Die Arbeiter- und Transportverhältnisse sind für die Bauwürdigkeit stets ausschlaggebend.

9. *Titanerz*

Die archaischen Paragneise und die Schiefer des Alt-Algonkium führen in Kamerun an zahlreichen Stellen Rutil in größeren Kristallen. Dieses Mineral verwittert schwer und reichert sich in dem tiefgründigen Verwitterungsboden stellenweise in solchen Mengen an, daß es in kleinen Bergbaubetrieben durch Auswaschen aus dem Verwitterungslehm in primitivster Weise gewonnen werden kann.

Nach der bisherigen Erfahrung ist der Rutil namentlich im Stromgebiet des Nyong in dem Gebiet zwischen Ngambe-Eseka, Mbalmajo, Akunolinga und Ohala sowie im Jaunde-Bezirk im Eluvium weitverbreitet.

Seit 1935 geht namentlich in diesem Gebiet ein kleiner Bergbau um, und es wurden folgende Rutilmengen exportiert:

1935	45 t
1936	55 t
1937	103 t
1938	118 t
1939	159,5 t

Die Ausfuhr ging meist nach Liverpool.

Der Gehalt der Exportware an TiO_2 betrug 90—96 v. H., im Durchschnitt 92 v. H.

Von der ausgeführten Gesamtmenge von 480 t kamen etwa 300 t aus der Gegend von Eseka am unteren Nyong, gegen 150 t aus den Bezirken Dschang und Jaunde. In der Gegend von Jaunde sollen besonders gute Aussichten für die Rutilgewinnung bestehen. (Vgl. Chronique des Mines Colon. Nr. 87, 1939, S. 233.)

Der Rutil wird von Eingeborenen teils einfach an der Oberfläche aufgelesen, teils wird der Verwitterungsboden und die aus ihm in den Bachläufen zusammengeschwemmten Alluvionen durch einfachste Aufbereitung ausgewaschen, und das Waschgut wird mit der Hand geklaubt.

Im bauwürdigen Eluvium und Alluvium sind durchschnittlich 4 kg Rutil je Kubikmeter enthalten.

Zweifellos tritt das Mineral auch in vielen anderen Gebieten auf.

Am 1. Juni 1938 bestanden 43, am 1. April 1939 33 Permis de Recherches für Rutil.

Die Schürffelder waren folgendermaßen verteilt:

	1. 4. 1939	31. 12. 1939
Bezirk Sanaga maritime . . .	22 Schürffelder	47 Schürffelder
,, Nyong u. Sanaga . . .	7 ,,	54 ,,
,, Muongo	3 ,,	3 ,,
,, Kribi	1 ,,	2 ,,
	33 Schürffelder	106 Schürffelder

Permis d'Exploitation waren bis Ende 1939 noch nicht ausgegeben.

Die Haupt-Produzenten für Rutil waren 1939 die folgenden: Pezzano und Dreuilli, Fassiles, Eyrolle, Martel.

10. Diamant

Die Flüsse, die das weite Tafelland des Mambere(Carnot)-Sandsteines (S. 332) durchziehen, also hauptsächlich der Mambere und der Lobaje mit ihren Nebenflüssen, haben, besonders in den Randgebieten, die Sandsteindecke bis in den unterliegenden archaischen Untergrund durchsägt.

In diesen tief eingeschnittenen Talgebieten finden sich in den Alluvionen der Flüsse neben anderen Mineralien (schwarzer Turmalin, Topas, Zirkon,

Magneteisen, Titaneisen, Granat) auch Diamanten, stellenweise in bauwürdigen Mengen.

Die Diamanten scheinen unter ähnlichen geologischen Bedingungen aufzutreten wie die im Kassai-Gebiet, in Angola und in Französisch-Äquatorialafrika an den Rändern des Muka-Ndele-Plateaus (S. 395).

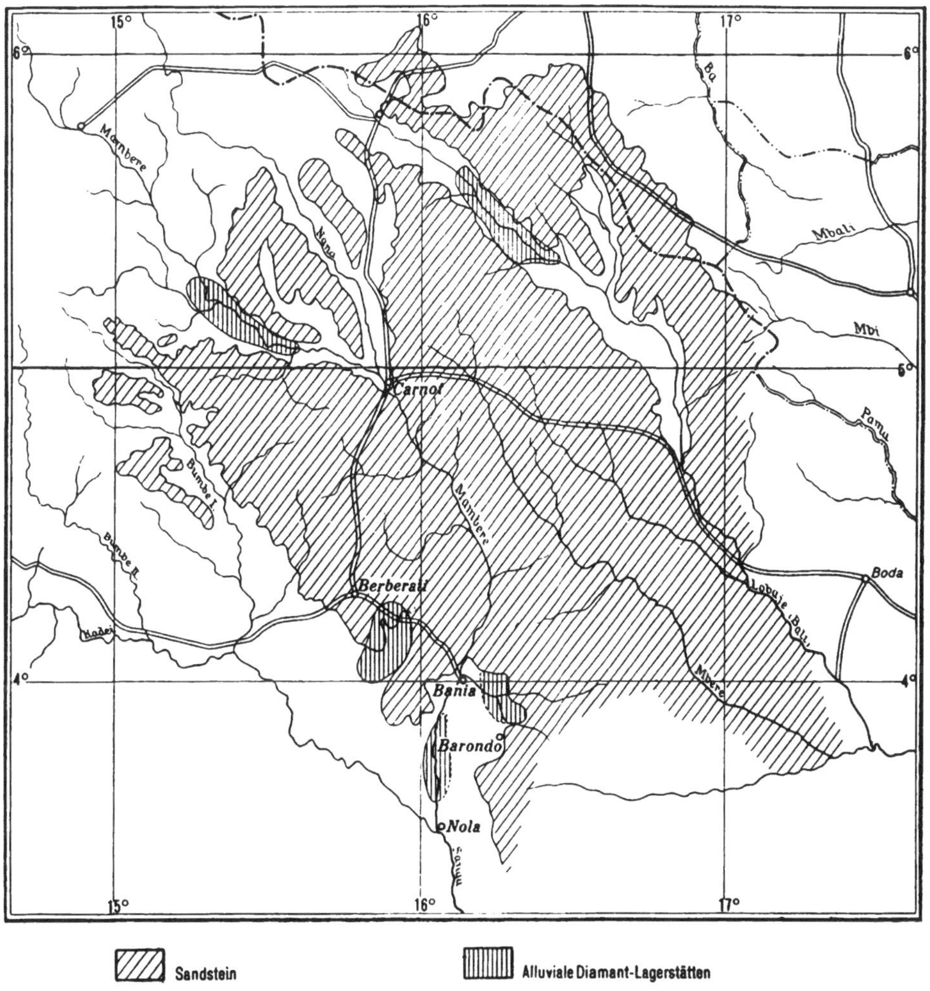

Abb. 39. Diamant-Lagerstätten in Kamerun.

Man nimmt an, daß sie ursprünglich in den alten Trockentälern und Senken der Prä-Lubilasch-Landoberfläche konzentriert wurden und daher heute in den sandigen und konglomeratischen Basisschichten des Mambere-Sandsteins liegen. Vielleicht finden sie sich auch in tertiären Trockentälern an der Oberfläche, wie sie *Beetz* aus Angola beschrieben hat.

Das Muttergestein der Diamanten ist nicht bekannt.

Die Hauptgewinnungspunkte liegen am Mittellauf des Lobaje (Bali) nordöstlich von Carnot, ferner im Stromgebiet des Mambere in den Tälern am Nordwestrande der Sandsteinplateaus nordwestlich Carnot, sodann am Unterlauf des Mambere zwischen Bania und Barondo und zwischen Bania und Nola, dann noch etwas weiter westlich am Plateaurand bei Berberati.

Die Diamantengewinnung liegt hauptsächlich in Händen der Compagnie Minière de l'Oubanghi Oriental (Sitz Paris, Kapital 10 Mill. fr, gegr. 1928).

Die Produktion ist nicht unbeträchtlich; sie wird von der französischen Statistik bei Französisch-Äquatorialafrika aufgeführt, weil das Gebiet in dem von Frankreich nach dem Versailler Diktat eigenmächtig vom Mandatsgebiet Kamerun abgetrennten und der Provinz Mittel-Kongo angegliederten Teil von Ostkamerun liegt.

Es wurden gewonnen:

1935	137	Karat
1936	1 978	,,
1937	6 198	,,
1938	17 589	,,

Die Steine sollen von guter Qualität sein.

11. Graphit

Namentlich in algonkischen Schichten sind mehrfach graphitführende Schieferzonen bekannt, so im Stromgebiet des Lom, zwischen Dendeng und Meiganga. Derartige Vorkommen enthalten aber meist sehr viel Ton, und der Graphit ist so feinschuppig, daß er nicht vom Ton zu trennen ist. Diese Vorkommen sind daher meist ohne jedes Interesse.

Wertvoller dagegen sind teilweise die Graphitvorkommen im Gneis mit grobschuppigem Graphit, wenn sie auch wegen der Entfernung von der Küste für den Export nicht in Frage kommen.

So enthalten nach *Elbert* die Hornblende- und Biotitgneise am Mbere und am oberen Uam und Sanga Graphit als akzessorischen Bestandteil, stellenweise in Bänken bis zu 1 m Mächtigkeit, z. B. am Wassa-Bach bei Nadjiboro und am Berge Djir Dang bei Bilamo. Andere Vorkommen liegen in der Gegend zwischen Kunde und dem Dörfchen Lokoti nördlich Babua, ferner am Jobofluß bei Kirkrino nahe Sauro Kunde, südöstlich Babua, und bei Bangarem an der Straße Biwiti-Carnot; ein weiteres Vorkommen liegt westlich des Weges von Bumbut nach Sotua.

Im Küstengebiet ist ein ähnliches Graphitvorkommen östlich Jabassi vorhanden, und zwar östlich der Mündung des Nkam in den Inubu.

12. Bauxit

Das Aluminiumerz Bauxit ist wahrscheinlich an mehreren Stellen in Kamerun vorhanden, aber nirgends mit Sicherheit festgestellt, weil die Berichte der französischen Geologen Bauxit und Verwitterungs-Eisenkrusten nicht eindeutig unterscheiden.

13. Erdöl

Im ganzen Küstengebiet um den Golf von Guinea, von der Goldküste über Kamerun bis nach Gabun hin, sind in den jungen Sedimenten von der Kreide aufwärts seit langer Zeit an verschiedenen Stellen Anzeichen für das Auftreten von Öl bekannt. Sie sind im Westen am schwächsten und werden nach O in Kamerun und von da an der Küste nach S stärker. Im wesentlichen handelt es sich um Ölquellen und mit Bitumen imprägnierte Gesteine.

In Kamerun sind seit langem kleinere Ölquellen bei Malende am Mungo, bei Bassa am linken Ufer des Wuri und in der Nähe von Duala bekannt.

Die als besonders aussichtsreich angesehene ölhöffige Zone in Kamerun liegt in der Gegend von Logobaba in der Nähe von Duala zwischen den Flüssen Wuri und Dibamba.

Die Kameruner Bergwerksgesellschaft hat dort in den Jahren 1904—1905 drei Bohrungen von 140 m, 305 m und 800 m niedergebracht. Die Bohrungen wurden ohne vorhergehende geologische Untersuchungen angesetzt und anscheinend ohne genügende Aufsicht durchgeführt. Bei 330 m Teufe wurden Ölspuren und Gas angetroffen, die Bohrung blieb aber im übrigen in Schottern von unbekanntem Alter stecken.

1923 übernahm die Société Nationale du Cameroun (SNC) 50000 ha als Schürfgebiet und ließ dies durch den Geologen *Bernoulli* untersuchen.

1929 wurde der Service des Mines du Cameroun gegründet, der die Untersuchungen weiterführte. Auf Grund der Ergebnisse dieser Arbeiten wurde dann 1934 von der französischen Mandatsverwaltung eine Fläche von 6430 qkm an Hand des Gesetzes vom 20. 5. 1928, Artikel 28, als Erdöl-Sperrgebiet für den Staat reserviert, die eingehender geologisch und geophysikalisch untersucht wurde.

Die Untersuchungen ergaben das folgende Profil:

Das Ausgehende ist verdeckt durch Strandsand und Flußalluvionen. Darunter folgen:

Pliozän: Pitti-Serie, bestehend aus Sand und buntem Ton, ferner aus tonigem Sand mit Geröllen; die Schichtfolge ist fossilfrei.

Eozän (Lutet-Stufe): Bonangando-Serie, bestehend aus blauem sandigem Ton und tonigem Sand sowie Mergel mit Fossilien (S. 340).

Senon: Mungo-Serie, bestehend aus Sandstein, Kalkstein, Mergel und Schiefer mit Fossilien (S. 337).

Der Haupt-Ölhorizont bei Logobaba soll ein sehr grober, z. T. konglomeratischer und eisenschüssiger Sandstein sein.

Die Sedimente zeigen gewisse Ähnlichkeit mit denen in Gabun (S. 411).

Trotzdem die Schichtenfolge also einigermaßen festliegt, bereitet die Erforschung des tektonischen Baues in dem mit starkem Urwald bedeckten Gebiet Schwierigkeiten.

Das ganze Sedimentbecken ist schwach gegen das Meer geneigt.

Eine in einer Notiz in der Chronique des Mines coloniales Nr. 30. 1934, S. 300 als Leitschicht empfohlene 10 cm mächtige Bank von eisenschüssigem Sandstein und grobem Konglomerat, die in einem Horizont von tonigem Sandstein mit Lagen von buntem Mergel liegt und die für die Klärung des tektonischen Baues der Küstenzone geeignet sein soll, müßte erst gründlich auf ihre Brauchbarkeit geprüft werden, weil ganz ähnliche Schichten in mehreren Horizonten auftreten können.

Bisher haben die Bohrungen in allen Küstengebieten in West- ebenso wie in Ostafrika negativen Erfolg gehabt, und die Aussichten auf die Auffindung von größeren Erdölmengen scheinen nicht allzu günstig zu sein. Die bisherigen negativen Ergebnisse dürfen aber nicht dazu verleiten, die Untersuchungen einzustellen, bevor ein endgültiges Ergebnis im positiven oder negativen Sinne erzielt ist.

Die Lage der erdölhöffigen Horizonte ist auch in Kamerun bisher unklar. Diese könnten in der Kreide, im Tertiär oder auch in noch jüngeren Schichten liegen.

Es dürfte sich auch empfehlen, die Kreidebucht von Mamfe am oberen Croßfluß auf die Möglichkeit des Auffindens von Öl zu prüfen; ebenso wäre das Auftreten von Öl im Tschadbecken denkbar.

14. Kohle

Kohlen der Karru-Formation sind nach unseren bisherigen Kenntnissen in Kamerun nicht zu erwarten. Daß die Tertiärkohlen von Nigeria nach Kamerun hineinziehen, ist nicht sehr wahrscheinlich.

Die Versuche, Kohle in den Kreidesedimenten im Becken des Croßflusses (Mamfe-Bucht) zu finden, haben bis jetzt keinen Erfolg gehabt.

Das einzige bisher bekannte Kohlenvorkommen ist das von junger Braunkohle bei Dschang, das von *Buisson* (1931) kurz beschrieben wurde. *Buisson* untersuchte ein Vorkommen 5 km südöstlich Dschang an einem Steilhang an der Straße von Dschang nach Bana.

Die Sedimente sind hier von dichtem Basalt überlagert, unter diesem Basalt folgt:

e) grobsandiger grauweißer Ton	2—5 m
d) Schotter aus Quarzit, Granit und Gneis	0,4—1 m
c) dichter graublauer Ton	4—5 m
b) Lignitflöz, blättrig, oft erdig	1,5—2 m
a) brauner Schieferton, hart, grobschiefrig, geht nach oben allmählich in die Lignitbank über; Mächtigkeit unbekannt.	

Das Liegende ist nicht erschlossen.

Die Kohle brennt schlecht, ist sehr aschenreich, enthält aber harte Stücke besserer und reinerer Kohle.

Im Flöz und dem liegenden Schieferton fanden sich 2 Früchte der Gattung *Canarium* aus der Familie der *Burseraceen* (große Bäume), ferner Blattreste von Dicotyledonen unbekannten Alters (Tertiär?).

Nach freundlicher Mitteilung des Herrn Geh. Bergrat Dr. *Mann* an den Verf. liegt ein weiteres Lignitvorkommen gleicher Art im Menua-Tal, dicht nördlich Dschang.

Die Vorkommen sind im Interesse der örtlichen Behörden mehrfach untersucht worden, die Ergebnisse sind aber nicht ermutigend gewesen.

Über den Umfang der Vorkommen und über die Zusammensetzung der Kohle liegen daher keine Angaben vor.

15. Salz

Quellen mit geringem (3 v. H.) Salzgehalt kommen an mehreren Stellen in der Mamfe-Bucht am Croßfluß zutage. Anscheinend sind sie an nordwestlich gerichtete Störungslinien in den Kreideschichten gebunden.

Andere Salzquellen sind nordöstlich Banyo bekannt. Eine große derartige Quelle liegt bei Galim zwischen Banyo und Tingere.

An den Ufern des Tschadsee scheidet sich in der Trockenzeit ein Gemenge von Trona und Thenardit aus, aber kein Steinsalz, von dem das Wasser nur Spuren (0,03 g NaCl im Liter) enthält.

Schrifttum

Kamerun

Die ältere Literatur ist zusammengefaßt bei:

Stromer v. Reichenbach, E., Die Geologie der deutschen Schutzgebiete in Afrika. 1896. Ausführl. Verz. d. älteren Literatur.

Koert, W., Ergebnisse der neueren geolog. Forschung in den deutsch-afrikanischen Schutzgebieten. — Beiträge z. geol. Erforschung der deutschen Schutzgebiete Heft 1. Berlin 1912. Kamerun S. 31—82. Mit Lit.-Verz. von 79 Nummern.

Neuere Literatur:

Auswahl

— — —, L'étain et le pétrole au Cameroun. Chron. Min. colon. Nr. 2. Paris 1932, suppl. S. 15.

— — —, Les grès ferrugineux à hydrocarbures au Cameroun. Chron. Min. colon. Nr. 30. Paris 1934, S. 300.

— — —, Ilménite et rutile au Cameroun. Chron. Min. colon. Nr. 42. Paris 1935, S. 287.

— — —, Mission de prospection de pétrole au Cameroun. Chron. Min. colon. Nr. 42. Paris 1935, S. 287.

Alvarez, L., Les directions des plissements dans le massif cristallin de Cameroun. Comptes rend. Soc. géol. de France 1929, S. 50.

Asselberghs, E., Sur l'extension du système du Karoo dans la région de Carnot (A. E. F.) et dans le boucle de l'Oubanghi. Bull. soc. Belg. de géologie. Bd. 44 (1934). S. 293.

Babet, V., Esquisse géologique provisoire de la région comprise entre Bangui et la frontière du Cameroun. Chron. Min. colon. Nr. 38. Paris 1935, S. 160—164.

Babet, V., Au sujet de la carte géologique Cameroun, Oubangui-Chari de M. G. Korableff. Chron. Min. colon. Nr. 62. Paris 1937, S. 263.

Babet, V., Sur les roches du soubassement de la région entre Bangui et le Cameroun. Publ. Bureau Études géol. min. colon. Paris 1939, S. 17—40. 1 Profil. 1 schwarze geol. Karte 1 : 1 Mill.

Babet, V., Sur les grès continentaux horizontaux de la Haute-Sangha (A. E. F.). Bull. S. G. France V. Bd. 5. S. 455—463, schwarze geol. Karte 1 : 4 Mill.

Babet, V., Esquisse géologique provisoire de la région comprise entre Bangui et la frontière du Cameroun. — Chron. Min. colon. Nr. 38. 1935. S. 160—164; schwarze geol. Karte 1 : 2 Mill.

Behrend, F., Geologie von Kamerun und Togo. Zeitschr. d. D. Geol. Ges. Bd. 89 (1937), S. 527—549. 1 schwarze geol. Karte ca. 1 : 5 Mill.

Behrend, F., Der geologische Bau von Kamerun. Mitteil. d. Gruppe deutscher kolonialwirtschaftlicher Unternehmungen. Bd. 2 (1940), S. 183—204. 1 bunte geol. Karte 1 : 5 Mill.

Bernoulli, Le pétrole au Cameroun. Revue pétrolifère Bd. 27 (1926), S. 9.

Borgniez, G., Esquisse géologique de l'Oubangui-Chari occidental. Chronique des mines coloniales Nr. 44 (1935), S. 354—372. Mit Karte 1 : Mill.

Bourdavie, P., La capture du Logone devant l'Académie des Sciences coloniales. Bull. Com. Afr. franç. Paris. Rens. colon. 1939, S. 13—15. 1 Karte.

Buisson, Le gisement de lignite de Dchang. Ann. Soc. géol. Nord. Lille 1931. Bd. 56. S. 204—207.

Buisson, Haugau, Koretzky etc., Carte géologique des territoires du Cameroun. Paris 1932. (Überholt durch Haugau, Carte géolog. Nr. 2.)

Chudeau, R. und Fribel, P., Quelques bois silifiés du Sahara. Bull. Soc. géol. de France. Bd. 20 (1920), S. 202 bis 207.

Chudeau, R., Résultats géologiques de la mission de délimitation Congo-Est Cameroun. Bull. Soc. géol. France IV. Bd. 21 (1921), S. 207.

Demay, A., Afrique Équatoriale et Cameroun. In: La géologie et les mines colon. Publ. Bureau géol. min. colon. Paris, 1932, S. 241—284.

Denaeyer, M.-E., Esquisse géologique de l'Afrique Équatoriale, du Cameroun et régions voisines. Karte 1: 3 Mill. Patesson, Uccle-Brüssel. 1928. Vgl. Revue universelle, Brüssel. Bd. 34 (1928), Nr. 2 und C. R. Acad. Sci. Bd. 187 (1928), S. 658.

Denaeyer, M.-E., Los terrenos secundarios y terciarios de la Guinea española y del territorio portugués de Cabinda. Su extension costera en el Gabon y el Mayombe. Conferencias y reseñas de la real Sociedad española de Hist. nat. Madrid. Bd. 15 (1929), S. 699—724. 3 Fig. und 1930, S. 417.

Denaeyer, M.-E., Traits directeurs et évolution géologique de l'Afrique Équatoriale Française et du Cameroun. C. R. Acad. Sci. Paris. Bd. 193 (1931), S. 346—348.

Denaeyer, M.-E., Bibliographie géologique de l'A. E. F., du Cameroun et des pays limitrophes. Ann. Acad. Sci. colon. Bd. 5. Paris 1933. 75 S.

Denaeyer, M.-E., Geol. Karte von Kamerun u. Franz. Äquatorial-Afrika 1 : 6 Mill., nebst Erläuterung. In: Grandidier, Atlas des Colonies françaises. Paris 1934.

Dietrich, W. O., Trias in Nord-Adamaua. Zentralbl. Min. Abt. B. 1939. S. 60—63.

Edlinger, W., Beiträge zur Geologie und Petrographie Deutsch-Adamauas. Braunschweig 1908. 125 S. 2 Taf. 1 geol. Karte 1 : 1 Mill.

Elbert, J., Bericht über die Kameruner Gouvernementsexpedition des Dr. Joh. Elbert. Mitteil. a. d. Deutschen Schutzgebieten Bd. 33 (1925), S. 127—142.

Esch, E., Solger, F., Oppenheim, P. und Jaekel, O., Beiträge zur Geologie von Kamerun. Stuttgart 1904.

Fickendey, Die Mineralquellen in Banjo und Ngaudere. Amtsblatt f. d. Schutzgebiet Kamerun. Buea 1911, S. 549.

Flick, L., Itinéraire géologique entre Bania et la rivière Kadei. Bull. soc. belge de Géol. Bd. 44 (1934), S. 291—298.

Fourmarier, P., Les traits directeurs de l'évolution géologique du continent africain. C. R. XIV. Internat. Geol. Kongr. Madrid 1926. (Erschienen 1928.) Bd. 3, S. 839—885.

Gehne, H., Oberflächengestaltung und natürliche Beschaffenheit des südlichen Grenzgebietes von der Küste bis zum Iwindo. — Mitteil. a. d. Deutschen Schutzgebieten. Erg.-Heft 9a (1914), S. 25—30.

Germain, L., Le faune malacologique du Lac Tchad et des Pays-Bas du Tchad. Arch. Mus. Hist. nat. Paris. VI. Bd. 12 (1935), S. 388—400.

Geslin, M. und Lepape, A., Sur la composition (gaz ordinaires et gaz rares) des gaz spontanés de la source Baré (Cameroun). Bull. Soc. franç. Minér. Paris. Bd. 53 (1930), S. 274—278.

Guillemain, C. Ergebnisse geologischer Forschung im Deutschen Schutzgebiet Kamerun. Mitteil. a. d. D. Schutzgebieten. Bd. 21 (1908), S. 15—35. 1 Kartenskizze 1 : 5 Mill.

Guillemain, C., Beiträge zur Geologie von Kamerun. Abhandl. preuß. Geol. Landesanstalt, Berlin N.F. Heft 60 (1909). 405 S. 2 bunte geol. Karten.

Guillemain, C., Die bisher bekannt gewordenen Lagerstätten nutzbarer Mineralien des deutschen Schutzgebietes Kamerun. Zeitschr. f. prakt. Geol. Bd. 18 (1910), S. 138—142.

Guiselin, A., Le pétrole au Cameroun. Revue pétrolifère 1923. 17. Nov. u. 1. Dez.

Haugou, P., Aperçu minier sur le Cameroun. Zeitschr. Togo-Cameroun, Paris 1930, S. 281.

Haugou, P., La carte géologique du Cameroun. Chronique des mines coloniales. 1933, Nr. 18, S. 336—341.

Haugou, P., Territoires du Cameroun. Carte Géologique Nr. 2. Duala 1935. 1 : 1,5 Mill. Mit kurzer Erläuterung.

Haugou, P., Vidal und Koretzky, Carte géologique No. 2 du Cameroun 1 : 1,5 Mill. Mit kurzer Erläuterung. Publ. Serv. Mines. Duala 1935.

Haugou, P., Les gisements aurifères du Cameroun sous mandat de la France. C. R. VII. Congr. internat. Mines, Métall. Geol. appl. Sect. Géol. appl. Paris 1935 (ersch. 1936) Bd. 1, S. 41—44.

Heussen, N., Beiträge zur Petrographie von Kamerun. N. Jahrb. f. Min. Beilage Bd. 36 (1913), S. 247—281.

Jaekel, O., Die Petroleumfunde am Mungo. Bohrtechniker-Zeitung, Wien 1904, Bd. 11, Nr. 14, S. 12.

Jaekel, O., Fischreste aus den Mamfe-Schichten. Abhandl. Preuß. Geol. Land. Heft 62. (Guillemain.) Berlin 1909, S. 392—398.

Kachinsky, V., Le nouveau régime minier au Cameroun. — Bull. Com. Afr. franç. Paris 1935, S. 104—108. Rens. colon.

Katchevsky, V. und Choubert, B., Carte géologique de reconnaissance du Moyen-Congo-Gabon. Rev. Géogr. phys. Géol. dyn. Bd. 3 (1931), S. 375—378. 1 schwarze geol. Karte.
Klingner, F.-E., Geologischer Bau und Mineralschätze der deutschen Kolonien. Berlin 1938. Kamerun: S. 15—39.
Krenkel, E., Geologie Afrikas. III, 1. Berlin 1934. Kamerun: S. 1226—1250. Literatur S. 1295—1297. 59 Nummern Literatur.
Krenkel, E., Geologie der deutschen Kolonien in Afrika. Berlin, 1939. Kamerun: S. 215—246. Literatur, S. XIX bis XXI.
Krenkel, E., Der geologische Bau der deutschen Kolonien in Afrika und in der Südsee. Deutscher Boden, B. 11. Berlin 1940. Kamerun: S. 90—103.
Korableff, G., Cameroun-Oubangui-Chari. Chronique des mines coloniales. Nr. 60 (1937), S. 126—128. Geol. Karte 1 : 4 Mill.
Korableff, G., Contribution à l'étude de la géologie et de la géologie appliquée de l'Oubangui-Chari oriental et du Cameroun sous mandat français. Paris 1940. 126 S. 1 schwarze geol. Karte 1 : 4 Mill.
Lacroix, A., Les pierres précieuses. — Haute-Sanga: In: Les resources minérales de la France d'outre-Mer. Bd. III. (1935), S. 280—281.
Lange, E., Schlußbericht der geologischen Gouvernements-Expedition nach Ost-Kamerun (Dr. Elbert). 1913—1914. Manuskript im Archiv der Reichsstelle für Bodenforschung. Berlin 1937.
Lecomte de Nouy, A., Études sur les possibilités minières du Cameroun. Chron. Mines colon. Paris. Juli 1933. Nr. 12, S. 146—151.
Liesegang, R. C., Ergebnisse bergmännisch-geologischer Forschungen im französischen Kongogebiet und in dem Deutschland abgetretenen Teil. Glückauf. Essen Bd. 47 (1911), S. 2031.
Loir, E., Carte géologique de l'Afrique équatoriale française. Gouv. général de l'Afrique équatoriale française. 1918 1 : 5000000 (mit Kamerun).
Lombard, I., Sur le Crétacé du littoral gabonais. C. R. Acad. Sci. Paris Bd. 190 (1930), S. 1203.
Lombard, I., Les grandes minéralisations de l'Afrique sudéquatoriale et la géologie régionale. Chronique des mines coloniales. 1933, S. 1—21, 67—85.
Maywald, F., Landeskundlicher Bericht über das Gebiet zwischen Dschua-Stufe und Ssanga. Mitteil. a. d. Deutschen Schutzgebieten. Erg.-Heft 9a (1914), S. 68—90.
Mann, O., Bericht über den Stand der geologischen Erforschung von Kamerun. Mitteil. a. d. Deutschen Schutzgebieten Bd. 24 (1911), S. 203—218.
Mann, O., Die geologische Untersuchung des Dschang-Bezirks. Mitteil. a. d. Deutschen Schutzgebieten Bd. 25 (1922), S. 217—232.
Mann, O., Der geologische Aufbau Kameruns. 6. Jahresber. Freiberger Geol. Ges. 1913, S. 57—58.
Mann, O. und Hennig, E., Mesozoische Ablagerungen in Adamaua, Kamerun. Beitr. z. geol. Erforsch. d. deutschen Schutzgebiete Heft 7. 1913.
Menchikoff, N., Sur l'âge des grès d'Ougosta (Sahara occidental). C. R. Acad. Sci. Bd. 187 (1928), S. 733—734.
Mesch, P., Die Basalte des Kamerunberges und des Gebietes zwischen Kamerungebirge und Elefantensee. N. Jahrb. Min. Beil. Bd. 40 (1916), S. 457—532.
Passarge, S., Geologische Karte von Kamerun mit Begleitwort. In H. Meyer, Das Deutsche Kolonialreich I. 1909.
Range, P., Geologie und Bergbau der deutschen Schutzgebiete. 1. Kamerun. Der Tropenpflanzer Bd. 37, Berlin 1934. S. 276—291. Mit ausführlichem Verzeichnis der neueren Literatur von 30 Nummern.
Reading, A. A., Buxton, Waldau und Evans, Volcanic Eruptions of the Cameroons Mountain. Geogr. Journ. Bd. 60, London 1922, S. 135.
Riedel, L., Die Oberkreide vom Mungofluß in Kamerun und ihre Fauna. Beitr. z. geol. Erforschung d. deutschen Schutzgeb. Heft 6, Berlin 1932, 154 S. 33 Taf. 47 Abb.
Tilho, J., Sur une aggravation du danger de capture par le Niger des principaux affluents du Tchad. C. R. Acad. Sci. Paris, Bd. 182 (1926), S. 1063—1065.
Tilho, J., Sur l'état de la zone de capture du Logone par la Bénoué. C. R. Acad. Sci. Paris. Bd. 202 (1936), S. 2109 bis 2113.
Tilho, J., Le déssèchement du Tchad. C. R. Accad. Sci. Paris. Bd. 202 (1936), S. 532—534.
Valet, M., Notes sur la prospection de la région comprise entre Mbanga et Nkongsamba. Bull. rens. Territ. sous Mandat 1924.
Van Aubel, R., Observations géologiques dans la partie camerounienne du pays Baya (Cameroun oriental). Bull. Soc. géol. France V. Bd. 7 (1937), S. 317—320.
Van Aubel, R., Contribution à l'étude géologique des Lamidats de Bibemi et de Boubandjidda. (Cameroun septentrional.) Bull. Soc. géol. France, Paris. V. Bd. 8 (1938), S. 211—223.
Van Aubel, R., Sur la composition et l'attribution au Jurasso-Crétacé de la série schisteuse du Maio-Lidi (Cameroun septentrional). Publ. Bureau Études geol. min. colon. Paris 1939. Heft 10, S. 1—15. Schw. geol. Karte 1 : 1 Mill.
Wilson, R. C., Notes on the Geology of the Mamfe-Division, Cameroons Province. Geol. Survey Nigeria 1928. Occasional paper Nr. 6.

Berichte der Mandatsmächte:

Rapport annual adressé par le gouvernement français au conseil de la société des nations sur l'administration sous mandat du territoire du Cameroun. Paris, seit 1923 jährlich.
Report on the British sphere of the Cameroons. London, seit 1922.

XI. SPANISCH-GUINEA UND DIE PORTUGIESISCHEN INSELN SÃO THOMÉ UND PRINCIPE

Von Fritz Behrend

Als Spanisch-Guinea werden verwaltungsmäßig das Festlandgebiet von Rio Muni, das als Enklave in Kamerun eingeschlossen ist, ferner die Inseln Fernando Po, Annobon, dann die beiden Elobey-Inseln und Corisco zusammengefaßt.

Die Inseln São Thomé und Principe sind in portugiesischem Besitz.

Das auf dem Festland gelegene Rio Muni bildet an der Südküste von Kamerun ein in W—O-Richtung gestrecktes Rechteck, das nach O etwa 175—200 km in Kamerun hineinragt. Die kürzere Nord-Südseite hat etwa 130 km Länge. Der Gesamtflächeninhalt beträgt 26659 qkm, auf denen etwa 167000 Menschen leben.

Das Gebiet ist im wesentlichen eine langsam nach dem Innern ansteigende Fastebene, auf die im mittleren Teil zahlreiche Inselberge aufgesetzt sind. Im Norden, wo die Fastebene auf 600 m durchschnittliche Seehöhe ansteigt, fehlen die Inselberge, statt ihrer überragen dort mehrere Gebirgszüge das Land. Von S her streicht in den südlichen Teil von Rio Muni das Bergland der Kristallberge, das zu Höhen bis zu 1200 m aufsteigt.

Der Rio San Benito (Lolo), der jenseits der Grenzen auf Kameruner Gebiet entspringt und der über 300 km Länge hat, entwässert den größten Teil des Gebietes. Der Rio Muni nahe der Südgrenze ist eine Meeresbucht, die sich 25 km tief ins Land hinein erstreckt und in die mehrere Flüsse münden.

Die Niederschläge sind hoch, namentlich an der Küste. Sie erreichen mehr als 4000 mm. Die Trockenzeit, während der aber gelegentlich auch Niederschläge fallen, dauert von Mitte November bis Mitte März. Die Regenzeit umfaßt die übrigen 8 Monate. Das Küstengebiet ist daher, wie der übrige Teil von Kamerun, mit hohem Urwald bedeckt, der nach dem Innern hin lichter wird und durch Grasflächen unterbrochen ist. Das Klima des Landes ist ungünstig.

Die Insel Fernando Po umfaßt eine Fläche von 2100 qkm. Der höchste Punkt der gebirgigen Insel im nördlichen Teil ist der Pico de Santa Isabel mit 2850 m, während im Süden Höhen von 2660 m erreicht werden. Tropischer

Urwald bedeckt einen großen Teil der Insel. In der Hauptstadt Santa Isabel ist der Sitz des Generalgouverneurs von Spanisch-Guinea.

Die kleine Insel Annobon mit einem Flächeninhalt von nur 17 qkm hat ähnlichen Charakter.

Das Klima auf den beiden Inseln ist wesentlich günstiger als das des Festlandes.

Die dem südlichen Teil des Festlandes und dem Rio Muni vorgelagerte Insel Corisco mit 169 qkm Flächeninhalt und die beiden wesentlich kleineren Elobey-Inseln sind niedrig, haben sandigen Boden, das Klima ist dem auf dem Festlande ähnlich. In Rio Muni sind nach *Martens* und *Karstedt* etwa 250 km Autostraßen vorhanden.

Die beiden in portugiesischem Besitz befindlichen Inseln São Thomé und Principe liegen zwischen Fernando Po und Annobon im Golf von Guinea und sind gebirgig wie diese und mit tropischer Vegetation bedeckt. São Thomé hat einen Flächeninhalt von 825 qkm und 41809 Einwohner. Der höchste Punkt erreicht 2141 m Seehöhe.

Principe hat nur 139 qkm Flächeninhalt und 7000 Einwohner. Die Berghöhen erreichen nicht mehr als 1000 m.

Das Klima der Inseln ist, ebenso wie das auf Fernando Po und Annobon, ziemlich günstig. Die Regenzeit auf den Inseln dauert vom September bis Mai. Die Niederschläge erreichen gegen 1000 mm in den Küstengebieten, steigen aber mit der Höhe in den Bergen im Innern der Inseln bis fast 3000 mm. Die im Gegensatz zur Regenzeit durch kräftige Luftbewegung ausgezeichnete Trockenzeit umfaßt die Zeit von Mitte Mai bis September.

Während die Inseln Fernando Po, Principe, São Thomé und Annobon vulkanischen Ursprunges sind, wie der Kamerunberg, ist Rio Muni als Festlandsgebiet im wesentlichen aus Sedimenten und Intrusivgesteinen zusammengesetzt. Am Aufbau der Kolonie Rio Muni nehmen nach unserer bisherigen Kenntnis folgende Formationen teil:

Archaikum,
Granitgneis,
Kreide,
Tertiär,
Junge Sedimente.

1. Archaikum

Archaische und vermutlich auch algonkische Gesteine setzen das Gebiet im Norden von Rio Muni zusammen und ziehen in breiter nach S sich schnell verschmälernder Fläche längs der Küste nach S, wo sie noch vor Erreichung der Rio Muni-Bucht unter jüngeren Sedimenten (Kreide und Tertiär) verschwinden. Neben Gneisen verschiedener Art und hochmetamorphen Glimmerschiefern, die von Ganggesteinen verschiedener Art durchsetzt sind, erwähnen *de Novo* und *Chicarro* (1934) auch Quarzit aus den Bergen bei Bata und aus der Sierra de Raices. Es ist daher nicht ausgeschlossen, daß hier auch algonkische Schichten dem Archaikum eingefaltet sind.

Im Norden des Gebirges streicht die Flaserung der Gneise N bis NNO und fällt im westlichen Teil nach O ein. Im südlichen Abschnitt des Gneisgebietes von Rio Muni, südlich des Rio Muni, ist das Streichen nach NO gerichtet, das Einfallen nach SO. Störungen und Ruschelzonen sind zahlreich vorhanden.

Das Gneisgebiet ist vielfach mit einer Decke von Krusteneisenstein überzogen.

2. *Granitgneis*

Das Archaikum ist von einem sehr großen Batholithen von Granitgneis durchstoßen, der etwa die südöstliche Hälfte des Landes einnimmt und der anscheinend teilweise keine deutlichen Pressungserscheinungen zeigt. Die Zusammensetzung des Granites scheint nicht näher untersucht zu sein. Jüngere Nachschübe in Form von sauren und basischen Ganggesteinen durchsetzen den Granit ebenso wie das Archaikum.

3. *Kreide*

Bereits *Lenz* fand an den Stromschnellen des in den Rio Muni mündenden Utamboni über dem Archaikum rote Tonschiefer, auf denen rote Sandsteine lagern. In diesen Sandsteinen beobachteten *de Novo* und *Chicarro* (1934) Konglomeratbänke an der Utambonimündung und auf der Insel Gaude.

An der Küste bei Cogo, nordöstlich von Ukoko, auf dem Nordufer des Rio Muni und auf der kleinen Insel Ibelo wechsellagern Bänke von rotem Ton mit Bänken von mürbem und hartem Sandstein.

Die Schichten fallen nach SW ein. Das Alter der Schichten ist nicht einwandfrei festzulegen. Vermutlich entsprechen sie der „Roten Ajem-Serie" in Gabun (S. 388).

Gehne (1914) untersuchte die Mangrovensümpfe im deutschen Gebiet südlich von Rio Muni und stellte fest, daß die aus diesen Sümpfen aufragenden Hügel aus rotem Sandstein und wechsellagernden Kalken und Tonschiefern bestehen. Beim Ort Nombo, an der Mündung des Grenzflusses „Ongam", fand *Gehne* in flachliegenden Tonschiefern Pflanzenreste, Fischschuppen und einen Insektenflügel, die anscheinend nicht näher bestimmt worden sind. Die Oberfläche der Schichten ist mit Krusteneisenstein bedeckt („Ausgelaugte Lateritschlacke"). Die Sandsteine sind auch weiter landeinwärts zu verfolgen bis in das Grenzgebiet gegen das Archaikum, wo der Sandstein kräftig gefaltet ist. Der Sandstein in diesem Gebiet wird von *Gehne* als teilweise quarzitisch beschrieben. Diese Quarzitbänke geben in den Flüssen Anlaß zu Wasserfällen und Stromschnellen.

Ob diese z. T. quarzitischen Sandsteine noch zur Kreide gehören oder etwa zu älteren Formationen, läßt sich nach der Beschreibung von *Gehne* nicht erkennen.

Bei Calatrava, am Nordrande der Coriscobucht, von der Punta Negra bis östlich des Dorfes gleichen Namens sowie auf den beiden Elobey-Inseln sind feinkörnige Sandsteine, kieselige Kalksteine, kohlige Schiefer und bituminöse Schiefer in mehrfacher Wechsellagerung an Steilhängen aufgeschlossen.

In diesen Schichten fand bereits *Lenz:*

Schloenbachia inflata, S. lenzi, S. inflatiformis, S. elobiensis. Die Schichten sind danach wohl als Albien zu bezeichnen. *Krenkel* (Geologie Afrikas III. 1, S. 1178) weist darauf hin, daß auch im Benguelagebiet in Angola die gleiche Stufe entwickelt ist. Auf der Insel Corisco tritt nach *d'Almonte* Turon auf. An Fossilien werden von ihm angegeben:

Ammonites woolgari, Turrilites, Aporrhais sanctae crucis, Panopaea fallax, Tellina carteroni, Inoceramus latus, I. palacii.

Bei Bata soll *Acanthoceras rhotomagense* (Leitfossil des Cenoman) auftreten; wenn die Angabe zutrifft, würde die Kreide nicht auf das Rio Muni-Gebiet beschränkt sein, wie es *de Novo* und *T. Chicarro* auf ihrer Karte dargestellt haben, sondern der von ihnen als Tertiär angegebene Streifen längs der Küste bis nach Bata hinauf würde ebenfalls, wenigstens zum Teil, als Kreide zu bezeichnen sein.

Bei Ibando, am Nordufer des Rio San Benito (Rio Ejo), südlich von Bata, treten dunkelgraue bis schwarze stark bituminöse Tonschiefer mit dünnen Braunkohlenhäutchen zutage, die zunächst mit leuchtender Flamme brennen und die später nachglühen.

Sie enthalten häufig kleine Mengen von Schwefelkies, auch Zinkblende, Bleiglanz und Kupferkies in kleinen Kriställchen, ferner kleine Kieselgallen.

Auf den Schichtflächen liegen oft massenhafte Fischreste, auch Ostrakodenschalen sowie unbestimmbare Pflanzenreste. Die Fischreste wurden von *Eastman* (1912) und von *Weiler* (1923) untersucht. Folgende Arten wurden beschrieben: *Chirocentrites* (?), *Guinensis, Diplomystus goodi Eastman* (*D. elberti Weiler*), *Leptosomus aethiopicus.*

Während *Eastman* die Schichten als Tertiär ansprach, glaubt *Weiler* nach diesen Funden die Schiefer in die obere Kreide stellen zu dürfen.

Wenn sich der Fund von *Acanthoceras rhotomagense* bei Bata bestätigt, so ist auch für die Fische von Ibando ein ähnliches Alter wahrscheinlich.

Die Fischschiefer werden als marine bis brackische Sedimente, als eine Art von Faulschlammbildungen in einer ruhigen Meeresbucht angesprochen. Auch die übrigen der Kreide zugerechneten Sedimente sind in der Nähe des Festlandes entstanden.

Die Schichten sind kräftig gefaltet.

Die stratigraphische Einreihung dieser bituminösen Fischschiefer ist bisher nicht möglich gewesen. Mit den bituminösen Schiefern bei Nkogho in Gabun, die wohl zum Apt gehören, scheinen sie nicht vergleichbar zu sein, vielleicht aber mit den bituminösen Schiefern der Komandji-Serie, die dem Senon angehört. Es ist nicht bekannt, ob auch dort ähnliche Fische auftreten.

Mit der Kreide am Mungo scheint die Kreide in Rio Muni bisher nicht vergleichbar zu sein. Die Angabe bei *de Novo*, daß bei Calatrava und auf den Elobey-Inseln marines Neokom auftreten soll, beruht offenbar auf einem Irrtum.

4. Tertiär

Sichere Unterlagen über die Ausbildung des Tertiär in Rio Muni liegen nicht vor. Bisher hat man die bituminösen Fischschiefer nach *Eastman* als Tertiär angesehen. Es sind an diesem Teil der Westküste in den als sicheres Tertiär festgestellten Sedimenten aber bisher keine derartigen bituminösen Schiefer bekannt, sondern nur in der Kreide.

Vermutlich werden die auch in Gabun die Kreide bedeckenden roten und weißen Sande, Schotter und Tone, die dort als Pliozän aufgefaßt werden, in Rio Muni vorhanden oder durch ähnliche Sedimente vertreten sein.

Nutzbare Lagerstätten sind in Rio Muni bisher nicht bekannt. Die von *de Novo* erwähnten angeblichen reichen Eisenlagerstätten sind Krusteneisensteine und andere minderwertige Verwitterungsprodukte, die für die Eisengewinnung nicht in Frage kommen.

Die Möglichkeit, daß Erdöllagerstätten vorhanden sind, besteht ebenso wie in Gabun und in Kamerun. Alle bisher niedergebrachten Bohrungen sind aber ohne Ergebnis gewesen.

Jungvulkanische Gesteine

Die Inseln Fernando Po, Principe, São Thomé und Annobon bestehen im wesentlichen aus jungvulkanischen Gesteinen und deren Abtragungsprodukten. Im Festlandsgebiet von Rio Muni sind keine Äußerungen des jungen Vulkanismus bekannt.

Schrifttum

Spanisch-Guinea

Baumann, Fernando Poo. Petermanns Mitteil. Bd. 33 (1887), S. 286.

Carvalho, A. Ferraz de, As rochas da Ilka de S. Tomé. Publ. do Museu Min. e Geol. da Universidade de Coimbra. 1921. Nr. 1, S. 9—24.

D'Almonte, E., Someras notas para contribuir a la description fisica, geologica de la zona NO de la islade Fernando Poo y de la Guinea continental espanola. Bol. R. Soc. Geogr. Madrid. Bd. 44 (1902), S. 223.

Denaeyer, M., Los terrenos secundarios y terciarios de la Guinea española y del territorio portuges de Cabinda. Su extension costera en el Gabon e el Mayombe. — Conferencias y resenas de la real Soc. espan. Hist. Nat., Madrid. Bd. 15 (1929), S. 699—724.

Eastman, C. R., Tertiary fish-remains from Spanish Guinea in West-Africa, Ann. Carnegie Mus. Bd. 8 (1911/12), S. 370—378. 2 Taf.

Gehne, H., Oberflächengestaltung und natürliche Beschaffenheit des südlichen Grenzgebietes von der Küste bis zum Iwindo. Mitteil. a. d. Deutsch. Schutzgebieten. Ergänz.-Heft 9a (1914), S. 25—30.

Schrifttum

Lenz, O., Geologische Mitteilungen aus Westafrika. Verhandl. Geol. Reichsanstalt Wien 1874, S. 319; 1878, S. 148 bis 153; 1879, S. 278; 1883, S. 225—231.

Lenz, O., Geologische Karte von Westafrika 1 : 12,5 Mill. Petermanns Mitteilungen Bd. 28 (1882), Taf. 1.

Lombard, J., Sur le Crétacé du littoral gabonais. C. R. Acad. Sci. Paris. Bd. 190 (1930), S. 1230.

Novo et de Pena, Florida, Pedro de und Chicarro, F., Esquisse géologique minière sur la Guinée continentale espagnole. Madrid. Bol. Soc. Géogr. Nacion. Bd. 74 (1934), S. 67—86 u. geol. Karte.

Offret, M., Géologie in: Roche, Délimitation entre le Congo français et la Guinée espagnole. Revue coloniale II. 2. (1903), S. 182.

Weiler, W., Die Fischreste aus den bituminösen Schiefern von Ibando bei Coata (Spanisch-Guinea). Palaeont. Zeitschr. Bd. 5 (1923), S. 148—160 u. 209.

XII. FRANZÖSISCH-ÄQUATORIALAFRIKA

XII. a. Der geologische Bau von Französisch-Äquatorialafrika

Von Fritz Behrend

Französisch-Äquatorialafrika umfaßt ein Gebiet von 2485000 qkm und besteht aus den vier Provinzen:

Gabun	241 500 qkm
Mittelkongo	430 000 ,,
Ubangi-Schari	618 500 ,,
Tschad-Territorium	1195 000 ,,
	2 485 000 qkm

Die Küste besitzt eine Länge von etwa 800 km und reicht von der Südgrenze von Kamerun bis fast an die Kongomündung. Von da erstreckt sich die Kolonie, nach NO sich allmählich verbreiternd, vom 5.⁰ s. Br. bis an die Südgrenze von Libyen am 22.⁰ n. Br., also über 27 Breitengrade, d. h. mehr als 3000 km in NNO-Richtung. Die Ostgrenze bildet der Englisch-ägyptische Sudan. Von NW her ragt Deutsch-Kamerun mit zwei keilförmigen Zipfeln in die Provinz Mittelkongo hinein und schnürt die Landschaften Gabun und Mittelkongo von dem größeren Teil des Gebietes ab.

Parallel zur atlantischen Küste ziehen die bewaldeten Höhenzüge der Kristallberge im Norden und die Majumbeberge weiter südlich, mit Höhen bis zu etwa 1000 m. Größere Gebirge hat die Kolonie nicht aufzuweisen.

Die Bevölkerung wird mit rund 3413000 Seelen angegeben. Das sind etwa 1,4 Einwohner je qkm. Dazu kommen nicht ganz 5000 Europäer. Die nördlichen Gebiete sind aber etwas dichter besiedelt als die ganz bewaldeten Provinzen Gabun und Mittelkongo.

Haupthafen des Landes ist Pointe Noire, der Ausgangspunkt der Bahnlinie zum Kongo. Port Gentil an der Ogowemündung und Libreville an der Gabunbucht sind hauptsächlich Holzausfuhrhäfen.

Die mit einigen Schwierigkeiten gebaute Eisenbahnlinie Pointe Noire—Brazzaville (am Kongo gegenüber dem belgischen Léopoldville) ist 512 km lang. Sie ist die einzige Bahnlinie des riesigen Gebietes.

Eine große Straße von Pointe Noire folgt der Eisenbahn nach Brazzaville und geht von da über das Batekehochland und über Wesso (Ouesso). Carnot, Bangi, Batangafo und Fort Archambault nach Fort Lamy am Zusammenfluß von Schari und Logone. Diese Straße ist das ganze Jahr für Autos befahrbar. Weitere Anschlußstrecken befinden sich im Bau.

Die Provinz Ubangi-Schari soll bereits über ein brauchbares Straßennetz verfügen, angeblich mehr als 7000 km, von denen die meisten das ganze Jahr über benutzbar sein sollen. Die 5000 km-Landstraßen im Tschad-Territorium sind in der Regenzeit größtenteils unbrauchbar.

Von den zahlreichen Flüssen ist der Ogowe zwischen Port Gentil und Ndjole auf eine Strecke von etwa 270 km das ganze Jahr für Dampfer bis zu 180 BRT befahrbar, weiter aufwärts nur für kleine Schiffe. Der Kongo und Ubangi sind zwischen Brazzaville und Bangi (1200 km) einen Teil des Jahres hindurch für Dampfer bis zu 300 BRT zu befahren, in der Trockenzeit nur bis Singa, etwa 75 km südlich von Bangi. Für kleine Schiffe bis zu 20 t sind zahlreiche Nebenflüsse des Kongo schiffbar. Auch Logone und Schari sind wenigstens einige Monate lang für den Schiffsverkehr brauchbar.

In dem über 27 Breitengrade ausgedehnten Gebiet sind die Niederschläge natürlich verschieden verteilt. Gabun und Mittelkongo weisen Niederschläge von 1000—2500 mm auf, die über das ganze Jahr verteilt sind; das Klima ist gleichmäßig feucht und warm.

In Ubangi-Schari geht die Regenzeit von April bis zum Oktober, die Niederschläge nehmen von S (Fort Crampel 1340 mm) nach N (Fort Lamy 740 mm) merklich ab. Nördlich vom Tschadsee herrscht bereits wüstenhaftes Klima. Das Gebiet gehört der Sahararegion an.

Für unsere Zwecke ist es angebracht, Französisch-Äquatorialafrika zu gliedern in die drei Einheiten:

1. Gabun und Mittelkongo.
2. Ubangi-Schari.
3. Das Tschadgebiet.

XII. aa. Geologische Übersicht und Stratigraphie von Französisch-Äquatorialafrika

XII. aa. 1. Gabun und Mittelkongo

Gabun und Mittelkongo umfassen das Küstengebiet von Libreville im Norden bis Pointe Noire nördlich der portugiesischen Kolonie Cabinda und das nach O anschließende Land bis etwa zu dem von N in den Kongo fließenden Sanga, der den Südostzipfel unserer Kolonie Kamerun umschließt. Im Norden grenzt das Territorium gegen Kamerun, im Süden ist die Grenze der Kongostrom, der Westzipfel von Belgisch-Kongo und Portugiesisch-Cabinda.

Der Flächeninhalt beträgt etwa 672000 qkm.

Folgende Formationen nehmen am geologischen Aufbau des Gebietes teil:

Quartär.
Tertiär.
Kreide.
Küstensandsteine.
Karru (Trias und Jura).
Katanga-Komplex
  b. Schiefer-Sandstein-Formation,
  a. Schiefer-Kalk-Formation.
Jung-Algonkium.
Archaikum.

1. *Archaikum*

Im Küstengebiet von Gabun ist der archaische Untergrund meist verhüllt durch junge Sedimente: Kreide, Tertiär und junge Bildungen.

Östlich dieser flachen Küstenzone erheben sich Hochländer, deren archaischer Untergrund vielfach durch jüngere Gesteine verdeckt ist. So zieht südlich vom Ogowe bis über den Kongo hinaus und nach Angola hinein in südöstlicher Richtung ein langgestrecktes Faltengebirge, an den Rändern aus Algonkium und im Innern aus gefalteten Schichten des Katanga-Systems aufgebaut. Das Archaikum bildet an seinem Westrande eine verhältnismäßig schmale Zone, die das Hochland gegen die Küstenzone abgrenzt. Im Osten des Faltengebirges tritt das Archaikum aber in breiter Fläche als Chaillu-Massiv westlich Franceville zutage.

Soweit Schichtung im Archaikum zu erkennen ist, fällt sie meist nach SW ein, gelegentlich steht sie senkrecht.

Der höher metamorphe Teil des Archaikum besteht hauptsächlich aus Sedimentgneisen, unter denen Albitgneis vorherrscht; er führt meist Biotit und Muskowit nebeneinander.

Manche Gneise enthalten farblose Hornblende, sauren Oligoklas, Mikroklin, Zoisit und Titanit. Auch diese Gneise führen teilweise zwei Glimmer.

Rutil ist stellenweise in den Gneisen so häufig, daß er sich im Verwitterungsboden anreichert und dann durch Auswaschen des Bodens in kleinen Betrieben bergmännisch gewonnen werden kann.

Gelegentlich treten granatführende Gneise auf, z. B. bei Buku Nsitu. Orthogneise scheinen im Randgebiet gegen die Küstenzone seltener zu sein als in dem ostwärts gelegenen ausgedehnten Chaillu-Massiv.

Biotit-, Sericit- und Chloritschiefer, teilweise mit Epidot, ferner Quarzit und metamorphe, mehr oder weniger basische Intrusiv- und Ergußgesteine, besonders Amphibolit, Pyroxenit, Epidosit, auch glimmerführender kristalliner Kalk, sind gelegentlich dem hangenden Teil der Gneise eingeschaltet;

in größerem Zusammenhange bilden sie aber den hangenden, schwächer metamorphen Teil der auf der Karte als Archaikum gekennzeichneten Gebiete. Vermutlich läßt sich hier bei genauerer Untersuchung im Hangenden des Archaikum noch eine altalgonkische Zone ausscheiden.

2. *Alter Granit* (*G 1*)

Östlich der großen, aus Archaikum und Algonkium gebildeten und mit Katanga-Schichten erfüllten Majumbe-Faltenmulde kommt in dem Gebiet zwischen Franceville und dem Niari ein ausgedehntes Massiv von gepreßtem Granitgneis zutage, auf dessen Flanken sich nach allen Seiten die Paragneise und Schiefer des Archaikum und Algonkium mantelförmig auflegen.

Es ist dies das Chaillu-Massiv.

Im Kern des Granitgneises sitzt ein jüngerer, nicht gepreßter Stock von Granit, der sehr interessante Differentiationserscheinungen zeigt. Es wurden hier beobachtet: monzonitischer Biotitgranit mit Hornblende, teils auch mit Augit, biotitführender Granodiorit mit und ohne Augit, Biotit-Quarzdiorit mit Hornblende.

Die Ränder dieses Granitstockes scheinen ebenfalls in Gneis umgewandelt zu sein, so daß der Übergang zum Alten Granit nicht leicht festzulegen ist.

Babet (Observations géologiques dans la partie méridionale de l'Afrique Equatoriale Française, Paris Larose 1932) gab zahlreiche Analysen der von ihm im Chaillu-Massiv beobachteten Gesteine.

Die interessante Differentiation der Gesteine läßt die Möglichkeit der Bildung von Erzlagerstätten im Randgebiet des Granitstockes zu.

Ein weiteres ausgedehntes Massiv von Granitgneis tritt in den Kristallbergen östlich von Libreville zutage. Es setzt sich nach N in die spanische Kolonie Rio Muni hinein fort.

Ein drittes kleineres Granitgneisgebiet scheint im Mündungsgebiet des Ivindo und des Mvung in den Ogowe vorhanden zu sein.

3. *Algonkium*

(Système métamorphique oder Système quartzito-schisteux)

Die Grenze zwischen dem archaischen Komplex und dem Algonkium ist kaum mit Sicherheit festzulegen. Anscheinend findet ein allmählicher Übergang von den hochmetamorphen zu den wenig metamorphen statt, wie wir das auch für Belgisch-Kongo und für Angola (S. 428) betont haben. Eingehende Untersuchungen im Felde müssen aber diese Frage noch klären.

Amstütz (Bull. Soc. géol. France IV. Bd. 29, S. 321) hat allerdings an verschiedenen Stellen in Majumbe ein Konglomerat beobachtet, das er für die Basis des Algonkium hielt. Zweifellos handelt es sich aber um — wahrscheinlich nicht einmal horizontbeständige — Einlagerungen im Algonkium. Als

Basis kann das Konglomerat nach den bisherigen Beobachtungen jedenfalls nicht angesehen werden.

Die algonkischen Schichten bestehen vorwiegend aus Quarziten, Phylliten und grauen oder schwarzen Schiefern, z. T. Dachschiefern mit eingelagerten Bänken von verkieseltem Sandstein, mürben Sandsteinen, Arkosen und gelegentlich Kalksteinen.

Die Quarzite sind von Lagen, Linsen und Gängen von Quarz durchtrümert. Der Metamorphismus nimmt vom Liegenden nach dem Hangenden hin allmählich ab.

Im Niederkongo, also in der südlichen Fortsetzung der algonkischen Schichtenzüge, unterschied bereits *Cornet* im Hangenden die Nsekelolo-Schichten, die aus Kalksandsteinen und Kalksteinen bestehen und deren hangendste Teile kaum noch Einwirkungen der Dynamometamorphose erkennen lassen, von den Bembisi-Schichten im Liegenden, die hauptsächlich aus Phyllit, Quarzit und Arkosen bestehen.

Das Algonkium bildet in Gabun im Hangenden der archaischen Gesteine zwei etwa 30—40 km breite Faltenzüge, die die große Mulde von Sedimenten des Katanga-Komplexes zwischen dem Niari und dem Ogowe begrenzen.

Die Schichten sind meist sehr stark gefaltet; die Falten streichen den großen Faltenachsen parallel NW, fallen steil nach SW und sind z. T. nach NO überkippt.

Intrusivgesteine im Archaikum und Algonkium

Archaikum und Algonkium sind von zahlreichen Intrusionen vorwiegend granitischer Gesteine durchsetzt. Bei diesen Graniten lassen sich, wie üblich, mindestens drei Intrusionsperioden unterscheiden:

1. Intrusionen im Archaikum, die älter sind als die Faltungen und die daher in Orthogneise umgewandelt sind.
2. Intrusionen gleichzeitig mit einzelnen Faltungsphasen, die daher sehr verschiedene Grade von dynamometamorpher Umwandlung erkennen lassen. In den algonkischen Sedimenten und in ihrer Umgebung ist stets deutliche Kontaktmetamorphose zu erkennen.
3. Intrusionen, jünger als die Faltungen, die keinerlei Spuren einer Pressung, aber einen deutlichen Kontakthof zeigen.

Die unter 2. und 3. erwähnten führen alle in ihren Randzonen Ganggesteine, wie Pegmatit- und Aplitgänge. Manche Granite sind porphyrisch ausgebildet.

Im nördlichen Majumbe sind unter den jüngeren Intrusiven Biotit-Granit, Hornblende-Granit und Syenit bekannt. Der Biotit-Granit führt meist albitisierten Oligoklas und Mikroklin, untergeordnet Orthoklas.

Basische Gesteine sind seltener. Westlich Mukanji (westlich Franceville) liegt eine ziemlich ausgedehnte Zone von Amphibolit und Serpentin, die aus Kalk hervorgegangen zu sein scheint. Kleinere Gänge von Diorit und Diabas treten gelegentlich auf.

Alle diese Intrusiva durchsetzen nur das Archaikum und das Algonkium, gehen aber nie in die Sedimente der Katanga-Gruppe hinein, sind also älter als diese.

4. *Eisen-Quarzitschiefer unbekannten Alters*

Choubert (1937) fand im nördlichen Teil von Gabun zwischen den Flüssen Ivindo, Djua, Djaddie und Libumba eine Folge von gut geschichteten Quarziten, die reichlich Roteisen führen. Stellenweise reichert sich das Roteisen in Lagen an, so daß Eisenbändererze, z. T. richtige „Itabirite" entstehen. Die Schichten liegen unmittelbar auf dem kristallinen Untergrund. Die Mächtigkeit kann etwa 100 m erreichen. Die Eisenbändererze enthalten mehrere Meter mächtige Bänke und Linsen von reinem Roteisen. Konglomeratbänke sind in den Schichten mehrfach vorhanden.

Die Schichten liegen großenteils flach. Stellenweise aber sind sie stark gestört.

Das Hauptmassiv ist von zahlreichen Erosionsresten in Form von Zeugenbergen umgeben.

Die Aufschlüsse sind wegen der starken Verwitterungsdecke sehr schlecht, daher sind die Beziehungen zu den übrigen Sedimentformationen des Gebietes völlig ungeklärt, und die stratigraphische Stellung der Quarzite bleibt ganz dunkel.

Choubert stellte sie an die Basis seiner Schichtenreihe, unmittelbar über die kristallinen Schiefer, die von den Quarziten diskordant überlagert werden. Die Gesteine erinnern aber an die Eisenbändererze in der Dolomitabteilung der Transvaal-Formation. Es wäre daher denkbar, daß sie einen sonst noch nicht beobachteten Horizont in der „Sandsteinserie" oder der „Ogowe-Serie" im Sinne von *Choubert* bilden (S. 383).

5. *Schiefer-Kalk-System und Schiefer-Sandstein-System*
(= Kundelungu-System in Belgisch-Kongo)

Von Angola über den unteren Kongo nach Gabun hinein zieht mit ungefähr NW-Streichen parallel zur Küste ein breiter Streifen von Sedimenten, deren liegender Teil vorwiegend Schiefer und Kalksteine, z. T. auch Dolomite enthält, während der hangende Teil vorherrschend sandig ausgebildet ist. Die Basis über dem Algonkium bildet ein glaziales bzw. fluvioglaziales Konglomerat.

Die ganze Schichtenfolge zeigt stratigraphisch und petrographisch sehr starke Ähnlichkeit mit den Sedimenten des Katanga-Komplexes (Assoc. Serv. Geol. Afr. 1932) in Katanga; sie wird daher heute mit dem oberen Teil desselben, dem Kundelungu-System, parallelisiert. Der Tillit an der Basis entspricht dem an der Basis des unteren Kundelungu in Südkatanga. Die Einzelheiten sind im Abschnitt über Belgisch-Kongo im Teil IV ausgeführt.

Der liegende Teil des Katanga-Komplexes, die Minen-Serie, scheint in Französisch-Äquatorialafrika ganz zu fehlen.

Die beiden Systeme sind mit großer Wahrscheinlichkeit ins Präkambrium bzw. Kambrium zu stellen..

a. Das Schiefer-Kalk-System,

das den liegenden Teil der ganzen Schichtenfolge bildet, stellt die Fortsetzung des gleichen Faltenzuges von Angola und vom Niederkongo dar und ist dementsprechend fast gleichartig wie in den beiden andern Ländern ausgebildet.

Das Gesamtprofil des Schiefer-Kalk-Systems ist nach den Untersuchungen von *Babet* (1929) folgendes:

Hangende Zone

6. Vorherrschend dolomitische Gesteine und kristalliner Kalk mit Lagen von dunklem Schiefer. Manche Kalklagen sind durch Kohlenwasserstoffe dunkel gefärbt (Stinkkalk).

Mittlere Zone

5. Schiefer, Kalkschiefer, rote, gelbe, z. T. sandige braune Kalksteine, überlagert von dolomitischen Kalksteinen mit völlig verkieselten Partien.

Liegende Zone

4. Im hangenden Teil herrschen oolithische weiße Kalksteine, die z. T. durch Rekristallisation kristallin geworden sind. Geröll-Lagen und dünne Sandsteinbänke weisen auf Bildung in ziemlich flachem Wasser hin.

   Der Oolithhorizont ist meist gut zu verfolgen, weil er bei der Verwitterung ruinenähnliche Felsen bildet.

   Darunter folgt hellgrauer massiger Kalk, der z. T. ebenfalls oolithische Struktur aufweist. In den Oolithbänken sind algenähnliche Reste gefunden, die *Babet* (1932, S. 103—111) beschrieb und abbildete. Über ihren stratigraphischen Wert vgl. bei Belgisch-Kongo.
3. Toniger Kalk, blaugrau und rot gefärbt, und Kalkschiefer. Der Kalk zeigt meist eine scherbenartige Absonderung; er ist namentlich gut am Nordostrand der Nyanga-Niari-Mulde entwickelt. Am Südwestrand der Mulde sind die Gesteine mehr schiefrig ausgebildet.
2. Hellrot und grau gebänderter feinkörniger Dolomit in dicken Bänken, 10—12 m mächtig, bildet den tiefsten, meist gut zu verfolgenden Horizont der karbonatischen Gesteine über dem Basiskonglomerat.
1. Die Basis bildet ein glaziales bzw. fluvioglaziales Konglomerat. Dies besteht aus grauem, grünem, rotem oder braunem Ton, der teils massig, teils schiefrig ist; er ist verknetet mit Sand- und groben Quarzkörnern und führt regellos eingelagerte eckige oder abgerollte Gesteinsbrocken von sehr verschiedener Größe; diese bestehen aus Quarz, Quarzit, Kalk und verkieseltem Kalk aus den liegenden algonkischen Schichten. Die Kalkgerölle sind oft aufgelöst, und das Bindemittel ist dann voller Höhlungen.

   Das Konglomerat ist wahrscheinlich dem Tillit an der Basis des Kundelungu-Systems in Katanga gleichzusetzen.

H. Lagotala (Comptes rendues des séances de la Soc. de Phys. et d'Histoire naturelle, Genf 1929, Bd. 1929, S. 110—120), der die Schiefer-Kalk-Schichten sehr genau untersucht hat, schätzte die Gesamtmächtigkeit der Formation auf etwa 300 m, im Gegensatz zu *Babet*, der etwa 1000 m angenommen hat.

Die hangende Zone (6) des Profils ist besonders wichtig, weil in ihr die Kupferlagerstätten von Minduli, Boko Songo usw. auftreten.

Über dem Schiefer-Kalk-System folgt in der Majumbekette

b. Das Schiefer-Sandstein-System,

das die gleiche Ausbildung zeigt wie in Niederkongo. Das Hangende bilden

3. grobe rote feldspatführende dickbankige Sandsteine mit einzelnen Quarz- und Quarzitgeröllen (Inkissi-Schichten am Niederkongo).

   Darunter folgen:

2. rote Glimmer- oder sandhaltige Tonschiefer, die mit hartem grauem bis dunkelgrauem, oft feldspatführendem Sandstein wechsellagern (Mpioka-Schichten am Niederkongo). Beide Horizonte gehen allmählich ineinander über.

1. Die am Niederkongo meist gut zu verfolgende Niari-Brekzie (Bangu-Brekzie) im Hangenden des Schiefer-Kalk-Systems und unter der Basis des Schiefer-Sandstein-Systems ist nicht überall vorhanden; an manchen Stellen ist sie 30 m mächtig, an anderen fehlt sie ganz.

Das Gestein besteht aus meist eckigen Brocken von verkieseltem Kalk, untergeordnet auch normalem Kalk und Dolomit des Liegenden. Manchmal sind die Brocken gerundet und können sogar ein kleinkörniges Konglomerat bilden. Das Bindemittel besteht meist aus Kalk, der z. T. verkieselt ist, manchmal ist es sandig und zeigt Kreuzschichtung.

Offenbar handelt es sich um den Verwitterungsschutt auf einer alten Landoberfläche, und es ist daher wahrscheinlich richtiger, die Bangu-Brekzie nicht als Basis des Schiefer-Sandstein-Systems, wie üblich, anzusehen, sondern als hangendsten Horizont des Schiefer-Kalk-Systems, denn offenbar ist die Oberfläche des Schiefer-Kalk-Systems eine beträchtliche Zeit lang den Einflüssen der normalen Verwitterung in aridem Klima ausgesetzt gewesen, bevor die Schichten des Schiefer-Sandstein-Systems sedimentiert wurden.

6. Sedimente unsicherer stratigraphischer Stellung

Franceville-Schichten, Ogowe-Serie, Lebulu-Sibiti-Schichten und Pangala-Nduo-Schichten

Das Chaillu-Gneismassiv, das am Ostrande der Majumbe-Faltenketten in breiter Fläche zutage kommt, ist im Norden, Osten und Süden von Sedimentgesteinen ummantelt, die von den einzelnen Forschern teils zum Algonkium, teils zur Kundelungu-Formation gestellt worden sind. Welche Auffassung die richtige ist, ist noch nicht zu übersehen. Die untereinander sehr verschieden ausgebildeten Schichtfolgen werden auf unserer geologischen

Karte vorläufig in der Farbe der Kundelungu-Schichten mit besonderer Signatur dargestellt.

a. Die Franceville-Schichten in der Gegend von Franceville im Norden des Chaillu-Massivs sind unregelmäßig in NW-Richtung gefaltet. Sie beginnen über dem Gneis mit einem Konglomerat, dem Malima-Konglomerat; darüber folgen Quarzite, Arkosen, Sandsteine, Tonschiefer mit Pyrit und schwarze Graphitschiefer, die den schwarzen Schiefern im Schieferdolomit-System in Katanga (Teil IV) ganz ähnlich sind.

Manche Autoren, z. B. *Denaeyer* (Esquisse géologique de l'A. E. F. Brüssel 1928), ferner *Katchevsky* und *Choubert* (Revue Géogr. physique et Géol. dyn. Bd. 3, 1930, S. 375—378) haben die Franceville-Serie als „Gabun-Fazies" des Kundelungu-Systems angesehen und dargestellt. Auch *Fourmarier* betrachtet die Franceville-Serie als Fazies der Kundelungu-Schichten.

Völlig geklärt ist die Schichtenfolge nicht, zumal verschiedene Autoren die gleichen Beziehungen für wesentlich verschiedene stratigraphische Horizonte anwenden.

Denaeyer unterschied im Liegenden den roten Sandstein von Franceville, darüber folgen Schiefer, Dolomitschichten und karbonatische Sandsteine, die er als Lastoursville-Schichten bezeichnet.

Nach Auffassung von *Babet* gehören diese karbonatischen Schichten dem Schiefer-Kalk-System (= unteres Kundelungu) an und folgen vielleicht diskordant darüber. Wenn diese Auffassung richtig wäre, wäre die Zugehörigkeit des Franceville-Sandsteins zum Algonkium möglich; vielleicht liegt aber ein Beobachtungsfehler vor.

B. Choubert (C. R. Acad. Sci. Paris Bd. 200, 1935, S. 149—152) bezeichnete als „Série de Lastoursville" bituminöse kohlige Schiefer und schwarze Kieselgesteine mit Diabasgängen. Darüber folgen als „Série de Franceville" rote Sandsteine, die z. T. Feldspat führen, und Tonschiefer.

Die Lastoursville-Schichten im Sinne von *Choubert* sind nach unserer Auffassung zum Jung-Algonkium zu rechnen.

Choubert betont übrigens, daß die Schiefer-Kalk-Serie im Norden von Gabun zu fehlen scheint und daß die Sandsteine sowohl über die Kieselgesteine wie über Granit transgredieren. Die Franceville-Schichten würden sich also genau so verhalten wie die Schichten des oberen Kundelungu an vielen anderen Stellen in Mittelafrika und dürften ihnen gleichzusetzen sein.

Diabasgänge durchsetzen die Franceville-Schichten an mehreren Stellen. Die Schichten sind unregelmäßig gefaltet, die vorherrschende Faltenrichtung ist aber NW.

b. Die Lebulu-Sibiti-Schichten schließen sich südwestlich des Chaillu-Massivs an das algonkische Quarzit-Schiefer-System östlich der Niari-Nyanga-Mulde an, ohne daß eine direkte Verbindung zu sehen wäre. Auch sie beginnen über dem Chaillu-Gneis mit einem wenig mächtigen Basiskonglomerat, über dem bei Lebulu Sandsteinschiefer, bankige Sandsteine, rote sandige Tonschiefer, graue, oft kalkige Arkosensandsteine folgen, gelegentlich mit eingeschalteten Bänken von graublauem Kalk.

Die Schichten liegen fast flach; schwaches Einfallen nach SW ist aber zu erkennen.

Ob das Schiefer-Kalk-System (= unteres Kundelungn) mit seinem glazialen Basiskonglomerat diskordant über den Lebulu-Sibiti-Schichten folgt oder nicht, ist noch nicht entschieden.

c. Die Pangala-Nduo-Schichten bestehen nach *Babet* aus roten quarzitischen Sandsteinen und Quarziten, die nördlich Mujonzi und in der Gegend von Pangala inselartig aus jungen Decksanden hervorragen. Sie sind gefaltet und fallen nach SW mit 40^0 und mehr. Die zahlreichen Klüfte sind mit Quarzgängchen erfüllt. Gerölle der Pangala-Schichten finden sich im Basiskonglomerat der Schiefer-Kalk-Serie.

Nennenswerte Durchbrüche von Granit im Algonkium von Gabun werden in der Literatur nicht erwähnt. Zweifellos hängt das mit der schwachen Faltung der Gesteine zusammen.

d. Ogowe-Serie und Sandstein-Serie. *Choubert* (1937) hat die flachliegenden Sedimente in Gabun genauer untersucht und beschrieben. Da er jedoch die Sandstein-Schiefer-Formation und die Schiefer-Kalk-Formation, die er als „Série de la Noya" bezeichnet, wahrscheinlich zu hoch einstuft, hat auch er die Altersbeziehungen nicht befriedigend geklärt.

Choubert untersuchte die Sedimentzonen in mehreren Teilen von Gabun, so im Nordosten, westlich Wesso (Ouesso), dann in der Gegend zwischen Lastoursville und Franceville, schließlich in der Gegend von Ndjole, und gab zahlreiche Profile, von denen hier einige mitgeteilt werden sollen; er unterschied in diesen Profilen mehrere „Serien", die durch Diskordanzen bzw. Schichtlücken voneinander getrennt sein sollen. Doch war es nicht möglich, die Schichtlücken auf größere Entfernung durchgehend zu verfolgen. Die behauptete Selbständigkeit dieser Serien bedarf daher einer sorgfältigen Nachprüfung, bevor ihre Berechtigung als erwiesen gelten kann.

Choubert unterschied vom Hangenden zum Liegenden:

Série de la Noya (= Kundelungu).
Série de l'Ogooue (= Série quartzo-schisteuse).
Série des grès (Grès des Monts Grèseux, Grès de la M. Beladi, Série de Pangala et du N'Douo).

Er führt also statt der vorhandenen mehrere neue Bezeichnungen ein, die die vorhandenen Unklarheiten unnötig vermehren.

Im Nordosten, an den Monts Grèseux, ist die Sandsteinserie am besten ausgebildet; sie zeigt folgendes Profil:

4. Schieferstufe; gekennzeichnet durch rote Farbe und reichliche Glimmerführung. Glimmerreiche harte Schiefer, sandige glimmerreiche Tonschiefer mit Einlagerungen von glimmerreichem Sandstein.
3. Massiger Quarzit, rot in verschiedenen Tönen.

2. Quarzitischer Sandstein, rötlichweiß.
1. Feinkörniger mürber Sandstein, weißrötlich oder braun, z. T. tonig, z. T. feingeschichtet; mit Konglomeratlinsen.

   Das Liegende bildet Granit.

Im Hangenden der Stufe 4 liegt hellgrauer Quarzit und andere verkieselte Gesteine, die als Ogowe-Serie bezeichnet werden, die aber offenbar den Lubilasch-Schichten entsprechen.

In der mittleren Zone, bei Lastoursville, ist die „Ogowe-Serie" im Sinne von *Choubert* besonders gut entwickelt:

5. Graugrüner plattiger Quarzit, wechsellagernd mit weichen Tonschiefern in dünnen Lagen.
4. Wechsellagerung von graugrünem Quarzit und hartem schwarzem Schiefer.
3. Schwarze mürbe Tonschiefer und harte kieselige Schiefer mit etwas Glimmer.
2. Dolomitischer Kalk, mehr oder weniger verkieselt, mit schwarzen schieferigen Sandsteinlagen und mit einer Bank von feinkörnigem schwarzem Sandstein.

   Der Horizont des dolomitischen Kalkes ist anscheinend eine örtliche Einlagerung in der Gegend von Lastoursville.
1. Gebänderte Kieselschiefer mit sandigen Zwischenlagen und Resten schwarzer Schiefer.
0. Grober und feinkörniger Arkosesandstein, der stellenweise in ein Konglomerat übergeht.

Darunter folgt, angeblich mit einer Erosions-Schichtlücke, die Sandsteinserie. Diese besteht vorwiegend aus hartem grünlichgrauem Sandstein, der nach unten in groben feldspatführenden Sandstein übergeht, der kleine Quarzgerölle führt. Konglomeratbänke sind den Sandsteinen in der ganzen Mächtigkeit eingeschaltet.

Die gesamte Schichtfolge liegt in der Gegend von Lastoursville fast flach.

In dem Gebiet zwischen Lastoursville und Franceville wird der hangende Teil der Ogowe-Serie als „Série de Franceville" bezeichnet, so daß hier folgendes Profil vorhanden ist:

Série de Franceville; etwa 200 m mächtig:

4. Grobe und feine Arkosesandsteine von dunkler Farbe.
3. Dunkle, z. T. feldspatführende Sandsteine mit Mangankonkretionen.
2. Rote Tonschiefer und Sandsteine mit Bänken von graugrünem Schiefer, seltener auch von schwarzem Sandstein.
1. Grobe helle Arkosesandsteine.

Darunter folgt mit einer angeblichen Diskordanz der untere Teil der „Série de l'Ogooue":

5. Wechsellagerung von graugrünem Quarzit und Tonschiefer.
4. Wechsellagerung von graugrünem Quarzit und schwarzem Schiefer.

3. + 2. Schwarzer weicher und harter Schiefer in dünnen Lagen, abwechselnd mit Bänken von hartem Feldspatsandstein und einer Bank von schwarzem Sandstein.

1. Gebänderter Kieselschiefer und kaolinreicher Schiefer.
0. Arkosesandstein mit seltenen Konglomeratlinsen.

Im Liegenden tritt wieder die Sandstein-Serie in der oben angegebenen Ausbildung zutage.

Nordwestlich Lastoursville, in der Gegend zwischen Bue (Booué) und Aschuka (Achouka), liegt die Ogowe-Serie im Sinne von *Choubert* unmittelbar auf dem Kristallin. Sie beginnt hier mit einem Basiskonglomerat, über dem vorwiegend schieferige Gesteine liegen, die im unteren Teil Kohlenspuren führen.

In der Gegend zwischen Ndjole und Alembe am unteren Ogowe und La Lara am Okano-Fluß, nordöstlich Alembe, liegt eine kräftig gefaltete Schichtenfolge, von der *Choubert* folgendes Profil gibt, das offensichtlich den übrigen Profilen der Ogowe-Serie angeglichen ist:

4. Rote und dunkle Glanzschiefer mit dünnen Bändern von feldspatführendem Quarzit.
3. Dunkler Phyllit.
2. Harte sandige Phyllite und Dachschiefer mit Bänken von schwärzlichem feldspatführendem Quarzit und, nahe der Basis, mit Linsen von grünem Quarzit.
1. Dunkler Phyllit mit einer Bank von massigem Quarzit; gebänderter Phyllit, graphitführender Phyllit.

Im Liegenden folgt mit Diskordanz Gneis und Glimmerschiefer, an anderen Stellen auch Granit.

Sehr wahrscheinlich gehören die „Schistes et Phtanites du Gabon", die *M. Barrat* 1893 im Ogowe-Becken zwischen den Flüssen Nguni, Nyanga und Ogowe und dem Ozean fand, hierher. Er beschrieb sie als horizontalliegende oder schwach gefaltete schieferige graugrüne Sandsteine, schwarze Kieselschiefer und verkieselte Mergel, die auf Granit liegen und z. T. bituminös sind. Er sprach damals diese Schichten als Silur an. *Furon* (Revue de Géographie physique Bd. 3, 1931), der einen Teil dieser Schichten kennenlernte, stellte sie in der von ihm bereisten Zone westlich Ndjole zur Kreide und zum Tertiär des Küstengebietes.

Wir fassen diese letztere, von *Choubert* zur Ogowe-Serie gestellte Schichtenfolge als Algonkium auf, entsprechend den metamorphen Schichten an der Basis des Majumbe-Massivs im Liegenden der Kundelungu (Schiefer-Kalk-System und Schiefer-Sandstein-System)-Schichten am Niederkongo.

Die Ogowe-Serie entspricht der Franceville-Serie der früheren Autoren, und es lag eigentlich für *Choubert* kein Grund zur Einführung dieser neuen Formationsbezeichnung vor.

Auf der Karte sind die Sandstein-Serie (*Choubert*, 1937), die Franceville-Schichten, die Ogowe-Serie, die Lebulu-Sibiti-Schichten und die Pangala-Nduo-Serie mit gleicher Farbe bezeichnet, über der verschiedene Signaturen liegen; die verschiedenen Serien sind dadurch voneinander abgegrenzt, gleichzeitig ist aber angedeutet, daß sie vielleicht verschiedene Faziesausbildungen der gleichen Schichtenfolge darstellen.

7. *Bateke-Sandstein*

(Lubilasch-Schichten in Belgisch-Kongo; obere Karru)

Am Kongo bei Brazzaville beginnend und von da nach N über Franceville über die Kamerungrenze hinwegreichend, legt sich im östlichen Teil von Französisch-Mittelkongo eine ausgedehnte Platte von flachliegenden Sandsteinen, die das Bateke-Plateau bilden, diskordant über allen älteren Schichten. Diese Schichten setzen sich nach S nach Belgisch-Kongo hinein in zusammenhängender Fläche fort, wo sie als Lubilasch(Sankuru)-Schichten bezeichnet werden.

Bei Brazzaville ist die diskordante Überlagerung des Schiefer-Sandstein-Systems durch den Bateke-Sandstein zu sehen. Dessen Mächtigkeit soll mehrere 100 m betragen.

Das primäre Gestein bilden weiße oder hellgelbe, selten rote oder braune mürbe, z. T. zerreibliche Sandsteine, oft mit Kreuzschichtung, die gelegentlich durch Einkieselung verhärtet sind. Daraus entstehen, namentlich in den hangenden Teilen, durch intensive Kieselausscheidung harte, feinkörnige, dichte oder poröse, sekundär verkieselte quarzitische Sandsteine oder Quarzite. Lagen und Linsen, in denen die Kieselsäure über die Quarzkörner ganz überwiegt (Jaspis, Chalcedon), sind häufig. Stellenweise ist eine Art Brekzienstruktur vorhanden. An der Basis liegt manchmal ein Konglomerat. Die Kieselgesteine sind teilweise schwarz. Kleine Gerölle sind in den Sandsteinen häufig.

An der Oberfläche zerfallen die Gesteine zu Sand. Die Oberfläche des Bateke-Plateaus ist daher sandig und trocken, z. T. mit Dünen bedeckt; diese Dünen und Sandflächen wandern mit dem Winde und transgredieren so auch über ältere Formationen.

8. Kalahari-Formation
(Jung-Tertiär—Pleistozän)

Am Südrande des Bateke-Plateaus, bei Kunsulu am Kongoufer, etwa 100 km nordöstlich Brazzaville, fand *Babet* (Comptes rendues Acad. Sciences Paris, Bd. 200 (1935), S. 474—476) Süßwasserschnecken vom Genus *Melania* in ähnlichen Schichten wie die am Mont Bunsa im Kongo und wie sie auch in Katanga, in Angola und Südrhodesien mehrfach beobachtet sind. Alle diese Vorkommen sind in Senken auf der Oberfläche der Lubilasch-Schichten und auf älteren Gesteinen in jungtertiärer bzw. pleistozäner Zeit in extrem aridem Klima gebildet und werden als Kalahari-Formation zusammengefaßt.

Gleichen Alters dürften auch die eigenartigen „grès polymorphes" sein, jene eingekieselten Sandsteine von eigenartig wechselnder Struktur, die Reste einer Einkieselungszone nahe der ehemaligen Oberfläche der Sandsteindecke während einer Wüstenperiode darstellen.

9. Kreide und Tertiär der Küstenzone

a. Kreide-Sedimente

Das Küstengebiet von Gabun hat eine Höchstbreite von etwa 150 km; es ist flach gewellt und sehr stark bewaldet. Die verhältnismäßig wenigen natürlichen Aufschlüsse in diesem Gebiet liegen an Flüssen. Daher ist der sehr interessante geologische Bau durchaus noch nicht befriedigend bekannt.

Im Osten, nach dem Inland zu, wird die Küstenzone begrenzt durch den archaischen Westrand des Majumbe-Gebietes. Auf die Westflanke der archaischen Gebirgskette legen sich nach der Küste hin Sedimente, deren Alter lange Zeit umstritten war und die man daher vorläufig als „Küstensandsteine" (Grès sublittoraux) bezeichnete. Die neueren Untersuchungen von *Schneegans*, ganz besonders aber die von *Haas* (1937), haben gezeigt, daß im Küstengebiet von Gabun die Kreide in großer Vollständigkeit entwickelt ist.

Es bestehen zwei Sedimentbecken, das nördliche in Gabun, das südliche in Mittelkongo, die durch das Kristallin bei Majumba am Meere getrennt sind.

Wegen der starken Bewachsung mit Urwald war die Aufklärung des geologischen Baues des Gebietes nicht einfach.

Das Profil des Gabun-Beckens sieht nach *Haas* folgendermaßen aus (vom Hangenden zum Liegenden):

Unter Pleistozän und Pliozän, das in der Gegend zwischen Libreville und Port Gentil bis zu 200 m Mächtigkeit erreicht, folgen zunächst

Mächtigkeit	
500 m Senon.	Sandsteine, Kalksteine, Mergel und bituminöse Schiefer (Namino-Komandji), die oft verquarzt sind. Sie enthalten in Mittelkongo Phosphatlager.
	Es lassen sich stellenweise unterscheiden Santonien mit der Stufe von Komandji, Namino und anderen Horizonten; mehrere Ölhorizonte sind hier vorhanden, von denen zwei weithin zu verfolgen sind.
	Coniacien, mit ölführenden Sandsteinen und Kalken bei Apope, im gleichen Horizont wie die Schichten an der Pointe Noire.
50—100 m Turon	in kalkiger mariner Ausbildung (Kalk und kalkiger Sandstein). An der Basis liegen bei Sibang ölführende Sande.
300—400 m Rote	Serie von Maningu. Bestehend aus Kontinental-Sedimenten (Sand, Sandsteine, roter Ton). Ohne Ölhorizonte.
	Fossilien scheinen nicht bekannt zu sein. Die stratigraphische Stellung ist daher nicht genau festzulegen. Da aber die Schichten zwischen Turon und Albien liegen, so wurden sie auf der Karte als Cenoman bezeichnet.
700 m Alb.	Serie von Madiela; sandig-kalkige Sedimente vorwiegend marinen Ursprunges.
	Im mittleren Teil dieser aus Mergeln und Sandsteinen mit einigen Kalkbänken bestehenden Schichtenfolge liegen bei Lambarene und in der Bohrung Madiela ölführende Sande, in letzterer Bohrung ebensolche Ölsande auch im hangenden Teil, ferner treten bei Madiela selbst auch Ölausbisse auf.
	An der Basis dieser Stufe liegt die
25 m	Salzstufe von Madiela mit Salz- und Tonlagen.
130—400 m Apt.	Bituminöse Serie von Nkogho-Cocobeach.
	Aus diesen Schichten kommt die Ölquelle von Nkogho. Bei Cocobeach liegen in ihnen mehrere ölführende Sandsteinhorizonte,

ebensolche am Rande des Kristallins in der Gegend von Madiela und im tiefsten Teil der Bohrung Madiela 2.

Die Schichten sind marinen Ursprungs und bestehen vorwiegend aus groben Sandsteinen. Stellenweise ist ein Basiskonglomerat vorhanden.

10—130 m Ndombo-Serie mit Sandsteinen und Konglomeraten ohne Öl. Die Stellung der Schichten ist unsicher.

120 m Rote Serie von Ajem. Die Basis der ganzen Schichtfolge über dem Kristallin ist eine ausschließliche Kontinentalbildung mit Basiskonglomerat; ohne Öl.

Die Gesamtmächtigkeit der Sedimente beträgt also gegen 2000 m.

Während die übrigen Stufen sich mehr oder weniger sicher als einzelne Stufen der Kreide erkennen lassen, bleibt das Alter der Roten Ajem-Serie unbekannt. Vielleicht gehört auch sie der Kreide an; es ist aber auch möglich, daß die terrestrische Verwitterungsperiode, deren Abtragungsprodukte in den Ajemschichten sedimentiert wurden, bis in die Jurazeit zurückverlegt werden muß.

Die Ajem-Schichten erinnern an die kontinentalen Sedimentbildungen an der Basis der Kreide in Deutsch-Ostafrika und in Moçambique, die dort ebenfalls die Jura-Kreidegrenze bezeichnen; ebenso liegen an der Basis der fossilführenden Kreide des westlichen Sudan fossilarme Kontinentalbildungen (S. 24).

Schneegans (C. R. Groupe Géol. pétroliers de Strasbourg 1933—34, S. 9 bis 13) fand in den bituminösen Schiefern bei Nkogho, etwa 75 km flußaufwärts von Lambarene, an einem See, ferner am Südende der Corisco Bay in Cocobeach Fischreste. Die Fische sollen einer neuen Art aus der Familie der Clupeiden angehören. In Mergeln der gleichen Schichtfolge fanden sich brackische Ostrakoden und Fischschuppen der Gattung *Lepidotus*. Dunkle Mergel führen unbestimmbare Pflanzenreste.

Südlich des Kristallin-Vorsprunges von Majumba folgt das Loango-Becken, das zu Mittelkongo gerechnet wird. Hier ist Senon an der Küste und in der Gegend von Kola entwickelt, wo auch eine reiche Phosphatlagerstätte gefunden wurde. Über dem ölführenden Kalksandstein der Pointe Noire liegt hier eine mächtige Zone von Ölsand, die durch Bohrungen in einer Teufe von 40—50 m nachgewiesen wurde.

Die Schichtfolge ist zum großen Teil durch Jung-Tertiär verdeckt. Der liegende Teil der ganzen Sedimentfolge wird hier als Pumbu-Serie bezeichnet, deren Alter noch unbekannt ist. Über einem Basiskonglomerat folgen Sandsteine, Sande, auch Kalke und Mergel in mindestens 150 m Mächtigkeit, die mehrere Ölhorizonte von 5—10 m Mächtigkeit (insgesamt also etwa 30 m) enthalten.

Über die Fossilführung einzelner Horizonte sind folgende Angaben zu machen:

Im Norden, nahe der Kamerungrenze, in der Gegend von Libreville an der Monda- und der Gabunbucht bis zum Kap Lopez ist Turon und Senon seit langem bekannt.

Das Turon bei Libreville führt *Inoceramus labiatus*, *Lima grenieri*, *Pseudotissotia sp.* — Bei Sibanga *Pseudotissotia pavillieri*, *Ps. gabonensis*, *Pholadomya pedernalis*.

Darüber folgen Senon-Schichten mit *Tylostoma äquatoriale*, *Corbula parvula*, *Cardium tropicum*, *C. tumidum*, *Lithodomus elongata*, *Inoceramus baumanni*.

An der Lagune Fernan Vaz tritt Santon auf; die Schichten führen u. a. *Mortoniceras texanum*, *Inoceramus regalis*.

Bei Sette Cama führen die Schichten Emscher-Fossilien: *Peroniceras dravidicum*, *Gauthiericeras margae*, *G. roquei*, *Ostrea cf. boucheroni*.

Am Kap Pointe Noire, nahe der Südgrenze gegen Portugiesisch-Cabinda, tritt nach *Babet* Senon auf; hier liegen feinkörnige blaugraue Kalksandsteine, horizontal gelagert, mit *Inoceramus cf. inconstans*, *Plicatula ferryi*, *Lima itieriana*, *Otostoma cf. rugosum*.

Über dem Sandstein liegen sandige Muschelschichten, in denen die Kalkschalen meist aufgelöst sind; die entstandenen Hohlräume sind mit Bitumen erfüllt.

Die Pointe Noire hat ihren Namen daher, weil die Kalksandsteine und namentlich die Muschelbänke stark mit Bitumen getränkt und daher schwarz gefärbt sind.

Untere Kreide ist auch in Angola bekannt.

Kreide und Tertiär des Küstenlandes sind zu mehreren nur sehr schwach angedeuteten Faltenzügen verbogen.

b. Tertiär

Im Küstengebiet ist an mehreren Stellen Tertiär bekannt.

An der Pointe Noire wurden Zähne von *Lamna* und *Odontaspis macrota*, ferner *Ostrea choffati* gefunden, die auch in Cabinda bekannt sind und die Eozän vermuten lassen.

Bei Futa, 30 km südsüdöstlich Pointe Noire, fanden *Lombard* und *Schneegans* (C. R. Ac. Paris Bd. 195, 1932, S. 163—165) Schichten, die sie als marines Eozän mit den gleichen Fossilien wie in Nigeria ansprachen. Neuere Untersuchungen haben aber ein pleistozänes Alter dieser Lagerstätte wahrscheinlich gemacht.

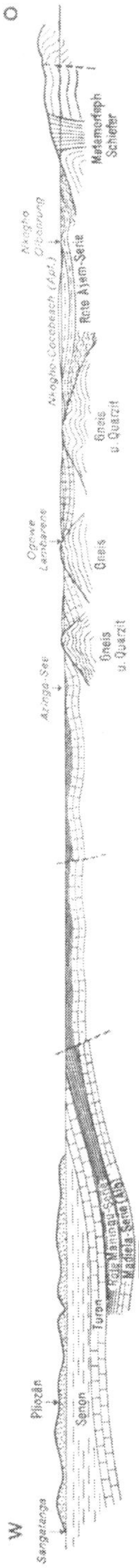

Abb. 40. Profil durch das Kreidebecken in Gabun. Nach *Haas*, 1937.

In der Gegend zwischen Port Gentil und Libreville, ebenso zwischen Majumba und dem Küstengebiet von Cabinda sind die dort anstehenden Kreideschichten diskordant überlagert durch rote und weiße Sande, Schotter und Tone in einer Mächtigkeit von etwa 100—200 m, die als Pliozän aufgefaßt und die als „Série des Cirques" bezeichnet werden; Fossilien sind in diesen Schichten bisher nicht bekannt.

Bei Port Gentil ist dagegen über dem Pliozän fossilführendes Pleistozän in geringer Tiefe nachgewiesen.

In flachen Synklinalen der Kreide-Schichten in Gabun liegen an mehreren Stellen rote fossilleere Schichten, die vielleicht ebenfalls dem Jung-Tertiär angehören.

Ähnliche rote Tone und Sande lagern auch an mehreren Stellen nahe der Küste, vielleicht entsprechen sie dem Ossa-Sandstein in Kamerun (S. 342).

10. Junge Ablagerungen

Am Kongo und an seinen Nebenflüssen finden sich an zahlreichen Stellen junge Schotter- und Sandterrassen, die natürlich das Interesse der Prospektoren erregt haben.

Die Schotter liegen stets auf der konvexen Seite der Flußbiegungen, ihr Liegendes bilden meist kreuzgeschichtete Lubilasch-Sandsteine. Die Mächtigkeit der Schotterbänke wechselt sehr schnell zwischen 1 und 5 m; ihre Länge und Breite ist naturgemäß sehr verschieden.

Die Sandkörner sind meist eckig, darin liegen Gerölle von Quarz, Chalcedon, Jaspis, Quarzit, Sandstein.

Der Sand führt an Schwermineralien viel Zirkon, Beryll, Topas, Korund, Rutil, außerdem etwas Gold, etwa 0,1 g je Kubikmeter.

Da die Schotter, z. B. bei Brazzaville, sehr weit flußabwärts liegen und nur sehr feines Gold enthalten (sie liegen ja auf taubem Lubilasch-Sandstein), so ist damit zu rechnen, daß an geeigneten Stellen flußaufwärts, näher den goldführenden algonkischen und archaischen Gesteinen, sich bauwürdige Goldgehalte finden lassen.

Zu den jungen Ablagerungen gehört u. a. der gelbe sandige Lehm, der die Sedimente der Küstenzone in einer Mächtigkeit bis zu 10 m bedeckt und der den dortigen Urwaldboden bildet.

Ferner gehören hierher die Sande und Tone an den Flußmündungen im Küstengebiet.

Jungvulkanische Gesteine

Das einzige bisher bekannte Vorkommen jungvulkanischer Gesteine liegt an der atlantischen Küste, an der „Pointe Ngombe" südwestlich Libreville. Am Nordwestufer der die Gabunbucht im Westen gegen das Meer abschließenden Halbinsel, südwestlich Libreville, tritt eine große Klippe eines schwarzen basaltischen Eruptivgesteins zutage, das in sehr dichter Grundmasse aus

Labradorleistchen und Glas Einsprenglinge von Olivin und Augit, außerdem sehr viel Magnetitkriställchen führt. *Choubert* (1937, S. 56) bildet die Klippe ab und bezeichnet das Gestein als olivinführenden Basanitoid, d. h. als nephelinfreien Basanit. In der Umgebung des Durchbruches liegt eine Eruptionsbrekzie, die Brocken von verkieseltem Sandstein und kontaktmetamorphem Kalk aus den Senonschichten im Liegenden der Eruption enthält.

Das Eruptivgestein ist also zweifellos jünger als Ober-Senon. Eine genauere Altersbestimmung läßt sich bisher nicht geben.

XII. aa. 2. Ubangi-Schari

Das Territorium Ubangi-Schari hat als Südgrenze den Ubangi (franz. Schreibweise Oubangui oder Oubanghi) von der Station Bangi aufwärts bis zur Mündung seines Nebenflusses Mbomu, dann folgt die Südgrenze diesem aufwärts bis zur Quelle. Die Ostgrenze folgt im wesentlichen der Wasserscheide zwischen den Zuflüssen des Kongobeckens gegen die des Nil in NW-Richtung, die Nordgrenze folgt z. T. dem in den Schari fließenden Bahr Auk und trifft nördlich von 8^0 n. Br. auf die Kameruner Ostgrenze. Die Westgrenze ist die Ostgrenze von Kamerun.

Im übrigen haben die Franzosen nach dem Kriege die alte Kameruner Ostgrenze vor 1911 als westliche Grenzlinie selbstherrlich wieder angenommen und das damals an Deutschland abgetretene Gebiet als Eigentum beansprucht.

Der Flächeninhalt des Gebietes beträgt etwa 619000 qkm.

In dem Territorium sind nur der Oberlauf des Schari und die nördlichen Zuflüsse des Ubangi und des Mbomu enthalten.

Am geologischen Aufbau des Ubangi-Schari-Territoriums nehmen, soweit bekannt, nur wenige Formationen teil:

Quartär.
Muka-Ndele-Sandstein (Ob. Karru).
Furumbala-Sandstein (Ob. Kundelungu).
„Epimétamorphes Cristallophyllien“ (Algonkium).
Archaikum usw.

1. Archaikum, Alter Granit und Alt-Algonkium

Fast der ganze nordwestliche Teil von Ubangi-Schari und die Ostgrenze gegen den Englisch-ägyptischen Sudan bestehen aus Gesteinen des archaischen Komplexes.

Die im westlich anschließenden Kamerun sehr weitverbreiteten Ortho- und Paragneise bilden auch den Nordwestteil von Ubangi-Schari. In der Zone von Bangi-Bambari verschwinden sie unter einem ausgedehnten Gebiet von jungalgonkischen, kambrischen und mesozoischen Gesteinen. Nur an einzelnen Stellen treten sie fensterartig aus dem Untergrunde hervor. Im Osten, nach der Sudangrenze hin, steht aber das Alt-Algonkium und Archaikum wieder zutage; und zwar ist ein von W nach O fortschreitender Metamorphismus deutlich zu erkennen, ähnlich wie in Gabun.

Den hangendsten Teil bilden Talkschiefer, Chloritschiefer und Sericitschiefer, dann folgt vorwiegend grauer Gneis, schließlich Granitgneis und gepreßter Granit auf der Wasserscheide an der Sudangrenze in den Dar-Schalla-Bergen und den Daragumba-Bergen. Amphibolitzonen sind den kristallinen Schiefern massenhaft eingefügt. Dioritintrusionen sind sehr verbreitet.

Granitintrusionen scheinen im Osten nicht häufig zu sein; im Westen dagegen tritt das ausgedehnte Jade-Granitmassiv aus dem Kameruner Gebiet in das Ubangi-Schari-Territorium über.

2. *Jung-Algonkium*

(„Cristallophyllien épimétamorphique" = Muva-Ankole-System)

Die Südgrenze des Hauptverbreitungsgebietes des Jung-Algonkium in Ubangi-Schari reicht von Bangi am Ubangi über das Stromgebiet der Flüsse Kuango und Kotto nach O längs des Mbomu bis an die Grenze des Englisch-ägyptischen Sudan. Von da zieht die algonkische Gesteinsfläche nach N bis ins Dar-Fertit-Massiv am Südrande der gewaltigen Tschadsenke auf der Sudangrenze.

Im Südostteil wird das Algonkium von Sandsteinen und Schiefern der Furumbala-Schichten (oberer Kundelungu) in einem breiten zusammenhängenden Gebiet überdeckt, im Norden von der großen Tafel des Muka-Ndele-Sandsteins (obere Karru).

Ein kleiner Zug algonkischer Gesteine liegt am Ostrande des granitischen Jademassivs nahe der Kameruner Grenze.

Die algonkischen Sedimente sind stark gefaltet und bestehen hauptsächlich aus Schiefern der Epizone mannigfaltigster Art, aus Sandsteinen, Quarziten, auch dolomitischen Gesteinen; Konglomeratbänke sind gelegentlich vorhanden. Die Gesamtmächtigkeit wird auf 1000 m bis über 3000 m geschätzt.

G. Korableff (1940) schlug für diese merklich metamorphosen Sedimente die Bezeichnung „Série fortement métamorphisée" vor.

Der Grad der Metamorphose ist verschieden, im Süden und Westen schwach, im Gebiet von Ippy und Bria besonders auffallend.

Stellenweise hat man Diskordanzen feststellen zu können geglaubt, doch erweisen sich diese Behauptungen bei genauer Nachprüfung als sehr unsicher, weil direkte Beobachtungen nie vorliegen. Zudem kann eine Schicht sich an verschiedenen Orten infolge der starken Faltungen sehr verschieden verhalten, und der Grad des Metamorphismus kann sich schnell ändern.

Intrusionen von granitischen und basischen Gesteinen, die nicht selten auftreten, verändern die Sedimente oft erheblich.

Bei Fort Possel und beim Orte Kuango längs des Ubangi nehmen Sericitschiefer, Phyllit und Quarzit große Flächen ein.

Am Wege von Kuango nach Bambari beobachtete *G. Borgniez* (Chron. min. colon. Nr. 44, 1935) dieses Profil, bei dem nicht sicher bekannt ist, wo das Hangende und wo das Liegende ist:

4. Glimmerschiefer.
3. Quarzit, z. T. dünnplattig bis blätterig und mit Glimmer.
2. Granatführender Glimmerschiefer, 440 m mächtig.
1. Quarzit, meist dickbankig, mehr als 750 m mächtig.

Das Profil wiederholt sich durch Faltung mehrmals am Wege.

Südwestlich Waie stehen Tonschiefer, Chloritschiefer, Glimmerschiefer, Amphibolitschiefer, Graphitschiefer, Quarzite und Sandsteine in einer geschätzten Gesamtmächtigkeit von mehr als 3000 m an. Stellenweise sind Horizonte von Eisenbändererz den Schiefern eingefügt.

In der Nähe von Bambari treten Amphibolitschiefer auf, die oft Dolomit in Linsen und Lagen führen; es handelt sich hier also um Sedimente.

Von Roandji, nördlich Bambari, bis ungefähr nach Fort Crampel streicht eine solche Itabiritzone von NNW nach SSO in mehr als 200 km Länge. Im mittleren Teil dieser Zone, am Topaberg und am Kadeberg, finden sich ziemlich hochwertige, aber kieselige Roteisenerze.

G. Korableff (1940) unterschied in seiner „Série fortement métamorphisée" als tiefstes einen „Horizont der liegenden Quarzite" mit hell gefärbten, sehr dichten Quarziten, die z. T. Beimengungen von Roteisen enthalten. Diese Zone kommt nur an wenigen Punkten zutage, wie z. B. in der Gegend von Roandji, wo sie in typische Itabirite mit Roteisen und Glimmer übergeht.

Der größte Teil der Serie besteht nach *Korableff* aus metamorphen Schiefern, in denen die meisten Goldquarzgänge auftreten. Die Verhältnisse sind hier die gleichen wie im Muva-Ankole-System Ostafrikas.

Glimmerschiefer, oft mit Granat und Disthen, treten namentlich östlich Semio am oberen Mbomu und im Gebiet von Jalinga, am Ostrande des Sandsteinplateaus von Muka-Ndele, in größerer Ausdehnung auf.

Hornblendeschiefer, aus basischen Gesteinen hervorgegangen, bilden die Ränder der großen basischen Intrusivmassive. Nach dem Innern der Massive hin zeigen die Gesteine keine Pressungserscheinungen.

Chloritschiefer und Sericitschiefer, z. T. mit Granaten, sind in der Schichtenfolge weitverbreitet; letztere können in Glimmerschiefer übergehen.

Als „mittleren Quarzit" bezeichnet *Korableff* fälschlich einen Horizont von Quarziten, der mitten in den metamorphen Schiefern auftritt. Die Gesteine sind weiß oder gelblich, feinkörnig und schieferig und enthalten etwas Glimmer. Die Gesteine wurden besonders östlich Obo, nahe der Grenze gegen den Ost(Englisch-ägyptischen)-Sudan, beobachtet.

Die Bezeichnung „mittlerer Quarzit" ist deswegen unrichtig, weil der hangende Quarzit *Korableffs* bereits den diskordant darüber liegenden Kundelunguschichten (Furumbala-Sandstein) angehört, der von *Korableff* als „Série faiblement métamorphisée" bezeichnet wird.

Im östlichen Teil von Ubangi-Schari kommen die tiefsten algonkischen Sedimente über dem Archaikum zutage. Hierher gehören die Schiefer und Quarzite auf der Westseite der Dar-Schalla-Berge, ferner in der Südostecke des Gebietes eine Zone, die von Jalinga am Mbari nach Semio am Mbomu, also OSO streicht, und die wahrscheinlich nach Belgisch-Kongo weiterzieht.

3. *Furumbala-Sandstein* (Oberes Kundelungu)

Am Unterlauf des Kotto und weiter östlich am Mittellauf der Flüsse Mbari und Chinco, die alle von N her in den Ubangi fließen, liegt auf dem Algonkium eine zusammenhängende Decke von horizontal gelagerten Sedimenten, die nach dem Ort Furumbala am Unterlauf des Kotto genannt sind. Die Gesteine sind Arkosen, licht gefärbte Sandsteine, z. T. quarzitisch, ferner Tonschiefer, die meist rot in verschiedenen Tönen, seltener grau gefärbt sind. Auch sandige Konglomeratbänke treten auf.

An der Basis liegt zwischen Mobaje und Sanga ein Konglomerat diskordant über Glimmerschiefer.

Korableff (1940) bezeichnete die Schichten als „Série faiblement métamorphisée".

Im tieferen Teil der Schichtfolge treten Bänke von schwarzem, angeblich kohligem Schiefer auf; auch Dachschiefer und glimmerreiche Schiefer sind vorhanden.

Der hangende Teil besteht vorwiegend aus Sandsteinen, die teilweise verquarzt sind; einzelne Bänke zeigen Kreuzschichtung. Der ganze Schichtenkomplex ist in NO-Richtung gefaltet, und zwar nach den vorliegenden Berichten ziemlich deutlich. Profile liegen bisher nicht vor.

Am Oberlauf des Kuango, der hier Uaka (Waka) heißt, treten schwach gefaltete grobe Sandsteine, z. T. mit Feldspatgehalt, auf, die diskordant über Algonkium liegen. Sie dürften zu den Furumbala-Schichten zu stellen sein.

Bei Ndele, am Südrande der Tschadsenke, kommen unter den Karru-Sandsteinen (Muka-Ndele-Sandstein) grobe rote Sandsteine zum Vorschein, die z. T. Kreuzschichtung aufweisen und denen Konglomeratbänke und Schieferlagen eingeschaltet sind; auch sie gehören wohl hierher; die Schichten sind kräftig gefaltet und liegen diskordant auf Algonkium.

Nach S finden sich die gleichen Sandsteindecken südlich des Ubangi auf belgischem Gebiet wieder, wo sie als Äquivalente der Kundelungu-Schichten in Katanga erkannt wurden.

Auch die Kundelungu-Schichten sind ja stellenweise gefaltet. Die Furumbala-Sandsteine dürften, wie das Ober-Kundelungu, zum Kambrium zu stellen sein (vgl. beim Abschnitt Belgisch-Kongo).

Gänge und Lagergänge basischer Gesteine durchsetzen die Furumbala-Schichten. Angeblich treten in ihnen an einzelnen Stellen auch Granitintrusionen auf.

Die Furumbala-Sandsteine bedecken ein mehrere hundert Quadratkilometer großes Gebiet im östlichen Teil des Ubangi-Schari-Territoriums. Der Westzipfel stößt bei Furumbala am Unterlauf des Kotto gegen den Ubangi. Von dort zieht die Decke nach NO und bildet eine ausgedehnte Zone zwischen Jalinga und Semongo an der Sudangrenze. Mehrere Streifen streichen von dort nach SO in das Gebiet östlich Semio am Oberlauf des Mbomu.

Die diskordante Überlagerung des Algonkium durch die Furumbala-Schichten konnte *Korableff* mehrfach beobachten; so z. B. am Unterlauf des Kotto, wo stark gefaltete Amphibolitschiefer oder Sericitschiefer von schwach geneigten Sandsteinen und Quarziten überlagert werden; ferner am linken Ufer des Kotto, 50—80 km oberhalb Furumbala, wo ähnliche Aufschlüsse über eine Strecke von 5—10 km zu sehen sind; schließlich am rechten Kotto-Ufer nordnordöstlich von Furumbala.

Lombard (1935) hatte bereits früher ähnliche Beobachtungen gemacht.

4. *Muka-Ndele-Sandstein* (Lubilasch-Schichten — Obere Karru)

Westlich von dem granitischen Dar-Schalla-Massiv an der Ostgrenze gegen den Sudan und südlich vom algonkischen Dar-Fertit-Massiv liegt flach auf dem Algonkium und dem Furumbala-Sandstein ein ausgedehnter Komplex ungefalteter oder kaum gefalteter Sandsteine.

Ein Basiskonglomerat mit stark eisenschüssigem Bindemittel leitet die Schichtfolge ein. Darüber folgen grobe weiße und gelbliche eisenschüssige Sandsteine und Arkosensandsteine mit Bänken und Linsen von sandigen Konglomeraten, feinkörnige Quarzsandsteine mit kieseligem, seltener eisenschüssigem Bindemittel, die z. T. kreuzgeschichtet sind; dazwischen liegen wenig mächtige helle Tonschieferlagen.

Die Orte Ndele und Muka, die im Bereich der großen Sandsteintafel liegen, haben der Schichtfolge den Namen gegeben.

Die Muka-Ndele-Schichten sind zweifellos Festlandsbildungen, die aus nur zeitweilig fließenden Flüssen und in flachen Wasserbecken in aridem Klima entstanden sind.

Obwohl bisher keine Fossilien in ihnen bekannt sind, ist ihr ganzer Aufbau dem der Lubilasch-Schichten im angrenzenden Belgisch-Kongo so ähnlich, daß sie diesen gleichgesetzt werden. Eine genaue Horizontierung ist bisher natürlich nicht möglich.

Die Vermutung von *Denaeyer*, die Muka-Ndele-Schichten möchten vielleicht den devonischen und karbonischen Nubischen Sandsteinen im Ennedi und Wadai entsprechen, erscheint unbegründet.

Die Schichtfolge ist nach *Borgniez* in schwache NO streichende Falten gelegt.

Die gesamte Schichtmächtigkeit scheint 200—400 m nicht zu überschreiten.

Die Mächtigkeit der Zone des Basiskonglomerats ist im Nordwesten am größten (gegen 90 m) und nimmt in SO-Richtung ab. Die Schotter wurden also wohl hauptsächlich von NW her den flachen Senken zugeführt.

Ähnliches ist beim Carnot-Sandstein in Kamerun und in Gabun zu beobachten.

Nördlich Bria sind in den Sandsteinen Diamanten gefunden worden (S. 418), ähnlich wie im Carnot-Sandstein.

Intrusivgesteine

Die größten intrusiven Granitmassive in Ubangi-Schari sind das Jade-Massiv an der Kamerungrenze und das Dar-Schalla-Massiv an der Grenze gegen den Englisch-ägyptischen Sudan. Südöstlich von diesem letzteren liegt das kleinere Daragumba-Massiv, ebenfalls auf der Sudangrenze.

Der Jade-Granit führt zahlreiche Schiefereinschlüsse und injiziert schwach metamorphe algonkische Schiefer an seinem Ostrande; er ist also jünger als die algonkische Hauptfaltung. Pressungserscheinungen sind in ihm wenig beobachtet.

Älter ist zweifellos das Dar-Schalla-Massiv an der Ostgrenze; es besteht aus feinkörnigem grauem Biotitgranit und aus wahrscheinlich jüngerem rotem Granit mit großen porphyrischen Orthoklasen; beide Granite gehen in den Randgebieten in Gneis über und haben die algonkische Hauptfaltung noch mitgemacht.

Das südöstlich davon gelegene kleine Daragumba-Massiv ist ähnlich.

Im Kuangobecken, nördlich Bambari, liegt das kleine Bambari-Massiv, das metamorphe Schiefer, glimmerführende Quarzite und Itabirite durchdrungen hat. Der Granit führt z. T. Biotit und Muskowit nebeneinander und ist in den Randgebieten teilweise porphyrisch ausgebildet; er ist also ein typischer Erzbringer.

Zwischen dem Kuango und dem Mbari sind Granitintrusionen im Algonkium häufig.

Im Kontakt des Bambarigranites führen die Schiefer Granat, sonst meist Biotit, Turmalin, Rutil, Zirkon, Monazit.

Am Mbomu, zwischen Rafai und Semio, tritt Diorit in großen Intrusivmassen auf, neben normalem Diorit ist hier auch Biotit-Diorit und Biotit-Quarz-Diorit beobachtet. Das Nebengestein ist meist Amphibolit.

Diabas ist an den Stromschnellen von Singa, Bangi und an den Elefanten-Schnellen am Ubangi bekannt, Norit wird im Algonkium von Ndele erwähnt.

Die Intrusiva, namentlich die granitischen, sind, soweit bekannt, sämtlich präkambrisch. Nur einzelne Diabas-Intrusionen sitzen in den Furumbala-Schichten selbst. Die Muka-Ndele (obere Karru)-Schichten sind anscheinend frei von Intrusionen.

XII. aa. 3. Das Tschadgebiet

Das Tschad-Territorium mit einem Flächeninhalt von rund 1,4 Millionen qkm umfaßt das gesamte Gebiet südlich, östlich und nördlich des Tschadsees, also den Hauptteil der Tschadsenke und ihrer Randgebiete. Im Norden grenzt es an Libyen, im Osten gegen den Englisch-ägyptischen Sudan. Eine vom Nordende des Tschadsees nach NNO ziehende Linie grenzt das Gebiet gegen Französisch-Westafrika ab.

In seinem nördlichen Teil liegen die Landschaften Tibesti, Borku, Wadai und Ennedi.

Am geologischen Aufbau nehmen nach den bisherigen Kenntnissen nur wenige Formationen teil:

Junge Sedimente,
Jungvulkanische Gesteine,
Der Ennedi-Tibesti-Sandstein,
Archaikum und Alt-Algonkium.

1. Archaikum und Alt-Algonkium

Der südöstliche Zipfel des Tschadbeckens, der das Tal des Auk beherbergt und der, mit rotem Sand erfüllt, bis in den Sudan nach O hineinragt, trennt an der Oberfläche die archaischen und vielleicht auch algonkischen Gesteine des Ubangi-Schari-Gebietes von denen am Ostrande des Tschadbeckens, die hier und im östlich anschließenden Sudan weite Verbreitung haben. Die oberflächliche Trennung besteht also nur im Tschad-Territorium, im Sudan gehen die alten Komplexe in zusammenhängender Fläche ineinander über.

Die Gesteine sind hauptsächlich grauer Bändergneis, der z. T. als Augengneis ausgebildet ist, Granitgneis, wahrscheinlich mindestens zum Teil alter Granit, Biotitgneis, Muskowitgneis, Zwei-Glimmergneis, Orthoamphibolit, Dioritgneis, Quarz-Hornblendegneis, Amphibolit; feinschichtige Sedimentgneise, z. T. mit Graphit, ferner Biotit- und Muskowit-Glimmerschiefer und Quarzite, die teilweise Glimmer führen, bilden die nördlich oder nordöstlich streichenden Gebirgszüge. Die Schichten sind stark gefaltet und streichen im Südteil nordwestlich, sonst überall nach NO.

In diesen alten Gesteinen sitzen Intrusivgesteine verschiedenen Alters. Am ältesten ist wohl ein teilweise vergneister Biotitgranit, ferner Stücke von Alkaligranit mit Mikroklin, die arm an Glimmer sind und die Aplitgänge führen. Sie alle zeigen mehr oder weniger deutliche Deformationserscheinungen.

Die jüngeren Granite, z.T. Zwei-Glimmergranite mit ihren Pegmatitgängen, Diorite und Granodiorite, ferner der nephelin- und ägirinführende große Syenitstock von Tide im Dal-Sagua-Gebiet auf der Grenze gegen Darfur im Sudan, auf dem 16.° n. Br., zeigen keine Pressungserscheinungen und sind jünger als die Hauptfaltungen im Tschadgebiet.

Auch hier ist eine Abnahme des Metamorphismus von W nach O zu bemerken, ähnlich wie z. B. in den Majumbe-Bergketten in Gabun (S. 377).

Die Sediment- und Eruptivgneise sowie die Gebiete des alten Granites liegen im Westen, also am Ostrande des Tschadbeckens, darüber folgen nach O die Glimmerschiefer und Quarzite, von denen vielleicht ein Teil dem Alt-Algonkium zuzurechnen ist; auch jenseits der Sudangrenze auf englischem Gebiet treten die gleichen Gesteine auf.

Ähnlich liegen die Verhältnisse im südlich anschließenden östlichen Teil von Ubangi-Schari, wo sich an die hochkristalline Zone längs der Sudangrenze nach O und W weniger metamorphe Gesteine anlegen.

Auf den bisher vorliegenden geologischen Karten sind diese Zonen aber nicht voneinander getrennt.

2. *Ennedi-Tibesti-Sandstein* (Ober-Silur bis Karbon)

Über den stark gefalteten archaischen und altalgonkischen Gesteinen liegt in Erdi, Ennedi, Wadai, Borku und Tibesti eine Sandsteindecke, die sich gegen N bis nach Libyen und nach NO weit in den Sudan hinein ausdehnt.

Sie besteht aus groben und fein- bis feinstkörnigen Sandsteinen, deren Bindemittel aus Kieselsäure, Ton oder Brauneisen bestehen kann und die teilweise in Quarzite übergehen.

Bei Am Djeress nahe der Südgrenze des mehr als 100 m steil über seine Unterlage aufsteigenden Plateaus von Ennedi folgt über einem Basiskonglomerat grober Sandstein, der nach oben in feinkörnige Sandsteine übergeht.

In den Sandsteinen wurden unsichere organische Reste gefunden, die als *Harlania* beschrieben wurden, so *Harlania harlani* zwischen Faja in Borku und dem Vulkan Emi Kussi, *Harlania halli* in der Oase Djado nordwestlich Bilma, ferner *Leptostrophia oriskania* von Dadafi zwischen Bilma und Tibesti sowie *Spirifer cf. rousseaui.* Diese Fossilien deuten auf Ober-Silur (Unter-Gotland) hin.

Fritel (C. R. Acad. Sci. Paris Bd. 178, 1924, S. 505) beschrieb von Uara und Enibe aus dem Gebiet zwischen Am Djeress und der Libyschen Wüste folgende Pflanzen des Ober-Devon: *Spirophyton typum*, *Sp. crassum*, *Sp. cauda galli*, *Palaeophycus sp.*, *Cruciana sp.*

Zum Dinantien werden aus der Gegend von Agha gestellt: *Ulodendron majus*, *Lepidodendron veltheimi*, *Calymmotheca sp.*

Diese Pflanzen haben mit der Karruflora nichts gemein.

Der Ennedi-Tibesti-Sandstein umfaßt in unserem Gebiet also mindestens den Zeitraum vom Ober-Silur bis zum Unter-Karbon.

Die im Gebiet des Tschad-Territoriums anscheinend fehlenden Teile im Osten der Sandsteindecke gehen stellenweise bis in die Kreide hinauf.

Die „Grès Horizontaux“ in Französisch-Westafrika weisen sehr ähnliche Züge und ganz ähnliches Alter auf und sind mit dem Ennedi-Tibesti-Sandstein zu parallelisieren (S. 13 u. 22).

Die Sandsteine im Ennedi und Tibesti sind ganz vorwiegend rein kontinentale Bildungen, die aber offenbar unter ganz anderen Bedingungen entstanden sind wie die süd- und mittelafrikanischen Karru-Sandsteine.

Die Nordgrenze der Karrubildungen muß ungefähr am 10.° n. Br., also am Bahr Auk, liegen. Südlich dieser Grenzzone kommen anscheinend keine Äquivalente der Ennedi-Tibesti-Sandsteine vor, während die älteren Kundelungu-Schichten (Präkambrium bis Kambrium) noch bis nach Westafrika hineinzureichen scheinen (Togo, Sierra Leone).

Seit dem Kambrium bildet also die Südgrenze der Tschadsenke ungefähr die Grenze zwischen der für Mittel- und Südafrika und der für Nordafrika typischen Fazies.

Die Kapschichten im südlichsten Teil des Kontinents sind dann wieder im Alter, aber nicht in der Ausbildung dem Ennedi-Sandstein und den alten Sandsteinen Westafrikas zu parallelisieren.

Jungvulkanische Gesteine

Große jungvulkanische Eruptionsgebiete sind im Norden des Tschad-Territoriums an mehreren Stellen vorhanden.

In Tibesti, auf der Grenze gegen Französisch-Westafrika, also in der Nordwestecke von Französisch-Äquatorialafrika, liegt das gewaltige Vulkangebiet des Emi Kussi; sein Krater hat einen Durchmesser von 14 km zu 9 km. An seinem Südrande liegt die höchste, 3415 m hohe Erhebung. Der Vulkan liegt auf altpaläozoischen Sandsteinen und besteht aus basischen Gesteinen, darüber folgt Trachyt und Phonolith mit Brekzien und Tuffen. Die Kraterwände bestehen vorwiegend aus Trachyt. Im Kraterboden liegt ein 300 m tiefer Schlot (Era Kohor), der von Basaltlaven umgeben ist.

Die Gesteine sind im einzelnen beschrieben von *A. Lacroix* (C. R. Acad. Sci. Paris Bd. 169, 1919, S. 401; Bd. 194, 1932, S. 737; Bd. 168, 1919, S. 1237).

In Darfur liegt westlich von El Fascher der Djebel Marra, der aus Riebeckit-Trachyt, Ägirin-Trachyt und Kenyit besteht.

Trachytische und basaltische Laven treten nördlich des Marra-Vulkanmassivs mehrfach auf. Die Basalte enthalten reichlich Olivin und meist wenig Nephelin.

3. *Junge Sedimente im Tschadbecken*

Das geologisch vielleicht nicht sehr junge Senkungsgebiet des Tschadbeckens ist eine in der NW-Richtung gestreckte flache Wanne. Die Nordwestachse erreicht eine Länge von etwa 1800 km, die kürzere Nordostachse ist etwa 1000 km lang.

Der Ost -und der Südrand des Beckens bestehen ganz vorwiegend aus archaischen und algonkischen Gesteinen. Am Westrande treten in den Landschaften Damergu und Tegama in Französisch-Westafrika Sedimente der

Kreidezeit in großer Ausdehnung auf; weiter nördlich Archaikum und Algonkium. Der Nordrand besteht fast ausschließlich aus flachliegenden Sandsteinen von silurischem bis karbonischem Alter, die von der Landschaft Ennedi an der englischen Sudangrenze nach NW bis nach Libyen und nach Südalgerien hinein ziehen. Inselartige Erhebungen großen und kleinen Umfanges aus verschiedenen dieser Formationen durchragen inmitten des Beckens die jungen Tschad-Sedimente an mehreren Stellen.

Ob eine geologische Schwelle im Bereich des westlich an die Tschadsenke anschließenden Kreide-Alttertiär-Gebietes in der Gegend von Sinder und Munio besteht, wie es *Krenkel* (Geologie Afrikas Bd. 3, S. 1280) vermutet, oder ob das Tschadbecken eine wesentlich jüngere Einsenkung darstellt, mit der die „Schwelle" nichts zu tun hat, ist noch ganz unentschieden.

Tektonische Linien, an denen etwa die Einsenkung des Tschadbeckens erfolgte, sind nicht bekannt.

Eine genauere Untersuchung der Tschad-Sedimente in einiger Tiefe hat bisher nur in Nigeria, nicht aber auf französischem Gebiet stattgefunden.

Die Oberfläche des Tschadbeckens bis in die Auk-Senke im SO ist mit rotem äolischem Sand bedeckt, der stellenweise Dünen bildet.

In der weiteren Umgebung des heutigen Tschadsees besteht der Untergrund aus bewachsenen roten Sanddünen diluvialen Alters, die zwar durch Regen und Wind etwas zerstört, aber durchaus noch kenntlich sind. Diese Dünen bilden auch die zahllosen bis zu 10 m hohen Inseln im nordöstlichen Teil des Sees. Auf dem festen Lande im Osten sind diese fossilen Dünen zu verfolgen über den Bahr el Ghazal und bis in den Sudan hinein.

Dieses Wüstengebiet wurde in der Hauptpluvial-Zeit durch starke Niederschläge in großem Ausmaße überschwemmt. Der sich bildende „Ur-Tschad" empfing sehr reichliche Wasserzuflüsse aus Tälern in Borku, Tibesti und Ennedi, die heute zum größten Teil noch als Trockentäler vorhanden sind.

Heute erhält der Tschadsee 75 v. H. seines Wasserzuflusses durch den Schari und seinen Nebenfluß Logone, aus kleineren Zuflüssen in Nigeria etwa 2 v. H. und aus direkten Niederschlägen etwa 23 v. H.

Sein Wasser enthält nur geringe Mengen von Salzen und muß fast als Süßwasser bezeichnet werden.

Die heute völlig ausgetrocknete Bodele-Senke, 500 km nordöstlich des Tschad, in 160 m Seehöhe, bildete damals ebenfalls einen See, der wahrscheinlich mit dem Tschadsee, dessen Wasserspiegel in 243 m Seehöhe liegt, zusammen eine große Wasserfläche von vielleicht 250000 qkm darstellte.

Das feuchte frühdiluviale Klima bewirkte auch z. B. die Bildung von Eisenkrusten auf den Sandsteinen im Ennedi, über denen sich in den Niederungen des Gebietes junge Dünen bilden.

Auch die Bergzüge, die nördlich vom Nordwestende des heutigen Tschadsees die Tschad-Sedimente inselartig durchragen, zeigen alte humide Verwitterungsdecken. Die Basaltströme, die bei Agadem und Beduaram auf Kreidesandstein liegen, sind oberflächlich in pisolithischen Bauxit verwandelt.

Im Umkreis des Tschad liegen in den Senken zwischen den fossilen Dünen kalkig-tonige Sedimente, die stellenweise 10 m Mächtigkeit erreichen und die eine Fauna aufweisen, die mit der heute im See lebenden übereinstimmt. In dem sehr flachen Gebiet haben diese Sedimente sehr weite Verbreitung; sie finden sich z. B. auch in der trockenen Bodele-Senke bis zum Rande der Landschaft Bornu.

Heute wandern bereits wieder junge Dünen über große Teile des ehemaligen Seebeckens.

Die eben beschriebenen Sedimente, beginnend mit den fossilen Wüstenbildungen, sind aber durchaus nicht die ältesten des Tschadbeckens.

In Nigeria wurde der tiefere Untergrund durch zahlreiche Bohrungen untersucht, die mit gutem Erfolge für die Wasserbeschaffung in diesen Gebieten angesetzt wurden. Diese ergaben bei Maiduguri am Südrande des Beckens von Bornu folgendes:

Die jungen Sedimente beginnen über dem älteren Untergrund mit Schottern, Kieslagen und feldspatführendem Sand. Darüber folgt graugrüner und grüner mehr oder weniger sandiger Ton mit eingelagerten Bänken von grobem weißem Sand, die reichlich Wasser führen.

An der Südgrenze des Tschadbeckens ist das Tonlager 15 m mächtig, wird aber nach der Mitte der Tschadsenke mächtiger, etwa 75—100 m.

Es ist zu erwarten, daß diese Sedimente auch in den übrigen Teilen des Tschadbeckens vorhanden sind. Fossilien sind bisher in ihnen nicht gefunden.

Mutmaßlich sind sie jungtertiären Alters.

XII. ab. Tektonischer Bau von Französisch-Äquatorialafrika

Der alte Sockel der archaischen und algonkischen Gesteine ist im Verlauf mehrerer orogenetischer Perioden gefaltet worden. Vermutlich wird man in Zukunft archaische, altalgonkische und jungalgonkische Faltungen unterscheiden können.

Alle diese Faltungsperioden sind in präkambrischer Zeit abgeschlossen gewesen, also vor der Sedimentation des Kalk-Schiefer-Systems (Unter-Kundelungu).

Die Faltungen waren sehr intensiv, die jungalgonkischen Schichten stehen oft senkrecht oder überkippt.

In Gabun und Mittelkongo streichen die kristallinen Schiefer gelegentlich NNO, im Verlauf der Majumbeketten aber NNW.

Im größten Teil von Ubangi-Schari, im Gebiet nördlich Bangi wie im Osten, ziehen die tektonischen Linien NW; im westlichen, weniger erforschten Teil scheint allerdings auch die NO-Richtung vorzukommen, falls die Beobachtungen richtig sind.

In der Südwestecke des Tschadgebietes, nach dem Benuë-Gebiet hin, streichen die Falten der alten Gesteine NNO. Östlich vom Tschad, im Wadai und Ennedi, streicht das stark gefaltete Kristallin ungefähr N—S. Diese Richtung läßt sich etwa bis zum Hoggar verfolgen.

Alle späteren Faltungen haben nur in verhältnismäßig schmalen Zonen stattgefunden, wahrscheinlich in Gebieten, die zwischen starren Tafeln lagen; denn der alte Festlandssockel ist am Ende der algonkischen Faltungen zu einem starren Schild geworden, der sich niemals so tief gesenkt hat, um eine von seinem Einfluß freie Faltung aufkommen zu lassen.

Die Majumbeketten, in denen die Schiefer-Kalk-Formation und die Schiefer-Sandstein-Formation parallel der Küste SSO—NNW gefaltet sind, bilden den einzigen genauer bekannten Faltenast jüngeren Datums in Westafrika. Sie streichen NNW, ebenso wie das darunterliegende Archaikum und Algonkium.

Die Faltung der Schiefer-Kalk-Formation und der Schiefer-Sandstein-Formation ist stark und hat nach NO überkippte Sättel und Mulden erzeugt. Die Faltung klingt aber nach O ziemlich schnell ab und besteht im Osten schließlich nur noch in breiten flachen Wellen.

Wahrscheinlich besteht zwischen dem Schiefer-Kalk-System und dem Schiefer-Sandstein-System überhaupt keine Diskordanz; beide sind gleichzeitig gefaltet.

Die Hauptfaltung der Majumbeketten in Gabun ist also post-Kundelungu, also wohl postkambrisch.

Die Druckrichtung jedoch, die die Faltenketten aufwölbte, ist von den archaischen und algonkischen Faltungsperioden bis zur post-Kundelungu-Faltung stets die gleiche geblieben.

Vielleicht gehört der Faltenzug der Majumbeketten dem Zuge der Transvaaliden an, zusammen mit den Otavifalten und dem Faltenbogen in Katanga-Rhodesien; die Zusammenhänge sind noch nicht geklärt. Im Osten ist er durch eine alte Schildzone begrenzt, im Westen, nach dem Atlantik hin, verschwindet er unter jüngeren Sedimenten (Kreide-Tertiär).

Das östliche Vorland der Majumbefalten, das Chaillu-Massiv, ist ein schon in algonkischer Zeit erstarrter Block archaischer Sedimente. Die an seiner Ostflanke ihm aufgelagerten Franceville-Schichten sind unregelmäßig und schwächer ebenfalls in NW-Richtung gefaltet.

Das Verhalten der Falten des Archaikums im Küstengebiet unter den Kreide- und Tertiärsedimenten ist nur in der Gegend von Lambarene am Ogowe zu beobachten, wo das Kristallin unter der Kreide zutage tritt. Auch hier ist seine Streichrichtung NW.

Der Faltenzug der Majumbeketten ist, schmaler werdend, bis an den Ogowe nach N zu verfolgen. Dabei hebt und senkt sich die Faltenachse mehrfach, und die Intensität der Faltung wechselt.

Nördlich vom Ogowe ist der Faltenzug nicht mehr bekannt und scheint in Kamerun und Rio Muni nicht mehr vorhanden zu sein.

Der ebenfalls zum Kundelungu-System gehörende Furumbala-Sandstein in Ubangi-Schari liegt in einer anderen Faltungszone.

Die Lubilasch-Schichten in Gabun und Mittelkongo und die gleichalten Muka-Ndele-Sandsteine in Ubangi-Schari liegen noch nahezu horizontal. Weiter im Norden, im Tschad-Territorium, war bereits in der Sedimentationszeit des mit dem Silur beginnenden Ennedi(Nubischen)-Sandsteins die Erdrinde völlig erstarrt. Seit dem Silur sind hier keine nennenswerten Bewegungen erfolgt.

Im ganzen läßt sich der Ablauf der tektonischen Bewegungen in Französisch-Äquatorialafrika ebenso wie in Kamerun ungefähr in folgendes Schema fassen:

1. Mehrere, bis jetzt nicht gegeneinander abgegrenzte Faltungsperioden im Archaikum und Algonkium. Eindringen von vorwiegend sauren, untergeordnet basischen Intrusiven während der einzelnen Faltungsperioden. Die verschieden starke Deformation der Intrusiva entspricht den verschiedenen Faltungsperioden.
2. Abtragung der algonkischen Gebirge.
3. Glazialperiode im Gebiet des Niederkongo und an mehreren Stellen im Oberkongo (auch in Westafrika und in Südafrika).
4. Anschließend Bildung der vermutlich teilweise marinen Sedimente des präkambrischen und kambrischen Schiefer-Kalk-Systems und des Schiefer-Sandstein-Systems, die zusammen dem Kundelungu-System in Katanga entsprechen.
5. Faltung der Kundelungu-Sedimente. Anschließend Eindringen von basischen Intrusiven in die gefalteten Schichten.
   Bildung der Kupfererzlagerstätten.
6. Vollständige Erstarrung und Schildbildung des ostafrikanischen Kontinents. Bildung von Bruchzonen.
   Senkung und Sedimentbildung in den Küstengebieten.
   Glazialbildungen an der Basis der Karru, wie sie in Südafrika und in Belgisch-Kongo so weitverbreitet sind, fehlen in Äquatorialafrika vollständig. Es fehlen dort auch bis jetzt alle Anzeichen für das Vorhandensein der tiefsten Karru überhaupt.
7. Während der Abschnitte 5 und 6 Bildung des Nubischen Sandsteines, der vom Silur bis in die Kreide reicht.
8. Bildung der jungen Sedimente im Tschadbecken. Eruption der jungen Vulkangebiete. Junge tektonische Bewegungen in den Küstengebieten.

XII. b. Nutzbare Lagerstätten und Bergwirtschaft von Französisch-Äquatorialafrika

Von Fritz Behrend

XII. bb. 1. Gabun und Mittelkongo

1. Kupfer, Blei und Zink

Die Kupfer-, Blei- und Zinklagerstätten sind bisher die einzigen bekannten Vorkommen nutzbarer Mineralien in Mittelkongo, denen vielleicht einige wirtschaftliche Wichtigkeit zukommt.

Im Gebiet der Erzvorkommen ist das Schiefer-Kalk-System und das über ihm folgende Schiefer-Sandstein-System in breite Falten gelegt, die sich östlich an die stark gepreßten und z. T. überkippten Falten der Majumbeketten anschließen. Die Falten streichen NNW, also denen der Majumbeketten parallel, sind aber nicht mehr so stark gepreßt.

Mehrere Faltenelemente sind zu unterscheiden:

1. Die Antiklinale von Minduli mit abgetragenem Satteldach,
2. Die Mulde von Tschikumba,
3. Die Antiklinale des Niaritales.

Das Schiefer-Sandstein-System ist im wesentlichen nur in den Mulden erhalten, in den Sätteln kommt das Schiefer-Kalk-System zutage.

Die Erze liegen in dolomitischem, mehr oder weniger verkieseltem Kalk im hangendsten Teil des Schiefer-Kalk-Systems, unmittelbar unter dem Sandstein oder unter der Basisbrekzie (Bangu- oder Niari-Brekzie, S. 381) unter dem Schiefer-Sandstein-System.

Die Bangu-Brekzie ist nur in der Lagerstätte Mpassa mineralisiert, in allen anderen Fällen sind es ausschließlich die hangendsten dolomitisierten, gelegentlich verkieselten Kalkschichten. Im Liegenden der Haupterz-Zone sind die Klüfte im Kalk mehr oder weniger mit Kupfer-Karbonaten und Silikaten erfüllt.

Die bekannteste und möglicherweise größte Lagerstätte ist Minduli. *Babet* (1929) gibt von diesen Vorkommen folgendes Normalprofil (Abb. 42):

9. Roter tauber glimmerführender Arkosesandstein.
8. Blaßgrüner ebensolcher Sandstein, selten an der Basis mit Malachit imprägniert; 0,1—7,5 v. H. Cu.
7. Bunte Tonlage.
6. „Terre noire", schwarzer Mulm, ein lockeres erdiges Gemenge von kleinen Quarzkörnern und Manganoxydgel mit Ton und Chrysokoll. Darin liegen Kristalle, Knollen oder Blöcke von silberhaltigem Kupferglanz, Dioptas, Chrysokoll, Malachit, Lasur, Rotkupfererz, auch von Kalk und verkieseltem Kalk mit mehr oder weniger verkieselten Oberflächen, die von Erzmineralien überkrustet sind; ferner kommen gediegen Silber, Willemit, Cerussit, etwas Zinkblende vor. Die „Terre noire" liegt hauptsächlich in Lösungs-

taschen oben auf dem Kalk, bildet auch gelegentlich kurze, bald wieder sich verdrückende Lager. Malachit wiegt unter den Erzen vor, Rotkupfererz tritt nur in den hangendsten Teilen auf.

5. Poröser, verkieselter Kalk, dessen Hohlräume mit schwarzem Mulm erfüllt sind.
4. Derber oder poröser Kieselkalk neben dolomitischem Kalk in wenig mächtigen Bänken, meist mineralisiert; die Hohlräume und Sprünge sind mit Erzmineralien überzogen.
3. Hellgrauer dolomitischer Kalk mit kieseligen Lagen; die Klüfte mehr oder weniger mineralisiert. 0,1—11,2 v. H. Cu.
2. Grauer dichter Kalk, taub, stellenweise mit Mergellagen und Chlorit.
1. Kristalliner Stinkkalk.

Der besonders interessante schwarze Mulm (Nr. 6) zeigt folgende Zusammensetzung:

SiO_2	45,0 v. H.
CuO	16,0 v. H.
ZnO	0,7 v. H.
PbO	2,0 v. H.
Fe_2O_3	4,5 v. H.
MnO	15,8 v. H.
CO_2	3,3 v. H.
H_2O	12,7 v. H.

Andere Durchschnittsanalysen ergaben:

SiO_2	56—60 v. H. (z. T. bis 70 v. H.)
Cu	11—13,5 v. H.
Fe_2O_3 + MnO	4—6 v. H.
S	1—2 v. H.
Al_2O_3	4—6 v. H.
CO_2	9 v. H.
MgO	2—3 v. H.
Ag	sehr wechselnd.

Die Zusammensetzung ist also Schwankungen unterworfen. Der Kupfergehalt im Mulm schwankt zwischen 2,38 und 12,13 v. H.; der Silbergehalt zwischen 72 und 624 g je Tonne.

Der schwarze Mulm („Terre Noire“) hat sehr wechselnde Mächtigkeit, er kann gelegentlich ganz fehlen oder einen dünnen Besteg bilden; an anderen Stellen kann die Mächtigkeit mehrere Meter erreichen. Der Mulm scheint eine Art von Verwitterungsrückstand auf der Oberfläche des verkarsteten Kalkes zu sein. Das Mangan ist aus dem Kalk angereichert, ähnlich wie wir das auch in Südafrika an mehreren Stellen kennen.

Die mineralisierte Zone in den Kalksteinen kann bis zu 12 m mächtig werden.

Wo durch Erosion die überlagernden roten Sandsteine abgetragen sind, ist auch die „Terre Noire“ z. T. ganz entfernt. Dann tritt der erzführende, z. T. verkieselte Kalk mit Kupferkarbonaten, -Silikaten und -Oxyden auf Klüften zutage, so bei Boko Songo im Ludimatal.

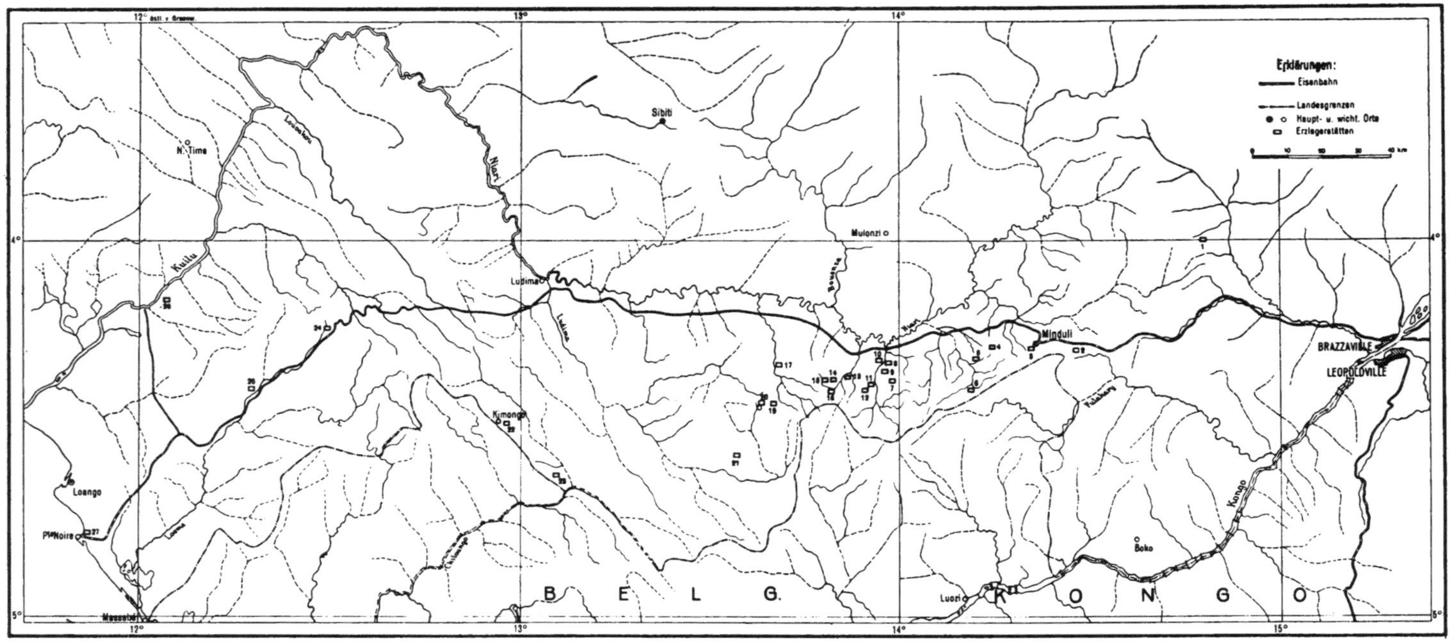

Abb. 41. Übersicht der bisher bekannt gewordenen Lagerstätten in Französisch-Äquatorialafrika. Nach *Babet*, 1929.
Die im Text erwähnten Lagerstätten Mfuati und Hapilo konnten mangels genauer Lageangabe nicht eingetragen werden.

Erläuterung zu Abb. 40.

1. Renéville	Cu, Ag, Fe, Pb, Zn, Mn, Co	Schwarzer Mulm in Taschen im Kalk, der auf Klüften mineralisiert ist.
2. Missaffo	Fe, Ni-Spuren	Pyritimprägnationen im Schiefer.
3. Minduli	Cu, Ag, Pb, Zn, Fe, Mn .	Schwarzer Mulm u. mineralisierter Kalk.
4. Mubiri	Cu, Fe	Kalk auf Klüften mineralisiert.
5. Tschikumba . . .	Cu, Pb, Fe, Zn, Mn . . .	Schwarzer Mulm am Kontakt zwischen Kalk u. rotem Sandstein. Kalk mineralisiert.
6. Mpassa	Cu, Fe	Kalk u. Brekzie mineralisiert.
7. Pimbi	Cu, Pb, Fe	Schwarzer Mulm oben auf dem auf Klüften mineralisierten Kalk. Sandstein fehlt z. T.
8. Kiniama, Bumba Baku	Cu, Pb, Fe, Zn	
9. Tschissongo-Songo	Cu, Fe	
10. Songo	Cu	
11. Pita	Pb, Fe	
12. Sombo	Cu, Pb, Fe	Mineralisierter Kalk. (8.–16.)
13. Janga-Kubanza, Lutadi	Cu, Pb, Fe, Zn	
14. Assininga	Pb, Fe	
15. Funvu	Cu, Fe	
16. Kingansi	Pb, Fe, Cu	
17. Gandalonga . . .	Fe, Cu	Erzführender grüner Sandstein über Kalk.
18. Bunga	Fe	
19. Diengila	Fe, Cu, Pb	Mineralisierter Kalk. (18.–21.)
20. Boko Songo . . .	Fe, Cu, Pb, Zn	
21. Abikula	Cu, Fe	

22. Kimongo (Pyrit)
23. Ganda Binda (Pyrit, Kupfer)
24. Mvuti (Roteisen u. Pyrit)
25. Lukenene (Pyrit, Kupferkies)
26. Kakamoena (Pyrit, Gold)
27. Pointe Noire (Bitumen)

Echte Gänge sind nirgends gefunden.

Im ganzen sind etwa 20 Kupfer-, Blei- und Zinklagerstätten bekannt, die aber nicht alle genügend untersucht zu sein scheinen (Abb. 41).

Die Lagerstätten am Niari enthalten etwas Bleiglanz und gelegentlich Willemit; bei Renéville tritt Blende und Zinkkarbonat, bei Djue und am Niari Brauneisen neben den oben genannten Erzen auf. Am östlichen Luwisi sind die Lagerstätten ganz ähnlich; im westlichen Teil ist dagegen die Ausbildung insofern etwas anders, als die Sandsteinzone durch Erosion abgetragen ist, z. B. bei Boko Songo im Ludimatal. Auch ein Teil des schwarzen Mulmes scheint hier zu fehlen. Aber die Lagerstätten liegen wohl auch hier in der ursprünglichen Grenzzone. Der schwarze Mulm ist an der Oberfläche in roten Mulm umgewandelt, stellenweise auch ganz entfernt, und nur der unterste Teil, die Kupferadern und Einsprengungen im teilweise verkieselten Kalk, sind noch vorhanden (z. B. Kiniama, Boko Songo). Diese Lagerstätten enthalten oft mehr Blei.

Die Genesis der Lagerstätten ist noch umstritten, doch wird meist hydrothermale Zuführung der primären Erze, analog den Katangalagerstätten, angenommen.

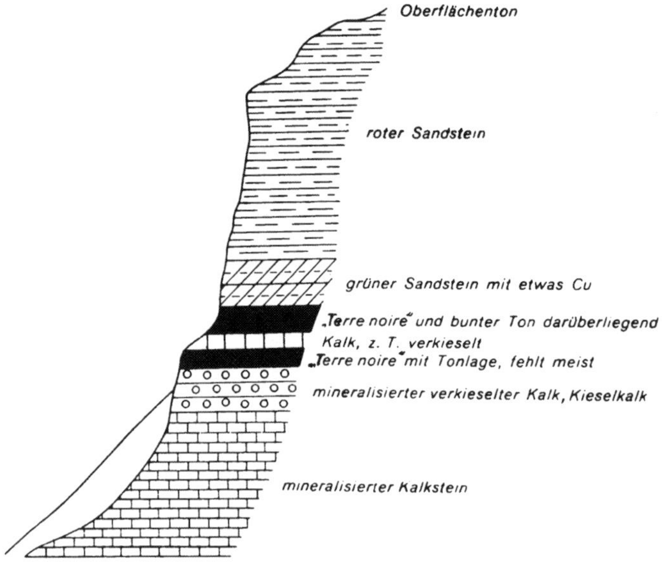

Abb. 42. Schematisches Profil durch die Lagerstätte Minduli. Nach *Babet*, 1929.

Offensichtlich sind die Lagerstätten an eine oder mehrere Dislokationszonen gebunden, die durch die Faltung in den Tälern des östlichen Luwisi und des Komba gekennzeichnet sind und die einerseits nach Boko Songo, andererseits nach Renéville zu verfolgen sind. Das primäre Erz sitzt als Imprägnation oder in verästelten Gängchen, die gelegentlich eine Art Stockwerk bilden (Pimbi, Minduli, Janga-Kubanza, Renéville), im Kalk.

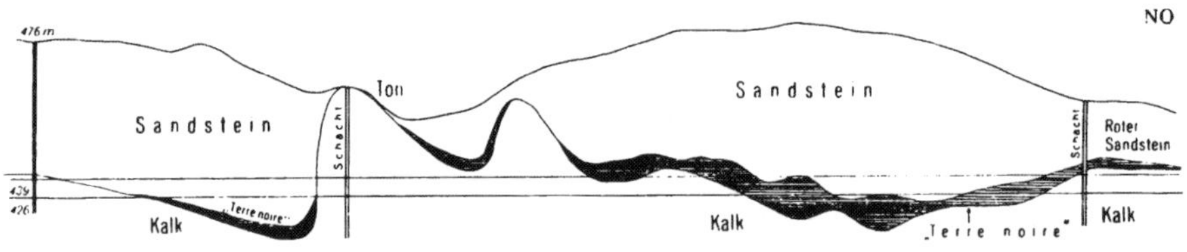

Abb. 43. Längsschnitt durch die Lagerstätte Minduli. Nach *Babel*, 1929.

Die Sulfide von Kupfer, Silber, Blei, Zink und Eisen weisen auf aszendente Lösungen hin. Der Kupferglanz ist unter 90° C gebildet und wohl sekundär aus Kupferkies entstanden. Echte Gänge sind aber nicht bekannt.

Der Bergbau liegt ausschließlich in den Händen der *Compagnie Minière du Congo Français* in Lyon, die bereits 1905 gegründet wurde und die im Jahre 1938 ein Kapital von 38 Millionen fr aufwies.

Die Gesellschaft hat in den Jahren 1924 bis 1930 und 1935/36 aus der Lagerstätte Minduli Kupfererze gefördert.

Im Jahre 1935 wurden 2184 t Kupfererzkonzentrate erzeugt, 1935 waren es nur noch 116 t. Seitdem ruht der Betrieb.

Neuerdings baut die Gesellschaft im Niaribecken die oxydischen Blei- und Zinkerze der Grube Fuati. Deren Lage konnte auf den vorhandenen Karten nicht festgestellt werden.

Die Erze werden an Ort und Stelle aufbereitet; es wurden Bleierzkonzentrate mit 55—60 v. H. Pb und Zinkerzkonzentrate mit 41 v. H. Zn hergestellt und verschifft.

Die Erze werden mit der Bahn nach dem Hafen Pointe Noire gebracht und kommen dort aufs Schiff.

Das Vorkommen wurde 1930 zuerst genauer untersucht, der Abbau begann 1937. Ende 1938 waren 11 Europäer und 462 Eingeborene auf der Grube beschäftigt.

Die Vorräte wurden 1938 folgendermaßen geschätzt:

50 000 t Bleierz mit 22 v. H. Bleimetall,
100 000 t Zinkerz mit 30 v. H. Zinkmetall.

Von den Kupfererzlagerstätten der Gesellschaft liegen folgende Vorratsschätzungen vor:

	Sicher und wahrscheinlich	möglich
Minduli	16 000 t Kupfer in 300 000 t oxyd. Erz mit 5,4 v. H. Cu.	7000 t Kupfer oberhalb 350 m Tiefe in 200 000 t sulfidischem Erz mit 3,5 v. H. Cu.
Mpassa	8000 t Kupfer in 200 000 t sulfidischem Erz mit 4 v. H. Cu.	12 000 t Kupfer in 300 000 t sulfidischem Erz mit 4 v. H. Cu.
Mubiri	12 000 t Kupfer in 300 000 t oxyd. Erz mit 4 v. H. Cu; ferner 150 000 t andere oxydische Erze.	einige 100 000 t Erze.
Songo	angeblich 12 000 t Kupfer.	

Ähnlich der Lagerstätte Mfuati soll auch die Lagerstätte Hapilo Blei- und Zinkerze führen.

Alle übrigen Lagerstätten sollen zu geringe Metallgehalte aufweisen.

Die Aufsuchung und Untersuchung der Lagerstätten geschah bisher anscheinend ohne festen Plan und natürlich ohne staatliche Lenkung. Es ist durchaus möglich, daß bei systematischer Untersuchung noch mehrere bauwürdige Erzkörper gefunden werden.

Die Lagerstätten, soweit bisher bekannt, liegen meist nicht allzuweit von der Bahn entfernt.

2. *Gold*

In den Flußalluvionen im Bereiche des Archaikum und Algonkium wird Gold in kleineren Mengen gefunden. An mehreren Stellen in Gabun und in Mittelkongo geht daher ein kleiner Seifenbergbau auf das Edelmetall um.

1938 wurden folgende Goldmengen gewonnen:

Gabun:	
Ober-Nyanga	12,5 kg
Ndjole und Ngunie	420,9 kg
Mittelkongo:	
Kuilu-Tschinepeze	77,8 kg
	511,2 kg

In der französischen Statistik sind auch bei Mittelkongo die folgenden Bezirke aufgeführt, die in dem durch die Franzosen nach dem Diktat von Versailles vom Mandatsgebiet Kamerun abgetrennten Teil unseres Schutzgebietes Kamerun liegen und die beim Abschnitt Kamerun erwähnt werden:

Oberer Sanga (Mpama):	
Berberati, Sosso, Polipo, Barondo	125,6 kg
Jaluke- und Lobaje-Becken	183,1 kg

An der Goldgewinnung waren in den Jahren 1935—1938 die folgenden Gesellschaften und größeren Privatunternehmer beteiligt:

	1935 kg	1936 kg	1937 kg	1938 kg
Compagnie Equatoriale des Mines (gegr. in Paris 1927; Kapital 20 Millionen fr)	584,9	461,6	411,3	401,4
Compagnie Minière de l'Oubanghi Oriental (gegr. in Paris 1928; Kapital 10 Millionen fr)	281,1	257,5	164,3	147,3
Romano	2,0	32,8	33,5	54,2
Monneret	—	0,4—7	24,2	—
Gebr. Dulos	—	—	18,5	56,6
Berger	—	—	1,7	
Compagnie des Mines d'Or du Gabon (Minorga) (gegr. in Brazzaville 1938; Kapital 22,5 Mill. fr)				195,8
J. P. Rainal (Gründer der Minorga)	—	—	11,6	166,3
Douillac u. Michel	—	—	—	10
Verschiedene		0,3	3,3	?
	868,0	752,6	668,4	1031,6

Die Zahlen geben leider nicht die in Äquatorialafrika erzeugte Goldmenge, sondern die Gesamtproduktion der Gesellschaften, die etwa doppelt so hoch ist und die, namentlich bei den großen Gesellschaften, aus verschiedenen Gebieten, nicht nur aus Gabun und Mittelkongo, stammt.

3. *Graphit*

findet sich in den nichtbauwürdigen Graphitschiefern von Franceville. Die Qualität ist unter den heutigen Verhältnissen durchaus minderwertig.

4. *Kohle*

fehlt in Gabun und in ganz Französisch-Äquatorialafrika; kohlenführende Ekka-Schichten sind hier nirgends abgesetzt worden. In Angola führen die „Küstensandsteine“ der unteren Kreide unbedeutende Kohlenmengen, aber auch in diesen fehlt in Gabun die Kohle.

5. *Magnetit und Titaneisen*

sind lagenweise in den Sanden mancher Flüsse stark angereichert, ebenso gelegentlich im Strandsande.

6. *Erdöl*

Zwei mit Kreidesedimenten gefüllte Becken sind im Küstengebiet von Äquatorialafrika zu unterscheiden:

Im Norden liegt das Gabun-Becken, das von Südkamerun über das Mündungsgebiet des Ogowe bis zum Kristallinvorsprung bei Majumba (etwa 3° 30' n. Br.) nach S zieht.

Südlich davon schließt sich das Loango-Becken in Mittelkongo an, das bis über die Kongomündung nach S zu verfolgen ist.

Die beiden Flächen nehmen auf französischem Gebiet etwa 60000 qkm ein.

Das Gabun-Becken ist durch eine Kristallinschwelle, die von Lambarene am Ogowe bis nach Chinchaua an der Gabunbucht bekannt ist, in zwei ungleiche Teile geteilt. Der nördliche Teil ist im wesentlichen mit Sedimenten der unteren Kreide erfüllt, im südlichen Teil ist fast die ganze Kreide vertreten.

Die Schichtfolge der Kreideablagerungen und die in ihnen bekannt gewordenen Ölhorizonte sind bereits oben im stratigraphischen Teil erwähnt. Auf der beigefügten Textkarte sind sie eingetragen.

Bitumenführende Gesteine und Ölquellen sind seit langer Zeit im Küstengebiet der Landschaften Gabun und Loango bekannt.

Die vielleicht auffälligsten Bitumenvorkommen sind die als Asphalt-Seen bezeichneten Ausbisse von Pumbu in Loango und von Nkogho in Gabun, 75 km flußaufwärts von Lambarene, wo auch in bituminösem Schiefer Fischreste auftreten (S. 388).

Bei Madiela kommen Quellen von mehr oder weniger flüssigem Öl, z. T. mit stark schwefelhaltigem Wasser, zutage. Sie liegen auf einer der sehr flach aufgewölbten Antiklinalen im Innern des Sedimentbeckens, ähnlich wie die im Gebiet des Rembo Nkomi-Flusses, der in die Lagune Fernan Vaz mündet.

An mehreren Stellen sind bituminöse Sandsteine bekannt, wie am Sogowe-Fluß, oder bituminöse Sandsteine und Kalksteine, wie an der Pointe Noire oder in Apope, südlich Libreville.

Auch in den tiefsten Schichten am Rande der kristallinen Gebirgszüge im Osten, also in den tiefsten Kreideschichten (den Küstensandsteinen), finden sich mehrfach Bitumen-Imprägnationen.

Der geologische Bau des sedimentären Küstengebietes ist vorläufig noch nicht völlig geklärt. Die bisher klarste Darstellung gab *Haas* (1937).

Sandiger, gelber Verwitterungslehm, junge Sedimente, die oft bis zu 10 m und mehr mächtig werden, und dichte Bewaldung verdecken meist das Anstehende und erschweren die geologische Kartierung. Ausbisse der Gesteine sind meist nur in Flußtälern zu finden.

Im ganzen Gebiet liegen — soweit bekannt — die Sedimente fast flach; Sättel und Mulden sind nur schwach ausgebildet; an ihren Flanken zeigen die Schichten meist nur ein Einfallen von 5—6°. Nach O, gegen das kristalline Gebirge, verstärkt sich die Faltung. Vielleicht handelt es sich mehr um eine Heraushebung des kristallinen Untergrundes als um eigentliche Falten.

Dazu kommt, daß die Gesteine, die die einzelnen Formationsstufen aufbauen, untereinander häufig ziemlich gleichartig aussehen, so daß beim Fehlen von Fossilien nicht immer mit Sicherheit der Horizont festgelegt werden kann.

Ob die einzelnen Sedimentstufen der unteren und oberen Kreide und des Alt-Tertiärs stets konkordant aufeinanderliegen, oder ob zwischen ihnen Schichtlücken vorhanden sind, ist noch nicht bekannt.

Schneegans nahm an, daß nur die tiefsten Schichten der unteren Kreide, die als „Küstensandstein" bezeichnet wurden, also die Pumbu-Serie und die „Rote Ajem-Serie", deren Alter nicht genau bekannt ist, als ursprüngliches Ölmuttergestein in Betracht kämen; während einer langen Festlandsperiode sollte das in ihnen enthaltene Öl vor der Überdeckung dieser Schichten durch die übrigen Kreidesedimente teilweise wieder zerstört worden sein. Die neueren Untersuchungen unter der Leitung von *J. Haas* haben ein anderes Bild ergeben.

1928/30 bereiste zunächst der Geologe *Lebedeff* das Ölgebiet. Auf Grund seines Gutachtens beauftragte das staatliche „Office National des Combustibles Liquides" (ONCL) 1931 die zu diesem Zweck neugegründete Gesellschaft „Mission de prospection des pétroles en Afrique Equatoriale Française" mit der systematischen Durchführung der Untersuchungsarbeiten. Die „Compagnie française des Pétroles" ist seit 1933 an diesem Unternehmen beteiligt.

1934 wurde durch das „Office National des Combustibles Liquides", durch die „Compagnie française des Pétroles" und durch das Gouvernement der Kolonie das „Syndicat d'études et de recherches pétrolifères" (SERP) gegründet. Sein Kapital beträgt 15680000 fr. Der Sitz ist Paris, Boulevard du Montparnasse 85. Das Geld wurde zunächst in der Hauptsache vom Staat vorgestreckt, doch sollte jeder der drei Teilnehmer 5,217 Millionen fr einzahlen.

Das für andere Unternehmer gesperrte Untersuchungsgebiet der SERP umfaßt 100000 qkm, d. h. mehr als den Inhalt der ganzen ölhöffigen Sedimentzone im Küstengebiet.

Auf Grund der geologischen Untersuchungen in den schwierigen Urwaldgebieten, bei denen jeder Geologe von Topographen begleitet war, wurden geo-

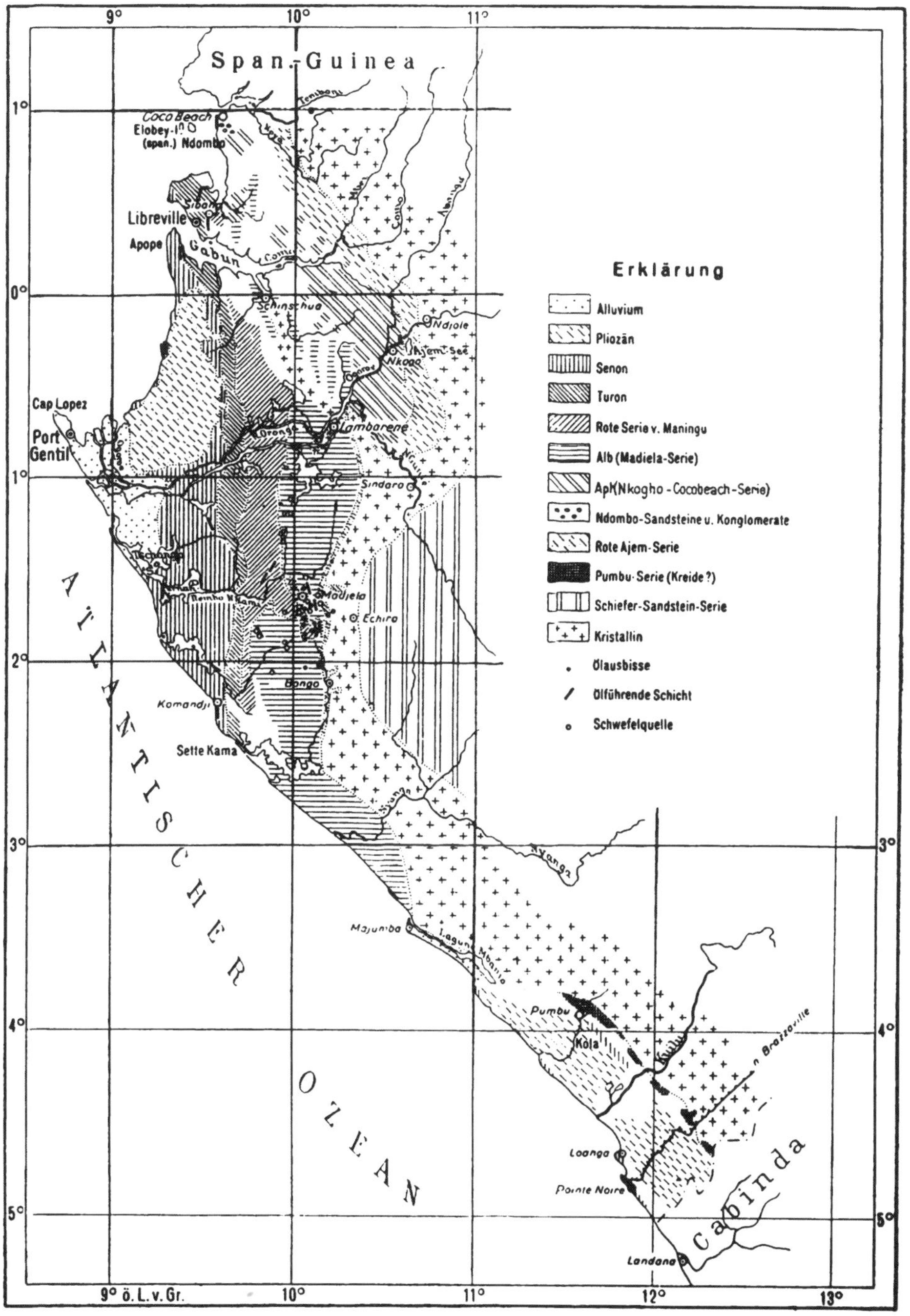

Abb. 44. Das Kreidegebiet in Gabun und Mittelkongo mit den Ölausbissen. Nach *Haas*, 1937.

physikalische Untersuchungen durchgeführt, und anschließend wurden in den am günstigsten scheinenden Gebieten Bohrungen angesetzt.

Mehrere Bohrungen wurden zunächst zu rein wissenschaftlichen Zwecken niedergebracht, um den geologischen Bau des Gebietes zu klären, so z. B. eine Bohrung bei Fernan Vaz, die folgendes Profil zeigte:

0—172,7 m	Obere Komandji-Serie (Senon) Mergeliger Sandstein.
172—328,85 m	Untere Komandji-Serie Kalk.
328,85—608,50 m	Kalkstein und dolomitischer Sandstein (Turon?).
608,50—761,90 m	Blauer Mergel (Unter-Turon).
761,90—858,50 m	Sandig-mergelige Schichten.

Ölspuren wurden bei 82 m und bei 428 m angetroffen.

Eine andere Bohrung, 1500 m nordwestlich der Ölquelle von Madiela, ergab:

0—36 m	Rote Maningu-Serie.
36—110 m	Madiela-Serie: mergelig-sandige Schichten mit roten und bunten Lettenlagen. Bei 95 bis 98 m wurden Ölstreifen angetroffen.

Die gesamte Schichtenfolge ist auf S. 387 bereits mitgeteilt.

Mehrere Sättel wurden in den Kreideschichten nachgewiesen, auf denen Ölquellen austreten:

Sattel von Madiela mit 2 Ölquellen,
Sattel von Jarapa mit 5 Ölquellen,
Sattel von Ghibuanza mit 7 Ölquellen,
Sattel von Moamba mit 4 Ölquellen.

Am Ausgehenden der Ölquelle von Nkogho am Ogowe liegt ein wichtiges Asphaltvorkommen.

Die Sättel streichen sämtlich annähernd N—S, parallel zum Rande des Kristallins.

Die bisherigen Untersuchungsergebnisse, soweit sie bekannt sind, haben nennenswerte Ergebnisse noch nicht erzielt. Trotzdem ist die Möglichkeit der Erschließung von brauchbaren Erdölfeldern im Küstengebiet von Äquatorialafrika nicht ausgeschlossen, wenngleich die Aussichten bei der meist geringen Faltung der Sedimente nicht übermäßig groß sein dürften.

7. Phosphat

Bei Sirtua-Kola, in der Nähe des Ortes Pumbu, treten an den Flüssen Ndongo, Mbandza und Mbondo im nördlichen Teil des Loangobeckens hellgelbe Sandsteine und mehr oder weniger verfestigte, z. T. auch verkieselte Sande mit geringem Bitumengehalt auf. Eine 2 m mächtige Sandsteinbank enthält Haifischzähne, Cerithium-Schalen, Knochen und Koprolithen; das Liegende bildet eine 1,5 bis 5 m mächtige Sandschicht; das Hangende besteht aus 0,5 bis 5 m Kalk mit Phosphatgehalt. Das Ganze wird verdeckt durch 50—60 m mächtiges toniges Pliozän.

Die Kalk-Phosphatbank enthält bei Ndongo 45 v. H. $Ca(PO_4)_3$; sie ist dort 2,2 m mächtig und soll gegen 300000 t Phosphat enthalten.

Bei Celo beträgt die Mächtigkeit 2,5 m, der Gehalt an Phosphat wird mit 60—75 v. H. $Ca(PO_4)_3$ angegeben.

Bei Mbandji ist die Phosphatbank nur 1,50 m mächtig und enthält 70 v. H. $Ca(PO_4)_3$.

Andere Vorratsschätzungen sind nicht bekannt geworden.

Stellenweise ist der Phosphatkalk verkieselt.

Die Phosphate wurden bei Ölbohrungen entdeckt.

8. Steatit (Talk)

Bei Tschibanga in Gabun liegt ein Talkvorkommen unbekannten Umfanges. Eine Analyse des Gesteins ergab:

SiO_2	61,10
Al_2O_3	1,54
Fe_2O_3	0,39
CaO	Sp.
MgO	30,62
H_2O	6,30.

XII. bb. 2. Ubangi-Schari

1. Gold

Die archaischen und algonkischen Gesteine sind von Intrusionen granitischer Magmen von sehr verschiedenem Alter und wechselnder Zusammensetzung durchzogen.

Besonders wichtig für die Aufsuchung von Erzlagerstätten sind die algonkischen Gesteine, in denen die jüngeren Granitdurchbrüche deutliche Kontakthöfe geschaffen und außerdem noch in der Kontaktzone Pegmatit- und Quarzgänge gebildet haben.

Unter den verschiedenen Graniten sind namentlich die Zwei-Glimmer-Granite als Erzbringer wichtig, die oft stark zu randlichen magmatischen Differentiationen neigen.

Einer von diesen Zwei-Glimmer-Granitstöcken ist der Bambari-Granit, der algonkische Glimmerschiefer, Quarzit- und Itabiritgesteine durchsetzt. Der ihn umgebende Kontakthof ist im Nordwesten, wo er bis Mbre zu verfolgen ist, bei weitem am breitesten. Die Schiefer sind im Kontakthof von massenhaften kleinen Quarzgängchen durchtrümert, die kleine Mengen von Sulfiden führen und die einen geringen, stets unbauwürdigen Goldgehalt aufweisen.

In jungen Alluvialablagerungen der Flüsse sind aber stellenweise die Goldgehalte zu bauwürdigen Mengen angereichert.

Bauwürdige primäre Lagerstätten sind bisher nicht untersucht worden. Die heute ausgebeuteten Vorkommen sind goldführende Alluviallagerstätten, die in zwei Bezirken liegen (Abb. 45).

Die eine Gruppe liegt in der Gegend von Roandji; sie wurde 1929 entdeckt und seit 1930 abgebaut; die Lagerstätten scheinen aber heute nahezu erschöpft zu sein.

Die andere Gruppe liegt im Gebiet von Pulubu; die Vorkommen wurden 1931 entdeckt und werden seit 1932 ausgebeutet.

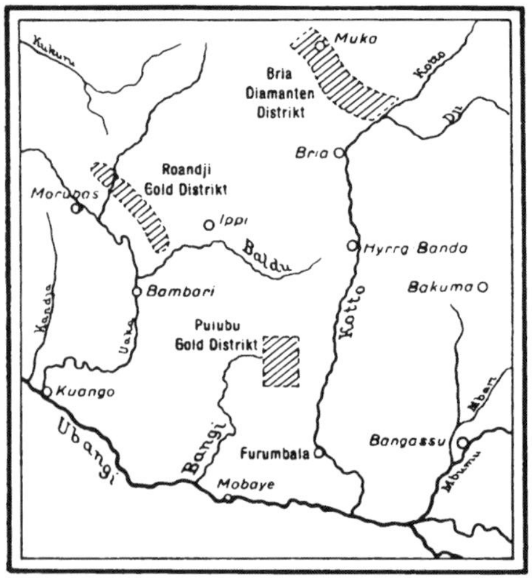

Abb. 45. Gold- u. Diamantvorkommen in Ubangi-Schari. Nach *Middleton*. Eng. Min. Journ. 1923, Bd. 133.

Das Anstehende im Untergrunde besteht in beiden Fällen aus metamorphen Schiefern in der Nachbarschaft eines Granitbatholithen. Bei Roandji scheint das Gold an einen Itabiritzug gebunden zu sein, bei Pulubu scheint ein hellgrauer harter Schiefer mit Beimengung von Roteisen als Muttergestein des Goldes aufzutreten.

Auch die Eisenquarzitschiefer (Itabirit) im Algonkium scheinen stellenweise goldhaltig zu sein.

Die oben erwähnte Itabiritzone zwischen Bambari und Fort Crampel ist auf 200 km im Streichen zu verfolgen. Am Ausgehenden bilden die Gesteine einen konglomeratähnlichen Verwitterungsschutt. Der Itabirit enthält sowohl Freigold als auch an Schwefelkies gebundenes Gold.

Wahrscheinlich handelt es sich hier um alte metamorphe Goldseifen; die Annahme, das Gold sei hydrothermal zugeführt, ist nicht begründet.

Die die Itabiritzone durchlaufenden Flüsse enthalten daher ebenfalls goldführende Alluvionen.

Die Verteilung des Goldes in den Seifenlagerstätten an den kleinen und mittleren Wasserläufen des Gebietes ist sehr unregelmäßig. Die besten Gehalte liegen in den engen Partien der Täler mit schneller Strömung, einige Kilometer unterhalb der goldführenden Gesteine.

Über den goldführenden Sanden und Schottern liegt meist eine 1—5 m mächtige taube Decke.

Die Goldkörnchen sind meist grob und nicht gerollt, im allgemeinen geht etwa die Hälfte nicht durch ein 20 Maschen-Sieb. Messungen der Goldkörnchen ergaben, daß sie meist Durchmesser zwischen 0,5 und 5 mm haben. Ein Nugget wog gelegentlich 1500 g. Der Feingehalt ist 920—930. Mit dem

Gold tritt in den Seifen Ilmenit, Roteisen, Rutil, Granat, gelegentlich Pyrit auf.

Die Goldgehalte der Seifen liegen bei 0,7—3 g Gold je Tonne; das Mittel beträgt etwa 1,5 g/t.

In der Amphibolit- und Dioritzone am unteren Mbomu soll das Gold aus schwach goldhaltigem Schwefelkies im Diorit stammen. Aber auch hier werden die Amphibolitschiefer und die Glimmerschiefer in der Nähe der Dioritstöcke von zahlreichen Quarzgängchen in der Nähe der Goldseifen durchsetzt, und man ist sich noch nicht einig, ob nicht wenigstens ein Teil des Goldes aus ihnen stammt.

Ein interessantes Profil junger goldführender Alluvialablagerungen am unteren Mbomu von oben nach unten ist folgendes:

Brauner Ton.
Feiner goldführender Sand.
Grober Sand mit dem höchsten Goldgehalt.
Anstehendes Gestein, dessen oberste 2—3 cm goldhaltig sind.

Im Osten von Ubangi-Schari, im algonkischen Dar-Fertit-Massiv, das ebenfalls von Graniten durchsetzt ist, sind Goldseifen bekannt, scheinen aber zur Zeit nicht ausgebeutet zu werden.

Gelegentlich finden sich auch in archaischen Gesteinen in den Randgebieten vergneister Granitstöcke kleine Goldgehalte.

Schließlich führen manche Diamantseifen geringe Goldmengen.

Die Prospektionstätigkeit scheint in Französisch-Äquatorialafrika bisher sehr gering zu sein. Die Goldproduktion z. B. könnte wesentlich gesteigert werden, wenn überall systematisch gearbeitet würde und wenn in den bereits bestehenden Betrieben ohne wesentliche Unterbrechungen gearbeitet würde.

Die beiden Bezirke werden von der *Compagnie Equatoriale des Mines* ausgebeutet, die zuletzt etwa 40 Europäer und 5000 Farbige beschäftigte. Die Förderung betrug monatlich 40—50 kg Gold.

2. *Diamant*

Die heute bekannten und teilweise genauer untersuchten Diamantlagerstätten liegen sämtlich in jungen Alluvialablagerungen von Flüssen, die aus dem Verbreitungsgebiet des Muka-Ndele-Sandsteins kommen.

Die geologischen Verhältnisse scheinen ganz ähnlich denen am Kassai im Westkongo und von Angola zu sein. Dort liegen die Diamanten großenteils in tertiären Flußterrassen, teilweise aber auch in alten Flußschottern, die zum Basiskonglomerat der Lubilasch-Schichten gehören, und werden bei fortschreitender Erosion von den heutigen Flüssen aufgenommen und in ihren Ablagerungen sedimentiert.

Die bisher bekannt gewordenen z. T. bauwürdigen Vorkommen Äquatorialafrikas liegen in der Gegend von Bria am Zusammenfluß des Kotto und des

Bongu am Südrande des Muka-Plateaus (Abb. 45) und ferner an dessen Nordrande nahe dem Dar-Schalla-Massiv in der Gegend von Uanda Djale.

Die Diamanten stammen hier aus den Konglomeratbänken an der Basis des Muka-Ndele-Sandsteins, d. h. aus alten Flußläufen, die vor Ablagerung der Sandsteine auf der alten, wohl triassischen Landoberfläche vorhanden waren.

Diese Konglomerate enthalten Gerölle von Quarzit, Gangquarz, Jaspis; der Sand des Bindemittels führt an Schwermineralien Zirkon, schwarzen Turmalin, weißen Topas, Rutil, Disthen, Staurolith, Chrysoberyll, Ilmenit, Granat, zuweilen Diamanten, etwas Gold und Spuren von Platin.

Die Schwermineralien am Nordrande bei Uanda Djale sind die gleichen wie bei Bria.

Die primären Lagerstätten sind wie in Angola und am Kassai unbekannt; vermutlich sind sie älter als die der südafrikanischen Lagerstätten.

Die Steine sind meist gut kristallisiert, weiß oder bläulichweiß, von guter Klarheit. Bort ist selten.

Durchschnittlich gehen 5—6 Steine auf ein Karat; oft aber finden sich auch größere, gelegentlich bis zu 16 Karat.

Der erste Diamant wurde zufällig 1929 in einem kleinen Wasserlauf am Zusammenfluß des Dji und des Kotto, etwa 60 km nördlich Bria, entdeckt.

Daraufhin wurde das Gebiet von der *Compagnie Equatoriale des Mines* beschürft. Nach dreijähriger Untersuchung wurde aber die Konzession wieder aufgegeben, weil die Diamanten zu unregelmäßig verteilt waren und eine rentable Gewinnung nicht gewährleistet schien.

Bei den Untersuchungsarbeiten wurden im ganzen gegen 2000 Karat gewonnen.

Ein zweites aussichtsreicheres Diamantengebiet liegt in dem von Frankreich eigenmächtig vom Mandat Kamerun abgetrennten Gebiet von Berberati und Sosso, das beim Abschnitt Kamerun (S. 360) besprochen wird.

Die in den französischen Statistiken aufgeführte Diamantenproduktion stammt aus diesem Gebiet und wird daher von uns bei Kamerun und nicht hier erwähnt.

3. *Eisen*

Zweifellos kommen die Lagerstätten von Eisenbändererz (Itabirit), wie die zwischen Bambari und Fort Crampel, für den Abbau in naher Zukunft nicht in Frage, obwohl sie an einigen Stellen ziemlich reiche, aber kieselige Roteisenerzanhäufungen führen, wie am Topaberg und am Kodeberg.

Eisenreiche Oberflächenbildungen, teils Eisenkrusten, teils Konkretionen im Verwitterungsschutt, sind weitverbreitet, aber nicht bauwürdig.

4. Bauxit

ist bisher nicht bekannt, aber wahrscheinlich vorhanden.

Als Laterit bezeichnen die Franzosen nicht nur, wie sonst üblich, die tonerdereichen Verwitterungsprodukte, sondern auch alle Eisenanreicherungen, z. B. die Krusteneisensteine.

5. Kohle

Kohlenführende Karru-Schichten fehlen nach unseren bisherigen Kenntnissen in Ubangi-Schari ganz, ebenso alle jüngeren kohlenführenden Ablagerungen.

6. Graphit

ist in der Umgebung von Ippy, nördlich Bambari, in Graphitschiefern des Algonkium bekannt, aber bauwürdige Qualitäten scheinen nicht vorhanden zu sein.

7. Monazitsand

in Flußsanden soll in der gleichen Gegend im Jakundu-Becken vorkommen. Ferner ist Monazitsand bekannt bei Kuango am Ubangi. Der Sand soll 2—3 kg Monazit je Kubikmeter enthalten. Nach Scheidung des Konzentrats vom Titaneisen sollen noch 7 v. H. Thoniumoxyd zu erzielen sein.

XII. bb. 3. Tschadgebiet

1. Eisen

Bei Makar in der Auk-Senke im Grenzgebiet gegen Ubangi-Schari treten in wahrscheinlich algonkischen Quarziten große Magnetitlinsen auf, die aber zunächst mangels jeder Transportmöglichkeit keine Bedeutung haben.

2. Bauxit

Die bereits zu Französisch-Westafrika gehörenden Basaltlaven bei Agadem und Beduaram in der Tschadsenke sind oberflächlich in pisolithischen Bauxit umgewandelt.

Es ist zu erwarten, daß auch die jungen Effusivgesteine in Tibesti, Borku und Ennedi teilweise mit einer gleichen Verwitterungsdecke überzogen sind.

3. Salze

In der Trockenzeit scheiden sich an den Ufern des Tschadsees Krusten von Trona und Thenardit ab.

Schrifttum

Französisch-Äquatorialafrika

Auswahl

— — —, Les recherches pétrolifères en A. E. F. Chron. Mines colon. Nr. 3. Paris 1932, S. 6.

— — —, Le problème de dessèchement du Tchad. Chron. Min. colon. Nr. 5. Paris 1932, S. 7.

— — —, Le bassin du Niari et les Sociétés minières qui y travaillent. Monde colon. illustr. Paris. Juli 1934, S. 93a und 94a.

Amstutz, A., Les conglomérats cristallophylliens du Mayombé au Congo français. C. R. Acad. Sci. Paris. Bd. 188 (1929), S. 1178—1180.

Amstutz, A. und Duparc, L., Contribution à l'étude pétrographique du Mayombé, du Haut-Ogooue et des régions intermédiaires. Geol. Karte und Profil 1 : 2 Mill. Ann. Soc. géol. Belgique. Publ. rel. Congo. Bd. 54, Lüttich 1938, S. 1—48.

Amstutz, A., Lagotala, H. und Duparc, L., Les gisements de cuivre de Renéville (Congo français). Schweizer min. u. petrogr. Mitteil. Bd. 12, Zürich 1932, S. 507—529.

Arsandaux, H., Sur la géologie de la boucle de l'Ogooue. C. R. Acad. Sci. Paris. Bd. 148 (1909), S. 800—802.

Arsandaux, H., Sur la géologie du Congo français. Bull. Mus. Hist. nat. Paris. Bd. 17 (1911), S. 381.

Asselberghs, E., Sur l'extension du système du Karoo dans la région de Carnot (A. E. F.) et dans la boucle de l'Oubangui. Bull. Soc. belge de Géologie. Bd. 44, Brüssel 1934, Heft 3.

Association des Services Géologiques Africains. Proceedings of the first meeting of African Geological Surveys Association (South Equatorial Section). Löwen 1932. Mit geol. Karte 1 : 5 Mill. Patessou, Brüssel-Uccle 1932.

Association des Services Géologiques Africains. Bibliographie géologie de l'Afrique centrale. Bureau d'études géol., min. colon. Paris 1937. Afrique équatoriale française, S. 21—52 (bis 1934).

Babet, V., Sur les roches cristallophylliennes du Mayombe (A. E. F.). C. R. Acad. Sci. Bd. 187 (1928), S. 348—350.

Babet, V., Contribution à l'étude géologique de l'Afrique Équatoriale Française. Sur les grès néocrétacés de Pointe Noire. C. R. Soc. géol. France. 1928, S. 201—203.

Babet, V., Les grès bitumineux de Pointe Noire. Ann. Off. Combust. liqu. Paris 1929, S. 65.

Babet, V., Étude géologique de la Zone du chemin de fer Congo-Océan et de la région minière du Niari et du Djoué. Paris, Larose. 1929. 176 S. Bunte geol. Karte 1 : 500000.

Babet, V., Esquisse oro-hydrographique d'une partie de la zone du chemin de fer „Congo-Océan" et de la région minière du Niari et du Djoué, établie pour servir à l'étude géologique de la région. Karte 1 : 200000. Larose, Paris 1929.

Babet, V., Sur la géologie des bassins du Haut Niari, de la Bouenza et du Haut Ogooue. C. R. Acad. Sci. Paris. Bd. 193 (1931), S. 668—670.

Babet, V., Les restes organiques et les roches oolithiques des formations sédimentaires anciennes de l'Afrique Equatoriale française (Bassins du Niari et de la Nyanga). C. R. Acad. Sci. Bd. 193 (1931), S. 1201—1202.

Babet, V., Sur la géologie de la région nord-ouest du bassin du Niari et de la partie contigue du bassin de la Nyanga. C. R. Soc. géol. France. 1931, S. 282—284.

Babet, V., Observations géologiques dans la partie méridionale de l'A. E. F. Paris, Larose. 1932. 154 S. Bunte geol. Karte 1 : 500000.

Babet, V., Les premiers mollusques fossiles recueillis en Afrique équatoriale française dans les formations du bassin intérieur du Congo. C. R. Acad. Sci. Paris. Bd. 200 (1935), S. 474—476.

Babet, V., und Furon, R., Sur les formations continentales posthercyniennes de l'Ouest-africain (Afrique occidentale et Afrique équatoriale). C. R. Acad. Sci. Paris. Bd. 201. Juli 1936.

Babet, V., Sur les grès continentaux horizontaux de la Haute-Sangha. Bull. Soc. géol. France. V. Bd. 5 (1935), S. 455—463. Textkarte 1 : 2 Mill.

Babet, V., Esquisse géologique provisoire de la région comprise entre Bangui et la frontière du Cameroun. Chron. Min. colon. Nr. 38, Paris 1935, S. 160—164.

Babet, V., Le tunnel de Bamba (A. E. F.). Observations géologiques. C. R Congr. internat. Mines, Métall. Géol. appl. Sect. Géol. appl. Paris 1935 (ersch. 1936). Bd. 2, S. 533—542.

Bertrand, M. F., Parallélisme entre les gisements cuprifères du Katanga et du Niari. C. R. XIII. Internat. Geol. Kongr. Brüssel 1922. (Erschienen 1925.) Bd. 2, S. 771—795.

Borgniez, G., Esquisse géologique et ressources minérales de l'Oubangui occidental et des régions voisines. Chron. Min. colon. Nr. 44 (1935), S. 354—372.
Vgl. auch Nr. 47, S. 46. 1 schwarze Karte 1 : 4 Mill. 1 Taf. Profile.

Brajnikov, B., Observations géologiques sur le bassin de la Nyanga (Gabon). C. R. Soc. géol. France. 1931, S. 87.

Brajnikov, B., Contribution à l'étude pétrographique du Mayombé septentrional (Gabon). Bull. Soc. géol. France. Paris. V. Bd. 2, S. 279—292. 1 Kärtchen.

Brien, V., Note sur les gisements des environs de Boko-Songo et sur la région minière du bassin de Kwilu-Niari (Congo français). Ann. Soc. géol. Belgique. Publ. rel. Congo Bd. 36. Lüttich 1909, S. 13—30.

Bruel, G., La France équatoriale africaine. Paris, Larose. 1935. 6 Karten.

Brustier, L., Les nouveaux gîtes stannifères au Congo français. La Nature, Paris. Bd. 41 (1913). Suppl. S. 73.

Brustier, L., Sur les itabirites aurifères du Kouango français. Rev. Indust. minér. Saint-Étienne 1933, S. 250—252.

Brustier, L., Sur le diamant du Kouango français (A. E. F.). Rev. Ind. minér. Saint-Étienne 1934, S. 435—436.

Butler, H., Contribution à la géologie de l'Ahaggar. C. R. XIII. Internat. Geol. Kongr. Brüssel 1922 (ersch. 1925) Bd. 2, S. 819—848.

Cayeux, L., Existence de deux groupes d'Algues à structure conservée dans le système ,,schisto-calcaire" du Congo français. C. R. Acad. Sci. Bd. 190 (1930), S. 231.

Cayeux, L., Observations sur la découverte récente d'algues du groupe des *Sycidium* dans le système schisto-calcaire du Congo Belge. C. R. Soc. géol. France. Paris 1932, S. 32.

Cayeux, L., Remarque au sujet de la note de C. Kilian sur la découverte dans le Sahara occidental de micro-organismes fossiles qui constitueraient un repère d'âge et de nature marins pour les séries Koundeloungou (Congo). C. R. Acad. Sci. Paris. Bd. 203 (1936), S. 381 bis 383.

Chevalier, A. und Kilian, C., Sur la présence du Silurien et d'une flore paléozoique entre le Kaour et le Tibesti (Sahara oriental). C. R. Acad. Sci. Paris. Bd. 195 (1932) (27. Okt.). S. 178.

Choubert, B., Sur les terrains crétacés de la zone côtière du Gabon. C. R. Acad. Sci. Paris. Bd. 201 (1935), S. 401 bis 402.

Choubert, B., Étude géologique des terrains anciens du Gabon. Revue Géogr. phys. Géol. dyn. 1937. Sonderheft. 210 S. 10 Taf. 62 Fig. Schwarze geol. Karte 1 : 1,5 Mill.

Chudeau, R., Résultats géologiques de la mission de délimitation Congo - Est Cameroun. Bull. Soc. géol. France. Paris. IV. Bd. 21 (1921), S. 207.

Cisancourt, H. de, Les recherches de pétrole en Afrique Équatoriale Française. In: Les Ressources Minérales de la France d'Outre-Mer. Bd. 5. Le Pétrole, Paris 1937.

Dalloni, M., Géologie. In: Mission du Tibesti. Mém. Acad. Sci. Paris. 2. Sér. Bd. 61 (1934), S. 91—97; 118—132; 134—135; 160—170.

Darteville, E. und Schneegans, D., Gisement fossilifère de Futa (A. E. F.) et Quaternaire de la côte littorale du Congo. C. R. Acad. Sci. Paris. Bd. 199 (1934), S. 1635—1636.

Delaitre, P., L'exploitation des mines d'or en A. E. F. Bull. écon. A. E. F. 1934, S. 22—24, und Revue des Ambassades, Paris, Februar 1937.

Delhaye, F. und Sluys, M., La région métallifère du Niari et du Djoué (A. E. F.). Ann. Soc. géol. Belgique. Publ. rel. Congo. Bd. 45 (1921/22), S. 45—76.

Delhaye, F. und Sluys, M., Esquisse géologique du Congo occidental à l'échelle de 200000. Étude du système schisto-calcaire. Patesson, Brüssel-Uccle 1923.

Delhaye, F. und Sluys, M., Observations ayant servi à l'élaboration de l'Esquisse géologique du Congo occidentale 1 : 200000. Ann. Soc. géol. Belgique. Publ. rel. Congo. Bd. 47, Lüttich 1923/24, S. 50—148; Bd. 47, S. 139 bis 191; Bd. 52 (1928/29), S. 67—114.

Demay, A., Afrique Équatoriale et Cameroun. In: La Géologie et les Mines de la France d'outre-mer. Publ. Bureau études géol. min. colon. Paris 1932, S. 241—284.

Denaeyer, M.-E. und Carrier, Les principaux résultats géologiques et lithologiques de la mission de délimitation Ouadai-Darfour. C. R. Acad. Sci. Paris. Bd. 178 (1924), S. 1197.

Denaeyer, M.-E. und Bourcart, I., Sur les caractères lithologiques des roches intrusives du Massif central saharien. C. R. Acad. Sci. Paris. Bd. 186 (1928), S. 155.

Denaeyer, M.-E., Esquisse géologique de l'Afrique Équatoriale, du Cameroun et régions voisines 1 : 3 Mill. Patesson, Uccle-Brüssel 1928.
Erläuterung dazu: C. R. Acad. Sci. Paris. Bd. 187 (1928), S. 658. Vgl. auch: Revue universelle. Bd. 34. Brüssel 1928, Nr. 2.

Denaeyer, M., Los terrenos secundarios y terciarios de la Guinea española y del territoria portugues de Cabienda. Conferencias y reseñas de la R. Soc. Españ. Hist. Nat. 1929, Bd. 15, S. 699—724 und 1930, S. 417.

Denaeyer, M.-E., Bibliographie géologique de l'A. E. F., du Cameroun et des pays limitrophes. Ann. Acad. Sci. colon. Bd. 5. Paris 1933. 75 S.

Denaeyer, M.-E., Geol. Karte von Franz. Äquatorial-Afrika und Kamerun. 1 : 6 Mill. nebst Erläuterung. In: Grandidier, Atlas des Colonies françaises. Paris 1934.

Denaeyer, M.-E., A propos: 1. de l'âge des grès à Harlania du Tibesti et de l'Ennedi. 2. du laminage des roches cristallines de l'Ouadai. C. R. Soc. géol. France. Paris 1935, S. 44—45.

Douvillé, H. und Tilho, J., La géologie de la région nord du Tchad. C. R. Acad. Sci. Paris. Bd. 197 (1933), S. 1012 bis 1016. 1 Karte.

Duparc, L., Les gîtes cuprifères du Niari (Congo français). Schweizer min. petrogr. Mitteil. Bd. 9. Zürich 1929 und Bd. 10, S. 181—208.

Duparc, L. und Amstütz, Contribution à l'étude pétrographique du Mayombe, du Haut-Ogooué et des régions intermédiaires. Geol. Karte 1 : 2 Mill. Ann. Soc. géol. Belgique. Publ. rel. Congo. Bd. 54. Lüttich 1931, S. 23 bis 70, 1 schw. geol. Karte 1 : 2 Mill. 4 Taf. Dünnschliffe.

Duparc, L., Lagotala, H. und Amstütz, A., Les gisements de cuivre de Renéville. (Congo français.) Schweizer min. petrogr. Mitteil. Zürich. Bd. 12 (1932), S. 507—529.

Emilianoff, G. und Schneegans, D., Sur la présence des terrains tertiaires dans le bassin du Gabon (A. E. F.). C. R. Acad. Sci. Paris, Bd. 196 (1933), S. 1035—1036.

Emilianoff, G. und Schneegans, D., La stratigraphie du Sénonien dans le bassin du Moyen Congo. C. R. Groupe Géol. pétrol. Strasbourg. 1934, S. 4—5.

Fritel, P. H. und Chudeau, R., Quelques bois silifiés du Sahara. Bull. Soc. géol. France. 1920, S. 202—208.

Fritel, P. H., Sur les restes de végétaux fossiles paléozoiques recueillis en Ouadai par la mission de lieutenant-colonel Grossard. Bull. Mus. Hist. Nat. Paris. Bd. 30 (1924), S. 117.

Fritel, P. H., Végétaux paléozoiques et organismes problématiques de l'Ouadai. Bull. Soc. géol. France IV. Bd. 25, S. 33.

Fritel, P. H. und Carrier, Sur les vestiges de plantes dévoniennes et carbonifériennes recueillis en Ouadai par la mission du lieutenant-colonel Grossard. C. R. Acad. Sci. Paris. Bd. 178 (1924), S. 505.

Furon, R., Contribution à l'étude géologique du Gabon (A. E. F.), Carte géologique de reconnaissance du Gabon occidental. Revue Géogr. phys. Géol. dyn. Bd. 3 (1930), S. 363.

Furon, R., Les roches phosphatées de la côte du Gabon. C. R. Acad. Sci. Paris. Bd. 194 (1932), S. 1959—1960. C. R. Soc. géol. France. 1932, S. 209.

Furon, R., Le Crétacé supérieur de l'Ouest africain (Gabon et Soudan). C. R. Soc. géol. France. 1935, Heft 1—2.

Furon, R., Le Crétacé et le Tertiaire du Sahara soudanais (Soudan, Niger, Tchad). Arch. Mus. Hist. nat. Paris, VI. Bd. 13 (1935), 94 S. 7 Taf.

Haas, I. O., Les recherches pétrolifères en Afrique Occidentale Française. II. Congrès Mondial du Pétrole, Paris 1937, Sect. I, S. 183—189. 1 Profiltafel, 1 schw. geol. Karte 1 : 3 Mill.

Joleaud, L. und Lombard, I., Mammifères quaternaires d'Ounianga Kebir (Tibesti Sud-Oriental). C. R. Acad. Sci. Paris. Bd. 196 (1933), S. 497—499.

Jung, I. und Lebedeff, V., Résultats des récentes prospections de pétrole en Afrique Équatoriale Française. Bull. Agence Colon. 1930, S. 615—633.

Katchevsky, A. und Choubert, B., Note sur une carte géologique de reconnaissance du Moyen Congo-Gabon. Revue Géogr. phys. et Géol. dyn. Bd. 3 (1930), S. 375—378. 1 schwarze geol. Karte 1 : 1 Mill.

Kilian, C., Sur l'âge des grès à Harlania et sur l'extension du Silurien dans le Sahara oriental. C. R. Acad. Sci. Paris. Bd. 192 (1931), S. 1742.

Kilian, C., Des principaux complexes continentaux du Sahara. — C. R. Soc. géol. France, Paris. 1931, S. 109.

Kilian, C., Esquisse géologique du Sahara français à l'Est du 6. degré de longitude (préparation de la Carte géologique internationale de l'Afrique; Feuille 11). Chron. Mines colon. Nr. 57. Paris 1937, S. 21—22.

Korableff, G., Contribution à l'étude de la géologie et de la géologie appliquée de l'Oubangui-Chari oriental et du Cameroun sous mandat français. Paris, Librairie sacrale et économique, Rue Sufflot 3, 1940. 192 S. 1 schwarze geol. Karte 1 : 4 Mill.

Lacroix, A. und Tilho, I., Esquisse géologique du Tibesti, du Borkou, de l'Erdi et de l'Ennedi. Les formations sédimentaires. C. R. Acad. Sci. Bd. 168 (1919), S. 1169—1174.

Lacroix, A. und Tilho, I., Les volcans du Tibesti. C. R. Acad. Sci. Paris. Bd. 168 (1919), S. 1257—1246.

Lacroix, A., Les pierres précieuses. — Bas Oubangui. In: Les ressources minérales France d'outre-mer. Bd. 3 (1935), S. 275—279.

Lagotala, H., Étude stratigraphique de la région de Mindouli-Mines (Congo français). C. R. Soc. Phys. Hist. nat. Genf. Bd. 49 (1932), S. 168—172.

Lagotala, H., Note au sujet de la tectonique de la région cuprifère du Moyen-Congo. C. R. Soc. phys. Hist. nat. Genf. Bd. 49 (1932), S. 92—200.

Lagotala, H., Au sujet de l'échelle stratigraphique des calcaires du Niari (Congo français). C. R. Soc. phys. Hist. nat. Genf. Bd. 49 (1932), S. 214—218.

Lagotala, H., Au sujet des gîtes du Congo français. C. R. Soc. Phys. Hist. nat. Genf. Bd. 50 (1933), S. 107—117.

Lagotala, H., La géologie du Congo occidental. Essai de parallélisme avec la région Katanga-Rhodésie. Ann. Soc. géol. Belgique. Publ. rel. Congo. Bd. 56. Lüttich 1932/33, S. 19—43.

Le Chatelier, A., Le bassin minier du Niari. 2 Karten 1 : 300000 und 1 : 250000. La Géographie, Paris 1900, S. 161 bis 166.

Legraye, M., Origine des gisements de cuivre du Niari (Congo français). Ann. Soc. géol. Belgique. Bd. 48 (1926), S. 222—225.

Leriche, M., Catalogue des fossiles du Congo. Soc. géol. Belgique. Mém. Bd. 50 (1924) (Livre jubilaire), S. 53.

Leriche, M., Les fossiles des „Grès polymorphes" (Couches du Lubilash), aux confins du Congo et de l'Angola. Ann. Soc. géol. Belgique, Publ. rel. Congo. Bd. 50 (1926/27), S. 45—51. 1 Taf.

Lombard, I., Notes préliminaires sur la géologie de l'Afrique Équatoriale française:

1. Indices d'une transgression marine récente dans la région de Pointe-Noire. — C. R. Soc. géol. France. 1928, S. 156.
2. Observations nouvelles sur les formations géologiques entre Brazzaville et la côte atlantique. Bull. Soc. géol. France. (1928.) IV. Bd. 28, S. 335—340.
3. Sur l'origine fluviatile des sables de Brazzaville. C. R. Soc. géol. Fr. 1928, S. 265.
4. Description de deux dents de Lamnidae provenant de la falaise de Pointe-Noire. C. R. Soc. géol. Fr. 1928, S. 253.

Lombard, I., Les richesses minières de l'Afrique équatoriale française. Dépêche coloniale, Paris, Monographie Nr. 34 (1930). 69 S.

Lombard, I. und Schneegans, D., Sur la présence de l'Eocène marin à Fouta (A. E. F.). C. R. Acad. Sci. Paris. Bd. 195 (1932), S. 163.

Lombard, I., Carte géologique de l'Afrique sud-équatoriale à l'échelle 1 : 5000000. Patesson, Uccle-Brüssel 1932.

Lombard, I., Proceedings of the first meeting of African geological Surveys. Association (South equatorial section) held at Kigoma (Tanganyika) 1931. Publ. Inst. géol. Univers. Löwen 1932.

Lombard, I., Les grandes minéralisations de l'Afrique sud-équatoriale et la géologie régionale. Application à l'Afrique Équatoriale Française. Chron. Mines colon. Paris. Nr. 10 (1933), S. 3—21 und Nr. 11, 67—85.

Lombard, I., Sur la structure géologique du Massiv du Bamba dans le Mayombe méridional. C. R. Soc. Phys. Hist. nat. Genf. Bd. 50, S. 82—86.

Lombard, I., Conclusions d'une étude lithologique du schiste cristallin de l'Oubangui-Chari oriental. C. R. Acad. Sci. Bd. 200 (1935), 13. Mai.

Lombard, I., Structure géologique de l'Oubangui-Chari central. C. R. Acad. Sci. Paris. Bd. 200 (1935), S. 1953.

Mouta, F., Sur les formations continentales du Bassin du Congo. C. R. Soc. géol. France. 1932, S. 62.

Perebaskine, V., Observations sur la géologie du Gabon. C. R. Acad. Sci. Paris, Bd. 192 (1931), S. 433—435.

Polinard, E., Les gisements diamantifères et accessoirements aurifères de la région de Bria en Oubangui-Chari. Ann. Soc. géol. Belg. Publ. rel. Congo. Bd. 57 (1933—34), S. 665—85. 1 schwarze Karte 1 : 400000.

Polinard, E., Les granites du chemin de fer du Bas-Congo. Ann. Soc. géol. Belgique, Publ. rel. Congo. Bd. 60 (1937), S. 199—207.

Polinard, E., Constitution géologique et pétrographique des bassins de la Kotto et du M'Bari. Mém. Ins. Royal Colon. Belge. — Coll. in-4°, Bd. 4, Heft 3 (1935), 160 S., 21 Fig. 3 Karten, 13 Tafeln.

Polinard, E., Sur les roches d'injection du Bassin de la Kotto (Oubangui-Chari). Natuurwetenschappelijk Tijdschrift, Gent. Bd. 20 (1938), S. 143—155. 1 fig.

Roy, P. L., La prospection aurifère et diamantifère en Oubangui-Chari. Écho Mines Métall. Paris. 1935, S. 59—61 und 75—77.

Sabot, R. C., Sur un granitoide à riebeckite et une roche détritique calcaire du bassin du Niari. C. R. Acad. Sci. Paris. Bd. 196 (1933), S. 1517—1519.

Schneegans, C., La faune des couches sénoniennes du bassin du Moyen Congo, entre Pointe Noire et M'Vassa. C. R. Soc. géol. France. 1932, S. 220—222.

Schneegans, D., Données nouvelles sur l'âge des grès sublittoraux du Gabon. C. R. Groupe Géol. pétrol. Straßburg. 1933—1934, S. 9—13. Vgl. Ann. Office nat. des Combustibles liquides 1934, Nr. 5, S. 935—939.

Schneegans, D., Sur la découverte des couches à *Cardita beaumonti* au Gabon. C. R. Acad. Sci. Paris. Bd. 200 (1935), S. 159—161.

Tilho, I., La frontière anglo-franco-égyptienne et la ligne de partage des eaux entre les bassins du Nil et du lac Tchad. C. R. Acad. Sci. Paris 1921, Bd. 173, S. 563—567.

Tilho, Du Nil aux confins du Tibesti par le centre du Désert Lybique. C. R. Acad. Sci. Paris, Bd. 183 (1926), S. 935 bis 938.

Trial, L., Phosphates en A. E. F. Bull. amicale anciens élèves de l'école des mines Alés. Nr. 182, Sept. 1937, S. 18 bis 22.

XIII. ANGOLA

XIII. a. Der geologische Bau von Angola

Von Fritz Behrend

Die portugiesische Kolonie Angola umfaßt ein Gebiet von etwa 1247000 qkm, ist also 14 mal so groß wie das Mutterland. 3166917 Farbige und 58000 Europäer lebten nach der Volkszählung Ende 1934 im Lande. Das sind etwa 2,6 Einwohner je qkm.

Hinter einer niedrigen Küstenzone, die aus jungen Sedimenten (Kreide, Tertiär, Quartär) besteht, erhebt sich das Kristallin mehr oder weniger steil zu den Hochländern des Inneren, die nach O hin flach abfallen und von Sedimenten verschiedenen Alters überlagert werden.

Längs der Küste fließt von S her nach N der kalte Benguelastrom, der die von Westen dem Lande zuströmenden Luftmassen abkühlt und der das Klima dadurch stark beeinflußt. Die Küstenzone bleibt regenarm und relativ kühl. Erst in den westlichen Randgebieten der inneren Hochländer fallen reichliche Niederschläge.

Die Regenzeit beginnt im Oktober und endet etwa Anfang Mai. Im Küstengebiet haben z. B. Mossamedes 22 mm, Lobito Bay 234 mm, Loanda 296 mm Niederschläge. Die Niederschläge auf den Hochländern sind beträchtlich höher: z. B. hat Huila 902 mm, Silva Porto 1236 mm, Huambo 1517 mm, Malange 800 mm Regen.

Das Küstengebiet ist in Hinsicht auf die Versorgung mit Grundwasser durchaus auf Zuflüsse durch die Niederschläge an den Gebirgshängen angewiesen.

Die ziemlich geradlinige Küste besitzt mehrere gute Häfen.

Der wichtigste Hafen ist Lobito Bay, der auch moderne Kai-Anlagen für große Schiffe besitzt. Hier beginnt die Benguela-Eisenbahn, die nach Katanga geht. Weitere gute Häfen sind Loanda und Porto Alexandre. Mossamedes hat eine bedingt geschützte Reede; die übrigen Häfen sind offene Reeden.

Die wichtigste Eisenbahnlinie ist die in Kapspur (1,06 m) erbaute Benguelabahn, die im Hafen Lobito Bay beginnt und die über Huambo, Kuanza und Luena geht und bei Dilolo die Kongogrenze überschreitet. Die Länge der Strecke bis zur Grenze beträgt 1347 km. Von der Grenze geht die Bahn noch 590 km weiter durch Katanga und trifft bei Tenke auf die Strecke von Elisabethville nach Bukama.

Im Norden des Landes führt eine 426 km lange Bahn in Kapspur vom Hafen Loanda nach Malange. Einige Nebenstrecken von zusammen 197 km Länge, von denen ein Teil nur in 60 cm-Spurweite erbaut ist, stellen die Verbindung mit anderen Orten her.

Vom Küstenplatz Porto Amboim (Benguela Velha) geht eine Schmalspurbahn über Carloango am Fuße des kristallinen Randgebirges entlang. Die Länge der Strecke beträgt etwa 130 km.

Schließlich führt eine Schmalspurbahn von 248 km Länge im Südgebiet von Mossamedes nach Sa da Bandeira (Lubango), die das Gebiet des Huila-Plateaus erschließen soll.

Gute Straßen sind mehrfach vorhanden. Wieviel aber von den in den Statistiken angegebenen 33000 km Straßen als Allwetter-Autostraßen anzusehen sind, konnte nicht ermittelt werden.

A. Stratigraphie

Am Aufbau des Landes sind beteiligt:

Archaikum.
Alt-Algonkium und Jung-Algonkium.
Sedimente der Katanga-Gruppe.
Karru-Sedimente.
Kreide-Sedimente.
Tertiär.
Alte und junge Intrusivgesteine.

1. Archaikum

Archaische Gesteine begleiten in Angola die niedrige atlantische Küste in breiter Zone; der archaische Zug bildet einen Teil des aufgewulsteten Westrandes von Afrika, der vom Kapland über die Kongomündung bis nach Französisch-Äquatorialafrika hinaufzieht. Der kräftig aufsteigende Westrand des Archaikum folgt der Küste in meist geringer Entfernung — nur in der Gegend von Loanda wird die Zone jüngerer mariner Sedimente etwas breiter. Die Ostgrenze dagegen verläuft ziemlich unregelmäßig, weil die Höhe der Heraushebung des Archaikum wechselt. Die größte Breite wird erreicht zwischen dem 15. und dem 11.° s. Br., also in der Gegend zwischen Mossamedes und Benguela, wo die archaischen Gesteine in einer teilweise 500 km übersteigenden Breite die Landoberfläche bilden. Dies ist die von *Krenkel* als Benguela-Schwelle, von *Beetz* als Lunda-Schwelle bezeichnete Region, in der auch am Oberlauf des Sambesi und am Kassai und seinen Nebenflüssen das Grundgebirge unter der relativ dünnen Decke mesozoischer Sedimente wieder zutage kommt.

Nach SO und S flacht sich die archaische Schwelle zu dem von *Beetz* als „Kaokoveld-Synklinale" bezeichneten Teil der Kalaharisenke ab und verschwindet schon etwa 250 km östlich Mossamedes unter den jungen Sedimenten dieses Gebietes.

Nördlich des Kuanza, zwischen Loanda und Malange, schnürt sich der Zug archaischer Gesteine plötzlich stark ein und wird an der Ostflanke bedeckt von einer mächtigen Folge von algonkischen (Oendolongo-) und präkambrischen (Bembe- d. h. Kundelungu-) Sedimenten, über die sich die Karru des Kongobeckens legt.

Mouta und *O'Donnell* unterscheiden drei Stufen innerhalb des Archaikum: als älteste die Gneis-Serie, über der die Quarzitserie und die Schieferserie folgen. Auf der Karte sind die Stufen nicht getrennt.

Die Gneisserie entspricht ungefähr dem Prädamara-Gneis in der Einteilung von *Beetz*, die Quarzit- und die Schieferserie sind im wesentlichen dem Damara-System zuzuordnen, wie es zuerst *T. W. Gevers* (Transact. Geol. Soc. S. Afr. Bd. 34. 1931, S. 4) genauer umrissen hat.

Prädamara-Gneis. *Mouta* und *O'Donnel* unterschieden mehrere Gneis-Typen: Die weiteste Verbreitung im ganzen archaischen Gebiet von Angola hat ein Gneis mit zwei Feldspäten: Mikroklin (z. T. Orthoklas) und Andesin (An 25—40), viel Biotit, Quarz, etwas Hornblende, der wohl stets ein Orthogneis ist.

In der Küstenzone im Benguela-Distrikt und am oberen Sambesi herrscht ein Gneis mit stark vorwiegendem Mikroklin, neben dem gelegentlich Orthoklas, Mikroperthit und saurer Oligoklas auftritt; Biotit ist der farbige Bestandteil, Hornblende und Muskowit sind selten.

Albitgneis mit meist stark zersetztem Albit — seltener Orthoklas, Mikroklin und Mikroperthit — und Biotit ist scheinbar selten und bisher nur vom Balombo und Kuanza erwähnt. Mutmaßlich handelt es sich um albitisierte basische Ergußgesteine.

Erwähnt wird ferner ein basischer Gneis mit Andesin-Labrador, Amphibol und etwas Biotit, der kaum Quarz enthält, ferner granatführende Sedimentgneise, die hauptsächlich in den Einzugsgebieten des Kuanza, des Kuango und im Norden des Lundadistrikts auftreten; im Süden von Angola sind sie selten. Augengneise sind dagegen nicht selten.

In der Nähe von Pegmatit- und Quarzgängen sind manche Gneise massenhaft mit Turmalin durchsetzt.

Amphibolit- und Pyroxenit-Gesteine sind ebenfalls beobachtet.

Der ganze Komplex besteht also aus Sedimenten mit Ergußdecken und Intrusivgesteinen, die in der Katazone umgewandelt sind.

Charakteristisch für den Prädamara-Gneis ist nach *Beetz* sein Mangel an Schichtung, die in den Gesteinen des Damara-Systems und des Muva-Ankole gut zu erkennen ist, ferner ist er stellenweise reichlich durchsetzt mit Gängen von sauren und basischen Intrusivgesteinen; die Intrusion ist häufig genug „lit-par-lit" erfolgt .

Bemerkenswert ist eine 20—40 m mächtige Einlagerung von teilweise verquarztem Marmor im Prädamara-Gneis, die nördlich der Kunene-Mündung, in etwa 10 km Entfernung der Küste, mit nördlichem Streichen auf etwa 40 km streichender Länge als Höhenzug zu verfolgen ist. Quarzit und Granatglimmerschiefer treten mit dem Marmor zusammen auf.

Am nördlichen Ende ist das Lager in große Schollen zerbrochen, die im Gneis schwimmen und in Kalksilikat-Hornfels umgewandelt sind.

2. *Damara-System* (Alt-Algonkium)

Die Gesteine des Damara-Systems sind ganz vorwiegend in der Meso- bis Epizone umgewandelte Sedimente: Quarzite, die teilweise massig auftreten, teilweise aber vergneist und schieferig geworden sind; Eisenbändererze treten meist als linsenförmige Einlagerungen von geringer Ausdehnung an vielen Stellen in ganz Angola auf.

Konglomerate sind im Damara-System bisher selten beobachtet, z. B. im Tal des Bale, nahe seiner Mündung in den Kubango (etwa am 14.° s. Br.). Sie bestehen hauptsächlich aus Quarzgeröllen mit Sericitüberzug in kieseligem Bindemittel.

Ferner sind zu erwähnen metamorphe Arkosesandsteine (Granulit), mannigfaltige Glimmerschiefer, die teilweise Granaten führen, die aber nirgends größere Flächenräume einnehmen und die wohl einem höheren Horizont angehören als die Quarzite.

Interessant sind ausgedehnte Marmorlager, die mehrere Meter Mächtigkeit erreichen und die oft von guter Qualität und frei von verunreinigenden Mineralien sind; ihre Ausbeutung kommt vorläufig wegen der ungünstigen Lage meist nicht in Betracht. Nur einige Vorkommen liegen in der Nähe der Bahn von Mossamedes nach Lubango; ein Teil dieser Marmorlager liegt nördlich vom Kunene und östlich der Tigerbay, ein anderes in der Umgebung des Chella-Massivs.

Im Tal des Loje in der Gegend des Küstenortes Ambriz ist ein kleines Kalkvorkommen im Kontakt mit Syenit (Nordmarkit) mit Molybdänglanz imprägniert.

Die Schichten des Damara-Systems sind meist sehr stark gefaltet. Gegen den Prädamara-Gneis stoßen sie nach einer Beobachtung von *Beetz* (1934, S. 151) mit einer Diskordanz ab: etwa 30 km östlich von Morro Vermelho in der Südwestecke von Angola, nahe der Küste, streicht der Prädamara-Gneis ziemlich genau N—S, während die Damara-Gesteine N 30° W streichen. Ob es sich um eine echte Diskordanz handelt oder um eine tektonische Grenze, bleibt aber durchaus unsicher. Überhaupt müssen die so oft in der Literatur vorhandenen Angaben über beobachtete Diskordanzen stets mit Kritik aufgenommen werden.

Die Damara-Schichten sind mit den Prädamara-Gneisen z. T. verfaltet und werden von den meisten Autoren auf ihren Karten nicht dargestellt. *Beetz* jedoch gelang es, im Süden von Angola mehrere Flächen der Damara-Formation kartographisch festzulegen. Von Otjinungwa am Kunene streicht eine etwa 20 km breite Zone in NNW-Richtung. Eine andere, ebenfalls etwa 20 km breite Zone bildet die Südgrenze des Chella-Granitmassivs östlich von Mossamedes und zieht auch als westliche Begrenzung zwischen dem Granit und den jüngeren Formationen des Küstengebietes weit nach N.

Das Damara-System entspricht ungefähr dem „Upper basement complex" der ostafrikanischen Geologen und wird von uns vorläufig unter der Bezeichnung „Alt-Algonkium" auf der Karte ausgeschieden.

3. Oendolongo-System (Muva-Ankole-System — Jung-Algonkium)

Der Name Oendolongo-System wurde zuletzt von *Mouta* und *O'Donnell* gebraucht. Die Bezeichnung ist leicht mit Kundelungu zu verwechseln, daher wurde sie hier nur untergeordnet gebraucht; statt dessen wird die durch die Geologenkonferenz in Kigoma eingeführte Bezeichnung Muva-Ankole gewählt, zumal *Gregory* (Transact. Roy. Soc. Edinburgh. Bd. 51, 1916, S. 524) früher den Namen Oendolongo für die Kundelungu-Schichten Angolas angewendet hatte.

Das Muva-Ankole-System in Angola läßt sich in zwei Abteilungen gliedern, eine obere, weniger metamorphe und eine liegende, etwas stärker durch Metamorphose umgewandelte.

Die Basis bilden stellenweise verquarzte grobe Konglomerate; die Gerölle bestehen aus Quarzit, Quarz und vorherrschend aus verkieselten Schiefern. Bei Malange an der Loandabahn besteht das Bindemittel des hierher gerechneten Konglomerats aus Arkosesandstein, die Gerölle werden von Granit und Gneis gebildet und erreichen bis 70 cm Durchmesser. Die Konglomeratzone geht im Hangenden in Sandsteine und Arkosesandsteine über. Die Mächtigkeit dieses Basiskonglomerates beträgt bei Malange 25 m, bei Eleba etwa 30 m.

In Südwestangola, nördlich vom Kunene, besteht die Basis aus hellem Quarzit und einem quarzitischen vergneisten Konglomerat mit kleinen Quarzgeröllen; die Mächtigkeit beträgt 20—40 m.

Im Bereich der Benguela-Bahn, in der Gegend des Oendolongo-Gebirges, folgen grau gefärbte Grauwacken mit untergeordneten Schiefern, deren Mächtigkeit zwischen 60 und 120 m schwankt.

Nördlich vom Kuanza ist dieser Horizont hauptsächlich durch harte Schiefer gekennzeichnet, die besonders am Mpozofluß nahe der Nordgrenze aufgeschlossen sind und die bei Noqui am Kongo als Glanzschiefer ausgebildet und von massenhaften Quarzgängen durchsetzt sind. Im Quellgebiet des Kunene in Südangola besteht der Horizont aus Dachschiefern.

Beetz fand in dem von ihm untersuchten Teil von Südwestangola hellgraue Quarzitschiefer, Chlorit- und Sericitschiefer, deren Mächtigkeit er auf 100 m schätzte.

In dem Gebiet zwischen Dongo und Kassinga, im Quellgebiet des Kunene, liegen unmittelbar auf dem Granit und Gneis Eisenbändererze, die denen in Rhodesien ähnlich sein sollen und die Höhenzüge bilden; stellenweise soll der Eisengehalt stark angereichert sein; sie werden in Südwestangola durch Amphibolit- und Chloritschiefer vertreten. Hier wird auch deren Hangendes durch eine etwa 200 m mächtige Folge von Granuliten gebildet. Ob es sich wirklich um die gleichen Horizonte handelt, ist unsicher.

Im übrigen Angola bestehen die Gesteine der hangendsten Stufe meist aus hell- bis dunkelroten Sandsteinen und Quarziten mit Kreuzschichtung, denen auch kleinkörnige Konglomerate eingelagert sind. Die Gesteine führen oft massenhaft Körnchen von Roteisen und Magnetit und sind auch gelegentlich mit Pyrit oder auch Kupferkies imprägniert.

Die Mächtigkeit steigt stellenweise bis zu 500 m an. In Nordangola transgrediert dieser Horizont nach den Beobachtungen von *Mouta* und *O'Donnell* mehrfach unmittelbar auf altes Gebirge.

Das Muva-Ankole-System Angolas ist im allgemeinen stark gefaltet, so daß die Schichten stellenweise steil stehen. NW—SO-Streichen der Faltenachsen herrscht ganz wesentlich vor, örtliche beträchtliche Abweichungen sind aber nicht selten.

Die Auflagerung der Formation auf den älteren Gesteinen ist an mehreren Stellen beobachtet.

Im Norden ist an der Mündung in den Kongo (östlich Boma) ein allmählicher Übergang der Schiefer in Glimmerschiefer und Biotit-Gneis aufgeschlossen; wahrscheinlich handelt es sich hier nicht um eine scheinbar normale Auflagerung auf Archaikum, sondern um die Kontaktwirkung eines in der Nähe befindlichen Granitstockes.

Am Oendolongo-Gebirge an der Benguela-Bahn liegt das Basiskonglomerat auf Granit.

Granitische Gesteine, namentlich das gewaltige Massiv des Chellagranits, und basische Gesteine, namentlich das große Anorthosit-Gabbro-Massiv östlich des Chellaplateaus, durchbrechen die Formation mehrfach und haben sie im Kontakt des öfteren in hochkristalline Gesteine umgewandelt.

Intrusivgesteine im Archaikum, im Damara- und im Muva-Ankole-System

Wohl eine der ältesten Intrusionen stellt das ungeheure Granitmassiv zwischen dem Kunene und dem Kuanza dar, das längs der atlantischen

Küste eine nord-südliche Längenausdehnung von mehr als 500 km und eine ost-westliche Breite von 100 bis über 300 km aufweist.

Dieses als „*Chella-Granit*" bezeichnete Massiv wird von *Beetz* als normaler Biotitgranit von wechselnder Korngröße bezeichnet. Die Untersuchungen von *Tyrell* und von *Mouta* und *O'Donnell* ergeben aber, daß das Hauptgestein aus Mikroklin und Orthoklas, Andesin, Quarz, Biotit und Hornblende besteht; der Andesin herrscht unter den Feldspäten im allgemeinen wesentlich vor. Das Gestein ist also als Quarz-Diorit bzw. Granodiorit zu bezeichnen.

In den Randgebieten sind oft große porphyrische Orthoklase und Mikrokline parallel zu den Kontaktgrenzen eingeordnet.

In der Kontaktzone selbst ist der Chellagranit meistenteils als Gneis ausgebildet, namentlich am Westrande.

Kleinere Granitstöcke, die als Apophysen des Chellagranits anzusehen sind, zeigen oft interessante Differentiationserscheinungen an den Rändern; ein kleiner Granitstock, der auf 12° 30' ö. L. südlich vom 17.° s. Br. die Damara-Formation durchbricht, hat z. B. eine Außenhülle von dioritischen Gesteinen, die in schiefrigen Diorit und schließlich in geschichteten Gneis des Damara-Systems übergehen.

Ob im Gefolge des Chellagranites irgendwelche Erzbildungen entstanden sind, ist bisher nicht bekannt.

Dem Chellagranit entspricht in Südwestafrika der Salemgranit, der aber stärker porphyrisch ausgebildet ist.

Der Chellagranit durchbricht die älteren Glieder der Muva-Ankole-Formation, die er kontaktmetamorph verändert. Gelegentlich führt er auch Einschlüsse, die Gesteinen dieser Formation angehören dürften.

In dem Gebiet nördlich vom Kuanza bis zum Kongo sind mehrere große Apophysen eines Granitbatholithen im Archaikum bekannt. Der Granit besteht vorwiegend aus Quarz, Orthoklas bzw. Mikroklin, dem untergeordnet Andesin beigefügt ist. Unter den Glimmern überwiegt der Biotit, Muskowit tritt aber daneben in oft merklichen Mengen auf. Es handelt sich also um einen typischen Zwei-Glimmergranit, in dessen Umgebung das Auftreten von Erzlagerstätten nicht ausgeschlossen wäre.

30 km nördlich Ambriz kommt ein grobkörniger Intrusivgranit mit Biotit im Archaikum zutage, dessen Mikroklin Einschlüsse von saurem Oligoklas (An 15) und Albitadern enthält.

An der Nordgrenze bei Noqui am Kongo ist ein größerer Stock von Riebeckit-Granit bekannt.

Ob das von *Beetz* als Granulit beschriebene Gestein im hangenden Teil der Muva-Ankole-Schichten durchweg eruptiven Ursprunges ist oder ob es sich teilweise wenigstens um metamorphe Arkosesandsteine handelt, ist nicht sicher.

Petrographisch von Interesse ist das große Anorthosit-Gabbro-Massiv östlich vom Chella-Plateau, das erhebliche Differentiationserscheinungen zeigt. *Faber* (1926), *Beetz* 1934) und *Mouta* und *O'Donnell* haben ausführliche Beschreibungen des Lakkolithen gegeben, der eine Fläche von 5000 bis 6000 qkm einnimmt.

Der Gabbro ist meist grobkörnig und besteht aus Labrador, auch Bytownit und Anorthit, ferner Biotit, Olivin, der meist in den Feldspäten eingeschlossen ist, sowie Hypersthen und Diallag, der mit Ilmenit verwachsen ist.

Der Anorthosit ist schneeweiß oder rötlich, etwas Hypersthen und Diallag sind vorhanden. Das Gestein hat mehrfach Schollen von Granulit in sich aufgenommen. Wo diese resorbiert sind, hat sich ein granit- oder syenitähnliches Gestein gebildet, das nach Untersuchung von *Beetz* als Mangerit anzusprechen ist und das aus Mikroperthit, untergeordnet Mikroklin und Oligoklas-Andesin, etwas Orthoklas und mikroperthitischem Mikroklin und Quarz in unregelmäßigen Körnern besteht. Der Hypersthen ist meist zu einem Gemenge von Chlorit mit Magnetit zersetzt. Magnetitnester treten gelegentlich auf. Das Gestein wurde ohne Dünnschliffuntersuchung von den Autoren meist als Syenit und Granit-Aplit angesprochen.

Der Lakkolith zeigt durch seine Differentiation in saurere und basischere Lagen eine Pseudo-Schichtung ähnlich dem Buschfeld-Lakkolithen. Eisenerze sind stellenweise vorhanden.

Der Anorthosit-Gabbro hat die hangenden Teile der Muva-Ankole-Formation durchbrochen. Ob er älter als die Bembe-Formation ist, ist nicht bekannt.

Außer durch diesen großen basischen Lakkolithen und einige unbedeutende weitere Gesteinskomplexe ähnlicher Zusammensetzung sind die archaischen und algonkischen Gesteine von zahlreichen Gängen und Lagergängen von basischen Gesteinen verschiedener Art durchsetzt.

4. *Sedimente der Katanga-Gruppe* (Bembe-System; Chella-Formation)

Die Bezeichnung „Bembe-System“ wurde anscheinend zunächst von *Bebiano* (Comm. Serv. Geol. Portugal Bd. 14, 1923, S. 153) gebraucht.

Der liegende Teil, von *Bebiano* als „Bembe-Schichten“ bezeichnet, enthält Dolomitschiefer, Kalk und Kieselkalk, Schiefer und kieseligen Sandstein. Die Schichten stoßen nach seiner Ansicht mit einer Diskordanz gegen die „Damba- und Maquella-Schichten“, die in Wirklichkeit das Hangende bilden und die aus groben Arkosen, Grauwacken, Sandsteinen und Schiefern bestehen.

Borges und *Mouta* (C. R. XV. internat. Geol. Kongr. 1929, Bd. 2, S. 186) erkannten im Gegensatz zu *Bebiano*, daß die „Damba- und Maquella-Schichten“ jünger sind als die Bembe-Schichten und daß sie dem Kundelungu-System zu parallelisieren sind

Die „Lepi-Grauwacken“ (*J. W. Gregory*, Transact, Roy. Soc. Edinburgh, 1916, Bd. 51, S. 526), die im Benguela-Distrikt auftreten, und die Chivinguiro-Schichten (*De Sousa*, C. R. Acad. Sci. Paris, Bd. 162, 1916, S. 692) am Mossamedes-Plateau bei Chivinguiro in Südwestangola faßte

Bebiano als Äquivalente seines Bembe-Systems auf, und zwar dem unteren Teil desselben, dem „Niveau schisto-grèseux" des Bembe-Systems entsprechend.

Die von *Borges* und *Mouta* (1930, S. 204) beschriebenen Lui-Schichten im Malange-Distrikt und die Lombe-Schichten des Inkissi-Tales im Norden gehören vielleicht ebenfalls z. T. hierher.

Schichten der Katanga-Gruppe treten in Angola in drei verschiedenen Gebieten auf:

1. In Nordangola vom Kongo nach Süden bis zum mittleren Kuanza.
2. Am Oberlauf des Sambesi im Grenzgebiet gegen Katanga und Nordrhodesien.
3. In Südangola.

a. Nordangola

Die Schichten der Katanga-Gruppe in Nordangola gehören dem großen Komplex an, der von Gabun über den Niederkongo bis zum Kuanza nach Süden zieht, und zeigen den gleichen Schichtenbau wie dort.

α. Unter-Kundelungu. Der liegende Teil beginnt mit einem Basiskonglomerat wahrscheinlich glazialen Ursprunges, das Gerölle und Geschiebe von Granit, Gneis, Quarzit, Sandstein und Milchquarz, auch schwarzen Kalk enthält, die ganz unsortiert in einem geschieferten sandig-tonigen bläulichgrauen oder grünlichen stellenweise kalkhaltigen Bindemittel liegen. Einige Geschiebe sind geschrammt.

Das Konglomerat geht im Hangenden in rötliche Sandsteine über, die z. T. verquarzt sind. Darüber folgen zunächst harte Schiefer in ziemlich großer Mächtigkeit und dann Tonschiefer, denen mächtige graublaue Kalkbänke eingeschaltet sind, die nach dem Hangenden überwiegen und die mit Pyrit imprägniert sind.

Der hangende Teil dieser Gruppe besteht vorwiegend aus Kalksteinen, die z. T. dolomitisch, z. T. verkieselt sind. *Mouta* und *O'Donnell* geben folgendes Profil der Stufe, vom Hangenden zum Liegenden:

Schiefer und schwarzer Stinkkalk in Wechsellagerung . .	160 m
Schwarzer Kalk	15 m
Bläulicher Kalk, massig, etwas kristallin	30 m
Oolithischer Kalk mit Lagen von Kieselschiefer und Tonschiefer	30 m

Das Profil ist beobachtet im Tal des Luango, westlich von Maquella do Sombo, nahe der Nordgrenze am 15.⁰ ö. L.

Die Faltung der Schichten in Gabun und am Niederkongo wird allmählich flacher, und in der Gegend von Maquella do Sombo an der Nordgrenze liegen die Schichten auf große Erstreckung ganz flach. Weiter südlich jedoch ist wieder starke Faltung zu beobachten, so daß die Schichten teilweise fast senkrecht stehen; die Sattelachsen streichen N 20^0 W bis N 20^0 O.

Die bisher mitgeteilte Schichtenfolge des Bembe-Systems umfaßt die untere Abteilung, die dem „Système schisto-calcaire“ von Niederkongo und von Gabun entspricht und beweist durch das hier ebenfalls vorhandene Glazialkonglomerat an der Basis, daß hier unteres Kundelungu vorliegt, nicht etwa das Schiefer-Dolomit-System von Südkatanga.

Nach dem bisher Gesagten ergibt sich also für Nordangola etwa folgendes Profil für das Schiefer-Kalk-System:

9. Schiefer und schwarzer Stinkkalk wechsellagernd . . . . 160 m
8. Schwarzer Kalk . . . . 15 m
7. Bläulicher Kalk, massig, etwas kristallin . . . . 30 m
6. Oolithischer Kalk mit verkieselten Lagen und Tonschieferbänken . . . . 30 m
5. Grauer toniger Kalk mit Pyritimprägnation
4. Tonschiefer mit blaugrauen Kalkbänken
3. Harte Schiefer
2. Sandsteine, z. T. quarzitisch
1. Tillit

Mouta und *O'Donnell* geben ohne genaue Ortsangabe an, daß am Kongo an einem „Fetisch-Felsen“ ein turmalinführender Alkaligranit im Granitgneis sitzt. Da er keinerlei Deformation in seinem Mineralbestand aufweist, so glauben sie, daß er jünger sei als die Faltung des Bembe-Systems. Wahrscheinlich handelt es sich um den Granitstock von Noqui.

Bei Bembe und nördlich dieses Ortes in der Serra de Canda treten in den Kalksteinen Kupfererze auf, an der Oberfläche Malachit, in der Tiefe Sulfide. Der obengenannte Turmalin-Granit wird als Erzbringer der Kupfererze angesprochen.

β. Ober-Kundelungu. Das Ober-Kundelungu besteht aus roten Sandsteinen mit einzelnen kleinkonglomeratischen Bänken, über denen rote sandige Schiefer mit eingelagerten Sandsteinbänken folgen.

Die Schichten entsprechen den Inkissi- und Mpioka-Schichten am Niederkongo. Ob sie konkordant oder diskordant über dem Schiefer-Kalk-System folgen, ist nicht geklärt. Die Mächtigkeit scheint erheblich zu sein.

b. Ober-Sambesi
(Grenzgebiet gegen Katanga und Nordrhodesien)

Die Schichten streichen hier NO—SW und fallen flach nach SO ein, gehören also zum westlichen Teil des großen Faltenbogens von Katanga. Beobachtet sind bisher nur ein Teil des Système schisto-dolomitique und unteres Kundelungu.

α. Schiefer-Dolomit-Serie. *Mouta* und *O'Donnell* geben folgendes Profil:

Obere Minen-Serie:
9. Schwarzer kalkiger Schiefer . . . . wenig mächtig
8. Grüner oder roter Dolomit, meist verkieselt . . . . 200 m
7. Blauer, roter oder graugrüner plattiger Dolomitschiefer . 250 m

6. Konglomerat von Xissamba, schmutzig grün, mit kalkig sandigem Bindemittel, mit kleinen Geröllen und mit Sandsteinlagen	20 m
5. Rote tonige Sandsteine und Quarzite mit z. T. kalkigen Schieferlagen und mit Dolomitbänken im hangenden Teil . .	400 m
4. Grüngefleckter toniger Dolomit, schiefrig, z. T. kieselig . . .	100 m
3. Kieseliger Sandstein und Arkosesandstein, weiß, rot, braun, nebst verkieseltem schieferigem Dolomit	400 m bis 500 m
2. Verkieselter konglomeratischer Arkosesandstein	
Mittlere Minen-Serie:	
1. Roter unreiner Dolomit, sandig und löchrig, dickbankig . . .	mehr als 150 m

Ein Granitstock sitzt angeblich intrusiv in den Schichten und soll in einer Granitbrekzie und in den benachbarten Schiefern Kupfererze ausgeschieden haben. Wahrscheinlich aber ist die Beobachtung unsicher.

Die Schichtfolge scheint einem Teil des Schiefer-Dolomit-Systems in Südkatanga zu entsprechen. Ein Lagergang von Diabas von erheblicher Ausdehnung und von 200—300 m Mächtigkeit ist den Schichten in der Gegend von Calunda eingelagert.

β. Unteres Kundelungu folgt anscheinend normal über der Schiefer-Dolomit-Serie.

Folgendes Profil ist an der Katangagrenze beobachtet:

Tonschiefer, ziemlich stark metamorph, grau, braun oder blau, z. T. kalkig	mehrere 100 m
Massiger dichter oder kristalliner Kalk, teils bituminös, teils verkieselt, mit Kalkschieferlagen und mit Roteisen, mit örtlichen linsenförmigen Anschwellungen	200 m
Feingestreifter hellgrauer, brauner oder roter Kalkschiefer, z. T. mit Pyrit oder mit Roteisen imprägniert, an der Basis schwarz	0—200 m
Fluvio-glaziales Konglomerat mit schieferig-kalkigem Bindemittel	bis 600 m

Da die Gesteine verhältnismäßig stark metamorph sind und da die z. T. kristallinen Kalksteine Flußspat und Eisenerzimprägnationen enthalten, die Schiefer z. T. in Glanzschiefer umgewandelt sind und da die Schichten sehr stark gefaltet sind, so glaubten die portugiesischen Geologen ursprünglich die Schichten zum Muva-Ankole-System stellen zu müssen.

Doch haben die neueren Untersuchungen belgischer Geologen nach *Mouta* und *O'Donnell* ergeben, daß die Schichten zum unteren Kundelungu gestellt werden müssen (vgl. bei Katanga).

c. Südangola

Nach *Mouta* und *O'Donnell* (1933, S. 30 ff.) läßt sich folgendes Profil des Bembe-Systems in Südangola aufstellen:

Die hangende Stufe fehlt.

Die mittlere Stufe besteht aus Kalk und Dolomit, z. T. mit Kieselausscheidungen und durchsetzt von Gängen und Lagergängen von Diabas.

Diese Serie überlagert angeblich diskordant die liegenden Schichten, die den oberen Rand der Chella-Steilstufe über Granit bilden. Diese bestehen aus:

Sandstein	60 m
Schiefer	60 m
Quarzitischem Sandstein und Quarzit	140 m
Konglomerat	5 m

Kleine Erosionsreste an den Rändern der Sedimenttafeln stellen die Verbindung zu den Nama-Schichten in Südwestafrika her.

Die Sedimente der Katanga-Gruppe sind hier im wesentlichen auf den Südwesten des Landes beschränkt. Ihre Hauptverbreitung haben sie in den Hochflächen der Serra da Chella („Chella-Formation", *W. Beetz*, Transact. Geol. Soc. South-Africa Bd. 36, 1933, S. 165) und weiter nach S in den Tjamalindi-Bergen am unteren Kunene. Von dort aus streichen die Schichten in breiter Fläche nach Südwestafrika hinein. Die Sedimente haben sich ursprünglich weiter nach W bis in die Nähe der Küste ausgedehnt; das beweisen vereinzelte Kuppen auf älteren Gesteinen westlich Mossamedes.

In den Tjamalindi-Bergen, etwa 100 km östlich der Kunenemündung, beginnen die Sedimente der Bembe-Formation mit einem typischen Tillit, der im Kunene-Tal besonders gut aufgeschlossen ist und dort Stromschnellen bildet. Die Mächtigkeit beträgt hier etwa 50—100 m. Die rote Grundmasse ist schieferig oder sandig, z. T. grobsandig mit Feldspatbeimengung und führt eckige oder gerundete Brocken von Quarzit, Sandstein, Granit, Quarz usw. ohne Andeutung einer Sortierung. Blöcke von Metergröße liegen neben kleinen Geröllchen. Der Anteil der Geschiebe an der Zusammensetzung des Tillits wechselt; gelegentlich tritt stellenweise statt des Tillits ein Arkosesandstein auf.

Das Glazialkonglomerat entspricht in jeder Hinsicht dem Tillit an der Basis der Kundelungu-Schichten.

Über dem Tillit folgen Quarzite oder phyllitische Schiefer. Die Basis des Chella-Plateaus bilden im Süden Brekzien der im Liegenden anstehenden Schiefer und Gneise in roter sandiger Grundmasse. Nach N hin sind die Brocken mehr gerundet, und schließlich geht das Gestein in ein normales Konglomerat über.

Darüber folgt Quarzit und quarzitischer Sandstein, im Norden auch verkieselter Kalk, der oft im Flachwasser entstandene Brekzienbildung zeigt.

Der Hauptteil der Bembe-Schichten besteht im unteren Gebiet aus Quarziten, roten und grauen Sandsteinen und harten Schiefern, die in den Tjamalindi-Bergen 150—200 m, im Chella-Plateau 400—600 m Mächtigkeit erreichen.

Der hangendste Teil besteht aus Kalksteinen mit Kieselbändern, die z. T. oolithisch sind.

Mouta und *O'Donnell* vermuteten, daß die Kalksteine diskordant über den Schiefern lägen. Statt des Kalkes tritt stellenweise ein grober Sandstein mit Kreuzschichtung und Konglomeratlinsen als hangendster Teil der Schichtserie auf.

Lagergänge und Gänge von olivinfreiem Diabas durchsetzen namentlich am Chella-Plateau die Sedimente; auch Melaphyrdecken sind gelegentlich beobachtet, die bei der Faltung der Schichten zerbrochen sind.

Am Chella-Plateau liegen die Kundelungu-Schichten fast horizontal, sie sind aber im Westen, an den Tjamalindi-Bergen und in den Deckenresten östlich Mossamedes gefaltet. Die Faltenachsen verlaufen in N—S Richtung.

5. *Karru-Sedimente*

Die archaischen und algonkischen Gesteine sowie die der Katanga-Gruppe bilden eine mehrere 100 km breite Zone parallel zur atlantischen Küste von Angola.

Auf sie legt sich nach O, nach dem Kongobecken hin, eine Decke von Konglomeraten, Sandsteinen und Schiefern, die wesentlich jünger sind und die auf Grund der in ihnen gefundenen Fossilien als Sedimente der Karru-Zeit erkannt worden sind, die sich an die in Belgisch-Kongo beschriebenen anschließen.

Mouta und *O'Donnell* (1933, S. 48) unterscheiden zwei Stufen innerhalb der Schichtfolge: die tiefere Cassanje-Stufe, die nur im mittleren Teil von Nordangola, in den Flußgebieten des Lui und des Jambo und Kuango, östlich Malange an der Loanda-Bahn, beobachtet ist und die in dem zentralen Teil des Kongobeckens nicht vorhanden zu sein scheint; sie entspricht ungefähr der Lukuga-Stufe und der Lualaba-Stufe des Belgischen Kongo. Darüber liegt in großer Ausdehnung die Lunda-Stufe, die der Sankuru-Lubilasch-Stufe der Kongo-Geologen entspricht.

a. *Cassanje-Stufe* (Lukuga- und Lualaba-Stufe in Belgisch-Kongo)

1. *M. Robert* beobachtete 1919 im Tal des Lui diskordant auf sandigen Kundelungu-Schichten („Lui-Schichten"; Ann. Soc. Géol. Belg. Publ. rel. Congo belge Bd. 52, S. 29) eine von ihm als glazial erkannte Blockpackung, die er zusammen mit ähnlichen Glazialbildungen im Osten und Südosten des Kongobeckens an die Basis seiner Lualaba-Schichten und damit, wie er glaubte, in die Trias stellte („Période glaciaire post-permienne). Später stellte es sich durch die Untersuchungen in Belgisch-Kongo heraus, daß alle diese Glazialbildungen der großen Dwyka-Vereisung in Afrika angehören, d. h. wahrscheinlich ins Ober-Karbon zu stellen sind.

Später beschrieben *Borges* und *Mouta* (1933) und *Jessen* (1934) aus dem Tal des Cuito, östlich Bihe, ähnliche Sedimente glazialen Ursprunges, die diskordant auf Gneis und auf Kundelungu-Schichten liegen.

Ein weiteres Vorkommen fand sich, ebenfalls auf Kundelungu-Schichten, bei Pungo Andongo zwischen der Loandabahn und dem Kuanza. Damit war eine verhältnismäßig weite Verbreitung einer Glazialablagerung vom Typ und vom Alter der Dwyka-Vereisung nachgewiesen.

Dieser Tillit an der Basis der Cassanje-Stufe führt in sandig-tonigem rotem Bindemittel, wie üblich, in wechselnden Mengen Geschiebe und Gerölle von Kundelungu-Schichten, von Gneis, Quarzit, Quarz, basischen Gesteinen und Granit. Die Geschiebe sind häufig geschrammt. Der Gesteinsbestand schwankt je nach dem Untergrund.

Die Mächtigkeit des Tillits schwankt zwischen 10 und 50 m. *Jessen* fand im Cuitotal bei Bihe unter der alten Grundmoräne ziegelroten glazialen Bänderton mit gelben und grünen Zwischenlagen, der nach NW flach einfällt.

2. Über dem Tillit folgt meist zunächst ein grober kalkiger Sandstein.

3. Der nächsthöhere Horizont besteht aus weiß, grün oder violett gefärbten, gebänderten Schiefern, die einen merklichen Sandgehalt führen und die besonders am Lutoe und auf der Straße Quella—Kuango im Tal des Bale-Flusses aufgeschlossen sind.

Der Horizont führt eine reiche Fischfauna, namentlich im hangenden Teil. Die Mächtigkeit beträgt 10—12 m.

4. Auf dem Schiefer liegt ein dickbankiger grünlicher Sandstein von 30—50 m Mächtigkeit, dem Lagen von Tonschiefer eingeschaltet sind; diese führen unbestimmbare Pflanzenreste.

5. Darüber folgt eine Wechsellagerung von roten tonigen Sandsteinen und sandigen Schiefern, die an der Cassanje-Ebene in den Tälern der Flüsse Lui, Kuango, Cucumbi und Cuilo auf der großen Straße von Malange nach Saurimo aufgeschlossen sind.

Die Schichten führen *Estheria mangaliensis Johnes var. angolensis* und *Estheriella moutai* und beweisen damit ihre Zugehörigkeit zur Lualaba-Stufe.

Die Mächtigkeit beträgt mehr als 400 m, die Lagerung der Schichten ist flach. Es ist bisher nicht bekannt, wo der Schnitt zwischen Lukuga- und Lualaba-Stufe gemacht werden muß.

b. Luanda-Stufe (= Sankuru- oder Lubilasch-Stufe)

Die Lunda-Schichten nehmen in Ostangola riesige Flächen ein; ihre Verbreitung ist nicht auf das Gebiet der Cassanje-Stufe beschränkt, sondern sie transgredieren im O auf Archaikum, im W auf Algonkium und Kundelungu-Schichten, im S auf Archaikum. Am Westrande beweisen einzelne Zeugenberge ihre ehemals weitere Verbreitung.

Die Gesteine der Lunda-Stufe bestehen im liegenden Teil aus mürben, roten feinkörnigen Sandsteinen, die oft Kalkkonkretionen führen und denen tonige Lagen eingeschaltet sind.

Nach dem Hangenden wechselt die Farbe; es treten weiße, braune, rote und violette weiche Sandsteine in Wechsellagerung auf, die Kreuzschichtung aufweisen.

An der Basis der Schichtgruppe liegt stellenweise ein kleinkörniges Konglomerat, offenbar ein Trockenflußschotter, wie er auch im Kongo an der Basis der Sankuru-Schichten zu beobachten ist, und der ebenso wie in den benachbarten Teilen von Belgisch-Kongo Diamanten führt, die ja auch in Angola in erheblichem Maße ausgebeutet werden.

Die Mächtigkeit der Schichten der Lundastufe beträgt stellenweise mehr als 500 m.

Das Ausgehende der Lunda-Schichten ist in großer Ausdehnung verkieselt und in die sogenannte „grès polymorphes" umgewandelt.

Die Oberfläche ist meist mit Sand in wechselnder Mächtigkeit bedeckt, der aus der Verwitterung der Sandsteine hervorgegangen ist.

Die Sandsteine enthalten häufig Grundwasser.

Nach O gehen die Lunda-Schichten in das Gebiet von Belgisch-Kongo hinein, wo sie als Sankuru(Lubilasch)-Schichten bezeichnet werden.

In den Lunda-Schichten finden sich mehrfach Intrusionen von Diabasen, die offenbar den Karru-Diabasen Südafrikas im Alter entsprechen.

An der Benguela-Bahn, nicht weit von der Westgrenze des Verbreitungsgebietes der Lundaschichten, ungefähr 50 km östlich des Kuanza, sind solche Diabasgänge in den Flüssen Cuiva, Cuemba, Xindumba, Luando und Cussique aufgeschlossen, die auf einer N—S streichenden Linie liegen und die bis zu 40 m Mächtigkeit erreichen. Sie veranlassen in den Flüssen Wasserfälle.

Weiter östlich, ebenfalls im Bereich der Bahnlinie, zwischen dem 20. und 21.° ö. L., treten auf einer NW—SO streichenden auf etwa 240 km zu verfolgenden Linie in den Tälern des Chimbo, Kassai, Luena, Lucusse und Lungue-Lungo ähnliche intrusive Lagergänge von dunkelgrünem Diabas auf, die nach Ansicht von *Mouta* und *O'Donnell* mit dem in den Schiefer-Dolomit-Schichten am oberen Sambesi sitzenden großen Diabas-Lagergang gleich alt sein könnten und die vielleicht im Alter den Diabasen der Stormbergperiode gleich sein könnten.

6. *Kreide-Sedimente*

a. Dondo-Schichten (Kontinentalbildung der unteren Kreide)

Die wahrscheinlich ältesten Sedimente der Küstenzone sind die als Dondo-Schichten bezeichneten Sandsteine und Konglomerate, die etwa 140 km landeinwärts von Loanda am Westrande der kristallinen Küstenzone quer zur Bahn nach NW streichen, eine schwache Andeutung von Faltung zeigen und schwach nach W einfallen. Am Südende der Sedimentzone liegt der Ort Dondo.

Der nördliche Teil dieser Sedimentzone besteht aus plattigen und bankigen tonigen roten Sandsteinen, denen zwei ziemlich mächtige Horizonte von roten Tonschiefern eingelagert sind. Der Ausstrich ist 8—20 km breit.

Der Horizont wird als Quilungo-Schichten bezeichnet.

In einer 8 km breiten Senke bei Dondo liegt ein Konglomerat, dessen zum großen Teil eckige Bestandteile, die ohne jede Sortierung liegen, auf Trockenfluß-Schotter hinweisen. Das rote Bindemittel ist kalkig tonig; der Kuanza durchbricht das Konglomerat in einer tiefen Schlucht. An den Steilhängen ist der Kalkgehalt in Form von Kalktuff ausgeschieden. Die Mächtigkeit beträgt gegen 100 m. Das Einfallen ist flach gegen W.

Dies Dondokonglomerat scheint eine örtliche Bildung an der Basis der Quilungo-Schichten zu sein (*Borges* und *Mouta*, 1939, S. 203).

An der Basis des Dondokonglomerats ebenso wie in den Quilungo-Schichten liegen Linsen von bituminöser Kohle.

Mehrere Phonolithdecken und -stöcke sitzen in dem hangenden Teil der Schichten.

Die Quilungo-Schichten nebst Dondokonglomerat gehören wahrscheinlich der tieferen Kreide an, ähnlich den Pumbu-Schichten und der Ajem-Serie in Französisch-Äquatorialafrika (S. 388); ihre stratigraphische Stellung ist vorläufig nicht sicher festgelegt. Fossilien sind bisher nicht in ihnen gefunden. Die Dondo-Schichten sind zweifellos kontinentale Bildungen, die möglicherweise bis in den Jura hinabreichen.

Bebiano (1923, S. 127—217) rechnete hierher auch eine Schichtfolge im Tale des Quilungo, die er nordöstlich von Senze do Itombe untersucht hatte und die folgendes Profil zeigte:

oben: 4. Bituminöser Kalksandstein und Kalk.
3. Asphalt („Libolit") 0—1,5 m.
2. Sandstein, bituminös, mit kalkig-tonigem Bindemittel, 10 m.
1. Verkieselte Brekzie von Quarz und Biotitschiefer.

Die Mächtigkeit beträgt im ganzen etwa 100 m, die Schichten fallen mit 7—40° nach SW.

Da die von *Borges* und *Mouta* erwähnten Phonolith-Eruptionen in dieser Gegend die Schichten durchbrechen, so muß man annehmen, daß entweder die an der Zusammensetzung der Schichten beteiligten Gesteine im Streichen sehr erheblichem Wechsel unterworfen sind oder daß es sich um eine hangendere Zone handelt als die von *Mouta* und *O'Donnell* beschriebenen Quilungo-Schichten, die wir oben erwähnt haben.

Ob die von *Bebiano* mit Vorbehalt hierher gerechneten bituminösen Sandsteine von Libango, Lifune und Mussere und die gipsführenden Mergel von Quixinge sowie die Sandsteine von Lengwe und Dombe Grande in diese Stufe oder vielleicht bereits in höhere Horizonte der Kreide gehören, ist nicht zu sagen.

Die Schichten wurden von den früheren Autoren zu den „Küsten-Sandsteinen" (Grès sublittoraux) gerechnet.

b. Lagunenbildungen

Als vermutliche Apt-Sedimente sahen *Mouta* und *O'Donnell* Gesteine an, die sehr unregelmäßig gebaute Schichtfolgen zeigen, die reich an Gips sind und die außerdem aus Tonschiefern, Sandstein und Kalksteinen bestehen; von Dombe Grande, südlich Benguela, bis nach Amboim (Benguela Velha) längs der Küste sind sie zu verfolgen.

In den oft recht mächtigen Gipslagen sind oft bituminöse Stoffe enthalten, die gelegentlich gediegenen Schwefel aus dem Gips ausgeschieden haben. Den Schiefertonen und den Sandsteinen sind stellenweise Konglomeratbänke eingelagert.

Von manchen Autoren sind diese Sedimente in den Horizont der Dondo-Schichten gestellt worden, und vielleicht teilweise nicht mit Unrecht. Das Liegende der Schichten ist stets Gneis.

In den Sandsteinen bei Benguela Velha finden sich Steinkerne der Bohrmuschel *Lithodomus prälongus* und von *Panopaca plicata.* Mutmaßlich gehören diese Sandsteine aber einem höheren Horizont an als die eben genannten Schichten.

c. Fossilführende marine Kreide

Diskordant über die Dondo-Schichten und wahrscheinlich auch über die eben erwähnten Lagunensedimente legen sich fossilführende Schichten der marinen Kreide.

Des öfteren haben diese Küstensedimente das Interesse der Paläontologen erweckt, und es ist daher eine verhältnismäßig umfangreiche Literatur über Kreide und Tertiär des Küstengebietes von Angola entstanden.

P. Choffat hat die Forschungsergebnisse mehrfach, zuletzt 1905, zusammengestellt. Später haben *Gregory* (1916 und 1922), *Borges* und *Mouta* (1926), *Haugthon* (1924 und 1925) und *Mouta* und *O'Donnell* (1935) übersichtliche Darstellungen gebracht. In seiner Geologie Afrikas hat *Krenkel* im 1. Teil des dritten Bandes (1934) eine ausgezeichnete kritische Zusammenfassung aller bis zu diesem Zeitpunkt vorliegenden Resultate mit ausführlichen Fossillisten veröffentlicht.

Grundsätzlich haben wir hier daher auf die Wiedergabe solcher Fossillistenkataloge verzichtet; wir verweisen für diese auf die Literatur. Wir beschränken uns hier aus Zweckmäßigkeitsgründen auf die Nennung einiger weniger charakteristischer Spezies.

Als fraglich zur Apt-Stufe gehörig betrachten *Mouta* und *O'Donnell* die Schichten mit *Pholadomya pleuromyaeformis*, die (vermutlich diskordant) über den vorher genannten gipsführenden Brackwasserablagerungen folgen und die hauptsächlich zwischen Dombe Grande (südlich Benguela und Catumbela bei Lobito Bay) entwickelt zu sein scheinen.

Neben dem Leitfossil *Pholadomya pleuromyaeformis* finden sich u. a. in ihnen *Salenia dombeensis*, *Natica bulbiformis*, *Lithodomus praelongus*, *Pinna robinaldiana*, *Cyprimeria parva*, das von *Choffat* aufgeführte *Aconthoceras mammillare* scheint nach *Mouta* zu fehlen. Überhaupt sind Cephalopoden und Brachiopoden bisher nicht bekannt.

Ob die Schichten zum Alb oder Apt gehören, ist nicht mit Sicherheit bekannt. Die Nkogho—Cocobeach-Serie in Gabun wird ebenfalls dem Apt zugerechnet.

Die Gesteine, die diese Stufe zusammensetzen, sind schwarze Kalksteine, Kalkmergel, die die hauptsächlichen Fossilträger sind, auch schwach kristalline Kalksteine und Gipslagen kommen vor. Den Kalken sind mehrfach Sandsteinbänke eingeschaltet. Der hangende Teil besteht aus Kalk mit großen Oolithen. Im Verwitterungsboden auf der Oberfläche liegen massenhafte Kalkkonkretionen. Die Mächtigkeit schwankt sehr und beträgt höchstens 60 m.

Die eigentliche Alb-Stufe ist durch Fossilien sicher belegt; nach der petrographischen Beschaffenheit und nach den Fossilien läßt sie sich in zwei Abteilungen gliedern.

1. Unteres Alb. An der Basis der unteren Abteilung liegt, wenigstens stellenweise, ein Konglomerat mit groben Geröllen von Gneis, Eruptivgesteinen und Kalk. Dies Konglomerat ist z. B. bei Cuio, südwestlich Benguela, am Steilhang aufgeschlossen. Darüber folgt grober, roter Sandstein, dann sandiger oolithischer Kalk. Lagen von grünem und rotem Schieferton sind den Schichten mehrfach eingeschaltet. Bitumen ist in Kalken und Sandsteinen häufig vorhanden. Die Mächtigkeit dieser sandigen untersten Abteilung schwankt zwischen 100 und 200 m. Zweifellos sind die Gesteine strandnahe Bildungen. Ähnliche Sedimente sind bei Chapeu Armado, nördlich Mossamedes, beobachtet.

Leitfossilien dieser tiefsten Zone sind *Acteonella anchietai*, die nach oben mit den Kalksteinen verschwindet, *Nerinea cappelloi* in dem oberen Teil der Sandsteine; *Alectryonia diluviana*, *Arca sp.*, *Nerita sp.*, *Cerithium*, Korallen; im Kalk treten auf: *Tylostoma cossoni*, *Arca thevestensis*.

Bei Dombe Grande sind die Sandsteine teilweise mit Kupfererz imprägniert.

Im Tal des Balombo (50 km nördlich Lobito) führen die Kalksteine und Schiefer *Stoliczkaia dispar*, ebenso an der Catumbelo-Mündung. Die Schichten sind dadurch als Alb gekennzeichnet.

2. Der darüber folgende Kalk ist teilweise massig, auch kreideähnlich, z. T. pisolithisch und reich an Mollusken. Mandelausfüllungen von Kalkspat und Baryt sind in den Gesteinen häufig. Der hangende Teil dieser Zone wird allmählich mehr und mehr tonig, in ihm treten Ammoniten der Inflaticerasgruppe auf. Die Mächtigkeit beträgt 50 m.

Die Molluskenfauna zeigt Anklänge an das Alb von Nordafrika. *Cerithium thoas* und *Isocardia branneri* sind auch aus dem Alb in Brasilien bekannt, wie *Krenkel* betont.

3. Die obere Alb-Stufe der Gegend zwischen Cuio und Benguela Velha ist gekennzeichnet durch eine Wechsellagerung von tonigem und teilweise sandigem Kalk mit Tonlagen, die Gips — oft mit Pyritkernen — in dünnen,

wenige Zentimeter mächtigen Lagen führen. Einlagerungen von oolithischem Kalk, Kalksandsteinen und Konglomeratbänken sind häufig.

Die Schichten führen *Stoliczkaia dispar*, *Neithea tricostata* und *Tylostoma globosum*, von denen *Neithea* auch aus Tunesien und Algerien bekannt ist. Die Mächtigkeit der Schichten erreicht gelegentlich 100 m. Das obere Alb liegt z. T. diskordant auf dem unteren.

Die roten Sandsteine liegen diskordant auf den Schichten mit *Pholadomya pleuromyaeformis* über den Küstensandsteinen.

Krenkel sprach die Actaeonellen-Schichten für Turon an.

d. Senon

Besonders im Norden von Benguela Velha und südlich von Dombe Grande sind Senon-Schichten bis über den 14.⁰ s. Br. hinaus (São Nicolau) bekannt. Im Süden bestehen die Schichten aus einem Basiskonglomerat, über dem Sandsteine, fossilreiche körnige Kalksteine und gipsführende Tonlagen folgen. Bei Salinas, nördlich vom São Nicolau-Fluß, transgredieren sie über die roten Sandsteine der Turonschichten mit *Actaeonella*. Sie enthalten *Roudaireia forbesiana* und *Ostrea olisiponensis*. Über diesen Schichten folgt am Fluß São Nicolau eine Basaltdecke und über dieser Kalksteine, in denen *Roudaireia drui* auftritt. Die Schichten werden daher als Maestrichtien und Coniacien angesprochen; sie enthalten zahlreiche Ammoniten, die von *Douvillé* beschrieben wurden, leider ohne die Verbreitung der Arten in den einzelnen Horizonten anzugeben.

Nördlich von Benguela Velha bestehen die Schichten dieses Horizontes aus wechsellagernden Bänken von Kalkstein und Ton, gelegentlich mit Einlagerungen von Kieselschiefer.

In der Gegend von Dondo liegt das Senon diskordant über den Dondo-Schichten und erreichte in einer Bohrung am Cunga 1346 m Mächtigkeit.

Bei Senze do Itombe, beim km 190 der Loanda-Bahn, untersuchte 1902 *Voit* Sandsteine und Konglomerate, die mit Kupferglanz in Form von Knotten imprägniert sind; das Erz geht im Ausgehenden in Malachit und Lasur über; der Kupfergehalt soll im Durchschnitt 4 v. H. betragen.

Die Schichten streichen NW und fallen mit 12^0 nach SW ein. Sie enthalten *Ostrea olisiponensis*, *Exogyra overwegi*, *Baculites sp.*, *Avicula sp.* und gehören wohl ebenfalls dem Senon an. Wie sie zu den im Osten folgenden Sandsteinen liegen, ist nicht bekannt.

Bei Libongo, nördlich Loanda, führen die Kreide-Sandsteine dickflüssiges Bitumen, das in kleinen Brunnen gesammelt wird. Die von der Companhia de Petroleo de Angola bis zu 700 m Tiefe niedergebrachten Bohrungen haben aber keinen brauchbaren Erfolg gehabt.

Auch die neuere Bohrung bei Porto Amboim scheint ergebnislos verlaufen zu sein.

Im übrigen ist bisher an keiner Stelle der Küste ein einigermaßen lückenloses Kreideprofil nachgewiesen, überall scheint mindestens ein Horizont, auch mehrere auszufallen. Das beweist ein mehrfaches und unregelmäßiges Auf- und Absteigen der Küstenlinie während der Kreidezeit.

7. *Tertiär*

Längs der ganzen Küste von Cabinda im Norden bis nach Porto Alexandre im Süden begleiten Sedimente der Tertiärzeit die Küstenzone in vier ausgedehnten Gebieten.

Das nördliche breite Tertiärgebiet zieht von Cabinda über die Kongomündung bis südlich Ambrizete, häufig verdeckt durch junge Sedimente. Weiter südlich liegt die große Tertiärzone von Loanda; hier greifen die Tertiärsedimente mit einer Bucht über 100 km tief in das Kreidegebiet an der Mündung des Kuanza hinein.

Nur schmal ist der Tertiärstreifen zwischen Lobito und Dombe Grande bei Benguela.

Ausgedehnter ist die Zone von Mossamedes im Süden. Nur wenige Punkte sind genauer untersucht; doch sind durch ihren Fossilinhalt viele Horizonte vom unteren Eozän bis zum Pliozän bekannt geworden.

a. Eozän

Bei Landana in Cabinda ist namentlich durch die Untersuchungen von *Dollo*, *Leriche* und *Vincent* ein Steilhang mit fossilführenden Schichten des Alt-Tertiär berühmt geworden, dessen Fossilien, namentlich die Reptilien und Fische, einen guten Anhalt für das Alter ergeben.

Das Profil von Landana ist vom Hangenden zum Liegenden folgendes:

11. Oberflächenbildungen.
10. Schiefriger Ton.
9. Gelblicher Sandstein mit Schildkröten (*Bantuchelys congolensis*).
8. Knollenkalk mit Schildkröten und Fischen (*Hypolophitis mayombensis*).
7. Kalksandstein.
6. Fester kalkiger Sandstein.
5. Hellgelber Sandstein.
4. Graublauer Sandstein.
3. Kalkiger fester dunkler Sandstein mit Schildkröten.
2. Heller Kalksandstein.
1. Schwarzer glimmerführender Ton mit Fischresten.

Die Fische (*Hypolophites mayombensis*, *Myliobatis dispar*, *Ginglymostoma sp.*, *Odontaspis macrota var. striata*, *Lamna appendiculate* u. a.) nebst zahlreichen Mollusken weisen auf unteres und mittleres Paleozän (Montien und Landénien) hin; vielleicht gehören die hangendsten Schichten schon ins mittlere Eozän.

Die Sedimente zeigen südliches Einfallen.

Bei Sasazao am Chiloango, etwa 10 km südlich von Landana, stehen helle poröse Kalksteine und Tonschichten zutage, die nach ihrer Fauna dem Eozän angehören.

Östlich Mossamedes, beim km 18,5 der Bahnlinie, treten Kalksteine und Sandsteine auf, die Fischreste (z. B. *Pristis sp.*, *Odontaspis cuspidata*, *Odontaspis macrota*, *Odotus obliquus*, *Sphryaenochus sp.*) enthalten und die nach *Leriche* vielleicht zur Ypern-Stufe gehören sollen. *Böhm*, der die Konchylien bearbeitete, stellte sie ins Tertiär ohne nähere Angabe der Stufe, und das entspricht wohl besser den Tatsachen als *Leriches* Angabe.

Auch bei Chapeu Armado tritt Eozän auf, das mit einem Transgressionskonglomerat über Granit beginnt; darüber liegen Sandstein und Mergel mit Bänken von Kalk und Gips.

b. Oligozän

Diskordant über dem Senon liegen die Schichten von Cunga am Kuanza, die aus geschichtetem Ton mit Lagen von Kalkmergel bestehen und die zahlreiche Foraminiferen enthalten. Auf Grund dieser Fossilien werden die Schichten zum Oligozän gestellt. Die Mächtigkeit dieser Stufe beträgt etwa 50 m. Sicheres Oligozän ist sonst nicht nachgewiesen (*Mouta* und *O'Donnell*, 1935, S. 71).

c. Miozän

Miozänschichten sind von der Enklave Cabinda nach S hin an zahlreichen Stellen bekannt.

Mouta und *O'Donnell* (1935, S. 72—75) bezeichnen das gesamte Miozän Angolas als Burdigal und unterscheiden unteres und oberes Burdigal. Das obere Burdigal ist in der Gegend von Loando etwa 40 m mächtig und besteht aus vorwiegend sandigen Gesteinen mit *Asthenostoma basteroti* und *Oliva subclavula.* Bei Benguela sind diese Schichten zusammengesetzt aus wechsellagernden Sandschichten und Lagen von fossilführendem mergeligem Kalk. Zwischen Dombe Grande und Mossamedes liegen nur kleine Fetzen der Stufe über Kreide; im Süden treten die Schichten in größerer Ausdehnung auf.

Unteres Burdigal, vorwiegend aus Kalksteinen aufgebaut, erreicht bei Loanda 45 m Mächtigkeit.

Bei Ambrizete transgrediert das Jung-Tertiär über Kreideschichten (Kalkstein und Sandstein). Das Profil ist vom Hangenden zum Liegenden:

5. Oberflächenbildungen	
4. Kalk mit Foraminiferen	0,5 m
3. Fossilleerer Sandstein	1—2 m
2. Sandstein und sandiger Kalk mit Knollen, die Fossilien enthalten	2—3 m
1. Kalk mit Foraminiferen *(Globigerina bulloides, Gl. sacculifera, Textularia, Orthophragmina).*	

Die Schichten streichen SW und haben flaches Einfallen nach NW und SO.

In der Tertiärbucht von Loanda sind es ebenfalls Kalksteine, kalkhaltige Sandsteine und Tonschiefer, die die Miozänschichten aufbauen. Globigerinen sind in großer Anzahl vorhanden. *Fleury* und *Douvillé* haben die Faunen bearbeitet. Auch Gastropoden und Lamellibranchiaten sind in erheblicher Anzahl bekannt. Die gesamte Fauna weist auf untermiozänes Alter hin.

Im allgemeinen liegen die Schichten fast horizontal und zeigen nur geringe Einfallswinkel.

Im Benguela-Distrikt beträgt die Mächtigkeit der hauptsächlich aus Schiefertonen mit eingelagerten Bänken von Sand und Kalkmergel bestehenden Miozänschichten eine Mächtigkeit von 110 m. Sie führen *Arca senilis* und *Ostrea gryphoides var. crassissima.*

Im Südgebiet bei Mossamedes liegt das Miozän meist diskordant auf Senon und Eozän und besteht aus feldspatführenden Sanden und Sandsteinen, die oft ziemlich grob sind. Der Fossilreichtum ist groß, hauptsächlich an Schnecken, Lamellibranchiaten und Korallen. Neben den von Benguela erwähnten Fossilien seien als Beispiele erwähnt *Cardium ringens*, *Pecten flabellum*, *Hinnites crispus var. dubuissoni*, *Ostrea lamellosa*, *Mactra striatella*, *Crassostrea gingensis*, *Aturia aturi*, die auch aus Britisch-Ostafrika bei Fundi Isa zwischen dem Sabaki und dem Tana bekannt ist und ins untere Miozän gehört.

d. *Pliozän*

Zum Pliozän rechnet man eine Schichtfolge, die in der unmittelbaren Umgebung der Stadt Loanda aufgeschlossen ist. In der Nähe der Funkstation ist folgendes Profil zu beobachten:

Roter „Muceque"-Sand von unbekannter Mächtigkeit (Pleistozän)	
Geschichteter, nicht plastischer Ton	9 m
Sandiger, dickbankiger Kalk, übergehend in groben Sandstein mit Fossilien	0,3 m
Feiner Sand in dünnen Schichten mit Tonlinsen . .	35 m

Zwischen Novo Redondo und Benguela Velha liegt eine Sandsteinplatte mit grobem Arkosesandstein auf dem tiefsten Kreideplateau, die *Arca senilis* und *Ostrea gryphoides* enthält und die vielleicht zum Miozän gehört.

Bei Benguela liegt auf dem Miozän eine Sandsteindecke, die als Sombreiro-Sandstein bezeichnet wird und die zum Pliozän gestellt wird.

Die unterste Kreide, namentlich die Pholadomyen-Schichten im Gebiet von Benguela, bildet eine Anzahl von N—S streichenden Falten, die z. T. ziemlich kräftig zusammengestaucht sind.

Die jüngeren Schichten bilden die sogenannte Plateauzone und liegen flach. Nördlich Benguela sind die Sedimenttafeln gegen das Meer von N—S streichenden Brüchen begrenzt.

Bei Dombe Grande sind O—W streichende Querverwerfungen bekannt.

Die verhältnismäßig große Breite der Kreidezone zwischen Loanda und Benguela Velha (Amboim) ist vermutlich durch eine an der Wende Jura-Kreide an Brüchen abgesunkene große Scholle bedingt.

e. Kalahari-Formation (Fossilführender verkieselter Kalk)

Ganz ähnliche Gesteine wie die interessanten verkieselten Kalksteine der Mont Bunza-Stufe in Belgisch-Kongo treten auch in Angola mehrfach auf.

Das wichtigste bisher beschriebene Vorkommen liegt auf Karru-Schichten (Cassanje-Stufe) in der Cassanje-Ebene bei der katholischen Bangalas-Mission und bildet dort eine Reihe von Höhen, in denen die Schichten bis 96 m Mächtigkeit erreichen. Die Hügel fallen im Norden steil ab, im Süden dachen sie sich flach zum Luifluß ab.

Das Gestein besteht teils aus eingekieseltem Sand, teils ganz aus Chalcedon. Neben den am Mont Bunza bekannten Formen *Physa*, *Planorbis*, *Cypris* und *Chara* sind hier noch *Limnaea* und *Physopsis* beobachtet worden, die auch auf dem Kundelungu-Plateau in Katanga in ähnlichen jungen Sedimenten gefunden worden sind.

Ein weiteres Vorkommen der gleichen Art liegt etwa 100 km südöstlich auf der gleichen Unterlage wie die zuerst genannten.

Die genaue stratigraphische Stellung dieser Sedimente ist bisher nicht bekannt (vgl. bei Belgisch-Kongo).

Wahrscheinlich gehören die mehr oder weniger verkieselten Sandsteine, die namentlich im Süden von Angola im Stromgebiet des Kunene, Kubango und Kuando als bis zu 30 m mächtige Oberflächenbildungen auftreten und die an zahlreichen Stellen ausgedehnte Trockenflußschotterbildungen enthalten, ebenfalls in die Gruppe der Kalahari-Formation, deren Bildung vielleicht an der Wende Kreide-Tertiär begann. Aber auch im Lunda-Distrikt im Nordosten sind derartige ausgedehnte Bildungen bekannt.

Die Oberfläche dieser durch Kieselsäure verfestigten vorwiegend sandigen Bildungen besteht aus mehr oder weniger tonhaltigen Sanden und Trockenflußschottern, die aus dem Zerfall der alten Gesteine (Granit, Gneis usw.) herrühren. Die Schotter, die von *Beetz* z. T. als Absätze diluvialer Trockenflüsse erkannt wurden, führen im Lundadistrikt Diamanten.

f. Junge Meeresablagerungen

An der Kongomündung erreichen junge tonige Sande mit Schotterlagen eine Mächtigkeit von mehr als 150 m.

Im Loanda-Distrikt bedeckt der rote tonige Muceque-Sand das Tertiär in großer Ausdehnung; er führt Fossilien, z. B. die Gastropoden *Tympanotomus fuscatus* und *Rapana coronata*, die auch aus dem Pleistozän vom Senegal bekannt sind.

In der Küstenebene zwischen Lobito und Benguela sind ähnliche Sande auf den jungen Uferterrassen bekannt, die eine reiche Fauna enthalten.

Vulkanische Gesteine in Kreide und Tertiär

In der Küstenzone nördlich und südlich Chapeu Armado liegen Decken und Gänge von Plagioklasbasalt, auch Nephelinbasalt, auf Senonschichten; bei São Nicolau soll die Basaltdecke nach *Borges* und *Mouta* (1926, S. 17) den Senonschichten zwischengelagert sein, während nach *Mouta* und *O'Donnell* 1933 der Basalt auch auf Tertiärschichten liegt. Man kann diesen interessanten Basaltvorkommen also nicht ohne weiteres das Alter der oberen Kreide zuschreiben, wie *Beetz* annahm (1934, S. 171). Genauere Untersuchungen wären zur Entscheidung der Frage nötig.

Ähnliche Gesteine beobachtete *Tyrrell* (Transact. Roy. Soc. Edinburgh, 1916, Bd. 51, Teil 3, S. 558) westlich Lepi an der Benguela-Bahn. Ihr Alter ist unbekannt. Da die Gesteine merkliche Umwandlungserscheinungen zeigen, glaubt *Beetz*, Karru-Alter für sie annehmen zu dürfen.

Östlich und nordöstlich Mossamedes liegen Decken von Andesit und Trachyt in größerer Ausdehnung und in einer Gesamtmächtigkeit von vielleicht 200 m, die *Faber* 1926 beschrieb.

Die Andesitdecken liegen unter Eozänsedimenten und kommen in den Eozänkonglomeraten als Gerölle vor. Bei Loanda sollen sie als Liegendes der unteren Kreide auftreten und werden deshalb von *Beetz* als Äquivalente der Karrudecken des Kaokofelds und Basutolandes angesehen. Es ist aber noch nicht erwiesen, ob es sich an beiden Stellen wirklich um die gleichen und gleichaltrigen Gesteine handelt; das Alter der Andesite von Mossamedes bleibt unentschieden.

Zwischen der Tiger-Bay und der Kunene-Mündung, also am südlichsten Teil der Küste, treten ultrabasische Gesteine zutage, so der Pyroxenit-Peridotitstock des Morro Vermelho, der von zahlreichen Ganggesteinen verschiedenster Zusammensetzung begleitet ist. *Beetz* hält es für möglich, daß die Diamanten, die gelegentlich in den Schottern des Gebietes auftreten, aus derartigen Gesteinen stammen.

B. Tektonik

Die atlantische Küste von Angola begleitet die alte Festlandsschwelle, die von Südafrika her bis nach Gabun in ungefähr nördlicher Richtung zieht; sie besteht aus hochmetamorphen und meist stark gefalteten Gesteinen, die in mehreren Perioden von sauren und in geringerem Umfang von basischen Gesteinen durchbrochen sind. Die ältesten dieser Gesteine sind unter dem O—W gerichteten Faltungsdruck mehr oder weniger stark in Gneis umgewandelt. Eins der jüngsten Gesteine dieser Intrusivperiode und wohl der gewaltigste Lakkolith ist der Chella-Granit im Süden, der gegen Ende der Faltungsperioden aufgestiegen ist.

Im Osten legen sich an und auf diese alten Gesteine zunächst die Gesteine der Muva-Ankole (Oendolongo)-Formation, die im wesentlichen zu NNW—

SSO streichenden Faltenzügen geordnet sind. Ob sie mit einer Störung gegen das Archaikum grenzen oder ob die Auflagerung einigermaßen normal ist, ist unbekannt. Die Faltung ist im allgemeinen nicht so intensiv wie die des Archaikum.

Über das Muva-Ankole transgrediert das Kundelungu-System, zunächst mit dem Système schisto-calcaire, das im W noch merklich gefaltet ist, während es sich nach O hin mehr und mehr flachlegt, und in diesem Teil folgen darüber die nur noch wenig bewegten Schichten des Ober-Kundelungu.

Im Süden, am Chella-Plateau, liegen die Schichten ungefaltet horizontal.

Im Gegensatz dazu sind die Schichten des Katanga-Systems an der Ostgrenze gegen Katanga und Rhodesien in den großen Faltenbogen Südkatangas mit einbezogen, und das hier vorhandene Kalk-Dolomit-System (= unterer Teil der Katanga-Gruppe), das im Westen ganz fehlt, ist durch die nach NO streichende intensive Faltung erheblich metamorphosiert; basische Intrusiva sind hier und in den Kundelungu-Schichten des Westens vorhanden.

Die Karru-Sedimente, die weit über die Grenzen von Angola nach O und N nach Belgisch-Kongo hineinreichen, liegen ungestört flach ohne Faltung, nur kleine Intrusivmassive treten in ihnen auf; wenige Verwerfungen geringen Ausmaßes durchsetzen die riesige Sedimenttafel.

Anders das Küstengebiet.

Zweifellos hat an der Wende Jura-Kreide eine allmähliche Senkung des kristallinen Sockels im Küstengebiet um mindestens 250—280 m stattgefunden, die aber noch in den verschiedenen Küstenteilen verschiedenes Ausmaß erreichte und die immer wieder von Hebungen unterbrochen wurde, so daß Transgressionen und Regressionen während der Kreide und des Tertiär häufiger abwechselten.

Die ältesten bekannten Sedimente gehören dem tiefen Alb an, möglicherweise sind auch solche der Aptstufe vorhanden.

Alle Sedimente zeigen, daß sie in Küstennähe entstanden sind.

Eine Ausnahme bilden die Gesteine der Dondo-Schichten, die wahrscheinlich als Festlandsbildungen anzusehen sind. Über ihr Alter gehen die Meinungen noch sehr auseinander. Vielleicht gehören sie an die Grenze Jura-Kreide. Während einige Forscher diese Schichten als terrestre Fazies der unteren Kreide ansprechen, nehmen andere — ebenfalls begründet — an, daß es sich um Äquivalente der Sankuru(Lubilasch)-Schichten, also um oberste Karru, handelt; d. h. es müßte sich zur Zeit ihrer Bildung westlich der kristallinen N—S-Schwelle ein immerhin erhebliches Festlandsgebiet in den Raum des heutigen Atlantischen Ozeans vorgeschoben haben, auf dem sich diese festländischen Abtragungsprodukte bilden konnten.

Im Verlauf der Hebungen und Senkungen entstanden in den Randgebieten des Festlandsockels Brüche parallel der Küste. Die zwischen ihnen liegenden Schollen haben sich unregelmäßig bewegt, haben sich auch z. T. schräg gestellt, so daß die auf ihnen liegenden Sedimente ins Gleiten gerieten und sich falteten, wie die Alb- oder Aptschichten mit *Pholadomya pleuromyaeformis.*

Auch die Beobachtung, daß beispielsweise in der Gegend von Lobito die Schichten der oberen Aptstufe in einem tieferen topographischen Niveau liegen als die des unteren Apt, weist auf die Schollen-Bewegung längs Brüchen hin.

Schrifttum

Der geologische Bau von Angola

Auswahl

Airaghi, C., Di alcuni ammoniti della Creta superiore di Lobito. — Rendiconti Ist. Lombard. Sci. Bd. 64 (1931), S. 845.

Andrade, A. Freire de, Sur la position de Senilia senilis dans le tertiaire de Loanda. — Comm. Serv. Geol. Portugal Bd. 8 (1911), S. 87.

Andrade, A. Freire de, As minas de cobre da provincia de Angola. Rev. de obras publ. e minas Bd. 37 (1916), S. 275.

Bebiano, I. B., Carta dos Jaçigos de Hidrocarbonetos de Angola. Catal. descript. da coleção de minerais enviados à exposit de Londres. Loanda 1921.

Bebiano, I. R., Geologia e Riqueza Mineira de Angola. Comm. Serv. Geolog. Portugal. Heft 14, 1923.

Bebiano, I. B., Subsidios para o estudo geologico e mineira da procincia de Angola. Bol. agencia geral das colonias. II. 1926, Nr. 8.

Beetz, P. F. W., Geology of South West Angola between Cunene and Lunda Axis. Transact. Geol. Soc. South Africa. Bd. 36 (1934), S. 137—176. 1 geol. Karte 1 : 1 Mill. Vgl. Geol. Rundschau, Bd. 28 (1937), S. 240—242.

Beetz, W., Klimaschwankungen und Krustenbewegungen in Afrika südlich des Äquators von der Kreidezeit bis zum Diluvium. Geogr. Ges. zu Hannover 1938. Sonderveröffentlichung Nr. III.

Bequaert, I. C., Observations de géologie dans l'Enclave de Cabinda et le Bas-Congo. C. R. XIII. Internat. Geol. Kongr. Brüssel 1922. (Erschienen 1925), S. 5.

Böhm, I., Eozäne und miozäne Versteinerungen aus Angola. Zeitschr. d. Deutschen Geol. Ges. Bd. 81 (1929), S. 450 bis 451.

Borges, A. und Mouta, F., Sur l'existence et distribution du Karroo dans l'Angola. C. R. XV. Intern. Geol. Kongreß Pretoria 1929. Bd. 2, S. 186—209.

Canuet, M. G., Notice géologique et minière sur la région de Bembe. Soc. ingén. civils France 1931.

Choffat, P., Nouvelles données sur la zone littorale de Angola. Comm. Serv. geol. Portugal. 1905, S. 31—78.

Douvillé, H., Les ammonites de Salinas. Bol. Mus. e labor. Min. e Geol. Univ. Lisboa. 1933. Heft 1.

Douvillé, H., Le Tertiaire de Loanda. Bol. Mus. e. Labor. Min. e Geol. Univers. Lisboa. 1933, Heft 2, S. 63—118.

Faber, F. J., Bijdrage tot de geologie van Zuid Angola. Delft 1926.

Faber, F. J., Kwarteire Korallen in Angola. Akad. Wetensk. Amsterdam Natur. Bd. 35 (1926), Heft 4.

Fleury, E., La géologie de l'Angola. XIII. Internat. Geol. Kongr. Bd. 2, S. 863.

Fleury, E., Notes sur la Géologie et paléontologie de l'Angola. Comm. Serv. géol. Portugal. 1923, Nr. 14, S. 219 bis 240.

Gomes, I. P., Novas apontamentos sobre a „Libolite". Com. Serv. Geol. Portugal IV. 2. 1901, S. 190.

Gregory, I. W., Contributions to the Geology of Benguella. Transact. R. Soc. Edinburgh. Bd. 51 (1916), S. 495.

Gregory, I. W., On some cretaceous echinoidea from the neighbourhood of Lobito Bay. Transact. R. Soc. Edinburgh. Bd. 51 (1916), S. 585—587.

Gregory, I. W., Supplementary note on the geology of Benguella in relation to its cephalopods and the history of the South Atlantic. Transact. R. Soc. Edinburgh. Bd. 53 (1922), S. 161—163.

Haughton, S. H., Notes on some cretaceous fossils from Angola. Ann. South Afr. Mus. Bd. 22 (1925), S. 263.

Holmes, A., A contribution to the petrology of NW-Angola. Geol. Magaz. VI Bd. 2 (1915), S. 228.

Holmes, A., On a series of volcanic rocks from the neighbourhood of the Lucalla River. Mineral. Magaz. 1916, S. 69.

Jessen, O., Ein Glazialvorkommen in Mittel-Angola. Geol. Rundschau. Bd. 25 (1934), S. 38—41.

Krenkel, E., Angola. In: Geologie Afrikas. Bd. 3. Teil 1. Berlin 1934, S. 1011—1086. Mit ausführl. Literaturverzeichnis.

Leinz, V., Ein Beitrag zur Kenntnis der Gesteine von Angola. Centralbl. Min. 1935. A, S. 97—102.

Leriche, M., Sur les premiers fossiles découverts au Nord de l'Angola, dans le prolongement des couches du Lubilash et sur le synchronisme des couches du Lubilash et des couches du Lualaba. C. R. Acad. Sci. Paris. Bd. 195 (1932), S. 398.

Leriche, M., Les poissons paléocènes de Landana. Annales Mus. Congo belge. A. III. Bd. 1 (1913), S. 67.

Marquardsen und Stahl, A., Angola. 2. Aufl. 1928.

Mouta, F., Sur les formations continentales du bassin du Congo. C. R. Soc. géol. France 1932. (7. Mai.)
Mouta, F., Les couches à Estheria Mangaliensis du Nord de l'Angola. Bol. Mus. e Labor. Miner. e Geol. Univ. Lisboa. Nr. 2.
Mouta, V., Borges, A., Sur le crétacé du littoral de l'Angola (Districts de Benguela et de Mossamedes). C. R. 14. Internat. Geol. Congr. Madrid 1926. Bd. 3, S. 911.
Mouta, F. und O'Donnell, H., Carte Géologique de l'Angola. Note explicative. 1933. 85 S. Bunte geol. Karte 1 : 2 Mill. Ausführl. Schriftenverzeichnis.
Polinard, E., Un minéral de cuivre du Chemin de Fer de Mossamedes. Ann. Soc. géol. de Belg. Publ. rel. Congo belge. Bd. 58 (1934/35), S. 83—88.
Polinard, E., Les roches alcalines de Chianga (Angola) et les Tufs associés. Mém. Inst. Royal Colon. Belg. Sect. Sci. nat. (Coll. in 8°.) Bd. 9, Heft 4 (1939), 27 S. 3 Taf.
Range, P., Geologie und Naturalschätze Angolas. Zeitschr. f. prakt. Geol. 1920, S. 181—187.
Range, P., Die Diamantlagerstätten Angolas. Koloniale Rundschau 1928, S. 77—79.
Robert, M., Une période postpermienne dans l'Angola. Ann. Soc. géol. Belgique. Publ. rel. Congo belge. Bd. 42 (1918/19), S. 29—31.
Sousa, F. L. Pereira de, Esbaço géologico da parte occidental do norte de Angola. (Mit Karte 1 : 2 Mill. und Karte von Cabinda 1 : 600000). Publ. Serv. géol. Portugal. 1916.
Sousa, F. L. Pereira de, Sur quelques roches remarcables de l'Angola. C. R. Acad. Sci. Paris. Bd. 173 (1921), S. 777.
Spath, L. F., On cretaceous Ammonoidea from Angola. Transact. R. Soc. Edinburgh. Bd. 53 (1926), S. 91—160.
Thiele, S., Neue Fossilfunde aus der Kreide von Angola mit einem Beitrag zur Namensgebung der Gattung Pervinquieria Böhm. — Centralbl. Min. 1933. B, S. 110—123.
Vageler, P., Beobachtungen in Südwest-Angola und im Ambolande. Zeitschr. Ges. Erdkunde Berlin 1920, S. 179 bis 193.
Voit, F. W., Kupfervorkommen bei Senza do Itombe, Angola. Zeitschr. f. prakt. Geol. 1902, S. 353—357.

XIII. b. Die nutzbaren Lagerstätten von Angola

Von Fritz-Erdmann Klingner

Die Portugiesen setzten sich 1575 in Loanda fest und unterwarfen in viele Jahre dauernden Kämpfen das Dongoreich, dessen Herrscher den Titel Ngola (Angola) führten, von dem sich der heutige Name für die Kolonie ableitet. Nach einer kurzen holländischen Zwischenherrschaft von 1641—1648 dehnten die Portugiesen im Laufe der folgenden Jahrhunderte ihre Herrschaft auf den Süden und das Landesinnere aus. Infolge ungünstiger Finanzverhältnisse war die wirtschaftliche Lage Angolas lange Zeit schlecht und hat sich erst in den letzten Jahren gebessert. In der Ausfuhr der Landeserzeugnisse stehen wertmäßig die im Lunda-Bezirk gewonnenen Diamanten an erster Stelle, es folgen Mais, Kaffee und Zucker (Zuckerrohr in Plantagenbetrieben). In allerjüngster Zeit erhält die Ausfuhr von Gold etwas Bedeutung. Die Kupfererze von Bembe können vielleicht einmal wirtschaftlich wichtig werden, wenn sich die Verkehrsverhältnisse gebessert haben und die geplante Bahn von Diego Cao am Kongo nach Bembe gebaut ist.

A. Erze

1. Kupfer

Eine ganz ähnlich wie Kambove bei Katanga ausgebildete Kupfer-Lagerstätte liegt bei Bembe im Bezirk Kongo. Die kupferführenden Schichten von Bembe liegen nach *Bebiano* in eisenschüssigen Talkschiefern der Bembe-Formation (= Nama—Transvaal-System), die N 60° W streichen und mit

40—80° nach SW einfallen. Die eigentliche kupfererzführende Zone, die im Streichen bisher 1½ km verfolgt werden konnte, sind kalkig-dolomitische Schichten mit Hornstein-Einlagerungen und ein sandiges, wahrscheinlich wie in Katanga auch ±-talkiges Residual-Gestein, an das die Erzführung, hauptsächlich Malachit, Chrysokoll und schwarzes Manganoxyd, gebunden ist. Unter dieser Hutzone hat man die primären Sulfide angetroffen, vor allem Buntkupfererz und Kupferkies. Diese Primärzone hat man in einem Schürfstollen im Tal des Rio Bembe angefahren. Man hat dabei „Lagergänge" *(Bebiano)* von 2—7 m, in einem Fall bis 14 m Mächtigkeit, mit Kupfergehalten von 7—15 v. H. angetroffen. Diese „Lagergänge" sind an Zerrüttungszonen gebunden und setzen z. T. in regelrechten Verwerfungsbrekzien auf. Der Malachit der Oxydationszone wurde schon früher von den Eingeborenen abgebaut, an portugiesische Händler verkauft und nach Europa verschifft. Bis in die 70er Jahre hinein wurden jährlich 200—300 t über Ambriz ausgeführt. Die Sociedade das Minas do Bembe hat 1932—1934 1500 t Kupfererze gefördert.

Bei Cabiri, östlich Loanda, ist ein ähnliches, noch nicht näher untersuchtes Vorkommen bekannt.

2 km von Senze do Itombe, etwa 7 km von der Loanda-Bahn entfernt, liegt in einem flachen Hügellande eine allgemein für bauwürdig gehaltene Kupferknottenerz-Lagerstätte. Hier ist ein grobkörniger bis konglomeratischer kalkiger Sandstein des oberen Cenoman am Ausgehenden völlig mit karbonatischen Kupfererzen getränkt. Das Lager streicht nordwestlich und fällt mit etwa 12° nach SW ein. Neben Malachit und Kupferlasur treten noch auf das Kupfer-Vanadat Volborthit als grünlich-gelblicher Anflug auf Kluftflächen sowie Chrysokoll. Nach der Teufe zu werden die Erze sulfidisch. Hier findet sich ein hellgrauer, gleichmäßig grobkörniger Sandstein mit Knotten von Kupferglanz und etwas Bleiglanz. Das Erzlager ist nach *Volt* mindestens 5 m mächtig, der Durchschnittsgehalt der Erze beträgt nach ihm mindestens 4 v. H. Cu. Das Lager dürfte aszendenter Entstehung sein. Die Nähe schiffbarer Flüsse bietet dem Abbau dieser Lagerstätte günstige Transportbedingungen.

Man hat in der Nähe dieser Lagerstätte noch ähnliche Vorkommen wesentlich geringeren Umfangs angetroffen. *Volt* konnte etwa 1 km von dieser Lagerstätte entfernt zahlreiche Gerölle von Kalkstein, die mit Kupfersulfiden imprägniert waren, beobachten. Der Schluß auf ein metasomatisches Kupfererz-Vorkommen liegt nahe. Bei Quibela, 9 km östlich Benguela, liegt eine ganz ähnliche Lagerstätte in der Nähe des Auflagers von Kreide-Sedimenten auf Gneisen.

Aus Angola sind auch zahlreiche Kupfererz-Gänge bekannt geworden, die anscheinend aber keine wirtschaftliche Bedeutung haben. *Bebiano* und *Range* (1920) nennen: Dala-Tuto und Banza zwischen Dondo und Pungo-Andongo im Flußgebiet des Kuanza; Cuvo am Rio Cuvo nördlich Novo

Redondo; im Bezirk Mossamedes: Maiombo und Chapeo Armado (kupfererzführende Quarzgänge in Schiefern und Graniten); am Rio Bero (Kupferkarbonat im Tertiär, Gänge?); am Rio Giraul (Malachit-Ausblühungen); Pedra Pequena (Gänge an der Granit-Schiefer-Grenze); Pedra Grande (erzführende, den Granit durchsetzende Quarzgänge); Munhino (kupferkiesführender Gang); São Nikolau, nordwestlich Chapeo Armada („Eruptivgang" mit viel Malachit, 3 bis 50 v. H. Cu [?]); Macahoma; Chinda; im Bezirk Benguela: Dombe, Egito, Kakonda (Näheres ist über diese Vorkommen nicht zu ermitteln); Cuio.

2. Eisen

An Eisenerzen ist Angola ziemlich reich. Südöstlich Loanda, zwischen dem Rio Kuanza und dem Rio Luinha, in der Gegend von Ndala Tando werden Gneis und Schiefer durchsetzt von basischen Gesteinen, vorherrschend Gabbros und Noriten. In diesem Gesteinskomplex liegt ein leicht gewinnbares Eisenerzvorkommen. Das Erz, hauptsächlich Magnetit, findet sich vor allem im Tal des Rio Mombassa in Form von riesigen, z. T. mehrere Tonnen schweren Blöcken. Eine Analyse des Erzes ergab:

Fe_2O_3	86,5 v. H.
Al_2O_3	12,1 v. H.
TiO_2	Spuren
SiO_2	1,1 v. H.
S + P	Spuren.

Die Entstehung dieses Vorkommens führt *Bebiano* auf magmatische Differentiation der basischen Gesteine zurück. Die Vorräte werden auf 2 Millionen Tonnen leicht gewinnbaren Erzes (lose Blöcke) geschätzt. Die Bedingungen zur Verhüttung des Erzes an Ort und Stelle sind nicht ungünstig.

Die Eisenerzvorkommen von Ochilessa, nordöstlich, und von Quibundo (Bie), südöstlich Bailundo, bilden nordwestlich streichende Linsen von etwa 30 m Länge und 15 m Mächtigkeit in einem grauen geschieferten Feldspatporphyr. Das meist titanhaltige Erz ist Roteisenstein und Magnetit.

Am Ostrande des Chella-Gebirges (östlich Mossamedes) finden sich in einem Gabbro-Norit-Zug bei Xillengues ebenfalls Magnetit-Vorkommen.

Es sind auch zahlreiche Brauneisenerzlager bekannt, die, da sie leicht gewinnbar sind, meistens schon von Eingeborenen ausgebeutet werden. *Bebiano* nennt: Calunga, Oeiras (Zenza, am rechten Luinha-Ufer, seit 1767 bekannt), Cacolo (Cuma), Kubango und Chicuta. *Range* (1920) nennt noch ein ebenfalls von Eingeborenen abgebautes Limonitlager von Ndala-Tando und Eisenerz aus dem Gebirge von Chapeo Armado.

3. Mangan

Eine bauwürdige Lagerstätte von dichtem Manganerz findet sich bei Ambaca im Tal des Rio Quiquinha nahe bei der Farm Aurora in einem durch basische Injektionen ziemlich stark veränderten Quarzsandstein. Der Pyrolusit bildet Knollen, die in einem nahezu 1 km langen Band angereichert sind. Das gewonnene Erz enthält nach *Bebiano*:

MnO_2	88,37 v. H.	(= 56 v. H. Mn)
Fe_2O_3	1,76 v. H.	
CaO	0,10 v. H.	
SiO_2	9,76 v. H.	(Ba und Mg fehlen).

Weitere Manganerz-Vorkommen liegen zwischen dem Rio Lombije und Zenza nördlich von Camabella, sind aber ohne wirtschaftliche Bedeutung.

4. Gold

Man kennt zahlreiche Gold-Vorkommen, von denen Jahre hindurch keines ausgebeutet wurde, so daß Angola zeitweise, wie *Friedensburg* schreibt, das einzige Land in Mittel- und Südafrika war, das keine Goldproduktion aufwies. Die beiden größten Goldvorkommen sind das 1832 entdeckte Goldfeld von Lombije, 50 km nordöstlich von Golungo Alto (Bezirk Loanda), und das 1889 bekannt gewordene Goldfeld von Cassinga. Die Prospektoren beschränkten sich hauptsächlich auf die Untersuchung der Alluvionen des Lombije (Unterlauf: Bengo) (2—3 g/t Au) und seiner Nebenflüsse Calue, Dangueiji, Luaxi und Calumbo, deren Seifen 3—4 g/t Au aufwiesen. Neuere Untersuchungen durch Regierungs-Prospektoren und Prospektoren der Companhia de Pesquisas Mineiras stellten fest, daß die Goldgehalte der Flußsande für einen gewinnbringenden Abbau zu gering seien. Eine Probe des Goldes aus dem Lombije-Sand hatte nach *Futterer* folgende Zusammensetzung:

Au	93,860 v. H.
Ag	5,352 v. H.
Cu	0,404 v. H.
	99,616 v. H.

Das Gold hatte also einen Feingehalt von 22,5 Karat (24 Karat = 1000 Teile Gold [Feingold]). Untersuchungen an goldführenden Quarzgängen, die die kristallinen Schiefer durchsetzen, hatten nach *Bebiano* ein „ermutigendes Ergebnis". *Range* (1920) gibt 3—5 g/t Au an. Nach *Range* ist von Golungo Alto seit langem ein goldführender Pyritgang bekannt.

In dem Goldfeld von Cassinga, zwischen dem Rio Kunene und dem Rio Kubango, wurde Gold erstmals in den Flüssen Chitanda (9 g/t Au) und Colui gewonnen. Als goldführend stellten sich später noch die Flüsse Oci, Cuvelai und Ocamene (8 g/t Au) heraus. In dem vom Chitanda und Oci durchflossenen Gebiet des M^{to}. do Ouro setzen verschiedene, den Granit durchsetzende Goldquarzgänge auf; in dem braunen und weißen Quarz tritt sichtbares Freigold auf. Die zuerst von Portugiesen, Buren und Engländern aus Huila betriebene Goldgewinnung wurde später von der Companhia de Mossamedes, dann von der Great Gold Zone Mining Co. und von der Cassinga Concession Ltd. übernommen. Letztere beschäftigte zeitweise bis 200 farbige Arbeiter. Später ist der Abbau dann zum Erliegen gekommen.

Nach *Martin* (1939) sind neuerdings Goldclaims in der Cabinda-Enklave (nördlich der Kongo-Mündung) belegt worden. Die in diesem Gebiet kristalliner Schiefer, die von Granitintrusionen durchsetzt werden, bei Majumbe auftretenden Goldquarz-Gänge haben in knapp einem Jahr (1939) rund 4 kg Gold geliefert.

Goldquarzgänge sind auch aus dem Kristallin des nördlichen Angola sowie aus dem Bezirk Mossamedes (nordwestlich streichende Gänge am Jabo) und aus dem Chella-Gebirge in der Schlucht von Buiko bekannt geworden. Auch in Kussawa, im Balombo, bei Kakonda und Kowares soll nach *Range* (1920) Gold gefunden worden sein.

Die Kupfererze der früher abgebauten Lagerstätten von Bero, Pedra Grande, Munhino und Chapeo Armado enthielten 5—13 g/t Au (nach *Range* [1920] nur 0,7—2 g/t).

5. *Silber und Bleierze*

Die Silbervorkommen von Angola sind ohne wirtschaftliche Bedeutung. Ein schon lange bekanntes Vorkommen liegt 16 km südöstlich von Dondo bei Cambambe am Nordufer des Kuanza. Das Silber ist an Bleiglanz gebunden, der auf einem 2—3 m mächtigen Quarzgang auftritt. An silberreichen Bleiglanz (3—100 g/t Ag) ist auch das Silber der in Granitgneisen aufsetzenden Kupferlagerstätte von Cuio, südlich Benguela, gebunden; im Jahre 1863 wurde die Lagerstätte abgebaut, dann aber als nicht lohnend aufgegeben. Ein anscheinend größeres Vorkommen liegt am Rio Caxibo, einem Nebenfluß des Luinho, 50 km südwestlich Zenza do Itombe. Hier setzen mehrere 1—2 cm starke, N 10° S streichende, mit 70° einfallende Gängchen von Bleiglanz mit Kalkspat als Gangart in einem Muskowitgneis auf. Das Erz enthält 49,22 v. H. Pb, 0,03 v. H. Zn und 69 g/t Ag.

6. *Zinnstein, Wolframit, Antimonglanz*

Kleine, unbauwürdige Zinnstein-Vorkommen finden sich in den „Hornfelsen" von Bailundo, ferner bei Cunhungamua, wo Zinnstein in Mikro-Graniten zusammen mit Quarz und Feldspat auftritt.

Ein Wolframit-Vorkommen ist nach *Range* von Cazenga bekannt geworden. Antimonglanz soll bei Pedra Grande auftreten.

B. *Nichterze*

1. *Diamant*

Die Diamantlagerstätten in Nordostangola im Bezirk Lunda wurden 1907 entdeckt. Die Diamantfelder liegen etwa zwischen dem 10.—13.° südlicher Breite und dem 20.—24.° östlicher Länge. Die ersten 1907 bis 1911 durchgeführten Untersuchungen zeigten, daß die Nebenflüsse des Kassai, der **Chicapa** und der **Luaschimo** sowie deren Nebenflüsse **Luembe**, **Chiumbe**, **Luelo**, der untere **Lulua**, der **Lubilasch** (Sankuru) oberhalb Lusambo, der **Lubi** und der **Bushinaie** (Belgisch-Kongo) Diamanten führten. Später

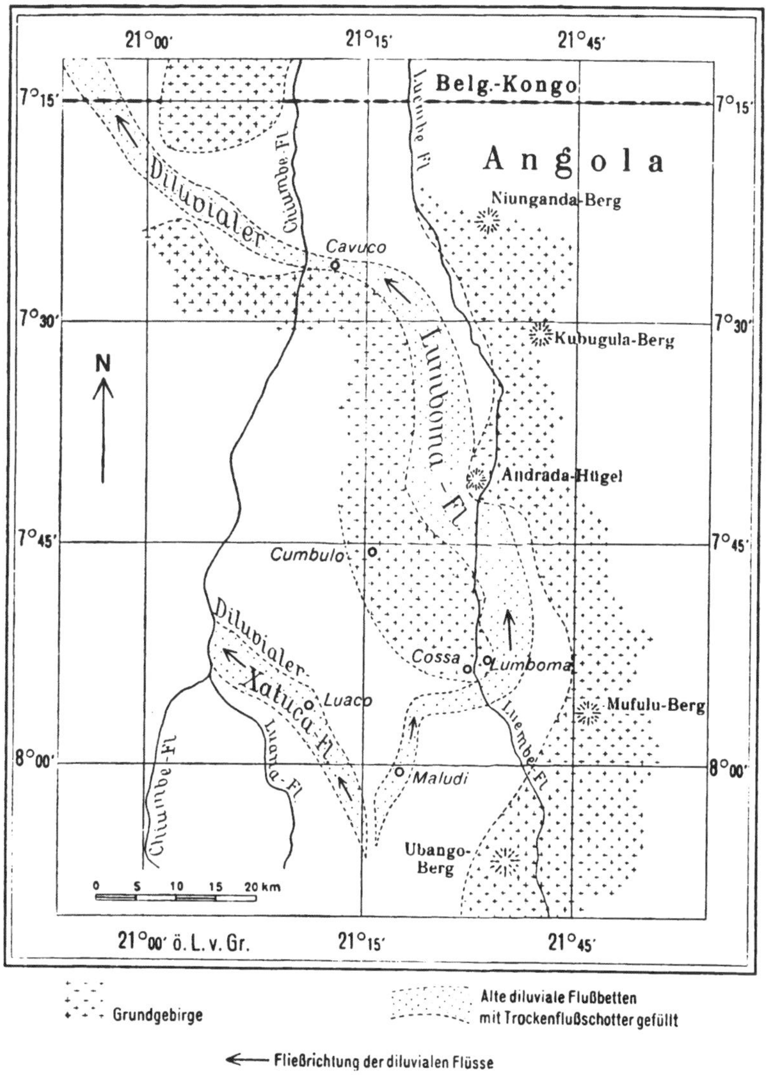

Abb. 46. Diluviale Trockenflüsse des Lunda-Distriktes, Nordostangola. Nach *Beetz*, 1938.

sind dann auch noch Diamanten gefunden im **Cuilo** an seiner Mündung in den Kuango, ferner im südlichen und mittleren Angola im **Kuanza** und **Kubango***).

*) *Bebiano* schreibt auf S. 85: „Rios Cuanza e Cubango, afluentes do Zambeze"; das stimmt nicht, denn der Kuanza mündet südlich Loanda in den Atlantischen Ozean und der Kubango in den Ngami-See im Betschuanaland-Protektorat. Nach *Krenkel* wurden im Strombereich des Sambesi in Moxiko und Luchazes Diamanten nachgewiesen.

Die Diamantlagerstätten Angolas sind die Fortsetzung der Diamantlagerstätten von Belgisch-Kongo und wie diese von *Beetz* eingehend untersucht worden. Ich beschränke mich daher im Folgenden auf eine kurze Zusammenfassung der Arbeiten von *Bebiano* und *Beetz* und verweise betreffs weiterer Einzelheiten auf die Ausführungen unter den Lagerstätten von Belgisch-Kongo im Teil IV dieses Werkes.

Der geologische Bau des Gebietes wird beherrscht von den Bergen des roten und weißen, jurassisch-kretazischen Lubilasch-Sandsteines, unter dem auch in Angola in den Flußtälern bisweilen der kristalline Untergrund erscheint (s. Abb. 47). In den unteren 50—80 m der insgesamt 3—400 m mächtigen Sandsteinfolge, besonders im Basaltkonglomerat des Lubilasch-Sandsteines, will man ebenfalls Diamanten gefunden haben. Diese von den belgischen Geologen und von *Bebiano* vertretene Auffassung, die auch in die Darstellung bei *O. Stutzer* übergegangen ist und nach der von diesen Vorkommen die Alluvial-Diamanten abzuleiten seien, trifft nach *Beetz* (mündliche Mitteilung) nicht zu; im Lubilasch-Sandstein sind bisher keine Diamanten gefunden worden. Welches die primäre Lagerstätte in Ostangola ist, steht noch nicht fest. Wohl dürfte das Muttergestein ein Kimberlit sein, der möglicherweise dicht südlich von Maludi (s. Abb. 46) ansteht, denn unter den Begleitmineralien der Diamanten finden sich ganz bezeichnende Kimberlitmineralien (wie z. B. Diopsid). Von dieser vermuteten Lagerstätte sind die Diamanten in altdiluviale Trockenflüsse geraten und weithin, stellenweise 175 km und weiter, verfrachtet worden, ohne dabei zerbrochen zu sein, da die Diamanten durch den Lehm des Schlammstromes wie mit einer schützenden Hülle umgeben waren. Diese Trockenflüsse gehören zu einem altdiluvialen (pleistozänen) Flußsystem, das von dem heutigen sehr verschieden war. „Seine Flußbetten mäanderten über die Plateaulandschaft Nordostangolas, indem sie den flachen Senken folgten, die zwischen den niedrigen Hügelketten lagen" (*Beetz*, 1938), die aus dem Grundgebirge herausgewittert waren. Zwei dieser Flüsse konnten bis zu den Diamantlagerstätten von Maludi-Luaco rückwärts verfolgt werden; sie sind hier 0,5—1,0 km breit, werden aber im nördlichen Angola bis 8 km breit und bilden im Kongogebiet ausgedehnte Schotterebenen. Die von ihnen abgelagerten Schotter werden 1—4 m mächtig, selten mehr. Daß sie altdiluvial sind, und zwar der 1. Interglazialzeit angehören, und nicht etwa tertiär sind, hat *Beetz* durch Steinwerkzeuge des Eolithikums (Hornsteinsplitter) nachgewiesen. In der Nähe ihrer primären Lagerstätte müssen die Diamanten während der Verwitterung und bei der Entstehung der Jura—Kreide-Rumpffläche in eluvialen Ablagerungen angereichert worden sein; dieser Gesteinsschutt wurde von den Trockenflüssen fortgeführt. In diesen konnte keine Anreicherung in einer bodennahen Schicht erfolgen, die Diamanten finden sich in den Schottern verteilt, darum sind diese pleistozänen Diamantenschotter oft nicht bauwürdig. Wo sie dann aber bauwürdig sind, in Angola z. B. bei Maludi und Luaco — wo ein oberes Kieslager von einem unteren durch eine Sandschicht getrennt ist —, dort führen sie große, unzerbrochene Diamanten von durchschnittlich 1 Karat Gewicht. Der Abbau dieser Lagerstätten in den pleistozänen Schottern wird noch dadurch erschwert, daß etwa 80 v. H. des Diamantengebietes in Angola und Belgisch-Kongo von einer mächtigen Sanddecke überlagert wird. Dieser helle und sehr gleichmäßig feinkörnige Plateausand, der eine Fortsetzung des Kalahari-Sandes bildet, wurde unter extremariden Klimabedingungen durch den Wind abgelagert; an den Hängen (Gehängesand der Abb. 47) wird er bis 20 m, auf den Hochflächen bis 50 m und mehr mächtig.

Eine Anreicherung der Diamanten hat erst in den jungen Flußablagerungen stattgefunden, die aus der Zerstörung und Aufbereitung der pleistozänen Schotter hervorgegangen sind. Dadurch wurden nun aber die Diamanten in größtem Umfange zertrümmert und zerbrochen, so daß man in den jüngeren Flußablagerungen nur verhältnismäßig selten unzerbrochene Diamanten findet.

Auf die Ablagerung der Plateausande folgte im 2. Interglazial eine Zeit lebhafter Erosionstätigkeit: die Flüsse vertieften ihr Bett, lagerten beim Stillstand der Erosion von neuem Sand und Kies ab, und diese Ablagerungen blieben beim Wiederaufleben der Erosion in Form von Terrassen zu beiden Seiten der Talhänge zurück (Abb. 47). Diese diamantenführenden Terrassenschotter galten früher als nichthöffig, haben sich aber später z. T. als sehr reich erwiesen. Hierher gehören auch die Niederterrassen, Schotterebenen in Talauen und Talausweitungen größerer Flüsse (im englischen Sprachgebrauch „flats" genannt), die teilweise von den Flüssen selbst in Flußkrümmungen, teilweise von den Nebenflüssen bei ihrer Mündung in den Hauptfluß abgelagert wurden. Der Untergrund dieser Niederterrassenschotter ist gewöhnlich frischer und weniger zersetzt als der der Flüsse und Hochterrassen. Das fließende Wasser hat im Laufe der Zeit tiefe Höhlungen und Rinnen in den Untergrund eingegraben und so richtige „Diamantenfallen" geschaffen, die oft sehr reich, vor allem auch an größeren Diamanten, sind. Die Kiese aller Terrassen sind meist gut geschichtet und enthalten sandige Einlagerungen. Nach *Bebiano* werden die Terrassenschotter-Ebenen bis 2 km, ausnahmsweise 8—10 km breit; die diamantführenden groben Kiese bilden häufig Linsen von 1 km Länge und 500 m Breite mit einer Mächtigkeit von 0,6—1,0 m, selten 1,5 m. Die diamantführenden Terrassenschotter sind nach *Bebiano* wirtschaftlich am wichtigsten und wegen ihrer Regelmäßigkeit leichter abzubauen als die entsprechenden Ablagerungen in den Flußalluvionen. Der sie überdeckende, z. T. torfige Zersetzungsboden, der im Durchschnitt 1,5—2,0 m, ausnahmsweise bis 7 m mächtig wird, erschwert allerdings die Untersuchungs- und Abbauarbeit. Im allgemeinen sind die Niederterrassenschotter diamantreicher als die höher gelegenen Terrassen, aus deren Zerstörung und Aufbereitung sie entstanden sind. Die Schotter des Talgrundes sind oft sehr tonhaltig, was beim Waschen sehr störend ist.

Die Ablagerungen der heutigen Flüsse (beach deposits) haben in letzter Zeit die meisten Diamanten geliefert. Die Mächtigkeit der diamantführenden Kiese in den Flußalluvionen der meist nur 20, bisweilen aber auch 50—100 m breiten Täler schwankt nach *Bebiano* zwischen 0,1 und 0,5 m und erreicht selten 0,8—1,0 m. Sie werden meist noch von einer tonig-sandigen Schicht und torfigem Verwitterungsboden von 0,2—1,0 m Mächtigkeit überdeckt. Da die Diamanten wegen ihres hohen spezifischen Gewichtes (3,52, Quarz 2,7) und wegen ihrer glatten Oberfläche vom fließenden Wasser nicht sehr weit verfrachtet werden, so finden sich die reichsten Alluvionen dort, wo diese

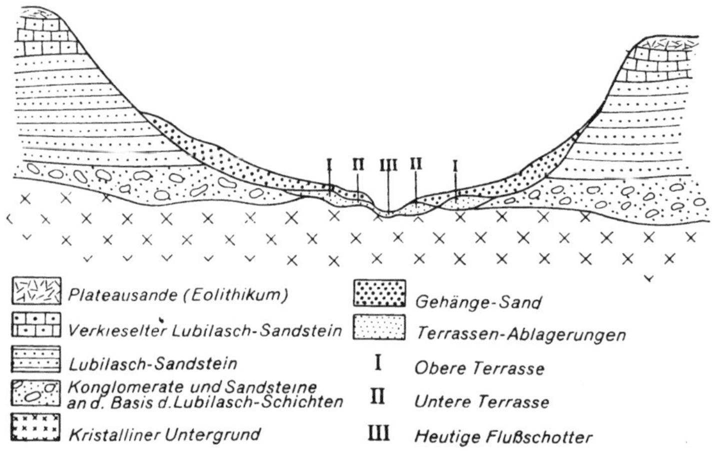

Abb. 47. Schematisches Profil durch die alluvialen Diamantseifen in Nordostangola. Umgezeichnet nach *W. Beetz*, 1930.

meist nordsüdwärts fließenden Flüsse die oft südost-nordwest verlaufenden pleistozänen Schottertäler angeschnitten haben und noch ein Stück flußabwärts. Daraus erklärt sich auch, daß die bedeutendsten Diamantlagerstätten Angolas entlang dem Luembe und Chiumbe und ihrer Nebenflüsse liegen, die aber weiter flußabwärts in Belgisch-Kongo keine bauwürdigen Alluvionen mehr führen; dahingegen haben der Chicapa und der Longatschimo in Angola nur wenige Diamanten geliefert, während sie flußabwärts in Belgisch-Kongo sehr reiche Diamantseifen enthalten. In den Flußkiesen finden sich neben vorwiegendem Quarz, Achat und Chalcedon zahlreiche schwere Mineralien, wie Staurolith, Cyanit, Ilmenit, Turmalin, Granat, Spinell, Rutil, Zirkon, Topas u. a.

Die Diamanten sind etwa von derselben Güte wie die Alluvial-Diamanten der Südafrikanischen Union. Die meisten Steine sind durchsichtig und farblos, manche auch leicht bräunlich, gelblich oder grün. Auf den Lagerstätten im Flußgebiet des Luembe und Chiumbe sind 50 v. H. aller Steine weiße, bisweilen scharfkantige Oktaeder, daneben kommen noch Rhombendodekaeder und Oktaederzwillinge (maacles) vor. Die Größe der Steine nimmt vom Oberlauf der Flüsse nach N zu ab. Durchschnittlich sind 20 v. H. aller Steine ½—1 Karat schwer, 10 v. H. wiegen 1 Karat und mehr, die übrigen sind meist sehr kleine Steine, von denen 20—30 Stück auf ein Karat gehen. Man hat schon Steine von über 44 Karat gefunden; die größten 1929 gefundenen Steine wogen 26, 35 und 27,58 Karat. Die schönsten Diamanten kommen von Luaco und Maludi, wo man in jeder Monatsproduktion Steine von über 10 Karat gefunden hat. Etwa 30 v. H. aller Steine sind Bort (braune Steine), Diamantsplitter, die zum Bort gerechnet werden (rejection chips) und ganz unreine Steine (rubbish).

Die Bauwürdigkeit der Diamantseifen hängt von der Güte der gewonnenen Diamanten ab, in Belgisch-Kongo (s. Teil IV) ist 0,5 Karat/cbm die unterste Grenze, bei Maludi kann man noch unter diese Grenze gehen. 1917 bis 1928 schwankte der Diamantgehalt der Kiese zwischen 0,95 und 2,07 (im Durchschnitt 1,17) Karat/cbm. *Bebiano* schätzt die Diamant-Vorräte im Lunda-Bezirk auf 7 Millionen Karat mit einem Wert von rund 60.— RM je Karat; die Förderkosten betragen je Karat etwa 15.— RM.

Die Ausfuhr betrug (1916—1922 nach *Bebiano*, 1925—1937 nach *Ortlieb*, 1937—1939 lt. Nachr. f. Außenhandel v. 15. 3. 1940, in ( ) Förderung nach *Beetz*):

1916	1300	Karat	
1917	4110	,,	
1918	1400	,,	(14070 Karat)
1919	48504	,,	
1920	93529	,,	
1921	100700	,,	(106719 ,,)
1922	92000	,,	(98683 ,,)
1923	(94478)	,,	
1924	(118011)	,,	
1925	123300	,,	(126571 ,,)
1926	141200		(154370 ,,)
1927	(200810)	,,	
1928	232300	,,	(237511 ,,)
1929	311000	,,	
1932	257700	,,	
1935	471100	,,	
1936	558100		
1937	631000	,,	Förderung: 651265 Karat
1938	626424	,,	Förderung!
1939	690446	,,	Förderung!

1937 betrug die Diamant-Ausfuhr 27,4 v. H. der Gesamtausfuhr Angolas.

Bei Goldwascharbeiten wurden im Cassinga-Gebiet ebenfalls zwei Diamanten gefunden; ebenso sollen nach *Range* (1920) bei Porto Alexandre an der Coroca-Mündung Diamanten gefunden worden sein.

2. *Graphit*

Nach *Bebiano* findet sich ein nicht bauwürdiges Vorkommen von schuppigem Graphit in metamorphen Kalken zwischen Noqui und S. Salvador an der nördlichen Grenze von Angola. *Range* (1920) gibt noch ein Graphit-Vorkommen im Verwitterungsschutt 11 km nordöstlich Golungo Alto, *Krenkel* ein solches von Huambo, östlich Benguela, an.

3. Glimmer

Glimmer bis zu 40 cm großen Tafeln findet sich auf Pegmatit-Gängen in Graniten und Gneisen bei Caxito am Rio Dande. Weitere Glimmer-Vorkommen kennt man von Mabubas und vom Rio Loge in der Nähe von Ambriz.

4. Salz

Salz wird aus Meerwasser und in Salzsümpfen und Salzpfannen gewonnen. Meerwasser-Salinen bestehen in Ambrizete, Ambriz, Capulo, Cacuaco, Velha, Novo Redondo, Bero, Giraul und Cabo Negro. Das im Norden Angolas gewonnene Salz wird auf dem Wasserwege (Kongo!) ins Landesinnere gebracht, während das im Süden gewonnene Salz vorwiegend von der Fischkonserven-Industrie und zum Pökeln von Fischen gebraucht wird. Die jährliche Salzgewinnung der Salinen wird 1932—1936 auf 25000 t geschätzt.

Salzgewinnung aus Salzsümpfen und Salzpfannen erwähnt *Bebiano* aus Hollo (von Eingeborenen abgebaut) und von Jinga am Rio Lui, der selbst salzhaltiges Wasser führt, etwa 100 km von Malange entfernt, von Milundo, Cacolo, Camongo, Rio Sanza (Quissama), Damba Salgada, Armadilha, Rio Coroca und Porto Alexandre. Auf der vom Reichs-Kolonialamt vor dem Weltkriege im Maßstabe 1 : 2 Millionen herausgegebenen Karte von Belgisch-Kongo und Angola wird am Quiongoa bei Canga dia Mongoa eine Saline angegeben. Das am Rio Sanza, einem Nebenfluß des Rio Longa, in einer Pfanne ausgeschiedene Salz wird von Eingeborenen gewonnen, die hier Löcher graben und das Salz aus der Lauge auskristallisieren lassen. Die Salzkruste kann 30 cm dick werden. Das hier ausgeschiedene Salz stammt nach *Bebiano* von einem unterirdischen Salzlager her, das vom Grundwasser ausgelaugt wird. Die Zusammensetzung des Salzes ist:

NaCl	93,20 v. H.
KCl	3,19 v. H.
$MgCl_2$	0,16 v. H.
$CaSO_4$	2,21 v. H.
Wasser	0,16 v. H.
Unlöslich (Sand u. ä.)	1,06 v. H.
	99,98 v. H.

In der Landschaft Quissama liegen auch nach *Springer* zwischen dem unteren Kuanza und der Küste, und zwar bei Demba unweit der Küste und bei Muxima am Kuanza, regelrechte Steinsalzlager, die anscheinend demselben Tertiärhorizont angehören wie die bei Benguela aufgeschlossenen Gipslager. Die Salzgewinnung ist hier schon sehr alt. Das gewonnene Kristallsalz wird nur gereinigt. Das von *Bebiano* aus dem Lande der Hollo genannte Salzvorkommen scheint nach *Springer* zwischen dem mittleren Kuanza und dem oberen Kuango zu liegen, wo Salzpfannen vorkommen, deren Ränder während der Trockenzeit mit einer dicken Salzkruste überzogen sind. Das von den Eingeborenen gewonnene Salz wird gereinigt und in 1 m langen Stangen von 1 kg Gewicht in den Handel gebracht. Das Salz hat durch Beimischung von Magnesiumsalzen einen recht bitteren Geschmack. Aus der Landschaft Bihe auf der Wasserscheide zwischen Kuanza und Okawango werden nach *Springer* flache Salzseen erwähnt, deren Boden sich nach Verdunstung des Wassers mit einer Sodaschicht bedeckt. Das gewonnene Salz ist stark mit Erde vermischt und darum von schmutzigweißer Farbe und wird als Kochsalz verkauft.

Im Süden Angolas hat man im südlichen Chella-Gebirge auf dem Basaltgestein dicke Salzkrusten beobachtet, und in den Gebirgstälern soll das Salz oft 1 cm hoch liegen.

Das Salzvorkommen auf der Nordseite des Rio Coroca liegt nach *Range* (1920) bei den Farmen S. Joao und S. Bento do Sul, die oberflächliche Salzkruste wird 20 cm mächtig.

Eine Solquelle tritt bei Armadilhas aus. Ausblühungen von Glaubersalz u. ä. sind von verschiedenen Orten bekannt. Nach *de Launay* soll am Karoko (Coroca?) ein permotriadisches Salzlager auftreten. Im Küstengebiet ist zwischen Mossamedes und der Lobitobucht ein mehrere Meter mächtiges Steinsalzlager in der Kreide erbohrt worden.

5. *Schwefel und Schwefelkies*

Ein kleines Schwefel-Lager findet sich am Cabo Ledo, 50 km südlich der Kuanza-Mündung, in anscheinend eozänen Konglomeraten und Sandsteinen. Der Schwefel, der vollkommen rein und arsenfrei ist, ist nach *Bebiano* durch Reduktion eines Gipslagers entstanden. Schwefel in Blöcken bis zu 15 kg Gewicht tritt auf in gipsführenden Eozän-Sandsteinen zwischen Benguela und Dombe Grande am Rio Coporolo.

Kleine Schwefelkies-Vorkommen sind die Pyrit-Schiefer verschiedener Fundorte, von denen nur Golungo Alto und Cambondo genannt seien. Arsenkies hat man am Cabe de S. Baz, 130 km südlich Loanda, gefunden.

6. *Erdöl und Erdgas*

Anzeichen für das Vorhandensein von Erdöl sind aus dem Küstengebiet Angolas verschiedentlich bekannt geworden, und die Companhia do Petroleo de Angola*) hat seit 1900 zwischen Dande und Luculo verschiedene z. T. bis 700 m tiefe Bohrungen auf Erdöl niedergebracht. Laut „Afrika-Nachrichten" vom 31. 12. 1923 hatte die amerikanische Sinclair-Corporation in ihrer rund

*) Gehörte zu dem amerikanischen Konzern Sinclair Oil Corporation, hat 1938 ihre Arbeiten eingestellt und ist in Liquidation gegangen.

180000 qkm großen Erdölkonzession vier Bohrungen niedergebracht, eine bei Dande an dem gleichnamigen Fluß, eine bei Cunga an der Loanda-Bahn, etwa 120 km von Loanda entfernt, eine dritte 65 km weiter oberhalb bei der Bahnstation Maria Theresia und schließlich Mitte 1923 noch eine bei Quimbeja, südlich des Kuanza, 40 km südwestlich Dondo. Über das Ergebnis der Bohrungen, die über 600 m tief geworden sein sollen, ist nichts bekannt geworden. Ende 1923 hatte auch die englische Angola Oilfields Co. eine fast 300000 qkm große Erdölkonzession ganz in der Nähe erworben. Am bekanntesten ist das schon 1757 beschriebene Vorkommen von Catumbo und Libongo in den Kreide-Ablagerungen nordöstlich von Loanda. Hier tritt aus Schichtfugen der Kreidesandsteine dickflüssiges Erdöl aus, das in kleinen Brunnen (z. B. am Mata di Angusso—Ölberg) gesammelt werden kann (*Krenkel*, *Range*, 1920). Nach *Bebiano* hat man bei Catumbo ein Asphaltöl erbohrt, dessen Analyse er wiedergibt:

Dichte 0,994	
Fraktion 115°	Spuren
,, 115—260°	24,84 v. H.
,, 260°	31,20 v. H.
Paraffin, Koks	26,69 v. H.
Salzwasser *)	2,54 v. H.
Mineralische Bestandteile	4,65 v. H.
Gas und Verlust	7,67 v. H.

Am Mata di Angusso hat eine 50 m tiefe Bohrung nach *Range* (1920) bei 7 m Gase erbohrt, die 6 Monate lang gebrannt haben; bis zur Sohle des Bohrloches folgte dann eine Wechsellagerung von Schiefern und Mergeln.

7. *Asphalt und Ölschiefer*

1861 hat man bei Dondo auf dem linken Ufer des Kuanza ein steinkohlenähnliches Mineral entdeckt, das zwischen Asphalt und Kannelkohle steht und das man „Libolites" (nach dem ersten Fundort Libolo) genannt hat. Nach der Beschreibung *Bebiano*s handelt es sich wohl mehr um einen Asphalt. Bei Dondo liegen drei 20 cm mächtige Asphalt-Flöze in einem bituminösen Konglomerat. Ähnliche Vorkommen hat man am Calucula und bei Quilungo entdeckt. Das Vorkommen von Quilungo, 12 km östlich Zenza do Itombe, 190 km von der Küste entfernt, zeigt folgendes Profil:

sandiger Asphalt-Kalk 2,0 m.
Asphalt („Kohle") 0,5—1,5 m.
Kalkiger, asphaltgetränkter Schieferton, ähnlich dem Ölschiefer von Escocia 0,5 m.

Der Asphalt-Gehalt schwankt zwischen 14 und 18 v. H.

Die Asphalt-Lagerstätte am Calucala, 25 km nördlich von Zenza do Itombe, 176 km von der Küste entfernt, zeigt folgendes Profil, wobei ein allmählicher Übergang in den hangenden Sandsteinen zu beobachten ist:

*) Im portugiesischen Text Aguas acidas „Sauerwasser".

toniger, kalkiger, glimmriger, bisweilen geschichteter, bituminöser Sandstein, durchzogen von Asphalt-Adern und -Linsen 3,0 m.
Kalkiger, bituminöser, granatführender Arkose-Sandstein mit Brocken von Gneis und Tonschiefer 5—15 m.

Der Asphalt-Gehalt schwankt zwischen 11 und 16 v. H.

Diese Asphalt-Lagerstätten stehen nach *Bebiano* in genetischem Zusammenhang mit dem in den Küstengebieten Angolas vorkommenden Erdöl.

Analysen der Asphalte, die man als Gilsonit bezeichnet hat, und des bei der Destillation gewonnenen Öles hatten folgendes Ergebnis (zum Vergleich eine Analyse des Xylits [„Lignit"] von Cabo Ledo):

	Calucala	Asphalt von Quilungo	Dondo	„Lignit" von Cabo Ledo
Wasser	2,3	1,8	2,6	14,6
Flücht. Substanzen	53,2	47,7	56,6	32,8
Fixer C	32,2	22,2	18,3	44,7
Asche	12,3	28,3	22,5	7,9
Kalorien	7900	7200	7100	
		Die Destillation ergab		
Rohöl	38,1	36,4	31,2	27,4
Koks	35,0	15,5	54,8	48,8
		Das Rohöl enthielt		
Leicht-Öl	37	30	41	
Leucht-Öl	16	40	19	
Schmier-Öl	28	22	22	
Vaselin und Paraffin	4	2,1	6	
Verlust	8	6	7	

Nach *Range* (1920) kommt bei Chapeo Armado ein stark bituminöser brennbarer Mergelschiefer vor. Ähnliche Ölschiefer sollen bei Novo Redondo gefunden worden sein.

8. Kohlen und Torf

Bei Cabo Ledo, etwa 50 km südlich des Rio Kuanza, treten nach *Bebiano* in tertiären (nach *Krenkel* kretazischen) tonig-kalkigen Schiefern mehrere 4 cm starke Xylit-Flözchen auf, die aber keine wirtschaftliche Bedeutung haben; Analyse s. u. Asphalt.

Von Dondo im Kuanza-Becken ist ein 40 cm mächtiges Flöz einer geringwertigen Kohle gefunden worden. Nach *Krenkel* wurde das kohlenführende Gebiet in einer Erstreckung von 70 km westlich und südlich von Dondo nachgewiesen.

2 km nördlich der Farm Bom Jesus, 40 km östlich Loando, liegt ein bauwürdiges Torflager von 3 m Mächtigkeit und etwa 100 Hektar Ausdehnung. Es wird überlagert von etwa 1 m humosem, tonigem Sandstein. Das Torflager, das auf kalkig-tonigen marinen Miozän-Schichten liegt, ist wahrscheinlich durch Pflanzen-Anschwemmungen des Kuanza entstanden.

9. Kopal

In Nordostangola wird von Eingeborenen bei Alto-Dando, Libollo, Quissama und Ambaca Kopal, das subfossile, bernsteinähnliche Harz des Kopalbaumes, *Copaifera demeusii*, aus dem Sande gegraben. Der wertvollere dunkle Kopal kommt in kleinen rötlichgelben, unregelmäßig geformten, oft muffig riechenden, meist rundlichen Stücken, die von einer warzigen Verwitterungsrinde überzogen sind, in geringer Tiefe in eisenschüssigen Sanden vor; der helle, vor allem bei Quissama in kugligen oder knolligen, erbsen- bis faustgroßen, weißlichen bis hellgelben, durchscheinenden, mehr balsamartig riechenden Stücken vorkommende Kopal ist weniger wertvoll. Jährlich werden etwa 200 bis 300 t Kopal ausgeführt.

10. Guano und Phosphate

Im Bezirk Mossamedes liegen verschiedene Guano-Lager. Der an der Sacco de Baleia, einer kleinen Bucht südlich von Porto Alexandre, gefundene Guano ist etwas sandig, der an der Mündung des Rio Kunene gefundene ist ziemlich rein. Am Grunde der Bucht von Tigres hat man anscheinend oolithischen*) Guano gefunden. *Range* (1920) gibt weitere Guano-Vorkommen an von Rocha de Pinda und Pulpito, beide am Coroca, sowie von einer Insel in der S. Maria-Bucht.

Phosphat-Lagerstätten finden sich in Mossamedes bei Subida (10 km südlich der Stadt) und am Ufer des Rio Coroco (Guano-Lagerstätte?). Bei Subida handelt es sich um Knollenphosphate mit 5 v. H. P_2O_5.

Schrifttum

Die nutzbaren Lagerstätten von Angola

Ball, H. S., The Congo-Angola diamond fields. Jeweler's Circular. New York 1925. (Auszug in Min. Mag. Bd. 33, 1925)

Bebiano, I. B., Geologia e riqueza mineira de Angola. Lissabon 1923, S. 77—95.

Beetz, W., Preliminary and final report on the Angola and Belgian Congo diamond fields. 1930 (nicht im Handel).

Beetz, W., Processes of concentration in alluvial and allied diamond placers of South West, South Central and East Africa. Congr. internat. des mines etc. VI. Sess. Lüttich 1930.

Beetz, W., Klimaschwankungen und Krustenbewegungen in Afrika südlich des Äquators von der Kreidezeit bis zum Diluvium. Sonderveröffentlichung III der Geograph. Ges. zu Hannover. Hannover 1938.

Futterer, K., Afrika in seiner Bedeutung für die Goldproduktion in Vergangenheit, Gegenwart und Zukunft. Berlin 1895.

Krenkel, E., Geologie Afrikas. III. Teil, 1. Hälfte. Berlin 1934, S. 1077—1082.

De Launay, L., Les richesses minérales de l'Afrique. Paris 1903.

Martin, K., Bevölkerung, Wirtschaft und Verwaltung Angolas. Koloniale Rundschau Bd. 30 (1939), Heft 2, S. 71—102.

Ortlieb, H. D., Die Wirtschaftsentwicklung Angolas und ihre Voraussetzungen. Wirtschaftsdienst Bd. 24 (1939) S. 358—361.

Range, P., Geologie und Mineralschätze Angolas. Z. f. prakt. Geol. Bd. 28 (1920), S. 181—187.

Range, P., Die Diamantlagerstätten Angolas. Koloniale Rundschau 1928, S. 77—79. Auszug aus Bebiano.

Springer, A., Die Salzversorgung der Eingeborenen Afrikas vor der neuzeitlichen europäischen Kolonisation. Diss. Jena 1918.

Stutzer, O., Die Lagerstätten der Diamanten. In: O. Stutzer-W. F. Eppler, Die Lagerstätten der Edelsteine und Schmucksteine. Berlin 1935, S. 124—137.

Voit, F. W., Das Kupfererzvorkommen bei Senza do Itombe in der portugiesischen Provinz Angola, Westafrika. Z. f. prakt. Geol. Bd. 10 (1902), S. 353—357.

*) *Bebiano* schreibt: „formados de ovos de peixe", aus Fischrogen entstanden; diese altertümliche Auffassung läßt wohl den Schluß auf oolithisches Aussehen zu.

XIII. c. Die Bergwirtschaft von Angola

Von W. Beetz

A. Geographisch-politische Grundlagen

1. Land, Klima, Morphologie, Flüsse und ihre Schiffbarkeit

Angola ist mit einem Areal von 1246700 qkm nach Belgisch-Kongo die zweitgrößte afrikanische Kolonie südlich vom Äquator; es ist größer als das eigentliche Dominion der Südafrikanischen Union mit 1222000 qkm. Im Süden trennt es der Kunene von Südwestafrika, im Norden und Osten grenzt es an Belgisch-Kongo und im Südosten an Nordrhodesien.

Trotzdem es ganz im Tropengürtel liegt, sind die klimatischen Verhältnisse außerordentlich verschieden; ein großer Teil des Landes, besonders die nördlichen Distrikte, sind tropisch ungesund, mit Malaria und in weiten Landesteilen auch Schlafkrankheit verseucht; dagegen sind die Hochländer östlich Loanda und Lobito-Mossamedes, ferner die Küstenwüste bei Mossamedes für europäische Dauersiedlung geeignet und völlig gesund.

Morphologisch gehört es noch ganz zu Südafrika; an die verhältnismäßig niedrige, z. T. in Stufen ansteigende Küstenfläche, die Fortsetzung der Namib Südwestafrikas, schließt sich im Osten die Steilstufe und das Randgebirge der „Rogers Stufe“ an, das wasserreiche und für europäische Siedlung geeignete Hochgebiete umfaßt. Nach O fällt das Randgebirge zur inneren Hochebene ab, die im Süden eine Fortsetzung des Kalaharibeckens, im Norden eine Fortsetzung des Kongobeckens darstellt. Der größte Teil der Hochebene des Inlandes ist mit einer 20—50 m mächtigen Schicht von Kalaharisand bedeckt, die freilich bei dem regenreichen Klima völlig mit Trockenwald bewachsen ist. Unter dem Sand folgen in der Regel die Kalaharischichten, tertiäre und kretazische Sandsteine, Kalke und Verkieselungen. Die Flüsse schneiden durch Sand und Kalaharischichten bis ins Grundgebirge ein. Diese jungen Deckschichten des inneren Hochlandes bedingen mehrere für die Entwicklung des Inneren äußerst wichtige Tatsachen: einmal sind die Aufschlüsse von älteren Gesteinen sehr selten, und Schürfungen in dem sowieso an bauwürdigen Lagerstätten armen Lande stoßen im größten Teil des Landes auf unüberwindliche Schwierigkeiten. Ferner versickern die z. T. reichlichen Regengüsse schnell im Boden, die Deckschichten saugen sich wie ein Schwamm mit Wasser voll und geben an die zahlreichen Bäche, die das Land in der Nähe größerer Flüsse durchschneiden, das ganze Jahr hindurch gleichmäßig starkes, klares Wasser ab. So weist das Inland viele, das ganze Jahr hindurch wasserreiche Flüsse und Bäche auf.

Ein zweiter morphologischer Hauptzug ist die das Land von Benguela-Mossamedes bis zum nordrhodesischen Kupferdistrikt quer durchziehende

Lundaschwelle oder zentralafrikanische Wasserscheide. Diese noch im Diluvium in Hebung befindliche Schwelle trennt Hochafrika mit dem Kalaharibecken im Süden von Tiefafrika mit dem Kongobecken im Norden. Die Hebung hat die jetzige Richtung der zahlreichen Flüsse bestimmt und ihre Erosionstätigkeit neu belebt, so daß die Flußläufe zahlreiche z. T. großartige Wasserfälle aufweisen, die für Anlage von Wasserkraftanlagen nutzbar gemacht werden könnten und in Nordostangola und Katanga stellenweise auch dafür verwendet worden sind, während sonst in Angola noch kein Bedarf bestand.

Die nach der Küste zu durch das Randgebirge brechenden Flüsse führen nur im Norden im Küstengebiet das ganze Jahr hindurch Wasser, während sie nach S zu in dem trockenen oder wüstenhaften Küstenstreifen versiegen und nur durch ihr Grundwasser zu Anbau- und Siedlungsflächen geführt haben. Da auch die Hebung der Rogers Stufe bis in die jüngste geologische Zeit angedauert hat, sind im Randgebirge die Flußläufe von jugendlichem Charakter, und da sie hier noch gut Wasser führen, findet man in ihnen auch im Randgebirge zahlreiche für Wasserkraftanlagen geeignete Wasserfälle, deren Wasserführung allerdings nicht so gleichmäßig ist wie die der Flüsse des Inneren.

Im Norden Angolas herrscht das Flußsystem des Kongo mit seinen großen Nebenflüssen Kuango, Cuilo und Kassai. Der im Osten vom Kassai begrenzte Lundadistrikt Nordostangolas wird von seinen zahlreichen S—N fließenden Nebenflüssen durchzogen, die fast alle durch ihre Diamantführung bekannt geworden sind; die wichtigsten sind von W nach O: Loange, Tschikapa, Longatchimo, Chiumbe mit Luana und Luembe.

Am Loange sind Diamanten bekannt, werden aber nicht abgebaut, da das Flußtal als Schlafkrankheitsgebiet berüchtigt ist. Tschikapa und Longatchimo führen Diamanten hauptsächlich in Belgisch-Kongo, während die Hauptdiamantfelder Angolas am Chiumbe-Luana und Luembe gelegen sind.

Im Osten des Landes sind der Oberlauf des Sambesi und sein Nebenfluß Lungue Bungo, nach Süden der Cuando und Okawango die wichtigsten und wasserreichsten; nach S gerichtet ist auch der Oberlauf des Kunene, der jedoch dann nach W umbiegt und, die Südgrenze Angolas bildend, im engen, jugendlichen Tal die Westküste erreicht.

Von den zahlreichen Küstenflüssen sind die wichtigsten von S nach N: Der Coroca, Caporollo, Catumbella und schließlich der wasserreichste und größte: der Kuanza, dessen Unterlauf für 200 km bis Dondo für kleine Fahrzeuge schiffbar ist und vor dem Bau der Loandabahn eine große Rolle als Transportweg gespielt hat. Noch heute ist der Unterlauf des Kongo bedeutsam als Transportweg für die Kongoprovinz Angolas. Die erwähnten wasserreichen Flüsse des Inneren sind alle auf kürzere oder längere Strecken mit Eingeborenenbooten befahrbar, soweit nicht Stromschnellen oder Wasserfälle auftreten.

Das tropische Klima im Lundadistrikt, dem einzigen Bergbaudistrikt des Landes, hat zu der Gepflogenheit geführt, die Arbeitsperiode für Europäer auf 18 Monate zu beschränken, nach welcher Zeit 6 Monate bezahlter Urlaub gewährt wird.

2. *Bevölkerungsdichte und Arbeiterfrage*

Die Bevölkerung Angolas wurde für 1936 mit 3250000 oder 2,6 je Quadratkilometer angegeben. Diese für das immerhin regenreiche Land auffallend niedrige Bevölkerungsziffer wird mit Dezimierung durch Sklavenhandel im vorigen Jahrhundert erklärt; schuld ist daran wahrscheinlich auch die weitverbreitete Schlafkrankheit und der Export von Eingeborenen nach den Kakaopflanzungen von São Thomé.

58098 der Bevölkerung gelten als Weiße, davon sind 56869 portugiesischer Nationalität; dazu kommen 19872 Mischlinge, die aber gleiche Rechte wie die Weißen haben. Da Angola seit langer Zeit in portugiesischen Händen ist, gibt es eine recht beträchtliche Zahl von im Lande geborenen und bleibenden, also ansässigen portugiesischen Kolonisten.

Es ist oft über Arbeiterknappheit in Angola geklagt worden. Dies hatte nur zum Teil seinen Grund in der geringen Einwohnerzahl, zum Teil hat es an den unsicheren Rechtsverhältnissen gelegen, da die Aufsicht über Eingeborenenarbeit bei untergeordneten Behörden lag, die aus ihrer Stellung bei Arbeiterzuteilung Vorteil zu ziehen suchten. Ob sich in den letzten Jahren die Verhältnisse dadurch günstiger gestaltet haben, daß von der Regierung eine Sanierung der Finanzen Angolas angestrebt wurde und regelmäßigere Bezahlung der Beamten erfolgte, kann ich nicht beurteilen. Im Diamantdistrikt Lunda war die Arbeiterfrage befriedigend gelöst. Man hatte dort zwei Klassen von Arbeitern: Kontraktarbeiter, die rekrutiert waren und denen vor allem Wohnung, Verpflegung und Reise bezahlt wurden; dann freiwillig sich meldende Arbeiter, sogenannte „volunteers", die höhere Bezahlung erhielten, aber selbst für Wohnung und Ernährung sorgten. Während bei den Kontraktarbeitern Arbeitsverpflichtung bestand, kamen und arbeiteten die „volunteers", wann sie wollten; man rechnete — wie z. B. an der Goldküste — mit etwa 60 v. H. Arbeitszeit bei ihnen, so daß, um vollen Arbeitseffekt zu erzielen, statt 6 Arbeiter 10 „volunteers" angenommen werden mußten. Seit einer Reihe von Jahren meldeten sich „volunteers" so zahlreich zur Arbeit, daß die Zahl der Kontraktarbeiter sich stark verminderte und weit weniger als die Hälfte der Arbeitskräfte ausmachte. Die „volunteers" waren, da alle Nebenkosten (Wohnung, Verpflegung, Reise, Anwerbekosten usw.) wegfielen, die billigeren Arbeitskräfte.

Die Behörden haben für öffentliche Arbeiten, besonders für Wegebau, reichlich und kostenlos Arbeitskräfte zur Verfügung; dies ist das Resultat besonderer Gesetzgebung. Einmal besteht der Zwang (Gesetz: Portaria 1860 von 1935), daß jeder erwachsene Eingeborene 5 Tage im Jahr für öffentliche

Arbeiten angestellt werden kann — dieser Zwang kann durch eine Geldzahlung abgegolten werden; zweitens besteht Arbeitspflicht für Eingeborene, und sich herumtreibende Eingeborene können wegen Vagabundierens festgesetzt und zu Zwangsarbeit 3 Monate bis 1 Jahr verurteilt werden (Erlaß vom 14. Oktober 1914).

Drittens aber liegt die Hauptquelle der Arbeitskräfte für öffentliche Arbeiten in der hohen Kopfsteuer, die 90 Escudos auf den Eingeborenen im Jahr beträgt. Da in vielen Teilen des Landes die Möglichkeiten, Geld zu verdienen, gering sind, arbeiten die meisten Eingeborenen ihre Steuerverpflichtung ab. Je ärmer ein Distrikt, desto besser waren in der Regel die Wege gehalten, d. h. um so mehr Eingeborene standen für öffentliche Arbeiten zur Verfügung; trotzdem muß gesagt werden, daß überall im Lande die Autowege für ein tropisches afrikanisches Land erstaunlich gut sind. Ich komme darauf weiter unten zurück.

Marquardsen-Stahl (Angola, 2. Auflage, 1928, S. 124) geben die Zahl der Eingeborenen und die Verteilung der Bevölkerung in den einzelnen Distrikten wie folgt an:

Loanda	90 000
Benguela	800 000
Bie	450 000
Kongo	310 000
Kuanza-Nord	240 000
Kuanza-Süd	430 000
Kubango	155 000
Huila	175 000
Luchazes	250 000
Lunda	325 000
Mossamedes	50 000
Malange	310 000
Moxico	275 000
Zaire	125 000
	3 985 000

3. *Verwaltung und Rechtsverhältnisse*

Die Bindung Angolas an das Mutterland ist viel stärker als in den britischen Kolonien, ja man bezeichnet Angola direkt als Provinz Portugals. Im Mutterland bestimmt die Nationalversammlung über die auswärtige Politik, Verfassungsänderungen, Anleihen und Konzessionen; ferner ist die Eingeborenenpolitik festgelegt in bezug auf Landrecht usw. Der Kolonialminister in Portugal entscheidet über Personal und Gehälter der Kolonialverwaltung, Gesetzgebung für Eingeborene, er hat die Kontrolle der Missionen und Militärverwaltung, der Gerichtsbarkeit, Währung, Presse. Besondere Kolonialaufgaben werden von einer Konferenz aller Kolonialgouverneure behandelt, die alle 3 Jahre in Lissabon zusammentritt.

Die oberste Gewalt in Angola liegt beim Kolonialgouverneur, der seinen Sitz in Loanda hat; ihm zur Seite steht ein Beirat, bestehend aus drei ständigen Beamten, zwei vom Gouverneur ernannten Mitgliedern und fünf von verschiedenen Körperschaften im Lande gewählten — alle müssen portugiesischer Nationalität sein.

An der Spitze der 5 Provinzen (Loanda, Benguela, Bie, Huila und Malange) steht ein Provinzialgouverneur, dem wieder ein Provinzialrat zur Seite steht; Hauptbetätigung ist Eingeborenenwohlfahrt, Verwaltung öffentlicher Gelder und Anordnung öffentlicher Arbeiten. Unter ihnen steht die Lokalbehörde, die über Polizei, Hygiene, Transport und Verkehr, Märkte, Ausführung öffentlicher Arbeiten, Steuereinziehen usw. bestimmt.

Die Finanzen Angolas lagen sehr im argen; ausländischer Hilfe stand man ablehnend gegenüber. Erst die neue Regierung Portugals hat unter dem Ministerium von Dr. *Salazar* die wirtschaftliche Entwicklung der portugiesischen Kolonien tatkräftig in die Hand genommen, besonders von Angola, das bisher als die am meisten vernachlässigte Kolonie des Landes galt. Die Reorganisation Angolas ging vor allem darauf hinaus, die Finanzen des Landes zu stabilisieren.

Dr. *Salazar* hat einen Wirtschaftsplan für die Jahre 1935—39 aufgestellt, der auch die wichtigsten bergwirtschaftlichen Aufgaben umfaßt; der Plan sieht folgende Arbeiten als die vordringlichsten und wichtigsten an, die in der genannten Periode ausgeführt werden sollten:

1. Planung, Bau und Ausrüstung des Hafens von Loanda als Ausgangspunkt der Malange-Eisenbahn;
2. Fortsetzung der Durchforschung des Minengebietes von Bembe und des Canda- und Quibocolo-Gebirges;
3. Untersuchung der Kohlenvorkommen von Quilungo und Studium ihrer Nutzbarmachung;
4. Ausbau und Verbesserung des Telegraphen- und Telephonnetzes und der radiotelegraphischen Verbindung innerhalb der Kolonie;
5. Errichtung von Schulen, Verwaltungsgebäuden, Krankenhäusern, Laboratorien und ihre Ausrüstung;
6. Ausbau des Straßennetzes;
7. Ausbau der Loandabahn, Verlängerung der Zweigbahn von Cassoalala bis Dondo und Umbau der Mossamedesbahn auf Vollspur; Beschaffung von rollendem Material für die Eisenbahnen;
8. Bau einer Anschlußbahn nach Bembe bei günstigem Ergebnis der dortigen Aufschlußarbeiten;
9. Anlagen zum Besten der Eingeborenen.

Für die Finanzierung aller Aufgaben wurde ein besonderer Fonds gebildet, der „Fundo de Fomento“, der sich aus folgenden Beträgen zusammensetzt (in Contos; 1 Conto etwa 115 RM):

Haushaltsüberschuß der Kolonie bis einschließlich 1938	10000	Contos
Anleihe bei der Companhia de Diamantes des Angola lt. Vertrag vom 31. 7. 1937	27500	,,
Anleihe des Mutterlandes zu einem Zinsfuß von 4,5 v. H., rückzahlbar ab 1. 1. 1946 in 70 Halbjahrsraten	80000	,,
Zusätzlich erhobene Zölle und Abgaben	12500	,,
insgesamt	130000	,,

Da Angola eine von Jahr zu Jahr sich verbessernde aktive Handelsbilanz aufwies, wird die Finanzlage des Landes sich in den letzten Jahren wesentlich gebessert haben.

Im Staatshaushalt gehört zu den Haupteinnahmeposten die früher 40 jetzt 50prozentige Beteiligung der Regierung am Reingewinn der Diamang. Der Reingewinn betrug in den Jahren 1929—1938 durchschnittlich 100000 bis 140000 £ nach Abzug der Abgaben an die Regierung, d. h. derselbe Betrag ging an die Regierung. Weitere Einnahmen wurden für 1937 geschätzt: 48000 Contos für Zölle und Steuern, 39000 Contos Kopfsteuer von Eingeborenen und 15000 Contos von Staatsbetrieben (Post, Hafen, Eisenbahn). Das gesamte Budget war auf 180000 Contos Einnahmen und Ausgaben veranschlagt; 10 v. H. der Ausgaben gingen auf Schuldendienst (1937: 18582 Contos).

Nach Gesetz vom 9. Mai 1901 hat die Regierung das Besitzrecht auf alles Land, das zu diesem Zeitpunkt nicht im Privateigentum befindlich war; ein Erlaß von 1919 setzt Eingeborenenreservate fest, die nicht verkauft werden können; die Eingeborenen brauchen nicht in den Reservaten zu wohnen, und Land, das sie okkupiert haben, darf nicht an Europäer gegeben werden.

1927 wurde bestimmt, daß das für Eingeborene außerhalb der eigentlichen Reservate zurückgestellte Land 5 mal so groß sein sollte wie das von ihnen okkupierte und daß sie aufgefordert werden können, solches Land nur gegen Entschädigung oder gegen ein gleichgroßes Stück Land in einem Reservat aufzugeben. 1933 waren im ganzen Land 160472 ha in den Händen der Eingeborenen, davon waren 154556 ha Reservate und 5916 ha unter privatem Besitztitel.

Gegenwärtig ist die normale Methode des Landerwerbes die, daß man von der Regierung eine zeitlich begrenzte Konzession bekommt und daß Bestätigung des Besitztitels erst erfolgt, wenn bestimmte Bedingungen für die Entwicklung des Landes in der gegebenen Zeit erfüllt sind. Das größte Areal, das verliehen werden kann, wechselt von 10000 bis 50000 ha, je nach dem Distrikt. Bei Arealen von über 1000 respektive 5000 ha muß die Einwilligung des Kolonialministers eingeholt werden. Der Inhaber der Konzession muß mindestens 200 mal so viel Geld in die Entwicklung des Bodens investieren als der Preis des Landes beträgt. Der Konzessionär ist die ersten 11 Jahre von der Grundsteuer befreit. Nach 10 Jahren kann die Regierung die Konzession ganz oder teilweise zurückziehen, wenn das Areal nicht genügend entwickelt ist.

Eine geologische Landesaufnahme gibt es nicht; die in Angola von portugiesischer Seite ausgeführten Arbeiten stammen von verschiedenen portugiesischen Geologen, besonders von *J. B. Bebiano.*

B. Verkehrsverhältnisse

Eisenbahnen

1939 verfügte Angola über insgesamt 2333 km Schienenwege, die sich auf vier Hauptbahnen von Küstenhäfen nach dem Inneren zu verteilen. Zwei der Bahnen sind Staatsbahnen, und zwar:

1. Die Bahn Loanda—Malange, mit Abzweigungen 623 km Bahnlinie; die Spurweite beträgt 1 m. Die Hauptstrecke Loanda—Malange ist 423 km. Zweiglinien mit 1 m oder 60 cm Spurweite verbinden die Hauptlinie mit Bengo, Calumbo, Cassualala und Golungo Alto.
2. Mossamedes—Lubango, 248 km; Spur 60 cm.

Zwei Bahnen sind Privatbahnen:

3. Porto-Amboim—Carloango (80 km)—Chinchinde (106 km), 1939 bis 106 km verlängert; Schmalspurbahn (60 cm) erbaut von der Companhia do Amboim.
4. Lobito—Dilolo. Die Benguelabahn, die nach Katanga verlängert ist. Kapspur 3 Fuß 6 Zoll (106 cm). Länge von Lobito bis Dilolo an der Grenze des Belgischen Kongo 1347 km, Lobito bis Tenke an der Katangabahn (Elisabethville—Bukama—Port Francqui) 1934 km.

Der Staat hat etwa 2000000 £ in Bahnen und Häfen investiert. In dem guten Jahr 1937 waren im Staatshaushalt für Eisenbahnen und Häfen an Ausgaben 11000 Contos — wohl das Defizit der Betriebe — vorgesehen.

Die Amboimbahn dient lediglich zum Abtransport der Pflanzungsproduktion des Hinterlandes. Auch die Bahn Mossamedes—Lubango hat nur lokale Bedeutung und arbeitet bei der dünnen Besiedlung der Gegend und der geringen Produktionskraft des Hinterlandes ständig mit Verlust. Die in der Literatur erwähnten Kupfervorkommen bei Pedra Grande und an anderen Stellen des Distriktes Mossamedes bis nach dem 100 km nördlicher gelegenen Chapeu Armado hinauf sind kümmerlich und bieten keine Grundlage für einen Grubenbetrieb. Die Lokomotiven werden mit Kohlen geheizt, da an der Strecke entlang — besonders in dem breiten Wüstengürtel direkt östlich Mossamedes — nicht genügend Holz wächst.

Größere Bedeutung besitzt die Bahn von Loando nach Malange. Mit ihren verschiedenen Zweigbahnen erschließt sie beträchtliche Gebiete des z. T. recht fruchtbaren Hinterlandes. Für die Lokomotiven wird die stark bituminöse Kohle von Quilungo verwendet. Die Zweigbahn von Cassualala nach Dondo hat den früher durch Schiffsverkehr besorgten Abtransport der Pflanzungsprodukte des ungesunden, aber fruchtbaren unteren Kuanzatales über die Bahn gelenkt. Es bestand weiter die Absicht, die auch in *Salazars* Aufbauplan festgelegt war, die kleine Zweigbahn Canhoça—Golungo Alto (31 km) nach Bembe zu verlängern, wenn die Aufschlußarbeiten am Kupfervorkommen von Bembe zu einem Betrieb geführt hätten. Jedoch hat man nichts weiter davon gehört. Das Vorkommen von Bembe ist zwar denen von Katanga-Nordrhodesien ähnlich, erfordert aber auch die entsprechenden gewaltigen Kapitalien zum Aufschließen und Inbetriebsetzen. Die reichen, berühmten Malachiterze der oxydischen Zone würden allein einen Großbetrieb nicht rechtfertigen, und von sulfidischen, primären Erzen müßten zunächst durch umfangreiches Bohrprogramm die für einen Großbetrieb benötigten großen Erzreserven nachgewiesen werden. Das Mutterland hatte bisher offenbar nicht die nötigen Kapitalien und auch nicht die für den Kupferbergbau benötigten technischen Kräfte zur Verfügung; fremdes Kapital hat wenig Interesse an Investierungen in einer portugiesischen Kolonie, da der Portugiese ausländischer Hilfe im allgemeinen ablehnend gegenübersteht. Auch würden die Verdienstmöglichkeiten beschränkt sein, da die Regierung bei dem Geldmangel des armen Landes sich wahrscheinlich an die Verdienste der ausländischen Gesellschaften halten würde. Von der Diamang hat die Regierung mehrfache Anleihen aufgenommen und hat in den letzten Jahren ihren Anteil am Reingewinn der Gesellschaft auf 50 v. H. gesteigert. Wahrscheinlich würde zum Abtransport des Kupfers von Bembe eine Verbindung zum unteren Kongo etwa nach Matadi kürzer und günstiger sein.

Die größte Bedeutung vom bergwirtschaftlichen Standpunkt aus hat in Angola die Benguela-Eisenbahn. Diese Bedeutung kommt für den geringen Bergbau des Landes selbst allerdings nicht so sehr in Betracht wie für den Bergbau des Katanga-Kupferdistriktes. Für die Diamantfelder ist jetzt die Bahnstation Vila Luso an der Benguelabahn für Personen- und Güterverkehr wichtig geworden; die früher benutzte Anfuhrlinie für diese Felder über den Kongo und die Katangabahn ist aufgegeben worden.

Die Idee von *Sir Robert Williams*, dessen unermüdlicher Energie die Durchführung des Baues der Benguelabahn zu danken ist, war, daß die Strecke Katanga—Lobito, die kürzeste Verbindung des zentralafrikanischen Kupferdistriktes mit der Küste und einem Europa nahe liegenden Hafen, nach ihrer Durchführung den gesamten Kupfertransport von Katanga — vielleicht sogar von Nordrhodesien — an sich ziehen würde. Er plante sogar noch eine direkte Zweigbahn nach dem nordrhodesischen Kupferdistrikt, eine Bahn, die von der Benguelabahn in Angola auf der zentralafrikanischen Wasserscheide entlang, unter Umgehung des belgischen Gebietes, etwa bis Ndola an der nordrhodesischen Bahn führen sollte. Diese Hoffnungen haben sich nicht erfüllt, nur ein kleiner Teil des Kupferexportes Katangas ist über die Benguelabahn gegangen; die Belgier haben es vorgezogen, trotz der Notwendigkeit mehrfachen Umladens, ihre Güter auf dem Kongo, soweit wie irgend möglich über ihre Katangabahn und ihre Kongoschiffahrt nach Matadi zu leiten. Andererseits sind die nordrhodesischen Kupferinteressen so eng mit der British South Africa Company verknüpft, der die rhodesischen Bahnen gehören, daß sie mit dieser Gesellschaft einen vieljährigen Vertrag abgeschlossen haben, ihren gesamten Import und Export über die rhodesische Bahn nach Beira zu leiten. Trotzdem wird der Kupferexport über Lobito-Bay steigen, denn es sind an der Bahnstrecke zwischen Dilolo an der Angola-Kongogrenze und der Katangabahn äußerst wichtige Erzfunde gemacht (Ruwe, Muschonoi), und es entwickelt sich dort in den sogenannten westlichen Minen der Union Minière bei Kolwezi ein zweiter Kupferdistrikt, dem man voraussagt, daß er möglicherweise den um Elisabethville an Bedeutung übertreffen werde. Der Abtransport des Kupfers aus diesem neuen Distrikt über Lobito würde sich wohl kaum umgehen lassen. Folgende Zahlen sind von Interesse: Im Jahre 1934 exportierte Katanga insgesamt 131769 Tonnen Kupfer, davon gingen 40201 Tonnen über Matadi nach Belgien, 42166 Tonnen über Beira und 24181 Tonnen nach Angola, also über die Benguelabahn; 16051 Tonnen waren nach Deutschland bestimmt und gingen wohl auch über Beira. Die Lokomotiven der Benguelabahn werden mit Holz geheizt.

In bezug auf Finanzierung und Struktur der Gesellschaft, die die Benguelabahn baute, sind folgende Daten wichtig: Im Jahre 1900 gab die Portugiesische Regierung die Konzession zum Bau einer Bahn von Lobito zum Zentralhochplateau von Angola; zur gleichen Zeit erhielt *Sir Robert Williams* von König Leopold II. eine Konzession, Katanga auf Erzvorkommen zu untersuchen. Die belgischen Behörden waren zunächst keineswegs von *Sir Robert Williams*' Idee eingenommen, eine direkte Eisenbahnverbindung von Lobito nach Katanga zu schaffen, da diese nur mit ihrer geplanten Bahnverbindung Matadi—Port Francqui—Katanga (Bas Congo—Katanga) konkurrierte. 1912 war die Benguelabahn 510 km weit von Lobito auf das Hochplateau vorgetrieben. 1913 kamen die belgischen Behörden zu einem Übereinkommen mit der portugiesischen Regierung, daß die Lobitobahn bis Katanga durchgeführt werden konnte. Jedoch war das Kapital der unter *Sir Robert Williams* gebildeten Benguela Railway Company mit 3000000 £ hierfür nicht ausreichend. Bei den Versuchen, neues Kapital zu finden, spielten die Verhandlungen eine Rolle, die damals zwischen England und Deutschland stattfanden und darauf hinausgingen, die deutschen und englischen Interessensphären in den portugiesischen afrikanischen Kolonien gegeneinander abzugrenzen mit dem Endziel, unter gewissen Umständen diese Interessengebiete zu besetzen (*Lord Hailey*: An African Survey, S. 1595). Der Weltkrieg zerstörte diese Pläne. Einige Jahre nach dem Kriege stellte *Sir Robert Williams* durch seine Gesellschaft, die Tanganyika Concessions, an die englische Regierung den Antrag um Kapitalunterstützung unter Hinweis auf den „British Trade and Facilities Act von 1921". Zu dieser Zeit besaß Tanganyika Concessions $^5/_6$ und Portugal $^1/_6$ der Anteile der Benguela Railway Company. Der Antrag stieß auf Widerstand von Seiten der in den Rhodesian Railways interessierten Kreise Südafrikas, aber 1925 gewährte das Trade Facilities Committee eine Anleihe von 1250000 £ für die Gesellschaft. Die Benguela Railway wurde 1929 bis zur Kongogrenze fertiggestellt, eine Strecke von 1347 km. Für den Kongo hatte die belgische Regierung sich für die Fortführung verpflichtet von Dilolo nach Tenke (520 km) an der Katanga—Port Francqui-Bahn, und diese Strecke wurde 1931 vollendet. Die Gesamtkosten der Benguelabahn von Lobito nach Tenke einschließlich der Hafenanlagen in Lobito betragen etwa 13000000 £. Die Tanganyika Concessions mit der African Railway Finance Company, die ihre Eisenbahnunternehmungen finanzierte, hat den Hauptbetrag für den Bahnbau aufgebracht; diese Aufwendungen waren so bedeutend, daß die Tanganyika Concessions sich 1937 genötigt sahen, eine Sanierung ihres Kapitales durchzuführen und daß sie nicht über genügend Geld und Kredit verfügten, um ihr anderes Projekt, die Wasserscheidenbahn nach dem nordrhodesischen Kupferdistrikt, durchzuführen. Die Sanierung erfolgte in der Weise, daß der zu Buche stehende Betrag für Anteile und Obligationen der Benguela Railway und der African Railway and Finance Company von 6511889 £ auf 2250257 £ abgeschrieben wurde und ein Betrag von 473069 £ aus Zinsen von Obligationen vom Schuldkonto getilgt wurde. Der Betrag von 2250257 £ stellte nach Ansicht der Direktoren eine angemessene Schätzung des Wertes der Benguela Railway dar; die aus dem Reingewinn des Bahnbetriebes nunmehr jährlich zur Verfügung stehenden Beträge werden zur allmählichen Tilgung dieses Betrages an Tanganyika Concessions gezahlt; so wurden für das Geschäftsjahr 1937 von einem Betriebsgewinn von 198884 £ (1936: 53511 £) 65000 £ gezahlt auf das Ersatzmaterial Beschaffungs-Konto (Renewal Reserve Account) und der Rest von 133884 £ an Tanganyika Concessions für Tilgung der Obligationenschuld von 2250257 £. Die Tanganyika Concessions selbst reduzierte bei dieser Gelegenheit das bis dahin verausgabte Gesellschaftskapital von 9646620 auf 5445461 £. Nähere Angaben über Tanganyika Concessions, Struktur und Interessen der Gesellschaft, werden unter dem Abschnitt „Bergwirtschaft von Belgisch-Kongo" gebracht. Als kürzeste Verbindung zwischen dem großen zentralafrikanischen Kupferdistrikt von Katanga-Nordrhodesien und dem Atlantik und damit mit Europa sollte die Benguelabahn, wenn bestehende politische und finanzielle Bindungen fortfallen, eine große Zukunft haben.

Am 25. April 1938 ist *Sir Robert Williams*, der Erbauer der Benguelabahn und Begründer und technischer Leiter (Managing Director) der Tanganyka Concessions, verstorben; als sein Nachfolger wurde Mr. *G. C. Hutchinson* gewählt; der bisherige Vorsitzende des Aufsichtsrates General *Sir Reginald Wingate* hat sein Amt niedergelegt und wurde Vizepräsident der Gesellschaft, sein Nachfolger im Vorsitz wurde Viscount *Stonehaven*.

Häfen Angolas

Mit dem Bau der Benguelabahn war der Ausbau des Hafens der Lobito-Bucht eng verbunden. Lobito ist der bei weitem beste natürliche Hafen Angolas. Die Bucht wird durch eine breite Sandbank gebildet und geschützt, die als Landzunge, ähnlich wie die Sandlandzungen vor Walfischbucht, Tigerbucht und anderen, sich weit vom Land aus in die See streckt. An der Landzunge liegen die Kais, und einige Meter vom Land entfernt sinkt der Meeresboden bereits auf 20 m und mehr ab, so daß die größten Ozeandampfer anlegen können. Die deutsche Firma Grün & Bilfinger hat den Hafen ausgebaut. Die Länge des Kais beträgt 850 m, mehrere Dampfer können zur gleichen Zeit anlegen, und es sind alle modernen Einrichtungen für Verladung: Kräne, Schuppen, Bahnanschlüsse, vorhanden.

Loanda hat einen gut geschützten Hafen, aber keine Kaianlagen. Der Ausbau des Hafens war in *Salazars* Aufbauplan vorgesehen. Im Warenumschlag stand der Hafen nicht weit hinter Lobito zurück, Export und Import schwankten zwischen 60000 und 100000 t im Jahr.

Mossamedes hat eine nur bedingt geschützte Reede und geringen Warenumschlag; es wird viel getrockneter Fisch ausgeführt, der auf den Kakaopflanzungen von São Thomé, auf Minenbetrieben im Kongo und Angola und sonst an manchen Stellen Westafrikas den eingeborenen Arbeitern als Zukost zu ihrem Maismehl oder Maniok gegeben wird. Der Fischreichtum an der südlichen Angolaküste bei Mossamedes, Porto Alexandre und Tigerbucht ist außerordentlich groß. Bessere Häfen als Mossamedes sind Porto Alexandre und die große Fischbucht oder Tigerbucht (etwa 30 km nördlich der Kunenemündung). Beides sind zwar ausgezeichnete Häfen, und die Tigerbucht ist mit ihren 30 km Länge und etwa 8 km Breite so groß, daß sie sämtliche Flotten der Welt aufnehmen könnte, aber beide sind durch einen gewaltigen Dünengürtel von einem fast unbewohnten und nichts produzierenden Hinterland getrennt. Porto Alexandre bekommt brauchbares Trinkwasser aus dem Flußbett des Coroca, der einige Kilometer nördlich in die See mündet, aber die Tigerbucht-Fischerbevölkerung bekommt ihr Trinkwasser von Lobitobucht aus auf Schiffen geliefert. Hinter der Tigerbucht steigen die Dünen bis über 100 m hoch empor.

Vor einigen Jahren wurde die Idee propagiert, die Kunenemündung als Hafen zu benutzen; die Mündung wird durch eine Sandbank abgeschlossen, auf der der schmale Ausfluß des Kunenewassers ständig Ort und Tiefe wechselt.

Der untere Kunene selbst gleicht einem Gebirgsbach mehr als einem Fluß. — Andere kleine Küstenhäfen sind zahlreich an der Angolaküste vorhanden, haben aber nur lokale Bedeutung.

Autostraßen

Angola verfügt über ein ausgedehntes Netz gut brauchbarer Autostraßen, auf denen man in alle Teile des großen Landes gelangen kann. Nur bei den

Brücken muß man aufpassen und ihren Zustand lieber kontrollieren, ehe man darüber fährt, wenn man die Wegstrecke noch nicht aus Erfahrung kennt. Bei größeren Flüssen sind für den Übergang Fähren eingerichtet. Diese Straßen sind dem Autoverkehr vorbehalten und dürfen nicht von Ochsenwagen oder Karren benutzt werden. Der früher von den Buren stark betriebene Frachtfahrverkehr mit Ochsenwagen ist völlig verdrängt durch den Transport durch Lastautos — einer der Gründe, der die Buren bestimmte, aus Angola nach Südwestafrika auszuwandern.

Bau und Unterhaltung der Wege wird meist durch die Eingeborenen ausgeführt, die ihre Kopfsteuer nicht in Geld bezahlen können.

Der Wegebau hat im Küsten- und Randgebiet genügend Schottermaterial am Wege zur Verfügung. Im Inneren, wo der Untergrund von 20—50 m Kalaharisand gebildet wird und wenig anstehendes Gestein vorhanden ist, hat man sich in anderer Weise geholfen. Man sprengt die im Inneren überall häufigen großen Termitenhügel und stampft das so gewonnene ziegelsteinähnliche poröse Material in die Wegspuren; die Mittel- und Randpartie des Weges werden mit Grasnarbe bepflanzt. Die so entstehende Wagenspur wird hart und glatt und weicht im Regen wenig auf. Diese Art des Wegebaues läßt sich in weiten Teilen von Angola und Belgisch-Kongo anwenden.

Die gesamte Länge der vorhandenen Autostraßen Angolas wird zwischen 24000 und 33000 km angegeben.

Flugverkehr

Ein regelmäßiger Flugverkehr von Südafrika über Südwestafrika nach Angola war geplant und vorbereitet und ist wahrscheinlich seit 1939 eingerichtet worden. Er sollte wohl auch an das Flugnetz von Belgisch-Kongo oder von Französisch-Äquatorialafrika angeschlossen werden.

C. *Kraftversorgung*

Der Kraftbedarf des Landes ist gering. Das Land verfügt über große natürliche Energiequellen in seinen gefällereichen Flüssen. Besonders erwähnenswert sind nach dieser Richtung die Wasserkräfte des Kuanza, Lucala und Zenza im Hinterland von Loanda, das Gefälle des Cuvo im Amboimbezirk, des Catumbella für Benguela und Umgebung, der Kunene-Katarakt für Südangola, der Cuchi-Katarakt und endlich die Stromschnellen des Kuango. Die gewinnbare Kraft bei den Ruacanafällen des Kunene allein schätzt *Vageler* auf 50000 PS. Obgleich mancherlei Ansätze zur Ausbeutung dieser Wasserkraftquellen gemacht sind, ist der positive Erfolg heute noch gleich Null. Auch hier macht sich, wie überall in Angola, der Mangel an Kapital hemmend bemerkbar (*Marquardsen-Stahl*: Angola, 2. Auflage 1928, S. 59 und S. 155). Im Diamantgebiet des Lundadistriktes existiert eine kleine Wasserkraftanlage, die die Zentralniederlassung der Diamang Dundo mit Elektrizität versorgt. Die vielen Einzelbetriebe verwenden mit Holz geheizte Dampflokomobilen oder Rohölmotoren für Krafterzeugung.

Die Lokomotiven der Bahnen brennen Holz (Benguelabahn) oder Kohle (Loandabahn). Von steigender Bedeutung wurde der Import von Benzin für den Bedarf der Kraftwagen und Lastautos. 1936 wurde gesetzlich bestimmt, daß Benzin mit 25 v. H. Spiritus gemischt werden müsse. Der Spiritus stammt aus der Zuckerindustrie. Die früher blühende Zuckerindustrie hatte in der Hauptsache Schnaps für Vertrieb an Eingeborene hergestellt und gute Geschäfte dabei gemacht; als die Herstellung von Alkohol zu diesem Zweck von Staats wegen unterbunden wurde, ging die Zuckerindustrie schnell zurück. Zur Unterstützung der Industrie, die hauptsächlich durch die Cassequel Sugar Company vertreten wurde, wurde die oben erwähnte gesetzliche Bestimmung getroffen, um den als Nebenprodukt anfallenden Spiritus zu verwenden. Der Benzinkonsum stieg aber so schnell, daß die Gesellschaft nicht den benötigten Spiritus liefern konnte und die Regierung deshalb die beizumischende Menge Spiritus auf 10 v. H. heruntersetzte.

Es wurden an Benzin eingeführt:

1930: 7435535 Liter
1931: 5987000 ,,
1932: 5212000 ,,
1933: 5540000 ,,
1934: 4394000 ,,
Nach Einführung des Gesetzes
1935: 3840200 Liter
1936: 4993600 Liter
1937: 6612500 ,,

An Spiritus wurde beigemischt:

1935: 1624000 ,,
1936: 1751000 ,,
1937: 2074000 ,,

D. *Entwicklung der Minenindustrie und die Minengesellchaften*

Die portugiesische Regierung hat mehrfach kapitalkräftigen, ausländischen oder portugiesischen Gesellschaften Minenkonzessionen verliehen. Es wurden größere Minenkonzessionen an folgende Gesellschaften erteilt (s. a. *Marquardsen-Stahl*, Angola, 2. Aufl., 1928. S. 152):

1. Die Companhia des Diamantes de Angola (Diamang), ursprünglich eine Tochtergesellschaft der Compagnie Forestière et Minière du Congo Belge (genannt „Forminière", kontrolliert von der Société Générale de Belgique); die Diamang wurde ursprünglich durch belgisches und amerikanisches Kapital finanziert.
2. Die Companhia de Pesquisas Mineiras de Angola, ebenfalls eine Tochtergesellschaft der Forminière (Kapital 400000 £), auch genannt Compagnie Recherches Minières en Angola, gegründet 1913. Als man die Fortsetzung der Kongodiamantfelder in Angola suchte, führte diese Gesellschaft die ersten Schürfungen aus unter der Leitung der erfahrenen Ingenieure der Forminière. Als Diamantfunde am Tschikapa in Angola gemacht waren, wurde 1917 die Diamang gegründet.

3. Die Companhia de Petroleo de Angola, die der Sinclair Oil Company nahesteht; Konzession im Küstengebiet von Loanda.
4. Die Concessãos de Petroleo de Angola mit englischem, französischem und holländischem Kapital (Phönix-Gruppe).
5. Die portugiesische Empreza Mineira de Sul de Angola.
6. Die Konzession der Minas de Bembe mit überwiegend portugiesischem Kapital.
7. Die Companhia de Mossamedes von französischen Interessen kontrolliert.

Von allen diesen Gesellschaften ist nur die Diamang zu einem Abbaubetrieb gekommen. Auch die lange Jahre durchgeführten Ölbohrungen der Companhia de Petroleo de Angola sind 1939 als erfolglos eingestellt worden. An dieser Gesellschaft hatte sich die Regierung 15 v. H. des Kapitals und 8 v. H. des Betriebsgewinnes vorbehalten. Bei der anderen Ölgesellschaft, Concessãos de Petroleo de Angola, hatte die Regierung 25 v. H. Anteile und 12 v. H. Gewinnbeteiligung.

Die Companhia de Mossamedes hat nach dem Weltkrieg versucht, im Südwesten Angolas, besonders bei Cassinga, bauwürdige Lagerstätten (Gold) zu erschürfen. Zu dieser Zeit wurde ein Weg für Ochsenwagen von Mossamedes nach dem Hinterland der Tigerbucht geschaffen, und man versuchte, eine Trace für einen Autoweg von der Tigerbucht direkt nach dem Inland zu finden. Man kam auch mit zwei Lastwagen durch, hatte diese jedoch die Dünen hochziehen müssen und brauchte für die Tour mehr als einen Monat. Diese alten Wege wurden wieder z. T. benutzt, als die Diamang zwischen Porto Alexandre und der Kunenemündung zu Beginn der dreißiger Jahre Strandwälle auf Diamanten beschürfte. Zu dieser Zeit war der Weg nach Cassinga südlich vom Coroca schon völlig mit Mopane überwachsen. Vor der Companhia de Mossamedes hatte eine englische Gesellschaft, die „Great Gold Zone Mining Company“ und später auch die „Cassinga Concessions Ltd.“, bei Cassinga auf Gold geschürft; es konnte von keiner der Schürfgesellschaften ein größeres bauwürdiges Vorkommen festgestellt werden.

Die berühmte Malachitlagerstätte von Bembe war schon seit altersher von Eingeborenen ausgebeutet worden. Im Jahre 1855 erhielt der Brasilianer *Francisco Antonio Flores* eine Abbaukonzession, die er an die „Western Africa Malachite Copper Mines Ltd.“ weitergab. Von 1858 bis in die 70er Jahre hinein fand eine Förderung von 100—200 t Malachit im Jahre statt, zeitweise unter Leitung von *Joachim John Monteiro*, einem englischen Geologen und Ingenieur, dessen Buch „Angola and the River Congo“ (London, 1875) mit zu den anschaulichsten Landesbeschreibungen Angolas gehört. Nach längerer Betriebspause belegte *J. C. Rodrigues* das Vorkommen und gründete die „Sociedade dos Minas do Bembe, „die eine Konzession von ca. 550 ha am 21. 11. 1919 erhielt“. Seitdem wird etwas Malachit gefördert und im Lastauto über Ambrizette exportiert. Außerdem wurden Untersuchungsarbeiten in tieferen Partien der Lagerstätte durchgeführt, und zwar in Stollen von Tage aus (*Marquardsen-Stahl*, Angola, 1928, 2. Aufl., S. 154—155). Die Schürfarbeiten hatten 1939 noch nicht zu definitiven Resultaten geführt.

Auf Grund des Aufbauplanes des Dr. *Salazar* ist eine Studienkommission eingesetzt worden, die — wie oben erwähnt — außer den Möglichkeiten der Lagerstätte von Bembe auch Kupfervorkommen des Canda und Quibocolo-Gebirges untersuchen sollte. Die Arbeiten der Kommission im Quibocolo-Gebirge sollen erfolgreich gewesen sein, ungefähr 1000 t Kupfererze wurden 1939 gewonnen. Durch Umlegung der Straße von Maquella nach Noqui (am Kongo) soll das Vorkommen für den Lastwagenverkehr zugänglicher gemacht werden, damit die Erze über den Hafen von Noqui exportiert werden können; die Entfernung von der Mine nach Noqui würde 240 km betragen.

Über die Entwicklung der Diamang und der Diamantfelder des Lundadistriktes wird weiter unten berichtet werden.

E. Produktion, Import und Export der Bergbaubetriebe und die Stellung der Minenproduktion Angolas in der Welterzeugung

Im Wert der Ausfuhr Angolas standen Diamanten seit 1933 weit an der Spitze. Für die Jahre 1933, 1935 und 1936 waren dem Wert nach die vier höchsten Ausfuhrprodukte folgende:

Wert in Contos (1934: 1 Conto = 124 RM; 1937: 1 Conto = 113 RM)

Produkt	1933	1935	1936
Diamanten	70425	70169	83338
Mais	50011	24719	52742
Kaffee	37873	28583	51498
Zucker	27188	33036	34204
Gesamtausfuhr Angolas	185497	221996	307906

In Anzahl geförderter Karat und im Wert der Förderung von Diamanten stand Angola 1936 an fünfter Stelle in der Welt, wie folgende Aufstellung zeigt:

Diamantförderung und Wert der Förderung der 5 größten Produzenten Afrikas und der Welt für 1936

Land	Förderung in Karat	Wert der Förderung £
Südafrika	623923	2125216
Sierra Leone	616200	726272
Belgisch-Kongo	4634266	666573
Goldküste	1414677	584997
Angola	577531	479193

Für Umrechnung 1936: belgischer Frank = 8 Reichspfennig; 1 Conto etwa 115 RM; 1 £ etwa 12,5 RM.

Inzwischen ist die Förderung der Goldküste 1938 auf 1305000 Karat gefallen und die Angolas auf 651000 Karat gestiegen, so daß dem Wert nach die Förderung beider Länder in diesem Jahr wohl auf ungefähr gleicher Höhe gestanden haben wird. Der Menge nach hält sich die Angolaförderung auf etwa 5—6 v. H. der Weltproduktion.

Auch der Import Angolas an mineralischen Rohstoffen oder verarbeiteten Metallen hält sich in bescheidenen Grenzen. Außer Eisenwaren handelt es sich vor allem um Benzin für Kraftwagen, ferner um Steinkohlen, mineralische Schmieröle und Petroleum. Die Einfuhr an diesen Produkten betrug 1937:

Importierte Ware	Menge in t	Wert in Contos
Petroleum	982	1330
miner. Schmieröle	509	1089
Steinkohle	26925	5295
Benzin (hl)	66126	7015

Es mag noch erwähnt werden, daß, während die Produktion von Steinsalz im Inneren des Landes durch Eingeborene ganz eingestellt ist, die Gewinnung von Seesalz in Meeressalinen eine große Rolle spielt. An der Küste verteilt liegen mehrere große und kleine Salinen, die einmal die Fischindustrie mit Salz versorgen, dann den gesamten Bedarf des Landes decken und schließlich nach Belgisch-Kongo und nach São Thomé und Principe exportieren. Die jährliche Produktion, die sich 1923—1930 auf 9000—10000 t belief, ist inzwischen auf etwa 25000 t gestiegen. Recht unbekannt ist es, daß zwischen Lobito und Mossamedes in Küstennähe in Kreideschichten ein gutes Salzlager von vielen Metern Mächtigkeit durch eine Bohrung nachgewiesen ist.

F. Die Diamantfelder des Lundadistriktes

Die Entwicklung des Diamantfeldes und Bildung von Gesellschaften

Der erste Kongodiamant wurde 1909 gefunden, und die erste bauwürdige Lagerstätte im Kongo wurde 1912 durch Schürfungen aufgeschlossen. Im gleichen Jahre wurden die diamantenhaltigen Kiese nach S bis in die Nähe der Angolagrenze verfolgt. Diese Resultate veranlaßten die „Forminière"-Gesellschaft, die die Diamanten entdeckt hatte, sich im angrenzenden Angola eine Konzession von der portugiesischen Regierung zu sichern und zur Untersuchung der Konzession am 4. September 1912 eine Gesellschaft zu gründen, die Companhia de Pesquisas Mineiras de Angola (abgekürzt Pema- oder „Angola Mineral Prospecting Company"). Anteilseigner in der Gesellschaft waren in Portugal die Banco Nacional Ultramarino und die Firma Henry Burnay & Company (jetzt Banco Burnay); in Belgien die Société Général de Belgique und die Mutualite Coloniale; in Frankreich die Banque de l'Union Parisienne und in den Vereinigten Staaten die Ryan-Guggenheim-Gruppe.

Die Schürftätigkeit hielt sich zuerst an die Flüsse, die im Kongogebiet die Hauptlagerstätten umfassen: den Tschikapa und Longatschimo und ihre Zuflüsse. Es wurden auch am Tschikapa einige bauwürdige Ablagerungen festgestellt. Darauf wurde am 16. Oktober 1917 eine Gesellschaft für den Abbau von Diamantlagerstätten im Lunda-Distrikt gebildet unter dem Namen „Companhia de Diamantes de Angola", abgekürzt „Diamang", auch genannt Angola Diamond Company. Das ursprüngliche Kapital war 90000 Gold Eskudos (20000 £), es wurde nach und nach erhöht auf 9000000 Gold Eskudos (2000000 £). Die Gesellschaft hat Vertretungen in Lissabon, Brüssel, London, New York und Johannesburg.

Die Förderung und auch die Qualität der Steine von den ersten Abbauen am Tschikapa enttäuschten; die Steine und Gehalte waren schlechter als in den Ablagerungen flußabwärts im Kongo. Am Longatschimo wurden in Angola überhaupt keine bauwürdigen Ablagerungen gefunden. Die Aussichten für die Diamang waren schlecht bis die reichen Ablagerungen am Chiumbe-Luana und am Luembe gefunden wurden; die Hauptlagerstätten und Abbaue in diesem Gebiet sind Luaco, Cavuco, Cartushi, Cassanguidi, Maludi, Nzargi, Luxilo usw. Nach der Entdeckung dieser Lagerstätten mit ihren guten Diamanten und reichen Ablagerungen wurden die Betriebe am Tschikapa (Caluembe und Chingufu) aufgegeben, und die Tätigkeit der Gesellschaft hat sich seitdem in Abbau und Schürfung auf die Flußgebiete des Chiumbe-Luana und Luembe beschränkt.

Als Hauptsitz der Gesellschaft mit Bureaus, Magazinen und Werkstätten wurde in der Nähe des Regierungspostens Chitatu eine Niederlassung Dundo eingerichtet: für Licht- und Kraftbedarf dieser Siedlung wurde eine kleine Wasserkraftstation erbaut. Sonst bestehen für Abbaubetriebe, die meist nach wenigen Jahren ihren Platz wechseln müssen, keine Wasserkraftzentralen, trotzdem es möglich wäre, solche anzulegen. Man verwendet mit Holz geheizte Lokomobilen oder Rohölmotoren. Die Zentrale Dundo war in der Nähe der belgischen Grenze eingerichtet, da früher die gesamte Güterzufuhr über den Kongo geleitet war. Nachdem sich der Schwerpunkt der Gesellschaft nach dem Süden verlegt hat und die Zufuhr über die Benguelabahn und Vila Luso kommt, wäre es zweckmäßiger, die Zentrale nach S zu verlegen.

Rechte und Besitz der Diamang

Unter einem Vertrag mit dem Gouverneur von Angola vom Mai 1921 hat die Diamang das ausschließliche Recht, bis 1951 in fast dem ganzen Gebiet von Angola, in 1456000 qkm oder 560000 Quadratmeilen, nach Diamanten zu schürfen und Diamanten-Grubenfelder zu belegen und außerdem das Recht, auf eine unbegrenzte Zeitperiode die Grubenfelder abzubauen, die sie vor 1951 belegt hat.

Dafür hatte die Regierung Angolas eine Beteiligung von 40 v. H. am Reingewinn der Gesellschaft. Außerdem hat die Diamang der Regierung mehrfach Geld in Anleihen vorstrecken müssen, die letzte Anleihe vom 31. VII. 1937 in Höhe von 27500 Contos (250000 £) im Zusammenhang mit Dr. *Salazars* Aufbauplan.

Im Jahre 1936 wurden die Bedingungen, unter denen der Diamang ursprünglich die Konzessionen verliehen wurden, abgeändert. Die Beteiligung der portugiesischen Kolonialregierung am Reingewinn wurde von 40 auf 50 v. H. erhöht, und die Zinsen, die die Regierung auf die Anleihen der Gesellschaft zu zahlen hat, wurden auf 2 v. H. reduziert; außerdem wurde die Maximalperiode, bis zu der die Anleihen zurückgezahlt werden müssen, bis zum Jahr 1971 verlängert. Die Gesellschaft erhielt dabei als endgültige Pachtgebiete 4922 ha im Distrikt von Vila Paiva de Andrada und 5171 ha im Dundo-Distrikt. Außerdem wurde die Periode der Gültigkeit der Konzession um 20 Jahre bis 1971 verlängert.

Diamantreserven und Produktion der Diamang

Die Diamang hat ihre Schürfungen so durchgeführt, daß die in bauwürdigen Lagerstätten nachgewiesenen Diamantreserven sich ständig auf etwa 2000000 Karat beliefen. Es ist damit zu rechnen, daß der Gesellschaft noch etwa 5 Millionen Karat insgesamt zur Verfügung stehen.

Die folgende Tabelle gibt Anhaltspunkte über Förderung und Export an Diamanten seit Beginn des Betriebes, außerdem in einzelnen Jahren über den Wert des Exportes in Contos und die wertmäßige prozentuale Beteiligung des Diamantexportes am Gesamtexport Angolas.

Angolas Förderung und Export von Diamanten

Jahr	Förderung Karat	Export Karat	Wert des Exportes in Contos	v. H. Beteiligung an der Gesamtausfuhr Angolas
1916	1300	1300		
1917		4110		
1918	14070	1400		
1919	48500	48504		
1920	93500	93529		
1921	106719	100700		
1922	98683	92000		
1923	94478		72966	36,2 v. H.
1924	118011		36171	13,1 ,,
1925	126571	123300	25527	10,9 ,,
1926	154370	141200	32894	17,4 ,,
1927	200810			
1928	237511	232200		
1929	311903	311903	69602	
1930	329824	318634		
1931	351495	357525		

Diamantfelder des Lunda-Distriktes

Jahr	Förderung Karat	Export Karat	Wert des Exportes in Contos	v. H. Beteiligung an der Gesamtausfuhr Angolas
1932	367334	257724	37062	
1933	373624	483448	70425	
1934	452963	446496		
1935	481615	471134	70169	
1936	577531	558719	83338	
1937	626424	630887	94102	27,4 „
1938	651000	?		

Kapital und Geschäftsgang der Diamang

Die Diamang hat ein Kapital von 2000000 £ in Anteilen von je 1 £. Die Anteile werden als „Angolas" an der Londoner Börse gehandelt. Die folgende Tabelle gibt Auskunft über Förderung und Export an Diamanten, Reingewinn und ausgeschüttete Dividenden für die Jahre 1929—1938. Dabei muß berücksichtigt werden, daß der Reingewinn angegeben ist, nachdem der Anteil der Regierung (40 v. H. und seit 1937: 50 v. H.) abgezogen ist.

Jahr	Karat Diamanten		£ Reingewinn nach Abzug der Abgabe an die Regierung	Ausgeschüttete Dividende	
	Förderung	Export		in £	v. H.
1929	311903	311903	122032	100000	5
1930	329824	318634	109480	100000	5
1931	351495	357525	105949	100000	5
1932	367334	257724	107908	100000	5
1933	373624	483448	109387	100000	5
1934	452963	446496	139709	125000	$6^{1}/_{4}$
1935	481615	471134	139751	125000	$6^{1}/_{4}$
1936	577531	558719	139268	125000	$6^{1}/_{4}$
1937	626424	630887	139374	100000	5
1938	651000	......	?	?	?

Von dem Reingewinn von 139374 £ im Jahre 1937 wurden 13086 £ auf den gesetzlichen Reservefonds übertragen; zu den restlichen 126287 £ kam der Vortrag vom vorhergehenden Jahr in Höhe von 15599 £. Von dem so auf 141887 £ erhöhten Reingewinn wurden 100000 £ als Dividende verteilt und 41887 £ auf neue Rechnung vorgetragen. Die ausgeteilten Dividenden unterliegen in Portugal keiner weiteren Steuer.

Gegenwärtig liegt die Kontrolle und technische Leitung der Diamang in den Händen der Anglo American Corporation (*Sir Ernest Oppenheimer*).

Großaktionäre sind außerdem die Forminière mit ihren belgischen und amerikanischen Gründergesellschaften, ferner sind Anteilseigner die Angolaregierung und die oben genannten französischen und portugiesischen Finanzhäuser, die bei der Gründung der Muttergesellschaft beteiligt waren.

Diamantgehalte und Abbau

Die Arbeitsbedingungen auf den Diamantfeldern Angolas sind wesentlich ungünstiger als die bei den meisten Diamantbetrieben Süd- und Südwestafrikas. Es handelt sich häufig um kleinere Lagerstätten in tief eingeschnittenen Tälern; im Abbau entstehen Schwierigkeiten durch das reichlich vorhandene Wasser, durch Ton, Abraum und Vegetation, ferner hindert das tropische Klima, und die gewonnenen Diamanten haben im Durchschnitt geringen Wert. Daher kommt es, daß die bauwürdigen Gehalte der Diamantkiese ungefähr dreimal höher liegen als die der meisten südafrikanischen Lagerstätten. Bauwürdig sind im Durchschnitt Kiese mit $^3/_4$ Karat und mehr im Kubikmeter Rohgut, während in Südafrika meist $^1/_4$ Karat genügt. Aber auch in Angola ist die Steinqualität so verschieden, daß man mit sehr verschiedener unterer Bauwürdigkeitsgrenze rechnen kann. Die Steingröße, die im Durchschnitt der Gesamtförderung auf 5—6 Diamanten steht, wechselt von 2 Diamanten auf den Karat (Icongula Flats und gewisse Abbaue Maludi) zu 10—20 Diamanten pro Karat in Luaco, Luxilo und anderen Abbauen. Deshalb wird man in Maludi und Icongula Flats noch Kiese mit weniger als $^1/_2$ Karat mit Gewinn abbauen können, während man in Ablagerungen mit kleinen Steinen mit 1 Karat im Kubikmeter rechnen muß. Der Verkaufswert der Steine war 1933 26 sh pro Karat; für 1936 berechnete er sich nach der behördlichen Schätzung des Exports in Angola auf etwa 16/6 sh pro Karat. Die gesamte Förderung wird von der Diamond Corporation übernommen und auf den Markt gebracht.

Nähere Angaben über die Art der Ablagerungen und das Auftreten von Anreicherungen, ferner über Steinqualität und durchschnittliche Steingröße in den verschiedenen Lagerstätten findet man in folgenden Veröffentlichungen:

Beetz, W., Preliminary and final Report on the Angola and Belgian Congo Diamond Fields. 1920. Gedruckt durch Anglo-American-Corporation, nur für private Zirkulation.

Beetz, W., Processes of Concentration in Alluvial and Allied Diamond Placers of South West, South, Central and East Africa. Congrès International des Mines, usw. 6me Session, Liège, Juni 1930.

Über die in den letzten Jahren verarbeiteten Kiesmengen, die Produktion daraus und durchschnittliche Steingröße gibt folgende Aufstellung Aufschluß (Mineral Industry, 1939, S. 532):

Verarbeitete Kiesmengen und Förderung der Angola-Diamantfelder:

Jahr	Kubikmeter verarbeitetes Rohgut	Geförderte Diamanten	
		Anzahl	Gewicht in Karat
1929	264 323		311 903
1930	341 708		329 824
1931	397 526		351 495
1932	407 945		367 334
1933	458 940		373 624
1934	485 946	2 601 053	452 963
1935	498 823	2 931 621	481 615
1936	710 755	3 233 820	577 531
1937	834 837	?	626 424

Die in Angola geförderten Diamanten wurden nach Belgien exportiert, dort sortiert und unter Kontrakt an die Diamond Corporation verkauft.

Bei Schürfung, Aufschließung und Abbau der Lagerstätten werden dieselben Methoden angewendet, wie sie von Sierra Leone und der Goldküste beschrieben sind. 1937 bestanden bei der Diamang 23 Abbaue mit 36 Anlagen zur Kiesverarbeitung.

Die Art der Vorkommen und ihr Zusammenhang mit den Kupferlagerstätten wird im Abschnitt „Lagerstätten von Belgisch-Kongo" näher beschrieben werden.

Schrifttum

Bergwirtschaft Angolas

Almeida, Joao de, Sul. d'Angola. Lisboa 1912.

Bebiano, J. B., Subsidios para o Estudo Geologico e Mineiro da Provincia de Angola. Boletím da Agencia Geral das Colonias. Ano II, Fevereiro de 1926, No. 8, Lisboa.

Bebiano, Jos. Bacellar, Geologia e Riqueza mineira de Angola. Communiçöes dos Servicos Geologicos de Portugal, Tomo XIV, Lissabon 1923 (mit gutem Literaturverzeichnis und Karte).

Beetz, W., Preliminary and Final Report on the Angola and Belgian Congo Diamond Fields. 1920. Printed and published by Forminière for private circulation.

Beetz, W,, Processes of Concentration in Alluvial and Allied Diamond Placers of South West, South, Central and East Africa. Congrès International des Mines, etc. 6me Session, Liège, Juin 1930.

Beetz, W., Geology of South West Angola, between Kunene and Lunda Axis. Transactions Geol. Soc. of South Africa. Vol. XXXVI (1933), S. 137—176.

Beetz, W., Klimaschwankungen und Krustenbewegungen in Afrika südlich des Äquators von der Kreidezeit bis zum Diluvium. Sonderveröffentlichung III der Geogr. Ges. zu Hannover 1938.

Borges, A. und Mouta, F., Sur l'existence et distribution du Karroo dans l'Angola. XV. Congrès géol. internat. 1929, S. 186—209.

Choffat, P., Nouvelles données sur la zone littoral d'Angola. Commission du Service Géol. du Portugal 1905.

Costa Sena, J. C. da, A Riqueza petrolifera de Angola. Soc. Geogr. Lisboa 1908, S. 1.

Faber, F. J., Bijdrage tot de Geologie van Zuid-Angola (Afrika); Delft 1926 (mit Literaturverzeichnis).

Faber, F. J., Notes on Travelling in Angola; in H. A. Brouwer, Practical Hints to Scientific Travellers. Haag 1926.

Fleury, Ernest, La géologie de l'Angola. XIII. Int. Geol. Kongr. 2, S. 863.

Fleury, Ernest, Note sur la géologie et la paléontologie de l'Angola. Com. Serv. Geol. Portugal 14 (1923), S. 219,

Farnham, C. Mason, Preliminary Statement of Conclusions to Geological Problems, Kasai Region, Africa. 15. März 1922. Privater Bericht an die Forminière.

Gomes, J. P., O bitume do Libolo. Com. Serv. Geol. Portugal II, No. 2, S. 244, 1898.

Gomes, J., P., A composição da Libolite. Com. Serv. Geol. Port. III, S. 290, 1898.

Gomes, J. P., Novos apontamentos sobre a Libolite. Ebda. IV, 2, S. 190, 1901.

Gregory, J. W., Contributions to the geology of Benguela. Trans. Roy. Soc. Edinburgh, LI, part III, 1916, No. 13.
Lord Hailey, An African Survey. Oxford University Press, London, New York und Toronto 1938.
Holmes, A., A Contribution to the Petrology of North-Western Angola. Geol. Magazine 1915.
Holmes, A., On a series of volcanic rocks from the neighbourhood of the Lucalla River. Mineral. Magazine, 1916.
Jessen, O., Berichte über seine Forschungsreise nach Angola. Mittl. Geogr. Ges. München. 1. Bericht 1931; 2. und 3. Ber. Bd. XXV, 1932.
Kanthak, F. S., Notes on the Kunene River, S. Angola. Geogr. Journ. Vol. 57 (1921), S. 321—336.
Karte von Angola mit Verkehrswegen im Maßst. 1 : 2500000. 1926 von der „Esboco Geografico de Angola" herausgegeben.
Lange, J. C., O petroleo de Dande. Soc. geogr. Lisboa, 1886.
Leriche, M., Les fossiles des „grès polymorphes" (couches du Lubilash), aux confins du Congo et de l'Angola. Ann. Soc. Géol. de Belgique. Publ. relatives au Congo Belge, 1926—1927.
Leriche, M., A propos des couches du Mont Bunza (district du Kasai. Congo Belge), Congrès de l'Ass. française pour l'avancement des Sciences, Bruxelles, juillet 1932.
Marquardsen, H. und Stahl, A., Angola. 2. Aufl. Berlin 1928.
Martens, O. und Karstedt, O., Afrika. Ein Handbuch f. Wirtschaft u. Reise. 4. Aufl. Berlin 1938.
Mouta, V. und Borges, A., Sur le Crétacé du Littoral de l'Angola. Comptes Rendus XVI. Congr. Géol. Intern., 1926, Madrid 1928, S. 15.
Mouta, V. und O'Donnell, H., Erklärungen zur „Carte géologique de l'Angola". 1 : 2000000. 1933.
Monteiro, Joachim John, Angola and the River Congo. London 1875.
Nascimento, Pereira de, Exploração geologica e mineralogica no Districto de Mossamedes em 1894—95. Lisboa 1898.
Pilz, R., Bergmännische Studienreise nach Angola. 11. Jahresber. Geol. Ges. Freiberg. 1909, S. 15.
Range, P., Geologie und Mineralschätze Angolas. Zeitschr. f. prakt. Geologie, 1920, S. 181ff.
Range, P., Die Diamantlagerstätten Angolas. Koloniale Rundschau, 1928, S. 77.
Sousa, F. L., Contributions à l'étude pétrographique du nord d'Angola. Comptes Rendus A. S., Paris 1913.
Sousa, F. L. P. de, Contributions à l'étude pétrographique du Sudouest de l'Angola. Comptes Rendus. Tome 162, S. 692—604, Paris 1916.
Sousa, F. Luis Pereira de, Contributions sur quelques roches remarquables de l'Angola. C. R. Ac. Sc. Paris, 173 (1921), S. 777.
The Mineral Industry. 1938.
Tyrell, G. W., A Contribution to the Petrography of Benguella. Trans. Roy. Soc., Edinburgh. Vol. LI, Part. III. No. 14 (1916), S. 546.
Rauw, Hector de, Les Gisements diamantifères du Kasai. Mémoires du Congrès des Ingénieurs, 1923.
Vageler, P., Beobachtungen in Südwestangola und im Ambolande. Zeitschr. d. Gesellsch. f. Erdkunde (17. IX. 1919) 1920, S. 179—193.
Voit, F. W., Kupfervorkommen bei Senze do Itombe, Angola. Z. f. prakt. Geol. 1902, S. 353.

STICHWORTVERZEICHNIS

AFRIKA

HANDBUCH DER PRAKTISCHEN KOLONIALWISSENSCHAFTEN

Verzeichnis der Bände

Band I: **Vermessungswesen und Kartographie in Afrika**

Von Prof. Dr. Richard Finsterwalder, Technische Hochschule Hannover und Dr. Ernst Hueber, Berlin

Band II: **Geomorphologie Afrikas**

Von Prof. Dr. Erich Obst, Universität Breslau, Dr. Kurt Kayser, Berlin und Dr. Johannes F. Gellert, Universität Leipzig

Band III: **Geologischer Bau, nutzbare Lagerstätten und Bergwirtschaft Afrikas**

Von Dr. Werner Beetz, Berlin, Prof. Dr. Fritz Behrend, Berlin, Dr. Fritz-Erdmann Klingner, Berlin und Dozent Dr. Georg Knetsch, Universität Bonn. Unter der Schriftleitung von Prof. Dr. Fritz Behrend, Berlin. Teil 1: Nordafrika / Teil 2: Westafrika / Teil 3: Ostafrika / Teil 4: Mittel- und Südafrika

Band IV: **Die Böden Afrikas.** Von Dr. Johann Heinrich Hellmers, Berlin / **Bodenverwüstung in Afrika.** Von Prof. Dr. Erich Obst, Universität Breslau

Band V: **Meteorologie und Klimatologie von Afrika**

Von Oberregierungsrat Dr. Wilhelm Semmelhack, Deutsche Seewarte, Hamburg, Dr. Erich Höller, Hamburg, Dr. Werner Koops, Berlin, und Dr. Wolfgang Niemeyer, Hamburg

Band VI: **Die Vegetation Afrikas**

Von Prof. Dr. Johannes Mildbraed, Botanischer Garten und Museum, Berlin-Dahlem, Prof. Dr. Ludwig Diels, Generaldirektor des Botanischen Gartens und Museums, Berlin-Dahlem und Dr. Georg K. Schulze-Menz, Botanischer Garten und Museum, Berlin-Dahlem

Band VII/1: **Die Wälder Afrikas, ihre Nutzung und Bewirtschaftung**

Von Prof. Dr. Franz Heske, Direktor des Reichsinstitutes für ausländische und koloniale Forstwirtschaft, Schloß Reinbek bei Hamburg

Band VII/2: **Jagd und Naturschutz in Afrika**

Von Dr. Graf Christoph Dönhoff, Referent im Reichsforstamt, Berlin und Forstmeister Karl Johannssen, Reichsinstitut für ausländische und koloniale Forstwirtschaft, Schloß Reinbek bei Hamburg

Band VIII: **Die landwirtschaftlichen Nutzpflanzen Afrikas.** Von Geheimem Regierungsrat Geo A. Schmidt, Kolonial-Wirtschaftliches Komitee, Berlin, Dr. August Marcus, Kolonial-Wirtschaftliches Komitee, Berlin, Dr. Waldemar Böckler, Berlin, Dr. Ulrich Berger-Landefeldt, Berlin und Dr. Walter Unteutsch, Berlin.

Krankheiten und tierische Schädlinge der Nutzpflanzen Afrikas. Von Prof. Dr. Hermann Morstatt, Biologische Reichsanstalt für Land- und Forstwirtschaft, Berlin-Dahlem und Dr. Horst Klaus, Berlin-Dahlem

Band IX: **Tierseuchen und Herdenkrankheiten in Afrika**

Von Ministerialdirektor a. D., Geheimem Regierungsrat Prof. Dr. Dr. h. c. Robert v. Ostertag † und Dr. Gerhard Kulenkampff, Berlin

Band X/1: **Die Haustiere Afrikas, ihre Zucht und Haltung.**

Von Prof. Dr. Adolf Staffe, Hochschule für Bodenkultur, Wien, unter Verwendung der Vorarbeiten von Prof. Dr. Arthur Golf†, Institut für Tierzucht und Milchwirtschaft an der Universität Leipzig, Dr. Hartwig Golf, Leipzig und Diplom-Landwirt Lothar Feinermann, Leipzig

Band X/2: **Biologie der afrikanischen Schelf-See**

Von Prof. Dr. Thilo Krumbach, Institut für Meereskunde, Berlin, Prof. Dr. Hermann Wattenberg, Institut für Meereskunde, Kiel, Prof. Dr. Otto Christian Schmidt, Botanischer Garten und Museum, Berlin-Dahlem, Dr. Felix Roch, Institut für Marine-Biologie, Rovigno, Prof. Dr. Helmut Hertling, Institut für Meereskunde, Berlin und Dr. Erich Fischer, Reichsamt für Fischerei, Berlin-Zehlendorf

Band XI/1: **Afrikanische Anthropologie**

Von Prof. Dr. Egon Freiherr von Eickstedt, Universität Breslau

Band XI/2: **Krankheitsgeschehen und Gesundheitswesen in Afrika.** Von Prof. Dr. Peter Mühlens, Direktor des Instituts für Schiffs- und Tropenkrankheiten in Hamburg, unrer Mitarbeit von Dr. Karl Gert, Lueken, Prof. Dr. Ernst Georg Nauck, Prof. Dr. Curt Sonnenschein, Dr. Wilhelm Weise, sämtlich in Hamburg

Die Akklimatisation der Europäer in Afrika. Von Prof. Dr. Julius Grober, Universität Jena

Band XII: **Die Verteilung der Europäer und Eingeborenen in Afrika**

Von Dozent Dr. Walter Iwan, Universität Berlin

Band XIII/1: **Völker, Sprachen und Kulturen Afrikas**

Von Prof. Dr. Diedrich Westermann, Universität Berlin, Dr. Ursula Feyer, Berlin, Dr. Erich Keller, Berlin und Dr. Heinz Sölken, Berlin

Band XIII/2: **Das Erziehungs- und Schulwesen in Afrika**

Von Prof. Dr. Herbert Theodor Becker, Hansische Universität, Hamburg

Band XIV: **Die Wasserwirtschaft in Afrika**

Von Prof. Dr. h. c. Adolf Ludin, Technische Hochschule, Berlin und Dr. Eugen Thoma, Berlin

Band XV/1: **Die Eisenbahnen im Rahmen des afrikanischen Gesamtverkehrs**

Von Reichsbahndirektionspräsident Dr. Karl Remy, Köln / **Das Straßenwesen in Afrika.** Von Prof. Dr. Karl Krüger, Technische Hochschule, Berlin / **Der Luftverkehr in Afrika.** Von Ministerialdirigent Albert Mühlig-Hofmann, Reichsluftfahrtministerium, Berlin

Band XV/2: **Die Häfen West- und Südafrikas.** Von Otto Martens, Abteilungsdirektor bei den Deutschen Afrika-Linien, Hamburg / **Die Häfen Ost- und Nordafrikas.** Von Dr. Günther Jantzen, Afrika-Verein, Hamburg

Band XVI: **Post- und Fernmeldewesen in Afrika.** Unter Leitung von Staatssekretär Dipl. Ing. Jacob Nagel und Ministerialdirektor Hans Rackow bearbeitet von Präsident a. D. Paul Peglow †, Vizepräsident Karl Dau, Oberpostrat Dr. Emil Hundertmark und Amtsrat Hans Werner, sämtlich Reichspostministerium, Berlin / **Das Rundfunkwesen in Afrika.** Von Eduard Roderich Dietze, Berlin und Dr. Kurt Wagenführ, Berlin / **Das Zeitungswesen in Afrika.** Von Prof. Dr. Emil Dovifat, Institut für Zeitungswissenschaft an der Universität Berlin

Band XVII: **Wirtschaft und Wirtschaftspolitik in Afrika**

Von Dr. Kurt Weigelt, Direktor der Deutschen Bank, Berlin

Band XVIII: **Die afrikanische Arbeiterfrage.** Von Ministerialrat Dr. Oskar Karstedt, Reichsarbeitsministerium, Berlin und Dr. Peter v. Werder, Berlin / **Die Inderfrage in Afrika.** Von Ministerialrat Dr. Oskar Karstedt, Reichsarbeitsministerium Berlin

Band XIX: **Landeskunde von Afrika.** Eine Synthese

Von Prof. Dr. Erich Obst, Universität Breslau

FSC
www.fsc.org
MIX
Papier | Fördert
gute Waldnutzung
FSC® C083411

Kolibri 360 GmbH
Ferdinand-Jühlke-Straße 7
99095 Erfurt, Deutschland
produktsicherheit@kolibri360.de